油气田开发基础理论丛书

油田化学与提高采收率技术

陈铁龙 马喜平 编著

石油工业出版社

内 容 提 要

油田化学和提高原油采收率技术在油田开发中起着越来越重要的作用。本书介绍了油田化学剂及其在油田开发的注水、压裂、酸化、堵水调剖和提高采收率的应用，主要内容包括酸化化学、压裂液化学、堵水化学、注水化学、聚合物驱、化学复合驱、弱凝胶调驱、气体混相驱、热力采油和微生物采油等。

本书可供采油现场相关技术人员使用，也可作为石油院校石油工程、油田化学等专业的教学参考书。

图书在版编目(CIP)数据

油田化学与提高采收率技术/陈铁龙，马喜平编著.
北京：石油工业出版社，2016.1
（油气田开发基础理论丛书）
ISBN 978-7-5183-0731-9

Ⅰ. 油…
Ⅱ. ①陈… ②马…
Ⅲ. 油田化学－提高采收率－研究
Ⅳ. ①TE31 ②TE357

中国版本图书馆 CIP 数据核字(2015)第 104227 号

出版发行：石油工业出版社
（北京安定门外安华里 2 区 1 号　100011）
网　　址：www.petropub.com
编辑部：(010)64523546　图书营销中心：(010)64523633
经　　销：全国新华书店
印　　刷：北京中石油彩色印刷有限责任公司

2016 年 1 月第 1 版　2016 年 1 月第 1 次印刷
787×1092 毫米　开本：1/16　印张：24.5
字数：627 千字

定价：118.00 元
(如出现印装质量问题，我社图书营销中心负责调换）
版权所有，翻印必究

前　言

石油作为一种不可再生能源,其地下蕴藏量十分有限。在目前的水驱技术经济条件下,原油采收率仅为地质储量的 35% ~ 50% ,也就是说,水驱结束后尚有大部分原油留在地下。如何最大限度地开采地下剩余原油以及提高石油采收率已成为石油工业的一项重要任务。油田化学是一门与提高采收率技术紧密相关的学科,尤其在聚合物驱、碱水驱以及复合驱等技术领域更是如此。

采收率是采出原油量与地下原油原始储量之比。在经济条件允许的前提下追求更高的采收率是油田开发工作的核心,也是合理利用不可再生资源、实现社会可持续发展的需要。提高原油采收率(Enhanced Oil Recovery,简称 EOR)技术定义为除了一次采油和保持地层能量开采石油方法之外的其他任何能增加油井产量与提高油藏最终采收率的采油方法。EOR 方法的一个显著特点是注入的流体改变了油藏岩石和(或)流体性质,提高了油藏的最终采收率。EOR 方法包括化学驱、气体混相驱、热力采油和微生物采油等方法。提高采收率的机理是通过控制注入流体的流度、降低界面张力、降低原油黏度来提高波及效率和驱油效率。

油田化学在油田开发中起着越来越重要的作用。油田化学剂在油田开发各个环节(诸如注水、压裂、酸化、堵水调剖和提高采收率等)中应用十分广泛,具有增加黏度、稳定黏土、降低摩阻、防止腐蚀、杀灭细菌、降低界面张力、防止滤失、堵塞高渗透层和提高驱油效率等作用。在注水中应用的化学剂有黏土稳定剂、杀菌剂、防垢剂和缓蚀剂等,在压裂中应用的有增稠剂、交联剂、破胶剂、降阻剂、防滤失剂、助排剂和杀菌剂等,在酸化中应用的有各种类型酸、缓蚀剂、稠化剂和铁离子稳定剂等,在提高采收率中应用的有各类聚合物、表面活性剂、发泡剂和牺牲剂等。

本书旨在系统介绍油田化学及提高采收率的基本理论、方法及实践,全书由概述、酸化化学、压裂液化学、堵水化学、注水化学、聚合物驱、化学复合驱、弱凝胶调驱、气体混相驱、热力采油和微生物采油等 11 章组成。第一章的第二节和第三节、第六章至第十一章由西南石油大学陈铁龙教授编写,第一章的第一节、第二章至第五章由西南石油大学马喜平教授编写,全书由陈铁龙教授统稿。

在本书的编写过程中,得到了西南石油大学的领导和同事们大力支持和帮助,在此深表谢意。由于笔者水平有限,书中难免存在错误和疏漏之处,敬请广大读者批评指正。

目 录

第一章 概述 ·· (1)
  第一节 油田化学剂的作用和种类 ·· (1)
  第二节 提高采收率基本概念 ·· (17)
  第三节 提高采收率的方法 ··· (22)

第二章 酸化化学 ··· (30)
  第一节 概述 ··· (30)
  第二节 酸液体系 ··· (34)
  第三节 酸液添加剂 ·· (41)

第三章 压裂液化学 ·· (56)
  第一节 概述 ··· (56)
  第二节 压裂液 ·· (61)
  第三节 添加剂 ·· (85)

第四章 堵水化学 ··· (91)
  第一节 概述 ··· (91)
  第二节 选择性堵剂 ·· (94)
  第三节 非选择性堵剂 ··· (112)

第五章 注水化学 ··· (122)
  第一节 注水水质及处理 ·· (122)
  第二节 防垢剂 ·· (127)
  第三节 缓蚀剂 ·· (137)
  第四节 杀菌剂 ·· (145)
  第五节 黏土防膨剂 ·· (150)

第六章 聚合物驱 ··· (157)
  第一节 聚合物驱油机理 ·· (157)
  第二节 聚合物溶液性质 ·· (161)
  第三节 聚合物溶液在多孔介质中的流动特性 ·· (172)
  第四节 聚合物驱的室内评价与设计 ··· (178)
  第五节 聚合物驱现场实施及监测 ·· (186)

第七章 化学复合驱 ·· (200)
  第一节 碱水驱 ·· (200)
  第二节 微乳液—聚合物驱 ··· (207)
  第三节 泡沫驱 ·· (216)
  第四节 三元复合驱 ·· (222)

第八章 弱凝胶调驱 (228)
第一节 概述 (228)
第二节 弱凝胶性能评价 (234)
第四节 弱凝胶调驱实施方法 (240)
第五节 弱凝胶调驱实例 (251)

第九章 气体混相驱 (263)
第一节 基本理论 (264)
第二节 二氧化碳驱 (267)
第三节 烃类气体驱 (287)
第四节 氮气驱 (297)

第十章 热力采油 (306)
第一节 基本理论 (307)
第二节 蒸汽吞吐 (313)
第三节 蒸汽驱 (324)
第四节 火烧油层 (342)

第十一章 微生物采油 (351)
第一节 微生物基本概念 (353)
第二节 油层微生物 (361)
第三节 微生物采油机理与筛选 (368)
第四节 微生物采油应用 (373)

附录 不同单位制的换算关系 (386)

第一章　概　述

随着石油资源的短缺,石油勘探已向深层、超深层发展,勘探开发技术得到了很大的提高。尤其是近年来如何提高石油采收率是大家共同关心的问题。为此对注水开发、酸化、压裂等储层改造、提高原油采收率、减少产出水等增产措施提出了更高要求。而要满足这些技术,均有大量的油田化学问题需要解决,油田化学剂在石油工业中的重要性日益增加。

我国新发现油田储量有限,老油田挖潜任务艰巨,特别是针对我国油田特点,加强油田勘探开发,提高油田采收率,加强环境保护,需要更多的新型、高效、降低污染的油田化学品。

第一节　油田化学剂的作用和种类

油田化学剂在油气开采作业中具有重要作用。在油气开采作业中均离不开油田化学剂,用于酸化压裂工作液处理剂、堵水作业、注水作业和提高采收率作业等整个油气增产作业中。按照在各作业中的作用,油田化学剂可分为酸化压裂化学剂、堵水化学剂、注水化学剂和提高采收率化学剂。

一、酸化压裂化学剂

1. 酸化化学剂

用于酸化的酸一般为盐酸和土酸,特殊情况下也可考虑用有机酸(如甲酸、乙酸、氨基磺酸和氯乙酸)进行碳酸盐岩的酸化。有机酸的优点是比无机酸腐蚀性小,而且反应速度慢,可以实现地层深部酸化;其缺点是成本高,酸溶能力相对较差,所以应用不如无机酸广泛。除了盐酸和土酸外,可以选用的无机酸还有磷酸、硝酸和地层自生酸等。为了达到良好的增产效果,在酸化过程中必须选择合适的酸液添加剂以满足特定的酸液性能要求。常用的酸液添加剂有以下几种。

(1)增稠剂

增稠剂,又称为胶凝剂,主要用于提高酸液的黏度,延缓活性物质向岩石矿物表面的传递速率,降低酸液在地层中的滤失,同时还可降低摩阻。常用的增稠剂有丙烯酰胺共聚物、乙烯类共聚物、纤维素(CMC 和 HEC)、杂多糖以及脂肪胺等其他聚合物。

(2)乳化剂和发泡剂

乳化剂和发泡剂通常选用非离子型表面活性剂。其他表面活性剂还包括有机胺的季铵盐、烷基酚乙氧基化合物、氧化乙烯—氧化丙烯—丙烯乙二醇的三元共聚物和烷基或芳基—聚乙氧基磷酸酯等。

(3) 防地层伤害化学剂

在酸化过程中,酸液与岩石反应产物会导致孔隙的堵塞、颗粒的运移或者黏土的膨胀,引起地层渗透率下降,造成地层伤害。常用 $Al(OH)_3$,$ZrCl_2$ 或季铵盐类聚合物作为黏土稳定剂和防膨剂。此外,用磺化水杨酸、柠檬酸、二羟基马来酸、乙二胺四乙酸、乳酸、葡萄糖酸、氮川三乙酸、柠檬酸和醋酸的混合物以及盐酸羟胺($NH_2OH \cdot HCl$)、柠檬酸和葡萄糖—δ-内酯的混合物等作为 Fe^{3+} 的稳定剂。

(4) 防垢剂

防垢剂有乙醇乙氧磺酸、低相对分子质量的乙烯基磺酸盐、甲基丙烯酸甲酯—乙二胺共聚物和乙二胺四乙酸等。当饱和地层流体冷却或生产井附近压力下降时,可能产生石膏垢。除垢用乙酸钾、乙醇钾、柠檬酸钾和碱溶液等清洗井筒,用乙二胺四乙酸螯合剂溶解碳酸钙沉淀。防垢剂还可用于注水和三次采油。

(5) 缓蚀剂

缓蚀剂用于油井酸化防腐蚀。主要用醛类(如甲醛和硫醇)、聚醚、烷基磺酸盐、吡啶类化合物(如氯化基吡啶)以及炔醇等。

2. 压裂化学剂

压裂化学剂分为以下几种。

(1) 增黏剂

增黏剂主要用于增加压裂液的黏度,以利于提高携砂、降滤失以及降摩阻的作用。常用增黏剂为聚多糖(如瓜尔胶及其衍生物),其中以羟丙基瓜尔胶(HPG)和羧甲基羟丙基瓜尔胶(CMHPG)为最好。不溶物在压裂液中质量分数小于2%,并且高温稳定性好。HEC 用于不需交联且有较长破胶期的压裂液体系,因为 HEC 交联很困难,所以尽管它有不伤害地层的优良性质,但由于上述原因使它的使用受到限制。其他增黏剂有:丙烯酰胺—十二烷基甲基丙烯酰胺共聚物、聚乙烯基醇等聚合物,均具有较好的热稳定性。用于油基压裂液的增黏剂有轻度磺化的聚苯乙烯和各种磷酸酯。

(2) 降滤失剂

降滤失剂用于降低流体从裂缝向地层和地层间天然大小裂缝漏失的速率。常用硅粉、油溶性树脂、柴油和乳状液等。

(3) 交联剂

交联剂用以交联高分子产生具有较高胶体强度的冻胶,提高携砂能力以及高温下胶体悬砂能力。常用的交联剂有:有机钛酸盐、硼酸盐和锆盐。有机锆酸盐可作为 HEC 的交联剂,锑酸盐和铝化物用来作为聚多糖的交联剂,此外,还有聚胺类,如四亚甲基二胺可加速交联反应。

(4) 破胶剂

在压裂地层后,为使冻胶便于返排而使用破胶剂使其破胶。常用酶作为破胶剂,用于低于60℃的井下条件;过氧化物或是氧化—还原破胶体系适用于高温地层。

(5) 化学稳定剂

当温度高于225℃时,为减缓聚多糖的氧化降解,使用高温稳定剂。主要有:甲醇、硫代硫酸钠、二硫代氨基甲酸钠、咪唑硫代衍生物、硫杂咪唑和其他杂环化合物等。此外,煅烧白云石

和 Ca^{2+},Cu^{2+} 盐能提高 HEC 的热稳定性。

(6)杀菌剂

为防止耗氧菌对压裂液在搅拌和储存过程中的降解,常用戊二醛、氯苯、季铵盐和硫杂咪唑衍生物作为杀菌剂。

(7)pH 缓冲剂

pH 缓冲剂一般有 $NaHCO_3$,Na_2CO_3,乙酸,富马酸和甲酸等。

二、堵水化学剂

1. 选择性堵水

水基堵剂是选择性堵剂中应用最广、品种最多、成本较低的一类堵剂。它包括各类水溶性聚合物、泡沫、乳状液及皂类等。

(1)水溶性聚合物

水溶性聚合物冻胶是我国 20 世纪 70 年代以来研究最多、应用最广泛的一种调剖堵水剂,它在调剖堵水中的作用机理是在地层多孔介质中产生物理堵塞作用和吸附作用。水溶性聚合物冻胶使用浓度低、工艺简单且易于控制,在油井堵水和注水井封堵大孔道作业中都有广泛应用,现在又发展了交联技术和延缓交联技术,大大提高了堵剂的作用效果。根据聚合物、交联剂及其他添加剂的不同可分为许多品种。

1)聚丙烯酰胺(PAM)堵剂。聚丙烯酰胺(PAM)可由丙烯酰胺聚合制成。

2)部分水解聚丙烯酰胺(HPAM)。部分水解聚丙烯酰胺是聚丙烯酰胺水解后的产物,为阴离子型,水解度可以由加碱量或共聚时单体比控制。HPAM 分子链上有—$CONH_2$ 和—COOH,对油和水有明显的选择性,它降低油相渗透率最高不超过 10%,而降低水相渗透率可超过 90%。

3)交联的聚丙烯酰胺。交联剂是堵水剂的重要组成部分,可分为无机交联剂和有机交联剂。无机交联剂通常为 Fe^{3+},Al^{3+},Ti^{4+},Zr^{4+},Sn^{4+},Cr^{3+} 等,在这些多价阳离子中以 Cr^{3+},Ti^{4+} 和 Zr^{4+} 应用得最多。它们通常以络合的形式存在,络合离子为乙酸根、丙酸根、乳酸根、丙二酸根、酒石酸根、葡萄糖酸根、柠檬酸根、醇酸根和水杨酸根等。

控制体系的 pH 值、温度或化学交联剂的化学特性,使交联反应不在地面完成,而是在地下所指定的部位完成,这种方法叫延缓交联。这样做不仅利于施工,利于实现选择性,而且可以将堵剂送到地层深处。

4)HPAM 就地膨胀堵剂。该堵剂遇水只能溶胀而不能溶解。把这种聚合物微粒分散于油中,注入需封堵地层,遇水溶胀而起封堵作用,遇油不发生变化,所以有一定的选择性。

5)部分水解聚丙烯腈(HPAN)堵剂。HPAN 国内原材料是由腈纶废丝的碱性水解得到。HPAN 与 HPAM 的堵水原理相同,HPAN 通常交联使用。

6)改性淀粉类堵剂。淀粉水凝胶曾经由于较差的注入性及热稳定性限制了其在调剖控水中的应用。然而,研究发现,化学改性淀粉在苛刻的盐环境中不会水解,且不易降解,其相对分子质量分布较宽,可以被制成适合于特殊的岩性堵剂,来提高原油采收率。这类淀粉主要是淀粉接枝改性聚合物。

7）生物聚合物凝胶体系。生物聚合物凝胶体系的特点表现在：能溶于水；在水中有优良的增黏性；线型大分子链上都有极性基团，能与一些多价金属离子或有机基团（交联剂）反应，生成体型的交联产物——冻胶，使黏度大幅度增加，失去流动性及水溶性，显示较好的黏弹性。生物聚合物凝胶体系主要包括：植物胶、黄胞胶和硬葡聚糖等。

8）阴阳非离子三元共聚物。部分水解的 AM—AMBTAC 共聚物：通过丙烯酰胺（AM）与（3-酰胺基-3-甲基）丁基三甲基氯化铵（AMBTAC）共聚水解得到。

部分水解的 AM—DMDAC 共聚物：通过丙烯酰胺与二甲基二烯丙基氯化铵（DMDAAC）共聚水解得到。

CAN-1 阴阳非离子型聚合物：以丙烯酰胺（AM）、丙烯酸（AA）、二甲基二烯丙基氯化铵（DMDAAC）等为主要原料，在过硫酸盐引发下，采用溶液聚合法制得的产物。

（2）泡沫堵水剂

泡沫是一种多相热力学不稳定分散体系。它作为一种选择堵水剂主要是由其外相（连续相）所决定。泡沫堵水剂中常用的起泡剂有十二烷基磺酸钠（AS）和十二烷基苯磺酸钠（ABS）等。

（3）皂类堵剂

将 NaOH 水溶液加热到 90℃，然后加入松香进行皂化，再用水稀释至质量分数为 7%~15%，将产物松香酸钠水溶液泵入地层后，与地层中的钙、镁离子发生反应生成固体沉淀，可堵塞出水层段。

（4）油基堵剂

油基堵剂主要包含以下几类：

1）烃基卤代甲硅烷。烃基卤代甲硅烷是一种易水解、低黏度的液体，其通式为 R_nSiX_{4-n}。其中 R 为烃基、X 表示卤素（F，Cl，Br，I），n 为 1~3 的整数。由于烃基卤代甲硅烷是油溶性的，所以须将其配成油溶液使用。

2）硅酸钠堵剂。这种堵剂用于封堵 Ca^{2+}，Mg^{2+} 含量高的地层水，它可与 Ca^{2+}，Mg^{2+} 反应产生相应的沉淀。俄罗斯研制出一种模数为 2.9 的水溶性聚合物和硅酸钠含水乙醇溶液堵剂，比较适合深部堵水作业。

3）对烷基酚—乙醛树脂。这种树脂是用地下合成法产生。方法是将对烷基酚、乙醛和催化剂注入地层，在 100℃左右即可产生一种支链型的高分子，它溶于油，不溶于水，所以是一种选择性堵剂。

4）聚氨基甲酸酯。聚氨基甲酸酯是由多羟基化合物与多异氰酸酯聚合而成。聚氨基甲酸酯是一种选择性很好，封堵能力很强的堵剂。

5）超细微粒水泥堵剂。超细微粒水泥是水泥工艺上的一个突破，它具有独特的性能，分散于油中易进入封堵层，遇水水化而起封堵作用，所以具有选择性。可用于初次注水泥和补注水泥的作业。

6）稠油类堵剂。稠化油是由高黏原油和表面活性剂组成，即加入了 W/O 型乳化剂的具有一定黏度的稠油。这种稠油被高压挤入地层后，进入油流孔道的活化稠油溶于油而随油流排出，进入水流孔道的活化稠油，在渗流作用下与地层水或注入水混合乳化形成油包水乳状液

(W/O),从而使活化稠油黏度进一步提高,增加了驱替水的流动阻力,限制了水的流动;起到堵水作用。

(5)醇基堵剂

1)松香二聚物的醇溶液。松香二聚物易溶于低分子醇(如甲醇、乙醇、正丙醇等)而难溶于水,当松香二聚物的醇溶液与水相遇,水即溶于醇中,减少了醇对松香二聚物的溶解度,使松香二聚物饱和析出。由于松香二聚物软化点较高(至少100℃),所以松香二聚物析出后以固体状态存在,对于水层有较高的封堵能力。

2)醇—盐水沉淀堵剂。该方法是向注水井地层先注入浓盐水,然后再注入一个或几个水溶性醇类(如乙醇)段塞。醇与盐水在地层混合后会产生盐析,封堵高渗透层,使其渗透率降低50%,使原油采收率提高15%。试验表明:盐水的浓度为25%~26%(质量分数),乙醇的浓度为15%~30%(质量分数)时是适宜的,其注入量为0.2~0.3PV,采用多段塞比段塞方法的效果更为明显。由于醇和盐水的流动性好,有利于选择性封堵高渗透含水层。

3)醇基复合堵剂。C. M. KacyMoB 等人在实验研究的基础上,研制了一种新的封堵材料,主要成分为水玻璃($Na_2O \cdot mSiO_2 \cdot nH_2O$,模数为2.9);第二种组分为HPAM,其作用是与地层水混合后能提高混合液的黏度和悬浮能力;第三种组分是浓度不高的含水乙醇,作用是加速盐类离子的凝聚过程。乙醇能提高吸附离子接近硅酸胶束表面膜的能力,从而可增加凝胶的吸附量。该堵剂遇水后析出沉淀堵塞水流通道。

(6)油溶性树脂

油溶性树脂堵剂被挤入井筒附近的近井地带时,在地层压力、温度作用下变软、变形,堵塞岩石孔隙,形成屏蔽。堵剂又可溶入原油,随原油排出后,地层渗透率恢复,有效地保护油层。

2. 非选择性堵水

非选择性堵水法适用于封堵单一水层和高含水层,因为所用的堵剂对水和油都没有选择性,它既可堵水,也可堵油。

(1)无机堵剂

无机堵剂一般包括以下4种:

1)黏土。黏土具有便宜、易得、耐温、耐盐、耐剪切和化学稳定等性能特点,曾在比较长的时间内成为油田堵水调剖的主力堵剂之一。但矿场应用发现,如果对堵剂与地层渗透率的匹配关系掌握不好,就容易发生堵剂窜流,过早地进入生产井,使封堵失败或出现污染低渗透层的现象。

2)水泥堵剂。水泥在早期被直接用于固井,尤其在低温下使用低密度小颗粒水泥浆封固套管柱,可获得更高的早期抗压强度。

3)水玻璃。向地层注入由隔离液隔开的两种无机化学剂溶液,在注入过程中,使其在地层孔道中形成沉淀,对被封堵地层形成物理堵塞,从而封堵地层孔道。

4)硅酸凝胶。现场上常用 Na_2SiO_3 来制备凝胶,凝胶的强度可用模数来控制。模数小生成的凝胶强度小,模数大生成的凝胶强度大。

(2)有机堵剂

有机堵剂一般包括以下两类:

1)树脂型堵剂。这是指那些由低分子物质通过缩聚反应产生的不溶不熔的高分子物质,如酚醛树脂、脲醛树脂和三聚氰胺—甲醛树脂等。

①环氧树脂。树脂小球堵水剂是将配入软化剂和固化型的环氧树脂加入分散介质中,制成树脂小球,在树脂小球胶化后和固化前注入油井。分散介质渗入地层,而树脂小球滤在油井与地层连通的炮眼处,经压实固化形成坚硬的栓塞,即可将高渗透水淹层封堵。

②酚醛树脂。将市售酚醛树脂(20℃时黏度为150~200mPa·s)按一定比例加入固化剂(草酸或$SnCl_2$+HCl)混合均匀,加热到预定温度至草酸完全溶解树脂呈淡黄色为止,然后挤入水层便可形成坚固的不透水屏障。

③脲醛树脂堵剂。将尿素与甲醛在碱性催化剂的作用下制成一羟、二羟和多羟甲基脲的混合物,然后加入固化剂氯化铵,混合均匀后注入地层,进一步缩合形成热固性树脂封堵出水层。

④环氧树脂。环氧树脂是双酚A和环氧氯丙烷在碱性条件下反应的产物,所使用的固化剂为乙二胺、多元酸酐等,稀释剂为乙二醇—丁基醚。

⑤糠醇树脂。磷酸与糠醇在井筒内接触,当酸与糠醇在地层与水混合后,生成坚硬的热固性树脂,堵塞地层孔隙。

2)凝胶堵剂。

凝胶堵剂主要包括以下几类:

①聚乙烯胺—酚醛树脂凝胶。

②聚乙烯醇凝胶。聚乙烯醇共聚物体系有:乙烯醇—丁烯酸共聚物体系、乙烯醇—丙烯酸共聚物体系、乙烯醇—甲基丙烯酸共聚物体系、乙烯醇—乙烯吡啶共聚物体系以及乙烯醇—苯乙烯共聚物体系等。

③聚丙烯腈—酚醛凝胶体系。

④木质素磺酸盐凝胶体系。

⑤氰凝堵剂。氰凝堵剂由主剂(聚氨酯)、溶剂(丙酮)和增塑剂(邻苯二甲酸二丁酯)组成。

⑥丙凝堵剂。丙凝堵剂是丙烯酰胺(AM)和N,N-甲撑双丙烯酰胺(MBAM)的混合物,在过硫酸铵的引发和铁氰化钾的缓凝作用下,聚合生成不溶于水的凝胶来堵塞地层孔隙。

⑦盐水凝胶。

三、注水化学剂

目前全国各油田绝大部分开发井都采用注水开发方式,注水过程中都不可避免地要涉及防垢、杀菌、防腐蚀和防止黏土膨胀等问题。

1. 油田水的化学防垢

化学防垢法的主要机理包括分散作用、螯合和络合作用、絮凝作用以及晶体变形作用。起化学防垢作用的物质主要有:无机磷酸盐、有机膦酸及其盐、聚合物、复配型复合物等。

(1)无机磷酸盐

主要有磷酸三钠(Na_3PO_4)、焦磷酸四钠($Na_3P_2O_7$)、三聚磷酸钠($Na_5P_3O_{10}$)和六偏磷酸钠$[(NaPO_3)_6]$。这类药剂价格低,防$CaCO_3$垢较有效。

(2)有机膦酸及其盐

主要有氨基三甲叉膦酸(ATMP)、乙二胺四甲叉膦酸(EDTMP)和羟基乙叉二膦酸钠

(HEDP)等。

(3) 聚合物

主要有聚丙烯酸钠(PAA)、聚丙烯酰胺(PMA)和聚马来酸酐(HPMA)等,其中HPMA防止$CaSO_4$及$BaSO_4$垢很有效。

(4) 复配型复合物

几种作用不同的单剂按一定比例混合在一起,多剂复配,相互配合,取长补短,充分发挥协同效应。

2. 油田水的缓蚀

油田水处理用缓蚀剂按成分可分为有机、无机两大类。由于有机缓蚀剂具有以下优点因而逐渐代替了无机缓蚀剂:1)缓蚀效果好,投加量低,处理成本较低;2)有一剂两用或一剂多用的效果,例如防垢缓蚀剂咪唑啉类及季铵盐类缓蚀剂又有杀菌效果;3)有机缓蚀剂同时又是表面活性剂,具有降低表面张力的作用,有利于注水。

按缓蚀剂的作用机理来划分,可分为阳极型、阴极型和混合型三种类型。按缓蚀剂所形成的保护膜特征划分,可分为氧化膜型、沉淀膜型和吸附膜型三种类型。

油田水系统使用的有机缓蚀剂主要类型有:季铵盐类、咪唑磷酸胺类、脂肪胺类、酰胺衍生物类、吡啶衍生物类、胺类和非离子表面活性剂复合物等。对油田注水效果较好的是季铵盐类、咪唑啉类,因为这类化合物通常还具有较好的分散性,可以防止一些沉积物对地层的堵塞。椰子油酸胺的醋酸盐对油田注水也有较好的效果,它具有缓蚀和杀菌双重作用。

3. 油田水的杀菌

对于油田注入水和污水处理系统,细菌所造成的危害基本上可分为两类,一类为腐蚀,另一类是造成堵塞。这些细菌对油气生产系统造成的危害是严重的。为了保证注水效果,在回注系统中实施杀菌是非常重要的。

按杀菌剂的化学成分可分为无机杀菌剂和有机杀菌剂两大类。属于无机杀菌剂的有氯、二氧化氯和次氯酸钠等,属于有机杀菌剂的有季铵盐类、氯酚类、有机硫类和氯胺类等。按杀菌剂的杀菌机制分为氧化型和非氧化型杀菌剂。例如,氯、次氯酸钠和氯胺等是氧化型杀菌剂,季铵盐类、氯酚类和二硫氰基甲烷等是非氧化型杀菌剂。

(1) 氧化型杀菌剂

氧化型杀菌剂都是一些氧化剂,它们的杀菌作用是通过它们的强烈氧化作用,破坏原生质结构或氧化细胞结构中的一些活性基因而产生的。

(2) 非氧化型杀菌剂

非氧化型杀菌剂主要包括:

1) 氯酚及其衍生物。氯酚类杀生剂的杀生作用是由于它们能吸附在微生物的细胞壁上,然后扩散到细胞结构中,在细胞质内生成一种胶态溶液,并使蛋白质沉淀。

2) 季铵盐化合物。季铵盐杀菌剂是一类有机铵盐,它具有离子型化合物的性质,极易溶于水而不溶于非极性溶剂。季铵盐杀菌剂中最常用的两种药剂是洁尔灭(十二烷基二甲基苄基氯化铵,俗称1227)和新洁尔灭(十二烷基二甲基苄基溴化铵)。由于这两种季铵盐的阳离子相同,故其杀生性能基本相似。新洁尔灭的杀生作用比洁尔灭要强一些。

3) 有机硫类。许多有机硫化物是低毒、水溶和易于使用的。它们对于抑制真菌、黏泥形成菌,尤其是硫酸盐还原菌十分有效。如二硫氰基甲烷(又称二硫氰酸甲酯)就是一种广泛使用的有机硫杀生剂。

4) 醛类化合物。醛类化合物如甲醛、丙烯醛和戊二醛等都具有较好的杀菌性能,但它们具有强烈的刺激性气味,并且易燃、易挥发,影响了它们的推广应用。

5) 异噻唑啉酮类。异噻唑啉酮是一类较新的杀生剂。作为杀生剂,人们常使用异噻唑啉酮的衍生物,例如2-甲基-4-异噻唑啉-3-酮和5-氯-2-甲基-4-异噻唑啉-3-酮。

6) 其他类型的杀生剂。除了以上所述几种类型,还有其他类型的杀生剂,如有机胺类、有机锡化合物和季鏻盐类等。

4. 黏土防膨

对于含黏土砂岩油藏的开采,如何防止水敏、速敏和酸敏是一个十分重要的问题,是直接关系到能否开发和开发好这类油藏的重要问题。黏土稳定剂主要包括以下几种。

(1) 无机盐类和无机碱类

常用的无机盐类和无机碱类黏土稳定剂,一般是指 K^+、NH_4^+、Ca^{2+} 和 Al^{3+} 等高价金属离子。这类物质对黏土的稳定作用是有条件的,在动态条件下难以长期稳定黏土。同时,这类物质只能起到抑制水化作用,不能有效地防止微粒运移。

(2) 无机聚合物类

目前,常用的无机聚合物类黏土稳定剂有羟基铝、氢氧化铅等,这类处理剂在一定的 pH 值的水溶液中形成多核络合物,即无机聚合物。

(3) 有机聚合物类

非离子、阴离子和阳离子型有机聚合物都对黏土有稳定作用,但现在使用效果最好的是阳离子聚合物。它们多为聚季铵盐、聚季鏻盐和聚季锍盐等,是效果最好的一类黏土稳定剂,但成本偏高。

四、提高采收率化学剂

1. 化学驱油剂

(1) 碱

碱驱油技术是三次采油技术中研究应用最早的,但由于碱耗和其可操作碱浓度范围过窄,一直没有形成规模应用。碱驱油机理是碱水注入后,碱与原油中的极性物质(有机酸类物质)反应生成表面活性剂,而原油中存在的重质油如沥青质、胶质等所含的羧酸、羟基酚、卟啉等与之协同作用,使得油水界面张力和界面黏度降低,并产生润湿性反转形成水包油、油包水和多重乳状液,从而改变了毛细管力、附着力和驱动力,使原来不流动的残余油通过夹带、聚并重新处于可流动状态,从而提高采收率。碱不仅改变了油水界面张力,而且也改变了岩石与油、岩石与水之间的界面张力。碱驱后期,含油量很低,油相不连续,油珠被滞留成为碱驱残余油。

(2) 聚合物

聚合物驱油技术对我国油藏的物化环境有较强的适应性,经过多年的研究,矿场试验也已取得全面成功,至今该技术已在油田进行工业化推广应用,并取得了较好的驱油效果,但提高采收率的幅度还不够高。

(3) 表面活性剂

表面活性剂驱油机理十分复杂,大致有两种情况:一种是稀表面活性剂体系,这是指表面活性剂浓度低于2%的低界面张力溶液体系。为了提高稀表面活性剂溶液渗流过程中抗吸附、抗二价离子沉淀的能力,常加入其他助剂,典型配方如石油磺酸盐(1%)+尿素(4%)+六偏磷酸钠(0.2%),用1.3% NaCl水溶液配置成无醇体系。此稀表面活性剂体系驱油时,由于油水界面张力降低,使水驱残余油乳化变形拉伸成长条状或丝状,形成油珠渗流,增加了油的流动性,易于聚并形成油带。

(4) 三元复合体系

在20世纪80年代中期,复合驱技术从三次采油技术中脱颖而出。由于碱、表面活性剂和聚合物间的协同效应,使得各化学剂的使用浓度都很低,这样不仅大大降低了成本,而且显著提高了原油采收率。目前一般使用的三元复合体系属于无醇的稀表面活性剂体系。复合驱油技术综合了碱、表面活性剂和聚合物单独驱油的优点,是一种效率高、适用油田推广的驱油技术,在我国具有良好的应用前景。

(5) 泡沫

利用表面活性剂发泡性配成驱油剂进行采油的方法称为泡沫驱。泡沫驱油剂的黏度比水大,由于气阻效应,驱油效果比水好。常用的品种有烷基磺酸钠、烷基苯磺酸钠和烷基萘磺酸钠等。如美国专利4676316表明:用CO_2泡沫驱采油时,添加0.05%二聚物和0.5%硫酸酯型泡沫剂,可以提高二氧化碳的穿透体积和最大压降。

(6) 微乳液

微乳液是由一定比例的表面活性剂、助表面活性剂、油和水形成的具有各向同性的、透明的和热力学稳定的分散体系。微乳液液滴直径在十几至几十纳米范围内。液滴被表面活性剂和助表面活性剂组成的混合界面膜所稳定。微乳液可分为单相微乳液和多相微乳液。前者是指微乳液是一个相,后者则指微乳液不能单独存在,必须与油相或水相、甚至两个相同的存在。即Winsor Ⅰ型,下相微乳液和剩余油相平衡;Winsor Ⅱ型,上相微乳液与剩余水相平衡;Winsor Ⅲ型,中相微乳液与剩余油和水三相平衡。最佳Winsor Ⅲ型微乳液的两个界面的界面张力都能达到超低值,室内模拟实验证明,这种体系能使水驱后的残余油100%被驱出。但微乳液黏度较低,因此需加入聚合物段塞来控制流度。

微乳液与水驱残余油珠接触,改变了原来油水界面膜的性质,发生互溶作用,形成极易聚并的乳状液,推动水驱残余油流动,最后富集、聚并成高含油饱和带被采出。

2. 三次采油化学助剂进展

(1) 碱

碱是最早用于三次采油的。目前在三次采油中应用的碱主要是$NaOH$,Na_2CO_3,$NaHCO_3$,

Na_3PO_4 和 Na_2HPO_4 等。在实际的驱油体系中多将两种或两种以上的碱复配使用，而且考虑到地层和复合体系影响，现在有向弱碱配方方向发展的趋势。碱浓度的大小对复合驱体系的性质影响很大。例如，Na_2CO_3 浓度为 0.8% 的碱水与油的界面张力为 0.73mN/m，当该碱液中再加入 0.2% 的聚合物时，与油的界面张力可降低到 0.002mN/m，而当该复合体系中的碱浓度提高到 2% 时，界面张力又升到 0.63mN/m。而且随着碱浓度的提高，复合体系黏度逐渐下降，这意味着在复合体系中加入少量碱，可以提高体系的流度控制能力。

(2) 表面活性剂

在三次采油复合体系配方中，表面活性剂品种很多，主要有石油磺酸盐(SPS)、烷基芳基磺酸盐、木质素磺酸盐和羧酸盐等。石油磺酸盐是多组分的混合物，它以烷基苯基磺酸盐为主体，还含有茚等稠环芳烃磺酸盐。目前，石油磺酸盐和烷基芳基磺酸盐仍是三次采油研究和生产中应用最多的表面活性剂。但是，由于各地原油性质不同导致同馏分油的性质不尽相同，从而使石油磺酸盐表面活性剂的产品性能不稳定，给工业化生产带来麻烦，限制了其应用。对三次采油而言，到目前为止，还没有一个普适性的和单一组成的表面活性剂。在三次采油复合体系中表面活性剂均为两种或两种以上表面活性剂的复配体系。目前，在国外一直受重视的研究领域是以木质素为原料合成的三次采油用表面活性剂。由于木质素来源丰富，成本低廉，因此由木质素合成的表面活性剂最有希望应用于三次采油中。研究表明，高锰酸钾、高碘酸钠氧化法和浓硝酸氧化法都能获得高活性的木质素表面活性剂。

(3) 聚合物

三次采油复合驱体系要求聚合物与其他化学剂必须有良好的协同作用以增加采收率。同时，还需要对油藏和环境具有良好的亲善性，保证资源充分利用和环境保护。三次采油聚合物基本上都是以丙烯酰胺为基础的均聚物、共聚物和改性聚合物。目前普遍使用高相对分子质量的阴离子型水解聚丙烯酰胺均聚物，但其在实际应用中存在一些结构缺陷，易发生化学的、物理的和生物的降解和损耗，造成性能大幅度下降，甚至失去使用价值。此外，我国油藏条件复杂，加上复合驱技术要求高，因此提高此类聚合物的性能已成为十分重要的问题。为提高聚合物的耐温抗盐性能，需要从其化学结构上提高对水解作用的稳定性。研究表明，用强酸型离子基团(如 2－丙烯酰胺－2－甲基丙磺酸盐)替代弱酸型离子基团(如羧酸基团)，增加金属盐的解离度，同时增加连接离子基团的中间桥链的空间位阻，均能有效提高聚合物链上酰胺基团的水解稳定性。

3. 三次采油化学助剂的发展方向

(1) 木质素表面活性剂的合成

木质素表面活性剂的重要原料是从制浆造纸过程中产生的废黑液(碱法与硫酸盐法造纸)或废红液(酸法造纸)中分离出来的碱木质素或木质素磺酸盐，来源丰富、价格低廉，这方面国内外已经具有一定的研究经验，加上该产品性能稳定，在三次采油中具有非常好的前景。木质素表面活性剂最终与石油磺酸盐表面活性剂复配使用有望成为三次采油普适性表面活性剂。同时木质素表面活性剂可作为牺牲剂，降低石油磺酸盐在岩石表面的吸附。

(2) 高分子表面活性剂的合成

在三次采油复合驱中既要求增黏作用又要求高的表面活性，采用超声波技术合成羧甲基纤维素(CMC)与表面活性大单体的共聚物可以获得既有增黏作用又有高表面活性的高分子表面活性剂,从而降低三次采油的成本。

(3) 耐温抗盐共聚物的合成

以丙烯酰胺单体为主,辅以强酸性2-丙烯酰胺-2-甲基丙磺酸盐单体及丙烯酸单体可以合成耐温抗盐型聚合物。该聚合物耐高温抗盐,可使用油田污水配制,降低配注成本。

(4) 具有高表面活性的耐温抗盐型聚合物的合成

在耐温抗盐共聚单体中引入具有表面活性的基团,可以合成出既有增黏作用又有高表面活性的耐温抗盐型聚合物,如疏水缔合聚合物属于此类。疏水缔合聚合物是丙烯酰胺与疏水单体(如甲基-二烯丙基十二烷基氯化铵)共聚而成,具有增黏、抗盐和抗温性能。

除了按照在油气开采作业中的作用分类外,按照组成,油田化学剂可分为以表面活性为主要组分的处理剂,天然高分子和合成高分子等聚合物处理剂,以及无机类和矿产类等其他处理剂。

五、表面活性剂

1. 采油表面活性剂

(1) 驱油剂

驱油剂所用的表面活性剂主要是阴离子和非离子型表面活性剂。阴离子表面活性剂有磺酸盐型(如石油磺酸盐、木质素磺酸盐和烷基芳基磺酸盐等)和羧酸盐型(如石油羧酸盐和天然油脂羧酸盐等)。非离子表面活性剂目前主要是聚氧乙烯类型。提高采收率的途径主要有:

1) 提高波及系数、降低水油流度比。在实践中主要应用聚合物驱或表面活性剂、聚合物和碱一起使用的三元复合驱。

2) 增加毛细管数。在实践中采用微乳液驱,微乳液能使油水界面张力达到超低,从而提高驱油效率。

目前对驱油剂的研究重点是如何开发廉价的表面活性剂,进一步降低驱油剂的成本,以获得更大的经济效益。

(2) 堵水剂

在采油过程中,油井堵水是控制油井中水的产出。堵水剂的作用是封堵油层的大孔道或裂缝,以提高采收率。用表面活性剂配制的堵水剂类型、组成、机理和作用见表1-1。

表1-1 表面活性剂在堵水应用中的类型、组成、机理和作用

类 型	组 成	机理和作用
泡沫型	水、气和起泡剂	气泡通过地层孔隙喉道时形成两个弯月面,产生的附加压力阻止流体通过,即在地层产生Jamin效应堵塞高渗透层或裂缝
乳状液型	水、油和乳化剂(通常使用石油磺酸盐)	这种乳状液液滴也可产生Jamin效应,封堵高渗透层,防止水的渗出
沉淀型	由两种物质进行反应生成沉淀	由含羧基的表面活性剂(脂肪酸皂、环烷酸皂、松香酸皂等)与地层水钙、镁离子形成沉淀,起到封堵裂缝的作用

(3) 酸化添加剂

对于低渗透油层,为了提高油层的渗透性,可用酸处理油层,达到油井增产、水井增注的目的。酸化一般分为两类:一类是低压注入酸化液,通过化学的溶蚀作用,解除近井地层的堵塞,疏通和扩大油、水层的毛细孔径及缝的宽度;另一类是高压注入酸化液,使地层压裂,称之压裂酸化,它是通过水力和化学溶蚀两种协同作用,压开地层,扩大缝隙,延伸和沟通裂缝的毛细孔,提高油和水的渗透通道。酸化时需要加入若干添加剂,以改进酸的性能,有利于原油的开采。表1-2列举了酸化过程中与表面活性剂有关的添加剂。

表1-2 酸化过程中与表面活性剂有关的添加剂

添加剂	成分	作用
缓速剂	脂肪胺盐类表面活性剂	由于缓速剂对地层的吸附而减缓酸对地层的作用,可以控制酸与地层中硅酸盐的反应速度
缓蚀剂	阳离子表面活性剂(如松香胶盐,1-聚氨乙基-2-烷基咪唑啉等)	缓蚀剂吸附于油井管壁(钢制品),使酸液对管壁的腐蚀减缓
防乳化剂	带有分支结构的表面活性剂(如聚氧乙烯聚氧丙烯丙二醇醚,聚氧乙烯聚氧丙烯五乙烯六胺等)	防乳化剂吸附在原油与酸液的界面上,防止酸使原油形成乳状液而影响操作
助推剂	季铵盐型、吡啶盐型和含氟的表面活性剂	酸化时,酸进入地层毛细孔或裂缝中并与硅酸盐作用,其酸解产物应从毛细孔或裂缝中排出,以利于原油流出。加入耐酸、耐盐的表面活性剂,即使在高酸和高盐条件下,仍可有效降低界面张力,减少 Jamin 效应,使酸解产物顺利排出
润湿反转剂	烷基醇聚氧丙烯聚氧乙烯醚和聚氧乙烯聚氧丙烯磷酸酯盐的混合物	由于酸液中的缓性剂在油井的近井地带吸附,将油层中岩砂的亲水表面反转为亲油表面,减少了酸化液的渗透,影响酸化效果,用润湿反转剂消除岩砂的反转

(4) 降黏剂和降凝剂

原油中胶质、沥青质的含量越多,其黏度越高;原油中石蜡含量越多,凝固点越高。对于高黏油和高凝油的开采,如采用化学方法,需加入乳化降黏剂和降凝剂。把这些乳化剂的水溶液注入井下,通过泵的作用,使高黏油形成低黏度的 O/W 原油乳状液而被采出。通常使用的降凝剂都是高分子表面活性剂,即主链为 $C_8 \sim C_{20}$ 和侧链带有极性基团的化合物,相对分子质量在 4000~100000 为宜。其作用原理是碳链与蜡共晶或吸附蜡微晶时,极性基团可抑制蜡晶生长。对于高稠油的开采,除了上述化学方法外,还可采用热采(注入蒸汽)。在注蒸汽过程中,将蒸汽和泡沫剂同时加入,这样形成的蒸汽泡沫可以降低其流动度,改善蒸汽在地层中的分配。

(5) 防蜡剂和清蜡剂

蜡是 $C_{16} \sim C_{70}$ 的直链烷烃,常温下为固体。在油层中,蜡溶解在原油中。在原油从地层流入到井底再到井口的开采过程中,由于压力和温度降低,使蜡在原油中溶解度减少,引起结蜡现象。

由于结晶过程可分3个阶段,即析出蜡微晶、蜡晶长大和蜡沉积,若将蜡控制在第一和第二阶段,则可达到防结蜡的目的。根据防蜡剂的作用机理,可将其划分为3种类型(表1-3)。

表1-3 防蜡剂的类型和作用机理

类 型	机理和作用
稠环芳烃类	通过参与组成晶核,使晶核扭曲而不能长大
表面活性剂类	采用油溶性表面活性剂,通过其吸附,将蜡微晶表面性质从非极性转化为极性,阻止蜡分子进一步沉积。也可采用水溶性表面活性剂,改变被结蜡物体表面性质(如油管表面和抽油杆表面等),即形成一层水膜,不利蜡分子的沉积
高分子表面活性剂类	已作为降凝剂用,它们可作为微晶的晶种。当原油冷却时,呈现大量的微晶,使微晶蜡不能长大

在采油过程中,需对结蜡的油井、管线和设备进行清理。清理的方法有两种:一是用加热的方式,二是用化学清蜡剂。化学清蜡剂可分为油基清蜡剂(把异丙醇、OP、丁醚和乙二醇丁醚等有机物溶于煤油或甲苯中)和水基清蜡剂(以水作为分散介质,加入表面活性剂、互溶剂和碱等物质配制而成)。

(6)水处理剂

油田用水量巨大,包括二次采油注水、地面设施用水和钻井用水等,因此需要有丰富的水源。目前除了应用部分地面水外,更多的是应用油田污水。油田污水组成复杂,除含一定量的原油、各类悬浮体(如黏土、金属锈物和重油垢等)外,还含有各种无机离子、溶解气、细菌和微生物等。这些物质存在于污水中,一方面对金属设备有严重的腐蚀,而且易在管道中结垢;另一方面还易造成地层孔隙通道的堵塞。因此,必须对污水进行处理使其达到回注水质的要求后,才可进行回注污水采油。水处理的目的有6个,即缓蚀、防垢、杀菌、除氧、除油和除悬浮物。

水处理剂中有很大一部分产品属于表面活性物质。缓蚀剂能减少污水对金属的腐蚀作用。好的缓蚀剂应满足高效、低毒、稳定、水溶性好、不伤害地层,并能与其他试剂配伍等特性。标准不同,缓蚀剂分类也不同。按其作用机理可分为吸附膜型、"中间相"型以及氧化膜型缓蚀剂3类。

在一定条件下,一些溶度积小的无机盐类容易析出形成垢。目前在油田处理中采取磁防垢和化学防垢,常用的是后者。防垢剂除了磷酸盐等无机物外,还有一些有机膦酸盐和特殊的聚合物,这些物质从某种意义上来说也属于表面活性剂。

污水中含有一定数量的原油,它们以油珠的形式存在。在除油剂的作用下,这些油珠易于聚集、上浮而除去。除油剂有两类:一类是阳离子聚合物,如聚季铵盐,这些聚合物对原油滴起到架桥作用而使油滴聚集;另一类是有分支结构的表面活性剂,它可降低原油乳状液的界面膜强度。为除去污水中黏土固体粒子,可采用非离子型高分子表面活性剂作助凝剂,通过吸附架桥悬浮物,使它们聚结在一起而迅速下沉。如果用有机阳离子型聚合物作絮凝剂,则可起到混凝和助凝的双重作用。

油田污水中的细菌分泌物会堵塞地层,影响水和原油的渗透率,为此,回注污水中需进行杀菌。在杀菌剂中,季铵盐是有效的吸附型杀菌剂,如在复配时增加杀菌剂的渗透性则更佳。

2. 表面活性剂发展方向

表面活性剂在油田开发中的应用越来越广泛,呈现出以下几方面的发展趋势。

(1) 多功能表面活性剂

为了在高温高压和原油存在的条件下能够维持泡沫的稳定性,开发碳氟表面活性剂,或与两性烷烃表面活性剂复配。通过筛选发现,普通的阳离子表面活性剂——十二烷基三甲基氯化铵既具有杀菌缓蚀,又具有稳定黏土、防止蜡析出等作用;特定结构的酚醛树脂聚氧乙烯聚氧丙烯醚有乳化降黏、润湿减阻和破乳作用。

(2) 低成本表面活性剂

目前油田使用的表面活性剂大部分来源于石油和煤炭,但是它们属于非再生资源,为此,最好从再生资源进行开发。山东大学用油脂下脚料制备天然混合羧酸盐驱油剂,中国石油大学用造纸黑液制备木质磺酸盐也可用于三次采油,胜利油田开发了烷基葡萄糖苷作为降滤失助剂。

(3) 高性能表面活性剂

充分应用表面活性剂之间的协同效应,降低产品用量,扩大功能。

(4) 耐温耐盐表面活性剂

开发在苛刻条件下使用的新型表面活性剂。随着油田开发,其地层温度、水质矿化度会有新的变化。例如,当地层温度为 90~200℃,矿化度为 $(3 \sim 15) \times 10^4$ mg/L,钙、镁离子浓度为 3000~5000mg/L 时,很难有单独一种表面活性剂能适用。

六、聚合物

本书涉及的油田开发用高分子材料,以水溶性聚合物为主(油溶性聚合物仅少量应用于油基处理液中),且以溶液形式用作化学处理剂或工作流体,而不作为结构材料使用。水溶性聚合物已十分广泛地应用于钻井、完井、修井及油气井生产等各种场合,在石油钻采开发工程的各个环节几乎都涉及聚合物应用的问题。聚合物钻井液和处理剂的开发与应用,提高了钻进速度,降低了钻井成本,也使钻进复杂地层成为可能;聚合物压裂液、酸化液和堵水剂的研制与应用,促进了压裂、酸化和堵水技术的发展,已成为油田增产的有力措施;聚合物应用于油田水质处理及注水系统,可使采收率提高;其他如原油降凝、降黏及采输、减阻技术等方面的应用均展示了可喜的前景。

在高分子溶解过程和溶剂的选择、高分子溶液的热力学性质和动力学性质、聚合物的相对分子质量及相对分子质量分布、高分子在溶液中的形态和尺寸、高分子的相互作用等方面的研究与了解聚合物溶液的性质,可以大大加强人们对高分子结构与性能的认识,这对于扩大油田开发用高分子材料的应用范围和发展高分子的基本理论皆有十分重要意义。

聚合物结构研究的目的在于了解聚合物的结构与其物理性能的关系,以此指导人们正确地选择和使用聚合物材料,并通过各种途径改变聚合物的结构,以有效地改进其性能,设计、合成具有指定性能的聚合物材料。聚合物结构的主要特点有:

1) 高分子链是由很大数目($10^3 \sim 10^5$ 数量级)的结构单元所组成,每个重复结构单元相当于一个小分子,它们通过共价键连接成不同的结构。

2) 一般高分子的主链都有一定的内旋转自由度,可以弯曲,使高分子链具有柔性。且由于分子的热运动,柔性链的形态可时刻改变,呈现无数可能的构象。如果组成高分子链的化学键不能内旋转,或结构单元间有强烈的相互作用,则形成刚性链,使高分子链具有一定的构象及构型。

3）高分子链间一旦存在交联结构,即使交联度很小,聚合物的物理力学性能也会发生很大变化,导致聚合物不溶和不熔。

4）由于高分子具有很多的重复结构单元,因此结构单元之间的范德华力作用显得十分重要,对聚合物的聚集态结构及聚合物材料的物理、力学性能均有重要的影响。

5）聚合物的分子聚集态结构存在有晶态和非晶态。聚合物的晶态比小分子晶态的有序程度差得多,但聚合物的非晶态却比小分子液态的有序程度高。这是由于长链高分子移动比较困难,并且分子的几何不对称性大,致使高分子链的聚集态具有一定程度的有序排列,这对聚合物材料使用性能是十分重要的。

1. 常规聚合物

目前在油田开采（包括酸化、压裂、注水、堵水和三采）用高分子材料中,可以选用的材料有：

1）部分水解聚丙烯酰胺（HPAM）、丙烯酰胺与丙烯酸的共聚物、聚乙烯吡咯烷酮等；

2）天然水溶性聚合物,如天然植物胶、纤维素醚化合物和改性淀粉等；

3）生物聚合物,如黄胞胶。

在酸化中常用 HPAM 及其共聚物作为稠化剂,在压裂液中最常用的聚合物是瓜尔胶,在堵水、调剖中常用丙烯酰胺及其共聚物作为成胶剂；在油田水处理中最常用的絮凝剂也是 HPAM；可供使用的聚合物驱油剂仅有 HPAM 和黄胞胶两类,并以 HPAM 为主。HPAM 已在我国聚合物驱油中广泛使用,并取得了良好的结果,但 HPAM 产品剪切稳定性差,耐温抗盐性能不好。黄胞胶抗盐、抗剪切性能优良,但注入性与耐温性差,且价格昂贵。国外研究工作主要集中在以下 3 个领域：

（1）改性天然水溶性聚合物

改性植物胶主要用在压裂中,如目前国内外水基压裂液用得最多的就是羟丙基瓜尔胶（HPG）,国内应用的还有田菁胶、香豆胶、改性淀粉和改性纤维素等。

（2）改性共聚物

改性共聚物主要有以下几类：

1）以丙烯酰胺或丙烯酸类聚合物为基础,通过聚合物改性或共聚引入能抑制酰胺基团水解的结构单元、强水化性的离子基团或可络合二价金属离子的单体,以制备改性聚合物等。

2）针对高相对分子质量聚合物在剪切下易降解、低相对分子质量聚合物的增黏效果差的弱点,在共聚物中引入疏水结构单元,形成疏水缔合交联体,提高耐盐性和抗剪切性。

3）研制具有低界面张力的聚合物作为驱油剂替代传统的表面活性剂—聚合物复合体系,克服复合体系在流动中的色谱分离现象。

（3）聚合物凝胶

聚合物凝胶根据其形态结构与性能的不同,在石油开采中有不同的用途。高强度的凝胶在注水开发油田可作为堵水调剖剂使用；低强度凝胶（如胶态分散凝胶）兼有驱油和调整吸水剖面的双重作用,可有效地提高石油采收率。目前研究和应用的主要聚合物凝胶材料包括：

1）将部分水解聚丙烯酰胺、羧甲基纤维素、聚多糖和丙烯酰胺共聚物等与醛类、有机过渡金属或有机金属交联剂作用,制备用途不同的聚合物凝胶。

2)针对传统丙烯酰胺类聚合物与交联剂交替注入油层时不能形成足够强的凝胶的弱点,将含有 N-乙烯基吡啶、甲基丙烯酰胺和丙烯酸结构单元的共聚物与交联剂同时注入地下,获得强度较高的凝胶体。

3)制备杂多糖的复合物与金属离子交联形成的高黏度凝胶体系。

交联结构的存在可使聚合物刚性增强、构象转变难度增大、抗盐能力提高、增黏能力增强,可用于二价离子浓度高达 2000mg/L 的油藏环境,且使用温度较高、聚合物与交联剂用量小、可大幅度降低材料费用,有良好的应用前景。

综上所述,国外对用于采油工程的高分子材料的研究集中在丙烯酰胺、丙烯酸与一些耐温抗盐功能单体的共聚物、改性天然高分子以及聚合物复合凝胶体系上,基体材料以聚丙烯酰胺、聚丙烯酸、纤维素和聚多糖为主,采用化学合成方法进行改性。但大多新型聚合物处理剂尚停留在室内研究上,未投入实际应用。如聚合物由于性质上的差异而在流动中产生色谱分离,导致表面活性剂在驱替过程中损耗量增大,降低采收率和经济效益问题。

2. 新型聚合物

具有特殊相互作用的聚合物驱油剂的研制:聚合物作为驱油剂,主要依靠其高黏度驱油。常规增黏方法是提高聚合物的相对分子质量,引入离子基团,增大流体力学体积,但这将导致聚合物分子不耐剪切、易降解、增黏效果不佳。采用分子间具有特殊相互作用(疏水缔合、氢键键合、交联和分子复合等)的聚合物作为驱油剂,可使聚合物的增黏能力和抗剪切性能大幅度提高。

(1)疏水缔合聚合物

疏水缔合聚合物是在水溶性聚合物中引入少量疏水单体,利用疏水基团间的疏水缔合作用,使聚合物在水溶液中形成超分子聚集体。引入具有抑制水解、提高大分子链的刚性与水化能力等作用的功能性结构单元,可获得耐温抗盐性能良好的疏水缔合聚合物。

(2)分子复合型聚合物

根据高分子间可通过氢键、库仑力等形成高分子复合物的原理,通过高分子复合降低组分聚合物链的自由度,增大高分子的流体力学体积,可使溶液获得高黏度。高分子复合后所形成的动态网络结构可抗衡小分子电解质对高分子链所带电荷的屏蔽作用,改善驱油剂的增黏、抗盐性能。现已建立了一套通过分子复合制备新型聚合物驱油剂的方法,制备出了两类综合性能优良的分子复合型聚合物驱油剂。在聚合物浓度为 0.2% 的条件下,阴离子共聚物 P(AM—AA)与阳离子共聚物 P(AM—DMDAAC)的二元复合物水溶液黏度为 P(AM—AA)水溶液的 3.5 倍,为 P(AM—DMDAAC)水溶液的 11 倍。P(AM—AA)—P(AM—DMDAAC)—$NaClO_2$ 三元复合水溶液黏度为 P(AM—AA)的 35.9 倍。在室内岩心实验中,研制的分子复合型聚合物驱油剂可在水驱基础上提高采收率 11.9% ~ 31.5%。

(3)两性离子聚合物

在分子链上含有阳离子和阴离子两种基团的两性离子聚合物,分子间或分子内有静电作用,在水溶液中表现出不同于阴离子或阳离子型聚合物的独特性能,在盐水溶液中可保持高黏度。如以 2-丙烯酰胺基-2-甲基丙磺酸(AMPS)和甲基丙烯酸二甲胺基乙酯(DMAEMA)为原料,可以制备一系列不同组成的两性聚合物(ASDM)。

(4)表面活性聚合物

在三次采油技术中,常使用低分子表面活性剂和聚合物的混合溶液以获得低界面张力和高流度控制(高黏度)的驱替液。低分子表面活性剂与聚合物由于性质上的差异在地层内流动时可能相互分离,导致表面活性剂在驱替过程中损耗量增大,采收率和经济效益降低。结合高分子的增黏能力与低分子表面活性剂的表面活性,在高分子链上引入具有优良表面活性的功能基团,达到既增黏又降低界面张力的效果,一种材料同时起到聚合物和表面活性剂两种材料的作用,复合驱中聚合物与表面活性剂在流动中分离的问题也获得解决。

七、其他化学剂

其他化学剂大致分为矿产类和无机类,其中矿产类包括活性白土、重晶石、膨润土、硬沥青和云母等。另外,在油气增产和提高采收率过程中,还会用到其他各种助剂,如提高压裂液热稳定性能和用胶束稳定性能的醇以及驱油过程中为减少表面活性剂损失而加入的牺牲剂等。在油气田开发中用到的无机物包括普通酸、碱、盐和氧化剂、助剂、醇及牺牲剂。

在胶束溶液中加入一定量的醇(通常是某种脂肪醇,具弱活性),其增溶能力会大大提高。故将醇称为助活性剂或助剂。加有助剂的胶束溶液,胶束直径约为 10~100nm。在溶液中加入盐(NaCl),不仅可以改变增溶能力,而且可以改变界面张力。这种由蒸馏水、油、活性剂、助剂和盐配制的分散体系称为微乳液。

从微乳液驱到复合驱人们最关心的重要课题之一是表面活性剂在油层内的吸附损失。因为三元复合体系无论是在室内驱油实验还是矿场试验都表明:3 种组分中表面活性剂随着驱替进程浓度降低最快,从而影响复合体系的驱油效果。另外,表面活性剂价格昂贵,这就迫使人们寻求降低表面活性剂损失的方法。三元复合体系中碱的作用是改变油层中油砂表面电性、润湿性质和沉淀高价金属离子,极大降低表面活性剂在油砂上吸附量,减少表面活性剂用量。

根据国内外报道,能够降低表面活性剂在油层油砂上吸附的牺牲剂有:木质素磺酸盐、多元酸、有机磷酸盐、低级醇、多聚磷酸盐和生物表面活性剂(如鼠李糖脂发酵液)等。在表面活性剂驱油过程中,一般使用牺牲剂或螯合剂与表面活性剂的复配,来提高复合体系和原油间的界面活性,减少表面活性剂损失。如碳酸钠、三聚磷酸钠、硅酸盐和木质素磺酸盐等,这些化学剂可用在预冲洗的前置段塞中,也可加入到表面活性剂主段塞里。

第二节 提高采收率基本概念

一、采收率

油藏的采收率定义为油藏累计采出的油量与油藏地质储量比值的百分数。从理论上来说,采收率取决于驱油效率(E_D)和波及效率(E_V)。采收率的定义式为:

$$\eta = E_D \cdot E_V \tag{1-1}$$

式中 E_D——驱油效率,又称微观驱替效率。它是指注入流体波及区域内,采出的油量与波及区内石油储量的比值;

E_V——波及效率,又称扫油效率或宏观驱替效率。它是指注入流体波及区域的体积与油藏总体积的比值。

对于一个典型的水驱油藏来说,如果油藏的原始含油饱和度(S_{oi})为 0.60,水驱后注入水波及区内的残余油饱和度(S_{or})为 0.30,那么注入水驱油效率为:

$$E_D = \frac{S_{oi} - S_{or}}{S_{oi}} = \frac{0.60 - 0.30}{0.60} = 0.50$$

如果油藏相对比较均质,注水的波及系数(E_V)可以达到 0.7,那么水驱采收率为:

$$\eta = E_D \cdot E_V = 0.7 \times 0.5 = 0.35 = 35\%$$

水驱后油藏采收率为35%,也就是说,注水采出了油藏原油的1/3左右,还有大量的(约为2/3)原油仍然留在地层中,用注水的方法不能把它们采出地面。

尽管上述计算是对一个理想油藏的采收率计算结果,但它具有一个普遍意义就是不管是哪一个油藏水驱后,仍然有大量的石油留在地下。根据采收率的计算公式可知,影响采收率大小的主要因素是驱油效率和波及效率。因此,所有提高采收率的方法都是致力于提高驱油效率或(和)波及效率。

油藏水驱采收率较低的主要原因在于油藏层间和层内的非均质性、驱替流体(水)与被驱替流体之间的流度比较大以及油水之间的界面张力较高等。事实上,水驱后油藏波及区内存在一定量的残余油,如果采用的方法能够显著地降低油水界面张力,可以降低残余油饱和度,那么就能显著地提高采收率而没波及区内存在大量的剩余油;另一方面,注入水并不能完全波及整个油藏,也就是说,油藏内有一部分体积的原油未被注入水接触,当然那一部分原油只能留在地下岩石的孔隙之中。如果采用流度控制的方法,能够改善注入水的波及系数,就可以显著地提高采收率。

一种最为理想的 EOR 方法就是把驱油效率和波及效率同时提高。即先注入一种流体段塞使波及区内残余油(S_{or})降为零,然后再注入一种流体段塞扩大第一个段塞的波及体积,使之与整个油藏原油相接触,将波及系数提高到100%。这样的一种方法就可以使油藏的采收率达到100%。当然,这种"超级"流体是不存在的,即使存在,也不会很经济。但是,人们总是可以采用比较经济的方法使S_{or}降到更低,波及效率提高得更多。

二、波及效率

波及效率(E_V)是面积波及系数(E_{VA})与垂向波及系数(E_{VV})的乘积。即:

$$E_V = E_{VA} \cdot E_{VV} \qquad (1-2)$$

图 1-1 为理想化的 4 层油藏活塞式水驱示意图,假设层内均质,纵向上存在 4 个不同渗透率的油层,且渗透率 $K_1 > K_3 > K_4 > K_2$。从图 1-1(a)可以看出,油井见水后平面上和纵向上仍存在一部分油藏体积未被注入水波及。从图 1-1(b)可以看出,随着注水时间增加(从t_1至t_3),注入水的波及面积越来越大,当注入水在生产井突破后直到油井完全水淹(如t_3)仍有部分面积尚未被注入水波及。对于实际油层,由于黏性力作用,油藏非均质性等因素产生黏性指进和舌进现象,使注入水平面波及效率更低。

面积波及效率(E_{VA})定义为注入流体波及的面积与油藏面积的比值。如图 1-1(b)中,t_2时刻面积波及效率为双阴影部分面积与总正方形面积的比值。即:

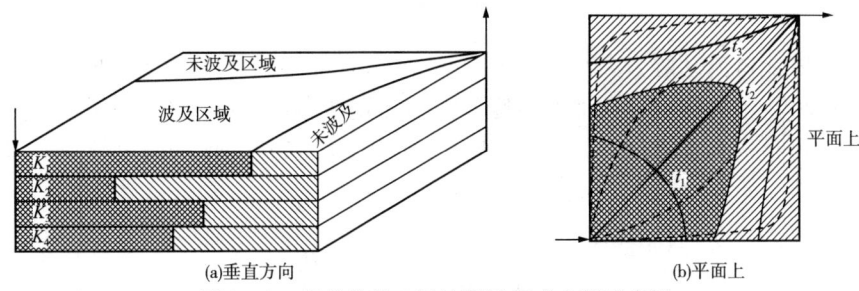

图1-1 理想化的4层油藏活塞式水驱示意图

$$E_{VA} = \frac{A_S}{A} \times 100\% \quad (1-3)$$

式中 A_S——注入流体波及的面积;
A——油藏面积。

影响面积波及系数的主要因素有流度比和井网两个参数。

垂向波及系数定义为注入流体在油层纵向上波及的有效厚度与油层总的有效厚度的比值,其表达式为:

$$E_{VV} = \frac{h_S}{h} \times 100\% \quad (1-4)$$

式中 h_S——注入流体波及的平均有效厚度;
h——油层总的有效厚度。

影响垂向波及系数的主要因素有驱替流体与被驱替流体的密度差引起的重力分离效应、流度比、非均质性以及毛管力等参数。

图1-2表示具有不同渗透率的6个油层水驱突破时的示意图。由于层间存在渗透率差异,注入水在垂向的波及效率较低,除了上层被完全波及之外,其他层位只有少部分被波及。提高该油层波及效率的方法是降低上层的渗透率,即通过注入黏度较高的流体,增加该层位的阻力,从而提高其他油层的波及效率。在注气(如注CO_2)、注蒸汽过程中,由于注入气体与原油间的密度差较大,导致气窜现象严重,垂向波及系数小。从流度比定义可以看出,提高垂向波及系数的方法有:

（1）减少驱替相与被驱替相密度差,提高 E_{VV} 值。例如水/气交替注入技术和蒸汽泡沫、二氧化碳泡沫等。

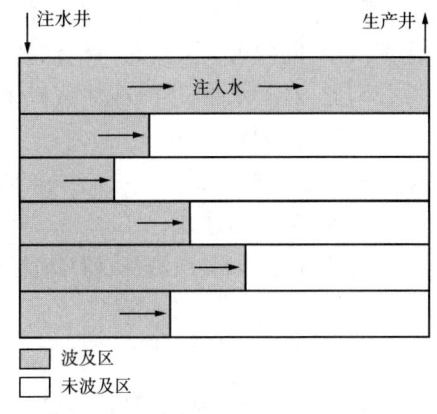

图1-2 不同渗透率油层水驱波及示意图

（2）提高驱替相流体的黏度,降低驱替相渗透率。例如加入聚合物可以增加水相黏度,降低水相渗透率（由于聚合物吸附/滞留作用）,或者聚合物凝胶调整渗透率级差。

三、流度比

流度（λ）定义为流体的相渗透率（K_i）与该相流体的黏度（μ_i）的比值,即:

$$\lambda = K_i/\mu_i \tag{1-5}$$

流度是反映流体流动能力大小的量度,对于水驱油来说,一般原油黏度要比注入水的黏度大得多,也就是说,水的流度要比油的流度大得多,即水比油更易流动。

流度比(M)是指驱替相(如注入水)流度与被驱替相(如原油)的流度比值。水驱油的流度比为:

$$M = \frac{\lambda_w}{\lambda_o} = \frac{K_w/\mu_w}{K_o/\mu_o} = \frac{K_w}{K_o} \cdot \frac{\mu_o}{\mu_w} \tag{1-6}$$

相应地,注气的流度比为:

$$M = \frac{\lambda_g}{\lambda_o} = \frac{K_g/\mu_g}{K_o/\mu_o} = \frac{K_g}{K_o} \cdot \frac{\mu_o}{\mu_g} \tag{1-7}$$

流度比对面积波及效率的影响很大,而且面积波及效率随流度比增加而降低。因此,当驱替相与被驱替相流度比小于1时,定义为有利流度比;反之,当驱替相与被驱替相流度比大于1时,定义为不利流度比。

一般来说,地下原油的黏度大于地下水黏度,即 $\mu_o > \mu_w$,而且油相渗透率(K_o)随着含水饱和度增加而减少,相反,水相渗透率(K_w)随含水饱和度增加而增大。因此,在油藏注水后 K_w 上升,K_o 下降。这样由流度比定义可知,水驱油流度比大于1,而且随着注水时间增加,水驱油流度比越来越大。

在注水时可以通过增加注入水的黏度(μ_w),降低水相相对渗透率(K_w),来降低水驱油流度比,提高注入水的面积波及系数。例如在注入水中加入聚合物,不仅可以增加注入水的黏度,而且还可以降低水相相对渗透率,大大地改善水驱油流度比,提高波及效率。在注气采油中,可以通过加入表面活性剂产生泡沫,来增加气相的黏度,降低气相流动能力和渗透率。在注蒸汽中,同样可以采用蒸汽泡沫技术改善注入蒸汽的面积波及效率。

因此,对于水驱、注气或注蒸汽来说,流度控制方法有:

1)聚合物驱;
2)弱凝胶调驱;
3)水/气交替注入;
4)泡沫法,如蒸汽泡沫、CO_2泡沫等。

四、渗透率变异系数

储集层一般都是沉积岩,油藏是有许多小油层组成,这些油层在纵向上并不是完全均质的,各小层的渗透率有较大的差别,即层间存在非均质性。在实际应用中,把岩心分析所得的渗透率值,按递减顺序从大到小排列,把超过某渗透率值的岩样数目进行累加统计,绘在渗透率对数——正态概率分布坐标纸上,通过这些点可以画一条直线段(图1-3),那么可以用 Dykstra 和 Parsons 定义的渗透率变异系数(V_{DP})确定油层的纵向非均质性:

$$V_{DP} = \frac{K_{84.1} - K_{50}}{K_{50}} \tag{1-8}$$

式中 K_{50}——累积岩样数占50%所对应的渗透率值；

$K_{84.1}$——累积岩样数占84.1%所对应的渗透率值；

V_{DP}——Dykstra & Parsons 渗透率变异系数。

渗透率变异系数的变化范围为 0~1。V_{DP} 越大，非均质性越强。在图 1-3 中，渗透率变异系数为 0.7。

图 1-4 为不同渗透率变异系数条件下五点井网油藏采收率随注入水孔隙体积数的变化关系。从图 1-4 可以看出，当渗透率变异系数高于 0.3 时，渗透率变异系数对采收率的影响非常大，采收率随渗透率变异系数的增加急剧下降。

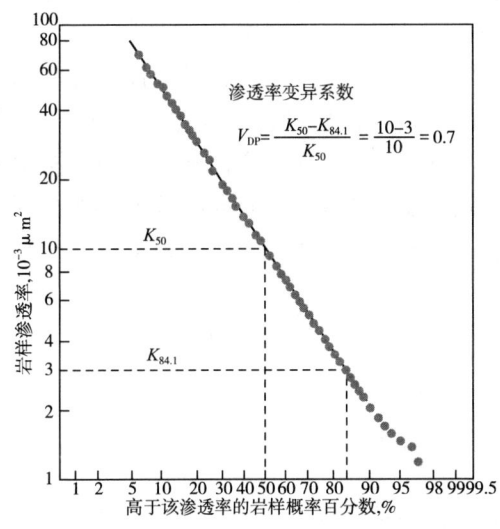

图 1-3 Dykstra & Parsons 渗透率变异系数的确定　　图 1-4 不同渗透率变异系数的水驱油藏采收率

五、驱油效率

驱油效率（E_D）又称微观驱替效率，其定义为注入流体波及区域内，采出油量与波及区内石油储量的比值。定义式为：

$$E_D = \frac{波及区内采出油量}{波及区内储量} = \frac{波及区内储量-残余油量}{波及区内储量} \quad (1-9)$$

根据储量和残余油的概念可得驱油效率为：

$$E_D = \frac{S_{oi} - S_{or}}{S_{oi}} \quad (1-10)$$

式中 S_{oi}——原始含油饱和度；

S_{or}——注入流体波及区内残余油饱和度。

从式（1-10）可以看出，通过降低残余油饱和度可以提高驱替效率，增加石油采收率。降低残余油的途径有减低油水界面张力，改变岩石润湿性，降低原油黏度等方法。影响驱油效率的主要因素有毛管数、孔隙结构以及润湿性等参数。

六、毛管数

毛管数是影响残余油饱和度的主要因素。毛管数的定义为黏滞力与毛管力的比值,其表达式为:

$$N_c = \frac{\mu_w v}{\sigma} \qquad (1-11)$$

式中　μ_w——驱替流体(水相)黏度;

v——驱替流速;

σ——驱替相与被驱替相之间的界面张力。

在典型的水驱油情况下,毛管数变化范围为 $10^{-7} \sim 10^{-5}$。图 1-5 为典型的毛管数与饱和度曲线。对于水湿岩石来说,油为非湿相,在低于临界毛管数时,岩石中残余油饱和度与毛管数无关,图 1-5 中水平段表示了典型水驱油毛管数范围,对应的残余油饱和度为 30%。但是,如果将毛管数增加 2~3 个数量级,那么岩石中残余油饱和度可大幅度地降低。例如,毛管数增加到 10^{-3} 时,残余油饱和度可减低到 12% 左右。如果毛管数进一步增加到 $10^{-2} \sim 10^{-1}$,几乎可以完全采出残余油。

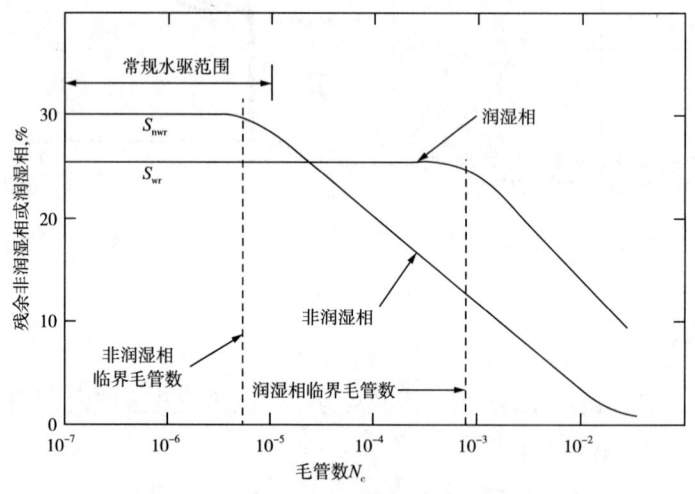

图 1-5　典型的毛管数与减饱和度曲线

从毛管数的定义式可以看出,增加毛管数,降低残余油饱和度的途径有:

1)降低界面张力。加入表面活性剂,可以使 σ 降至 10^{-3}N/m 以下。

2)增加驱替流速。由于受注入压力和注入量的限制,在应用中不切实际。

3)增加驱替相黏度。但要使驱替相黏度降低几个数量级相当困难。

因此最为有效方法是降低驱替流体与原油界面张力。

第三节　提高采收率的方法

提高采收率的定义为除了一次采油和保持地层能量开采石油方法之外的其他任何能增加油井产量、提高油藏最终采收率的采油方法。EOR 方法的一个显著特点是注入的流体改变了油藏岩石和(或)流体性质,提高了油藏的最终采收率。EOR 方法可分为 4 大类,即化学驱、气体混相驱、热力采油和微生物采油。其中化学驱进一步分为聚合物驱、表面活性剂驱、碱水驱和复合驱(聚合物—表面活性剂驱、碱—表面活性剂—聚合物三元复合驱、表面活性剂—气体泡沫驱和聚合物—泡沫驱等);气体混相驱可分为二氧化碳驱、氮气驱、烃类气体驱(LPG 段塞混相驱、高压干气混相驱和富气混相驱)以及烟道气驱;热力采油方法可分为蒸汽吞吐、蒸汽驱和火烧油层等;微生物采油方法可分为微生物驱、微生物调剖及微生物吞吐等方法。EOR 方法的细分类见图 1-6。

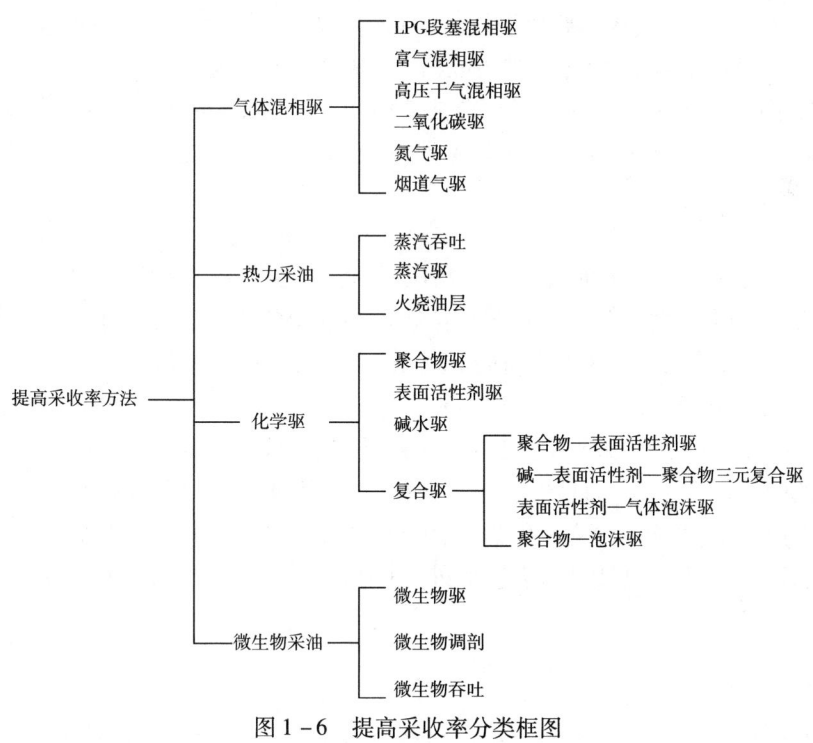

图 1-6 提高采收率分类框图

一、气体混相驱

气体混相驱的目的是利用注入气体能与原油达到混相的特性,使注入流体与原油之间的界面消失,即界面张力降低至零,从而驱替出油藏的残余油。气体混相驱按混相机理可分为一次接触混相驱和多次接触混相驱。按注入气体类型可分为烃类气体混相驱(如 LPG 段塞混相驱、富气混相驱和高压干气混相驱)和非烃类气体混相驱(如 CO_2 驱和 N_2 驱)。

1. LPG 段塞混相驱

液化石油气(简称 LPG)段塞混相驱是指首先注入与地下原油能一次接触达到混相的溶剂段塞,如 LPG、丙烷等,然后注入天然气、惰性气体或水。一般来说,LPG 段塞尺寸约为 10%~15% PV,而后续的天然气或水的段塞尺寸就非常大。

LPG 段塞混相驱方法非常有效。注入的 LPG 段塞与原油达到混相后,残余的油滴及可动油都可能被采出,因此这种方法的采收率较高。此外,混相压力低、适应性强等都是 LPG 段塞混相驱的优点。但是,LPG段塞混相驱的成本高以及波及效率低等因素限制了该方法的应用。

2. 富气混相驱

富气是富含丙烷、丁烷和戊烷的烃类气体。富气混相驱是指往油层中注入富含 $C_2 \sim C_6$ 中间组分的烃类气体段塞,然后再注入干气段塞,通过富气与原油多次接触达到混相来提高采收率的方法。注入富气与原油接触时,注入气中的 $C_2 \sim C_6$ 组分凝析而进入油相,形成一个由 $C_2 \sim C_6$ 富气和原油组成的混相带,如果注入的富气能保证足够的量时,混相带就会向前不断地把油推向生产井。由于富气成本要比干气高,因此通常是富气段塞后紧接的是干气。尽管富气驱的成本低于LPG段塞驱,但是要求的混相压力相对较高。富气驱的优点是可以基本上驱替油层内所接触的残余油,而且一旦混相带被破坏能自身修复,重新获得混相。但是,富气驱仍然成本较高,而且重力超覆、黏性指进现象严重,波及效率较低。

3. 高压干气混相驱

干气是甲烷含量超过85%的天然气。高压干气混相驱是指在高压下将以甲烷为主的干气连续地注入到油层,通过干气与原油多次接触达到混相的驱替过程。注入的干气与原油多次接触后形成了一个富含 $C_2 \sim C_6$ 的气体与原油的混相带。这种方法不像富气驱是通过富气中 $C_2 \sim C_6$ 中间组分凝析到原油中而达到混相,而是干气从原油中抽提出中间组分加富自己,使注入气体的组成和与之相接触的原油组成接近,从而达到混相。

如果原油中富含 $C_2 \sim C_6$,而且地层压力很高,干气驱才能是混相驱。高压干气驱方法的优点在于成本低,干气可循环注入。但是,高压干气驱的注气压力要求很高,对注入设备和原油的组成要求很严,因此其适用性较差。此外,重力分异效应较严重,尤其是在非均性油藏中更为突出。

4. CO_2 驱

CO_2 驱是指注入的 CO_2 段塞通过降低原油黏度、膨胀原油体积以及多次接触混相等机理提高油藏采收率的方法。在中等压力下注入的 CO_2 开始与原油接触时,并不能立即达到混相,但可以形成一个类似于干气驱的混相前缘,CO_2 抽提原油中大量的 $C_2 \sim C_6$ 达到混相。但是在高压下,CO_2 有时又类似于富气驱,CO_2 可以溶解于原油中,相当于富气驱的中间组分凝析到原油中。在 CO_2 段塞前缘是 CO_2—原油混相带,其中富含 $C_2 \sim C_6$ 组分。为了控制 CO_2 驱的流度,通常实行 CO_2/水交替注入方式。

一般注入的 CO_2 段塞尺寸为12%~40%PV,后面接着注入的是泡沫或水。因为 CO_2 泡沫或水/气交替注入可以大大地降低流度比,提高注入流体的波及效率。相对来说,CO_2 驱在低压下能够达到混相,比高压注干气方法的应用范围更广,但受到 CO_2 资源量的限制,除非存在大型天然的 CO_2 气藏。此外,CO_2 驱会带来严重的腐蚀、结垢和沥青沉积等问题。尽管如此,CO_2 驱是应用最广的气体混相驱方法,在提高采收率方法中占有显著的位置。

5. N_2 驱

N_2 驱与高压干气混相驱类似,是指注入 N_2 与原油通过多次接触达到混相的一种 EOR 方法。注入的 N_2 与原油接触抽提原油中的中间组分 $C_2 \sim C_6$,而使 N_2 自身不断地富化,接近原油的组成,从而达到动态混相。在 N_2 驱时,除了混相驱机理外,N_2 的重力排驱及保持油藏压力效应均有助于提高采收率。

N_2 驱要求原油中必须含有足够的中间组分 $C_2 \sim C_6$,而且地层压力较高,因此,N_2 驱适用于轻质油藏。N_2 驱气源来源于空气,成本低,其成本是天然气的 1/4,是 CO_2 的 $1/3 \sim 1/2$。此外,N_2 气源还可以从烟道气中获得,从而缓解环境压力,变废为宝。但是,N_2 驱混相的条件较为苛刻,只有在高压、轻质油藏的条件下,才能达到混相。在相同条件下,N_2 与原油达到混相所需的压力比 CO_2 和富气高得多。此外,烟道气可以产生严重的井下管柱腐蚀问题。

二、热力采油方法

热力采油是指将热量引入油层,降低原油黏度从而提高采收率的方法,包括蒸汽吞吐、蒸汽驱和火烧油层等方法。热水驱也属于热力采油范围,它是蒸汽驱的一个特例,即蒸汽干度为零的蒸汽驱。

1. 蒸汽吞吐

蒸汽吞吐是指将蒸汽注入单井后,关井一段时间,注入蒸汽携带的热量传给油层,加热地下原油,然后开井生产的周期性注蒸汽过程。这种注蒸汽、关井、生产的过程可重复多个周期。随着吞吐周期的增加,油井增产效果越来越差,直到最后吞吐转为蒸汽驱。

在蒸汽吞吐中,原油的热降黏、热膨胀、蒸汽的闪蒸与抽提都对增加稠油油井产量有贡献。由于蒸汽吞吐加热油层范围有限,蒸汽吞吐的最终采收率低,一般为 10% 左右。为进一步提高稠油油藏采收率,蒸汽吞吐之后进行蒸汽驱采油。此外,在深井中,由于热损失量大,蒸汽吞吐受到一定的限制。蒸汽吞吐是投资少、见效快的一种 EOR 方法,也是进入工业化应用的 EOR 方法。

2. 蒸汽驱

蒸汽驱是指将蒸汽从注入井注入到油层,蒸汽将稠油变稀并推向生产井的一种热采方法。蒸汽驱提高原油采收率的机理有原油的黏度降低、受热膨胀、蒸汽蒸馏、汽驱以及相对渗透率和润湿性改变等。在地层中注入的蒸汽干度达到零时,蒸汽驱变为热水驱。

蒸汽驱中最大的问题是蒸汽超覆和提前突破。由于蒸汽/原油密度差、垂向渗透率非均质性以及平面非均质性导致蒸汽沿油层上部窜进和沿高渗透带提前在生产井中突破,导致低的波及体积,降低了蒸汽驱稠油采收率。因此,在蒸汽驱中流度控制技术已变得越来越重要。尽管人们已采用了蒸汽泡沫技术,但效果并不是很好。此外,蒸汽发生器排放污染、结垢和热效率不高也是蒸汽驱所遇到的问题。尽管如此,蒸汽驱已成为最有吸引力的 EOR 方法,也是已进入工业化应用阶段的 EOR 方法。蒸汽驱的采收率可达 50% ~ 60%。蒸汽前缘为蒸汽凝结的热水和热油,热水前缘是原始油带。

3. 火烧油层

火烧油层是通过注入空气(或氧气)与地层原油接触,采用人工井底点火或油层自发点火后,油层中部分重质原油作为燃料,产生的热量和燃烧产物来降低原油黏度、膨胀原油体积和驱动地层原油从而达到提高采收率的目的。火烧油层与蒸汽驱的最大区别在于火烧油层是在油层内产生热量,而不是像蒸汽驱那样在地面产生热量。火烧油层的机理非常复杂,除了蒸汽驱的机理外,还包括原油就地热裂解和烃类混相驱等。火烧油层的技术进一步可分为干式正向燃烧法、反向燃烧法和联合热驱(湿式燃烧)等3种方法。

三、化学驱

化学驱是指通过在注入水中加入聚合物、表面活性剂和碱等化学剂,改变驱替流体与油藏流体之间的性质,达到提高采收率目的的方法。化学驱可进一步分为聚合物驱、表面活性剂驱、碱水驱以及复合驱(如聚合物—表面活性剂、聚合物—碱、碱—表面活性剂—聚合物和表面活性剂—气体等)等方法。化学驱既可以改变油水界面张力,也可以降低流度比。因此从理论上来说,化学驱可以大幅度提高原油采收率,降低残余油饱和度。但实际应用中由于化学剂成本较高,这种方法的应用也受到一定限制。

1. 聚合物驱

聚合物驱是一种流度控制技术,是指在注入水中加入少量的聚丙烯酰胺或生物聚合物黄胞胶来提高水相黏度,降低水相渗透率,从而改善水驱油流度,提高波及效率的一种 EOR 方法。在聚合物驱中,使用聚合物浓度一般为 300~1500mg/L,段塞尺寸为 0.1~0.4PV。聚合物驱可提高采收率 5%~15%。

聚合物段塞的流动可以改善黏性指进和舌进现象,提高平面和纵向波及系数。由于聚合物在高温和高矿化度的油藏条件下的稳定性较差,抗剪切性能弱,因此,聚合物驱的应用也受到了一定的限制。目前有一种改进聚合物驱的方法,它是在注入聚合物溶液中加入非常少量的弱交联剂,以提高聚合物溶液的稳定性,拓宽聚合物驱的应用范围。聚合物驱是化学驱中已进入工业应用阶段的 EOR 方法。

2. 表面活性剂驱

表面活性剂驱是将表面活性剂(通常是石油磺酸盐)加入到注入水中,通过降低油水界面张力提高驱油效率的一种 EOR 方法。根据加入表面活性剂的量以及在地下形成的体系性质,表面活性剂驱可分为活性水驱和胶束驱。

在活性水驱中,加入的表面活性剂量较小,油水界面张力下降的幅度不是很大,通过活性水的润湿孔喉,降低界面张力以及乳化原油机理,降低残余油饱和度。由于表面活性剂在岩石表面的吸附,使得损失加大,驱油效果也变差。因此活性水驱的成本相应增大。

胶束驱又称微乳液驱,是指将表面活性剂、醇类助剂以及电解质加入注入水中,在地下形成胶束溶液驱替原油的 EOR 方法。由于胶束溶液具有增溶油的特性,它与油层原油接触后,可形成混带,油水界面消失,可以大幅度地提高采收率。

通常胶束驱与聚合物驱联合使用,即在胶束段塞后紧接着一个聚合物段塞,以保护胶束段塞不被后续注入水所破坏。胶束—聚合物段塞驱具有很高的驱油效率和波及效率,但注入化学剂成本限制了该方法的应用。

3. 碱水驱

碱水驱是把碱类物质,如氢氧化钠、硅酸钠、碳酸钠、碳酸氢钠和氢氧化铵等加入水中注入地层,然后碱与原油中的酸性组分就地生成表面活性剂,通过降低界面张力、乳化原油、溶解油水界面上的刚性界面膜和改变岩石润湿性等作用,降低残余油,从而达到提高采收率的目的。在注入碱水段塞后,再进行注水。

在碱水驱中,正确地选择油藏原油的性质是至关重要的。碱水驱机理要求原油必须具有一定的酸值,一般认为原油酸值大于 0.5mgKOH/g 时,碱水驱效果较好。而原油酸值处于 0.2~0.5mgKOH/g 之间的原油需进一步的评价。

碱水驱中的碱耗和流度控制是非常重要的。碱水驱通常与聚合物驱联合使用,可以改善流度比。降低碱耗的方法是先注入一个牺牲段塞,然后再注入碱水。

碱水驱既可以用于轻质油藏也可以用于重质油藏,只要原油具有一定的酸值就可以实施碱水驱。由于碱的吸附损失与黏土含量有关,所以碱水驱适合于低黏土含量的油藏。碱水驱是化学驱中成本最低的一种,与聚合物驱复合可以降低残余油和增大波及效率。

4. 碱—表面活性剂—聚合物三元复合驱

在碱水驱时由于原油的酸性组分含量不是很高,就地生成的表面活性剂量有限,不能达到超低界面张力(小于 10^{-3} N/m),而且单独使用碱水驱时,碱耗损失非常大。在表面活性剂驱中低浓度的表面活性剂很难达到超低界面张力,而加入一定的碱后,可以大大地降低表面活性剂的用量。这种碱—表面活性剂降低界面张力的协同效应结合聚合物流度控制的能力,就形成了一种新的提高采收率技术——碱—表面活性剂—聚合物三元复合驱。

由于三元复合体系能够使油水界面张力降低到 10^{-3} N/m 以下,能够获得很高的驱油效率,其中聚合物可以增加体系的黏度,提高波及系数,因此三元复合驱的采收率是化学驱中最高的。室内物理模拟结果认为,三元复合驱可提高水驱采收率20%。但是三元复合驱的化学剂成本很高。在目前的油价和化学剂价格下,很难进入工业应用阶段。

四、微生物采油

微生物采油是利用微生物及其代谢产物增加油井产量提高油藏原油采收率的一种石油开采技术。微生物采油中应用的微生物是经过严格的筛选和培养的,要求注入的微生物在油藏条件(高温、高压、高矿化度)下具有迅速的生长和繁殖、代谢功能。在油藏中,依靠微生物及其代谢产物(酸、气体、表面活性剂和生物聚合物等),能够改变油藏岩石孔隙结构及表面性质、油藏原油性能,从而达到提高波及效率,降低残余油的目的。

根据微生物采油的应用工艺,微生物采油可以分为微生物驱、微生物调剖和微生物吞吐等方法。微生物驱是利用微生物代谢产物中的生物表面活性剂和生物聚合物,提高注入水的波及系数和降低油水界面张力;代谢产物中的酸、气体有助于提高地层压力,增大油层渗透率。微生物调剖是利用微生物本身及代谢产物生物聚合物封堵高渗透带,使注入水分流到低渗透区,扩大注入水的波及系数。微生物吞吐是将微生物及其营养液注入到地层,在关井时间内,微生物在生产井近井地带繁殖、代谢,产生包括气体、酸、有机溶剂和生物表面活性剂等代谢产物,在开井生产时,由于井周围地带的原油黏度降低,岩石渗透率增加,有机沉积物消除等使油井产量增加。微生物提高采收率的机理可简述如下。

（1）产生气体与溶剂

过去的50年里，人们使用产气和产溶剂的菌多是厌氧菌属细菌。这些厌氧菌会产生H_2，CO_2，N_2和CH_4等气体。这些气体和液体代谢物溶进油内，使原油黏度降低，并能到达常规气驱方式达不到的孔隙内，提高驱油效率。产生的溶剂包括丙酮、丁醇、乙醇、异丙醇及其他少量溶剂也能使原油黏度降低。产生的乙醇作为助表面活性剂还可以与表面活性剂一起改善油的流动性。

（2）产生生物表面活性剂与酸生物

表面活性剂是微生物在特定条件下生长过程中分泌并排出体外的具有表面活性的代谢产物。它可以降低油水界面张力、形成稳定的油水乳状液、改变储集层岩石的润湿性，从而增加储集层的油相渗透率。生物表面活性剂一方面具有化学表面活性剂的共性；另一方面又具有稳定性好、抗盐性较强、受温度影响小、能被生物降解、无毒和成本低等特点。微生物产生的酸类，尤其是低相对分子质量有机酸使油相与盐水相之间的界面张力降低，并使岩石表面溶解。利用微生物就地产酸的方法可以解决诸如地层损害、油层相对渗透率低、毛细管力束缚油、结蜡和结垢等问题。

（3）产生生物聚合物

微生物在地层中的增殖可产生大量的生物，在适宜的条件下可产生不溶性的生物聚合物。两者均可封堵高渗带，改变液流方向，增大波及体积。此外，生物聚合物也应用于解决油层的底水锥进问题。通过向生产井直接注入细菌细胞和营养物，使细菌进入水驱油层并在油层孔隙的喉孔处产生聚合物，对含水层的孔隙进行有效的封堵。

（4）调节渗透率

就地生成的长期稳定的生物聚合物可以大大地降低多孔介质的渗透率，从而实现渗透率的调节，提高原油采收率。此外，微生物生长在水中，其代谢产物也排放在水里，因此对水的性质影响较大。主要表现在水的pH值减少、表面张力降低和水的黏度增加等。同时，微生物可明显改变水驱油毛管压力大小，降低油相在岩石表面的黏附力，使水湿油藏中水驱油毛管动力增加，减小油湿油藏中水驱油毛管阻力，从而增大油流速度，更快驱出更多毛细管中的剩余油。

微生物采油克服了气体混相驱和蒸汽驱中存在的重力分异以及化学驱成本高等缺陷，是一种非常有前途的EOR方法，尤其是微生物可以裂解重质原油组分的特性，使微生物的应用可以拓展到石油炼制中。如果能够研制出一种可在高温、高矿化度下迅速繁殖，且具有降解原油重质组分能力的"超级"微生物，那将是微生物采油新纪元的开始。

尽管各种提高采收率的方法都能够提高油藏采收率，但各方法的机理不同，都存在一定的缺陷，表1-4为各种EOR方法的对比结果。

表1-4　各种EOR方法的对比结果

EOR方法	主要机理	主要缺陷
气体混相驱	降低原油黏度；膨胀原油；混相驱替作用	重力分异导致的超覆现象；注入气源受限制；沥青沉淀降低渗透率
蒸汽驱	降低原油黏度；原油轻质组分汽化；气驱作用	井热损失大；蒸汽超覆现象严重；蒸汽锅炉排放污染物

续表

EOR 方法	主 要 机 理	主 要 缺 陷
火烧油层	降低原油黏度；原油轻质组分汽化；重质原油热裂解产生的 CO_2 混相驱作用	蒸汽反燃烧方法产生的气体超覆；燃烧难于控制；产出气污染环境；井下管柱腐蚀严重
聚合物驱	降低流度比，改善波及系数	聚合物在高温、高矿化度下增黏能力差，稳定性差，注入能力受渗透率限制
聚合物—表面活性剂驱	改善流度比；降低界面张力	表面活性剂的吸附损失大；表面活性剂的稳定性差；聚合物高温高盐的稳定性差；成本高
碱—聚合物驱	改善流度比；降低界面张力；润湿性反转	对原油组成要求严格；碱耗较大
微生物采油	生物微生物堵塞大孔隙；改善波及系数；生物表面活性剂降低界面张力；代谢酸性物质增加渗透率代谢气体驱的作用；降解原油作用	微生物耐盐、耐高温性差；降解重质原油的微生物难于研制；微生物潜在污染水源

参 考 文 献

[1] Herberk E F, et al. Fundamentals of Tertiary Oil Recovery. PE,1977.
[2] Lake L W. Enhanced Oil Recovery. New Jersey：Prentice – Hall, Englewood Cliffs, 1989.
[3] Habermann R. The Efficiencies of Miscible Displacement as a Function of Mobility Ratio. Trans. AIME, 1960, 219：199 – 202.
[4] Candle B H, Witte M D. Production Potential Changes During Sweepout in a Five – Spot System. Trans. AIME, 1959, 216：446 – 448.
[5] Craig F F. The Reservoir Engineering Aspects of Waterflooding. Monograph Series,SPE, 1971.
[6] Craig F F, et al. A Laboratory Study of Gravity Segregation in Frontal Drives. Trans. AIME,1957,210：275 – 282.
[7] Dykstra H, Parsons R L. The Prediction of Oil Recovery by Waterflood. Secondary Recovery of Oil in the United States, New York：API, 1950.
[8] Lake L W, et al. Isothermal, Multiphase, Multi Component Fluid Flow in Permeable Media. In Situ, 1984, 8：1 – 40.
[9] 佟曼丽. 油田化学. 东营：石油大学出版社,1996.
[10] 李干佐，徐军. 表面活性剂在油田中的应用及其作用原理. 精细石油化工进展,2004,5(2):1 – 6.
[11] 张连生，王宝. 三次采油技术及化学助剂进展. 油气田地面工程,2003(10):51.
[12] 曹亚,张熙,李惠林,等. 高分子材料在采油工程中的应用与展望. 油田化学,2003,20(1):94 – 98.
[13] 何勤功,古大治. 油田开发用高分子材料. 北京：石油工业出版社,1990.

第二章 酸化化学

酸化是一项油气井增产技术,指用酸液处理地层(除垢、解堵、造缝)的方式来恢复或提高地层渗流能力,是目前提高油气井产量的重要措施,其基本原理是:利用酸液溶蚀地层中的酸溶性污染物和矿物,而酸蚀反应产物随残酸或油气排出地层。通过将酸液注入到地层中,利用酸液与地层中的岩石和一些堵塞物发生化学溶蚀反应,解除堵塞,从而改善和提高裂缝的导流能力,实现油气井的产量和注水井的增注。

酸化增产技术取得了长足的进步,先后开发了稠化酸、胶束酸、变黏酸、交联酸、乳化酸、泡沫酸、转向酸等针对不同地层条件和不同施工目标的酸液体系。形成了酸洗、基质酸化、酸压三类酸化技术。酸液注入工艺方面有转向酸化、前置液酸压、前置液和酸液多级交替注入酸压、闭合裂缝酸化、复合酸压等。

近几十年来,酸液体系的创新和酸化施工工艺的改进,主要都致力于解决如下几个难题:1)减轻酸液对沿途管线和设备的腐蚀;2)改进酸液的缓速性能;3)实现多层非均质油气藏均匀进酸;4)控制压裂酸化过程中酸液的滤失;5)减轻由于金属离子再沉淀、聚合物吸附滞留地层、黏土矿物膨胀运移、润湿转变、水锁、乳堵、等原因对储层造成的再次伤害。而要解决这些问题,主要选择:1)达到深部酸化的缓蚀酸液体系;2)满足酸化不造成储层伤害和设备腐蚀的各种添加剂,如缓蚀剂、缓速剂、铁离子稳定剂、助排剂、防水锁剂、黏土防膨剂、互溶剂、防乳破乳剂、暂堵剂、降滤失剂、润湿及润湿反转剂等;3)合适的酸化工艺。酸化的成功与否,酸液体系及添加剂起到至关重要的作用。为此酸化中酸液体系、酸液添加剂和酸化工艺是储层改造中必须考虑的问题。

第一节 概 述

一、地层伤害

在径向流情况下,压力降落主要消耗在近井地带。如果不存在地层伤害,25%的压力降落将发生在井筒周围1m范围内;如果存在地层伤害,50%的压力降落将发生在井筒周围1m范围内,影响油水井的产能(图2-1)。

表皮系数(S)是地层伤害程度的数学表征,可以通过试井得到。在无法试井的情况下,可以采用Hawkins公式计算:

$$S = (K/K_d - 1)\ln(r_d/r_w) \qquad (2-1)$$

式中 K——地层渗透率;

K_d——伤害带的渗透率;

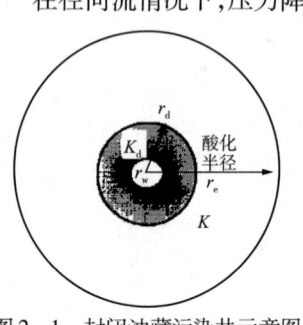

图2-1 封闭油藏污染井示意图

r_d——伤害带半径;

r_w——井筒半径。

S 越大说明 K_d 和 K 之间差异越大,伤害带越深。在严重伤害的情况下,表皮系数的值会非常大。一般情况下,表皮系数在 50 以内。如果 S 为负值说明增产措施有效。

酸化成功与否首先与地层是否被伤害以及伤害的范围、伤害的程度和类型有重要关系。室内和现场研究表明,几乎所有的油田作业(钻井、固井、完井射孔、生产历史、修井甚至油井增产措施如酸化、压裂、堵水和注水等)都可能引起油井伤害。引起伤害的原因大致可分为 5 类:

1)工作液中固相微粒堵塞孔眼或地层孔隙;
2)工作液中离子与地层或地层流体中离子作用生成沉淀;
3)地层岩石中微粒分散、运移、堵塞喉道,黏土矿物的水化膨胀降低地层渗透率,对于砂岩,严重时还可能导致基质崩解和坍塌;
4)岩石表面润湿反转或生成乳状液形成乳堵;
5)地层孔隙空间对水的吸附产生的水锁。

二、酸化工艺

酸化是指通过向地层注入酸液,溶解储层岩石矿物成分及钻井、完井、修井、采油作业过程中造成储层堵塞的物质,改善和提高储层的渗透性能,从而提高油气井产能的一种增产措施。根据酸化施工的方式和目的,其工艺过程可分为酸洗、基质酸化和压裂酸化。

1. 酸洗

酸洗就是用少量的酸,在无外力搅拌作用下,对施工或采油过程中可能造成的射孔孔眼的堵塞和井筒中的酸溶性结垢进行溶解并及时返排酸液,以防止酸不溶物(如管线涂料、石蜡、沥青和重晶石粉垢等)重新堵塞孔眼和井壁的一种油气井增产措施。其目的就是清除井筒中酸溶性结垢或疏通孔眼。

2. 基质酸化

基质酸化是在低于地层岩石破裂压力的条件下,将酸液注入地层孔隙空间,利用酸液溶蚀近井地带的堵塞物以恢复地层渗透率或用酸液溶解孔隙中的细小颗粒、胶结物等以扩大孔隙空间,提高地层渗透率的一种增产措施。基质酸化可应用于碳酸盐岩和砂岩储层中,在砂岩地层中,基质酸化处理应设计用于清除或溶解"酸溶性"伤害或射孔孔眼中和近井地带地层空隙骨架中的堵塞物。

3. 压裂酸化

压裂酸化是在足以压开地层形成裂缝或张开地层原有裂缝的压力条件下的一种挤酸工艺。因此,酸压施工的泵注压力应大于地层破裂压力。由于酸液沿着裂缝沟槽流动,对两壁进行非均匀的溶蚀作用,产生所谓的"酸蚀蚓孔"。酸化施工结束后,虽然压力降低,但高导流的油气流通道再不能闭合或完全闭合,使油气流从四面八方进入截面积较大的裂缝通道中,起到了改造地层天然渗透能力的作用,从而提高了油气产量。

酸压工艺可分为普通酸压和前置液酸压。前者直接用酸液压开地层产生裂缝并溶蚀裂缝壁面。而后者采用黏度较高的前置液压开裂缝,然后注酸。酸液在高黏前置液中指进并溶蚀裂缝壁面。为了获得更长的酸液有效作用距离,还可以交替注入前置液和酸液或加砂酸压。酸压主要适用于低渗透性碳酸盐岩储层而不适用于砂岩地层。原因之一为酸液溶蚀了砂岩中胶结物,砂粒均匀脱落并被酸液带走,不会形成溶蚀沟槽,卸压后裂缝会完全闭合;另一原因是容易破坏天然垂直渗透性较差的遮挡层,使之与邻近不需要压开的地层连接。

三、酸化机理

1. 碳酸盐岩酸化机理

(1) 碳酸盐岩化学成分

碳酸盐岩是靠化学及生物化学的水相沉积或碎屑搬运形成。由于碎屑灰岩可以完全重新胶结及结晶,易被误认为化学沉积,故其成岩过程难于判断。化学沉积形成的碳酸盐岩储层一般为结晶石灰岩及白云岩,泥灰岩及白垩岩亦属此类。其主要矿物为方解石和白云石,此外,还含有文石、菱镁矿和菱铁矿等碳酸岩矿物,还可能混有泥质和陆源碎屑,有些还含有黄铁矿。

最初,碳酸盐岩沉积通常由比较纯净的碳酸钙组成,经溶解、沉淀、再结晶,晶形变大而形成方解石。白云岩中有一部分是由化学、生物化学或机械化学作用而沉积下来的原生白云岩,而另一部分则是碳酸钙沉积受到硫酸镁和水的作用生成的。这一过程称为白云化作用,化学反应如下:

$$2CaCO_3 + MgSO_4 + 2H_2O \longrightarrow CaMg(CO_3)_2 + CaSO_4 \cdot 2H_2O$$
$$\text{(方解石)} \qquad\qquad\qquad \text{(白云石)}$$

含 Mg^{2+} 丰富的地下水在裂缝或断层中循环也可以形成白云石:

$$2CaCO_3 + Mg^{2+} \longrightarrow CaMg(CO_3)_2 + Ca^{2+}$$

碳酸盐岩比砂岩更为密实,它的油气储集空间为孔隙和裂缝。方解石质量分数大于50%的碳酸盐岩称为石灰岩类;而白云岩质量分数大于50%的碳酸盐岩称为白云岩类。除了上述碳酸盐岩可用盐酸作为酸化液外,当砂岩中碳酸盐胶结物质量分数在10%以上时,亦可用盐酸酸化。

(2) 碳酸盐岩酸化机理

碳酸盐岩酸化常用盐酸或多组分酸。在井下装有铁、铝或铬设备,或在深井高温情况下,如果缺乏有效的缓蚀剂,而油管又不能经受盐酸腐蚀时可用醋酸或甲酸酸化。其典型反应如下:

$$2HCl + CaCO_3 \longrightarrow CaCl_2 + H_2O + CO_2$$
$$4HCl + CaMg(CO_3)_2 \longrightarrow CaCl_2 + MgCl_2 + 2H_2O + 2CO_2$$
$$2HCOOH + CaCO_3 \longrightarrow Ca(HCOO)_2 + H_2O + CO_2$$
$$2CH_3COOH + CaCO_3 \longrightarrow Ca(CH_3COO)_2 + H_2O + CO_2$$

生成的产物 $CaCl_2$、$MgCl_2$ 全部溶于残酸中,CO_2 除少量溶解于残酸外,大部分以微气泡的形式分散在残酸中随排液过程脱离地层,并起到助排剂的作用。

(3)反应动力学

两个分子间的化学反应发生在它们接触并具有足以克服活化势垒的足够能量时,有两种极端情况:

1)活化势垒很低,每次碰撞可成功地引起反应,反应速度仅受接触次数限定;

2)在活化能很高的情况下,仅少数接触的分子可以反应。其反应动力学为能量势垒所限定。

因为分子的布朗能很高,第一种情况适用于多数气相反应。其动力学受分子扩散控制,此种反应被称为扩散限定或传质限定的动力学。此外,在液相中发生的许多化学反应具有很高的活化能。虽然与气相相比分子扩散显著变慢,但是这不再是限定阶段。此种动力学被称之为限定反应动力学。

非均质反应(一种固体与一种液体反应)中,除非两个反应分子中一个可以运动,并不表现任何特别的差异。总的动力学不是传质限定(当活化能小时),就是反应限定。由于反应必须在固液界面进行,第二种反应常称作表面反应限定的反应。

酸与地层物质的总反应速度决定酸反应所需时间,根据反应时间及反应所占的空间几何形状,就可估算酸的穿透距离或酸进入孔隙的深度,并进而预计增产率。

碳酸盐岩酸化中最重要的化学反应之一就是盐酸与碳酸钙的反应:

$$2HCl + CaCO_3 \longrightarrow CaCl_2 + H_2O + CO_2$$

在该反应中,当酸液流经通道时,两个 HCl 分子与通道壁面一个碳酸钙分子发生反应。由于这是水溶液与固体间的反应,故称之为多相反应。在多相反应中,对某一组分观察所得到的反应速率为液体中该组分浓度随时间的变化率。反应速率可按一步或两步进行观察控制,如图 2-2 所示。

1)在扩散、流动混合(强制对流)、密度梯度引起的混合(自由对流)或地层漏失等作用下,酸至反应壁面的传递速度;

2)酸到达岩石表面时的表面反应动力学。要想了解整个反应过程,必须首先掌握这些支配反应动力学(时间依赖性)的机理。

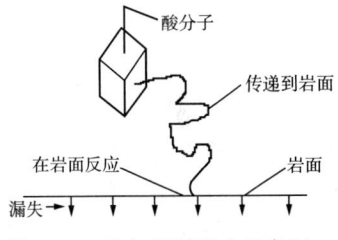

图 2-2 酸与岩石反应示意图

2. 砂岩酸化机理

(1)砂岩化学成分

砂岩由砂粒和胶结物组成。砂粒包括:石英、长石及各种岩屑。石英和长石同属架状结构的硅酸盐矿物。石英有 $\alpha-SiO_2$、$\beta-SiO_2$ 和 $\gamma-SiO_2$ 等 3 种晶型,而长石有正长石(如钾长石 $KAlSi_3O_8$)、斜长石(如钙长石 $CaAl_2Si_2O_8$、钠长石 $NaAlSi_3O_8$),它们是 Al^{3+} 取代了石英硅氧四面体结构 $[Si_4O_8]$ 中的 Si^{4+},而不足的电价由 K^+、Na^+、Ca^{2+} 等补偿而形成的。砂岩的胶结物有碳酸盐 $[CaCO_3、CaMg(CO_3)_2$ 等]、黏土矿物高岭石、伊利石、蒙皂石、绿泥石以及微晶二氧化硅等。砂岩的油气储集空间和渗流通道都是砂岩孔隙。

(2)砂岩酸化机理

对砂岩地层进行酸化的目的是解除近井地带的黏土伤害或施工滤液引起的地层伤害以及采油过程中可能引起的伤害,以增加地层渗透率。处理砂岩地层一般使用土酸酸化。HF 和 HCl 的比例可根据胶结物的组成进行调整。酸岩反应如下:

1）HF 与石英砂的反应：

$$SiO_2 + 4HF \longrightarrow SiF_4 + 2H_2O$$
$$SiF_4 + 2HF \longrightarrow H_2SiF_6（氟硅酸）$$

以上反应不剧烈，故石英颗粒溶解较慢。

2）HF 与长石的反应：

钠长石：$NaAlSi_3O_8 + 22HF \longrightarrow 3H_2SiF_6 + AlF_3 + NaF + 8H_2O$

钾长石：$KAlSi_3O_8 + 22HF \longrightarrow 3H_2SiF_6 + AlF_3 + KF + 8H_2O$

钙长石：$CaAl_2Si_2O_8 + 20HF \longrightarrow 2H_2SiF_6 + 2AlF_3 + CaF_2 + 8H_2O$

3）黏土矿物蒙皂石与 HF 反应如下：

$Al_2Si_4O_{10}(OH)_2 + 36HF \longrightarrow 4H_2SiF_6 + 2H_3AlF_6（氟铝酸）+ 12H_2O$

高岭石：$Al_2O_3 \cdot 2SiO_2 \cdot 2H_2O + 18HF \longrightarrow 2H_2SiF_6 + 2AlF_3 + 9H_2O$

由于黏土表面积比同等质量的砂粒表面积大 200 倍以上，所以该反应几乎是瞬间完成的。

用土酸进行受伤害地层的基质酸化，其产量增长最为明显。而对于未受伤害地层，在多数情况下酸化效果并不显著。活性氢氟酸的穿透距离取决于地层中黏土的含量、地层温度、氢氟酸初始浓度、反应速度以及泵的排量。

第二节 酸液体系

油井酸化用的酸液主要有盐酸、土酸、乙酸、甲酸、多组分酸、粉状有机酸以及近几年来发展起来的各种缓速酸体系等。特殊酸化时也使用硫酸、碳酸和磷酸等。

酸化时必须针对施工井层的具体情况选用适当的酸液，选用的酸液应符合以下几个要求：

1）能与油气层岩石反应并生成易溶的产物；

2）加入化学添加剂后，配制成酸液的化学性质和物理性质能满足施工要求（特别是能够控制与地层的反应速度和有效地防止酸对施工设备的腐蚀）；

3）施工方便，安全，易于返排；

4）价格便宜，来源广。

一、常规酸液

1. 盐酸

盐酸可以溶蚀白云岩、石灰岩以及其他碳酸盐岩，能解除高钙钻井液、氢氧化钙沉淀、硫化物及氧化铁沉淀造成的近井地带的污染，恢复地层渗透率。盐酸还可作为土酸酸化砂岩的前置液或碳酸盐含量较高的砂岩酸化液。盐酸还是某些酸敏性大分子凝胶的破胶剂，用于压裂液或封堵凝胶的破胶。盐酸作为酸化液有成本低、生成物可溶的优点。用于油井酸化的盐酸的浓度一般为 5% ~ 15%（质量分数），也常用高浓度酸，其质量分数可达 25% ~ 35%。使用高浓度盐酸酸化的好处是：

1）酸岩反应速度相对变慢，有效作用半径增大；

2）单位体积盐酸可产生较多的二氧化碳，利于残酸的排出；

3) 单位体积盐酸可产生较多的氯化钙、氯化镁,提高了残酸的黏度,控制了酸岩反应速度,并有利于悬浮、携带固体颗粒从地层排出;

4) 受到地层水稀释的影响较小。

盐酸处理的主要缺点是与石灰岩反应速度快,特别是高温深井。由于地层温度高,盐酸与地层作用太快,因而处理不到地层深部。此外,盐酸对管道具有很强的腐蚀性,尤其在高于120℃时更为显著。同时,盐酸还会使金属坑蚀形成许多麻点斑痕,腐蚀严重。对于二氧化硫含量高的井,盐酸处理易引起钢材的氢脆断裂。用高浓度盐酸酸化白云岩地层时,可产生分子式为 $CaCl_2 \cdot 2MgCl_2 \cdot 12H_2O$ 的钙镁盐。这种盐不溶于浓酸,它以黏膜的形式附着在岩石表面,使反应不能继续进行,或以颗粒的形式存在,使地层的孔隙堵塞。因这种钙镁盐可溶于稀酸(或水)中,解决的办法是用浓酸和稀酸(或水)交替处理地层。

2. 乙酸

乙酸又名醋酸(CH_3COOH),为无色透明液体,与水互溶,熔点16.6℃。乙酸是弱电解质,在25℃时的离解常数 $K_a = 1.8 \times 10^{-5}$,沸点118℃,工业品乙酸中乙酸的质量分数为36%~38%,冰醋酸中的质量分数为98.0%。由于乙酸钙溶解度较小,其酸化液中乙酸的质量分数常为10%~12%,单独使用也可达19%~23%。乙酸对金属的腐蚀速度远低于盐酸和氢氟酸,腐蚀均匀,无严重坑蚀。它不腐蚀铝合金材料,可用于与酸接触时间长的带酸射孔作业。由于乙酸的酸岩反应速度低于盐酸,因而活性酸穿透距离更长,可作缓速酸。另外,乙酸对 Fe^{3+} 具有络合作用,可防止氢氧化铁沉淀生成。

3. 甲酸

甲酸又名蚁酸($HCOOH$),为无色透明液体,易溶于水,熔点8.4℃。甲酸的离解常数 $K_a = 1.75 \times 10^{-4}$,工业品甲酸中甲酸的质量分数在90%以上。甲酸的酸性和对钢铁的腐蚀性均大于乙酸。甲酸同碳酸钙或碳酸镁反应生成能溶于水的甲酸钙或甲酸镁。甲酸同乙酸一样具有缓速缓蚀的特点,可用于高温深井酸化作业。

4. 土酸及多组分酸

土酸是盐酸和氢氟酸的混合酸,用于砂岩地层的酸化。虽然氢氟酸可以溶蚀砂岩中的石英、长石以及蒙皂石等黏土矿物,但实际上它是不能单独使用的。因为任何砂岩地层都含有一定的碳酸钙(镁)或其他碱金属盐类。它们与氢氟酸反应生成 CaF_2,MgF_2 和其他沉淀,使地层渗透率降低,因而通常采用 HCl–HF 这一土酸体系对砂岩进行酸化。盐酸在土酸中的另一作用是使土酸在一定时间内保持一定的 H^+ 浓度以充分发挥氢氟酸对砂岩的溶蚀。

工业品氢氟酸Ⅰ类中氟化氢的质量分数为40%~70%。土酸中氢氟酸浓度有一上限,超出上限后,氢氟酸对砂粒和黏土溶蚀率下降,还可能在地层中产生新的沉淀或者由于大量胶结物的溶蚀以致基质崩解、砂粒脱落,对地层造成新的伤害。配制土酸通常用氟化铵、氟化氢铵($NH_4F \cdot HF$)按适当比例与盐酸混合而成。

与土酸类似,由两种或两种以上的酸组成的混合酸称多组分酸。如乙酸—盐酸、甲酸—盐酸、甲酸—氢氟酸等。这些酸液多适用于高温地层,既考虑到盐酸成本低,又利用有机酸在高温下的缓蚀和缓速作用。

5. 固体酸

酸化用固体酸主要有氨基磺酸和氯乙酸。固体酸呈粉状、粒状、球状或棒状,以悬浮液状态注入注水井以解除铁质、钙质污染。与盐酸比较,固体酸具有使用和运输方便、有效期长、不破坏地层孔隙结构、能酸化较深部地层等优点。氨基磺酸在85℃下易水解,不宜用于高温,其酸化和水解反应如下:

$$FeS + 2NH_2SO_3H \longrightarrow (NH_2SO_3)_2Fe + H_2S$$
$$CaCO_3 + 2NH_2SO_3H \longrightarrow (NH_2SO_3)_2Ca + CO_2 + H_2O$$
$$NH_2SO_3H + 2H_2O \longrightarrow NH_3 \cdot H_2O + 2H^+ + SO_4^{2-}$$

对于存在铁、钙质堵塞,又存在硅质堵塞的注水井,可以采用固体酸和氟化氢铵交替注入法以消除污染。氨基磺酸可以作为酸敏性大分子凝胶的破胶剂,具有延缓破胶的作用。氯乙酸酸性比氨基磺酸强且耐高温,使用时其质量分数可达36%以上。浓度越高,酸岩反应速度越慢。其水解反应如下:

$$CH_2ClCOOH + H_2O \longrightarrow HCl + CH_2OHCOOH$$

与氯乙酸特点相近的还有芳基磺酸,如苯磺酸、邻(间)甲苯磺酸、乙基苯磺酸及间苯二磺酸等。它们使用时其浓度大于35%(质量分数),甚于可达50%(质量分数)以上。

6. 硝酸

硝酸酸化技术的关键是如何安全地使用硝酸。硝酸因其强氧化性使得适用于盐酸和土酸的缓蚀剂在含有硝酸的水溶液中迅速失效。为了利用硝酸的独特性能,20世纪90年代中期,人们开发了粉末硝酸酸化技术,这是从乌克兰引进的一种酸化技术。该技术的关键是用硝酸脲(也称粉末硝酸,硝酸和尿素的合成物)代替硝酸,使用时用原油或柴油把硝酸脲带入地层,从而避免了硝酸对管柱机械的严重腐蚀。硝酸除了用作基质酸化外,也可以用作解堵酸化。

7. 其他无机酸

酸化技术中使用的其他无机酸有:
1)硫酸。硫酸浓度比盐酸高,酸化反应产物硫酸钙为微细颗粒悬浮在残酸中返排出来。
2)碳酸。碳酸可以溶蚀碳酸盐:

$$CaCO_3 + H_2CO_3 \longrightarrow Ca(HCO_3)_2$$

产物溶于水。碳酸可用于注水井酸化。
3)磷酸。磷酸是中等强度酸,$K_a = 7.5 \times 10^{-3}$(25℃)
其酸岩反应如下:

$$CaCO_3 + 2H_3PO_4 \longrightarrow Ca(H_2PO_4)_2 + CO_2 + H_2O(反应物包括硫化物或 Fe_2O_3)$$

由于多元酸的强弱由一级电离常数 $K_1(K_a)$ 决定。因此,磷酸比盐酸酸岩反应速度慢得多。H_3PO_4 和反应产物 $Ca(H_2PO_4)_2$ 形成缓冲溶液。酸液 pH 值在一定时间内保持较低值(pH≤3),使其自身成为缓速酸,且对二次沉淀有抑制作用。磷酸适合于钙质含量高的砂岩油水井酸化,也可以同氟化氢铵或氟化铵混合对砂岩油水井进行深部酸化。
4)氟硅酸:在砂岩酸化中没用氟硅酸替代 HF 溶液作业时,H_2SiF_6 几乎只与黏土和长石反应,而不与石英反应,因此在消除地层损害时,即使注入大量的酸液也不会破坏岩石结构,这一优点使其适用于消除深部地层损害。H_2SiF_6酸化液也需要 HCl 和 CH_3COOH 的配合以避免H_2SiF_6或硅胶的二次沉淀。

二、缓速酸

所谓缓速酸是指酸岩反应速度比盐酸、土酸的酸岩反应速度低得多的酸化液。鉴于酸与地层的反应多是多相反应,可以从以下过程研究增加酸岩反应时间、降低反应速度的措施:1)活性酸的生成。缓速酸中有一大类"潜在酸",即在地层条件下产生活性酸,其生成属慢反应。2)酸至反应壁面的传递。该步骤在扩散、对流混合、由密度梯度引起的混合或地层漏失等作用下进行。3)酸与岩石表面反应。4)反应产物从岩石表面扩散到液相。上述步骤中,有任何一步是慢反应,都能延长活性酸的作用时间。缓速酸可通过降低或阻止酸岩反应速度而增加酸的穿透深度,从而进一步增加酸的穿透深度并延长所形成的流动通道。在形成虫孔的过程中,缓速酸也能降低酸通过虫孔滤失进入基质的速度,从而实现深穿透和延长流动通道。缓速酸液的配制方法有 4 种:1)用表面活性剂缓速酸液;2)向酸液中加入有机酸或酸的反应产物(化学缓速);3)物理缓速;4)潜在酸(自生酸)缓速。

1. 控制化学反应平衡的缓速酸

在地层条件下,HF 与硅质的反应很快,因此在它较深地穿透地层之前往往已成残酸了,而当某种铝盐加入氢氟酸时,铝离子便与氟离子生成较稳定的 AlF_n^{3-n}($n\leqslant 6$)络离子,在酸化条件下,有下列反应发生:

$$AlCl_3 + 4HF \longrightarrow AlF_4^- + H^+ + 3HCl$$

$$AlF_4^- + H^+ \longrightarrow AlF^{2+} + 3HF(缓慢)$$

$$6HF + SiO_2 \longrightarrow H_2SiF_6 + 2H_2O(快)$$

$$26HF + Al_2Si + O_{10}(OH)_2 + 4HCl \longrightarrow 4H_2SiF_6 + 2AlF^{2+} + 12H_2O + 4Cl^-(更快)$$

各级络离子离解平衡中存在的 F^- 便会与酸液中的 H^+ 形成 HF 溶解黏土等堵塞物。随着HF 的消耗,络离子便继续释放 F^-,这种反应受到络离子稳定性的控制,从而减缓 HF 的生成速度,相应减缓了溶解黏土的反应速度,使土酸处理液的活性穿透深度大大提高,且对砂岩固结性的破坏程度小。另外,$FeCl_3$ 与 $AlCl_3$ 相似,也能起到化学缓速酸的作用。

2. 控制 H^+ 传质系数的缓速酸

在酸液中加入性能优良的稠化剂或胶凝剂,以提高酸液黏度,有效地限制流体内部的对流,使 H^+ 的传递限于扩散,同时所加入的高分子稠化剂在酸中形成胶体网状结构,也阻止了H^+ 的活动,从而有效地延缓了酸与岩石的反应速率。稠化酸具有滤失量小、摩阻低、有一定悬浮性等特点,易于以较高的速度注入,有助于在反应后除去不溶性微粒。国内外施工统计资料表明,稠化酸施工不仅增产幅度大,而且有效期长。分析认为,稠化酸在改造地层过程中不仅增大了酸作用半径,延伸了裂缝长度,而且在立体上使孔洞和裂缝之间能更好地沟通,从而导流能力增加。

3. 阻挡岩石表面反应的缓速酸

(1) 暂堵酸

许多油田都是非均质、多油层的,层内或层间渗透性差异大,而基岩酸化作业的处理液流动的自然趋势是遵循最小阻力的途径。当加有暂堵剂的酸液泵入地层时,首先进入起动压力低的高渗透层段,暂堵剂便会在油层渗滤面滤积,形成低渗透的滤饼,从而使液体转向中低渗层,由于进入每层的处理液受滤饼阻力局限,暂堵能促进液体于不同渗透层间达到平衡。有效的暂堵剂必须满足物理和化学两方面的要求。

1) 物理要求。

①滤饼渗透率为使暂堵功效最大,堵剂在油(气)藏壁上应尽可能生成不渗透的滤饼。若暂堵剂滤饼的渗透率高于或等于最致密层的渗透率,则分流很少或不出现分流。

②无论侵入何种岩石,为获得最大的暂堵效果和最小的清理问题,必须防止暂堵剂颗粒深入油(气)藏岩石。

2) 化学要求。

①必须与处理液及其添加剂配伍,在井温下不与携带液起化学反应。

②暂堵剂在采出或注入液体中必须是可溶的,施工后可随产液排出。

在油田现场施工中,细粒级的苯甲酸常被用作暂堵剂。但因该产品在储存过程中凝聚,注入前很难控制恒定的颗粒尺寸,所以常用它的铵盐或钠盐作酸化暂堵剂。在盐酸中,这些盐转化为苯甲酸:

$$C_6H_5COONa + HCl \longrightarrow C_6H_5COOH + Na^+ + Cl^-$$

苯甲酸只少量地溶于盐酸,但强烈地溶于水或碱性溶液中,在起暂堵作用后,这种化合物溶于注入水。

(2) 利用化学吸附作用的缓速酸

当酸液中加入某些表面活性剂时,由于岩石表面带有电荷,所加表面活性剂吸附其上,使其表面倾向油润湿性,从而形成一道阻碍酸传递到裂缝壁面的物理屏障。抑制活性酸与岩石表面接触,能起到缓速作用。如四川地区和其他一些地区普遍使用烷基磺酸钠(AS)作为酸液缓速剂,因为AS是一种低相对分子质量的阴离子型的表活剂,能被吸附在带正电荷的碳酸盐岩石表面上。

(3) 有油润湿剂的缓速酸

在酸岩反应研究的试验中,用红外光谱仪连续测定排出的 CO_2 浓度,以确定实验过程中的反应速度。仅含缓蚀剂的盐酸体系的测定结果表明,CO_2 的浓度随时间的延长而降低;相反,含有油润湿剂的酸液体系的测定结果表明,CO_2 浓度在反应开始时很大,但随着反应的进行显著下降,这是在碳酸盐岩表面形成缓速膜的结果,当缓速膜完全形成时,CO_2 浓度随着裂缝宽度的增加缓慢下降,这是缓速膜被水的后冲洗液作用而破裂的结果。这个试验说明了油润湿表面活性剂对反应速度的影响。

4. 包容酸

(1) 泡沫酸

用表面活性剂作发泡剂,在酸液中充气泡,利用气泡减少酸与岩石的接触面积,同时又限制了酸的活性部分在同岩石接触处的扩散(依靠泡沫酸的稳定性),从而达到缓速。此外,由于油与残酸间的界面张力降低及近井地带泡沫的扩散,可以完全排出反应产物,又由于其密度较小、黏度较高及机械结构性能好,使其能增加酸与油层作用的范围。

(2)乳化酸

乳化酸有油外相乳化酸和酸外相乳化酸两种,以前者居多。从乳化酸的微观结构看,稳定的体系是在分散了的酸粒表面包缚一层吸附的油薄膜,稳定时油将酸液与地层表面隔开,不发生反应,但当乳化剂在地层表面吸附时,减弱了对酸液分散相的保护,使乳化酸破坏,分离出酸液,酸化地层。四川油田、华北油田和江汉油田等研制的乳化酸体系在油田的开发中起了重要的作用。

(3)胶束酸

该体系就是向酸液中加入性能优良的酸液胶束剂,使配成的酸液体系既具有胶束溶液的特点,又有酸化功能,在提高渗透率的同时又兼备改变油藏的润湿性、降低界面张力、增加对重油的穿透能力和固体颗粒的悬浮能力。可以同时解除有机类和无机类堵塞物,是提高稠油地层酸化效果的一种新酸化体系。胶束剂是一种高活性的表面活性剂,含有一部分亲水基(聚氧乙烯醚酸酯)和亲油基($C_5 \sim C_9$的烷基)。当溶解于水基酸液中。其分子首先浓集在水基酸液表面形成酸液—空气界面上的吸附层,亲水基一端向酸液,亲油基一端向空气。当活性剂浓度增加到某一临界值,其分子布满界面后便进入酸液内部,由于水分子对活性剂亲水基吸引和对亲油基排斥,酸液内大部分活性分子互相缔合聚集成团,形成亲油基为内核,亲水基向外伸露的聚合体,此时的酸液体系称为胶束酸。由于胶束酸内含有无数内核为烷基聚集成的胶束团,当向胶束酸内加入油时,可以明显看到油滴逐渐被"溶解",看不到两相界面的存在,这实际上是水外相胶束将油溶解到胶囊的内壳中去了。这种现象称为胶束的增溶作用,胶束酸这一重要性质十分有利于稠油地层及被有机质污染的地层酸化解堵,因胶束酸中水外相胶束可以增溶的油相,进入地层的胶束酸一方面可以直接溶解堵塞地层的有机物,另一方面可以有效地打破地层岩石外表的有机物裹附层,打破油水界面,使活性酸有效地润湿和溶解近井地带的地层矿物,提高稠油地层或被有机物污染地层的酸化增产效果。

5. 控制氢离子离解的缓速酸

(1)用强酸控制弱酸

一种或几种有机酸(如甲酸、乙酸等)与盐酸或氢氟酸的混合酸液,酸岩反应速度依 H^+ 浓度而定。因此,可用弱电离的酸(如甲酸、乙酸、氧乙酸和二氧乙酸等)降低反应速度。有机酸的电离常数较小,溶解碳酸盐的速率慢。当盐酸中加入甲酸或乙酸时,溶液中氢离子数主要由盐酸的氢离子数决定。溶液中氢离子浓度高,大大地降低了有机酸的电离程度。因此,有机酸与盐酸的混合物,在与碳酸盐岩作用时,必然是盐酸先作用完,然后是甲酸,最后是乙酸。其总的耗时为三者耗时之和。这样,就使酸的处理深度增大了。

(2)自身缓速酸

在油田现场应用取得好效果的浓缩酸体系就是靠自身缓速达到深部酸化的。该酸液体系以 H_3PO_4 为主体酸,其主要反应是(M 为二价金属离子):

$$MCO_3 + 2H_3PO_4 \longrightarrow M(H_2PO_4)_2 + CO_2 + H_2O$$

$$MS + 2H_3PO_4 \longrightarrow M(H_2PO_4)_2 + H_2S$$
$$FeO + 2H_3PO_4 \longrightarrow Fe(H_2PO_4)_2 + H_2O$$
$$Fe_2O_3 + 6H_3PO_4 \longrightarrow 2Fe(H_2PO_4)_2 + 3H_2O$$

H_3PO_4 是中强三元酸,在水中发生三级电离:
$$H_3PO_4 \rightleftharpoons H^+ + H_2PO_4^-$$
$$H_2PO_4^- \rightleftharpoons H^+ + HPO_4^{2-}$$
$$HPO_4^{2-} \rightleftharpoons H^+ + PO_4^{3-}$$

在与地层反应中,H_3PO_4 比电离度大的 HCl,HF 等要慢得多,电离平衡式如下(25℃):
$$K_1 = \frac{[H^+][H_2PO_4^-]}{[H_3PO_4]} = 7.5 \times 10^{-3};$$
$$K_2 = 6.2 \times 10^{-8}; K_3 = 2.2 \times 10^{-13}$$

而 $K_{HCl} = 10$。

磷酸的离解程度由第一级电离常数决定,其离解过程受反应产物的控制,以和 $CaCO_3$ 反应为例:
$$H_3PO_4 + CaCO_3 \rightleftharpoons Ca(H_2PO_4)_2 + CO_2 + H_2O$$

反应过程中,由于 CO_2 的不断生成使压力升高,对平衡反应有显著影响,抑制了正反应的发生,大大减缓了磷酸的消耗速度。由于地层酸化条件下 pH 值在一定时间内能保持较低范围,$H_3PO_4 + Ca(H_2PO_4)_2$ 可组成缓冲溶液,H_3PO_4 便成为一种"自身缓速"的酸。

(3)自生酸(潜在酸)

这个体系多指砂岩酸化过程中缓慢生成 HF 的工艺。

1)"盐酸—氟化铵"交替注入工艺。

胜利采油厂于 20 世纪 80 年代初就推广应用了"盐酸—氟化铵"自生土酸深部酸化工艺。该方法是利用地层黏土的阳离子交换特点,交替注入盐酸和氟化铵水溶液,在黏土表面生成 HF,就地溶解黏土:
$$HCl + NH_4F \longrightarrow HF + NH_4Cl$$

此工艺具有如下特点:

①酸化半径大,可解除地层深部黏土损害;

②只在黏土表面生成 HF 而溶解黏土,不与砂子反应,既能达到解除黏土损害的目的,又不破坏油层骨架;

③不受地层温度限制;

④处理液中盐酸浓度较低(5%~7%),氟化铵水溶液 pH 值 7~8,比常规土酸对设备的腐蚀小;

⑤氟化铵为固体,使用方便,安全可靠,货源广,易于推广。

2)控制黏土运移的氟硼酸深部酸化。

该技术是氟硼酸为主体,与盐酸、土酸联合使用的一种综合处理工艺。当氟硼酸进入地层后,缓慢水解生成 HF。凡是 HBF_4 能够达到的深度都有 HF 生成,从而增加了活性酸的作用半径。
$$HBF_4 + H_2O \rightleftharpoons HBF_3OH + HF(慢)$$
$$HBF_3OH + H_2O \rightleftharpoons HBF_2(OH)_2 + HF(快)$$

$$HBF_2(OH)_2 + H_2O \rightleftharpoons HBF(OH)_3 + HF(快)$$
$$HBF(OH)_3 + H_2O \rightleftharpoons H_3BO_3 + HF(快)$$
$$HF + Al_2SiO_{16}(OH)_2 \rightleftharpoons H_2SiF_6 + AlF_3 + H_2O$$

氟硼酸的水解速度与其浓度和温度有关,一般来说,浓度越大,温度越高,水解生成 HF 的速度就越快。Smith 和 Hendrickson 对 HBF_4 与 HF/HCl 进行了比较,试验证明:在 65℃ 条件下,12%(质量分数)HBF_4 与岩石的反应速度比 12%(质量分数)HCl/3%(质量分数)HF 慢 10.7 倍,大大增加了活性酸的作用半径。此外,HBF_4 在地层中能溶掉大量的黏土晶体及颗粒,被溶蚀的黏土会覆盖在黏土表面,封锁了黏土表面的离子交换点,使潜在的黏土颗粒原地胶结。室内及现场试验表明:被 HBF_4 所溶蚀下的黏土对外来的不配伍性流体不敏感,不会因为与不配伍性流体接触而再次发生膨胀和分散。

第三节 酸液添加剂

一、酸液稠化剂

稠化剂作为一种酸液增黏剂,应用于酸液体系中可以降低 H^+ 的传递扩散速度,降低流体滤失,在酸化酸压措施中能够起到延缓酸岩反应、减小摩阻的作用。我国自 20 世纪 80 年代开始引进国外稠化酸技术,同时展开了对稠化剂的研究开发工作,先后研制出 RAT,CT1-6,VY-101 等酸液稠化剂,推动了国内稠化酸技术的应用和发展。随着对稠化剂认识的加深及稠化酸技术现场应用范围的扩大,对酸液稠化剂的要求不断提高,主要表现在增黏能力强,稳定性、配伍性和溶解性好,现场应用简单,并具有无毒、廉价等特点。国内外普遍采用的稠化剂有 3 类:丙烯酰胺共聚物、乙烯类共聚物、纤维素(CMC,HEC)、杂多糖和脂肪胺等其他类聚合物。其中,乙烯类聚合物由于单体价格较高,难以推广应用,纤维素类聚合物抗温性较差。目前,应用最多的是丙烯酰胺类共聚物,而研究较多的是带有阳离子基团的聚合物,如丙烯酰胺(AM)—甲基丙烯酰乙氧基三甲基氯化铵(DMC)共聚物等。表 2-1 列出了几种常用的酸液增稠剂的优缺点。

表 2-1 各种酸液体系优缺点对比

稠化剂	实 例	优 点	缺 点
多糖类聚合物	瓜尔胶、羟丙基瓜尔胶、CMHEC,HEC 等	增黏效果好,酸稳定性好,不产生残渣	高温稳定性差,易生物降解
合成的高聚物	聚丙烯酰胺(PAM)	对浓酸稠化能力较好,经阳离子改性后增黏性能、耐酸性、耐温性都将增大	没经阳离子改性的 PAM 使用温度较低,66℃ 以上产生沉淀,并且 PAM 改性阳离子国内尚无商业化产品
	聚乙烯吡咯烷酮	酸稳定性好,可以与各种酸液复配,与酸混合后,其链节变为阳离子链节,可抑制黏土膨胀和运移	成本高,增黏效果不好
	非离子表面活性剂	低温黏度小,易泵送。在地层高温下,酸液黏度增大	成本高

续表

稠化剂	实 例	优 点	缺 点
交联聚合物	将聚合物进行交联	耐热性好,耐剪切性好,用于高温井施工,黏度高,悬浮能力强,滤失低,对地层伤害和设备腐蚀小	破胶返排困难

耐温耐盐稠化剂分子所应有的结构特点是:相对分子质量高,以提高增稠效果;聚合物分子的主链结构是高碳链、刚性链结构,以提高主链的热稳定性,侧基尽量是大侧基、刚性侧基,以增加分子热运动的阻力。具备这两个特点,分子就会有好的抗温性能。若分子的作用基团是对盐不敏感的水化基团、化学稳定性好的耐水解基团、可抑制酰胺基水解的基团,那么该分子就会抗盐。

二、金属缓蚀剂

最重要的酸液添加剂是缓蚀剂。缓蚀剂是能减缓酸化过程中酸对与其接触的钻杆、油管和任何其他金属的腐蚀的化学物质。下面概述腐蚀、缓蚀机理和评价缓蚀剂效果。

1. 金属的腐蚀和缓蚀机理

任何金属表面均由通过金属体自身形成短路的电极组成(图2-3),只要金属保持干燥,则不产生局部电流且不被腐蚀。但是一旦金属暴露于盐水溶液、碱或酸液,局部作用电池就开始作用并导致金属转化为腐蚀产物。所有不具有缓蚀性能的酸溶液均腐蚀钢。酸对钢的腐蚀是由酸液中电离的氢离子引起的。腐蚀导致铁在金属表面的阳极被氧化并溶解,同时氢离子在阴极被还原并生成氢气。

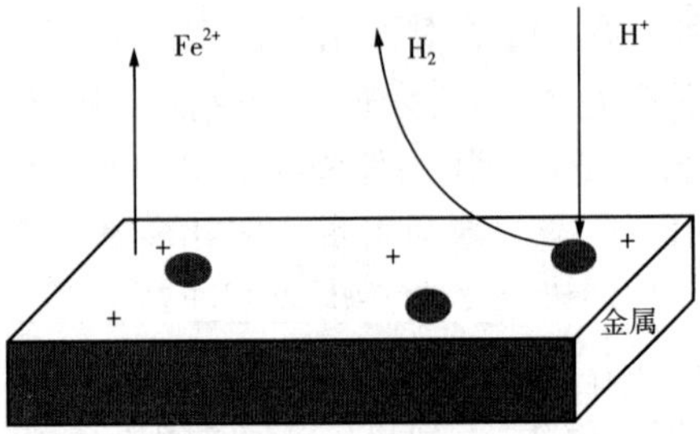

图2-3 由阳极和阴极组成的金属表面

阳极反应(氧化)方程为:$Fe \longrightarrow Fe^{2+} + 2e^-$

阴极反应(还原)方程为:$2H^+ + 2e^- \longrightarrow H_2$

阳极反应和阴极反应的总方程为:$Fe + 2H^+ \longrightarrow Fe^{2+} + H_2$

要达到缓蚀效果,缓蚀剂应能降低阳极区或阴极区的反应速度,或同时降低两个区的反应速度。常用的缓蚀剂分两大类(按缓蚀方式分):第一类(阳极型)的作用是使缓蚀剂与金属表面阳极区共用电子对,这样建立起来的化学键能终止该区的反应;第二类(阴极型)主要通过静电引力作用,使阴性缓蚀剂吸附在阴极区上,形成一层保护膜。常见的保护膜有氧化膜、沉淀膜和吸附膜。缓蚀剂的效果与其薄膜形成、在金属表面的固着能力有关。因此,凡是减少缓蚀剂分子吸附数量的因素都会降低其缓蚀效果,最重要的影响因素是温度。

2. 酸腐蚀类型

(1)酸腐蚀的点蚀类型

在不具有缓蚀性能的酸中,钢的腐蚀常是均匀的。阳极和阴极区在整个金属表面的不断转换使腐蚀十分均匀。而在具有缓蚀性能的酸中，钢的局部表面由于缓蚀剂变质，缓蚀剂量不足或金属杂质而发生坑蚀。

1）缓蚀剂变质。

覆盖有劣质缓蚀剂的钢与酸溶液接触常发生点蚀。接触一定时间后，所有的缓蚀剂完全变质。具体时间取决于多种因素，如温度、酸强度和金属类型等。当劣质缓蚀剂完全变质时，它们从金属表面的局部区域脱附，从而促进点蚀。

2）缓蚀剂量不足。

尽管缓蚀剂的质量好，但只要其量不足以覆盖整个金属表面，点蚀也会发生，因为未受保护的钢表面被酸迅速腐蚀，从而发生点蚀。

3）金属杂质。

另一促进点蚀的因素为金属中存在的杂质或夹杂物。例如，在制钢过程中对可能会包裹小片的炉渣，或不正确的热处理或淬火使钢的晶体结构不连续。这些缺陷相对于周围的钢结构，也许轮流变为阳极，从而促进酸的腐蚀。

（2）氢脆

氢脆是由于阴极反应——氢离子还原为原子氢引起，原子氢来自于酸化处理。金属吸附的原子氢能降低金属的塑性并可使金属变脆。

3. 缓蚀剂类型和分子结构

缓蚀剂通过影响腐蚀电池中阳极和阴极的反应而起到缓蚀作用。两种基本缓蚀剂为无机缓蚀剂和有机缓蚀剂。另外还有缓蚀增效剂。

（1）无机缓蚀剂

这种缓蚀剂包括锌、镍、铜、砷和锑和其他金属的盐类，其中使用最广泛的为砷的化合物。当这些砷的化合物加入到酸溶液中，它们在暴露于酸中的钢的表面的阴极处发生镀敷作用。这一镀敷作用降低了氢离子的交换速度，因为在酸和钢间生成的硫化铁将起一隔层的作用。腐蚀过程为一动态过程，在这一过程中，酸与硫化铁作用，而不与金属直接作用。无机缓蚀剂的优点为：

1）高温下有效时间长；

2）成本低于有机缓蚀剂。

其缺点为：

1）在酸强度大于约17% HCl 的酸溶液中，将失去其缓蚀作用；

2）若存在硫化铁，则将与因硫化铁与酸反应产生的硫化氢反应生成不溶沉淀；

3）使炼化用催化剂（如铂）中毒；

4）释放有毒的腐蚀副产物—砷化氢气体；

5）难于混合和使用不安全。

（2）有机缓蚀剂

有机缓蚀剂由能吸附在金属表面的极性有机物质组成，因此有机缓蚀剂在酸和金属间形成一层起屏蔽作用的保护膜，如图2-4所示。

有机缓蚀剂通过限制 H^+ 在阴极处的迁移而起阴极极化剂的作用。有机缓蚀剂由较复杂的化合物组成，化合物有一个或多个含S，O 或 N 的极性基团。有机缓蚀剂的主要优点为：

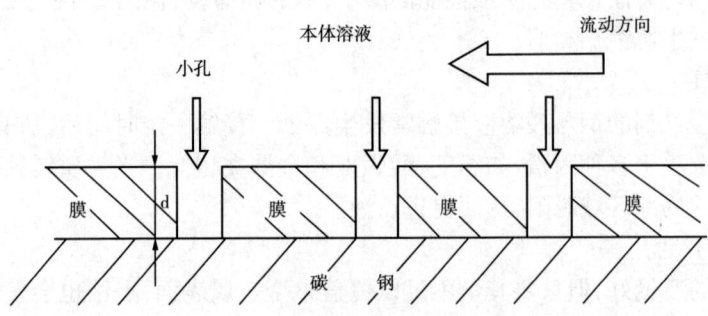

图 2-4 缓蚀剂成膜简化图

1)可用于含 H_2S 的环境,无沉淀(如硫化砷,它可以堵塞井筒)产生;
2)不毒化炼化用催化剂;
3)在任何酸浓度下都有效。

有机缓蚀剂的缺点为:

1)在酸存在时,随着时间的延长而降解,因而当温度高于 200°F(95℃)时,很难提供长时间的保护作用;
2)比无机缓蚀剂的成本高。

目前大量使用的有机缓蚀剂的类型有:

1)醛类。

醛类缓蚀剂主要使用的是甲醛。由于醛类具有极性基团—CHO,其中心原子 O 有两对孤对电子,它与 Fe 的 d 电子轨道形成配位键而吸附在金属表面从而抑制了金属的腐蚀,如图 2-5 所示。

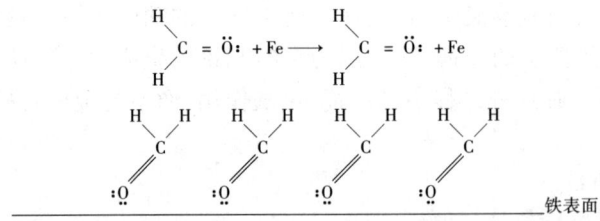

图 2-5 甲醛在铁表面的吸附

此外,甲醛在酸中能形成 $\underset{\overset{\|}{O:H^+}}{\overset{H\ \ H}{C}}$,可以保护钢铁的阴极,使钢铁表面局部带正电而排斥 H^+。

2)含硫类活性剂。

硫醇:R—SH,R:$C_{12} \sim C_{18}$。

硫醚:$\begin{matrix} R_1 \\ | \\ S \\ | \\ R_2 \end{matrix}$,硫醚在酸介质中有如下反应:

$$R_1\text{-S-}R_2 \xrightarrow{H^+} \left[\begin{array}{c}R_1\\ \text{SH}\\ R_2\end{array}\right]^+$$

反应产物能在阴极上形成保护膜。R_1 或 R_2 含有不饱和键或短支链则吸附和屏蔽效应更好。

硫脲类,如邻二甲苯硫脲:

$$\text{(2,6-二甲苯基)}-NH-\underset{\underset{S}{\parallel}}{C}-NH_2$$

3) 含氧类活性剂。

聚醚:$R-\text{C}_6\text{H}_4-O-[CH_2CH_2O]_n H$ $R:C_{12} \sim C_{18}$ $R-O-[CH_2CH_2O]_n H$ $n>5$。

表面活性剂的非极性基定向排列成了疏水膜保护层。膜的强度与碳链长度有关,膜厚而致密则屏蔽效应好,但随碳链增长,其在水中或酸中溶解性降低。

4) 磺酸盐活性剂。

烷基磺酸钠:$R-SO_3Na$ $R:C_{12} \sim C_{18}$。

烷基苯磺酸钠:$R-\text{C}_6\text{H}_4-SO_3Na$ $R:C_8 \sim C_{14}$。

5) 胺类

胺类化合物的氮原于有自由电子对,使其具有亲核性。例如烷基胺在盐酸中有如下反应:

$$R\ddot{N}H_2 + HCl \longrightarrow \left[\begin{array}{c}H\\ \ddot{R}NH_2\end{array}\right]^+ Cl^-$$

烷基胺作缓蚀剂,R 通常为 $C_{12} \sim C_{18}$。

6) 吡啶类缓蚀剂。

吡啶类缓蚀剂是目前国内外广泛使用的酸液缓蚀剂。我国各油田常用的 7701,7623 和 7461-102 都是吡啶类缓蚀剂。例如:7701 缓蚀剂主要成分为氯化苄基吡啶,是由制药厂的吡啶釜渣在乙醇等试剂中与氯化苄反应制得。

$$R-\text{Py}-N + Cl-CH_2-\text{C}_6\text{H}_5 \longrightarrow \left[\text{C}_6\text{H}_5-CH_2-N\text{Py}-R\right]^+ Cl^-$$

如果用喹啉替换吡啶,就可得到类似的缓蚀剂氯化苄基喹啉季铵盐。

$$\left[\text{C}_6\text{H}_5-CH_2-N\text{(quinoline)}-R\right]^+ Cl^-$$

常用配方为:质量分数 1.0% 的 7701 + 质量分数 0.5% 乌洛托品,可以在 90~190℃ 温度下、质量分数为 15%~28% 的盐酸中使用。

美国的 W. W. Frenier 等人对吡啶类缓蚀剂的作用机理进行了详细的研究。他们在室内用质量分数20%的异丙醇作溶剂,使1-溴基十二烷和吡啶在其中回流6h,溴化物滴定结果表明,反应程度大于98%,得到产物溴化十二烷基吡啶:

$$\left[\underset{C_{12}H_{25}}{\underset{|}{N}}\bigcirc\right]^{+} Br^{-}$$

通过电化学方法测定 HCl 在 J-55 钢片的腐蚀速度以及金属铁在不同温度下溶解在不同浓度(质量分数1%~20%)盐酸中详细的动力学研究表明:金属铁在极性水分子的作用下,表面可以形成水膜——$Fe \cdot [H_2O]$。在缺氧时,钢在无缓蚀剂的盐酸中,受到 Cl^- 的活化作用。其腐蚀机理如下:

$$Fe \cdot [H_2O] + Cl^- \longrightarrow Fe[Cl^-][H_2O]$$

与 H_2O 比较,H_3O^+ 更容易与 Cl^- 通过静电结合,因此:

$$Fe[Cl^-][H_2O] + H_3O^+ \longrightarrow Fe[Cl^-][H_3O^+] + H_2O$$

$$2Fe[Cl^-][H_3O^+] \longrightarrow Fe^{2+} + Cl^- + H_2 + H_2O + Fe[Cl^-][H_2O]$$

缓蚀剂吡啶盐通过季铵阳离子可以比 H_3O^+ 优先吸附在 $Fe[Cl^-][H_2O]$ 表面:

$$Fe[Cl^-][H_2O] + \left[\underset{C_{12}H_{25}}{\underset{|}{N}}\bigcirc\right]^{+} Br^- \longrightarrow Fe[Cl^-]\left[\underset{C_{12}H_{25}}{\underset{|}{N}}\bigcirc\right]^{+} Br^- + H_2O$$

由于缓蚀剂是依靠静电吸附在钢片表面上,这种吸附并不很牢固,故吡啶盐对温度的变化较敏感。

7)炔醇类。

与吡啶类一样,炔醇类缓蚀剂是应用最为广泛的另一类有机缓蚀剂。它性能稳定,尤其适用于高温。

国内外常用的炔醇类缓蚀剂有:乙炔醇(CHCOH)、丁炔二醇($HOCH_2CCCH_2OH$)、丙炔醇($HOCH_2CCH$)、己炔醇[$C_3H_7CH(OH)CCH$]、辛炔醇[$CH_3(CH_2)_4CH(OH)CCH$]以及由炔醇同胺类、醛(酮)类合成的多元化合物。其中乙炔醇、丙炔醇及其衍生物最常用,如美国的 A-130、A-170,我国的 7801 等。

炔醇类缓蚀剂常与胺类缓蚀剂及碘化钾、碘化亚铜复配使用,可用于 200~260℃ 温度范围。

炔醇类缓蚀剂的作用机理被认为是炔烃通过 π 键与金属铁表面形成络合薄膜,从而防止了酸的侵蚀。用红外光谱分析了辛炔醇在钢表面上形成的薄膜之后发现,被吸附的炔醇在酸介质中与钢铁表面首先在炔键处加氢形成烯醇,然后脱水生成共轭二烯,共轭二烯能发生聚合反应生成齐聚体(Oligomer)膜:

$$CH_3(CH_2)_4-\underset{|}{\overset{OH}{C}H}-C\equiv CH \xrightarrow{\underset{H}{Fe}} CH_3(CH_2)_4-\underset{|}{\overset{OH}{C}H}-CH=CH_2 \longrightarrow$$
(烯醇)

$$CH_3(CH_2)_3CH=CH-CH=CH_2 \longrightarrow 齐聚体$$

存在于钢表面上的齐聚体膜是类似于煤油脂一样的黏稠状物质,其中也存在未作用的辛炔醇。由于聚合成膜作用,辛炔醇牢固吸附于钢铁表面,甚至高温和浓盐酸都很难破坏吸附膜。

8)曼尼希(Mannich)碱。

高温(120~210℃)、高浓度的条件下,可用曼尼希碱(胺甲基化反应产物,如甲烷基酮、甲醛与二甲胺反应物,苯乙酮、甲醛与环己胺反应物或苯乙酮、甲醛与松香胺的反应产物)与炔醇或曼尼希碱、炔醇与含氮化合物复配作缓蚀剂。

通常对盐酸适用的缓蚀剂同样适用于氢氟酸。对氢氟酸,含氮含硫化合物(如二苯基硫脲、二苄基亚砜、2-硫基苯并三唑)和炔醇化合物[如1-氯-3-(β羟基-乙氧基)-3-甲基-1-丁炔]有特别好的缓蚀作用。

(3)分子结构与缓蚀效果的关系

有机系列缓蚀剂大多是表面活性剂,即整个分子由亲水基团和疏水基团两部分组成,其缓蚀效果取决于作为亲水基团的原子和或原子团在金属表面的吸附强度以及作为疏水基团的长链烷基或烷基结构。

1)亲水基团的影响。

相同碳原子数的脂环胺和脂肪族仲胺比较,通常缓蚀率脂环胺高,这可能与中心N原子的成键电子轨道有关。与脂肪仲胺中一般的sp^3杂化轨道不同,轨道斜着重叠,在环胺中形成sp^2杂化轨道的可能性较大,以至脂肪族中σ是电子,环亚胺中有π电子的可能性,因此环亚胺对金属的吸附力比脂肪族仲胺强。酰胺羧酸形缓蚀剂由于与金属表面的原子或离子多重键合成螯合环,因此其在金属表面的吸附力比伯胺、仲胺、环胺及酰胺要强,它的螯合能力也就强。因此,对相同烷基的表面活性剂来说,其亲水基对金属的亲合力越大,则缓蚀作用越好。

2)疏水基团的影响。

①直链烃基及其长度。亲水基吸附在金属面上的缓蚀剂分子,烃基处在背离金属位置,很多缓蚀剂分子并排在金属面上,整个金属面被疏水性的微密网覆盖。如果选择与活性剂的烃基化学结构比较相似的化学物作溶剂,把含有缓蚀剂的溶液加入到腐蚀介质中,则溶剂的分子吸引在表面活性剂的烃基上,而吸附在金属表面上的活性剂的烃基以缠绕状态存在,形成"夹层"。"夹层"的底部是缓蚀剂的极性基和金属表面结合的部分,"夹层"的中间是分子的非极性部分,起防腐作用的就是分子的这一部分。"夹层"的最外层是缓蚀剂的长链尾引着疏水性溶剂的油层。这个油层可以认为是一种保护膜。缓蚀剂形成的膜对金属离子的向外扩散和腐蚀物或水向金属渗透两方面起到屏蔽作用。一般低相对分子质量胺吸附快,但遮盖区小;高相对分子质量胺吸附慢,但遮盖度大,而且高相对分子质量的缓蚀剂脱附困难,因此添加浓度可以小些。但如果烃基长度超过某个范围,则由于分散变得困难,作为缓蚀剂添加到腐蚀环境中时,比较容易从腐蚀液中分离凝聚出来,就不能起到覆盖金属的作用。

②支链烃基。缓蚀剂的烃基有支链存在时,往往使吸附困难,缓蚀效果降低,而且支链的位置距离胺基越近其缓蚀效果越差。有机胺缓蚀剂多种支链的存在妨碍缓蚀剂向金属吸附的行动,使在金属表面配位的缓蚀剂分子数减少。在离吸附基最近的位置有支链的烃基妨碍其

他"同伙"分子的吸附行动,因此它们与直链烃基缓蚀剂相比,在金属表面达到饱和的吸附量少,形成的膜比较疏松,使腐蚀介质容易侵入。总之,带支链的烃基由于其空间阻碍作用使缓蚀剂的缓蚀作用降低。

③不饱和烃基。在缓蚀剂中引入双键,是期望增加其分散性和提高缓蚀效果。由于长链缓蚀剂溶解困难,可以考虑引入略有亲水性的双键,以增加其分散性,同时还可以消耗混入腐蚀介质中的溶解氧。

三、黏土稳定剂

黏土粒子吸附水膨胀导致粒子尺寸增大,含有膨胀性黏土的储层在吸附水后进一步膨胀促使孔隙体积缩小,从而导致储层渗透率和孔隙度的下降。因此,为了避免流体—黏土作用导致储层伤害,必须根据黏土类型、含量等地质情况和工作液体选择合适的黏土稳定剂(膨胀抑制剂)。

化学添加剂稳定黏土和微粒的作用机理为吸附在被稳定的矿物表面。吸附是因静电吸引或离子交换。因黏土在pH值高于它们的等电点后带负电,所以最有效的黏土稳定剂带正电(阳离子)。常用的黏土稳定剂为带多个电荷的阳离子、季铵盐表面活性剂、聚胺、聚季胺和有机硅。

1. 多电荷阳离子

曾广泛用作黏土稳定剂的两种多电荷阳离子为羟基铝$[Al_6(OH)_{12}(H_2O)_{12}^{6+}]$和二氯氧锆。注入各种前置液后,一般注入加有黏土稳定剂的溶液,接着再注入与黏土稳定剂溶液配伍的后置液,以去除近井周围过多的黏土稳定剂,然后关井。这些体系不改变地层的润湿性。

2. 季铵盐型表面活性剂

高于等电点的条件下,带正电的表面活性剂和带负电的黏土间的静电吸引使这些表面活性剂易被黏土吸附,吸附造成的电荷中和降低了黏土的离子交换能力。因此,黏土不再因吸附水合阳离子而发生膨胀。

季铵盐表面活性剂倾向于降低硅酸盐对水的吸附,从而促使黏土矿物变为油润湿。因此,若存在任何液态烃,黏土矿物易变为油润湿。当然,这降低了岩石中烃的相对渗透率。同样,黏土因吸入流体进入其晶格结构中而发生膨胀。

3. 聚胺

聚胺为含有多个胺基的有机高分子,其中胺基为伯胺、仲胺或叔胺。聚胺在酸溶液中带正电,聚胺的一般结构为:

$$CH_3 \!-\!\!\left[\, R \,\right]\!-\!\! \underset{\underset{H}{|}}{\overset{\overset{R'}{|}}{N}} \!-\!\!\left[\, R \,\right]_n\!\!-\! CH_3$$

R:重复烃基;R′:烃基或氢;n:聚合物中胺基的数量。

由于含许多胺基,聚胺可通过多个附着点强烈吸附在黏土矿物表面。吸附后,聚胺将有效中和黏土的负电荷。谨慎控制碳氮比,一般为 8:1 或更少,聚胺促进黏土矿物为水润湿。另外,聚胺分子的长度足以使之将微粒连接起来。聚胺处理过的硅酸盐再与盐水接触。聚胺将失去其正电性,并被冲离黏土矿物。这时,黏土不再稳定。

4. 聚季铵

聚季铵可用于任何水基液体中,包括酸性液体和碱性液体。广泛使用的两种聚季铵的化学结构为:

1) 二甲胺和 3 - 氯 - 1,2 - 环氧丙烷缩合物。

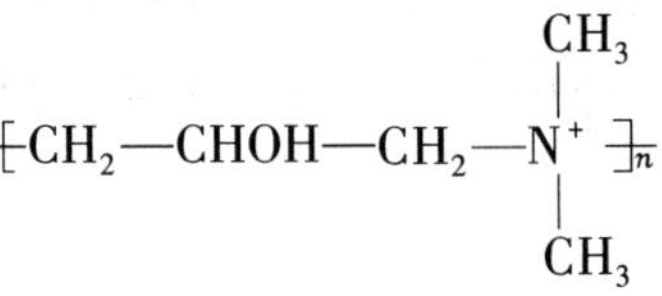

$$\left[CH_2-CHOH-CH_2-\overset{CH_3}{\underset{CH_3}{\overset{|}{N^+}}} \right]_n$$

2) 聚二甲基二烯丙基氯化铵。

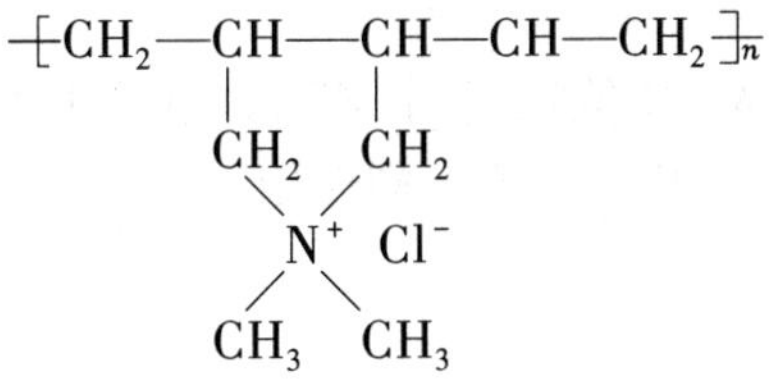

$$\left[CH_2-CH-CH-CH_2 \right]_n$$
(with CH_2, CH_2, $N^+ Cl^-$, CH_3, CH_3)

黏土和微粒因电荷中和、水润湿和聚合物架桥而稳定。石英微粒比黏土的电荷密度低,因此,聚季铵优先吸附在黏土表面,而不是石英微粒。用氢氟酸酸化水敏地层时,应尽量使用黏土稳定剂。若不能在所有液体中加入黏土稳定剂,则须在后置液中加入,应继续注入不含黏土稳定剂的顶替液以保证无黏土稳定剂滞留在井筒中。应考虑微粒运移和黏土运移的区别,微粒主要包括石英和长石的粉砂级颗粒。

5. 有机硅

Kalfayan 和 Watkins 认为,有机硅可用作 HCl—HF 酸化用添加剂以防止酸化后的微粒运移。有机硅的一般结构如下:

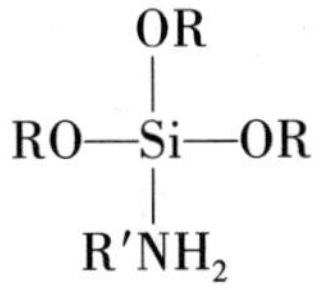

$$\begin{array}{c} OR \\ | \\ RO-Si-OR \\ | \\ R'NH_2 \end{array}$$

R, R':可水解的有机基团。

作为酸化用添加剂,有机硅水解生成硅烷醇,其结构为:

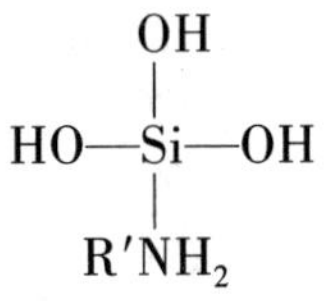

$$\begin{array}{c} OH \\ | \\ HO-Si-OH \\ | \\ R'NH_2 \end{array}$$

硅烷醇不但相互间发生作用,也与硅质矿物表面上羟基硅(Si—OH)通过缩聚或共聚反应机理生成硅氧共价键(Si - O - Si)。硅氧醇间以及硅质矿物表面上的羟基硅形成一油润湿性的硅烷醇聚合物,并覆盖在硅质矿物表面。通过有机矿水解及之后硅烷醇的聚合或缔合生成的硅烷醇聚合物链的长度不明确,但预计较短。酸尽管催化有机硅烷的水解,但延缓了聚合物链的增长。

聚硅氧烷联结低阳离子交换能力的矿物(石英)和高阳离子交换能力的黏土。因此,有机硅氧烷添加剂很适合于既含有非黏土微粒又含有黏土微粒的地层。

四、铁离子稳定剂

若较多的铁以 Fe^{3+},而不是以 Fe^{2+} 的形式被酸溶解,酸化后将发生铁沉淀和渗透率降低。铁的氧化态决定是否沉淀。Fe^{3+} 在 pH 值约为 2 时即发生沉淀,而 Fe^{2+} 在 pH 值约为 7 时才发生沉淀,实际值决定于 Fe^{3+} 和 Fe^{2+} 的浓度。由于酸溶液的 pH 值很少高于 6,所以 Fe^{2+} 的沉淀一般不是问题。铁的来源为:

1)管壁表面的腐蚀产物;
2)轧制铁鳞;
3)含铁矿物。

目前稳定铁的 3 种化学剂为 pH 值控制剂、螯合剂和还原剂(除氧剂也有效)。根据铁的来源和铁的含量,可单独使用这些化学剂或一同使用。

1. pH 控制剂

低 pH 值有助于防止铁的二次沉淀。控制 pH 值的方法是向酸液中加入弱酸,弱酸的反应非常慢以至于 HCl 反应完后仍维持低 pH 值。一般使用乙酸控制 pH 值。

2. 螯合剂

螯合剂与铁结合并使之稳定在溶液中,以免铁沉淀。柠檬酸、乙二胺四乙酸(EDTA)和氮川三乙酸(NTA)为较常用的螯合剂。表 2-2 为不同螯合剂对三价铁离子的稳定效果。

表 2-2 在残酸中螯合剂对 Fe^{3+} 的稳定效果

螯合剂名称	螯合剂用量,g/L	温度,℃	稳定的 Fe^{3+},mg/L	时间
柠檬酸	4.19	93	1000	大于48h
柠檬酸和醋酸混合物	5.99	24	10000	2d
		24	5000	7d
		66	10000	24h
		66	5000	7d
	10.42	93	10000	15min
		93	5000	30min
乳酸	7.79	24	1700	24h
		66	1700	2min
		93	1700	10min
醋酸	20.85	24	10000	24h
		66	5000	2h
		93	5000	10min

续表

螯合剂名称	螯合剂用量,g/L	温度,℃	稳定的 Fe^{3+},mg/L	时间
葡萄酸	12.34	93	1000	20min
		66	1500	20h
EDTA 四钠盐	26.96	所有温度	4300	大于48h
NTA 三钠盐	5.99	小于93	1000	大于48h

3. 还原剂

使用还原剂是防止氢氧化铁沉淀生成的另一途径。

1)亚硫酸。

用亚硫酸作还原剂时其化学反应如下:

$$H_2SO_3 + 2FeCl_3 + H_2O \longrightarrow H_2SO_4 + 2FeCl_2 + 2HCl$$

反应产物中有硫酸,在酸浓度降低之后,会生成细微粒的 $CaSO_4$ 沉淀。此外还有 SO_2 气体逸出。

2)异抗坏血酸及其钠盐。

抗坏血酸的分子式为:

$$\begin{matrix} & & & O \\ & & & \| \\ C-C=CH-CH-CH_2OH \\ \| & \| & & \| \\ O & OH\;OH & & OH \end{matrix}$$

这是一种高效的铁还原剂,国内外已用作铁稳定剂。室内试验表明:异抗坏血酸比其他常用的铁稳定剂效率高得多,而且其稳定铁的性能不受温度限制,在高达204℃下仍能作为优良的酸液铁稳定剂。在砂岩酸化中,优先选用异抗坏血酸而不选用异抗坏血酸钠。因为钠盐加入土酸中会引起不溶的六氟硅酸盐沉淀。

异抗坏血酸还适合胶凝酸体系,它可抑制 Fe^{3+} 与胶凝剂的交联反应。目前,在国外异抗坏血酸被认为是最有效的铁稳定剂。美国道威尔公司的 L58 即以异抗坏血酸为主要成分。

五、助排剂

预计地层排酸可能出现问题时,注酸前应加入氮气、醇类或表面活性剂。这些添加剂一般用于低压气藏。加氮气的目的有两个:1)井下压力降低时,借助气体膨胀造成人工气举;2)如加入气足量,则储层含气饱和度将超过返排初期的流动饱和度。加入醇类(如异丙醇和甲醇)来降低残液与地层液体的界面张力,并增加残液的闪蒸压力,可以解除水锁,促进流体返排,延缓酸的反应,降低水的浓度。在渗透率十分低的泥质储层中,将水从岩石基质中驱出很困难,而酸内加入醇类对这种气藏十分有效。另外,酸内有时也加入表面活性剂来降低界面张力以加速返排,但表面活性剂常吸附在近井地层固体上,使其作用降低。

六、互溶剂

互溶剂一类物质无论在油中或水中都具有一定溶解力。醇类、醛类、酮类、醚类及其他很多化学物质都具有这一特性。在油田应用中,乙二醇醚是最常见的互溶剂。砂岩酸化中最常用的是乙二醇单丁乙醚(EGMBE)。除了具有互溶性外,它还可以降低油水界面张力。它起溶剂作用将油溶于水中,又具有洗涤剂的作用,清除表面的亲油物质,使其呈亲水性,从而改善表面活性剂、乳化剂与地层物质接触的性能。可以通过改变乙二醇醚分子的烃链长度来获得所需要的亲油亲水性。

七、其他处理剂

1. 降滤剂

为造成长而宽的裂缝,必须设法减少水力造缝中液体漏失地层的速度。有效的降滤剂常含有下列两种成分:1)一种能进入地层孔隙,而且能在裂缝壁面附近造成桥塞的惰性固体颗粒[图2-6(a)];2)一种能堵塞固体粒间孔隙的胶结物[图2-6(b)]。

图2-6　降滤剂的典型的表现形态

2. 暂堵剂

基本的转向酸化方法有两种:机械转向和化学转向,机械转向主要可以通过封隔器系统、堵球和连续油管来实现;化学转向方法主要是在酸液中加入适当的暂堵剂,暂时封堵已酸化层(高渗透层),使后续的酸液转到另外一层或低渗透层(污染严重层),最终实现均匀酸化的目的。

目前采用的暂堵剂主要有水溶性聚合物(聚乙烯、聚甲醛、聚丙烯酰胺、瓜尔胶等)、惰性固体(硅粉、岩盐、油溶性树脂等)、萘、苯甲酸颗粒等。转向剂现已广泛应用,颗粒转向剂的可选代替物是泡沫和凝胶转向剂。转向剂是一种暂时堵塞剂,它可暂时封堵高渗层段,改善酸液的吸入剖面,扩大酸化范围,提高酸化效果。有效的暂堵转向对保证酸液选择性分布是很重要的。转向剂具有良好的悬浮分散性,能有选择地进入高渗层段,产生暂时堵塞,将酸液较均匀的导向不同渗透率层段;而在已被酸化、渗透性得到改善的油层部位形成低渗透的固体颗粒滤饼,表面层的渗透率降低,从而改变注入液流动剖面,使酸液能较多地注入未被酸化的层段,同时防止已酸化层段过度酸化。某些转向剂用在酸压中还可起到减少酸液沿裂缝壁面滤失的作用,从而形成较深的裂缝,提高酸压效果。

转向剂分为3类:第一类是粒状堵剂,它可分散在酸中使用。可用下列化学剂制成粒状堵剂,如苯甲酸、氨基磺酸、硼酸、羧甲基淀粉、羟乙基纤维素、萘、松香、油溶性树脂等。第二类是冻胶型堵剂,加有适当破胶剂的任何冻胶都可用作转向剂。第三类是泡沫堵剂,先向地层注起泡剂溶液,然后注气体产生泡沫,再注酸液。泡沫中气泡叠加的Jamin效应,可对酸起转向作用,从而提高酸化效果。产生泡沫的气体主要是氮气,可用脂肪胺盐酸盐、季铵盐或非离子—阴离子型表面活性剂作起泡剂。

3. 降阻剂

油管摩阻将增加酸的注入压力,从而降低注入排量。摩阻压力代表了流体与管柱内壁的摩擦引起的泵入能量的增加。在碳酸盐岩酸化时,长链的聚合物(如聚丙烯酰胺等)胶凝剂用于增加 HCl 的黏度,这些胶凝剂在低浓度时也可以作为降阻剂加入到任何酸中,实际上,降阻剂衰减了流体的紊流效应,从而减少了摩阻(和注入压力),接近于层流状态。

4. 酸渣抑制剂

酸经常与原油尤其是低密度、高沥青质含量的原油反应,从而形成酸渣。一旦形成,酸渣就不能在产出油中溶解,而且采用芳香族溶剂处理是无效的,而铁离子能够稳定酸渣,使其部分或全部存在于残酸中。某些表面活性剂(如烷基酚、脂肪酸、烷基苯磺酸或盐、季铵盐等)可以用来控制淤渣的形成。另外,铁离子控制剂(如柠檬酸、EDTA 和 NTA 等)和还原剂(甲醛、联氨、硫脲和异抗坏血酸等)也可以用来减少淤渣的产生。

酸化淤渣的主要成分为沥青质、胶质,因此酸化淤渣的生成必然涉及原油中胶质、沥青质的析出。一系列描述石油胶体分散体系的物理结构模型认为,沥青质是胶核的中心,其表面吸附有胶质。也就是说,胶团的中心是相对分子质量最大、芳香性最强的物质,核的周围则是轻的、芳香性较小的组分,但胶团和它周围吸附介质之间并没有明显的界面。石油胶体体系的稳定性源于其动力稳定性、电力稳定性和空间稳定性。

酸化过程中,H^+ 和 Fe^{3+} 破坏了原油胶体分散体系的空间稳定性、电力稳定性和动力稳定性,导致胶质沥青质从原油中析出,即生成酸化淤渣。对这个过程有以下认识。

酸液中的 H^+ 和 Fe^{3+} 可与胶质沥青中的杂原子基团如含氮、含硫部分反应或络合:

$$-SH + H^+ \longrightarrow SH_2^+$$

$$-S-S- + 2H^+ \longrightarrow \overset{H^+}{S}-\overset{H^+}{S}-$$

$$>NH + Fe^{3+} \longrightarrow Fe^{3+}(NH)_2$$

$$>NH + H^+ \longrightarrow NH_2^+$$

$$-SH + Fe^{3+} \longrightarrow Fe^{3+}-S$$

$$2-SH + Fe^{3+} \longrightarrow Fe^{3+}(S-H)_2$$

$$>NH + Fe^{3+} \longrightarrow Fe^{3+}-N$$

这种络合导致以下结果:

1)提高了胶质的极性,降低了胶质在油中的溶解度,一方面使胶质容易从油相中析出发生自身聚合,另一方面也削弱了胶质对沥青质胶核的保护作用(胶溶能力降低)。

2)络合作用可能在不同沥青质和胶质之间发生,分别将不同沥青质和胶质桥接起来,使其体积增加,布朗运动减弱。

3)减弱甚至抵消沥青质胶核的负电性。例如用含铁盐酸处理一个酸化时能生成淤渣的原油油样后,发现沥青质带有正电荷。这是一个酸化导致沥青质电性发生变化的证明。因此,H^+ 和 Fe^{3+} 的络合作用破坏了石油胶体体系的电力稳定性、动力稳定性和空间稳定性。

另一种看法是:酸液中的铁离子与原油的一些成分如卟啉、吡咯或酚络合后转移到油相中。已知铁卟啉络合物很稳定,其特性趋近于共价键。在酸性环境中,这些铁卟啉络合物可以充当吡咯和吲哚的氧化聚合催化剂,使强极性的沥青质失去保护,结果导致相分离。

参 考 文 献

[1] 佟曼丽. 油田化学. 北京:石油大学出版社,1986.

[2] B. B. 威廉斯,J. L. 克德里,R. S. 谢克特. 油井酸化原理. 罗景琪,译. 北京:石油工业出版社1981.

[3] WOO G T, Lope H, Met Calf A S. A New Gelling System for Acid Fracturing. SPE 52196.

[4] Chris E. Shuchart, Chemical Study of Organic – HF Blends Leads to Improved fluids. SPE 37281.

[5] Shuchart C E, Gdanski R D. Improved Success in Acid Stimulations with a New Organic – HF System. SPE 36907.

[6] Johnson P E, Burns L D. Carbonate Production Decline Rates Are Reduced through Improvement in Gelled Acid Technology. SPE 17297.

[7] 原青民. 油气井酸化缓蚀剂评述. 石油钻采工艺,1986(3):67 – 69.

[8] 段庆华. 酸化稠化剂分子的设计[D]. 成都:西南石油学院,1996:1 – 3.

[9] Chris E, Shuchart. Chemical Study of Organic HF Blends Leads to Improved Fluids. SPE 37281.

[10] George B Butler, Huey Plrdger Jr. Synthesis of the DMDAAC:US, 3742134,1998.

[11] Watanabe D J. Method for Acidizing High Temperature Subterranean Formations:US,4267887,1981.

[12] 何勤功,古大治. 油田开发用高分子材料. 北京:石油工业出版社,1990.

[13] 赵福麟. 采油用剂. 北京:石油工业出版社,1992.

[14] 张麒麟. 国内新型钻井液处理剂研究进展. 钻井液与完井液,2000(5):28 – 32.

[15] 宁廷伟. 胜利油田酸化技术的发展. 油田化学,1990(7):41 – 43.

[16] 赫安乐. VY – 101酸液稠化剂的研制及稠化酸的研究. 油田化学,1996,13(4):303 – 308.

[17] 王钟鑫. 国外油气田酸化作业液的近况. 石油勘探开发研究院廊坊分院. 1987.

[18] 陈贵英. 激产用稠化酸和交联酸的进展. 油田化学,1987,4(3):27 – 30.

[19] 方娅,刘继廷. 酸液添加剂现状及发展趋势. 钻井与完井液,2000:25 – 30.

[20] 赵学昌. 几种新型酸液在油气井酸化中的应用. 大庆石油地质与开发,1996,15(1):55 – 57.

[21] 刘庆普. 聚丙烯酰胺及其衍生物的应用. 石油化工,1991(5).

[22] Dixon. Polymers for Acid Thickening:US, 4225445,1980.

[23] Sinkovitz. Polymers for Acid Thickening:US, 410079.

[24] 王栋,张国杰,姚丽. 甲基丙烯酸二甲氨基乙酯的制备. 湖北化工,2003(1):12 – 13.

[25] 罗娅君,张新申,王照丽. 甲基丙烯酸二甲氨基乙酯的生产和应用前景. 精细石油化工,2004,3(2):58 – 60.

[26] 朱明,赵仕林. 甲基丙烯酰氧乙基三甲基氯化铵的合成. 四川师范大学学报(自然科学版),2002(4):397 – 399.

[27] 孙中新,丁文光. 甲基丙烯酰氧乙基三甲基氯化铵生产技术及现状. 齐鲁石油化工,1998,26(1):67 – 68.

[28] 胡佩. 新型高温高黏酸液胶凝剂的合成及酸液体系的研究. 成都:西南石油大学. 2005.

[29] 韩晶杰,卢晓,郭卫东. 丙烯酰胺 – DMC 阳离子型共聚物的研制. 精细石油化工进展,2001,2(7):23 – 25.

[30] 杨超,黎钢,何彦刚. 甲基丙烯酰氧乙基三甲基氯化铵与丙烯酰胺聚合研究进展. 造纸化学品,2005

(6):11-14.
[31] 沈一丁,张宇. P(DMC-AM)高分子絮凝剂的制备及絮凝性能. 精细化工,2005,22(8):607-610.
[32] 胡瑞,周华,李田霞,等. 阳离子高分子絮凝剂的制备及其影响因素的研究. 化工时刊,2005,19(8):4-6.
[33] 罗娅君,张新申,王照丽,等. 阳离子型高分子絮凝剂P(DMC-AM)的合成. 四川大学学报(工程科学版),2003,35(3):54-57.
[34] 高建树. XP12-1系列耐高温酸化液胶凝剂的研制及其性能测试. 新疆石油学院学报,2000,12(4):26-28.
[35] 何生厚,张琪. 油气开采工程. 北京:中国石化出版社,2003.
[36] 马喜平. 提高酸化效果的缓速酸. 钻采工艺,1996,19(1):55-62.
[37] Woo G T. 一种用于酸化压裂的新型胶凝体系. 王娓娣,李未蓝,译. 国外油田工程,2000(9):8-11.
[38] 修书表,杜成良,等. SCJ-1稠化酸的研究与应用. 钻井完井液,1999,16(5):41-44.
[39] Vivian T A. Acidification of Subtenant Formations Employing Alogenated Hydrocarbons:US,4320014, 1982.
[40] 黄黎明. 酸液胶凝剂CT1-6的合成及应用研究[J]. 油田化学,1996,(2):257-260.
[41] 赵勇,何炳林,哈润华. 乳化剂对丙烯酰胺反相微乳液共聚合的影响. 应用化学,2000,17(2):168-170.
[42] 伦纳德,卡尔法亚,酸化增产技术. 吴奇,等译. 北京:石油工业出版社,2004.
[43] Buijse M A,vanDomelen M S,田兴国,等. 乳化酸对非均质地层基激化的新应用. 国外油田工程,2001(7).
[44] 张玄奇. 低渗透油田选择性酸化机理及室内试验. 石油钻采工艺. 2002,24(3).
[45] 陈红军,郭建春,赵金洲,等. W/O乳化酸体系稳定性实验研究. 石油与天然气化工,2005(2).
[46] 胡国亮. 低摩阻乳化酸研究与应用. 新疆石油学院学报,2004(1).
[47] 关富佳,姚光庆,向蓉. 乳化酸的优越性能及油层酸化应用研究. 新疆石油学院学报 2003(02).
[48] 黄瑛. 国内外酸化技术发展近况. 钻井液与完井液,2000.17(1).
[49] 王宝锋. 90年代国外酸化工作液的研究与发展. 钻井液与完井液,1998,15(5):25-30.
[50] 杜国滨. CT系列压裂酸化药剂及配方体系. 石油天然气化工. 2001,3(1):31-33.
[51] 李春杰,段吉国,等. 酸化含水油井的油外相乳化酸的研究与应用. 大庆石油学院学报,2004,24(3).
[52] 于学忠. 乳化酸酸压技术在塔河油田的应用. 石油钻探技术,2002,30(3).
[53] 袁飞,王国瑞,等. 乳化酸酸压技术研究与应用. 新疆石油科技. 1997.7(3).
[54] 杨永超,仪健翎,权培丰. 濮城低渗透油藏乳化酸酸化技术研究. 钻采工艺,2000(5).
[55] 黄志宇,何雁编. 表面及胶体化学. 北京:石油工业出版社,2000.

第三章　压裂液化学

　　油气井增产、水井增注的重要手段之一是压裂,尤其是致密油气藏,投产初期产量有限甚至不产油,此时,油气井被压裂改造后能具备一定生产价值。水力压裂改造油气层过程中主要工作液称为压裂液,它具有形成地层裂缝、传递压力、携带支撑剂进入裂缝等作用。因此,影响压裂施工的成败和施工后增产效果的一个重要因素是压裂液性能的好坏。

　　水力压裂的关键组成部分是压裂液,即具有造缝与携砂作用的高黏液体,依据压裂液在压裂过程中的不同作用可分为前置液、携砂液和顶替液。前置液是最先进入地层的压裂液,其作用是造成地层的破裂,进而形成具有一定几何尺度的裂缝,同时在高温地层还起到一定的降温作用。对于高渗透地层,前置液中常需要加入降滤失剂,必要时还需加入细砂或者粉陶,以堵塞存在于地层中的细小缝隙,减少压裂液的损失,进而提高其工作效率。携砂液是紧跟着前置液的含有支撑剂的砂浆,其作用是将支撑剂带到缝隙里,并将支撑剂置于预定位置,同时,携砂液兼有造缝和冷却地层作用,这部分液体在压裂液的总体积中所占的比例较大。顶替液是最后进入地层的液体,其作用是将滞留在井筒中的携砂液全部替入地层裂缝中,并且具有预防砂卡和砂堵的作用。

　　压裂液应当具有一定的造缝能力,并且填砂裂缝和裂缝壁面应当有足够的导流能力。所以,对压裂液的各方面的性能有严格的要求,如稳定性、携砂性、滤失性、地层伤害、摩阻损失等方面。而要满足这些要求,就必须在压裂液体系中加入不同种类的添加剂。其中最主要和常用的添加剂有:稠化剂、交联剂、破胶剂,以及改善压裂液的各种性能而加入的表面活性剂,如助排剂、pH 调节剂、黏土稳定剂、降阻剂、降滤失剂和暂堵剂等多种化学添加剂。压裂的成功与否,压裂液体系起着至关重要的作用。为此,压裂液体系、压裂添加剂和压裂工艺是压裂储层改造中必须考虑的问题。

第一节　概　　述

　　水力压裂是人们利用地面高压泵组,以超过地层吸收能力的排量将高黏压裂液泵入井内而在井底产生高压,当该压力克服井壁附近地应力并达到岩石抗张强度,就在地层产生裂缝。继续注入带有支撑剂的混砂液,使裂缝继续延伸并在其中填充支撑剂。停泵后,由于支撑剂对裂缝的支撑作用,在地层中形成足够长的、有一定导流能力的填砂裂缝,从而实现油气井增产和注水井增注。压裂的目的有:

1)设置一条有导流能力的裂缝通道通过了近井地带的伤害区,绕过了受污染的地区;
2)延伸裂缝通道,使其有足够的深度,从而提高了渗流面积,进入至储层来进一步提高产量;
3)设置了这条裂缝通道,致使在储层内的流体流型从径向流变为线性流。

　　水力压裂主要用于砂岩油气藏,在部分碳酸岩油气藏也得到成功应用。

一、压裂液组成

压裂液是压裂工艺技术的一个重要组成部分。其主要功能是造缝并沿张开的裂缝输送支撑剂,因此液体的黏性至关重要。然而,成功的压裂作业还要求液体具备其他特殊性能,除在裂缝中具有要求的黏度外,还要能够破胶,作业后能够迅速返排,能够很好地控制液体滤失,泵送期间摩阻较低,同时还要经济可行。

针对各类储层在温度、渗透率、岩性和孔隙压力等方面存在的差异,目前已研制出许多不同类型的液体以适应不同的储层特性。最初的压裂液为油基液,20世纪50年代末开始,用瓜尔胶增稠的水基液日渐普及。1969年首次使用了交联瓜尔胶液,当时仅有约10%的压裂作业使用的是凝胶油。目前约有65%以上的压裂施工用的是以瓜尔胶或羟丙基瓜尔胶增稠剂的水基凝胶液;凝胶油作业和酸压作业各占约5%;增能气体压裂约占15%~20%。

影响压裂成败的诸因素中,重要的是压裂液及其性能。用于水力压裂的压裂液性能对压裂起着重要的作用,在压裂施工的各项费用中,压裂液要占1/2或更多,使用恰当性能的压裂液也是提高压裂经济效益的重要途径。

压裂液是一个总称,由于在压裂过程中,注入井内的压裂液在不同的阶段有各自的任务,所以可以分为前置液、携砂液和顶替液,其中含有添加剂用于高温增稠、低温破胶或控制液体滤失等。

1. 前置液

前置液的作用是破裂地层并造成一定几何尺寸的裂缝以备后面的携砂液进入。在温度较高的地层里,前置液还可起一定的降温作用。有时为了提高前置液的工作效率,在一部分前置液中加入细砂(粒径100~140目,砂比10%左右),以堵塞地层中的微隙,减少液体的滤失。前置液的用量有时高达总液量的30%~40%。

2. 携砂液

携砂液具有将支撑剂(砂子)带入裂缝,并将砂子放在预定位置上的作用。在总液体中这部分占的比例很大。携砂液和其他压裂液一样,都有造缝及冷却地层的作用。

3. 顶替液

注完携砂液后,要用顶替液将井筒中全部携砂液替入裂缝中。

根据压裂不同阶段的需要,压裂液可能是一种以上性质的液体,其中还有用于不同目的的添加剂。对于占液量绝大部分的前置液及携砂液都应具备一定的造缝能力并使压裂后的裂缝壁面及添砂裂缝有足够的导流能力,这样它们必须满足下列条件:

1)滤失少。这是造长缝、宽缝的主要性能指标。压裂液的滤失性主要取决于它的黏度与造壁性。黏度高,则滤失量降低。

2)悬浮能力强。悬浮和携带支撑剂到新的裂缝构造。悬浮支撑剂的能力与压裂液的黏度和成胶后的冻胶强度有关。

3)摩阻低。可保证较高的设备效率。

4)热稳定性及剪切稳定性好。在地层温度和较高的剪切速率下,压裂液不发生热降解和剧烈的机械降解,保证黏度不会大幅度下降。

5)压裂液注入地层后,不会引起地层渗透率能力永久性的伤害。要求压裂液中不溶性物含量少,残渣量低。

6)与地层和地层流体相配伍,不发生黏土膨胀或产生沉淀而堵塞地层,与地层液体不形成乳状液。

7)完成压裂施工后易返排,不引起滞留伤害。

8)易获得,经济合理,易输送、贮存,使用安全。为达到压裂液上述性能指标,通常根据压裂施工设计要求在压裂液中添加各种添加剂,如控制流体滤失的添加剂和减阻剂、增黏剂、表活剂、黏土防膨剂、杀菌剂和助排剂等。

二、压裂液性能

在压裂液添加剂和压裂液体系的开发过程中,压裂液的性能表征典型地用来确定一个新的合成物相对于已有的体系其性能是否有所改进,或者是否能以较便宜的价格提供同样的性能。用来表征压裂液性能的典型参数,如流变性、液体滤失速度、管线摩阻、裂缝导流能力以及对地层的伤害等,可用作压裂设计和产量模拟。目前对压裂液性能的表征方法主要集中在最常用的液体,使用瓜尔胶或改性瓜尔胶作为聚合物增稠剂的水基压裂液系统。通常,对水基压裂液所使用的方法可以应用到其他类型的压裂液体系,如交联的油基液体、乳化液和泡沫液以及清洁压裂液。

1. 滤失性

压裂液的滤失性是影响压裂液造缝能力的重要因素。压裂液滤失于地层受3种机理的控制,即压裂液黏度、地层流体的压缩性及压裂液的造壁性。

(1)受压裂液黏度控制的滤失系数 C_1

当压裂液的黏度大大超过地层油的黏度时,压裂液的滤失速度主要取决于压裂液的黏度。滤失系数 C_1 与地层参数 $K\phi$、缝内外压差及液体黏度有关。黏度越大,C_1 值越小,参数值不变时,C_1 值是个常数。而滤失速度却是滤失时间的函数,滤失时间越长,滤失速度越慢。实际上裂缝中各点的流速是不一致的,因此压裂液的黏度(即便不考虑温度的变化)是变化的,此外现在大量使用的非牛顿液体压裂液在使用上式计算 C_1 时,也会有些出入。

(2)受地层流体压缩性控制的滤失系数 C_2

当压裂液的黏度接近于地层流体的黏度,此时控制压裂液滤失的是地层流体的压缩性。这是因为地层流体受到压缩而让出一部分空间,压裂液才能滤失进来。所以滤失量的多少在很大程度上取决于地层流体(还应当有岩石)的压缩性。

(3)具有造壁性的压裂液滤失系数 C_3

有的压裂液本身就有造壁性,添加有防滤失剂(硅粉、沥青粉等)的压裂液在缝壁上能生成滤饼,有效降低滤失速度。这类具有造壁能力的压裂液,其滤失受滤饼控制,滤失系数是由实验方法测定的。

(4)综合滤失系数 C

实际上,压裂液滤失时同时受上述3种机理的控制,需要求出综合滤失系数 C。可采用调

和平均法来计算,这种算法相当于电工学中串联电容的计算方法:

$$\frac{1}{C} = \frac{1}{C_1} + \frac{1}{C_2} + \frac{1}{C_3} \quad (3-1)$$

综合滤失系数 C 是压裂设计中的重要参数,也是评价压裂液性能的重要指标。目前比较好的压裂液在油层及缝中流动条件下(温度和剪切速率),综合滤失系数 C 可达 $10^{-4}\text{m/min}^{\frac{1}{2}}$ 的水平。

压裂液的滤失性是压裂液的重要性质,它不仅影响到压裂造缝的几何尺寸、压裂液的有效利用程度,并且影响到其对地层的伤害程度及停泵后裂缝的闭合时间,从而影响到缝中支撑剂浓度的变化与支撑剂的分布。

2. 流变性

目前使用的压裂液,除了水、活性水、油(低黏原油或成品油)外,凡是使用各种高分子聚合物增稠或交联的油或水基压裂液,在其流动特性上均有不同程度的非牛顿液体的性质。它们的剪切应力与剪切速率之间的关系,受剪切而引起的内部分子结构的变化的影响。这种变化包括分子或颗粒在剪切应力方向上的定位或定向排列,使得应力与应变之间的关系复杂起来。

用合成高分子聚合物(如部分水解聚丙烯酰胺)制备的压裂液具有黏弹性。温度高、流速低时,以黏性为主;温度低、流速高时,则更多地表现出弹性性质。

在水力压裂过程中,流体承受了很宽的剪切和温度变化,在液体泵送经过管道和孔眼时受到很高的剪切。一旦进入裂缝,液体所受剪切明显地减小,而温度增加直至达到地层温度。某有机硼交联压裂液在115℃以下热剪切对黏度的影响幅度较小,在125℃以上黏度随剪切时间的变化比较明显,但在剪切 2h 时仍保持较高的黏度值。

为增加流变性能,压裂液中常常加些交联剂。交联剂通过连接聚合物链而增加有效相对分子质量,从而在相当低的聚合物浓度下获得高的液体黏度。在非流动条件下,水基压裂液可以交联到保持配制它们的容器形状的程度。然而,在流动条件下,能够形成的三维聚合物网络的尺寸受到限制。随着聚合物网络上的剪切应力增加,就会达到某一点,在这点,增加的剪切应力已超过聚合物与交联剂之间的结合能量,聚合物网络便不再生长。对于硼酸盐之类的交联剂来说,它与聚合物之间形成可逆性结合,而且不随时间迅速钝化。在流体剪切应力下降时,网络结构立即再形成和生长。许多其他类型的交联剂,如某些钛酸盐或锆酸盐螯合物,加入压裂液中后,其活性只有相当短的一段时间。

3. 摩阻

高分子化合物溶液具有使黏度上升而在管式流动中的阻力下降的现象,称之为"Toms 效应",或降摩阻效应、降阻效应。除了高分子化合物之外,另外两类常见的降摩阻剂是多元金属皂类和一定尺寸范围内的固体悬浮体,如钻井泥浆中的黏土、砂子等。作为降阻剂的高分子化合物具有以下特点:

1)溶解高分子化合物的溶剂必须是良溶剂;
2)高分子溶液有比较高的弹性系数;
3)高分子具有很长的线性结构;

4）高分子的柔顺性能好。

高分子化合物降摩阻机理：在流体湍流流动时，能量的消耗主要是由于产生了旋涡，而旋涡的产生是在边界上湍流和振动的结果，边界上的旋涡又能诱导产生新的旋涡。由于产生许多小旋涡就要吸收能量，这些能量以热的形式放出。如果加入高分子以后，由于分子的伸展会干扰和减弱旋涡的产生。如图3-1所示，一个大分子的一端正好处于旋涡中心，在区域1中是个微小的旋涡。它的自转流动方向如图所示，A，B两点箭号表示流动方向。两个相反方向的作用，引起阻力增加。但是如果有高分子存在于A点和B点上，这两个相反作用的力能将分子拉长，贮存能量于分子之中，并能消除旋涡，从而达到降阻效果。

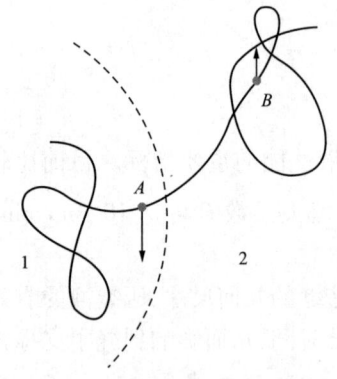

图3-1　聚合物消除旋涡的示意图

压裂液中所使用的稠化剂本身都有这种降阻效果，但在水基冻胶压裂液中，由于聚合物分子高度交联，致使降阻效果变差，同时管壁和泵的剪切效应使的聚合物分子发生严重降解作用，导致携砂和降滤性能下降。因此，在压裂液中，摩阻和黏性始终是一对矛盾体。为此，人们采用延缓交联的办法来达到既能降低摩阻，又能满足压裂过程对其性能的要求的目的。

4. 地层和裂缝的伤害

质量比较好的压裂液，对地层或填砂裂缝的渗透性应当没有什么伤害，但常常由于对地层情况不了解，对压裂液选择不当或用于改善压裂液性质的添加剂针对性不够等原因，使压裂效果不理想。压裂液对地层的损害常由下列3个原因造成。

（1）压裂液与地层岩石及流体不配伍

要研究压裂液对地层岩石、胶结物等固体物质的溶解能力，黏土膨胀的可能性及程度，小颗粒脱落堵塞孔隙的可能性，与地层流体接触后有无不利的反应等，最好用地层岩心在地层条件下估计压裂液对岩心可能的损伤，这些研究应包括：

1）使用电镜及X射线衍射仪确定黏土类型、含量及在孔隙中的分布；

2）进行薄片岩相分析以确定颗粒大小、孔隙大小及孔隙中的物质组成；

3）使用标准液、压裂液进行岩心渗透率实验，对比渗透率变化。

一般情况下，钠盐或钾盐对黏土膨胀起抑制作用，但最好进行黏土膨胀实验。

（2）压裂液在孔隙中的滞留

在低渗透率储层，侵入区可能很小或不存在，因为聚合物分子太大以至于不能进入基质。在高渗透储层中，由于微粒穿透，可能引起严重的基质伤害。

（3）残渣及其他添加剂的堵塞作用

残渣的来源是基液或成胶物质中的不溶物以及压裂液与岩石作用而脱落下来的微粒。这些残渣和微粒对地层渗透率、填砂裂缝的导流能力均会有不同程度的伤害，因此在准备过程中的各个环节都要求一定的质量。要使用低残渣或无残渣的压裂液，基液、管线、液罐都不能有固体物，支撑剂的粒径范围要严格控制，注意交联剂与金属离子的沉淀作用以及防滤失剂的不利作用。

第二节 压 裂 液

目前国内外使用的压裂液有很多种,主要有水基压裂液、油基压裂液、乳化压裂液、泡沫压裂液、酸基压裂液、醇基压裂液和清洁压裂液(图3-2)。它们的适用的储层范围和储层深度均不同。

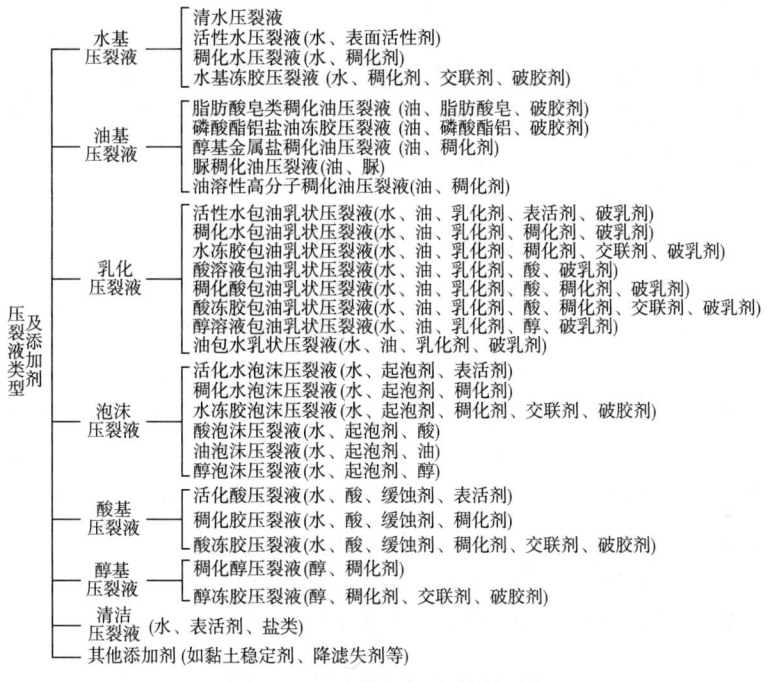

图3-2 压裂液类型及添加剂

1)水基压裂液:多为交联凝胶体系,加添加剂帮助保护地层,比较经济,连续或批量混合。适用于油井、气井、注水井,砂岩或灰岩地层,适用的井底温度范围为20~230℃。

2)油基压裂液:可用煤油、柴油、本矿原油或凝析油,靠被地层原油完全稀释或用破胶剂恢复原来的黏度。适用于油井和气井、水敏性地层,适用的井底最高温度为150℃。

3)乳化压裂液:高黏乳化液,靠与地层接触破乳,大部分矿场用原油和凝析油配制。适用于油井和气井,致密砂岩,适用的最高井底温度为175℃。

4)气体增能压裂液:N_2,CO_2或两者一起与水、凝胶水、油或水混合物相混合;与地层接触的液体少;处理液返排很快,一般不需要进行抽吸作业。适用于油井和气井,低压和水敏性地层,适用的最高井底温度为150℃。

5)酸基压裂液:主要是在可刻蚀地层的酸液中加入表面活性剂、聚合物稠化剂或者胶凝剂,减缓了酸与储层的反应,以这种延缓酸作为压裂液进行压裂,具有酸化和压裂的双重功效,达到深部酸化和压裂的目的。在工艺上称为酸化压裂或者成为酸压,适用于油井和气井低压地层,适用最高井底温度为120℃。

6)醇基压裂液:含甲醇高达80%的高黏醇——水凝胶,是一种高温下稳定的黏稠抗剪切凝胶;表面张力低,醇的蒸汽压高,返排快;与地层流体有好的混相性。适用于气井以及易形成水封堵的低压地层,适用最高井底温度为150℃。

7)清洁压裂液:使用阳离子表面活性剂及其他添加剂配制而成,也称为黏弹性表面活性剂压裂液,是一种具有黏弹性好、无固相残渣和无滤饼、不需交联剂和破胶剂、遇油自动破胶、配制及施工简单等特点的无伤害新型压裂液体系。适用于油井和气井低压地层,适用最高井底温度为85℃。

一、水基压裂液

水基压裂液包括清水压裂液、活性水压裂液、稠化水压裂液以及水基冻胶压裂液。目前国内外用得最多的是水基冻胶压裂液,它是以水作溶剂或分散介质,向其中加入稠化剂、交联剂和其他添加剂配制而成的。

水基压裂液配液过程是:

$$水 + 添加剂 + 稠化剂 \longrightarrow 溶胶液$$
$$水 + 添加剂 + 交联剂 \longrightarrow 交联液$$
$$溶胶液 + 交联液 \longrightarrow 水基冻胶压裂液$$

(溶胶液:交联液 = 100:1~12)

采用的稠化剂主要是3种水溶性聚合物:1)天然植物胶压裂液,包括瓜尔胶及其衍生物,如羟丙基瓜尔胶、羟丙基羧甲基瓜尔胶、延迟水化羟丙基瓜尔胶、田菁及其衍生物、甘露聚葡萄糖胶;2)纤维素压裂液,包括羧甲基纤维素、羟乙基纤维素、羧甲基—羟乙基纤维素等;3)合成聚合物压裂液,包括聚丙烯酰胺、部分水解聚丙烯酰胺、甲叉基聚丙烯酰胺及其共聚物、生物聚合物黄胞胶等。这几种高分子聚合物在水中溶胀成溶胶,交联后形成黏度极高的冻胶。它们具有黏度高、悬砂能力强、滤失低和摩阻低等优点。

1. 稠化剂

(1)天然植物胶

植物胶主要成分是多糖天然高分子化合物即半乳甘露聚糖。不同植物胶的高分子链中半乳糖支链与甘露糖主链的比例不同。其特点是高分子链上含有多个羟基,吸附能力很强,容易吸附在固体或岩石表面形成高分子溶剂化水膜。

1)瓜尔胶及其衍生物。

瓜尔胶产自瓜尔豆的胚乳。瓜尔豆是一种甘露糖和半乳糖组成的长链聚合物,主要生长在印度和巴基斯坦。瓜尔胶结构如图3-3所示。

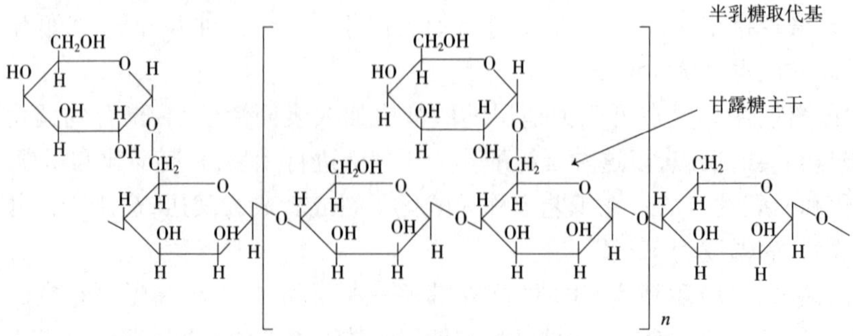

图3-3 瓜尔胶重复单元结构

瓜尔胶对水有很强的亲合力。当瓜尔胶粉末加入水中,瓜尔胶的微粒便"溶胀、水合",也就是聚合物分子与许多水分子形成缔合体,然后在溶液中展开、伸长。在水基体系中,聚合物线团的相互作用,产生了黏稠溶液。瓜尔胶是天然产物,通常加工中不能将不溶于水的植物成分完全分离开,水不溶物通常为20%～25%,加量为0.4%～0.7%。

未改性的瓜尔胶在80℃下可保持良好的稳定性,但由于残渣含量较高,易造成支撑裂缝堵塞。

羟丙基瓜尔胶(HPG)是瓜尔胶用环氧丙烷改性后的产物。将—O—CH$_2$—CHOH—CH$_3$(HP基)置换于某些—OH位置上。由于再加工及洗涤除去了聚合物中的植物纤维,因此HPG一般仅含约2%～4%的不溶性残渣,一般认为HPG对地层和支撑剂充填层的伤害较小。由于HP基的取代,使HPG具有好的温度稳定性和较强的耐生物降解性能。

2) 田菁胶及衍生物。

田菁胶是用天然田菁豆加工而成的植物胶,它来自草本植物田菁豆的内胚乳,其结构单元如图3-4所示。将胚乳从种子中分离出来粉碎,便制成田菁粉。胚乳占种子质量的30%～33%。田菁胶属半乳甘露糖植物胶,分子中半乳糖和甘露糖的比例为1∶1.6～1.8。由于聚糖中含有较多的半乳糖侧链,故在常温下易溶于水,可与交联剂反应形成冻胶,在现场使用时非常方便,相对分子质量约为

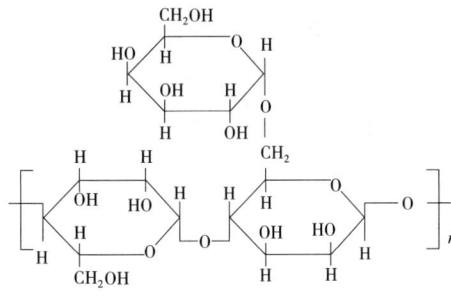

图3-4 田菁结构单元

2.0×10^5。田菁胶对水有很强的亲合力,当粉末加入水中时,田菁胶的微粒便"溶胀、水合",从而引起溶液黏度增加。它的水不溶物含量很高,一般在27%～35%之间,因此对地层及支撑剂充填层的伤害很大。

田菁冻胶的黏度高,悬砂能力强且摩阻小,其摩阻比清水低20%～40%。缺点是滤失性和热稳定性以及残渣含量等方面不太理想。为了克服上述缺点,对田菁进行化学改性,制取了羧甲基田菁和羧甲基羟乙基田菁。

下式为羧甲基田菁制备反应:

$$\text{结构式} \xrightarrow{+\text{ClCH}_2\text{COOH}+\text{NaOH}} \text{结构式}$$

羧甲基田菁为聚电解质,与高价金属离子,如Ti^{4+},Cr^{3+}交联形成空间网络结构的水基冻胶。

羧甲基田菁水基冻胶与田菁冻胶比较有下列优点:

①残渣含量低,约为田菁的1/3左右。

②热稳定性好。80℃下,其表观黏度比田菁压裂液大一倍以上。

③酸性交联对地层污染小,而且有抑制黏土膨胀的作用。

为进一步提高增稠能力和改善交联条件,在此基础上开发出羟乙基田菁、羟丙基田菁、羧甲基羟乙基田菁和羧甲基羟丙基田菁。

羟乙基田菁或羟丙基田菁是田菁粉在酸性条件下与醚化剂——氯乙醇或环氧丙烷反应制得,田菁与氯乙醇反应制取羟乙基田菁的反应方程式如下:

$$+ClCH_2CH_2OH + NaOH \longrightarrow$$

羧甲基羟丙基田菁是田菁粉在酸性条件下与主醚化剂氯乙酸和副醚化剂环氧丙烷反应生成的产物。反应是聚糖羟基的氢原子被羧甲基($-CH_2COO^-$)、羟丙基[$-CH(CH_3)CH_2OH$ 或 $-CH_2CH(CH_3)OH$]取代。以上几种田菁衍生物的性能比较见表3-1。

表3-1 田菁衍生物性能

田菁衍生物	黏度,mPa·s (30℃,20g/L,511s^{-1})	水不溶物 %(质量分数)	特性黏数 [η],mL/g
田菁	308.5	33.4	378
羧甲基田菁	47.0(20℃)	1.9	520
羟乙基田菁	571.1(20℃)	28.7	620
羟丙基田菁	568.8	13.7	404
羧甲基—羟乙基田菁	694.0	3.4	516
羧甲基—羟丙基田菁	699.0	7.9	1020

在田菁的衍生物中,羧甲基田菁的水溶性最好,残渣最少。但其增稠能力还不够理想,从综合性能考虑,羧甲基羟丙基田菁最好。

3)魔芋胶。

魔芋胶是用多年生草本植物魔芋的根茎经磨粉、碱性水溶液中浸泡和沉淀去渣将胶液干燥制成的。魔芋胶水溶物含量为68.20%,主要是长链中非离子型多羟基的葡萄甘露聚糖高分子化合物,其中葡萄单糖具邻位反式羟基,甘露糖具邻位顺式羟基。相对分子质量约$6.8×10^5$,聚合度1000左右。魔芋胶分子中引入亲水基团后可以改善其水溶性,降低残渣。

由改性魔芋胶配制的水基压裂液有增稠能力强、滤失少、热稳定性好,耐剪切、摩阻低而且盐容性好,残渣含量低等许多优点。它的主要缺点是在水中溶解速度慢,现场配液难,这是未能大规模推广使用的主要原因。

20世纪80年代,原四川石油管理局、华北石油管理局研究与应用了魔芋胶压裂液,其组成为:0.5%改性魔芋胶+0.15%有机钛或硼砂+0.012% pH值控制剂+0.25%甲醛+2.5%

KCl+2.5%AS(烷基磺酸钠)+0.0015%过硫酸钾。

4)香豆胶。

香豆又名葫芦巴、香草、苦巴,系豆科葫芦巴属一年生园栽植物,在我国安徽、江苏、河北、新疆、内蒙古和黑龙江等地皆可种植。香豆种子由种皮、胚乳、子叶3部分组成,种子的胚乳即为香豆胶,胚乳中约60%的成分为半乳甘露聚糖。继田菁胶之后而出现的香豆胶最早是由石油勘探开发科学研究院开发的。其不溶物含量比未改性瓜尔胶原粉低,和羟丙基瓜尔胶接近,水溶液稳定性和减阻性良好。香豆胶一般不需改性可直接使用,性能比改性品易于控制。用无机硼酸盐交联的香豆胶压裂液常可用于30~60℃的地层,用有机硼交联则可用于60~120℃的地层,20世纪90年代中期开发的一种GCL锆硼复合交联剂可使耐受温度达到140℃。自20世纪90年代以来,香豆胶已在大庆、吉林、玉门、塔里木和吐哈等各大油田得到了推广使用,现场评价结果表明,香豆胶压裂液具有低摩阻、易破胶、低伤害、经济实用的优点。目前在国内已成为最主要的压裂液增稠剂品种之一,年用量达1000t以上,且呈逐年上升趋势。从表3-2可看出,香豆胶的残渣含量相对较少。

表3-2 各种压裂液的性能参数比较

压裂液种类	残渣含量,%	含水量,%	1%溶液黏度 mPa·s	破胶过程	
				时间,h	黏度,mPa·s
瓜尔胶	20.6	9.52	309	8	4.21
田菁胶	35.65	13.34	144	—	—
香豆胶	16.78	5.41	202	8	3.76
无聚合物压裂液	无	无	50	几分钟	1
DP-1聚合物压裂液	0.6	无	700	3	1

我国天然植物胶资源丰富,除上述常用的几种外,还有香豆子、决明子、龙胶、皂仁胶、槐豆胶和海藻胶等,它们的改性产品均可用于水基压裂液。

由于压裂液滤失到地层中将造成稠化剂在裂缝中浓缩,促使稠化剂浓度过高,即使经历了相当长时间的破胶降解,压裂液仍具有很高的黏度,从而造成地层伤害。室内试验得出的结果是,对于0.6%浓度的HPG硼冻胶压裂液,当浓度浓缩到3.6%时,保留渗透率只有原来的10%左右。要想解除这种伤害,只有依靠加大破胶剂用量来实现。

(2)纤维素衍生物

纤维素是一种非离子型聚多糖。纤维素大分子链上的众多羟基之间的氢键作用使纤维素在水中仅能溶胀而不溶解。当在纤维素大分子中引入羧甲基、羟乙基或羧甲基羟乙基时,其水溶性得到改善。

纤维素的衍生物羧甲基纤维素(CMC)、羟乙基纤维素(HEC)、羟丙基纤维素(HPC)和羧甲基—羟乙基纤维素(CMHEC)均可用于水基压裂液。

1)羧甲基纤维素冻胶压裂液。

羧甲基纤维素冻胶是以纤维素为原料在碱性条件下与氯乙酸反应而得到的,CMC再与多价金属交联而成CMC冻胶。CMC的结构如图3-5所示,表3-3列出了CMC压裂液的主要性能。

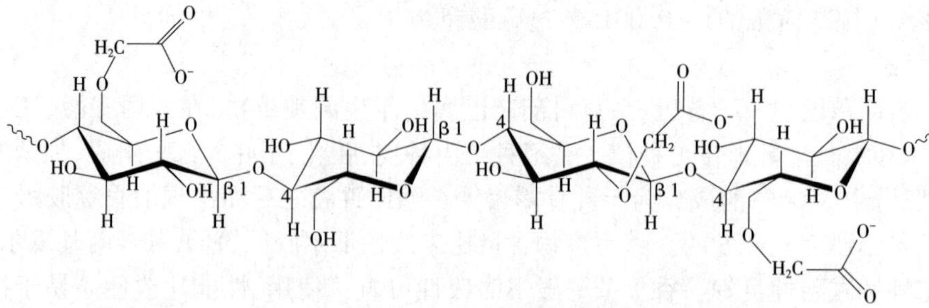

图 3-5 CMC 的结构

表 3-3 CMC 压裂液主要性能表

性能	剪切性,mPa·s					
	$27s^{-1}$		$437s^{-1}$		$1312s^{-1}$	
	30℃	60℃	30℃	60℃	30℃	60℃
指标	186	105	162.1	14.3	83.1	10.8
性能	耐温性,mPa·s					残渣,%
	30℃	60℃	50℃	70℃	80℃	
指标	586.2	384.7	242.7	233.6	141.9	5~10

碱化:ROH + NaOH ⟶ RONa + H$_2$O

醚化:RONa + ClCH$_2$COONa ⟶ ROCH$_2$COONa + NaCl

CMC 冻胶热稳定性较好,可用于 140℃井下施工,其剪切稳定性和滤失性能良好,常用于高温深井压裂。其主要问题是摩阻偏高,不能满足大型压裂施工要求。

2)羟乙基、羟丙基纤维素。

羟乙基或羟丙基纤维素是纤维素在碱性条件下与环氧乙烷或环氧丙烷反应的产物。与 CMC 相比有更好的盐容性,但水溶性增稠能力不如 CMC,是优良的水基压裂液。羟乙基纤维素的分子结构如图 3-6 所示。

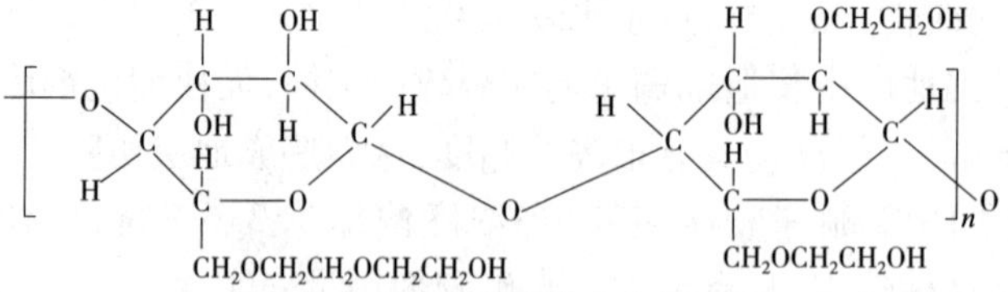

图 3-6 羟乙基纤维素分子结构

3)羧甲基—羟乙基纤维素。

CMHEC 是纤维素在碱性条件下,依次用环氧乙烷和氯乙酸处理而得到的另一种改性产物。与 CMC,HEC 相比,它兼有两者的优点,即增稠能力强、悬砂性好、低滤失、残渣少和热稳定性高,是一种颇受欢迎的水基压裂液。CMHEC 分子结构示意如图 3-7 所示。

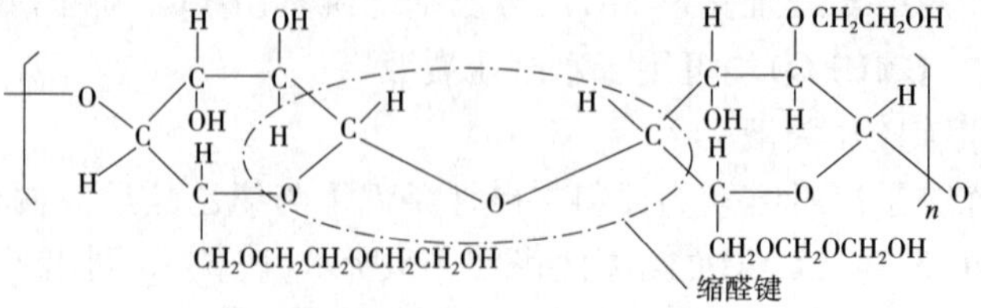

图 3-7 CMHEC 分子结构

(3) 变性淀粉

变性淀粉在我国已有 20 多年的发展史,有着广阔的发展前景。1987 年由山东大学开发出油田用羧甲基淀粉(CMS)。CMS 比 CMC 更均匀细腻,吸水及膨胀性强,尤其是水溶液的稳定性优于 CMC。但缺点是耐盐性差,与多价金属离子盐会生成沉淀。另外,当 pH 值小于 6 或大于 9 时黏度下降快。高取代度的 CMS 性能较好,但国内至今产量很少,由此制约了它的发展与应用。周亚军等对玉米变性淀粉用作压裂液稠化剂进行了研究,发现其具有成本低、无污染的优点,可与香豆胶复配成压裂液稠化剂。变性所存在的缺点仍然是增稠能力差、易降解、难于交联、耐剪切和稳定性差,不能单一使用。天然淀粉是多糖的长链葡萄糖分子,含有 20%~30% 的线性直链淀粉分子和 70%~80% 的支链淀粉分子,是以微粒的形式从一些植物的细胞提取出来的。结构分别如图 3-8(a)、图 3-8(b)所示。

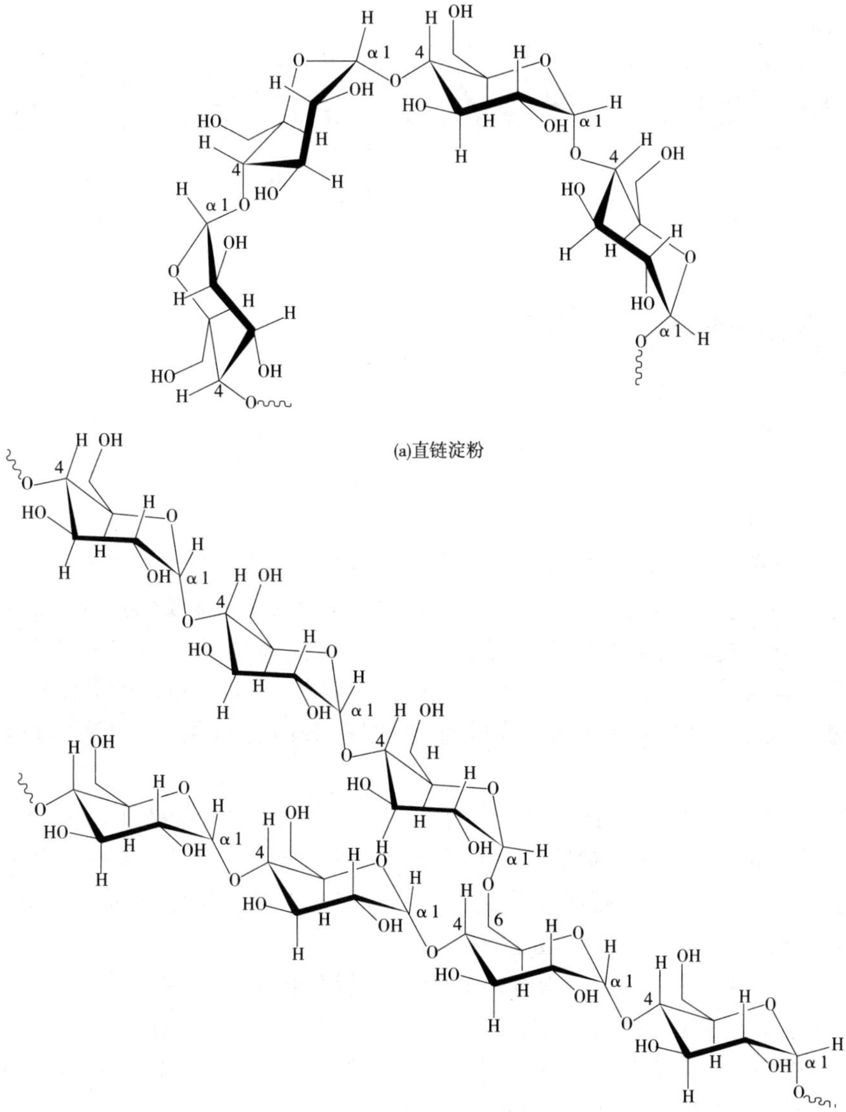

(a)直链淀粉

(b)支链淀粉

图 3-8 淀粉结构

(4) 微生物多糖

目前用于石油开采的微生物多糖主要是黄胞胶。我国对黄胞胶研究开始于20世纪70年代，它是以玉米淀粉为原料经黄胞杆菌发酵后而制得的微生物胞外多糖。黄胞胶虽然是一种离子性多糖，但是却有很强的抗盐能力，是各行业中最典型和重要的耐盐性增稠剂。它的增稠能力较好，耐温、耐酸碱、悬浮性和乳化性能良好，可以与其他合成或天然增稠剂如瓜尔胶、槐豆胶和魔芋胶等配伍使用，能显著提高后者溶液的黏度。但黄胞胶自身作为压裂增稠剂，耐剪切性较差，交联性不理想，破胶困难，再加上其在各种增稠剂中生产成本是最高的，因此未能广泛用于水力压裂施工，而在调剖堵水方面有较广应用。黄胞胶结构如图3-9所示。

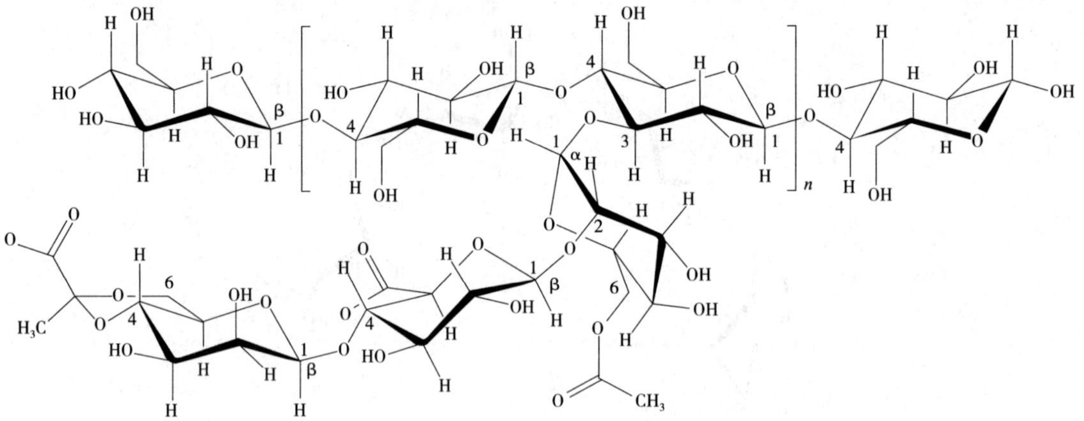

图3-9 黄胞胶分子结构

(5) 合成聚合物

目前压裂液稠化剂仍以天然植物胶为主。存在的主要问题是植物胶压裂液破胶后往往产生残渣较多，这对低渗透油层将造成伤害，使压裂效果受到影响。此外，植物胶、纤维素等天然高分子材料高温稳定性不够理想，不能适应高温深部地层的压裂，所以研制开发出一系列合成聚合物压裂液。与天然高分子材料相比，具有更好的黏温特性和高温稳定性，且增稠能力强、对细菌不敏感、冻胶稳定性好、悬砂能力强、无残渣、对地层不造成伤害。

通常用于水基压裂液的聚合物有聚丙烯酰胺、部分水解聚丙烯酰胺、丙烯酰胺—丙烯酸共聚物、甲叉基聚丙烯酰胺或者丙烯酰胺—甲叉基二丙烯酰胺共聚物等。这些聚合物与瓜尔胶、田菁、纤维素的衍生物不同，它们不是天然生长的，而是由人工合成的，可通过控制合成条件的办法调整聚合物的性能来满足压裂液性能指标。

合成聚合物压裂液主要是部分水解羟甲基甲叉基聚丙烯酰胺水基冻胶压裂液。长庆油田研究和应用了从低温油层40℃至高温油层150℃使用的CF-6压裂液，它就是部分水解羟甲基甲叉基聚丙烯酰胺水基冻胶压裂液。该压裂液在地层温度90℃以下泵注2h，表观黏度不低于50mPa·s，对油层基质损害率小于20%。

N,N'-甲叉基二丙烯酰胺合成反应如下：

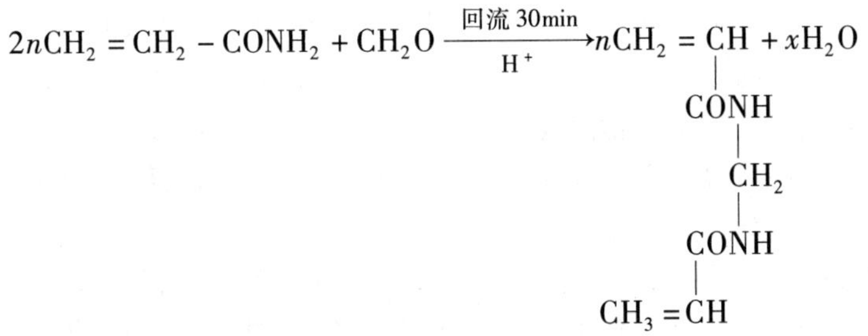

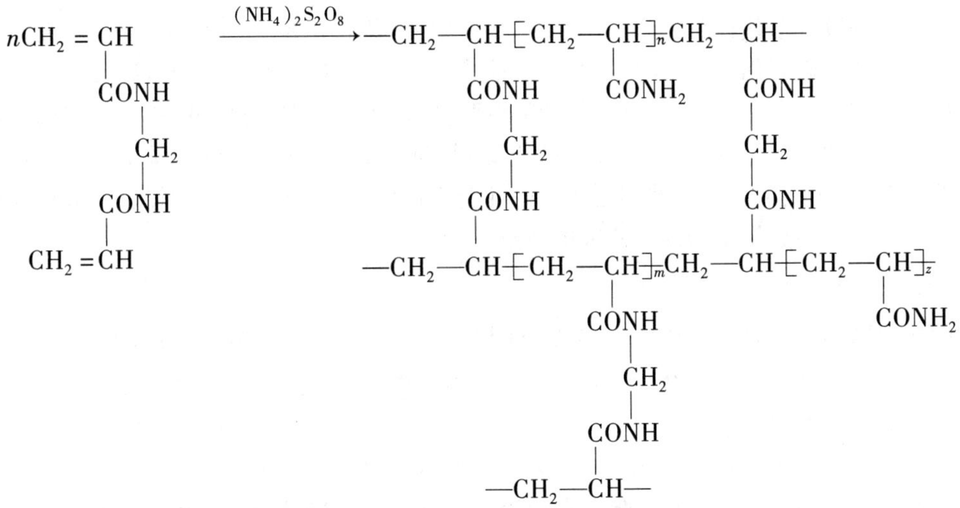

$$2n\text{CH}_2=\text{CH}_2-\text{CONH}_2+\text{CH}_2\text{O} \xrightarrow[\text{H}^+]{\text{回流 30min}} n\text{CH}_2=\text{CH}+x\text{H}_2\text{O}$$

（分子式结构：含 CONH—CH₂—CONH—CH₃—CH 侧基）

$$n\text{CH}_2=\text{CH} \xrightarrow{(\text{NH}_4)_2\text{S}_2\text{O}_8}$$

（生成聚合物结构，含 CONH、CH₂、CONH₂ 等基团的共聚结构）

HMPAM 较 HPAM 冻胶有更高的增稠能力。例如质量分数为 0.24% 的 HMPAM 冻胶黏度无论在 70℃ 或 90℃ 下均与质量分数为 0.32% 的 HPAM 相当。

天然植物胶压裂液、纤维素压裂液及聚合物压裂液性能对比见表 3-4。

表 3-4 三种水基压裂液性能比较

性　能	植物胶及其衍生物	纤维素衍生物	聚丙烯酰胺类
相对分子质量，10^4	20~30	20~30	100~800
用量，%	0.4~1.0	0.4~0.6	0.4~0.8
摩　阻	小	大	最小
交联剂	硼、钛、锆、铬、铝等离子	铝、铬、铜、钛等离子	铝、铬、铁等离子
抗剪切性	好	好	差
耐温性	好	好	好
残渣，%	2~25	0.5~3	无渣
配伍性	与盐配伍	要求矿化度小于 300mg/L	与盐不配伍
滤失性	小	较小	大
使用温度，℃	30~150	35~150	60~150

2. 交联剂

交联反应是金属或金属络合物交联剂将聚合物的各种分子联结成一种结构，使原来的聚合物相对分子质量明显增加。通过化学键或配位键与稠化剂发生交联反应的试剂称为交联剂。前述介绍的用稠化剂来提高溶液黏度,通常称为线型胶。线型胶存在两方面的问题:

1)要增加黏度就得增加聚合物浓度;

2)上述稠化剂在环境温度下产生的黏稠溶液随着温度增加而迅速变稀。增加用量可以克服温度影响,但这种途径成本较高。

自从20世纪50年代开始采用无机硼作为压裂液交联剂以来,先后出现了钡、铬、铝、锰和锑交联冻胶压裂液,20世纪70年代早期又研制了钛基冻胶压裂液,20世纪80年代中期兴起了锆交联压裂液并逐步取代钛得到推广应用。20世纪80年代后期,大量实验研究发现有机金属交联压裂液存在破胶困难,对支撑裂缝导流能力造成伤害等问题,硼冻胶压裂液又成为当今压裂液研究发展的主要方向之一。而无机硼常遇到配液困难、基液黏度过高、压裂液成胶速度快、摩阻高、易剪切降解等困难,使压裂液性能受到影响,增加了施工成本。同时,随着高温深层油气的开发,对压裂液的耐温性和延缓交联性能又提出了更高的要求。因此,有机硼延缓交联耐高温压裂液成为近年来国内外研究的热点。

(1)硼交联剂

常用的硼交联剂有硼砂($Na_2B_4O_7$)、硼酸(H_3BO_3)、有机硼。许多硼交联剂的制备都直接采用硼砂($Na_2B_4O_7 \cdot 10H_2O$)作为硼源,其在水中的溶解度低,并存在如下平衡反应:

$$Na_2B_4O_7 + 3H_2O \rightleftharpoons 2NaBO_2 + 2H_3BO_3 (浓溶液中)$$

$$NaBO_2 + 2H_2O \rightleftharpoons NaOH + H_3BO_3 (稀溶液中)$$

硼原子的电子构型为$1S^22S^22P^1$,激发态为$2S^12P_x^12P_y^12P_z^0$,最外层有4个轨道,其中有一个空轨道,易与含孤对电子的配位体络合。一般认为硼酸交联有下列3个过程:

$$B(OH)_3 + OH^- \rightleftharpoons B(OH)_4^- \qquad pK_1 = 9.23$$

$$2B(OH)_3 + B(OH)_4^- \rightleftharpoons B_3O_3(OH)_4^- + 3H_2O \qquad pK_2 = 2.33$$

$$4B(OH)_3 + B(OH)_4^- \rightleftharpoons B_5O_6(OH)_4^- + 3H_2O \qquad pK_3 = 2.28$$

注意,单硼酸根离子只有在浓度较低时存在,在硼酸浓度较高时,硼酸将以多聚体形式存在。一般认为起交联作用的是活性交联物种单硼酸根离子[$B(OH)_4^-$]。如图3-10所示,在环境温度下,其浓度随pH值变化而变化。当pH值从7变化到9.2时,可参与交联的离子浓度迅速增加。平衡也是温度的函数,当温度上升时,导致交联浓度的指数下降。因此,很容易理解通过调节pH值来控制硼交联液流变性的机理。

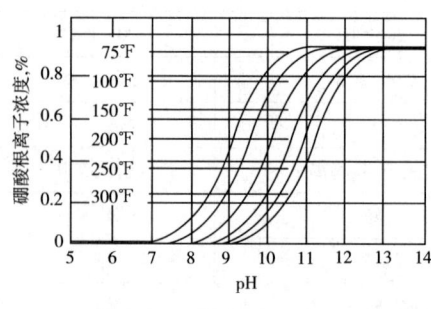

图3-10 活性交联物种随pH值和温度变化

1∶1 络合:

$$B(OH)_4^- + \begin{matrix} HO \\ R \\ HO \end{matrix} \rightleftharpoons R \begin{matrix} O \\ B \\ O \end{matrix} \begin{matrix} OH \\ OH \end{matrix} + 2H_2O$$

2∶1 络合:

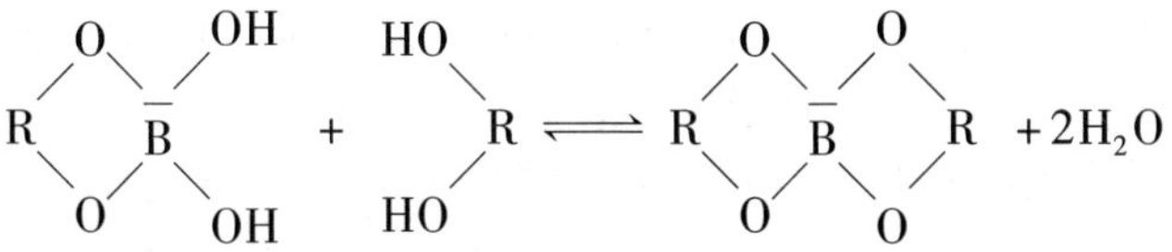

第三章 压裂液化学

$$\text{R}\begin{matrix}\text{O}\\\text{O}\end{matrix}\bar{\text{B}}\begin{matrix}\text{OH}\\\text{OH}\end{matrix} + \begin{matrix}\text{HO}\\\text{HO}\end{matrix}\text{R} \rightleftharpoons \text{R}\begin{matrix}\text{O}\\\text{O}\end{matrix}\bar{\text{B}}\begin{matrix}\text{O}\\\text{O}\end{matrix}\text{R} + 2\text{H}_2\text{O}$$

实际上,硼酸本身也可以参与交联反应,整个过程简化如下:

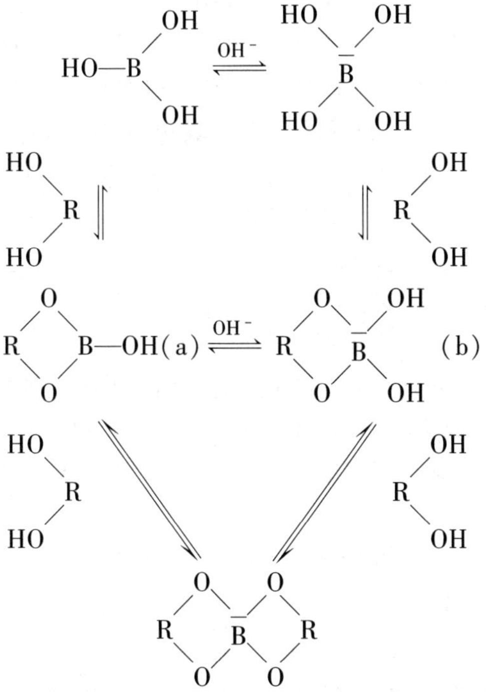

(反应示意图)

在水溶液中,(b)的浓度远远高于(a)的浓度。^{11}B 核磁共振谱研究表明:在硼交联半乳甘露糖混合物中,可能分别形成两种1:1 和2:1 的络合物,即1,2 位置上的羟基与 B 络合形成的五元环络合物和1,3 位置上的羟基与硼形成的六元环络合物,但五元环较六元环更加稳定。参与络合的醇羟基应在同一面内取向相同以利于络合,这就要求参与络合的增稠剂拥有顺式取向的配位基团。在低浓度下易形成1:1 络合物,在高浓度(36.0kg/cm^3)条件下则易形成2:1 络合物,因此,半乳甘露糖冻胶的形成取决于其自身的浓度。

除了共价键交联外,还有另外两种交联机理,即氢键和离子键交联机理,交联方式分别如图 3-11 和图 3-12 所示。

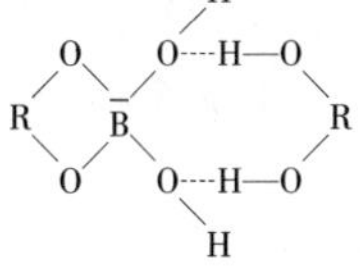

图 3-11 氢键交联机理 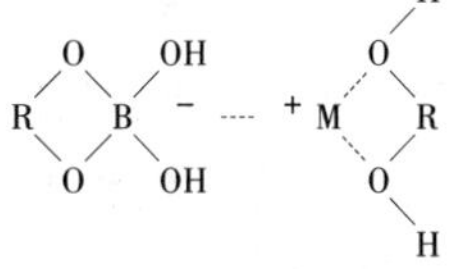　　　　图 3-12 离子键交联机理

有机硼延缓交联机理为:有机硼交联剂是由含硼化合物水解后与络合剂反应生成稳定的络合物,其形成过程与硼酸和聚多糖的络合过程类似。加入聚合物基液中后,在与聚多糖竞争络合过程中缓慢释放活性交联物种。其过程简化如下:

$$\text{Na}_2\text{B}_4\text{O}_7 + \text{LGD(OH)}_6 \longrightarrow \text{LGD(BOH)}_6$$

上述反应的产物是分散在溶剂中的细小胶体颗粒悬浮液,过量的配位体包裹在胶体颗粒的周围,对硼酸盐离子起屏蔽作用,可延长与聚多糖的交联时间。

$$LGD(BOH)_6 + 4H_2O \longrightarrow LGD(BOH)_5^- + B(OH)_4^-$$
$$LGD(BOH)_5^- + H_2O \longrightarrow LGD(BOH)_4^- + B(OH)_4^-$$
$$LGD(BOH)_4^- + H_2O \longrightarrow LGD(BOH)_3^- + B(OH)_4^-$$
$$LGD(BOH)_3^- + H_2O \longrightarrow LGD(BOH)_2^- + B(OH)_4^-$$
$$LGD(BOH)_2^- + H_2O \longrightarrow LGD(BOH)^- + B(OH)_4^-$$

在延缓交联过程中,除了完全释放的活性交联物种 $B(OH)_4^-$ 参与交联植物胶增稠剂之外,部分水解的配体络合物 $LGD(BOH)_x^-$ ($x=2,3,4,5$) 也参与了交联基液增稠剂的反应,此配体络合物与聚糖的每个交联点包含多个硼酸盐与聚糖的络合物,亲和力较强,使压裂液的耐温性能高于常规硼酸盐交联的压裂液。

可以通过3种方法实现延缓交联:

1) 交联活化剂控制(pH 调节剂控制)。

一种典型的延缓交联压裂液体系是将半乳甘露糖(Guar 和 HPG)与硼交联剂以固体粉末形式混合,然后悬浮在煤油或柴油中,通过交联活化剂调节 pH 值。国外最初对于延迟交联的研究集中于 pH 值调节体系,即通过碱的缓慢溶解来达到延缓的目的,例如 MgO 通常作为释放 OH^- 的来源:

$$MgO + H_2O \rightleftharpoons Mg^{2+} + 2OH^-$$

但在高温下,有如下反应发生:

$$Mg^{2+} + 2H_2O \xrightarrow{150\,^\circ F} Mg(OH)_2$$

因此,在 150℉ 以上生成的 OH^- 又被消耗,限制了其 pH 值调节能力,形成的冻胶稳定性下降。为了提高该交联活化剂控制体系的耐温性能,必须在 Mg^{2+} 形成 $Mg(OH)_2$ 之前将其除去。通常采用的 Mg^{2+} 除去剂有 KF、NH_4F 等,而对于海水配制的压裂液体系来说,NH_4F 比 KF 更为有效,因为 NH_4F 有一定的缓冲能力。

2) 活性交联物种释放控制。

可以通过钠硼解石或硬硼酸钙石的缓慢溶解达到延缓交联的目的,延缓时间长短取决于含硼交联剂的溶解能力,但很难控制,适用温度低于 110℃ 的情况。这种交联体系还存在另外两个问题:一是硼酸盐在缓慢释放过程中,微粒周围会包裹一层聚多糖,阻碍了硼酸盐的快速释放,结果导致整个体系交联不均匀;二是为了使整个体系都能交联,往往加入过量的硼酸盐,最终导致局部或整个压裂液体系过交联,产生脱水。另外,以碱金属、稀土金属硼酸盐或它们的混合物的悬浮液作为交联剂,硼酸盐矿物通常悬浮在柴油中,在聚合物水溶液中缓慢溶解,悬浮液逐渐变稀并消耗以释放出硼酸根离子来交联聚合物溶液。

3) 有机硼延缓交联剂。

为了改善硼酸酯的水解稳定性,可以在硼酸酯的结构中引入具有未共用电子对的氮原子(如三乙醇胺等)、氧原子(如多元醇等)等,硼原子可以通过自身的空轨道与之形成分子内的配位,大大减慢硼酸酯的水解速度,从而控制含硼活性交联物种的释放,有机硼延迟交联剂就是基于这种机理研制成功的。硼酸能与多种含多元羟基、醛基、羧基化合物以及多元醇胺、EDTA 等络合形成有机硼交联剂。表3-5给出了部分络合剂的络合能力。

表 3-5 部分络合剂的延迟交联和耐温性能

络合剂	交联时间,s	耐温性,℃	络合剂	交联时间,s	耐温性,℃
乙醛	80	86	木糖醇	120	110
乙二醛	180	85	甘露醇	130	115
戊二醛	180	95	葡萄糖酸盐	180	110
葡萄糖醇	150	105	有机胺	120	150
复合多元醇羧酸式盐	300	135			

（2）四价金属离子交联剂

四价金属交联剂通常以金属四氯化合物、金属硫酸盐、碳酸盐为原料，其水溶性顺序为：$Cl^- > NO_3^- > SO_4^{2-} > CO_3^{2-}$，也可以用金属氯氧化物作为起始原料，其中以金属四氯化合物（MCl_4）原料，制备过程如下：

$$MCl_4 + 4ROH + 4NH_3 \longrightarrow M(OH)_4 + 4NH_4Cl$$

其中，M 为 Ti 或 Zr。

高价金属离子与有机配位体形成的螯合物是络合物的一种特殊形式，由金属阳离子与具有两个或两个以上配位原子的多合配位体络合而成，具有环状结构。参考有机钛螯合物的化学式，有机金属螯合物的化学式可以表示如下：

M—Z—Z   A—M—Z—Z

其中，M 为氧化态过渡金属，Z—Z 为含两个或多个电子给予体（通常为氮或氧）原子的基团，配位连接于 M，形成五个或六个原子的环，A 为一个或多个非螯合基，其作用是满足 M 的配位数。

常用的有机配位体有烷基醇胺、聚多醇、羟基羧酸和醛酮等4类。

交联机理：离子交联机理认为过渡金属交联聚多糖时，起交联作用的是金属离子（图 3-13），有机金属络合物由于不易解离，故在开始时只有一部分 M^{n+} 立即填补上去恢复平衡，维持交联作用，如此不断继续下去，直到所有螯合物离子全部解离出去，再无 M^{n+} 离子补充为止。但金属离子只有在浓度极稀的范围内才可能存在，当金属离子和配位体的比值超过一定值并与水接触时，很容易水解聚合生成羟桥络离子（图 3-14 和图 3-15），NMR 研究表明，钛冻胶不会涉及一个钛金属离子链接两个聚合物分子链的情况。

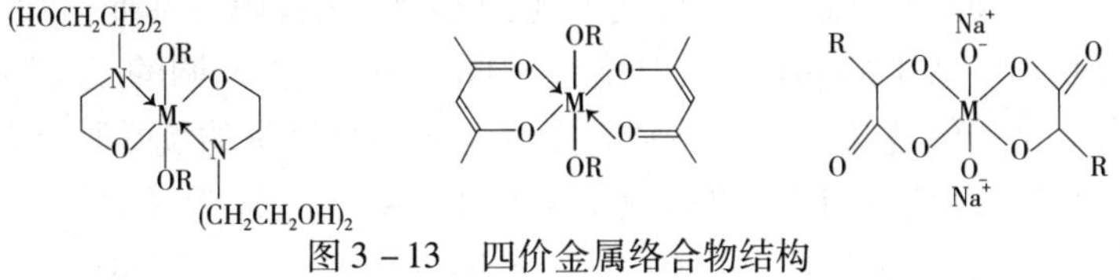

图 3-13 四价金属络合物结构

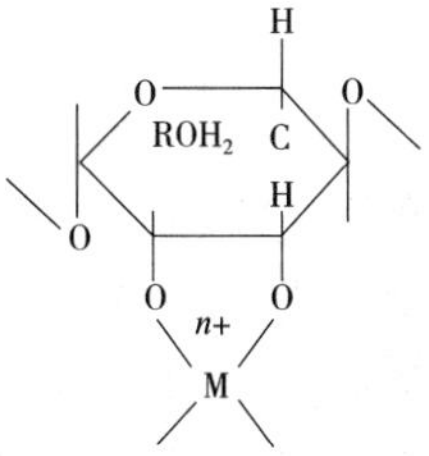

图 3-14 金属离子与聚多糖交联示意图

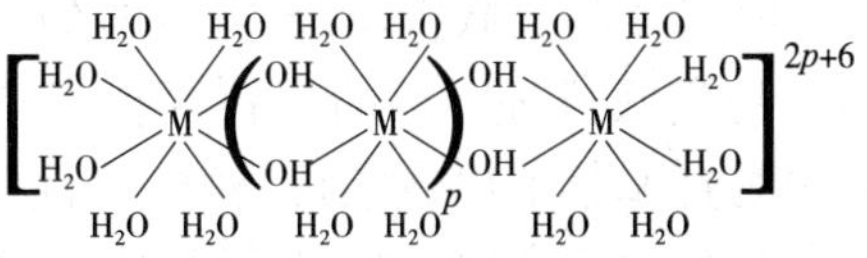

图 3-15 四价金属离子的羟桥络离子结构

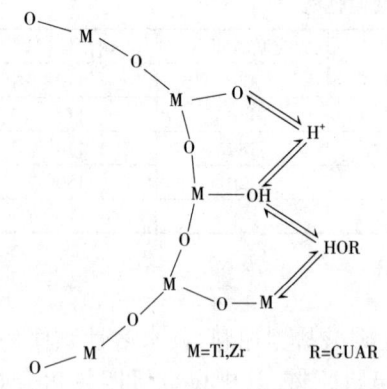

图3-16 四价金属离子的胶体作用机理

Kramer和Prudhomme提出了一种胶体作用机理,认为在pH>11时有机钛交联剂水解产生胶体粒子,然后与瓜尔胶作用(图3-16)。锆可能存在同样的交联方式。

水基交联剂配体经常使用α-羟基酸有乳酸、乙醇酸和柠檬酸等,可用氢氧化铵、碱金属氢氧化物或有机碱来中和生成的HCl,其中有机碱(如三乙醇胺)能够对交联金属进一步络合。应注意,在将双-三乙醇胺钛交联剂与水混合时,可以显著延缓交联聚合物的速率直至彻底失效,因为在水中双-三乙醇胺钛交联络合物可能发生如下水解聚合反应:

$$Ti(L)_4 + H_2O \rightleftharpoons [HO-Ti(L)_3] + (L-H)$$
$$[HO-Ti(L)_3] + Ti(L)_4 \rightleftharpoons (L)_3Ti-O-Ti(L)_3 + (L-H)$$
$$[(L)_3Ti-O-Ti(L)_3]_n + nH_2O \rightleftharpoons -[-O-Ti(L)_2-]_{2n-} + (L-H)_{2n}$$

最终形成低聚物格子结构,如图3-17所示。

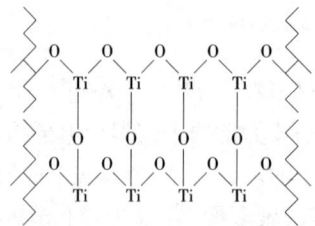

图3-17 钛氧链低聚物

延缓交联途径:1)交联剂制备方法的改进,也就是选择合适的络合剂。2)向交联剂中添加过量的络合物。如向有机锆交联剂中添加过量的烷基醇胺(胺和锆的比例至少是15:1),使得在水溶液中的交联剂更加稳定。向三乙醇胺—钛、乳酸铵—钛、乙酰丙酮—钛交联剂中添加α-羟基酸(如羟乙酸)的办法获得了延缓能力更强的钛基交联剂。3)向聚合物溶液中添加交联促进剂或延迟剂。Payne认为,用聚胺,特别是乙二胺作为交联促进剂,乙二醛作为交联延迟剂可以调节所需交联时间。温度对交联时间也有很大影响,如高温促进交联而低温则延缓交联,不同种类交联剂所适用的pH值和温度也不同。另外,需强调的是,使用烷基醇胺螯合高价金属离子,存在过量的烷基醇胺能够延迟交联。而添加过量的烷基胺,如四甲基乙二胺或三乙基四胺则加快了交联反应速率。Brannon认为,用$NaHCO_3$作为延迟交联添加剂对锆基交联剂是特别有效的,但Na_2CO_3却没有这种作用,说明$NaHCO_3$不仅起pH值调节剂的作用,其延缓交联作用的机理仍然不清楚。

(3)三价金属离子交联剂

对于铬离子的交联机理,曾提出过Cr^{3+}交联、Cr(Ⅲ)的低聚物交联和Cr(Ⅲ)的胶体粒子交联等3种交联机理。铝的多核羟桥络离子带高的正电荷,并且铝离子易形成配位键;而HPAM中的羟基带负电,氧有孤对电子,铝的多核羟桥络离子是通过与HPAM中的羧基形成极性键和配位键而产生交联,其结构式如图3-18所示,而四价金属离子和HPAM具有类似的交联形式。

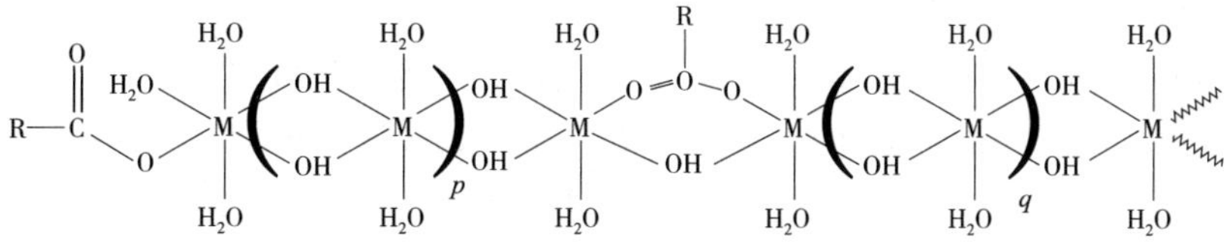

图 3-18 铝、铬与 HPAM 交联结构

常用的水基压裂液的交联剂部分性能见表 3-6。

表 3-6 常用交联剂性能对比

交联剂	硼酸盐	钛酸盐	锆酸盐	铝酸盐
可交联聚合物	瓜尔胶,HPG,CMHPG	瓜尔胶,HPG,CMHPG,CMHEC①	瓜尔胶②,HPG②,CMHPG,CMHEC①	CMHPG,CMHEC
pH 值范围	8~12	3~11	3~11	3~5
温度上限,℃	163	163	204	66
剪切降解	无	有	有	有

①仅在低 pH 值(3~5)范围内交联;
②仅在高 pH 值(7~10)范围内交联。

一部分能量却用于剪切交联体使其返回成基液胶,此种黏度仅表现为较高的泵送摩阻。所以,采用延迟交联液可产生较高的井下最终黏度和更好的施工功率。总之,延迟交联体系优于普通交联体系。交联液与线型液比较,主要优点概括如下:

1)采用同等用量的胶液,在裂缝中能达到更高的黏度;
2)从液体滤失控制的角度看,该体系更有效;
3)交联液具有较好的支撑剂传输性能;
4)交联液具有较好的温度稳定性;
5)交联液的单位聚合物经济效益好。

3. 破胶剂

使黏稠压裂液可控地降解成能从裂缝中返排出的稀薄液体,能使冻胶压裂液破胶水化的试剂称为破胶剂。理想的破胶剂在整个液体和携砂过程中,应维持理想的高黏度,一旦泵送完毕,液体立刻破胶化水。

水力压裂施工引入了交联压裂液,促进了一系列技术的发展。许多技术及时满足了工艺的需要(如延迟交联体系),而一些发展确实将应用交联冻胶有关的问题显露出来。水力压裂交联冻胶在早期应用中未含足够使冻胶液化学破胶的破胶剂,研究了未破胶的冻胶和压裂液残渣对施工后裂缝渗透率的影响,交联冻胶难于化学破胶的 3 个原因是:1)除了破坏聚合物的骨架外,破胶剂必须与连接聚合物分子的交联键反应;2)为保持液体的 pH 值在冻胶最稳定的范围内,泵送的交联压裂液一般具有一个强的缓冲体系;3)破胶反应必须足够缓慢,以保证压裂液的稳定性达到要求并适于铺置大量的支撑剂。

目前,适用于水基交联冻胶体系的破胶剂有 3 类:酸、酶和氧化剂。

(1) 氧化—还原体系

在中、高温油气井中,常用的破胶剂有过硫酸盐,如过硫酸钾和过硫酸铵。破胶过程为:在一定温度下,过硫酸盐与水反应产生的酸降低冻胶 pH 值,共同破坏冻胶结构。反应式为:

$$(NH_4)_2S_2O_8 + H_2O \longrightarrow (NH_4)_2SO_4 + H_2SO_4 + 1/2O_2$$
$$2NaB(OH)_4 + H_2SO_4 \longrightarrow Na_2SO_4 + B_2O_3 \cdot 5H_2O$$

另外,过硫酸盐热分解生成高活性硫酸基,它破坏聚合物主链:

$$[O_3S-O:O-SO_3]^{2-} \longrightarrow \cdot SO_4^- + \cdot SO_4^-$$

因此,破胶速度取决于过硫酸盐的分解速度。研究表明,过硫酸盐的分解为一级反应。70℃时过硫酸铵的半衰期为 8h 以上,适合于作压裂液的破胶剂;当温度为 50℃时,半衰期为 152h,分解太慢,能否破胶应通过试验决定;低于 50℃ 的温度时,过硫酸盐的破胶能力迅速下降,不能作水基压裂液的破胶剂。因此,在低温下要使压裂液彻底破胶水化,可采用氧化—还原破胶体系。它是由过氧化物(过硫酸铵)与破胶助剂(激活剂、活化剂)组成的。这些破胶助剂主要成分为还原性物质,包括叔胺、乙酰乙酸乙酯和活性金属离子(如 Fe^{2+},Cu^{2+})等。它们能使过硫酸铵在低温下释放游离氧,破坏植物冻胶压裂液结构,使大分子降解,反应方程式为:

$$[O_3S-O-O-SO_3]^{2-} + 2(catalyst) \longrightarrow [\cdot O-SO_3]^- + (catalyst)_2SO_4$$

有时,只有破胶剂是不够的。导流能力测试表明,聚合物分子在破胶后仍能堵塞裂缝孔隙,更为严重的是,破胶后的聚合物小分子凝结或缠结在一起导致渗透率下降。在研制一种新型破胶剂时,要考虑破胶剂加量、温度、pH 值以及破胶助剂的影响。

另外一种国外广泛使用的低温破胶剂是高碘酸盐或偏高碘酸盐,最好是高碘酸盐,它是通过氧化破坏多糖链而破胶,在 10~49℃ 温度下破胶特别有效。高碘酸盐在压裂液中的用量为 0.03~0.84kg/m³。次氯酸盐和氯化异氰尿酸盐是用于叔氨基半乳甘露聚糖胶的破胶剂,适用温度 21~121℃,且氯化异氰异酸盐兼有杀菌等多种作用。

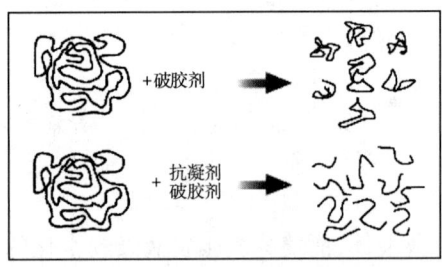

图 3-19 聚合物破胶示意

如图 3-19 所示,破胶剂将聚合物大分子降解成相对分子质量小到数百、大到数万的相对较小的分子,因其凝聚析出,进而附着在水力裂缝中的地层和支撑剂上,返排时不能有效排出,从而对支撑裂缝造成伤害,降低其导流能力。为此,可以选择合适的抗凝剂阻止"小分子"的凝聚,减轻对裂缝导流能力的伤害。

(2) 酶破胶剂

酶属于生物催化剂,即与瓜尔胶反应时可用之不尽。理论上,单个酶分子能够与很多不同的瓜尔胶分子反应,所以聚合物降解可持续较长时间且比与氧化剂反应更完全。这些酶是具有三维结构的球蛋白。它们促进了与分子的反应能力,这类分子可在酶的三维活化位置适当定位。因此,就其反应特点而言,酶相当独特。油田所用聚合物,需要加入可催化内环链连接水解的酶。已经证明,最有效的酶破胶剂应含有可用于聚合物主链的 β-甘露聚糖和可消除侧链的 α-半乳糖甙。加入压裂液中的商业化油田所用酶混合物就是这类酶,只是半乳糖甙与甘露聚糖的比例不同。

常用的酶破胶剂有淀粉酶、纤维素酶、胰酶和蛋白酶。淀粉酶可使植物胶及其衍生物降解,纤维素酶可使纤维及其衍生物降解。酶的活性与温度有关,在高温下活性降低,适用于21~54℃的油气层,pH值在3.8~8的范围,最佳适用pH值为5。

酶在适用温度(60℃以内)下,可以将半乳甘露聚糖的水基冻胶压裂液完全破胶,并且能大大降低压裂液的残渣。但是现场使用酶破胶剂不方便,酸性酶对碱性聚糖硼冻胶的黏度有不良影响。植物胶杀菌剂会影响酶的活性,降低酶的破胶作用。聚多糖破胶如图3-20所示。

60℃以下常用的酶有α和β淀粉酶、淀粉糖甙酶、蔗糖酶、麦芽糖酶、淀粉葡萄苷酶、纤维素酶、低葡糖苷酶和半纤维素酶等。使用纤维素酶和半纤维素酶,当pH值为2.5~8时效果好,最合适的pH值是5左右,pH值低于2或高于8.5时酶破胶剂基本上不起作用。

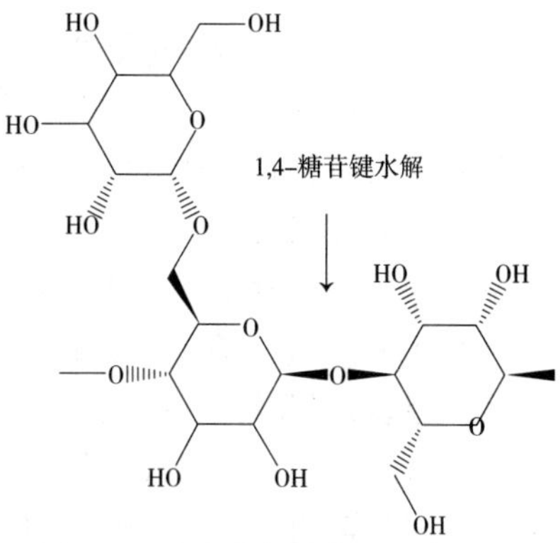

图3-20 酶降解植物胶示意图

常用的氧化破胶剂或酶破胶剂会产生有害的残余物,而瓜尔胶专一性键合酶(GLS酶)降解聚合物的过程产生的主要是无害的简单糖原。GLS酶作为破胶剂的实验室评价证实了其pH值范围为3~11,温度范围为60~300°F时优良的性能,适用于中高温井。压裂液的流变性和黏度降解速率的控制可能是通过GLS酶的浓度来实现的。表3-7是氧化破胶剂和酶破胶剂性能对比。

表3-7 氧化破胶剂和酶破胶剂性能对比

选择标准	氧化剂	酶	备注
高温下的性能	+		氧化剂可在高温下使用。目前酶的应用范围最高达105℃,将来极有可能找到适用更高温度的酶
破胶程度		+	理论上,由于酶的催化作用使其具有优势。然而,酶对温度、pH值和其他化学性质的敏感性使酶的活性大打折扣。在理想条件下(低于80℃,pH值5~8),酶制剂将聚合物分解成的碎片小于氧化剂
破胶的持久性		+	如果酶还是处于较高pH值和较高温度中,其与聚合物反应的时间比氧化剂长的多
快速破胶能力	+		为了提高井的运转周期而意欲快速破胶,用氧化破胶剂效果较好
对化学物质的敏感性	+	+	酶制剂对pH值非常敏感,为了预计酶的性能,必须把pH值控制在一定范围内

(3)潜在酸

甲酸甲酯、乙酸乙酯、磷酸三乙酯等有机酯以及三氯甲苯、二氯甲苯、氯化苯等化合物在较高温度条件下能放出酸,使植物胶及其衍生物、纤维素及其衍生物的缩醛键在酸催化下水解断键。适用温度为93℃的油气层。

通常,酸破胶剂的作用是逐渐改变压裂液pH值到一定范围,在此范围内压裂液不稳定,水解或聚合物的化学分解发生。用于破胶剂的大部分酸是缓慢溶解的有机酸,当它们溶解时便影响溶液pH值,要求pH值变化的速率由初始缓冲液浓度、油藏温度和酸的浓度所决定。由于酸性能的变化(如消耗于储层岩石的酸溶性矿物),所以用酸作为水基交联压裂液破胶剂并不普遍。

(4) 胶囊破胶剂

破胶剂应用的最新进展是氧化剂中的胶囊包制技术。在胶囊包制的过程中,固体氧化剂用一种惰性膜包起来,然后膜层降解或慢慢地被其携带液所渗透,而将氧化剂释放到压裂液中。研究表明,使用胶囊破胶剂大大地提高了氧化破胶的适用性和有效性。

胶囊破胶剂的破胶机理有3个:

1) 在闭合裂缝中通过破碎和击穿包裹层释放有效破胶成分,这是主要机理。

2) 水渗透过粒子包裹层溶解过硫酸盐。过硫酸盐离子表现出酸性,和一些离子反应放出气体,引起膨胀和粒子的胀破,影响有效物的释放,为了不使粒子的膨胀破裂发生,粒子微粒内部的压力必须小于粒子外部的压力。

3) 水扩散进入粒子,溶解过硫酸盐产生水溶性过硫酸盐离子,过硫酸盐离子渗透通过胶囊的包裹层。

胶囊破胶剂利用保护膜的物理屏障作用阻止和控制破胶剂释放,施工完后即在压裂裂缝闭合时产生的巨大应力,使包覆层变形破裂而导致破胶剂释放。这种释放方式有以下几个显著特点:

1) 与时间、温度无关,地层裂缝闭合之前不会出现"逐渐破胶"过程而影响压裂液造缝黏度;

2) 破胶剂位于裂缝内释放而破胶降黏;

3) 可使用高的破胶剂浓度,压裂处理后破胶速度快,对地层损害小;

4) 适用范围广。

水基冻胶压裂液中破胶剂非常重要。如果冻胶破胶不彻底,还有一定黏度,势必造成返排困难,或者滞留在喉道中,降低油气层渗透率,影响压裂效果。

(5) pH 值调节剂(缓冲剂)

缓冲剂是指 pH 值调节化学剂,将其加到水基压裂液中可保持所需的 pH 值。缓冲剂,即弱酸或弱碱或这两者应足量使用,以保持 pH 值在所需的水平,甚至在污染水或支撑剂引入了外来酸或碱时也应如此。压裂液最佳 pH 值控制是改善冻胶性质的一个关键因素,选择不同 pH 值控制剂与之配合,能获得最佳冻胶黏度。酸类和乙酸盐用于降低 pH 值,碳酸盐类和碳酸盐则用于升高 pH 值,不同量的酸碱控制剂配合可组成不同 pH 值的缓冲体系(表3-8)。氨烷基磺酸及其盐是一种新的 pH 值控制剂,缓冲 pH 值范围为 6.5~7.5,特别适合于聚多糖及其衍生物,如瓜尔胶类,魔芋胶、淀粉,纤维素等使用。

表3-8 不同 pH 值的缓冲体系

缓冲体系	缓冲 pH 值范围	备 注
$NaHCO_3$—富马酸	7	用于 HPG 液
碳酸钠—磷酸三钠	6~8	与交联液无干扰
NaOH—马来酸	6~9	用于邻位二羟基纤维素
Na_2CO_3—$NaHCO_3$	>9	用于 HPG 液
氨基碳酸—乙酸盐	6~8	与交联剂、破胶无干扰提供稳定
硼酸盐—碳酸盐	>9	相当稳定,8~9 中等,8 以下较差

二、油基压裂液

油基压裂液是以油作为溶剂或分散介质,与各种添加剂配制成的压裂液。

1. 稠化油压裂液

将稠化剂溶于油中配制而成。常用的稠化剂有以下两类。

(1) 油溶性活性剂

常用的油溶性活性剂主要是脂肪酸盐(皂):

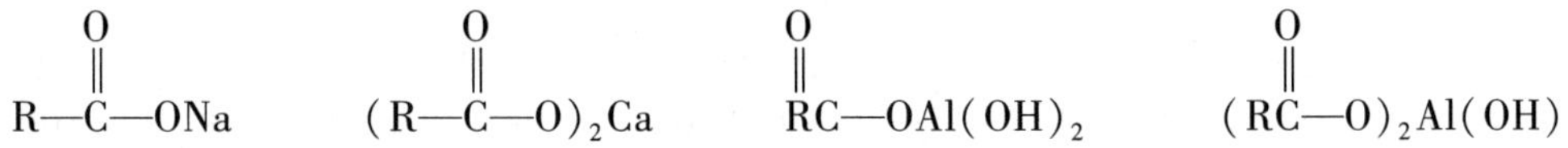

$$\text{R—}\underset{\underset{\text{O}}{\parallel}}{\text{C}}\text{—ONa} \quad (\text{R—}\underset{\underset{\text{O}}{\parallel}}{\text{C}}\text{—O})_2\text{Ca} \quad \text{RC}\underset{\underset{\text{O}}{\parallel}}{}\text{—OAl(OH)}_2 \quad (\text{RC}\underset{\underset{\text{O}}{\parallel}}{}\text{—O})_2\text{Al(OH)}$$

其中,脂肪酸根的碳原子数必须大于8,加量为 0.5%~1.0%(质量分数)。

另一类是铝磷酸酯盐:

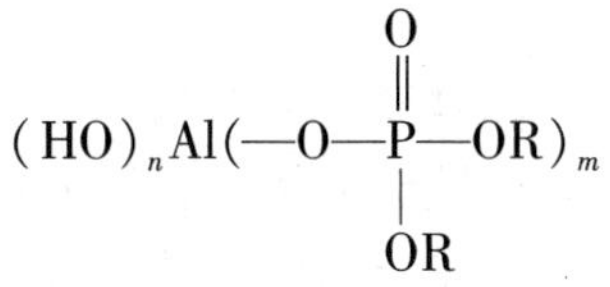

$$(\text{HO})_n\text{Al}(\text{—O—}\underset{\underset{\text{OR}}{|}}{\overset{\overset{\text{O}}{\parallel}}{\text{P}}}\text{—OR})_m$$

其中,R、R′是烃基,$m=1\sim3$,$n=2\sim0$,$m+n=3$,加量 0.6%~1.2%(质量分数)。

目前普遍采用的是铝磷酸酯与碱的反应产物,这类稠化剂在油中形成"缔合",将油稠化。

(2) 油溶性高分子

这类物质当浓度超过一定数值,就可在油中形成网络结构,使油稠化。

该类物质主要有:聚丁二烯、聚异丁烯、聚异戊二烯、α-烯烃聚合物,聚烷基苯乙烯,氢化聚环戊二烯和聚丙烯酸酯。

2. 油基冻胶压裂液

油基冻胶压裂液的配制方法:

$$\text{原油(成品油)} + \text{胶凝剂} + \text{活化液} \longrightarrow \text{溶胶液}$$

$$\text{水} + \text{NaAlO}_2 \longrightarrow \text{活化液}$$

$$\text{溶胶液} + \text{活化液} + \text{破胶剂} \longrightarrow \text{油基冻胶压裂液}$$

目前国内外普遍使用的油基压裂液胶凝剂主要是磷酸酯,其分子结构如图 3-21 所示。

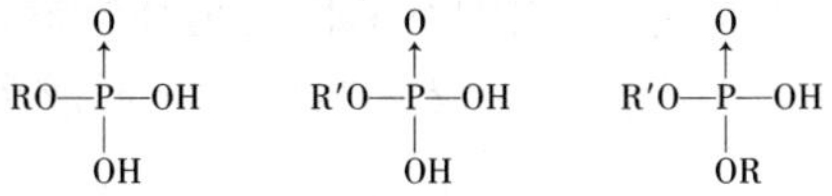

$$\text{RO}\underset{\underset{\text{OH}}{|}}{\overset{\overset{\text{O}}{\uparrow}}{\text{P}}}\text{—OH} \quad \text{R′O}\underset{\underset{\text{OH}}{|}}{\overset{\overset{\text{O}}{\uparrow}}{\text{P}}}\text{—OH} \quad \text{R′O}\underset{\underset{\text{OR}}{|}}{\overset{\overset{\text{O}}{\uparrow}}{\text{P}}}\text{—OH}$$

R:$C_1\sim C_8$ 的烃基;R′:$C_6\sim C_{18}$ 的烃基

图 3-21 磷酸酯的分子结构

有机脂肪醇与无机非金属氧化物五氧化二磷生成的磷酸酯均匀混入基油中,用铝酸盐进行交联,可形成磷酸酯铝盐的网状结构,使油成为油冻胶。

油基冻胶压裂液中常用的交联剂有 Al^{3+}(如铝酸钠、硫酸铝、氢氧化铝等)、Fe^{3+} 以及高价过渡金属离子。

常用的破胶剂有碳酸氢钠、苯甲酸钠、醋酸钠和醋酸钾等。油基冻胶压裂液交联增稠和破胶降黏机理如下:

$$RO-\underset{\underset{OH}{|}}{\overset{\overset{O}{\uparrow}}{P}}-OH + R'O-\underset{\underset{OH}{|}}{\overset{\overset{O}{\uparrow}}{P}}-OH + RO-\underset{\underset{OR'}{|}}{\overset{\overset{O}{\uparrow}}{P}}-OH + Na_3AlO_3 \xrightarrow{\text{交联增稠}} -O-\underset{\underset{OR}{|}}{\overset{\overset{O}{\uparrow}}{P}}-O-Al \underset{}{\overset{}{\cdots}} \text{（网状结构）} + NaOH + H_2O$$

$$-O-\overset{O\uparrow}{\underset{OR}{P}}-O-Al\cdots + NaAc + 2NaOH \xrightarrow[\Delta]{\text{破胶降黏}} -O-\overset{O\uparrow}{\underset{OR}{P}}- + Na-O-\overset{O\uparrow}{\underset{OR'}{P}}- + Na-O-\overset{O\uparrow}{\underset{OR'}{P}}-O + Al(OH)_2Ac$$

上两个反应方程式中 R 为 $C_1 \sim C_8$ 的烃基，R' 为 $C_8 \sim C_{18}$ 的烃基。

磷酸酯铝盐油基冻胶压裂液是目前性能最佳的油基压裂液。其黏度较高，黏温性好，具有低滤失性和低摩阻。磷酸酯铝盐油冻胶需要用较大量的弱有机酸盐进行破胶。磷酸酯铝盐油基冻胶压裂液适用于水敏、低压和油润湿地层的压裂，砂比可达 30%。

油基压裂液适用于低压、强水敏地层，在压裂作业中所占比例较低。

三、泡沫压裂液

泡沫压裂技术始于 20 世纪 60 年代末期的美国。近几年，国内的大庆、辽河等油田也开展了泡沫压裂的现场试验工作。

1. 组成

泡沫压裂液是一个大量气体分散于少量液体中的均匀分散体系，由两相组成，气体约占 70%，为内相；液体占 30%，为外相。因此，液相必须含有足够的增黏剂、表面活性剂和泡沫稳定剂等添加剂以形成稳定的泡沫体系。泡沫直径常小于 0.25mm。泡沫压裂液的气相一般为氮气或二氧化碳，目前最常用的是氮气。液相一般为水或盐水，对高水敏地层可用原油、凝析油或精炼油，对碳酸盐地层可用酸类。而发泡剂的作用是在气液混合后，使气体成气泡状均匀分散在液体中形成泡沫。因此表面活性剂不仅影响泡沫的形成和性质，而且对压裂的成功与否至关重要。

2. 发泡剂

(1) 发泡胶的性能

发泡剂应具有如下性能：
1) 起泡性能强，注入气体后能立刻起泡；
2) 与基液各组分相溶性好；
3) 当压力释放时，气泡能迅速破裂；

4) 与地层岩石和流体配伍性好;

5) 使用浓度低,一般为流体的 0.5%~1%;

6) 凝固点低,具有生物降解能力,毒性小;

7) 成本较低,来源广。

(2) 常用发泡胶

常用发泡胶的种类有:

1) 阴离子表面活性剂。常用的阴离子表面活性剂有硫酸酯和磺酸酯,如正十二烷基磺酸钠。这种活性剂的优点是起泡性好、用量少,产生的泡沫质量高、稳定,而且结构好,特别适用于水基泡沫液。缺点是与阳离子添加剂(如黏土稳定剂、杀菌剂)不相容性,常引起泡沫质量下降和形成不溶沉淀物。

2) 阳离子表面活性剂。阳离子表面活性剂多数使用胺化物,如十六烷基三甲基溴化铵和季铵盐氯化物,它们能与大多数带正电荷的黏土稳定剂、杀菌剂、防腐剂相容,而且它们的表面活性具有双重作用,可降低黏土膨胀和酸的反应速度,适用于泡沫酸处理。

3) 非离子表面活性剂。非离子表面活性剂的适用范围最广,与其他各种添加剂相容性都较好,但形成的泡沫质量和稳定性较差。

(3) 发泡剂浓度

随着发泡剂加量的增大,溶液的表面张力下降,在发泡剂的浓度达到临界胶束浓度(CMC)之前下降幅度很大;大于临界胶束浓度之后,下降幅度减小,其规律见图 3-22。

与溶液表面张力的情况相反,当泡沫质量不变时,泡沫黏度随发泡剂浓度增大而增大。但其变化规律与表面张力有相似之处,即在临界胶束浓度之前泡沫黏度增加快,而在大于临界胶束浓度之后,泡沫黏度上升减慢,如图 3-23 所示情况。

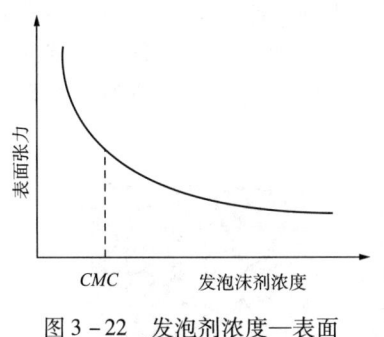

图 3-22 发泡剂浓度—表面张力关系示意图

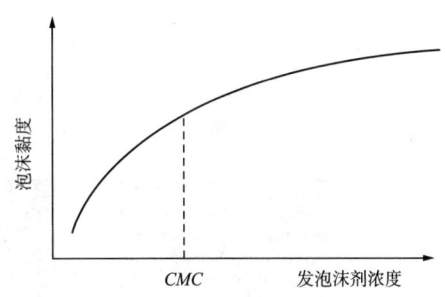

图 3-23 发泡剂浓度—泡沫黏度关系示意图(泡沫质量恒定)

兼顾泡沫体系的发泡能力和泡沫稳定性,发泡剂的加量一般以稍大于临界胶束浓度为最佳。

3. 泡沫稳定剂

泡沫液为热力学不稳定体系。当温度升高后,泡沫半衰期缩短,泡沫稳定性变差。因此,必须向体系内加入稳定剂以改善泡沫体系的稳定性。

泡沫稳定剂多为高分子化合物,按作用机理可分为两类。第一类是增黏型稳定剂,主要是通过提高基液的黏度来减缓泡沫的排液速率,延长半衰期,从而提高泡沫的稳定性,属于这类的稳定剂有 CMC、CMS 等。第二类稳定剂主要作用不是增黏而是提高气泡薄膜的质量,增加薄膜的黏弹性,减小泡沫的透气性从而提高泡沫的稳定性,属于此类的稳定剂有 HEC。将这两类稳定剂复配使用可获得最佳效果。

稳定剂除改善泡沫稳定性外,还影响体系的发泡能力。当稳定剂加入量过高时,虽然其稳泡效果好,但却使体系的发泡能力下降。因此,确定稳定剂加量时应根据施工条件,在满足泡沫体系稳定性的前提下尽量少加稳定剂。

四、乳化压裂液

乳化压裂液为一种液体分散于另一种不相混溶的液体中所形成的多相分散体系。以液珠形式存在的一相称为分散相(或称内相、不连续相),连成一体的另一相称为分散介质(或称外相、连续相)。如果分散相均为大小一致的不变形的球状液体,则任何大小的球形、最紧密堆积的液珠体积只能占总体积的 74.02%,如图 3-24(a)所示。若分散相体积分数大于74.02%,乳状液就会破坏变形。在大多数情况下,乳状液的液珠大小不一,甚至有时内相为多面体结构,如图 3-24(b)、图 3-24(c)所示。在此类情况下,内相体积可以大大超过 74%。用做压裂液的乳状液中,一相是水或盐水溶液、聚合物稠化水溶液、水冻胶液、酸液以及醇液;另一相则是油,如现场原油、成品油、凝析油或液化石油气。体系中加入易在两相界面上吸附或富集的表面活性剂,有利于形成稳定的乳状液。乳化压裂液是具有良好的输送性能的高黏溶液。内相百分数越高,微滴运动阻力越大,产生的黏度越高。最常见的一种称为"聚合乳化液"的液体是由 67% 的碳氢化合物作为内相,33% 稠化盐水作为外相以及一种乳化表面活性剂组成的。稠化水相可以改善乳化压裂液的稳定性,而且由于聚合物的减阻作用,使得泵送时的摩阻大大地降低。聚合物使用的浓度一般为 20~40lb/1000gal,所以液体中所含聚合物仅为常规水基压裂液的 1/6~1/3。通常乳化压裂液通过乳化剂吸附在地层岩石上而破乳。因为聚合物用量少,所以可以认为这类液体对地层伤害小并能迅速清理。乳化压裂液的不足之处在于高摩阻和高的液体耗费(除非能回收碳氢化合物)。聚合乳化压裂液随温度升高也明显变稀,这就限制了其在高温井中的使用。

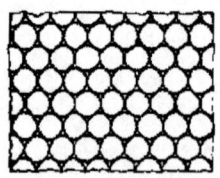
(a)均匀乳状液液珠所形成的
密堆积乳状液体积占74.02%

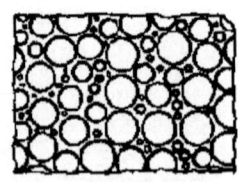
(b)不均匀液珠所
形成的密堆积乳状液

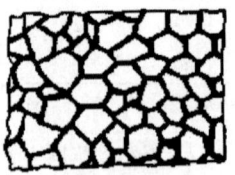
(c)非球形液珠所
形成的密堆积乳状液

图 3-24 几种乳状液的形态

五、清洁压裂液

清洁压裂液(Free-polymer fracturing fluids)或称为黏弹性表面活性剂压裂液,是一种基于黏弹性表面活性剂的溶液(VES fracturing fluids)。它是为了解决常规压裂液(天然植物胶压裂液、纤维素压裂液和合成聚合物压裂液)在返排过程中由于破胶不彻底对油气藏渗透率造成了很大伤害的问题开发研制的一种新型压裂液体系。研究表明,常规压裂液返排至地面的量仅占注入量的35%~45%,大部分仍残留于地层中,直接影响压裂效果。

1. 作用原理

对离子型表面活性剂,根据其浓度差异以及体系中存在的反离子种类和浓度的不同,在溶液中形成不同的结构体,如球形胶束、柔性棒状胶束和囊泡等。当表面活性剂在溶液中形成线型柔性棒状胶束时,溶液的黏度将增加,特别是当线型柔性棒状胶束相互缠绕形成网状结构时,体系表现出复杂的流变特性,如黏弹性、剪切稀释和触变性等,形成黏弹性胶束。黏弹性胶束与烃类等油性物质接触后,结构体解离,黏弹性急剧下降,体系成为牛顿流体。整个过程如图3-25所示。黏弹性清洁压裂液的另一优点就是施工方便,其与常规压裂液的施工步骤对比如图3-26所示。

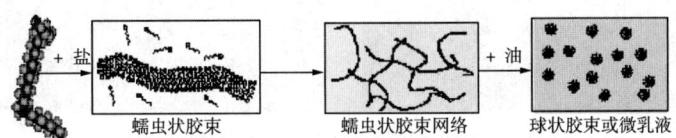

图3-25 清洁压裂液成胶和破胶过程

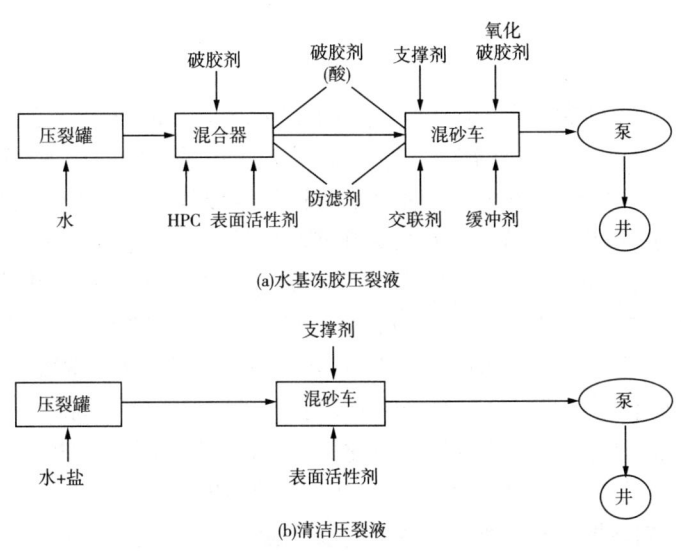

图3-26 现场施工工艺对比

2. 黏弹性形成机理与微观结构

黏弹性清洁压裂液是由VES黏弹性表面活性剂和水或盐水组成。在水或盐水中,随着VES黏弹性表面活性剂浓度的增大,VES表面活性剂分子聚集形成杆状胶束,通过范德华力和分子间的弱化学键相互缠绕,使体系的黏度和弹性越来越明显,形成不含任何聚合物和固体颗粒的流变特性近乎牛顿流体的黏弹性液体。图3-27模拟了黏弹性表面活性剂分子间的微观作用。

由于带电基团的强烈排斥作用,大多数离子型表面活性剂在溶液中只能形成球型胶束,这些表面活性剂的溶液黏度很小。当这些表面活性剂胶束—水界面的电荷被屏蔽后,可以形成棒状胶束,这可通过加入一定的添加剂来实现。常见的表面活性剂是阳离子型的,如十六烷基三甲基铵、十六烷基吡啶等,反离子有水杨酸根、卤素离子、氯酸根离子以及阴离子型表面活性剂(如十二烷基磺酸钠)等。当所用盐的反离子(或表面活性剂本身所带反离子)能与离子型表面活性剂强烈结合时,只要极少量的盐就可形成线型柔性棒状胶束。

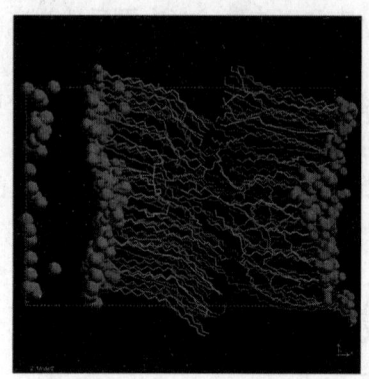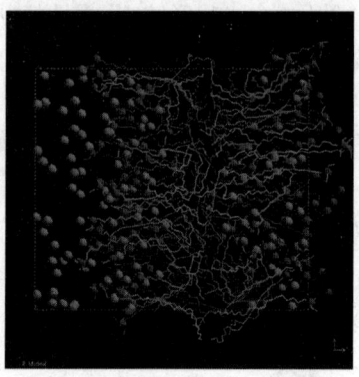

图3-27 黏弹性表面活性剂微观机理模拟效果图

3. 抗剪切性能

VES清洁压裂液中不含任何高分子聚合物,其黏度是通过表面活性剂胶束的相互缠绕而形成的,这与瓜尔胶压裂液的黏度形成机理不一样。图3-28是Shikata等人提出的假想交叉模型(Phantom crossing model),解释了在剪切条件下,线状胶束体系的松弛机理。两条线状胶束(球状胶束融合所形成的)互穿形成缠结。下面的方程表示缠结形成动力学,k_1为速率常数。在动态剪切条件下,缠结释放,速率常数为k_2。k_2与黏弹性胶束的最大松弛时间(τ_m)成反比,在这个模型中,认为在本体相中添加的盐中的自由阴离子与线状胶束碰撞时将促进线状胶束在缠结点的互穿过程。τ_m取决于本体相中自由阴离子与缠结点的碰撞频率。因此,自由阴离子浓度C_s^*控制了最大松弛时间τ_m。pTS为对甲苯磺酸盐阴离子,k_3为引入的另一速率常数。

VES胶束的形成和相互缠绕是表面活性剂分子之间和表面活性剂聚集体之间的行为,表现为VES清洁压裂液的表观黏度不随时间变化以及通过高剪切后体系的黏度又能得到恢复。而植物胶压裂液不耐剪切,分子链的断开会使植物胶的黏度永久地丧失。图3-29是清洁压裂液的流变曲线,其黏性模量和弹性模量存在一交叉点。

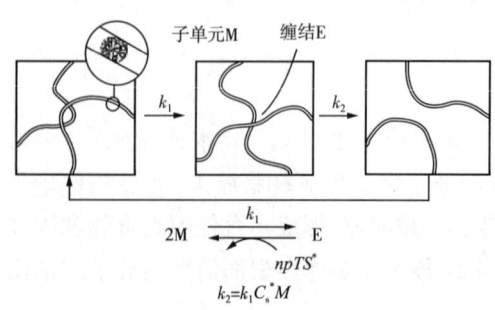 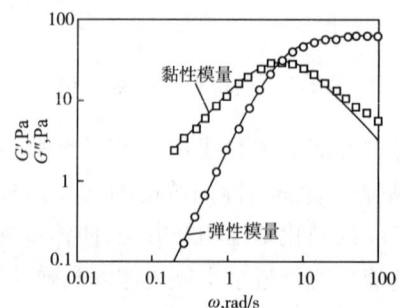

图3-28 假想交叉模型示意　　图3-29 黏弹性压裂液的典型模量变化曲线

4. 携砂性能

传统的支撑剂输送要求压裂液在剪切速率为 $170s^{-1}$ 时黏度应为 $50mPa·s$，剪切速率为 $100s^{-1}$ 时黏度应为 $100mPa·s$。此原则对黏弹性表面活性剂压裂液不一定适用。STILAB 在大规模的压裂模拟器上进行输砂实验，结果认为黏弹性表面活性剂在剪切速率为 $100s^{-1}$ 溶液黏度为 $30mPa·s$ 时都能有效输送支撑剂，这主要是由于黏弹性表面活性剂压裂液具有黏弹性。黏弹性清洁压裂液的流变性特征更像牛顿流体，在一定的剪切速率下其视黏度不随时间而变化。但黏弹性清洁压裂液具有剪切恢复性，当处于高剪切条件下，液体的黏度不会永久降解；处于低剪切条件下，液体的黏弹性又得到了恢复。

5. 破胶性能

VES 清洁压裂液破胶机理为：1）被地层水稀释。当该清洁压裂液被水稀释至一定浓度后，体系的黏弹性就丧失。2）与烃（油、气）接触。产出的原油、凝析油或气态烃影响液体中带电环境，破坏杆状胶束的状态，降低杆状胶束的浓度，使胶束从杆状变成球状，直至多数 VES 分子溶于烃中而失去黏度。

6. 滤失性能

VES 清洁压裂液与瓜尔胶压裂液不同，它不因滤失进地层形成滤饼，其滤失速率基本不随时间变化。聚合物压裂液的低黏度水相进入地层后，在裂缝面形成滤饼；而 VES 清洁压裂液不形成滤饼，同时 VES 清洁压裂液的黏弹性液体很难进入孔隙喉道。在高渗透地层里，VES 清洁压裂液必须与降滤失剂配合才能显著提高压裂液的使用效率。

第三节 添 加 剂

一、杀菌剂

微生物的种类很多，分布极广，繁殖生长速度很快，具有较强的合成和分解能力，能引起多种物质变质，如可引起瓜尔胶、田菁和植物溶胶液变质。

泵入地下的水基压裂液都应当加入一些杀菌剂，杀菌剂可消除贮罐里聚合物的表面降解。更重要的是，所选定的合适的杀菌剂可以中止地层里厌氧菌的生长。许多地层就是因硫酸盐还原菌的生长而变酸，该菌产生硫化氢而使地层原油变酸。杀菌剂应加到压裂液中，既可保持胶液表面的稳定性又能防止地层内细菌的生长。

1. 重金属盐类杀菌剂

重金属盐类离子带正电荷，易与带负电荷的菌体蛋白质结合，使蛋白质变性，有较强的杀菌作用，如：

$$蛋白质—SH + Hg^{2+} \longrightarrow 蛋白质—S—Hg—S—蛋白质$$

铜盐（硫酸铜）可以使细菌蛋白质分子变性，还可以和蛋白质分子结合，阻碍菌体吸收作用。

2. 有机化合物类杀菌剂

酚、醇、醛等是常用的杀菌剂,如甲醛具有还原作用,能与菌体蛋白质的氨基结合,使菌体变性:

$$R—NH_2 + CH_2O \longrightarrow R—NH_2 \cdot CH_2O$$

3. 氧化剂类杀菌剂

高锰酸钾、过氧化氢和过氧乙酸等能使菌体酶蛋白质中的巯基氧化成—S—S—基,使酶失效:

$$2R—SH + 2X \longrightarrow R—S—S—R + 2XH$$

4. 阳离子表面活性剂类杀菌剂

新洁尔灭(1227)高度稀释时能抑制细菌生长,浓度高时有杀菌作用。它能吸附在菌体的细胞膜表面,使细胞膜损害。

碱性阳离子与菌体羧基或磷酸基作用,形成弱电离的化合物,妨碍菌体正常代谢,扰乱菌体氧化还原作用,阻碍芽孢的形成,如:

$$P—COOH + B^+ \longrightarrow P—COOB + H^+$$

应当注意的是,阳离子表面活性剂能使油气层岩石转变成油润湿,使油的相对渗透率平均降低40%左右。因此,除注水井外,最好不要使用阳离子表面活性剂类杀菌剂。

二、黏土稳定剂

能防止油气层中黏土矿物水化膨胀和分散运移的试剂叫作黏土稳定剂。砂岩油气层中一般都含有黏土矿物。砂岩油气层黏土含量较高,水敏性较快,遇水后水化膨胀和分散运移,堵塞油气层,降低油气层的渗透率。因此,在水基冻胶压裂液中必须加入黏土稳定剂,防止油气层中的黏土矿物的水化膨胀和分散运移。

实验研究和现场结果都表明,生产层中黏土和微粒的存在会降低增产效果。所含黏土百分率可能不如黏土类型和位置重要。高岭石、伊利石及绿泥石是砂岩储集层中最常见的黏土类型,这些黏土一般并不膨胀,特别是有氯化钾水溶液存在时。但是它们与少量的蒙皂石和特别不稳定的混层黏土间互分布时膨胀却十分常见。引入压裂液或者温度、压力、离子环境的变化都可能引起沉积并迁移穿过岩石的孔隙系统。

由于微粒的迁移,它们可能桥架在狭窄的孔隙喉道上,严重地降低渗透率。渗透率一旦损伤,就必须采取特别措施去修复这种伤害。渗透率损伤的另一种类型是黏土膨胀,它降低了地层的渗透率。因黏土膨胀和颗粒迁移而使地层伤害的敏感性取决于以下几个因素:1)黏土含量;2)黏土类型;3)黏土分布;4)孔隙尺寸和粒度分布;5)胶结物质,如方解石、菱铁矿,或二氧化硅的含量和位置。用X射线衍射、扫描电镜及薄片鉴定可以评价伤害的敏感度。使用黏土稳定剂可以减轻伤害。

目前使用的黏土稳定剂有无机阳离子和有机阳离子两大类化合物,阴离子添加剂不能用作黏土稳定剂。30年来国内黏土稳定剂使用和发展大致经历了无机单阳离子—无机多核阳离子—有机阳离子聚合物的发展历程。早期使用的黏土稳定剂是简单无机盐类,如氯化钾和氯化铵。氯化钾的优点是价格便宜,相容性好,能在大多数地层方便使用,适合于控制蒙脱土类黏土的膨胀和分散,国内外仍沿用至今。氯化钾以提供充分的阳离子浓度防止因阳离子交换而出现的浸析作用来阻止黏土颗粒的分散,并保持黏土颗粒堆积的各层片晶呈凝结或浓缩状态。但氯化钾几乎不能阻止与低含盐量水连续接触而引起的微粒迁移,也不能对此提供残余保护防止分散。所以它只是一种临时性黏土稳定剂。近期研究表明,氯化铵处理效果优于氯化钾。羟基铝和氧氯化锆是国内20世纪60年代广泛采用的一类稳定剂,对高岭石、伊利石类黏土有特效,适用于高泥质含量地层,但在压裂液中使用困难。国内近十多年使用的大部分黏土稳定剂是有机阳离子聚合物(COP),如二甲基二烯丙基氯化铵聚合物,它能提供多个吸附点,抗酸,可加入酸液中,能用于碳酸盐地层,使用浓度低。它在冻胶中是低效的,通常加入至前置液中,可用于水基压裂液和酸化液中。缺点是费用高,不能用于低渗透地层。

近年来又研制开发了适合于低渗透地层($<0.00148\mu m^2$)有机阳离子低聚物(相对分子质量300~800)黏土稳定剂,这类化合物耐酸,抗盐水和酸冲洗,对黏土表面有较高的亲和力,能用于21~260℃地层。据统计,至2002年已用于4000井次的处理,但费用较高。另外,还研制开发了固体阳离共聚物黏土稳定剂,对防膨和防运移特别有效,能抗盐水、油和酸的冲洗,便于储存和运输,用量低,一般为0.179%~0.35%(质量分数),是一种高效永久性黏土稳定剂。

三、表面活性剂

表面活性剂(主要是非离子型和阴离子型表面活性剂)在压裂液中的应用很多,如降低压裂液破胶液的表面张力和界面张力,防止水基压裂液在油气层中乳化,使乳化液破乳,配制乳化液和泡沫压裂液等,推迟或延缓酸基压裂液的反应时间,使油气层砂岩表面水润湿,提高洗油效率,改善压裂液的性能等。

1. 润湿剂

固体表面上的一种流体被另一种流体所取代的过程叫润湿。能增强水或水溶液取代固体表面另一种流体能力的物质叫润湿剂。

压裂液中常用的润湿剂主要是非离子型表面活性剂,如 AEl910,OP-10,SPl69,796A,TA-1031等,它们能将亲油砂岩润湿为亲水砂岩,有利于提高油的相对渗透率。

2. 破乳剂

油井进行水基压裂时,水基压裂液与地层原油能够形成油水乳状液。由于原油中天然乳化剂附着在水滴上形成保护膜,使乳状液具有较高稳定性。乳状液的黏度能从几个厘泊到几千个厘泊不等。如果在井眼附近产生乳化,就可能出现严重的生产堵塞。

加入某些表面活性剂可以达到防乳破乳的目的。加入的表面活性剂能强烈地吸附于油—水界面,顶替原来牢固的保护膜,使界面膜强度大大降低,保护作用减弱,有利于破乳。

常用的油水乳状液的破乳液多为胺型表面活性剂,特别是以多乙烯多胺为引发剂,用环氧丙烷多段整体聚合而成的胺型非离子表面活性剂,相对分子质量大有利于破乳,例如 AE1910,HD-3,JA-1031。

3. 助排剂

(1) 液阻与助排

液阻效应是指液珠通过毛细孔喉时变形而对液体流动发生阻力效应。阻力效应是可以叠加的，即当一连串的液珠堵住一连串的毛细孔时，流体流动所需克服总的阻力效应是液阻效应之和。水的表面张力为72mN/m，要使水珠变形流过砂粒间的毛细孔时，对流体流动产生的阻力效应较大。而表面活性水溶液的表面张力一般为30mN/m左右，要使活性剂溶液的液珠变形通过砂岩粒间的毛细孔时，对流体产生的阻力效应较小，添加活性剂的压裂液易返排，可以减少对油气层的损害。

(2) 常用的助排剂

理想的助排剂应具有对油气层的良好润湿性和减小油气层毛细管压力的特性。压裂液助排剂的加量一般为0.1~1.0%较好。早期使用的助排剂是烷基磺酸钠(AS)阴离子型表面活性剂，它可使因水而造成的伤害由80%下降到40%左右，国内已不使用。甲醇的表面张力低(22.61mN/m)，也常作水基压裂液的表面活性剂以改善其返排。可单独加入压裂液中，也可与其他助排剂一起使用，既作溶剂又可起助排作用。在前置液中加入10%甲醇可使砂岩、灰岩地层返排得以改善，平均返排率大于80%，但因其毒性国内迄今尚未普及使用甲醇。

目前国内外使用和开发的助排剂有：非离子型聚氧乙烯醚，如 Pen-5, Sp169, SQ8；含氟酰胺化合物，如 Surperfio I；含氟聚醚季铵盐与烷基聚氧乙烯醚复配物，如 ENWAR-288, F75N, C75-4, F2-43等。化学发泡剂是一种新型助排剂，可用的发泡剂有碳酸氢钠、偶氮二酰胺、偶氮二羧酸盐、二硝基戊甲基四胺和对-甲苯磺酰肼等。利用地层温度和压裂液pH值变化使化学发泡剂分解产生的CO_2和N_2，提供驱动力，增加滤饼孔隙，增强压裂液的返排。化学发泡剂以水溶性弹丸或分散体形式加入至压裂液中。弹丸内包含发泡剂、pH值控制剂和加速剂。

4. 消泡剂

配液时加入稠化剂、表面活性剂，大排量循环，产生大量气泡，给配液带来困难，因此，配液时必须加入消泡剂。常用的消泡剂有异戊醇、斯盘-85、二硬酯酰乙二胺、磷酸三丁酯和烷基硅油。烷基硅油的表面张力很低，容易吸附于表面，在表面上铺展，是一种优良的消泡剂。

四、降阻剂

压裂液黏度增加，管道摩阻和泵的功率损失也增加。为了提高泵的效率，降低压裂液摩阻是非常必要的。

水基压裂液常用降阻剂有聚丙烯酰胺及其衍生物、聚乙烯醇(PVA)等。植物胶及其衍生物和各种纤维素衍生物也可以降低摩阻。

降阻剂在水基压裂液中降阻的原理是抑制紊流。水中加入少量高分子直链聚合物(聚丙烯酰胺)能减轻和减少液流中的漩涡和涡流，从而抑制紊流，降低摩阻。如果水中加入适量的聚合物降阻剂，可使泵送摩阻比清水摩阻减少75%。

五、降滤失剂

降滤失剂的作用包括：

1)有利于提高压裂液效率,减少压裂液用量,降低压裂液成本;
2)有利于造成长而宽的裂缝,提高砂比,使裂缝具有较高的导流能力;
3)减少压裂液在油气层的渗流和滞留,减少对油气层的损害;
4)减少压裂液对水敏性油气层的损害。

目前使用的降滤剂有两大类:一类是固体无机物硅粉和颗粒碳酸钙,另一类是柴油、石蜡、树脂和非离子型表面活性剂等液体物质。较常用的是硅粉、柴油及液体非离子型表面活性剂。硅粉一般用于高渗透地层有效,缺点是易堵塞孔隙,引起渗透率降低,只能加入前置液或部分加砂液中。柴油加入交联水基冻胶中降低滤失是很有效的,可用于气层。5%柴油完全混合分散在95%水相交联的高黏度冻胶中,它是一种很好的降滤失剂。5%柴油降低水基压裂液滤失的机理有:两相流动阻止效应、毛细管阻力效应和贾敏效应产生的阻力。液体非离子型表面活性剂能防止低渗透地层的滤失,适合于气井使用,使用上限温度为82℃。近几年研究了新的无伤害颗粒淀粉降滤剂,以含30%~50%改性淀粉和天然淀粉小组合物最为有效。它不影响硼、钛、锆的交联和冻胶性能,在其分解之前有足够时间完成压裂作用。在井底条件下极易降解为可溶物而被带出,不会残留地层而引起伤害。羟基乙酸缩聚产品(HAA)主要为三聚物,是一种新的可降解的降滤剂,具降滤和破胶双功能作用。它为易碎结晶固体,不溶于烃,有水时,温度大于等于65.5℃将缓慢降解为可溶性羟基乙酸单位而起破胶作用,可清除滤饼,能100%保持渗透率。

六、稳定剂

稳定剂用于防止多糖聚合物凝胶在温度高于200℉或112℃时发生降解。常用的稳定剂为甲醇和硫代硫酸钠。甲醇较难控制,用量是压裂液的5%~10%。硫代硫酸钠的用量通常为10~20lb/1000gal。硫代硫酸钠的作用效果优于甲醇,高温下可使黏度增加2~10倍,取决于温度和其处于该温度环境的时间。它们的作用机理可能同除氧剂一样,可防止由溶解氧引起的凝胶快速降解。瓜尔胶及其衍生物在pH值较低时发生水解,尤其是在高温中。因此,若要求压裂液具有长期稳定性,应该使用pH值较高(范围为9~11)的液体。亚硫酸氢钠、三乙醇胺和Tween20也可作为稳定剂。

新研制的稳定剂是一些杂环化合物,如2-巯基苯并咪唑和2-巯基苯并噻唑,在90~200℃能保持较高的表观黏度,为不加稳定剂的2~10倍。另一类为杂环化合物的硫醇衍生物,如2-硫代咪唑酮、2-巯基噻唑酮、2-巯基噻唑啉、苯恶唑-2-硫醇和N-氧化吡啶-2-硫醇等。

参 考 文 献

[1] B. B. 威廉斯,J. L. 吉得里,R. S. 谢克特. 油井酸化原理. 罗景琪,译. 北京:石油工业出版社,1983.
[2] 伦纳得·卡尔法亚. 酸化增产技术. 吴奇,邹洪岚,等译. 北京:石油工业出版社,2004.
[3] 佟曼丽. 油田化学. 东营:石油大学出版社,1996.
[4] 米卡尔·J. 埃克诺米德斯,肯尼斯·G. 诺尔特. 油藏增产措施. 张㟨,刘立云,张汝生,等译. 北京:石油工业出版社,2002.
[5] 万仁浦,罗英俊. 采油技术手册(修订本)·第九分册:压裂酸化工艺技术. 北京:石油工业出版社,1998.
[6] 王鸿勋,张琪. 采油工艺原理. 北京:石油工业出版社,1981.
[7] Frank Civan. Reservoir Formation Damage. Gulf Professional Publishing. 2000.

[8] 王冬梅,张秋红. 酸液稠化剂 TP-1 的合成及性能. 石油钻采工艺,2005,27(增刊):64-65.
[9] Wang H B,Shi H,Hong T, et al. Characterization of Inhibiter and Corrosion Product Film Using Electrochemical Impedance Spectroscopy (EIS). NACE International,2001.
[10] 李彦林,闫继英. 国内近期压裂液添加剂发展趋势. 新疆石油科技,2004,14(1):15-18.
[11] 刘洪升,郎学军. 高温延缓型有机硼 OB-200 交联压裂液的性能与应用. 油田化学,2003,20(2):125-128.
[12] 杨振周,周广才,等. 黏弹性清洁压裂液的作用机理和现场应用. 钻井液与完井液,2005,22(1):48-50.
[13] 王俊英,王栋. 新型高效水基压裂液技术//何厚生. 水力压裂技术学术研讨会论文集. 北京:中国石化出版社,2004.
[14] 王素兵,郭静,等. 清水压裂技术及其现场应用. 钻采工艺,2005,28(4):49-50.
[15] Boek E S, Jusufi A. Molecular Design of Responsive Fluids: Molecular Dynamics Studies of Viscoelastic Surfactant Solutions. J. Phys.: Condens. Matter, 2002, 14: 9413-9430.
[16] 叶艳,吴敏,等. 黏弹性表面活性剂技术在酸化中的应用. 石油与天然气化工,2003,3(3):164-166.
[17] 王宝锋. 化学缓速酸的缓速机理概述. 石油与天然气化工,1994,23(1):47-52.
[18] 葛际江,赵福麟. 酸化淤渣的生成、防止和清除. 油田化学,2000,17(4):378-382.
[19] 卢拥军,杜长虹. 压裂用有机硼络合交联剂. 钻井液与完井液,1995,12(1):50-57.
[20] Shinichiro Imai, Toshiyuki Shikata. Viscoelastic Behavior of Surfactant Threadlike Micellar Solutions: Effect of Additives 3. Journal of Colloid and Interface Science,2001, 244:399-404.

第四章 堵水化学

油井出水是注水开发油田面临的一个重大问题。统计表明,现阶段我国大部分油田的综合含水率随着单纯注水开发而不断升高,一些老油田的综合含水率甚至超过90%。油井出水会引起许多生产及经济上的难题,例如无效注水、开采负荷加大、油井产量减少、油田的最终采收率降低、原油的处理费用增加、环境污染以及采油设备的结垢和腐蚀等。更为严重的是,由于油井高含水可能会使某些高产井沦为无工业价值的井。因此,从注水井"治本"入手,以封堵高出水层位油井为"标"的堵水作业在油田区块治水工程中显得越来越重要。目前国内外的油田也越来越重视这一技术的发展,将堵水措施作为控水稳油的重要手段之一。

堵水作业的实质是改变水在地层中的渗流规律。堵水方法可以分为机械堵水和化学堵水,作为化学堵水关键技术之一的化学堵剂又可分为油井堵水剂和水井调剖剂,两者统称为"堵剂"。油井堵水剂指的是从油井注入以封堵高出水层位,降低生产井含水量的化学处理剂;水井调剖剂指的是从注水井注入以降低高吸水层的吸水量,相应提高注水压力,达到提高中低渗透层的吸水量、改善注水井吸水剖面、提高注入水体积波及系数、改善水驱状况的化学处理剂。我国化学堵剂技术经历了近60年的研发及现场应用,成型了八大类近百种适用于我国各类油藏的堵水剂、调剖剂。但随着油田注水开发的深入,由于地层受注入水长期冲刷形成了次生大孔道,导致注入水沿大孔道、裂缝等向油井突进,引起了水驱波及效率降低,使注采矛盾加剧,油井含水迅速上升,在采出程度不高的情况下,油田就进入了高含水期。另外,20世纪70年代,继华北、胜利、古潜山油田的发现和会战后,大批两三千米甚至四五千米深的井投产引起化学堵剂工作条件苛刻等问题的出现,各类化学堵剂在封堵性能上面临着新的挑战。

化学堵剂作为油田化学调堵水施工是否成功的纽带技术多年来一直是国内外油田工作者们研究的重点,几十年来通过对地层堵水环境认识的不断加深,研制出的分类多样、品种繁多的调堵剂经历了诸多现场尝试后,使得这项技术日臻完善。油田堵剂已渐成系列,按工艺可分为单液法堵水剂和双液法堵水剂,按形式可分为冻胶型、凝胶型、沉淀型和胶体分散体型,按地层苛刻条件可分为适用于大孔道、低渗地层、高温、高矿化度等类型。

第一节 概 述

一、出水的原因

根据水的来源可将油井出水分为同层水(图4-1)和异层水(外来水)(图4-2)。注入水、边水和底水属"同层水";上层水、下层水及夹层水是从油层上部或下部的含水层及夹于油层之间的含水层中窜入油气井的水,来源于油层之外,故称为"外来水"。

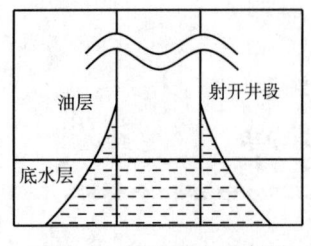
图4-1 同层出水示意图

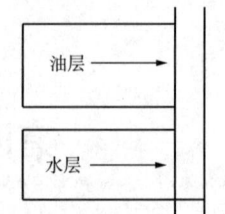
图4-2 异层出水示意图

油井出水可分为自然因素和人为因素两类。自然因素包括地质非均质及油水流度比不同。由于油层的非均质性和油水的流度比的不同，随着油水界面的前进，注入水及边水可能沿高渗透层不均匀前进，纵向上可能单层突进，横向上可能形成指进；油层出现底水时，原油的产出可能破坏油水平衡关系，使油水界面在井底附近呈锥形升高，形成"底水锥进"。人为因素包括：固井质量不合格、套管损坏引起流体窜槽或误射水层及注采失调，这些是异层水引起油井出水的主要原因。

油气井出水是油田开发过程中不可避免的主要问题之一。要控制油井出水，一方面是对注水井进行调剖，另一方面是封堵油井出水层，即选择有效堵水剂来封堵油井出水层。

二、堵水的目的

油井产水对经济效益影响很大，某些高产井可能转变为无工业价值的井。对于出水井，如不及时采取措施，地层中可能出现水圈闭的死油区，注入水绕道而过，从而降低采收率，造成极大的浪费。油井出水还有可能使储层结构破坏，造成油井出砂；油井出水后也会增加液体相对密度，增大井底油压，使自喷井转为抽油井；油井出水会腐蚀井下设备，严重时可能引发事故。同时，由于产水增加，必然会使地面的脱水费用增加。

找水、堵水是油田开发中必须及时解决的问题，也是油田化学研究的重要课题。国内外油田多年的实践表明，从油藏整体上看，调剖堵水的效果主要表现为下述5个方面：

1）降低油井的含水比，提高产油量。封堵或卡堵高含水层，减少了油井的层间干扰，发挥了原来不能正常工作的低渗透层的作用，改变了水驱油的流线方向，提高了注入水的波及体积。因此堵水可有效地提高采油的日产水平。化学堵剂的作用较大幅度地降低了堵水半径内的井底水相渗透率，减少了产水量和油井含水率。

2）增加产油层段厚度，减少高含水层厚度，改善油井的产液剖面。

3）提高注入水的利用率，改善注水驱替效果。

4）改善注水井的吸水剖面。注水井调剖后改善了注水井的吸水剖面，纵向上控制了高渗透层过高的吸水能力，使低渗透层的吸水能力相应提高，某些不吸水层开始吸水，从而增加了注入水的波及体积。扩大了油井的见效层位和方向，改善了井组的注入开发效果。

5）从整体上改善注入开发效果。油田区块的整体处理效果表现为整个区块开发效果得到改善，区块含水上升速度减缓，产量递减速度下降，区块水驱特征曲线斜率变缓。

三、堵水的机理

在调剖剂注入地层的过程中，由于其流动遵循最小流动阻力原则，所以调剖剂绝大部分进入阻力小的地层,即特高渗透层或高渗透层,并在其中沉降,从而大幅度降低所波及范围内岩石的绝对渗透率,使其吸水能力降低,达到封堵渗透性强吸水层的目的,迫使后来注入的水进入原来未波及的中、低渗透层,使吸水剖面向合理方向变化,提高注入水波及体积系数,改善油井出油剖面,控制油井含水率上升。

通常的堵水方法是向地层中注入聚合物单一段塞,聚合物分子便吸附在岩心表面形成吸附层,以此来堵塞水流,对油气流动影响较小。但这种吸附可能只是单层分子吸附,对高渗透层常常失去作用。为了提高封堵效果,研究出了用胶联剂的堵水方法,其机理是聚合物与胶联剂交联后生成凝胶,这种以聚合物冻胶的堵水,以物理堵塞为主,并兼有吸附和动力捕集作用形成的堵塞。其物理堵塞作用是由于聚合物链上有许多反应基团与交联剂发生交联而形成网状结构,而这种结构把水包含在网状结构中形成具有黏弹性的冻胶体,这种冻胶体在孔隙介质中间形成物理堵塞,阻止水流通过或改变水流方向,其具体作用表现在 4 个方面:

1)渗透率下降。化学剂交联反应,使地层渗透率下降,高渗区下降得更加明显,其下降幅度与交联剂浓度大小及两者的配比有关。

2)油层非均质程度降低。调剖堵水可调整注水井的吸水剖面,水、油井周围的高渗区带得到降低,使驱替剂接触较大的油层。

3)滞留与捕集。部分交联体系分子和分子上的极性基团蜷缩在孔道中即为捕集,阻碍水流动。

4)吸附。分子链上的极性基团与岩石表面相吸附,提高了调剖剂和堵水剂对岩石的残余阻力,增强了堵水效果。

四、堵水的方法

油田中采用的堵水方法可分为机械堵水和化学堵水两类。

1. 机械堵水

机械堵水是使用封隔器及其配套的控制工具来封堵高含水产水层,以解决油井各油层间的干扰或调整注入水的平面驱油方向,达到提高注入水驱油效率、增加产油量、减少出水量的目的。我国已在自喷采油和机械采油等生产井上形成了一套机械堵水技术,成为注水开发油田提高开发效果的一项重要技术。

2. 化学堵水

化学堵水是利用化学堵水剂的化学作用堵塞出水层的技术。将化学剂注入到高渗透出水层段,降低近井地带的水相渗透率,减少油井出水,增加原油产量。根据堵水剂对油层和水层的堵塞作用,化学堵水可分为非选择性堵水和选择性堵水。非选择性堵水是指堵剂在油井层中能同时封堵油层和水层的化学剂;选择性堵水是指堵剂只与水起作用,而不与油起作用,故只在水层造成堵塞而对油层影响甚微。

对异层水应采取将水层封死的方法。对于边水浸入、底水锥进和注入水突进应采取具体问题具体分析的方法。

正确地选择堵水工艺和堵水剂应能保证:

1)挤入地层的堵水剂能充满油井近井地带,并按设计留有一定的孔隙和通道,而且在工艺可接受的期限内形成最佳结构状态;

2) 形成足够强度的封隔层,可承受生产时设计压差,保持或改善原油在生产层中的渗透条件;

3) 在不降低堵水效果的前提下最大限度地减少施工次数和简化工艺工序,减轻对施工人员的人身伤害,并防止残液排放污染环境。

在套管外水泥环不能保证把油水层封隔开的情况下,必须预先注入可渗透性的堵剂,在水层的近井地带建立隔板,扩大封隔带。为了保护近井地带的油层,必须寻找有利于应用选择性堵水剂的地质工艺条件,保障在含水层和含水通道形成选择性堵水结构。

第二节 选择性堵剂

选择性堵水是指在调剖堵水中,运用工艺技术手段和具有选择性的堵剂达到堵剂有选择地进入要求封堵的层段,使堵剂不进入或少进入不需要封堵的中低渗透地层。所用的堵水剂只与水起作用,故只在水层造成堵塞而对油层影响甚微,或者可以改变油、水、岩石之间的界面特性,降低水相渗透率,从而降低油井出水率。作为堵水剂中主剂的聚合物主要是水溶性聚合物,包括聚丙烯酰胺、生物聚合物、木质素、聚丙烯腈以及聚苯乙烯磺酸盐等。

油井选择性堵水剂适用于不易用封隔器将油层封堵的地方。尽管所采用的选择性不尽相同,但它们都是利用油和水、出水层和出油层之间的差异进行堵水。这类堵剂并不是只堵水层不堵油层,实际上它对油水都会有堵塞作用,只是堵剂降低水相渗透率的能力远大于降低油渗透率的能力。这类堵剂按分散介质的不同分为水基堵剂、油基堵剂和醇基堵剂,它们分别以水、油和醇作溶剂配制而成。

一、水基堵剂

水基堵剂是选择性堵剂中应用最广、品种最多、成本较低的一类堵剂,包括各类水溶性聚合物、泡沫、乳状液及皂类等。其中最常用的是水溶性聚合物,它的特点表现在:能溶于水;在水中有优良的增黏性;线性大分子链上都有极性基团;能与一些多价金属离子或有机基团(交联剂)反应,生成体型的交联产物——冻胶,使黏度大幅度增加,失去流动性及水溶性,显示较好的黏弹性。

1. 聚丙烯酰胺

聚丙烯酰胺(PAM)可由丙烯酰胺聚合制成,一般应用于温度70℃以下的地层,属非离子型。将丙烯酰胺单体加在除氧的水溶液中,用还原—氧化体系引发剂在30~40℃下聚合,单体浓度为7%~8%,可以制成胶体。单体浓度为20%~30%时,可以制成胶板。脱水可以在捏合机和烘干器中进行,也可以在共沸脱水器和烘干器中成粉。干燥温度不能很高,避免生成不溶解物。聚丙烯酰胺分子式为:

$$\left[CH_2-CH \atop \underset{NH_2}{\overset{C=O}{|}} \right]_n$$

聚合物中还可以引入磺基、氨基等官能团,以改变聚合物结构和性质,在酰胺官能团中靠近氮的氢原子被另一种元素代替后,聚合物水解便不易进行。这类聚合物是线性高分子,相对分子质量一般为几十万至上千万,水解度为15%~35%,主要作用是增黏和降阻。

2. 部分水解聚丙烯酰胺

部分水解聚丙烯酰胺(HPAM)是聚丙烯酰胺水解后的产物,阴离子型。水解度可以由加碱量或共聚时单体比控制。若由 n 个丙烯酰胺分子聚合成聚丙烯酰胺,n 则称为聚合度,其基本结构单元(又称为链节)是丙烯酰胺:

$$\left[CH_2-CH \right]_n \xrightarrow{yNaOH} \left[CH_2-CH \right]_x \left[CH_2-CH \right]_y$$
$$\quad\quad|\quad\quad\quad\quad\quad\quad\quad|\quad\quad\quad|$$
$$\quad\quad C=O\quad\quad\quad\quad\quad C=O\quad\quad C=O$$
$$\quad\quad|\quad\quad\quad\quad\quad\quad\quad|\quad\quad\quad|$$
$$\quad\quad NH_2\quad\quad\quad\quad\quad NH_2\quad\quad ONa$$

聚丙烯酰胺加 NaOH 水解生成部分水解聚丙烯酰胺,其基本结构单元是:

$$\left[CH_2-CH \right]\left[CH_2-CH \right]$$
$$\quad|\quad\quad\quad\quad\quad|$$
$$\quad C=O\quad\quad\quad C=O$$
$$\quad|\quad\quad\quad\quad\quad|$$
$$\quad NH_2\quad\quad\quad ONa$$

HPAM 分子链上有酰胺基和羧基,对油和水有明显的选择性,它降低油相渗透率最高不超过10%,而降低水相渗透率可超过90%。

在油井中,HPAM 堵水剂的选择性表现在4个方面:

1) 由于出水层的含水饱和度较高,所以 HPAM 优先进入出水层。

2) 在出水层中,HPAM 中的酰胺基和羧基可通过氢键优先吸附在由于出水冲刷而暴露出来的岩石表面。

3) HPAM 分子中未被吸附部分可在水中伸展,降低地层对水的渗透率;HPAM 随水流动时为地层结构的喉部所捕集,堵塞出水层(图4-3)。

4) 进入油层的 HPAM,由于砂岩表面为油所覆盖,所以在油层不发生吸附,因此对油层影响甚小。

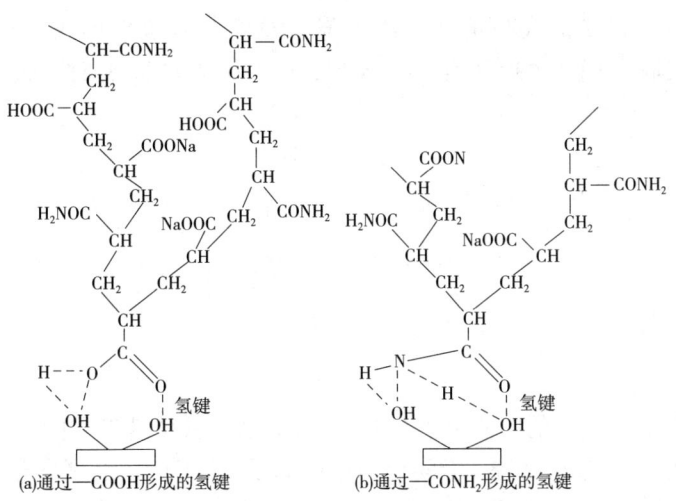

(a) 通过—COOH形成的氢键　　(b) 通过—CONH₂形成的氢键

图4-3　HPAM 在砂岩表面的吸附

一般认为,HPAM 的堵水机理为黏度、黏弹效应和残余阻力的综合作用。HPAM 溶液的黏度在流速增加及孔隙度变化的情况下都下降,利于 HPAM 溶液进入地层深度。当 HPAM 溶液达到相当高的流速时,就会表现出黏弹效应。残余阻力是堵水作用中最主要的作用,其中包括吸附、捕集和物理堵塞。

1)吸附作用。

HPAM 以亲水膜的形式吸附在地层岩石表面,当遇到水时,便因吸水而膨胀,从而降低饱和地带的水相渗透率。当遇到油时,HPAM 分子不亲油,分子不能在油中伸展,因此对油的流动阻力影响小。进入油层的 HPAM,由于砂岩表面为油所覆盖而不发生吸附,因此不堵塞油层。

2)捕集作用。

HPAM 分子很大,相对分子质量为几百万至几千万。分子链具有柔顺性,松弛时一般蜷曲呈螺旋状,而在泵送通过孔隙介质时受剪切和拉伸作用而发生形变,沿流动方向取向,能够容易地注水地层,且外力消除后,分子又松弛成螺旋状。当油气井投产时,蜷曲的聚合物分子便桥堵孔隙喉道阻止水流。但油气能使大分子线团体积收缩,故能减少出水量而油气产量不受影响。这种堵塞是可以恢复的,只要流速超过临界值,这种捕集作用便消失了。

3)物理堵塞。

HPAM 分子链上的活性基团能与地层水中的多价金属离子反应生成凝胶,由此可限制流体通过多孔介质。

3. 交联的聚丙烯酰胺

交联剂是堵水剂的重要组成部分,可分为无机交联剂和有机交联剂。无机交联剂通常为 Fe^{3+},Al^{3+},Ti^{4+},Zr^{4+},Sn^{2+},Cr^{3+},在这些多价阳离子中以 Cr^{3+},Ti^{4+} 和 Zr^{4+} 应用得最多。它们通常以络合的形式存在,络合离子为乙酸根、丙酸根、乳酸根、丙二酸根、酒石酸根、葡萄糖酸根、柠檬酸根、醇酸根和水杨酸根等。每种络合离子对各种金属离子络合作用不同,因此金属解离的速度也不同,仅有一点是相同的,即选择络合了的多价金属离子可以进行延迟交联反应。有机交联剂有酚醛树脂、蜜胺树脂、糠醇树脂和脲醛树脂等,树脂作为交联剂可以提高堵水剂的稳定性,所以应用较广泛。交联反应的类型主要有 3 种:

1)离子键交联。以二价或高价金属离子与 HPAM 的羧酸根形成离子键的连接。例如 HPAM 由钡离子交联,两个羧酸根与钡离子连接方式的结构如下,此时交联剂多是相关离子的无机盐类:

$$
\begin{array}{c}
-CH_2-CH \\
| \\
COO \\
| \\
Ba \\
| \\
COO \\
| \\
-CH_2-CH-
\end{array}
$$

2)配位键交联。以适当的中心离子与 HPAM 的酰胺基、羧基形成配位键连接,例如铝、铬和锆等离子可作为中心离子。但对于同样的中心离子,由于所用交联化学剂的组成、结构不同,交联产物的结构、性质、形态可有很大的不同。使用这些中心离子的无机盐多数可以形成多核羟桥络离子结构,以此与 HPAM 的羧基、酰胺基交联,有利于形成强度较高的整体凝胶。

3)极性键交联。HPAM 中的酰胺基可与醛基缩合交联,如用甲醛作交联剂交联产物结构如下:

$$\begin{matrix} -CH_2-CH- \\ | \\ O=C-NH \\ | \\ CH_2 \\ | \\ O=C-NH \\ | \\ -CH_2-CH- \end{matrix}$$

这类交联剂常用低聚酚醛树脂代替甲醛,以得到强度更大的凝胶。

当聚合物最初用于堵水时,聚合物分子的吸附与机械滞留导致水相渗透率的降低,储层中注入阴离子 HPAM,在低渗透层堵水效果好,而高渗透层堵水效果较差。这是因为聚合物分子在砂岩上是单层吸附,且吸附作用小,容易被驱替,特别是在高渗或裂缝性地层中,水流经过的孔道直径比高分子尺寸大,使其堵水效果降低,因而发展了交联聚丙烯酰胺。它是利用交联生成大量网状结构的黏弹性物质占据小孔隙,从而导致水相渗透率的降低。交联后的 HPAM 抗剪切安定性和稳定性都有改善。虽然这种方法能够提高堵水能力,但也易使堵剂失去选择性。

冻胶是指由高分子溶液经交联剂作用而失去流动性形成的具有网状结构的物质。能被交联的高分子主要有 PAM、HPAM,羧甲基纤维(CMC)、羟乙基纤维(HEC)、羟丙基纤维素(HPC)、羧甲基半乳甘露糖(CMGM)、羟乙基半乳甘露糖(HEGM)、木质素磺酸钠和木质素磺酸钙等。交联剂多为由高价金属离子所形成的多核羟桥铬离子(Cr^{3+}、Zr^{4+}、Ti^{3+}、Al^{3+}),此外还有醛类(甲醛、乙二醛等)或醛与其他分子缩聚得到的低聚合度的树脂。该类堵剂很多,如铝冻胶、铬冻胶、锆冻胶、钛冻胶及醛冻胶等。

1)铬交联。

使用 Cr^{3+} 作交联剂的水溶性聚合物体系又可分为两类:聚合物—重铬酸盐—还原剂体系和聚合物—有机络合铬体系。重铬酸盐中的铬是正六价,不能交联聚合物。还原剂与重铬酸盐反应生成活性的正三价铬,然后通过离子键合与聚合物进行交联。Southard 等综述了氧化还原反应机理。在这种体系中,凝胶速率是由氧化还原反应的速率决定的,因此可以控制凝胶速率,这正是调剖所需要的。这种聚丙烯酰胺—重铬酸盐—还原剂体系可以在 66℃下的高盐度的环境下使用。然而,含有钙离子的盐水会导致不溶的重铬酸钙,并且亚铁离子和 H_2S 的存在会导致瞬时凝胶,因为它们还原重铬酸盐成为 Cr^{3+} 的速度非常快。

由于以 Cr^{6+} 的致癌性,重铬酸盐—还原剂体系逐渐失去吸引力,目前的研究致力于开发低毒的 Cr^{3+} 交联体系。有机络合的 Cr^{3+} 的化合物成为研究的重点。Mumallah 等开发了丙二酸盐和丙酸盐络合的 Cr^{3+} 化合物,Smith 和 Sydansk 开发了醋酸铬有机络合离子,如醋酸根、丙酸根、丙二酸根通过形成配位共价键的 $Cr^{3+}-COO^-$ 络合物而保护活性高的 Cr^{3+} 离子,并且提供延迟交联体系。凝胶反应被认为是通过配合体交换过程来实现的。聚合物交联反应及配合体交换反应的速率是由配体从 Cr^{3+} 络合物解离的速度决定的。Lockhart 的研究表明,在室温和 pH=3~7 的范围下,与 Cr^{3+} 的无机盐和聚合物之间配体的交换速率相比,有机络合的 Cr^{3+} 与 HPAM 之间配体的交换速率要慢得多,并且有机络合的 Cr^{3+} 的化合物在高温下能够阻止凝胶脱水。Sydank 等的研究表明,低相对分子质量的聚丙烯酰胺[水解度为 0.5%(摩尔分数)]与醋酸铬溶液的混合体系在模拟海水中于 124℃时 3h 成胶,并且能稳定存在 900 天。

油田常用的比较典型的冻胶堵剂就是用部分水解聚丙烯酰胺,重铬酸钠($Na_2Cr_2O_7 \cdot 2H_2O$)、硫代硫酸钠($Na_2S_2O_3 \cdot 5H_2O$)和盐酸组成。

典型配方为:

HPAM:相对分子质量$(300 \sim 500) \times 10^4$,水解度 5%~20%,质量分数为 0.4%~0.8%;

重铬酸钠:0.05%~0.10%;

硫代硫酸钠:0.05%~0.15%;

pH:3.5~4.5(用盐酸调节)。

在 60~80℃下能发生如下氧化还原反应:

$$4Cr_2O_7^{2-} + 3S_2O_7^{2-} + 26H^+ \longrightarrow 6SO_4^{2-} + 8Cr^{3+} + 13H_2O$$

Cr^{3+} 再与 HPAM 的羧钠基发生交联作用,使聚合物成网状结构的冻胶,可封堵油井的高渗透层。该堵剂适用于碳酸盐岩地层堵水,处理层渗透率大于 $0.5\mu m^2$,平均每米厚油层堵剂用量为 $25 \sim 35 m^3$。

在以上配方中,如果用亚硫酸钠代替硫代硫酸钠作还原剂,用甲酸乙酯在地下缓慢水解产生的甲酸代替 HCl 调节 pH 值,可延长成胶时间,增加堵剂用量,延长堵水有效期。

2)铝交联。

对低渗透层,在 HPAM 溶液段塞前后注交联剂(硫酸铝或柠檬酸铝)溶液。先注入的交联剂可减少砂岩表面的负电荷,甚至可将其转变成正电性,提高地层表面对后来注入的 HPAM 的吸附强度。后注入的交联剂可使已经吸附的 HPAM 分子横向交联起来而不易被水带走。

对高渗透层,可用同样方法反复处理,产生更多的吸附层,形成积累膜。由于积累膜的厚薄是由地层的渗透率及处理次数决定的,所以此方法可使 HPAM 用在不同渗透率的地层。上述交联体系的 pH 值应控制在 4~7 之间。

研究表明:pH 值在 4~7 之间,大部分聚合物链上的羟基是离子化羟基,易与铝交联;当 pH 值小于 4 时,大部分聚合物链上的羟基不能与铝交联;当 pH 值大于 7 时,Al^{3+} 生成 $Al(OH)_3$,不能提供与羟基交联的铝。

目前国内外使用这类堵剂主要有以下几类:

1)HPAM—甲醛。以甲醛为交联剂的聚丙烯酰胺冻胶堵水剂。

2)HPAM—Cr^{3+}(无机铬离子、有机铬离子)。这类堵剂所用交联剂为 Cr^{3+},如在体系中添加不同的热稳定剂又可得到中温、高温铬冻胶及混合型冻胶等多种产品。

3)HPAM—柠檬酸(柠檬酸钛)堵剂。

4)HPAM—Zr^{4+}。这是以锆离子为交联剂的双液法注入堵剂,形成的冻胶与砂粒间有良好的黏接依附性。

5)HPAM—乌洛托品—对苯二酚堵剂。这也是可溶性酚醛树脂交联的 HPAM 冻胶堵剂,耐温性好。

以上这些堵剂在国内辽河、胜利、华北、吉林等油田已经应用。

4. 延缓交联堵剂

控制体系的 pH 值、温度或化学交联剂的化学特性,使交联反应不在地面完成,而是在地下所指定的部位完成,这种方法叫延缓交联。这样不仅利于施工,实现选择性,而且可以将堵剂送到地层深处。

国外曾经使用一种碱性延缓液进行选择性堵水,其组成是：

1）水溶性或水分散聚合物（聚丙烯酰胺、丙烯酸—丙烯酰胺共聚物、部分水解聚丙烯酰胺、聚氧乙烯醚、羧烷基纤维素和聚多糖等）；

2）交联剂为铝酸盐或钨酸盐；

3）碱。使溶液的 pH 值为 10,高 pH 值是为了抑制开始时的交联反应,延长诱导期,使封堵液可在井下流动较长距离。

此外,还可以采取自生酸调控堵液 pH 值延缓 HPAM 交联技术。该方法适用于灰、砂岩油层,裂缝性油层的选堵作业。体系内自生酸反应式如下：

$$6CH_2O + 4NH_4Cl \xrightarrow{\Delta} (CH_2)_6N_4 + 6H_2O + 4HCl \quad (pH = 1 \sim 3)$$

$$2CH_2O + K_2S_2O_8 \rightleftharpoons 2HCOOH + K_2S_2O_6 \quad (pH = 3 \sim 4)$$

反应生成的 $(CH_2)_6N_4$ 和多余的 CH_2O 都可作为交联剂与 PAM,HPAM 进行交联。实验结果表明,单独使用 CH_2O 或 $(CH_2)_6N_4$ 交联剂不能兼顾交联速度、交联度、pH 值和凝胶热稳定性。如单用 CH_2O 交联时,在 pH 值为 3.5~5,温度为 50℃时交联时间一般为 0.5~5.5h,但凝胶很不稳定,这是交联过度的反映。为使适度交联,必须在整个交联过程中逐渐供给所需的 CH_2O 且使其不过量。将有机二元交联剂 $(CH_2)_6N_4$ 和 CH_2O 共同使用,它们在一定 pH 值和一定温度下可与 PAM,HPAM 形成凝胶。反应过程如下：

$$(CH_2)_6N_4 + 6H_2O \xrightleftharpoons[H^+]{25℃} 6CH_2O + 4NH_3$$

$$4NH_3 + 4H_2O \rightleftharpoons 4NH_4OH$$

$$4NH_4OH + 6CH_2O \rightleftharpoons (CH_2)_6N_4 + 10H_2O$$

$$6CH_2O + 4NH_4Cl \rightleftharpoons (CH_2)_6N_4 + 4HCl + 6H_2O$$

$$2CH_2O + K_2S_2O_8 \rightleftharpoons 2HCOOH + K_2S_2O_6$$

后两个反应为自生酸调节 pH 值体系,只要在交联过程中介质的 pH 值为酸性,则会逐渐适量供应 CH_2O 且不会超量,就会延缓交联过程。

5. HPAM 就地膨胀堵水

该堵剂遇水只能溶胀而不能溶解。把这种聚合物微粒分散于油中注入需封堵地层,该微粒遇水溶胀起封堵作用,遇油不发生变化,所以有一定的选择性。

另一种方法是将聚合物微粒分散于比油藏盐水更咸的水中后注入地层。在这些条件下,聚合物微粒膨胀性较差,溶液的黏度低易于进入地层,而且在这一收缩状态聚合物微粒的吸附性要比膨胀状态的强。因此,在孔壁形成致密的吸附层（图4-4）。在生产过程中,油田低矿化度盐水逐渐稀释高矿化度盐水,使吸附的聚合物层膨胀。这样,就有效地限制了地层中的盐水产出,同时,油气流动仍能继续穿过孔道中心。

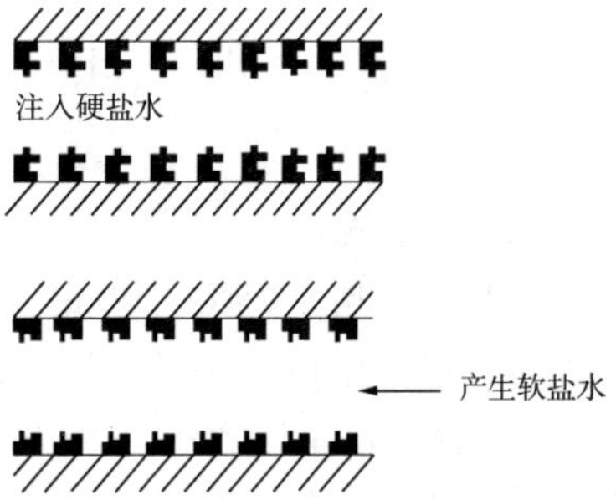

第三种方法和上述方法在原理上很相似,也是注入收缩状态的聚合物,然后在生产过程中产生膨胀。差别是这种方

图 4-4 HPAM 就地膨胀堵水

法是用非离子聚丙烯酰胺(PAM),而不是阴离子 HPAM,而且吸附的聚合物的膨胀是通过膨胀剂(SA)化学处理产生,而不是利用矿化度梯度原理。对于油藏地层水矿化度高的油田,必须采用这种方法进行堵水。并且可用任何现用的盐水进行聚合物溶解和注入,不管盐水矿化度是多少。实际上,PAM 分子的非离子特性使其几乎对盐水没有敏感性,与上述方法用的 HPAM 相比,溶液的黏度是减少的,在油藏岩石上的吸附作用是增加的。

6. 部分水解聚丙烯腈(HPAN)堵剂

HPAN 原材料是由腈纶废丝的碱性水解得到。水解聚丙烯腈作为一种选择性堵水剂主要用于地层水中多价金属离子含量高的地层。HPAN 的分子结构如下:

$$\text{—[CH}_2\text{—CH]}_x\text{—[CH}_2\text{—CH]}_y\text{—[CH}_2\text{—CH]}_z\text{—}$$
$$\quad\quad\quad |\quad\quad\quad\quad\quad |\quad\quad\quad\quad\quad |$$
$$\quad\quad\text{CN}\quad\quad\quad\quad\text{CONH}_2\quad\quad\quad\text{COONa}$$

丙烯腈工业制法一向都是采用乙炔为原料的,但是索亥俄(Sohio)一步法特别吸引人。该法是以丙烯(10%)、氨(10%)、水蒸气(10%)与空气(70%)的混合物在 400~500℃的温度下与二磷酸钼盐(以硅胶为担体)的流态化催化剂进一步反应,丙烯腈回收率约为 50%。常规工业法生产过程如下:

$$\text{HC≡CH + HCN} \xrightarrow[\text{CuCN}_2]{\text{Cu}_2\text{Cl}_2\text{H}_2\text{O},\ \text{NH}_4\text{Cl}} \text{CH}_2\text{=CH—CN}$$
乙炔 　氢氰酸 　　　　　　　　丙烯氰

$$\xrightarrow[\text{酸}]{\text{H}_2\text{O}} \text{CH}_2\text{=CH—C(=O)—NH}_2 \xrightarrow[\text{酸}]{\text{H}_2\text{O}} \text{CH}_2\text{=CH—C(=O)—OH}$$
　　　丙烯酰胺 　　　　　　　　　　　丙烯酸

从分子结构来看,HPAN 与 HPAM 的堵水原理相同,HPAN 通常交联使用,可使用的交联剂包括甲醛、$CaCl_2$、$FeCl_2$、$FeCl_3$、$Pb(NO)_3$ 等。HPAN 也可与 KH_2PO_3,KNO_3 一起使用以增加堵剂与 Ca^{2+}、Mg^{2+} 产生的沉淀量。值得一提的是,HPAN—苯酚—甲醛堵剂,其耐温达 130℃ 左右,该技术在胜利油田高温地层中获得应用。俄罗斯罗马什金和新依尔柯夫金油田应用 HPAN 作堵剂,处理了 150 口井,成功率达 69.2%,有效期长达 1.5~2a,一般处理半径为 4~6m。

1) HPAN 特点。

与地层水中的电解质作用形成不溶的聚丙烯酸盐,但沉淀物的化学强度低,形成的聚丙烯酸钙是溶解可逆的。水解聚丙烯酸盐沉淀物存在淡化问题,即在淡水中由于析出离子开始变软,最后溶解。化学反应如下:

$$\text{—[CH}_2\text{—CH]}_n\text{—} \xrightarrow{\text{OH}^-} \text{—[CH}_2\text{—CH]}_n\text{—} \xrightarrow{\text{CaCl}_2} \text{R—COO} \diagdown\text{Ca + NaCl}$$
$$\quad\quad |\quad\quad\quad\quad\quad\quad\quad |\quad\quad\quad\quad\quad\text{R—COO}\diagup$$
$$\quad\text{CN}\quad\quad\quad\quad\quad\quad\text{COONa}$$

2) 选堵机理。

HPAN(黏度 250~500mPa·s)结构中羧基与含有多价金属离子 Ca^{2+}、Mg^{2+}、Fe^{3+} 的地层水(或人工配制的高矿化度水)作用,生成丙烯酸盐沉淀,封堵地层孔道,控制水的流动。而油层中不含高价金属离子,HPAN 不能生成沉淀,在油井生产时随油流带回地面,因而有选择性封堵作用。

HPAN 用于高矿化度地层堵水时,地层水中多价离子含量要求大于 30g/L。如果地层水矿化度不够高,可采用人工矿化的办法,即在注入 HPAN 溶液的前置液和后置液中交替补注一些多价金属盐溶液,例如氯化钙、氯化亚铁和硝酸铝等溶液,以增加沉淀物量,提高封堵效果,当向地层注入氯化钙水溶液时,HPAN 的羧基能发生如下反应:

$$\begin{array}{c} R{-}COONa \\ | \\ R{-}COONa \end{array} + CaCl_2 \longrightarrow \begin{array}{c} R{-}COONa \\ | \\ R{-}COONa \end{array} \Big\rangle Ca + NaCl$$

反应生成物为稳定的絮状物,可有效地堵塞出水层。其基本配方为(质量分数):甲液为浓度 6.5%~8.5% 的水解 HPAN 溶液,乙液为浓度 20%~30% 的 $CaCl_2$ 水溶液,隔离液为轻质原油或柴油,配比为(体积比):甲液:乙液:隔离液 = 2:1:1。该配方适用于砂岩油层堵水,处理层温度为 40~90℃。

在 HPAN 溶液中添加磷酸氢二钾(K_2HPO_4)或磷酸二氢钾(KH_2PO_4)可进行单液法堵水,由于 K_2HPO_4 或 KH_2PO_4 可与地层水中的多价金属阳离子作用,生成酸式磷酸盐固体沉淀,并与 HPAN 的多价金属盐沉淀混合在一起,其封堵效果显著,常用的配方为(质量分数):K_2HPO_4 为 5%~20%,HPAN 为 5%~10%。

从结构上看,HPAN 和 HPAM 相类似,也能与一些交联剂发生交联反应,生成网状结构的冻胶进行堵水。常用的交联剂包括甲醛、低相对分子质量苯酚—甲醛缩聚物、乌洛托品等。

其他配方有:

配方一:HPAN—甲代苯撑基双异氰酸酯—聚氧丙烯二醇缩聚物。用甲代苯撑基双异氰酸酯—聚氧丙烯二醇缩聚物配成的质量分数为 50% 的丙酮溶液代替甲醛和 HCl 交联 HPAN,可使地层堵水率由 75% 提高到 90%~94%。

配方二:HPAN—甲醛溶液 + 乌洛托品 + 氯化铵。其配方为(质量分数):质量分数 10% 的 HPAN 占 70%~80%,质量分数 37% 的甲醛占 14%~20%,乌洛托品占 1%~5%,NH_4Cl 占 1%~9%,由上述组分得到的混合体系凝胶稳定性好,不失水,不收缩,封堵效率高。

配方三:HPAN—水泥。在 HPAN 溶液中加入适量水泥悬浮物,一方面可将水泥导入较深地层,还可增加封堵的强度。苏联用该法施工 89 口井,成功率 79%。

7. 改性淀粉类堵水剂

以前淀粉水凝胶由于较差的注入性及热稳定性限制了其在调剖堵水中的应用。然而,近来研究发现,化学改性淀粉在苛刻的盐环境中不会水解,且不易降解,其相对分子质量分布较宽,可以被制成适合于特殊的岩性堵剂,来提高原油采收率。

1) 体膨型调剖剂 S–PAN。

它是淀粉经熟化后与丙烯腈或丙烯酰胺接枝改性制得,可用于油田堵水调剖剂。例如体膨型堵水剂 S–PAN,是淀粉与丙烯腈接枝聚合再经碱性水解而成,由腈基转化的强亲水性酰胺基和羧酸钠基使该剂具有吸水膨胀的特性,膨胀率大于 50 倍。凝胶后堵剂黏度最高可达 500Pa·S,热稳定性好,适于 60~120℃ 高渗透地层油田堵水调剖。这种新产品在油田初步应用已见成效。

2) SPA 淀粉接枝共聚物堵剂。

它是以淀粉与丙烯酰胺接枝共聚(SPA),有机复合交联剂和促凝剂为主要成分的堵水调剖剂,是针对我国中原油田含盐量高、地层温度高的地层特点开发的,其中 SPA 浓度为 0.6% ~1.0%,交联剂的最佳浓度范围是 0.3% ~0.8%;而且在成胶温度较低时,可加入促凝剂缩短成胶时间,最佳适用温度为 80~140℃。这种堵水调剖剂强度高,耐冲刷,热稳定性好,并具有良好的选择性堵水作用。

3) 阳离子聚合物 NCP。

阳离子聚合物 NCP(一种阳离子改性淀粉)调剖剂是将阳离子聚合物 NCP 注入注聚井,进入高渗透层和大孔道的 NCP 与滞留于其中的聚丙烯酰胺反应生成沉淀,使高渗透层和大孔道水相渗透率降低迫使后续 PAM 驱替液或水进入中低渗透层,产生深部调剖作用。岩心实验结果表明,用 1000mg/L HPAM 溶液驱油后注入 15~30g/L NCP 溶液 1.0PV,在 70℃放置 24h 后对油相的堵塞率大于 96%,水相渗透率持续下降。在岩心调剖实验中,岩心水相的堵塞率随 NCP 溶液浓度的增大而增大,并可用于不同时期的调剖。应用于胜利孤岛油田注聚区取得较好的效果。

另外,用丙烯酰胺或丙烯酸侧链接枝淀粉所得共聚物,在铈离子(Ce^{4+})或其他引发剂存在下所制成的高黏水溶液也曾应用于油田堵水。

8. 生物聚合物凝胶

生物聚合物凝胶的特点表现在能溶于水且在水中有优良的增黏性,其线性大分子链上都有极性基团,能与一些多价金属离子或有机基团(交联剂)反应,生成体型的冻胶,使黏度大幅度增加,失去流动性及水溶性,显示较好的黏弹性。

1) 植物胶。

植物胶是天然高分子聚合物,是由含半乳糖、甘露糖的豆科植物的胚乳加工制成的白色粉末。目前,油田堵剂应用最多的为瓜尔胶。

用环氧乙烷、环氧丙烷或氯乙酸钠处理得到改性瓜尔胶。改性瓜尔胶(如羟丙基瓜尔胶)比瓜尔胶对盐的配伍性要好,如含 38% $CaCl_2$ 的瓜尔胶其黏度(1%,25℃,Brookflied Viscometer,20r/min)仅为 20mPa·s,而羟丙基瓜尔胶为 7700mPa·s;含 56% $Ca(NO_3)_2$ 的瓜尔胶的黏度只有 35mPa·s,而羟丙基瓜尔胶为 22500mPa·s。美国在油田使用的天然聚合物以瓜尔胶为最多,近年来已有批量的羟丙基瓜尔胶生产,它的特点是在较低的温度下可以较快地水合,同时还具有较高的热稳定性和较小的生物降解性。

2) 黄胞胶。

黄胞胶侧链上有羧基,能溶于水和其他极性溶剂,因而具有优良的增黏性、抗盐敏性、假塑性及耐酸碱性等。同时分子中的羧基与交联剂在适当温度下作用形成凝胶,目前的黄胞胶堵剂也是利用这一原理来达到堵水的目的。交联剂一般采用 Cr^{3+} 的化合物,包括三氯化铬、由氧化还原生成的新生态铬以及有机羧酸铬,黄胞胶(XC)与铬的交联作用属于弱交联,凝胶受剪切后黏度下降,但静止后又可恢复原来的强度,这也是生物聚合物独有的优点。但缺点是只在低温油层(65℃以下)中适用,近来史凤琴通过加入氨基树脂(MF)来提高黄胞胶铬冻胶的热稳定性。其配方为 XC 0.1% ~0.6%(质量分数),最好 0.2% ~3%;重铬酸钠 1% ~10%(质量分数);亚硫酸氢钠 0.5% ~1.5%(质量分数);XC:氨基树脂 =0.1:1~10:1(质量比),配制时先把 MF 树脂和黄胞胶聚合物混合在足量的水溶液中,然后把重铬酸钠及亚硫酸氢钠加入到 MF - XC 中,以 0.25~5h 后成胶,这样的凝胶可以适用于 90℃的温度。黄胞胶结构如下:

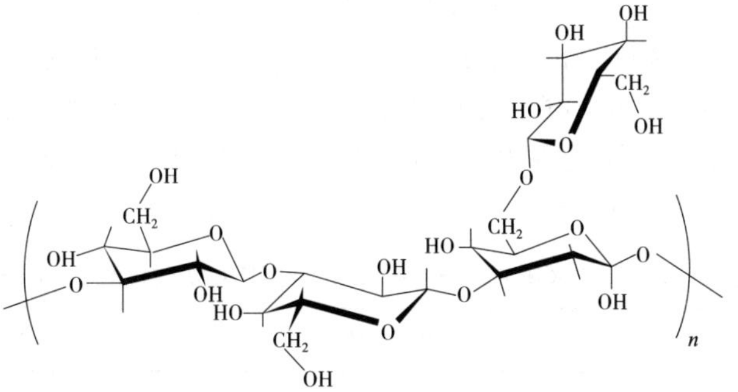

第四章　堵水化学

3) 硬葡聚糖。

硬葡聚糖(一种非离子型水溶分散性多糖)由于具有良好的热稳定性、耐温性和抗剪切性能,20世纪80年代初在石油工业引起了广泛关注。最常用的硬葡聚糖堵剂为冻胶体系,目前已有各种交联体系问世。由于它可用于高温(70~130℃)、高矿化度、高pH值及高剪切下堵水,因而可应用于注水井,也可应用于生产井,进行近井地带或油层深层调剖。硬葡聚糖不能直接和Cr^{3+}进行交联,重铬酸盐可把硬葡聚糖上的羟基氧化成羧基后,与Cr^{3+}交联而形成冻胶。锆盐也以类似的机理与硬葡聚糖交联。另据专利报道,以钛盐、锆盐或阳离子的α-羟基聚合物与硬葡聚糖交联成胶,可阻止水进入生产井,从而降低产出液的含水量。由于硬葡聚糖具有降低失水量、增黏、抑制黏土膨胀等作用,可应用在恶劣条件的钻井。

9. 阴阳非离子三元共聚物

针对PAM溶解难、抗剪切性能差、堵水有效期不够长、抗盐耐温性差的缺点而研制的复合离子共聚物堵剂在国内外已取得良好的结果(如国外的WORCON,国内的CAN-1,JHA)。为了加强聚合物在带负电的砂岩上的吸附而在聚合物中引入了阳离子。一个聚合物分子上有许多阳离子,就好像有许多锚一样,这些锚抛在砂岩上使聚合物不易被流体所冲刷。当前国内生产的此类复合离子聚合物相对分子质量较高,阳离子分布不均匀,阳离子化程度不高,因而使它的性能还不够理想。一种好的两性离子聚合物应具有易溶、耐剪切、抗盐性好、易吸附砂岩、黏度低、易注入的特点。

国外常用的两种阴阳非离子三元共聚物如下:

1) 部分水解的AM—AMBTAC共聚物。

该共聚物的分子式为:

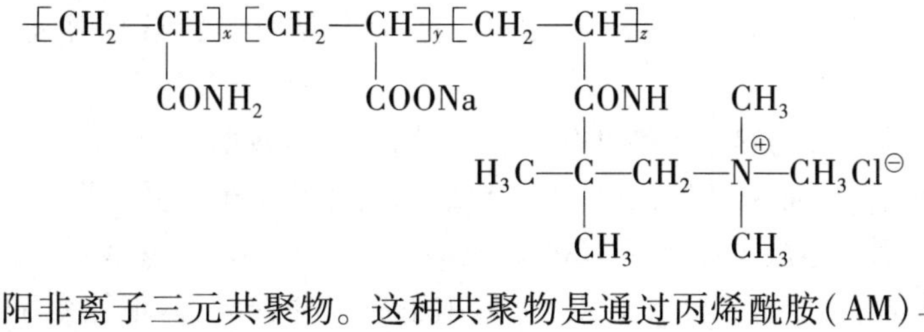

这是一种阴阳非离子三元共聚物。这种共聚物是通过丙烯酰胺(AM)与(3-酰胺基-3-甲基)丁基三甲基氯化铵(AMBTAC)共聚水解得到,所以也称作部分水解的AM—AMBTAC共聚物。这种共聚物水解后相对分子质量大于$1×10^5$,水解度为0~50%,使用浓度为$(100~5000)×10^{-6}$。上面分子式中$(x+y):z$最好在85:15~65:35范围内,相对分子质量大于1×

10^5,水解度为 0~50%。堵水使用浓度为 100~5000mg/L。

从分子式可以看到,这种堵剂的分子中有阴离子、阳离子和非离子链节。它的阳离子链节可与带负电的砂岩表面产生牢固的化学吸附,它的阴离子、非离子链节除有一定数量吸附外,主要是伸展到水中增加水的流动阻力,其封堵能力优于 HPAM。如表 4-1 所示,它比 HPAM 有更好的封堵能力。

表 4-1 部分水解 AM—AMBTAC 与 HPAM 封堵能力的比较

聚合物	阻力系数	残余阻力系数
部分水解 AM—AMBTAC	7.229	3.739
HPAM	5.023	2.031

2) 部分水解 AM—DMDAC 共聚物。

该共聚物可通过丙烯酰胺与二甲基二烯丙基氯化铵共聚,水解得到,分子式为:

$$\begin{array}{c} {-}{[}CH_2{-}CH{]}_x{[}CH_2{-}CH{]}_y{[}CH_2{-}CH{-}CH{-}CH_2{]}_z{-} \\ | | | | \\ CONH_2 COONa CH_2 CH_2 \\ \overset{\oplus}{N}Cl^{\ominus} \\ CH_3 CH_3 \end{array}$$

这种共聚物是通过丙烯酰胺(AM)与二甲基二烯丙基氯化铵(DMDAC)共聚、水解得到,也称为部分水解 AM—DMDAC 共聚物。分子式中的 $x:y:z$(质量比)最好为 1:1:1。这种共聚物一般与黏土防膨剂、互溶剂和表面活性剂一起使用。例如将 0.2%~3% 共聚物溶于 2% 氯化钾中,再加入 5%~20% 互溶剂(如乙二醇丁醚)和 0.1%~1.0% 表面活性剂(可与阴离子、非离子型表面活性剂或含氟的季铵盐表面活性剂)一起使用。

3) CAN-1 阴阳非离子型聚合物选择性堵水剂。

CAN-1 阴阳非离子型聚合物是以丙烯酰胺(AM)、丙烯酸(AA)、二烯丙基二甲基氯化铵(DMDAAC)等为主要原料加交联单体,在过硫酸盐引发下,采用溶液聚合法制得的产物。

CAN-1 堵水剂具有如下特点和性能:

①可配制成不同浓度的稀溶液,堵液黏度低,泵挤方便,不发生机械剪切降解;

②CAN-1 微粒大小可根据需要调节,能满足不同孔径砂岩地层堵水作业的需要;

③CAN-1 含阳离子单元,在砂岩上的吸附能力强,堵剂微粒具有溶胀性,有利于在多孔介质中发生捕集与滞留;

④CAN-1 具合较好的热稳定性和化学稳定性,堵水有效期较长;

⑤堵剂价格低,工作液浓度低,可采用大剂量工艺处理深部地层;

⑥CAN-1 适用于地层温度低于 100℃,地层水矿化度和渗透率较低的砂岩油层,既可用于含水率高于 95% 的特高含水油井堵水,也可用于注水井调剖,但不能用于某些供液差和油水井连通性不佳的井。

CAN-1 的合成工艺流程见图 4-5。CAN-1 共聚物含有阴离子、阳离子和非离子 3 种基团,吸附能力强,具有在水中膨胀、油中收缩的性质,能起选择性堵水的作用。

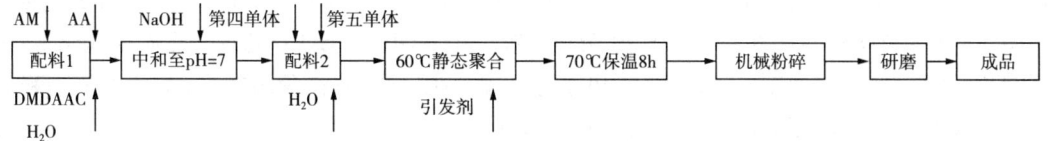

图4-5 合成CAN-1阴阳非离子型聚合物的工艺流程图

表4-2中列出了CAN-1在不同介质中的溶胀度。随着水中$NaCl$,$CaCl_2$和HCl浓度的增加,CAN-1聚合物的溶胀度减小。经这几种电解质溶液浸泡以后发生收缩的凝胶,在用水冲洗或反复浸洗时溶胀度可恢复到原来的值。这说明$NaCl$,$CaCl_2$和HCl抑制凝胶溶胀的作用是可逆的,不会对凝胶的性能造成永久性伤害。

表4-2 CAN-1在不同介质中的溶胀度

介质浓度	蒸馏水	NaCl 溶液					CaCl₂ 溶液				HCl 溶液	
		0.05%	0.1%	0.5%	1.0%	5.0%	0.01%	0.05%	0.1%	1.0%	0.1%	1.0%
溶胀度	276	89	73	46	40	28	147	69	40	15	30	12

溶液的pH值直接影响CAN-1的溶胀度(表4-3)。大致规律是,酸性介质的影响较大,碱性介质的影响较小。实验测得CAN-1在0.1%$FeCl_2$溶液中的溶胀度为11,溶胀后的CAN-1浸入蒸馏水中时溶胀度不变,仍为11。在蒸馏水中溶胀(溶胀度276)的CAN-1在0.1%$FeCl_2$溶液中的溶胀度降为29。这说明Fe^{3+}对CAN-1溶胀作用的影响是永久性的。因此,应用CAN-1时应防止Fe^{3+}污染。

表4-3 pH值对CAN-1堵水剂的影响

项目	蒸馏水				NaCl 溶液			
pH值	3	5	7	9	3	5	7	9
溶胀度	30	181	371	141	17	28	110	97

这种共聚物是由丙烯酸(AA)、AM和DMDAC按1:1:1比例及微量的交联单体聚合而成的,该聚合物中AA的含量为30%,AM为40%,DMDAC为10%,其余20%为未聚合的游离DMDAC,使用时常用清洁盐水作载液,以避免伤害水敏性黏土层,还应含有互溶剂乙二醇丁醚和表面活性剂阳离子季铵盐,其作用是清洗地层,用以帮助润湿岩石表面及穿透油层表面,并帮助返排液体。现场试验表明,它可用于砂岩、碳酸盐岩和白云石等地层的堵水,其适宜配方(体积分数)为:共聚物(AA-AM-DMDAC)1%、互溶剂10%、表面活性剂0.2%、KCl溶液2%。

10. 泡沫堵水剂

泡沫是一种多相热力学不稳定分散体系。它作为一种选择堵水剂主要是由其外相(连续相)所决定。

泡沫堵水剂中常用的起泡剂有十二烷基磺酸钠(AS)和十二烷基苯磺酸钠(ABS)等。为了提高泡沫稳定性,可在起泡剂中加入稠化剂羧甲基纤维素(CMC)、聚乙烯醇(PVA)、聚乙烯吡咯烷酮(PVP)、部分水解聚丙烯(HPAM)、膨润土及碳酸钙粉末。制备泡沫用的气体可以是空气、氮气或二氧化碳,后两种气体可由液态转变而来,特别是液态二氧化碳使用方便,当温度达31.0℃(二氧化碳的临界温度)时就转变为气体。氮气也可用化学反应产生,方法是向地层注NH_4Cl和$NaNO_2$或NH_4NO_2,用pH值控制系统(如$NaOH + CH_3COOCH_3$)使体系先碱后酸,即开始时体系为碱性,抑制氮气产生,当体系进入地层后,pH值转变为酸性,亚硝酸铵分解产生氮气,起泡剂溶液转变为泡沫。其反应过程如下:

$$NH_4Cl + NaNO_2 \Longrightarrow NH_4NO_2 + NaCl$$

$$NH_4NO_3 + KNO_2 \Longrightarrow NH_4NO_2 + KNO_2$$

$$NH_4NO_2 \xrightarrow[\Delta]{H^+} N_2 + 2H_2O$$

泡沫堵水的作用机理主要是:

1)泡沫以水作外相,可优先进入出水层,泡沫黏附在岩石孔隙表面上,可阻止水在多孔介质中的自由运动。岩石表面原有的水膜能阻碍气泡的黏附,加入一定量的表面活性剂(起泡剂)能减弱这种水膜。

2)由于气泡通过多孔介质的细小孔隙时需要变形,由此而产生的贾敏效应和岩石孔隙中泡沫的膨胀,使水在岩石孔隙介质中的流动阻力大大增加。

由于油水界面张力远小于水气界面张力,按界面能减小的规律,稳定泡沫的表面活性剂将大量移至油水界面而引起泡沫破坏使得泡沫在油层不稳定。因此,泡沫也是一种选择性堵剂。

用于堵水的两相泡沫的配方一般为:起泡剂浓度0.5%~3%(质量分数),稳定剂浓度0.3%~1.5%(质量分数),泡沫的气含率为70%~85%(体积分数)。为了提高泡沫的效果,常采用由水溶液、气体和固体粉末(如膨润土、碳酸盐粉等)组成的三相泡沫进行堵水。三相泡沫堵水剂的典型配方为:ABS1.5%~2.0%(质量分数),CMC0.5%~1.0%(质量分数),膨润土6%~8%(质量分数),气含率为70%~80%(体积分数)。用凝胶泡沫堵水可以提高其有效期,凝胶泡沫由水溶液、气体和凝胶组成。常用的凝胶有HPAN–甲醛凝胶[配方为:浓度为10%的HPAN占13%(体积分数),37%的甲醛占20%(体积分数),10%的HCl溶液占13%(体积分数)]和硅酸钠凝胶[配方为:硅酸钠浓度6%(质量分数),碳酸铵浓度0.5%(质量分数)],凝胶泡沫的气含率较小,只有40%~60%,泡沫的液膜由凝胶产物形成,具有泡沫和凝胶的双重特性。由于凝胶泡沫具有良好的稳定性和机械强度,所以适用于封堵高产液量裂缝性含水层和中、高渗透地层。当其与原油接触时,泡沫凝胶被破坏,故是一种理想的选择性堵剂,典型配方为:AS0.5%(质量分数),CMC(稳定剂)0.6%(质量分数),碳酸铵0.5%(质量分数),硅酸钠6.0%(质量分数)。

11. 皂类堵剂

松香酸($C_{19}H_{29}COOH$),浅黄色,高皂化点,非结晶。松香酸不溶于水,其Na皂、NH_4皂溶于水。松香酸钠是由松香(80%~90%松香酸)与碳酸钠(或NaOH)反应生成:

松香酸 + Na_2CO_3 → 松香酸钠 + $CO_2\uparrow$ + H_2O

而松香酸钠可与钙、镁离子反应,生成不溶于水的松香酸钙、松香酸镁沉淀:

$$2\,\text{松香酸钠} + Ca^{2+}(Mg^{2+}) \longrightarrow \text{松香酸钙(镁)} \downarrow + 2Na^+$$

将 NaOH 用水溶解加热到 90℃,然后加入松香进行皂化,再用水稀释成 7%～15% 的浓度,其产物松香酸钠水溶液泵入地层后,与地层中的钙、镁离子发生反应生成固体沉淀,可堵塞出水层段。制备松香酸钠的各组分配比为:松香:氢氧化钠 = 1:0.18(质量比),堵剂配制液的黏度小于 30mPa·s,易泵入地层并能优先进入出水层。由于出油层不含钙、镁离子,故不发生堵塞,所以称为选择性堵水剂。使用温度为 40～60℃,凝固时间 0.5～3h。该堵剂适用于砂岩油井堵水,地层水中钙、镁离子含量大于 5000mg/L,可采用单液法注入,也可采用段塞法注入。

类似的还有山嵛酸钾皂和环烷酸皂。炼油厂的碱渣主要成分是环烷酸皂。这种废液是暗褐色易流动液体,密度和黏度都接近于水,热稳定性好,无毒,易于同水和石油混溶,但对 $CaCl_2$ 水溶液极为敏感。它和 $Ca(OH)_2$ 水溶液反应时生成强度高、黏附性好的憎水性堵水物质。

化学反应过程为:

$$2\,H_3C{-}\!\!\bigtriangleup\!\!{-}(CH_2)_n{-}COOM + Ca^{2+}(\text{或}Mg^{2+}) \longrightarrow [H_3C{-}\!\!\bigtriangleup\!\!{-}(CH_2)_n{-}COO]_2 Ca(\text{或}Mg) \downarrow + 2M^+$$

二、油基堵剂

1. 烃基卤代甲硅烷

烃基卤代甲硅烷是一种易水解、低黏度的液体,其通式为 $R_n SiX_{4-n}$。其中,R 为烃基、X 表示卤素(F,Cl,Br,I),n 为 1～3 的整数。由于烃基卤代甲硅烷是油溶性的,所以须将其配成油溶液使用。它有两个重要性质可以决定其堵水的选择性。

以二甲基二氯甲硅烷$(CH_3)_2SiCl_2$为例,其制造方法为:

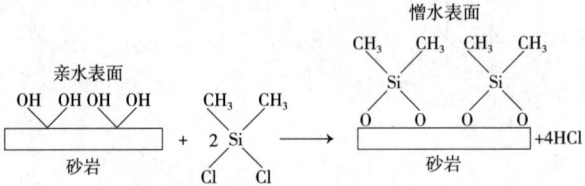

它可与砂岩表面的羟基反应,使砂岩表面增水化,其反应可表示如下:

$$\text{亲水表面} \quad + \quad 2\underset{Cl\;Cl}{\underset{|}{\overset{CH_3}{\overset{|}{Si}}}}\overset{CH_3}{\underset{|}{}} \longrightarrow \text{憎水表面} + 4HCl$$

由于出水层的砂岩表面由亲水反转为亲油,增加了水的流动阻力,因而减少了油井出水。它可与水反应生成硅醇。硅醇很易缩聚,生成聚硅醇。

下面是$(CH_3)_2SiCl_2$与水的反应:

$$\underset{CH_3\;Cl}{\underset{|\;\;\;|}{\overset{CH_3\;Cl}{\overset{|\;\;\;|}{Si}}}} + 2H_2O \longrightarrow \underset{CH_3\;OH}{\underset{|\;\;\;\;|}{\overset{CH_3\;OH}{\overset{|\;\;\;\;|}{Si}}}} + 2HCl$$

二甲基甲硅二醇很易缩聚,生成聚合度足够高的不溶于水的聚二甲基甲硅二醇沉淀,封堵出水层。反应式如下:

$$n\underset{CH_3\;OH}{\underset{|\;\;\;\;|}{\overset{CH_3\;OH}{\overset{|\;\;\;\;|}{Si}}}} \longrightarrow HO{\left[\underset{CH_3}{\underset{|}{\overset{CH_3}{\overset{|}{Si}}}}\right]}_n H + (n-1)H_2O$$

实际应用中,由于烃基卤代硅烷价格昂贵,并且与水反应剧烈,不便于直接使用,所以常采用烷基氯硅烷生产过程中的釜底残液部分水解制堵剂。该堵剂适用于砂岩油层堵水,适用井温为150～200℃。需要注意的是,施工时要绝对无水。

2. 硅酸钠堵剂

这种堵剂用于封堵Ca^{2+},Mg^{2+}含量高的地层水,可与Ca^{2+},Mg^{2+}反应产生相应的沉淀。俄罗斯研制出一种模数为2.9的水溶性聚合物和硅酸钠含水乙醇溶液堵剂,比较适合深部堵水作业。

3. 对烷基酚—乙醛树脂

这种树脂用地下合成法生产。方法是将对烷基酚、乙醛和催化剂注入地层,在100℃左右即可产生一种支链型的高分子,它溶于油,不溶于水,所以是一种选择性堵剂。

4. 聚氨基甲酸酯

聚氨基甲酸酯(简称聚氨酯)是由多羟基化合物与多异氰酸酯聚合而成。若在聚合时保持异氰酸基的数量超过羟基的数量,即可制得有选择性堵水作用的聚氨基甲酸酯。这种聚氨基甲酸酯遇水可发生一系列反应,即异氰酸基与水作用,生成氨基和二氧化碳:

$$-NCO + H_2O \longrightarrow -NH_2 + CO_2$$

所产生的氨基可继续与异氰酸基作用,生成脲键:

$$-NH_2 + -NCO \longrightarrow -NH-\overset{O}{\underset{\|}{C}}-NH-$$

脲键上还有活化氢,它们还可以与其他未反应的异氰酸基反应,使原来可流动的线形的聚氨基甲酸酯最后变成不能流动的体型的聚氨基甲酸酯,将出水层堵住;若遇油,由于上面反应不能发生,所以不产生堵塞。由此可见,聚氨基甲酸酯是一种选择性很好,封堵能力很强的堵剂。

在聚氨基甲酸酯堵剂中,还加入 3 种其他成分:

1) 稀释剂。

稀释剂用于稀释聚氨基甲酸酯,提高其流动性。二甲苯、二氯乙烷、四氯化碳或石油馏分等,可用做稀释剂。

2) 封闭剂。

封闭剂可在一定时间内,将聚氨基甲酸酯中的异氰酸基全部反应(封闭)掉,使堵剂不会再变成体型的结构。这样,进入油层的堵剂,即使留在油层也不会有不好的影响。$C_1 \sim C_8$ 的低分子醇,可用作封闭剂。

3) 催化剂。

催化剂可改变封闭反应速率。

5. 超细微粒水泥堵剂

水泥是使用最早的廉价的堵水物质。由于无选择性,而且对出水层封堵欠牢固,所以使其应用受到了影响。水泥的平均粒径约为 $25\mu m$,不易进入封堵层位,这是用水泥堵水失败或有效期短的主要原因,超细水泥此类堵剂已在国外试验成功。

超细微粒水泥是水泥工艺上的一个突破,它具有独特的性能,分散于油中易进入封堵层,遇水水化而起封堵作用,所以具有选择性。可用于初次注水泥和补注水泥的作业。这种微粒水泥粒径平均不到 $5\mu m$,只相当于常规水泥直径的 $1/20 \sim 1/5$,而常规的 API 级水泥颗粒大小可高达 $100\mu m$,平均为 $25\mu m$。因此它可以穿透到以前用常规水泥绝不可能到达的区域,适用于砂岩、裂缝性灰岩、白云岩等各类地层。

选择性堵水方法由微粒水泥、油基携带液和一种表面活性剂组成。这种材料可以进入极小的、很难封堵的渗漏层和裂缝。油基携带液中表面活性剂使微粒水泥到达一个有流动水的区域后好几分钟才凝固,不像使用常规水泥的油基水泥浆,这种延缓功能可使这种混合液在接触水后继续推进,以确保微粒水泥凝固前能更深地进入地层。

当要求封堵剂进入油气藏深部时(如带底水油气藏,或天然裂缝性油气藏),只用选样性堵水处理是不够的,甚至用平均粒径不到 $5\mu m$ 的微粒水泥也不能进入地层足够深。在这种情况下,联合处理是最有效的。挤入一种缓凝复合聚丙烯酰胺以达到所要求的进入地层的穿透深度,而井眼附近的通道由尾随的选择性堵水处理方法封堵。选择性堵水处理方法也有助于锁住挤入的聚合物,防止残余聚合物产出。

堵水处理的一个非常重要的问题是如何正确地将封堵剂送到指定的地区。通常用封隔器和桥塞来进行多种多样的层间隔离。尽管建议使用层间隔离,但如果选择性堵水处理方法浸入到产油层,封堵剂也不会凝固。选择性堵水处理方法必须接触到流动的水才会发生反应。在油气层中的微粒水泥超过一定的时间会被排出来。

6. 稠油类堵剂

稠化油由高黏原油和表面活性剂组成,即加入了W/O型乳化剂的具有一定黏度的稠油。这种稠油被高压挤入地层后,进入油流孔道的活化稠油溶于油而随油流排出,进入水流孔道的活化稠油,在渗流作用下与地层水或注入水混合乳化形成W/O乳状液,从而使活化稠油黏度进一步提高,增加了驱替水的流动阻力,限制了水的流动;同时黏稠的W/O乳状液在地层中被水流隔断后形成分散的乳化液球等油水分散体系,物理堵塞孔喉阻碍水流;活化稠油中的乳化剂、稠油中的沥青胶质等都是表面活性剂。它们不仅使稠油与地层水(或注入水)乳化形成W/O乳状液,增加水的流动阻力;同时在岩石孔壁上吸附,从而改变其润湿性,使其由亲水性转变为亲油性,使得原油吸附其上,收缩水流通道,阻碍水流;体系中的油滴使水的流动受阻,产生贾敏效应,从而降低水相渗透率,起到堵水的目的。稠化油堵水作用机理可归纳为以下4点:

1) W/O乳状液球物理堵塞作用;
2) 稠油在岩石孔隙上的吸附作用;
3) 改善油水流度比作用;
4) 贾敏效应降低水相渗透率作用。

由于稠化油具有优良的堵水不堵油性能,对油层不存在伤害问题,因而现场中可把它用于油井堵层内水,或其他一些堵水作业时对油层无法进行保护的油井。

(1) 活性稠油

活性稠油是指溶有表面活性剂的稠油。活性稠油泵入地层后与地层水形成油、水分散体,产生黏度比稠油高得多的油包水型乳状液,并改善岩石界面张力。体系中油滴使水的流动受阻产生贾敏效应,降低水相渗透率。而在油层,由于没有水,或即使有水但数量很少,也不能形成高黏的乳状液,因此油受到的阻力就很小。因此,活性稠油对油井的出水层有选择性封堵作用。

稠油中含有一定数量的W/O型乳化剂,如环烷酸、胶质和沥青质。这类表面活性剂往往由于HLB值太小不能满足稠油乳化成油包水型乳状液的需要,所以需加入一定量HLB值较大的表面活性剂。如AS,ABS,油酸、Span-80等。

配制活性稠化油的稠油(胶质、沥青质含量大于50%)黏度最好为300~1000mPa·s,表面活性剂在稠油中的浓度一般为0.05%~2%(质量分数)。活性稠油用量为每米厚油层5~2m³。

(2) 稠油—固体粉末

在乳化剂的作用下,稠油、固体粉末混合液泵入地层后与地层水形成油包水型乳状液,可改变岩石表面性质,使地层水的流动受阻并因此降低水相渗透率。其稠油中胶质和沥青含量应大于45%,黏度大于500mPa·s,固体粉末贝壳粉、石灰或水泥的粒度为150~200目,表面活性剂为AS或ABS。配方组成为(质量分数):稠油:粉末:水=100:3:230。该堵剂可用于出水类型为同层水的砂岩油层堵水,在注入地层前应加热至50~70℃。

第四章 堵水化学

(3) 偶合稠油

该堵剂是将低聚合度、低交联度的苯酚—甲醛树脂或它们的混合物作耦合剂溶于稠油中配制而成。这些树脂与地层表面反应,发生化学吸附,加强地层表面与稠油的结合(耦合),使稠油不易排出,从而延长有效期。

三、醇基堵剂

1. 松香二聚物的醇溶液

松香可在硫酸作用下进行聚合,生成松香二聚物,化学反应方程式如下:

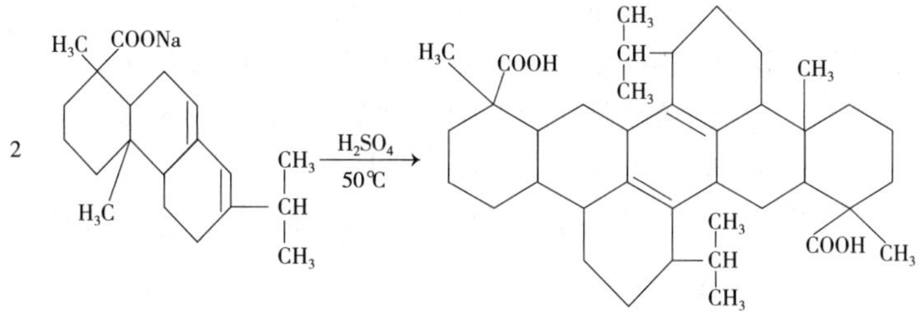

松香二聚物易溶于低分子醇(如甲醇、乙醇和正丙醇等)而难溶于水,当松香二聚物的醇溶液与水相遇,水即溶于醇中,减少了它对松香二聚物的溶解度,使松香二聚物饱和析出。由于松香二聚物软化点较高(至少100℃),所以松香二聚物析出后以固体状态存在,对于水层有较高的封堵能力。

在松香二聚物的醇溶液中,松香二聚物的含量为40%~60%(质量分数),含量太大,则黏度太高;含量太小,则堵水效果不好。其用量为每米厚地层1m³左右。

2. 醇—盐水沉淀堵剂

该方法是向注水井地层先注入浓盐水,然后再注入一个或几个水溶性醇类(如乙醇)段塞。醇与盐水在地层混合后会产生盐析,封堵高渗透层,使其渗透率降低50%,使原油采收率提高15%。实验表明:盐水的浓度为25%~26%(质量分数),乙醇的浓度为15%~30%(质量分数)时是适宜的,其注入量为0.2~0.3PV,采用多段塞比单段塞方法的效果更为明显。由于醇和盐水的流动性好,有利于选择性封堵高渗透含水层。

3. 醇基复合堵剂

C. M. KacyMoB 等人在实验研究的基础上,研制了一种新的封堵材料,主要成分为水玻璃($Na_2O \cdot mSiO_2 \cdot nH_2O$,模数为2.9);第二种组分为 HPAM,其作用是与地层水混合后能提高混合液的黏度和悬浮能力;第三种组分是浓度不高的含水乙醇,作用是加速盐类离子的凝聚过程。乙醇能提高吸附离子接近硅酸胶束表面膜的能力,从而可增加凝胶的吸附量。该堵剂遇水后析出沉淀堵塞水流通道。

四、油溶性树脂

油溶性树脂堵剂被挤入井筒附近的近井地带时,在地层压力、温度作用下变软、变形,堵塞岩石孔隙,形成屏蔽。堵剂又可溶入原油,随原油排出后,地层渗透率恢复,有效保护油层。表观上水溶分散性较差的堵剂在现场操作时会延长配制时间,增加工作量。将暂堵剂在一定温度下溶于脱色、脱胶质煤油中,用过滤法测定油溶率。若油溶率低,即表示暂堵剂不易溶于原油,影响渗透率的恢复,也就是影响油井产量的恢复。随着温度的升高,暂堵挤的油溶率逐渐增加(表4-4)。

表4-4 堵剂对油溶率评价

温度,℃	60	80	100	120
油溶率,%	80.1	82.72	94.52	95.76

堵剂的颗粒粒径是反映堵剂能否封堵好岩石孔隙的物性指标,粒径过小或过大都会影响封堵效果。粒径的选择一般按2/3架桥原理来筛选。油溶性树脂为非刚性颗粒,在井下温度和压力的共同作用下会变软,最终变形。在近井壁处堵塞孔喉,保护油气层。因此,油溶性树脂保护油气层的机理不完全同于酸溶性暂堵剂(如$CaCO_3$)和水溶性堵剂(如盐粒)这类刚性颗粒,不能严格按照2/3架桥原理来筛选油溶性树脂堵剂。

由表4-5可知,随暂堵压差的增加,暂堵程度增加,解除屏蔽暂堵带所需的能量就越大。在同一返排压差下渗透率恢复值降低。

表4-5 压差对堵剂效果的影响

堵前渗透率$K,10^{-3}\mu m^2$	压差p,MPa	堵后渗透率$K,10^{-3}\mu m^2$	渗透率恢复率S,%
90.18	3.5	67.42	74.76
32.63	2.0	26.72	81.89
60.70	1.0	55.46	91.37

在相同的暂堵温度条件下,随着暂堵时间的增加,岩样渗透率恢复率逐渐降低,但其降低的幅度逐渐减缓。同时,随着暂堵温度的增加,暂堵时间对岩样渗透率恢复率的影响程度逐渐变小。

综上所述,在选择性堵剂时,聚合物堵剂、泡沫堵剂和稠油堵剂以其各自特点引起了人们的重视。部分水解聚丙烯酰胺有独特的堵水选择性,且易于交联,适用于不同渗透率的地层。泡沫虽有效周期短,但能用于大规模施工,成本低,且对油层不会产生伤害,是一种较好的选择性堵剂。稠油是堵剂中唯一可回收使用的堵剂,它与泡沫有相同的优点。

第三节 非选择性堵剂

非选择性堵水法适用于封堵单一水层和高含水层,因为所用的堵剂对水和油都没有选择性,它既可堵水,也可堵油。

一、无机堵剂

1. 黏土

黏土具有便宜、易得、耐温、耐盐、耐剪切和化学稳定等性能特点,曾在比较长的时间内成

第四章 堵水化学

为油田堵水调剖的主力堵剂之一。但矿场应用发现,如果对堵剂与地层渗透率的匹配关系掌握不好,就容易发生堵剂窜流,过早地进入生产井,使封堵失败,或出现污染低渗透层的现象。

2. 水泥堵剂

水泥在早期被直接用于固井,尤其在低温下使用低密度、小颗粒水泥浆封固套管柱,可获得更高的早期抗压强度。

水泥在补注水泥作业中的应用体现在如下几个方面:1)穿透砾石充填层以封堵气层和水层;2)穿透砾石充填层使蒸汽注入转向;3)穿透砾石充填层注水泥塞和处理报废井;4)修补"密封"套管的泄漏;5)修补套管后的第一胶结面;6)调剖;7)降低通过裂缝或孔道的产水量;8)挤泄漏的尾管的顶部;9)封堵炮眼;10)重新挤水泥,降低气油比和提高油产量。虽然用水泥进行挤水泥作业的理论、配制和施工方法都较简单,但在施工前评价井况,选择合适的挤水泥方法,按要求设计浆体及使用恰当的施工方法对成功挤水泥都是不可缺少的。

采取以往预处理措施(酸化、水力压裂等),挤入水泥后往往封不住水层反而将油层封死,以高能气体压裂作为预处理,再挤入水泥封堵取得了良好的效果。

高能气体压裂是利用火药在井下燃烧产生大量的高温高压气体,在高温、高压气体下压开地层,从而使油层近井地带解堵,提高原油产量。对于注水井可实现增注,提高吸水指数。其最大的特点是实施后裂缝方向不受地应力控制,选择在油层与水层之间的界面处,利用高能气体穿入高能弹射孔后,使该层形成一定高度的纵横向裂缝带,然后挤入水泥,达到封堵水层的水上窜,纵向上在套管外挤入水泥,水泥沿套管四周形成水泥套,封堵了套管外的水层水上窜。

目前油井堵水常用的非选择性堵剂(如水泥)对多层系开发井、套变井、漏失严重井等已不适应,并且存在很大的施工风险;同时,水泥类非选择性堵剂对生产层位会造成伤害,影响油井产能。发展到后来的超细微粒水泥堵剂,更加有效的封堵地层出水。

3. 水玻璃

向地层注入由隔离液隔开的两种无机化学剂溶液,在注入过程中,使其在地层孔道中形成沉淀,对被封堵地层形成物理堵塞,从而封堵地层孔道。由于这两种反应物均系水溶液,且黏度较低,与水相近,因此,能优先进入高吸水层,有效地封堵高渗透层。

最常用的沉淀型堵水剂为水玻璃—卤水体系。卤水体系包括 $CaCl_2$,$FeCl_2$,$FeCl_3$,$FeSO_4$,$Al_2(SO_4)_3$,$HCHO$ 等。一般来说,沉淀量越大,堵塞能力就越大。

硅酸钠与盐酸反应生成硅酸凝胶沉淀堵水:

$$Na_2SiO_3 + 2HCl \longrightarrow H_2SiO_3 + 2NaCl$$

硅酸钠与氯化钙反应生成硅酸钙沉淀堵水:

$$Na_2SiO_3 + CaCl_2 \longrightarrow CaSiO_3 + 2NaCl$$

硅酸钠与硫酸铝反应生成硅酸铝沉淀堵水:

$$3Na_2SiO_3 + Al_2(SO_4)_3 \longrightarrow Al_2(SiO_3)_3 + 3Na_2SO_4$$

硅酸钠($xNa_2O \cdot ySiO_2$)又名水玻璃、泡花碱,无色、青绿色或棕色的固体或黏稠液体,其物理性质随着成品内氧化钠和二氧化硅的比例不同而不同,是日用化工和化工工业的重要原料。

通常将水玻璃中 SiO_2 与 Na_2O 的摩尔比称为水玻璃的模数(M)。

因为模数主要由 SiO_2 含量决定,模数增大,沉淀量也增大,通常为 2.7~3.3,模数大小可用 NaOH 来调整。几种常见的水玻璃的模数及性质见表 4-6 和表 4-7。

表 4-6 水玻璃的主要性质

产地	相对密度	Na_2O,%(质量分数)	SiO_2,%(质量分数)	模数	外观
上海	1.62	0.20	0.218	1.12	白色固体
东营	1.60	0.148	0.339	2.36	墨绿色液体
淄川	1.42	0.093	0.308	3.43	墨绿色液体

表 4-7 水玻璃浓度与黏度的关系(60℃)

模数	不同浓度(质量分数)水玻璃的黏度,$10^{-4} m^2/s$			
	10%	20%	30%	40%
1.12	1.73	2.40	4.34	13.4
2.36	1.81	2.22	3.87	15.23
3.43	1.72	2.11	3.79	19.44

硅酸钠可在地面制备亦可在地下生成。方法有碳酸钠法、硫酸钠法和氯化钠法等。地面制备的反应方程式为:

$$Na_2CO_3 + nSiO_2 \xrightarrow{灼烧} Na_2O \cdot nSiO_2 + CO_2$$

将 Na_2SiO_3 加入定量水中,在 0.4MPa 下通热蒸汽即可熬制成所需浓度的水玻璃溶液。地下制备的反应方程式为:

$$2NaOH + SiO_2 \longrightarrow Na_2SiO_3 + H_2O$$

水玻璃常用浓度为 36%(质量分数),$CaCl_2$ 常用浓度为 38%(质量分数)。据此计算出 Na_2SiO_3 和 $CaCl_2$ 溶液的理论体积比为 2.53:1。为确保 $CaCl_2$ 量及封堵半径,现场常用体积比为 1:1。

1)堵水原理。

水玻璃与 $CaCl_2$ 有下述两个反应,其堵水作用是混合沉淀造成的:

$$CaCl_2 + Na_2O \cdot nSiO_2 + mH_2O \longrightarrow 2NaCl + CaSiO_3 \cdot mH_2O + (n-1)SiO_2$$

$$CaCl_2 + Na_2O \cdot nSiO_2 + mH_2O \longrightarrow 2NaCl + Ca(OH)_2 + nSiO_2 + (m-1)H_2O$$

总反应式为:

$$2CaCl_2 + 2Na_2O \cdot nSiO_2 + mH_2O \longrightarrow 4NaCl + CaSiO_3 \cdot (m-1)H_2O + (2n-1)SiO_2 + Ca(OH)_2$$

该堵剂适用的井温范围为 40~80℃。

硅酸钠与硫酸铝反应生成硅酸铝沉淀。

在施工工艺中,一般选模数较大的硅酸盐为第一反应液,其浓度为 0.4%~0.6%,用 HPAM 加以稠化。第二反应液的选择顺序为:Ca^{2+},Mg^{2+},Fe^{3+} 和 Fe^{2+},这与沉淀量大小有关,如表 4-8 所示。

表4-8 硅酸盐沉淀与碳酸盐沉淀的堆积体积

盐 \ 堵剂 堆积体积	$CaCl_2$	$MgCl_2 \cdot 6H_2O$	$FeSO_4 \cdot 7H_2O$	$FeCl_3 \cdot 6H_2O$
Na_2SiO_3	25.0	20.3	13.0	19.0
Na_2CO_3	10.0	9.5	11.0	14.3

隔离液使用水或轻质油,用量取决于产生沉淀物的位置。例如选用水玻璃—氯化钙堵水剂,现场注入程序为:清水→水玻璃→清水→氯化钙溶液,一般泵注段塞循环,最后再顶替 $5 \sim 10 m^3$ 清水,关井24h。

2) 水玻璃复合堵剂。

为了提高沉淀型堵剂的封堵强度,采用一种复合型堵剂,其配方为:

水玻璃:$CaCl_2$:PAM:HCl:甲醛 = $1 \sim 1.6$:0.6:0.04:$0.5 \sim 0.78$:0.04

堵剂质量分数为10%,其优点是可泵性好、易解堵并且混合比较均匀,节约原料等,可用于封堵油井单一水层、同层水、窜槽水及炮眼,成功率达73%。

沉淀型堵剂是一种较好的堵剂,具有耐温、耐盐和耐剪切等特性。沉淀型堵剂作业成功率高,有效期长,施工简单,价格较低,解堵容易,适用性强,但易污染油层。

4. 硅酸凝胶

现场常用 Na_2SiO_3 来制备凝胶,凝胶的强度可用模数来控制。模数小生成的凝胶强度小,模数大生成的凝胶强度大。

硅酸有多种组成,通常以通式 $xSiO_2 \cdot yH_2O$ 表示,有一定的稳定性并能独立存在的有偏硅酸 $H_2SiO_3(x=1, y=1)$、正硅酸 $H_4SiO_4(x=1, y=2)$ 和焦硅酸 $H_6Si_2O_7(x=2, y=3)$,水溶液中主要是以 H_2SiO_4 形式存在,H_2SiO_4 聚合形成其他不同的多硅酸即硅酸溶胶,如:

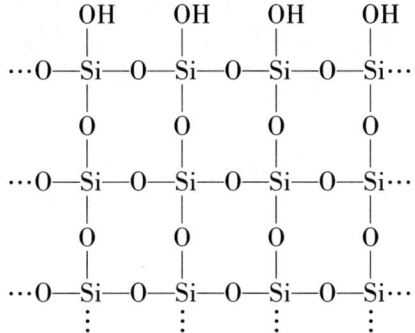

因为在各种硅酸中以偏硅酸的组成最简单,所以通常以 H_2SiO_3 代表硅酸,其分子结构如下:

$$
\begin{array}{ccccccccc}
 & OH & & OH & & OH & & OH & \\
 & | & & | & & | & & | & \\
\cdots O- & Si & -O- & Si & -O- & Si & -O- & Si & -\cdots \\
 & | & & | & & | & & | & \\
 & O & & O & & O & & O & \\
 & | & & | & & | & & | & \\
\cdots O- & Si & -O- & Si & -O- & Si & -O- & Si & -\cdots \\
 & | & & | & & | & & | & \\
 & O & & O & & O & & O & \\
 & | & & | & & | & & | & \\
\cdots O- & Si & -O- & Si & -O- & Si & -O- & Si & -\cdots \\
 & \vdots & & \vdots & & \vdots & & \vdots & \\
\end{array}
$$

由于制备方法不同,可得两种硅酸溶液,即酸性硅酸溶胶和碱性硅酸溶胶。前者是将水玻璃加到盐酸中制得,因反应在 H^+ 过剩的情况下发生,根据法扬斯法则,它应形成图4-6(a)所示的结构,胶粒表面带正电,该体系胶凝时间长,凝胶强度小。后者是将盐酸加到水玻璃中制得,因反应在硅酸过剩的情况下发生,若水玻璃的模数为1,硅酸根将为 SiO_3^{2-},根据法扬斯法则,它应形成图4-6(b)所示的结构,胶粒表面带负电。这两种硅酸溶胶都可在一定的温度、pH 值和硅酸的含量下在一定时间内胶凝。例如用 10%(质量分数)HCl 与 4%(质量分数)$Na_2O \cdot 3.43SiO_2$ 配成 pH = 1.5 的酸性硅酸溶胶,在70℃下,胶凝时间可达8h。

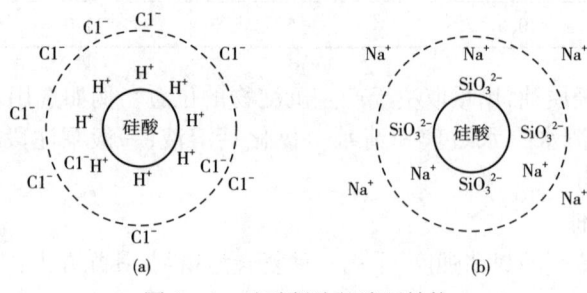

图4-6 硅酸凝胶的胶团结构

酸能引发硅酸钠发生胶凝,故称为活化剂。常用的活化剂有草酸、CO_2、$(NH_4)_2SO_4$,甲醛和尿素等。

堵水机理:Na_2SiO_3 溶液遇酸后,先形成单硅酸,后缩合成多硅酸。它是由长链结构形成的一种空间网格结构,在其网格结构的空隙中充满了液体,故呈凝胶状,主要靠这种凝胶物封堵油层出水部位或出水层。即:

$$Na_2SiO_3 + H^+ \text{ 或 } Me^{2+} \longrightarrow 凝胶 \qquad (1)$$

$$Na_2SiO_3 + 2HCl \longrightarrow 2NaCl + H_2SiO_3 \qquad (2)$$

$$Na_2SiO_3 + 2CH_2O \longrightarrow H_2SiO_3 + 2HCOONa \qquad (3)$$

在(1)式反应中生成的硅酸以 $10^{-7} \sim 10^{-9}$ 的小颗粒分散在水中,当 pH 值为7时,随时间的延长溶胶颗粒通过脱水反应连接起来生成凝胶。但是如果溶胶中有过剩的 HCl 或 Na_2SiO_3 时,则可以作为稳定剂延长凝胶时间。如图4-6(a)所示,当 HCl 过剩时,H^+ 与 Cl^- 将在 H_2SiO_3 胶粒表面吸附,使颗粒带正电,颗粒间因静电斥力而不能彼此合并,因而使溶胶稳定性增强。当水玻璃过剩时,则形成另一种稳定结构[图4-6(b)]。因此,在施工时只要控制 pH 值即可控制胶凝时间,使得溶胶在可泵时间内注入地层。

硅酸凝胶可用于砂岩地层,使用温度范围为16~93℃。除酸外,加入其他化学剂可用于灰岩或温度更高的地层。在张性裂缝或空洞中,固化物对流体并无很大阻力,一般加入石英砂或硅粉提高其强度。加入聚合物增加黏度有助于悬浮固体,提高处理效果。

硅酸凝胶的优点是价廉且能处理井径周围1.5~3.0m 的地层,能进入地层小空隙,在高温下稳定。其缺点是 Na_2SiO_3 完全反应后微溶于流动的水中,强度较低,需要加固相增强或用水泥封口。此外,Na_2SiO_3 能和很多普通离子反应,处理层必须验证并在其上下隔开。

二、有机堵剂

1. 树脂型堵剂

树脂型堵剂是指那些由低分子物质通过缩聚反应产生的不溶不熔的高分子物质,如酚醛树脂、脲醛树脂、三聚氰胺—甲醛树脂等。德士古公司曾研制出了一种地下交联的树脂,耐温性能可达370℃,在 Kern River 油田和 San Ardo 油田(均为砂岩地层)的33口井中施工,成功率达70%。

(1) 环氧树脂

树脂小球堵水剂是将配入软化剂和固化型的环氧树脂加入分散介质中,制成树脂小球,在树脂小球胶化后和固化前注入油井。分散介质渗入地层,而树脂小球滤在油井与地层连通的炮眼处,经压实固化形成坚硬的栓塞,即可将高渗透水淹层封堵;由于只限于炮眼的封堵,因此封堵药剂用量极少,成本低;而且固化的环氧树脂封堵强度高,耐压8MPa以上,能满足油井大压差生产的要求;施工工艺简单易行。因此,树脂小球堵水剂有着广阔的应用前景。

环氧树脂是一种黏稠的物质,当加入适量的软化剂(液体)和固化剂(液体)之后,可形成流动性较好的液体。利用环氧树脂不与水混溶的特性,将它以搅拌的方式分散到聚丙烯酰胺水溶液中,被分散的环氧树脂形成液珠。经过一定时间后,在固化剂的作用下,树脂分子间逐渐交联,液珠状的树脂变为黏弹性小球。聚丙烯酰胺水溶液既是环氧树脂造球的分散介质,又是将树脂小球送进炮眼的携带液。在注入过程中,携带液进入油层,而树脂小球被过滤而堆积在炮眼中,在注入压力作用下,黏弹性小球被压实,随时间的延长而进一步固化,在炮眼内形成坚硬的栓塞而将炮眼堵死,从而达到堵水的目的。

为了使环氧树脂在造球过程中不发生聚集和下沉,所用的水是增黏水,即在水中溶有0.8%~1.2%(质量分数)的聚丙烯酰胺,这种聚丙烯酰胺水溶液在制造小球时成为分散介质。

(2) 酚醛树脂

将市售酚醛树脂(20℃时黏度为150~200mPa·s)按一定比例加入固化剂(草酸或$SnCl_2$ + HCl)混合均匀,加热到预定温度至草酸完全溶解树脂呈淡黄色为止,然后挤入水层便可形成坚固的不透水屏障。树脂与固化剂比例及加热温度需要通过实验加以确定。

酚醛树脂的结构为:

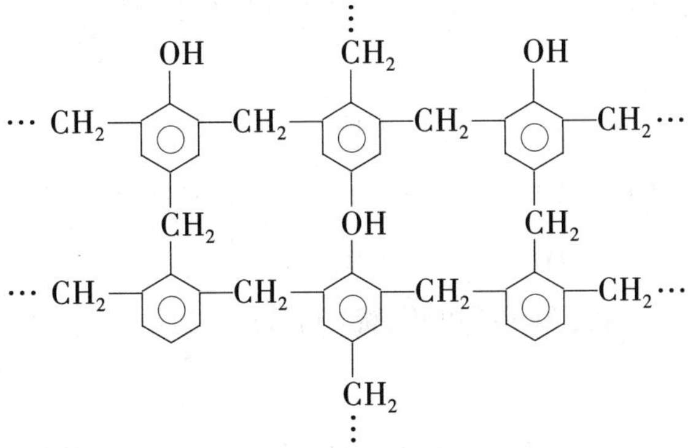

若需提高强度,除在泵前向树脂中加石英砂或硅粉外,还应加入γ-氨丙基三乙基硅氧烷使树脂和石英砂(或硅粉)之间很好黏结。

常用配方为:树脂:草酸 = 1:0.06(质量比);树脂:$SnCl_2$[ω(HCl) = 0.2] = 1:0.025:0.025(质量比)。

酚醛树脂固化后热稳定温度为204~232℃,可用于热采井堵水作业。

(3) 脲醛树脂堵剂

将尿素与甲醛在碱性催化剂的作用下制成一羟、二羟和多羟甲基脲的混合物,然后加入固化剂氯化铵,混合均匀后注入地层,进一步缩合形成热固性树脂封堵出水层。结构式为:

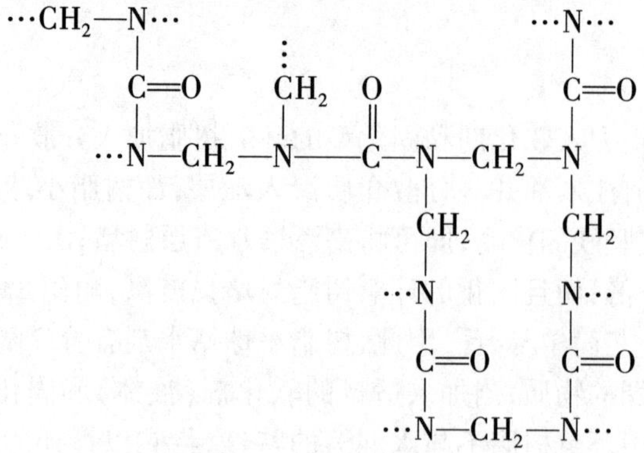

$$\cdots CH_2-N\cdots$$

（结构示意图）

基本配方（质量分数）为：尿素∶甲醛（浓度36%）∶水∶氯化铵（浓度15%）＝1∶2∶(0.5～1.5)∶(0.01～0.05)。该堵剂适用温度为40～100℃。

(4) 环氧树脂

环氧树脂是双酚-A和环氧氯丙烷在碱性条件下反应的产物，反应过程如下：

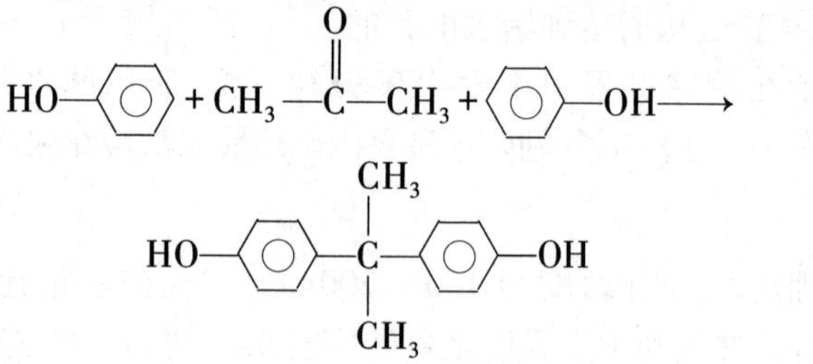

$$HO-C_6H_4-H + CH_3-CO-CH_3 + C_6H_4-OH \longrightarrow$$

$$HO-C_6H_4-C(CH_3)_2-C_6H_4-OH$$

双酚-A

$$HO-C_6H_4-C(CH_3)_2-C_6H_4-OH + ClCH_2-CH-CH_2 \longrightarrow$$
$$\qquad\qquad\qquad\qquad\qquad\qquad\qquad\qquad\qquad \diagdown O \diagup$$

$$[-O-CH_2-CH(OH)-C_6H_4-C(CH_3)_2-C_6H_4-]_n-O-CH_2-CH-CH_2$$
$$\qquad\qquad\qquad\qquad\qquad\qquad\qquad\qquad\qquad\qquad\qquad \diagdown O \diagup$$

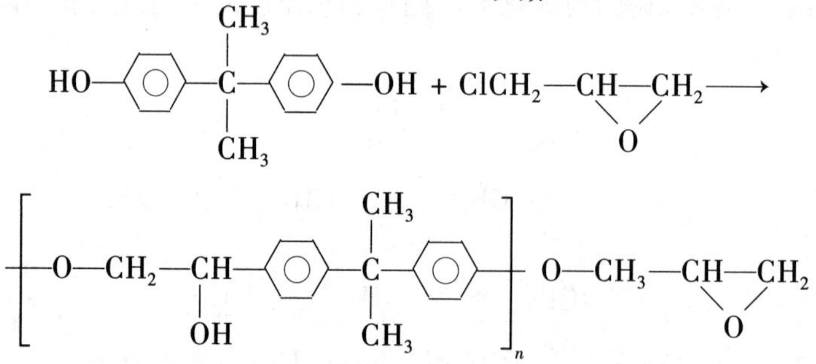

所使用的固化剂为乙二胺，多元酸酐等，稀释剂为乙二醇—丁基醚。

(5) 糠醇树脂

糠醇（呋喃环—CH_2OH）在有酸存在时，自身可以进行缩合反应生成热固性树脂。化学反应式如下：

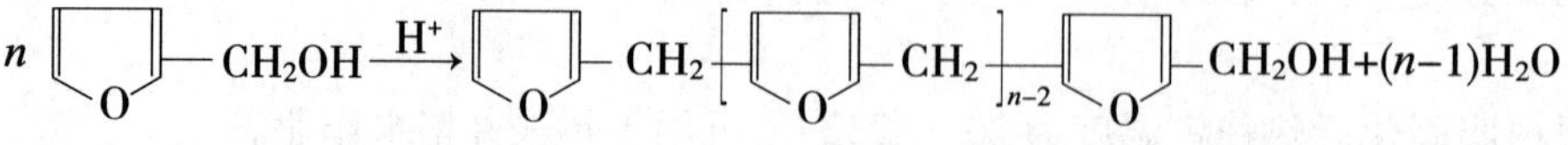

$$n\,(furan)-CH_2OH \xrightarrow{H^+} (furan)-CH_2-[(furan)-CH_2-]_{n-2}(furan)-CH_2OH + (n-1)H_2O$$

将酸液（80%的磷酸）打入欲封堵的水层，后泵入糠醇溶液，中间加隔离液（柴油）以防止酸与糠醇在井筒内接触，当酸与糠醇在地层与水混合后，便产生剧烈的放热反应，生成坚硬的热固性树脂，堵塞地层孔隙，该堵剂的适用温度为50～200℃。

树脂堵剂主要用于封堵高渗透地层、油井底水和窜槽水出砂严重及高温油井。实施该技术具有堵剂易挤入地层、封堵强度大、效果好等特点，但所需费用高，误堵后很难处理，目前应用较少。

2. 凝胶堵剂

(1) 聚乙烯胺—酚醛树脂凝胶

聚乙烯胺是一种合成高分子聚合物，其结构式如下：

$$\mathrm{+CH_2-CH+_{\mathit{m}}}$$
$$\mathrm{\quad\quad\quad |}$$
$$\mathrm{\quad\quad NH_2}$$

选择相对分子质量 $10^4 \sim 10^5$ 的聚乙烯胺（用量为 $1\% \sim 10\%$）与苯酚、甲醛混溶于水，地面配好后注入地层，关井以使体系交联。对聚乙烯胺的浓度和相对分子质量都有一定要求，通常提高聚乙烯胺的浓度，可以增加凝胶强度。增大其相对分子质量，可以减少主剂用量，但浓度和相对分子质量过高，体系黏度太大，泵入困难；相对分子质量太低，堵剂则同时进入高渗透层和低渗透层，对低渗透层造成伤害，该体系最佳成胶温度约为 205℃，适用于蒸汽驱油藏的堵水。当地层温度低于 150℃ 时，关井时间延长，而且需用 NaOH，$Ba(OH)_2$ 等碱催化反应。聚乙烯胺—酚醛树脂凝胶体系良好的耐温性能及耐盐性，显示了其在高温油田特别是蒸汽驱油田开发中良好的应用前景。

(2) 聚乙烯醇凝胶

聚乙烯醇的结构式为：

$$\mathrm{+CH_2-CH+_{\mathit{m}}}$$
$$\mathrm{\quad\quad\quad |}$$
$$\mathrm{\quad\quad OH}$$

聚乙烯醇凝胶有很好的耐温性和耐盐性，并可用来防止层间窜流。聚乙烯醇共聚物与醛的交联体系可以用来作为高温高盐地层（温度 $80 \sim 130$℃，地下水矿化度 1000mg/L 以上）的堵水剂，用聚乙烯醇和酚醛树脂以及脲醛树脂的交联体系作为蒸汽驱油的堵水调剖剂，都获得了成功，并取得了良好的经济效益。

聚乙烯醇共聚物体系有乙烯醇—丁烯酸共聚物体系、乙烯醇—丙烯酸共聚物体系、乙烯醇—甲基丙烯酸共聚物体系、乙烯醇—乙烯吡啶共聚物体系以及乙烯醇—苯乙烯共聚物体系等。共聚物的相对分子质量为 10^5 左右，含量以 $1\% \sim 5\%$ 为宜；交联剂醛的用量为 $0.005\% \sim 2.5\%$ 最好，pH 值控制在 $2 \sim 5$。当 pH 值大于 8 时，有沉淀生成；pH 值小于 2 时，脱水严重，故需选择合适的缓冲剂。

用于蒸汽驱油田堵水的聚乙烯醇—酚醛树脂体系，聚乙烯醇的用量为 $2.5\% \sim 7.5\%$。该用量与聚乙烯醇的水解度有关，水解度越高，用量越小；相对分子质量越高，用量越少。酚类用量为 $3.0\% \sim 6.0\%$，醛类用量为 $3.0\% \sim 7.0\%$；

(3) 聚丙烯腈—酚醛凝胶

部分水解聚丙烯腈的结构式为：

$$\mathrm{+CH_2-CH+_{\mathit{m}}+CH_2-CH+_{\mathit{x}}+CH_2-CH+_{\mathit{y}}}$$
$$\mathrm{\quad\quad |\quad\quad\quad\quad\quad |\quad\quad\quad\quad\quad |}$$
$$\mathrm{\quad\quad CN\quad\quad\quad\quad CONH_2\quad\quad\quad COONa}$$

部分水解聚丙烯腈来源于腈纶废料经碱性水解后的产物。部分水解聚丙烯腈包括水解聚丙烯腈钠盐（Na–HPAN）和水解聚丙烯腈胺盐（NH$_4$–HPAN）。水解聚丙烯腈钠盐易交联，而且价格低廉，应用较多，一般用量为 4.0%~8.0%。交联剂用酚醛树脂，应用效果较好的是六亚甲基四胺和苯酚体系。六亚甲基四胺水解释放出甲醛，有利于延缓交联反应。交联剂用量为 0.4%~0.8%，聚丙烯脂与酚醛树脂的比例在 1:1~3:1 之间。该成胶反应对 pH 值要求严格，pH 值大于 8 时，成胶困难；pH 值小于 4 时，聚丙烯腈在水中析出。通过选择合适的延迟剂和缓冲剂，可控制成胶时间为 4~24h。

聚丙烯腈—酚醛凝胶体系可耐温 150℃，尤其适用于地层温度为 100~150℃ 砂岩地层的堵水。

（4）木质素磺酸盐凝胶

木质素磺酸盐来源于造纸废液，有钠盐和钙盐两种类型。钙盐价廉且耐温性好，故应用更为广泛。通常由还原剂与重铬酸盐发生氧化还原反应，生成三价铬离子，三价铬离子与木质素横酸盐进一步发生交联反应生成凝胶，这种凝胶较脆较弱，而且有毒，因此要谨慎使用。近年来，采用改性的木质素磺酸盐（4%~10%）和蜜胺树脂混合，并用多价金属离子（如镧系金属离子）交联。蜜胺树脂用量为 2%~5%，对 pH 值无特殊要求，为了提高凝胶黏弹性也可加入 0.5%~1.0% 的聚丙烯酰胺。该体系耐温性好，操作方便，适用于 100~210℃ 的地层。

哈里伯顿公司开发了 Injectrol G–L 系列产品，其中 Injectrol H 适于砂岩和灰岩堵水。道威尔公司则开发了 Zonelock 100,150,155 等 3 个品种。休斯公司开发了有红白蓝 3 种颜色的 Silgcl 系列堵剂，能用于酸浓度低于 5% 的地层。

（5）氰凝堵剂

氰凝堵剂由主剂（聚氨酯）、溶剂（丙酮）和增塑剂（邻苯二甲酸二丁酯）组成。当氰凝材料挤入地层后，聚氨酯分子两端所含异氰酸根与水反应生成坚硬的固体，将地层孔隙堵死。现场配方（质量比）为：聚氨酯:丙酮:邻苯二甲酸二丁酯 = 1:0.2:0.05。该堵剂作业时要求绝对无水，又要使用大量有机溶剂，使用条件较为苛刻。

该技术采用油管携带堵剂，应用双向喷射混合方法进行化学堵水。其封堵原理为：甲、乙两种堵剂分别装入封堵装置端部的上、下堵剂管内，用隔离液隔开甲、乙堵剂，在液压的作用下双向同时喷射，在混液装置内快速混合后的堵剂被挤入炮眼，进入地层并很快凝固，封堵住炮眼及附近地层，从而起到封堵高含水层及封堵窜槽作用。

（6）丙凝堵剂

丙凝堵剂是丙烯酰胺（AM）和 N,N—甲撑双丙烯酰胺（MBAM）的混合物，在过硫酸铵的引发和铁氰化钾的缓凝作用下，聚合生成不溶于水的凝胶来堵塞地层孔隙。该堵剂可用于油、水井堵水。常用配方为：

丙烯酰胺:N,N—甲撑双丙烯酰胺:过硫酸铵:铁氰化钾（质量比） = (1~2):(0.04~0.1):(0.016~0.08):(0.0002~0.028)

混合物中堵剂质量分数为 5%~10%，每口井用量为 13~30m^3。其胶凝时间受温度、过硫酸铵和铁氰化钾含量的影响。在 60℃ 下，AM:MBAM = 95:5，总质量分数为 10%，过硫酸铵占 0.2%，铁氰化钾为 0.001%~0.002%（质量分数）时，胶凝时间为 92~109min。

（7）盐水凝胶

Wittington 研究了一种盐水凝胶堵剂，已在现场用于深部地层封堵。组成为：羟丙基纤维素（HPG）、十二烷基硫酸钠（SDS）及盐水，三者混合后形成凝胶。优点是不需加入铬或铝等金属盐作活化剂,而是控制水的含盐度引发胶凝。HPG—SDS 的淡水溶液黏度为 80mPa·s,当与盐水混合后黏度可达 70000mPa·s。该凝胶在砂岩的岩心流动试验中,可使水的渗透率降低 95%。施工时不必对油藏进行特殊设计和处理,有效期达半年。当地层中不存在盐水时,几天内就会使其黏度降低。

参 考 文 献

[1] 中国石油天然气总公司科技发展开发生产局. 改善高含水油田开发效果实例. 北京:石油工业出版社,1990.
[2] 韩大匡,胶态分散凝胶驱油技术的研究与进展. 油田化学,1996(9).
[3] 刘一江. 化学调剖堵水技术. 北京:石油工业出版社,1999.
[4] 孙景民. 黄原胶在大港枣园油田的应用. 石油勘探与开发,2000,27(5):90-92.
[5] 赵福麟. 堵水剂. 油田化学,1986,3(1):39-50.
[6] Sydank R D. A Newly Developed Chromium(III) Gel Technology. SPE Reservoir. Eng,1990(8).
[7] 朱恒春. 铬冻胶堵剂. 油田化学,1989.6(1):27-31.
[8] 高振环. 多孔介质中凝胶强度测试方法的探讨. 油田化学,1990,7(3):240-243.
[9] 戴彩丽. 影响醛冻胶成冻因素的研究. 油田化学,2001,18(1):24-26.
[10] 王义亮,改善聚合物驱油技术研究. 北京:石油工业出版社,1997.
[11] 姚展华,李华斌,初冬军. 对天然高分子改性淀粉调剖剂的合成研究. 内蒙古石油化工,2008,(11):5-9.
[12] Albonio P, et al, Divalent Ion—Resistant Polymer Gel for High Temperature Applications: Syneresis Inhibiting Additives. SPE25220,1993,647-665.
[13] 李宇乡. 我国油田化学堵水调剖剂开发和应用现状. 油田化学,1995, 12(1).
[14] 刘翔鹗. 油田堵水调剖技术的进展与展望//刘翔鹗. 油田堵水技术论文集. 北京:石油工业出版社,1997.
[15] 白宝君. 我国油田化学堵水调剖新进展. 石油钻采,1998, 20 (3).
[16] 韩大匡. 胶态分散凝胶驱油技术的研究与进展. 油田化学, 1996,13(3).
[17] 堪凡更. MS-881 油藏深部调剖剂,石油钻采工艺,1993,15(4).
[18] 马广彦. 间苯二酚在聚合物凝胶堵水技术中的应用. 油田化学,1997.14(3).
[19] 崔桂陵,庞景明. 调剖用部分水解聚丙烯酰胺—柠檬酸钛体系. 油田化学,1993(2):130-134.
[20] 《油田区块整体堵水调剖技术论文集》编委会. 油田区块整体堵水调剖技术论文集. 北京:石油工业出版社,1994.
[21] 李明远. 部分水解聚丙烯酰胺/柠檬酸铝交联体系的分类讨论. 油田化学,2000, 17(4).
[22] 彭勃. 聚丙烯酰胺胶态分散凝胶微观形态研究. 油田化学,1998,15(4),358-361.
[23] 陈宗淇,戴闽光. 胶体化学. 北京:高等教育出版社,1986.
[24] 王仲茂. 高新采油技术. 北京:石油工业出版社,1998.
[25] 王刚. 超高分子量聚合物性能评价研究. 大庆石油地质与开发,2001,20(2):101-103.
[26] 唐康泰,张自成. 极性聚合物聚丙烯酰胺的溶解 I. 油田化学,1988,5(4):249-256.
[27] 应宗荣. 水溶性聚酯的溶解性能. 合成技术及应用,1998,13(4):79.
[28] 戴彩丽. 影响醛冻胶成冻因素的研究. 油田化学,2001.18(1):24-26.
[29] 刘一江. 化学调剖堵水技术. 北京:石油工业出版社.1999.
[30] 王平美. 调驱用 RSP3 抗盐聚合物弱凝胶研制. 油田化学,2001,18(3):251-254.
[31] 颜鑫. TY-t 高温堵水剂的研究及应用. 断块油气田,2002,9(5):63-65.
[32] 林梅钦. HPAM/柠檬酸铝胶态分散凝胶分散凝胶形成条件研究. 油田化学,1998,15(2):160-163.
[33] 西南师范大学. 高等有机化学. 重庆:西南师范大学出版社,1988.
[34] 黄志宇,何雁. 胶体及表面化学. 北京:石油工业出版社,2000.

第五章 注水化学

目前油藏的开发大部分采用注水方式,但是开发效果不尽人意。注水能够有效保持储层压力,是提高石油产量的有效方式。要想确保油藏注够水的关键是油藏储层没有被损害。我国大多数油藏属于砂岩油藏,因此,储层中存在一定的黏土矿物,它们的存在直接危害到储层。黏土矿物遇水后开始膨胀及微粒会随流体移动,直接影响了注水开发效果,导致地层渗透率降低、吸水能力逐渐减小、注水压力持续上升、注水井周围易产生高压区导致水注不进、油采不出,造成地层损害。其次,储层堵塞也是造成储层损伤的重要原因。产生储层堵塞的主要有有水质不达标,不配伍、微生物代谢等因素。在大部分注水油藏的开发中,如果注入水质不达标,机械杂质等固相悬浮物会进入地层,在孔道处堆积形成堵塞,造成储层伤害;当注入水质与地层中的水混合时,如果注入水中含有成垢离子等较多时,两者之间就会出现不配伍现象,容易结垢形成沉淀,堵塞通道,从而导致一定的注水压力损失,而注水压力的持续下降会导致地层的压力不足、注水井欠注等问题,从而引起油井产量大幅度降低。注入水中含有的大量微生物,除了它们本身会堵塞孔道外,其代谢产物同样会堵塞孔道。设备及管道的腐蚀物沉积,也造成地层堵塞。另外注入水的时机及速度不当时,同样也会产生储层伤害。

在注水开发中,注入水对储层会造成严重的伤害,影响油藏的开发效果。为此,注入水的处理、注水处理剂及注水工艺是注水开发油田必须考虑的问题。

第一节 注水水质及处理

一、油田注水水源的选择

1. 油田注水水源的类型

目前国内各油田主要有以下几种供水水源:
1) 地下水。水量丰富,水质较好,但是水中的矿化度较高,并含有铁、锰等金属元素。
2) 地面水。地面水主要有江河水、湖泊水和水库水等。江河水量丰富,矿化度低,但泥沙含量大,用于油田注水时需澄清处理;湖泊、水库有良好的澄清能力,水中泥沙含量较江河水少,但浅水湖泊或水库水由于水中溶解氧充足,常有异常气味及胶体。
3) 油田污水。一般偏碱性,硬度较低,含铁少,矿化度高。含油污水必须经过水质处理后才能回注地下油层或外排。
4) 海水。含量丰富,但是含盐量大。
5) 工业废水。水中的成分比较复杂,处理难度很大。

2. 选择油田注水水源的原则

选择油田注水水源主要有以下 3 个方面的考虑:有充足的水量;有良好的水质,与地层配伍,水处理工艺简单;考虑水的二次利用,特别是含油污水的二次利用。

3. 注水过程中油层损害的因素

注水引起油层损害的主要原因有两个:一是与储层性质不相配伍的注入水水质,二是不科学的水质处理及注水工艺。

注入水水质与储层特性不符、不配伍表现在对地层孔隙的堵塞,从而造成吸水能力下降,注水压力上升。

不溶物对地层的堵塞来源于以下因素:
1)注入水中外来的机械杂质,即悬浮物;
2)地层孔隙中的固相物质膨胀与迁移;
3)注水系统中的腐蚀产物;
4)各种原因生成的水垢;
5)各种环境下生长的细菌;
6)油及其乳化物。

注入水与地层水不配伍可能引起的损害有以下表现:
1)注入水与地层水直接生成沉淀;
2)注入水中溶解氧引起的沉淀;
3)水中硫化氢引起的沉淀;
4)水中二氧化碳引起的沉淀。

注入水与地层岩石配伍性可能引起的损害有:
1)矿化度敏感引起地层中水敏物质的膨胀、分散与迁移;
2)pH 值变化引起的微粒和沉淀问题。

注入条件变化引起的地层损害有:
1)流速敏感性引起地层中微粒的迁移;
2)温度和压力变化引起的沉淀析出。

上述的损害因素集中且反映了注水水质的重要作用。可以说,注水水质的质量虽是决定注水成效和有效与否的关键。为了确定符合油层特性的注水水质标准,必须高度重视岩性的分析,这是油田注水开发的基础。

4. 油田开发对水质的基本要求

油田开发对水质的基本要求为:
1)严格控制水中固相物质的浓度和粒径。特别是对于低渗透层注水,更要严格地控制粒径,因此要求进行精细过滤的处理,以减小对油层的损害。
2)严格控制水中溶解氧的含量。注水系统均是钢铁材料,有氧存在的条件下腐蚀速度加快,除生成大量铁锈堵塞地层外,还大大缩短了管网系统的寿命,因此必须严格控制。
3)控制其他腐蚀性介质。在水中除溶解氧以外,还有游离的二氧化碳和硫化物,这些物质也是引起腐蚀的根源之一,必须控制其含量。

4)水中含油量控制。在注入水中70%以上是含油污水,污水中含油注入地层会带来许多不利影响,应予以重视。

5)严格控制细菌含量。硫酸盐还原菌、腐生菌和铁细菌是我国油田注水中危害最严重的菌种,它们繁殖度惊人,必须严格控制。

6)控制水垢的形成。减少水垢对地层的堵塞,减少对设备和管网的影响。

7)严格控制总的腐蚀速度。注水系统都是高压系统,腐蚀是降低设备和管线的强度,缩短寿命的主要原因,必须严格控制。

二、注水水质的标准

1. 油田注水水质的标准

不同行业、不同应用领域,对所用的水源有相应的要求。油田注水的目的是通过一系列注水管网、注水设备及注水井将水注入地层,使地层保持能量,提高采油速度和原油采收率。因此,油田注水有其特殊性,在水质方面与其他行业的侧重点不同。根据油田注水的特殊性,对油田注水水质的要求或油田注水的水处理应达到的指标主要有以下3个方面:

1)注入性。

油田注入水的注入性是指注入水注入地层的难易程度。在储层物性相同的条件下,悬浮固体含量低,固体颗粒粒径小,含油量低,胶体含量少的注入水容易注入地层,其注入性好。地层物性条件差,如渗透率低、孔道半径小,注入水难以注入。当油田注水水质处理效果不好,注入水中含有较多的悬浮物固体、油污和胶体时,极易在注水井吸水端面造成沉积堵塞,使注水压力上升,甚至不进水。

2)腐蚀性。

油田注水的实施经历以下过程:

$$\text{注水水源} \longrightarrow \text{污水处理站} \longrightarrow \text{注水站} \longrightarrow \text{注水井}$$

在油田注水的实施过程中,在地面上涉及注水设备、注水装置、注水管网;在地下涉及注水井油套管等。这些设备、管网和装置等大多数是金属材质。因此,注入水的腐蚀性不仅会影响注水开发的正常运行,还会影响油田注水开发的生产成本。

3)配伍性。

油田注入水注入地层后,在地层内部有注水井向采油井方向移动,在流动过程中,驱动储层中的油、水一并流向油井井底。注水层与储层中的地层水、矿物质等接触,将发生一系列的物理化学作用。如果作用效果不影响注水效果或不使储层的物理性质(如渗透率)变差,则称油田注入水与储层的配伍效果好。否则,油田注入水与储层的配伍性差。

油田注入水与储层的配伍性,主要是表现为结垢和矿物敏感性两个方面,它们都会造成储层伤害,影响注水量、原油产量和原油采收率。现分述如下:

①结垢。

油气储层是一个高温高压,气、液、固多相介质并存的体系。在这样的条件下,注入水自身可能会产生结垢。注入水与储层中的地下水不相容,发生化学作用而产生结垢沉淀。例如,含

有一定量的 Ca^{2+},HCO_3^- 的注入水,在地面时,水温较低,不会形成 $CaCO_3$ 垢。但进入地下后,由于水温的上升,就可能形成 $CaCO_3$ 垢。如果向地层水中含 Ba^{2+} 的地层注入含 SO_4^{2+} 的水时,就极有可能产生 $BaSO_4$ 垢。

②矿物的敏感性。

油气层中的黏土矿物在原始的地层条件下,一定矿化度的环境中处于稳定状态,当淡水进入地层时,有的黏土矿物就会发生膨胀、分散、运移,从而减少或者堵塞地层孔隙和喉道,造成渗透率降低,此为水敏。

不同水源的油田注入水具有不同的矿化度,有的低于地层水的矿化度,有的高于地层水的矿化度。当高于地层水的矿化度的水进入油气层后,可能引起黏土的收缩、失稳、脱落,气层孔隙空间和喉道的缩小及堵塞,引起渗透率下降,从而伤害油气层,称为盐敏。通过水敏和盐敏实验,可对注入水与储层的配伍性作出评价。水敏程度评价见表5–1。

表5–1 水敏程度评价指标

伤害程度(K_w/K_f)	≤0.3	0.3~0.7	≥0.7
敏感程度	强	中等	弱

注:K_w 为用淡水测得的岩心渗透率,K_f 为用地层水测得的岩心渗透率。

2. 油藏注水水质推荐标准

《碎屑岩油藏注水水源推荐指标及分析方法》(SY/T 5329—2012)。

(1)水质基本要求

注水水源除要求水量充足、取水方便和经济合理外,还要符合以下基本要求:

1)水质稳定,与油层水相混不产生沉淀;
2)水注入油层后不使黏土产生水化膨胀或产生混浊;
3)不得携带大量悬浮物,以防注水井渗漏端面堵塞;
4)对注水设施腐蚀性小;
5)当一种水源量不足,需要第二种水源时,应首先进行室内试验,证实两种水的配伍性好,对油层无伤害才可注入。

(2)水质推荐指标

水质推荐指标有以下几种:

1)悬浮物固体含量及颗粒直径、腐生菌(TGB)、硫酸盐还原茵(SRB)和膜滤系数(MF)指标见表5–2。

表5–2 悬浮物各种指标

注入层渗透率 μm^2	悬浮固体颗粒含量,mg/L	颗粒直径,μm	SRB,个/mL	TGB,个/mL	MF 值
≤0.1	≤1.0	≤2.0	<10²	<10²	≥20
0.1~0.6	≤3.0	≤3.0	<10²	<10²	≥15
>0.8	≤5.0	≤6.0	<10²	<10²	≥10

注:表中所列颗粒体积要求颗粒总体积的80%以上;悬浮固体含量不包括含油量。

2) 含油量指标见表 5-3。

表 5-3　含油量指标

注入层渗透率, μm²	含油量, mg/L
≤0.1	≤5.0
>0.1	≤10.0

3) 总含铁量应小于 0.5mg/L。
4) 氧含量指标见表 5-4。

表 5-4　氧含量指标

总矿化度, mg/L	溶解氧, mg/L
>5000	≤0.05
≤5000	≤0.5

5) 平均腐蚀率应小于或等于 0.076mm/a。
6) 游离二氧化碳含量应小于或等于 10.0mg/L。
7) 硫化物(指二价硫)含量应小于或等于 10.0mg/L。

三、油田水水质处理方法

1. 除铁

地下水中铁质的主要成分是二价铁,通常以 $Fe(HCO_3)_2$ 的形态存在。二价铁极易水解,生成 $Fe(OH)_2$,氧化后形成 $Fe(OH)_3$ 沉淀而堵塞地层。常见的除铁方法见表 5-5。

表 5-5　地下水除铁的方法

除铁方法	特　　点
自然除铁法	适用于 pH<6.8 的含重碳酸亚铁的地下水,但效率很低
接触催化法	适用于 pH=6.0,水中铁含量不超过 30mg/L 的地下水,应用较普及
人工石英砂法	利用在石英砂表面制成的活性滤膜,可加快氧化铁氧化,效果与天然锰砂相似,近年来开始使用

2. 除油

油田常用含油污水处理方法见表 5-6。

表 5-6　含油污水处理方法

处理方法	特　　点
自然浮升分离法	完全靠污水中原油颗粒自身浮力实现油水分离,主要用于除去浮油及颗粒直径较大的分散油
混凝浮升分离法	在污水中投加混凝剂,把颗粒直径较小的油粒聚结成直径较大的油粒,加快油水的分离速度,可除去颗粒较小的部分分散油

续表

处理方法	特点
气浮分离法	在污水中加入空气,吸附周围油粒,托带上浮分离
粗粒化法	让污水通过憎水亲油材料组成的填料层,把小油粒吸附于材料表面结成大的油粒,加快油水分离速度
过滤法除油及悬浮物	用石英砂,无烟煤或其他滤料过滤污水除去水中小颗粒油粒及悬浮物

油田含油污水中包括一定量粒径在 $10\mu m$ 以下的乳化油。此外,在水中还含有一定量由胶质、沥青质、油层带出的泥沙、钻井泥浆、腐蚀产物等固体流质形成的胶体物质,这些胶体又往往包括在乳化油中,统称为乳化物。因乳化油占的比例大一些,所以也可把这种乳化物称为乳化油。

油田含油污水在经自然除油后,污水中的一般浮油全部去除,粒径在 $10\mu m$ 以上的分散油也大部分去除,水中主要含有乳化油及小颗粒的悬浮物。天然水中除含泥沙外,通常还含有颗粒很细的尘土、腐殖质以及菌藻等微生物。油田含油污水、天然水中的这些杂质与水形成溶胶状态的胶体微粒,由于布朗运动和静电排斥力而呈现沉降稳定性和聚合稳定性,通常不能利用重力自然沉降的方法除去。因此,必须添加混凝剂,以破坏溶胶的稳定性,使细小的胶体微粒凝聚再絮凝成较大的颗粒而沉淀。

传统的水处理理论,把上述细小的胶体微粒通过聚集作用而形成可分离的大颗粒的过程称为混凝,混凝又是由凝聚和絮凝两部分组成的。能引起胶粒凝聚的药剂称为凝聚剂,能引起胶粒产生黏结架桥而发生絮凝作用的药剂称为絮凝剂。

在国际标准化组织(ISO)关于水质词汇规定的术语和定义中,对絮凝的概念做出了明确解释。ISO 6107-1—2004《水质词汇 第1部分》对有关水的絮凝规定的标准术语和定义如下:

1)絮凝(作用)(flocculation)。指细小的颗粒通过聚集作用而形成可分离的大颗粒,通常是借助于机械、物理、化学或生物的方法进行。

2)絮凝体(floc)。指液体中因絮凝作用而形成肉眼可见的颗粒,通常可借助重力或浮选作用加以分离。

由此可以看出,国际标准化组织关于水质词汇规定的术语和定义把传统的水处理理论中的凝聚剂和絮凝剂统称为絮凝剂。为适应国内读者的习惯,本书继续沿用传统的水处理理论的定义,同时给出了国际标准化组织关于水质词汇规定的术语和定义,意在提醒读者今后尽可能使用国际上通行的术语。

第二节 防 垢 剂

油气田开发过程中,结垢是一个伴随始终的严重问题。结垢一般是指具有反常溶解度的难溶或微溶盐类物质在储层、管线及设备中形成密实的垢。油气田进入中后期开发后,普遍采用注水采油和排水采气等工艺,同时为消除环境污染,对油气田污水主要采取回注处理。在上述生产过程中,由于压力、温度等条件的变化以及水的热力学不稳定性和化学不相容性,往往会造成注水地层、油套管、井下、地面设备及集输管线出现结垢。结垢会使油气产量下降,降低设备传热效率,缩短油井使用寿命,甚至使油气井停产、报废,严重影响油田开发效益。

一、结垢机理

根据油田结垢的实际情况,可将油田垢分为晶体垢、非晶体垢和细菌垢 3 大类,不同类型的结垢物具有不同的结垢机理。

1. 晶体垢的结垢机理

晶体垢,如碳酸钙垢、硫酸钙垢等是油田常见垢。热力学理论认为,垢是物质从溶液中沉淀或结晶出来所致,过饱和是结垢的"推动力",在不同条件下,某物质在溶液中若是过饱和就有产生结垢的可能。与过饱和直接相关的参数是溶度积常数。

碳酸钙垢的形成机理如下:

$$Ca^{2+} + 2HCO_3^- \longrightarrow CaCO_3 + CO_2 + H_2O$$
$$Ca^{2+} + CO_3^{2-} \longrightarrow CaCO_3$$

硫酸钙垢的形成机理如下:

$$Ca^{2+} + SO_4^{2-} \longrightarrow CaSO_4$$

硫酸钡(锶)垢的形成机理如下:

$$Ba^{2+}(Sr^{2+}) + SO_4^{2-} \longrightarrow BaSO_4(SrSO_4)$$

在油田水中,HCO_3^-、CO_3^{2-}、CO_2 和 $CaCO_3$、Ca^{2+}、SO_4^{2-} 和 $CaSO_4$ 以及 Ba^{2+}、SO_4^{2-} 和 $BaSO_4$ 浓度处于化学平衡状态,一旦平衡受到破坏,就会发生结垢或垢溶解。影响上述平衡的因素包括压力、温度、pH 值、总矿化度以及外来流体的组成。

(1)压力与结垢的关系

在油井近井地带、井筒、分离器、集输管线和贮罐中,压力会发生急剧或明显的降低,压力降低,有利于水中 CO_2 逸出,反应向右移动,促使碳酸钙形成。因此,在上述部位有可能形成碳酸钙垢,这也是气井采气过程中产生碳酸钙垢的重要原因。

同理,应用 CO_2 气驱技术提高原油采收率时,从 CO_2 气体注入到原油采出,CO_2 经历了进入体系、从体系中逸出的过程。当储层中白云岩等钙质矿物含量较高、地层水 pH 值较低时,地层中 CO_2 进入体系使碳酸钙溶解:

$$CaCO_3 + CO_2 + H_2O \longrightarrow Ca^{2+} + 2HCO_3^-$$

当 CO_2 随同原油一起从油井采出时,CO_2 从体系中逸出,就有可能形成碳酸钙垢。

(2)温度与结垢的关系

碳酸钙在水中的溶解度随温度的升高而下降。因而温度升高,促进碳酸钙垢形成。由于产出液在油水分离器中加热升温,注入水在注水井井筒、井底、近井带这些地方的温度明显高于地面,所以油水分离器、注水井井筒、井底和近井带等有较大温差的部位成为碳酸钙垢高发区。同样在热驱采油中,污水回注也常有碳酸钙垢生成

(3)pH 值与结垢的关系

由水中 HCO_3^-、CO_3^{2-}、CO_2 的平衡与 pH 值的关系可以看出,水的 pH 值高,HCO_3^-、CO_3^{2-} 浓度也高。由此可见,水的 pH 值直接影响成垢阴离子的浓度,显然也影响碳酸钙垢的生成。

当注入流体,如注入水、化学驱三次采油驱替剂的 pH 值较高时,应充分考虑到碳酸钙结垢的可能性,特别是当地层水中钙离子含量较高时,极易产生碳酸钙结垢。如中原油田在进行油田污水处理时,需要投加石灰乳、烧碱等 pH 值调整剂,由于油田污水中钙离子含量高达 4000mg/L,因此,在水处理系统中普遍存在管线严重结垢问题。

(4)注入流体性质与结垢的关系

在油气生产过程中,进入地层的流体统称为注入流体,如注入水、酸化增注液等,其组成与结垢关系密切。当地层水钙离子含量较高而注入水为高 HCO_3^-,CO_3^{2-} 水时,在两种水混合处极易形成碳酸钙垢。当地层水钡离子含量较高,而注入水中含有 SO_4^{2-} 时,两种水混合后就会形成硫酸钡垢。

2. 非晶垢的结垢机理

在油田垢中,非晶垢主要是硅垢和铁垢,此类垢物中也可能含有少量的晶态硅垢或铁垢。与前述晶体垢相比,非晶垢的成垢机理更多的是"具体的定性描述",这是因为硅、铁在水溶液中其离子不仅能呈多价,而且其化合物能呈胶态存在,因而成垢机理更为复杂。

(1)硅垢

在热采和某些化学驱油中,包括硅垢在内的结垢是一个须解决的重要问题。在地层矿物中,二氧化硅类矿物占有很大比例,有的可达 40%~50%,与很多矿物相比,它有着"较大的"溶解度。研究表明,温度升高、pH 值较高时它的溶解度明显增加。加拿大艾伯特油田的研究人员曾做过试验:在砾石表层镀镍,该物质受热采介质作用而严重溶蚀,最后几乎仅剩一个"镍壳"。

硅垢的形成,主要受温度、pH 值、矿化度的影响,可从两个方面加以分析:一是以溶解度为基础。二氧化硅类矿物处于较高温度和 pH 值时溶解度相对较大,当温度、pH 值降低时,溶解度下降,析出硅垢。二是以胶态化学理论为基础。水中的二氧化硅是胶体硅(亦称悬浮硅、活性硅),在水中能以多种形态存在。胶体在水中聚集、聚沉形成硅垢,主要遵循胶体化学中著名的 DLVO 理论,胶体聚沉的主要影响因素为矿化度、pH 值(决定溶液的电化学性质)和温度(影响胶体粒子的布朗运动),当这些因素发生变化时,可能产生胶体沉淀,形成硅垢。

(2)铁垢

油田水中铁离子来源包括原生和外来两种。地层水溶解地层中的铁类矿物质使铁离子(Fe^{2+},Fe^{3+})进入油田水中,这部分铁离子属于原生来源。设备腐蚀产物、泥浆中的"铁剂"增加了油田水中铁离子的含量,这部分属于外来来源。

铁在水中通常有 Fe^{2+},Fe^{3+} 两种形式,地层水未曝氧时,以 Fe^{2+} 为主,当水中含氧时,主要是 Fe^{3+}。由于铁离子的结构特性,它在水中的反应复杂,包括水解、水和、中间产物的"聚合",有下列反应:

$$Fe^{2+} + H_2O \longleftrightarrow Fe(HO)_2$$

$$Fe^{3+} + H_2O \longleftrightarrow Fe(HO)_3 + H^+$$

这两个反应存在于一系列反应中。当 pH 值较低时(pH = 2~3),进一步的水解反应受到抑制,此时 Fe^{3+} 水解的中间产物发生"聚合"而形成多聚体。当 pH 值升高,即 OH^- 浓度较高时,平衡向右移动,促进水解反应,最后能形成胶体氢氧化铁沉淀。温度升高,也有利于水解反应。许多领域正是利用了铁离子的这些特性有效地除去了水中的铁离子。

(3) 细菌垢的结垢机理

在油田水中存在的某些细菌如硫酸盐还原菌、腐生菌和铁细菌等会给油气生产带来一系列不利影响,其中细菌对生产系统的腐蚀作用、细菌代谢产物对地层的堵塞作用已是不争的事实。细菌的腐蚀及代谢产物以细菌垢物的形式影响着油气生产的正常运行,特别是某些长期注水的老油田、大量回注污水的油田,细菌垢成为油田垢的重要组成部分。细菌垢的形成主要有生物化学作用和新陈代谢作用。

1) 细菌的生物化学作用。硫酸盐还原菌能将水中的 SO_4^{2-} 还原成 S^{2-} 从中获得能量,当水的 pH 值较低时形成 H_2S。S^{2-} 与水中的 Fe^{2+} 生成 FeS 沉淀;H_2S 加剧水的腐蚀性,产生更多的 Fe^{2+},进而形成更多的 FeS 沉淀,反应式如下:

$$SO_4^{2-} \xrightarrow{\text{硫酸盐还原菌}} S^{2-}$$

$$S^{2-} + Fe^{2+} \longrightarrow FeS$$

铁细菌能将细胞内所吸附的亚铁氧化为高铁,从而获得能量,其反应式如下:

$$4FeCO_3 + O_2 + 6H_2O \longrightarrow 4Fe(OH)_3 + 4CO_2$$

铁细菌为了满足对能量的需要,必须要有大量的高铁化合物,如 $Fe(OH)_3$ 的形成。这种不溶性铁化合物排出菌体后就沉淀下来,并在细菌周围形成大量棕色黏泥,与其他固体悬浮物相混,形成复合垢物。

2) 细菌的新陈代谢作用。在一定的环境中,细菌代谢和繁殖速度很快,细菌尸体或细菌本身堆积成层状、块状或球状,它们与可能存在的其他垢物一起形成油田垢。水中的细菌或细菌的尸体可能作为晶核,促进晶体垢的生成。

二、防垢剂

化学防垢法和磁防垢法在油田注水系统应用广泛,比较成熟的是化学防垢法。

1. 防垢机理

化学防垢法的主要机理包括分散作用、螯合和络合作用、絮凝作用以及晶体变形作用。

1) 分散作用。低相对分子质量的聚合物,一般具有较高的电荷密度,可产生离子间的斥力,共聚物还具有表面活性剂的特性,它们在溶液中把胶体颗粒包围起来呈稳定状态随水带走。胶体颗粒的核心也包括 $CaSO_4$,$CaCO_3$ 等晶体,因此起到防垢作用。

2) 螯合和络合作用。防垢剂把能产生沉淀的金属离子(阳离子)变成可溶性的螯合离子或络合离子,从而抑制阳离子(如 Ca^{2+},Mg^{2+},Ba^{2+})和阴离子(如 CO_3^{2-},SO_4^{2-})结合产生沉淀,典型的此类防垢剂有 ATMP、EDTA 等。

3) 絮凝作用。把水中含有 $CaSO_4$,$CaCO_3$ 晶核的胶体颗粒吸附在高分子聚合物的链条上结成矾花悬浮在水中,起阻垢作用。

4) 晶体变形作用。在形成晶体垢的过程中,有高分子聚合物进入晶体结构,破坏了晶体正常增长,而使晶体发生形变,改变了原来的规则结构,使晶体不再继续增大,从而防止或减轻结垢。

2. 防垢剂

常用的防垢剂有以下几类:

1) 无机磷酸盐。

无机磷酸盐是水处理最早使用的化学药剂,国外20世纪30年代就开始研究和应用,用作阻垢的无机磷酸盐主要是聚磷酸钠。不含氢原子的长链状阴离子型的聚磷酸钠,其结构式(式中 n 为聚合度)如下:

$$Na\text{-}\!\left[\text{O}\text{-}\underset{\underset{\text{O}}{\overset{\overset{\text{O}}{\|}}{P}}}{}\right]_n\!\text{-}\text{O}\text{-}Na$$
$$|\\Na$$

通常用作阻垢的聚磷酸钠有三聚磷酸钠($Na_5P_3O_{10}$)和六偏磷酸钠($Na_6P_6O_{18}$)等,由结构式可知,聚磷酸钠是由 P—O 键联结而成。而 P—O 键的断裂活化能较低,仅为 20~40kcal/mol,而随着水温升高,聚磷酸钠中的 P—O 键易断裂导致水解生成正磷酸根离子,它遇到 Ca^{2+} 易生成难以溶解和除去的 $Ca_3(PO_4)_2$ 垢。如三聚磷酸钠的水解反应如下:

$$Na_5P_3O_{10} + H_2O \longrightarrow Na_4P_2O_7 + NaH_2PO_4$$
$$Na_4P_2O_7 + H_2O \longrightarrow 2Na_2HPO_4$$

上述反应中,三聚磷酸钠先水解为焦磷酸钠和酸式磷酸钠,继续水解最后生成正磷酸钠。聚磷酸钠的水解速率随温度升高、pH 值增加和时间延长而增加,因此聚磷酸钠的使用温度不能太高,一般为 40~50℃,pH 值 7.0~7.5 为宜,这是由聚磷酸钠的结构所决定的。聚磷酸钠阻垢具有极限效应,即加入少量的聚磷酸钠可以防止大量的 Ca^{2+} 生成,当达到极限值后,浓度增加,阻垢率不变或提高极缓慢。

2) 有机磷酸酯。

20 世纪 60 年代人们开始开发含磷有机阻垢剂,10 年以后就获得了工业应用。其结构式如下:

$$R\text{-}O\text{-}\underset{\underset{\text{OH}}{|}}{\overset{\overset{\text{O}}{\|}}{P}}\text{-}OH$$

用于阻垢的有机磷酸酯有聚氧乙烯基磷酸酯和聚氧乙烯基焦磷酸酯。聚氧乙烯基磷酸酯(n 为聚合度)结构式如下:

$$HO\text{-}\underset{\underset{\text{OH}}{|}}{\overset{\overset{\text{O}}{\|}}{P}}\text{-}O\text{-}[CH_2\text{-}CH_2\text{-}O]_n\text{-}R$$

聚氧乙烯基焦磷酸酯(n 为聚合度)结构式如下:

$$R\text{-}[OCH_2CH_2]_n\text{-}O\text{-}\underset{\underset{\text{OH}}{|}}{\overset{\overset{\text{O}}{\|}}{P}}\text{-}O\text{-}\underset{\underset{\text{OH}}{|}}{\overset{\overset{\text{O}}{\|}}{P}}\text{-}O\text{-}[CH_2CH_2O]_n\text{-}R$$

其中,n:2~12,R:C_1~C_{17} 的烷基或苯环。

在有机磷酸酯结构中,由于引入了氧乙烯基,因此提高了它对钙垢的阻止性能,通常认为它对 $CaSO_4$ 垢有较好的阻垢效果,而对 $CaCO_3$ 垢效果较差。有机磷酸酯分子中酯基的存在,降低了它的水溶性,作为阻垢用的有机磷酸酯通常是一取代或二取代产物。有机磷酸酯的结构与聚磷酸钠一样,均以 P—O 键联结而成。尽管它比聚磷酸钠不易水解,由于 P—O 键存在,它仍能发生水解,尤其是在温度较高或水溶液 pH 值较大时,更易发生水解,水解产物为正磷酸和相应的醇,过程如下:

$$R-O-P(=O)(OH)_2 + H_2O \xrightarrow[\Delta]{NaOH} ROH + H_3PO_4$$

有机磷酸酯的用量比聚磷酸钠一般要少,水解程度也远比聚磷酸钠小,因此由于水解而造成的问题不大,作为阻垢剂仍不失其应用价值。值得注意的是,有机磷酸酯与油会发生乳化作用。

3)有机磷酸。

有机磷酸是目前应用较普遍且阻垢效果较好的一类阻垢剂。有机磷酸可以看作是磷酸分子中的羟基被烷基取代的产物,其结构式为:

$$R-P(=O)(OH)_2$$

有机磷酸按分子中磷酸数目可分为二磷酸、三磷酸和四磷酸等,但目前通常按结构来分类,可分为甲叉磷酸型、同碳二磷酸型和酸磷酸型等。

用作阻垢剂的有机磷酸多数是有机多元磷酸,即在有机多元磷酸分子中,有两个或两个以上的磷酸基团直接与碳原子相连。如:

$$\begin{array}{c} H_3C \quad PO_3H_2 \\ \diagdown \diagup \\ C \\ \diagup \diagdown \\ HO \quad PO_3H_2 \end{array}$$

1-羟乙基-1,1 二磷酸(HEDP)

$$\begin{array}{c} H_2O_3P-CH_2 \qquad\qquad CH_2-PO_3H_2 \\ \diagdown \qquad\qquad\qquad\qquad \diagup \\ N-CH_2-CH_2-N \\ \diagup \qquad\qquad\qquad\qquad \diagdown \\ H_2O_3P-CH_2 \qquad\qquad CH_2-PO_3H_2 \end{array}$$

乙二胺四甲叉磷酸(EDTMP)

有机磷酸由于分子结构中碳磷直接相连,碳磷键键能较强,它比聚磷酸钠分子中的 P—O—P 键和磷酸酯分子中 C—O—P 都牢固。因此有机磷酸具有较好的化学稳定性,它们不易被酸碱所破坏,也不易水解,且耐较高温度。例如,HEDP 在 250℃时才分解,EDTMP 在 200℃和 10 个大气压力下的低压锅炉中使用,仍能保持活性。有机磷酸不仅具有极限效应,而且它与别的阻垢剂复配使用时,还具有协同效应,即复配阻垢剂的阻垢效果大大高于单一阻垢剂的阻垢效果。

4)聚合物阻垢剂。

聚合物阻垢剂分为天然聚合物阻垢剂和合成聚合物阻垢剂。

①天然阻垢剂。

在 20 世纪 60 年代初,主要使用单宁、磺化单宁、木质素、磺化木质素、淀粉和羧甲基纤维等天然有机物质作为分散剂,进行循环冷却水的处理,抑制水垢的形成。

a. 单宁。

单宁存在于多种植物及其果实(如五倍子)中,结构比较复杂,属于多元酚类化合物,含有许多酚羟基和部分水解产生的羧基,并包括一些单体的混合物,相对分子质量一般在 2000 以上。大部分水解类单宁都含有没食子酸这种单元,各单元间以酯活贰键相连,即通过氧原子相连。由于分子结构中有大量的羟基和羧基,因此能与多种金属离子(Fe^{2+},Ca^{2+},Mg^{2+}等)螯合形成溶解度较大的螯合物,阻止了水垢的析出。单宁的阻垢能力比淀粉强,冷却水中投加 50mg/L 单宁,阻垢率为 60%。单宁在钢材表面能与氧化铁反应生成一种致密的保护膜,以致碳钢的腐蚀。此外,单宁还对硫酸盐还原菌具有一定的杀菌作用。

b. 木质素。

木质素是存在于植物纤维素中的一种组成复杂的芳香族高分子化合物,具有与单宁相似的阻垢和分散作用。木质素磺酸盐的分子结构中有磺酸基,它的溶解度较木质素大得多,分散碳酸钙的效果也比木质素好得多。在冷却水中投入 50mg/L 木质素,阻垢率为 67% 左右。

木质素进一步水解可得到含有羟基、甲氧基、醛基和羧基的带苯环化合物,这些基团能与水中金属离子螯合,又能吸附在晶粒表面,防止结晶长大。木质素磺酸盐的热稳定性好,甚至在 250℃仍然能保持良好的分散性能。但其组成不稳定,性能有波动。

c. 纤维素。

纤维素也属于多糖类碳水化合物,其相对分子质量为 20000~40000。经羧甲基化改性后得到羧甲基纤维素,结构中的—CH_2OH 基团变成—CH_2—OCH_2COONa,作为分散剂使用。同时也是一种缓蚀剂和聚凝剂。

这些天然阻垢剂来源广泛、价格便宜、无毒、易于生物降解(不利结果是促进微生物的繁殖),且大都具有阻垢分散和缓蚀作用。但杂质含量高,在水处理应用中一般用量较大,约 50~200mg/L,因而费用较高。并且性能不稳定,处理效果也不够好,在高温高压下易分解,故在浓缩倍数较高的冷却水系统中不能单独使用。目前只有少数商品和配方中仍有使用,同时具有临界值效应,因此用量少。

② 合成聚合物阻垢剂。

a. 均聚物阻垢剂。

均聚物阻垢剂包括聚丙烯酸钠、聚甲基丙烯酸、水解聚马来酸酐等。

聚丙烯酸钠(PAA)是应用最早的高分子阻垢剂,国内生产的聚丙烯酸钠是固含量为 30% 左右的棕色水溶液,相对分子质量为 1000~5000,其结构式为(n 为聚合度):

$$\underset{COONa}{\underset{|}{-[CH_2-CH_2]_n-}}$$

聚丙烯酸钠具有较好的阻垢性能,由于结构中有羧钠基(—COONa),它是亲水功能团,使聚丙烯酸钠有很好的水溶性,它对 Ba^{2+},Ca^{2+},Mg^{2+},Fe^{2+},Cu^{2+} 等离子具有较强的螯合能力,不仅有分散和凝聚的作用,还能在无机垢结晶过程中干扰晶格的正常排列,从而达到阻垢和防垢的目的。

聚甲基丙烯酸(PMAA)的阻垢性能与聚丙烯酸钠基本相似,但在聚甲基丙烯酸的分子中甲基(—CH_3)的存在,增加了它的位阻效应,使它的耐温性能优于聚丙烯酸钠,相对分子质量为 500~2000,其结构式为(n 为聚合度):

$$\left[CH_2 - \underset{\underset{COOH}{|}}{\overset{\overset{CH_3}{|}}{C}} \right]_n$$

水解聚马来酸酐(HPMA)的制法如下:

$$n \overset{H}{\underset{\underset{O}{\overset{||}{C}}}{C}} = \overset{H}{\underset{\underset{O}{\overset{||}{C}}}{C}} \xrightarrow{BPO} \left[\overset{H}{\underset{\underset{O}{\overset{||}{C}}}{C}} - \overset{H}{\underset{\underset{O}{\overset{||}{C}}}{C}} \right] \xrightarrow[H_2O]{NaOH} \left[\overset{H}{\underset{\underset{OH}{\overset{|}{C}}}{C}} - \overset{H}{\underset{\underset{OH}{\overset{|}{C}}}{C}} \right]_n$$

HPMA 由于具有优异的阻垢性能,国内普遍将它用作阻垢剂。HPMA 为固含量为 50% 的棕黄色透明液体,相对分子质量为 400~1000,pH 值为 2~3。

HPMA 实际上是聚顺丁烯二酸,由于过氧化苯甲酰(BPO)和甲苯费用较高,因此目前生产的 HPMA 价格较贵。

HPMA 分子链上每个碳原子上都连接着一个羧基(—COOH)。增加了分子的平均电荷密度,即离解基团间的距离,而聚丙烯酸分子链上间隔一个碳才连接一个羧基。HPMA 分子中存在氢键,它与 Ca^{2+} 结合能生成能量较低的环状结构,因此 HPMA 的阻垢性能优于聚丙烯酸钠。

b. 共聚物阻垢剂。

共聚物阻垢剂是进入 20 世纪 80 年代后开发的一种新型水处理剂,它的开发和应用是无机垢控制的重大突破,使冷却水化学处理技术向前迈进了一大步。共聚物阻垢剂一般分为以下几类:

a) 丙烯酸类共聚物。

丙烯酸类共聚物是一类以丙烯酸为主要单体,在适当的引发剂作用下,与一种或几种单体共聚而成的一类阻垢剂,此类阻垢剂起主要作用的是聚合物中的 —COO⁻ 基团,其对 Ca^{2+}、Mg^{2+}、Fe^{3+}、Cu^{2+} 等离子具有较强的螯合能力,不仅有分散和凝聚作用,还能在无机垢结晶过程中干扰晶格正常的排列,从而达到阻垢、防垢作用。

20 世纪 80 年代初,丙烯酸—丙烯酸羟烷基酯的二元和三元共聚物作为商品进入我国,20 世纪 80 年代中期,国内丙烯酸—丙烯酸甲酯共聚物开发成功,奠定了我国水溶性聚合物水处理剂的基础。聚丙烯酰胺是一类较早用于循环冷却水领域的阻垢剂,人们将丙烯酸与丙烯酰胺单体共聚合成丙烯酸—丙烯酰胺共聚物,阻止 $CaCO_3$ 垢、$Ca_3(PO_4)_2$ 垢效果好。由丙烯酸与取代丙烯酰胺(如叔丁基丙烯酰胺)共聚而成的阻垢剂可有效地将铁稳定在水中,且能在溶解氧存在下发挥阻垢作用。李庆明等人合成的丙烯酸—丙烯酰胺—甲基丙烯酸酯三元共聚物,具有阻垢、耐温、耐酸、耐碱等多重功效。

丙烯酸单体—丙烯醚类共聚物是日本触媒化学工业株式会社开发的,可用于高浓缩倍数、高 pH 值运转的磷系或锌系冷却水处理,如丙烯酸—甲基乙烯基醚共聚物,防止 $CaCO_3$ 垢效果好。

黄伯芬等人以丙烯酸、丙烯酸酯、AGPC-1(主要官能团是 —OH、—COOR)和顺丁烯二酸酐为反应单体,水为溶剂,合成一种四元水溶性共聚物 ZG-93,该共聚物作为阻垢分散剂,综合性能好,使用范围宽,对水中存在的主要垢粒 $CaCO_3$、$Ca_3(PO_4)_2$、$CaSO_4$ 能同时起作用,效果极佳,而且对铁红微粒有较好的分散作用。

b) 马来酸类共聚物。

马来酸共聚物是以马来酸或水解马来酸酐为单体与其他单体共聚而成的一类物质,具有良好的阻 $CaCO_3$,$CaSO_4$,$BaSO_4$ 垢的效果。国内郑邦乾、朱清泉等较早地以甲苯为溶剂,合成了水溶性马来酸酐—醋酸乙烯酯、马来酸酐—醋酸乙烯酯—丙烯酸甲酯、马来酸—醋酸乙烯酯—苯乙烯三种共聚物,证明具有较好的阻 $CaCO_3$,$CaSO_4$ 垢的能力。丙烯酸羟丙酯是一类多功能单体,同时含有羰基、酯基和羟基,郑承超合成的丙烯酸羟丙酯—马来酸酐—丙烯酸甲酯三元共聚物,具有优良的阻 $CaCO_3$ 垢能力,即使在较高的 pH 值、较高碱度条件下仍能保持优异的阻垢能力,特别适用于环境苛刻的条件下阻垢、防垢。

郭德济等人以水为溶剂,在 70℃下将马来酸酐与丙烯酰胺共聚合成的马来酸酐—丙烯酰胺二元共聚物,其合成工艺简单,生产成本低,无三废污染,对 $CaCO_3$,$Ca_3(PO_4)_2$ 具有较好的阻垢效果,如与表面活性剂复配效果更好,对水质和 pH 值适应范围宽,适宜用作工业循环冷却水处理剂。李爱山等人以甲苯为溶剂,以马来酸酐、甲基丙烯酸羟乙酯为原料,制得马来酸酐—甲基丙烯酸羟乙酯共聚物,该共聚物对阻 $CaCO_3$,$MgCO_3$ 垢,稳定铁、锌效果好,用于锅炉、管线用水及油田注水的预处理中,取得了良好的效果。张良均等人利用马来酸、乙二酯(EG)、丙烯酸反应合成马来酸—乙二醇酯—丙烯酸三元共聚物,具有大量的—COO^-,对 Ca^{2+},Mg^{2+} 有较强的螯合能力,可用于耐高温的水质稳定处理。林芸制备的马来酸—丙烯酸—丙烯酰胺三元共聚物,对 $CaCO_3$ 和 $CaSO_4$ 有较好的阻垢效果,pH 值适用范围宽,适宜用作工业冷却水的水质稳定处理。此外,马来酸—丙烯酸—丙烯酸羟乙酯共聚物,能较好地抑制 $Ca_3(PO_4)_2$ 垢的沉积。丙烯酸—乙酸乙烯酯—马来酸三元共聚物,对 $CaCO_3$,$CaSO_4$ 垢甚至 $BaSO_4$ 垢有较好的阻垢效果。

c) 磺酸类共聚物。

20 世纪 80 年代,国际上出现了含磺酸基团共聚物的开发热潮,将 AMPS 单体(2-丙烯胺-2-甲基丙基磺酸)引进共聚物引起国内外的极大关注,这类共聚物具有多功能性,可以有效地防治由于均聚物与水中离子反应,产生难溶性聚合物——钙凝胶的后果,特别对 $Ca_3(PO_4)_2$ 垢有较好的抑制作用,能有效地分散颗粒物,稳定金属离子,尤其对铁垢有很好的阻垢分散作用。

表 5-7 列出的 5 类磺酸单体中,除双烯烃外,国外均已成批生产,其中乙烯、丙烯磺酸由于其本身不易进行游离基聚合,因而在水处理中受到限制,AMPS 价格适中,易于制造,受到普遍欢迎。

表 5-7 磺酸盐单体及共聚物

磺酸盐单体	磺酸共聚物
单烯烃类磺酸盐	AA—乙烯磺酸;AA—烯丙基磺酸;MA—SS;AA—SS;AA—乙烯磺酸—乙烯乙酸
丙烯类磺酸盐	AA—AMPS;A—AM—AMPS;AA—AMPS—乙烯醇;AA—AMPS—AMPP;AA—AMPS—SS
烯丙氧基类磺酸盐	AA—HAPSE—MA;AA—HAPSE;AA—ABS
丙烯酸类磺酸盐	AA—甲基,乙基丙烯磺酸
双烯烃类磺酸盐	AA—MBSN—HPA;AA—双戊二烯磺酸—双键组分

注:SS:苯乙烯磺酸;AMPS:2-丙烯酰胺-2-甲基丙基磺酸;AM:丙烯酰胺;AMPP:2-丙烯酰胺-2-甲基丙基磷酸;HAPSE:2-羟基-3-烯丙氧基-1-丙基磺酸;ABS:烯丙氧基苯磺酸;MBSN:异戊二烯磺酸盐;HPA:丙烯酸羟丙酯。

国内于20世纪90年代初开发成功,1994年已有4家能生产AMPS单体的化工厂,崔小明以丙烯酸—AMPS共聚而成产品YSS-91类似于国外最初开发的一个品种,林保平等人合成的丙烯酸—2-丙烯氧基乙磺酸钠共聚物有较好的阻垢效果,该共聚物对Ca^{2+}有较高的容忍度,可用于Ca^{2+}含量较高的冷却水中。路长青等人合成丙烯酸—2-丙烯酰胺—2-甲基丙基磺酸三元共聚物,对其阻垢机理研究表明:该共聚物在阻$Ca_3(PO_4)_2$垢、稳定锌和分散氧化铁方面性能优越,并证明磺酸基团是阻$Ca_3(PO_4)_2$垢的有效官能团。王德宇利用苯乙烯与马来酸酐先共聚,然后用制得的共聚物与SO_3磺化反应制得磺化苯乙烯—马来酸酐共聚物,可较好阻$CaCO_3$垢,与其他药剂复合使用,效果更佳。

另外,国内目前已有含有其他磺酸基团(如乙烯磺酸、丙烯磺酸等)共聚物的商品化产品,说明我国在这类产品的开发上已接近国外20世纪80年代水平。

d) 含磷聚合物。

含磷聚合物是一类由无机单体次磷酸(在聚合时也起引发剂的作用)与其他有机单体(丙烯酸、马来酸、含磺酸基单体)共聚而成的聚合物,其特点是将羧基与膦酸基结合在一个分子上,称之为膦酸亚基聚羧酸、膦酸聚羧酸或聚膦酸羧酸(PCA),由于其分子上同时有 =PO(OH)基和—COOH基,因而具有较好的阻垢和缓蚀能力。

国外开发该类聚合物始于20世纪70年代,Nalco公司于20世纪70年代末开始研制膦基聚马来酸,进入20世纪80年代,Betz公司发现PCA与AA—HPAC(丙烯酸—丙烯酸羟丙酯)复配后对抑制$CaCO_3$、$Ca_3(PO_4)_2$垢及分散黏泥和Fe_2O_3有协同效应,20世纪90年代Mogul公司又发现膦基聚丙烯酸对$CaCO_3$、$Ca_{10}(OH)_2(PO_3)_6$,特别对$MgSiO_3$垢有一定溶解能力这一颇有吸引力的现象,使之研究再度活跃,目前其产品主要是以丙烯酸、马来酸、丙烯酰胺、2-甲基丙磺酸、丙烯酸羟丙酯等单体一种或几种与次磷酸共聚而成二元、三元甚至四元聚合物。

国内开发始于20世纪90年代,胡建华等人研制的含磷丙烯酸—丙烯酸羟丙酯二元共聚物,张宝欣等研制的含羟基、磺酸基、磷酸基和一种非离子基团的三元共聚物,刁月民等由水解聚马来酸、丙烯酸和次磷酸共聚一步合成了膦酸化马来酸—丙烯酸共聚物,具有阻垢、缓蚀的双重功效。何焕杰等人以丙烯酸、马来酸酐与次磷酸盐共聚反应4h,制备膦基丙烯酸—马来酸酐共聚物阻垢剂ZPS-01,用作油田污水阻垢剂,配伍性好,用量3.5mg/L,在文南油田污水中阻垢率达100%,远优于有机膦酸。此外,韩应琳将磺酸基团引入有机膦酸分子中去,合成了二甲叉膦酸氨基甲磺酸(PPAMS),充分利用了膦酸基对$CaCO_3$螯合能力强、磺酸基对铁、锌、$Ca_3(PO_4)_2$分散能力强、亲水性能好的功效。

③新型阻垢剂。

目前新型共聚物的开发已成为药剂研究的中心,西欧、日本等已开始将磷系列入限制排放之列,绿色阻垢剂的概念已被提出并称为21世纪水处理剂发展的方向。国内熊蓉春等已开发一种无磷、非氮和可生物降解的绿色阻垢剂,该产品以马来酸酐为原料,以CatA(过氧化物)和CatB(钒系)为催化剂进行环氧化反应,生成环氧琥珀酸,再以CatC(稀土)为催化剂聚合,制得聚环氧琥珀酸(PESA),产品最佳相对分子质量范围为400~800,该阻垢剂(PESA)具有用量小、阻垢性能优异等优点,在高碱度、高固含量的水中阻垢率高,明显优于ATMP和HEDP等阻垢剂。此类阻垢剂尽管尚处于起步阶段,但它代表着未来水处理剂发展的方向。

第三节 缓 蚀 剂

金属材料和周围的介质相互作用,使材料遭到破坏或性能恶化的过程称为腐蚀。在油田上,金属的腐蚀是一个非常严重的普遍问题,每年给油田造成大量的损失。腐蚀可以各种形式表现,如点蚀(腐蚀集中在局部区域,比均匀腐蚀更严重)、均匀腐蚀(对整个腐蚀面来说,腐蚀是均匀的,但也可出现点蚀和孔蚀)、甜蚀(因 CO_2 引起,与系统的温度、压力及 CO_2 分压有关)、酸蚀(由 H_2S 引起,因有 CO_2 而加剧)、细菌腐蚀(由硫酸盐还原菌的代谢引起,不仅发生腐蚀还产生沉淀)、晶间腐蚀(发生在金属晶体之间的边界上)、硫化物应力裂蚀(高强度钢或合金与湿 H_2S 气接触下发生碎裂现象)和腐蚀疲乏(金属在腐蚀条件下重复或循环应力下所造成的疲乏和脆裂)等。

油气田防腐蚀措施有用高合金耐腐蚀材料、玻璃钢、聚氟乙烯、聚氯乙烯塑料、各种橡胶以及采用各种防腐涂料等,但是由于上述措施成本高、易老化,使用条件受到限制。目前在美国油气田中有腐蚀部位 90% 以上是采用缓蚀剂保护的,因为它的成本低、使用方便、缓蚀效率高,因此在某些部位虽然已采用了高合金钢防腐,同时也注入缓蚀剂才能有效地控制缓蚀。

一、油田水的腐蚀原理

腐蚀虽然是一个复杂的过程,有时也可以用一些化学反应式来说明。例如,把一块铁片在稀盐酸或稀硫酸溶液中,铁被腐蚀而析出氢气,其化学反应式如下:

$$Fe + 2HCl \longrightarrow FeCl_2 + H_2$$
$$Fe + H_2SO_4 \longrightarrow FeSO_4 + H_2$$

又如将铁片放在含氧的纯水、淡水和盐水中,由于溶解氧的作用发生了腐蚀。化学反应如下:

$$4Fe + 6H_2O + 3O_2 \longrightarrow 4Fe(OH)_3(红棕色沉淀)$$

生成的氢氧化铁可部分脱水形成铁锈,反应式如下:

$$2Fe(OH)_3 \longrightarrow Fe_2O_3 + 3H_2O$$

事实上,用一般的化学反应式并不能反映电化学腐蚀的本质,因为金属腐蚀是一个电化反应过程。电化学反应是指有电流流动的化学反应,其中包括氧化反应和还原反应。现就上述的金属腐蚀过程进一步研究腐蚀的电化学本质。

盐酸、硫酸和盐类的水溶液都是强电解质,这些化合物可以电离成离子状态而独立存在于溶液中,因此,铁与盐酸的反应方程式可写为:

$$Fe + 2H^+ + 2Cl^- \longrightarrow Fe^{2+} + 2Cl^- + H_2$$

从上式可看出,反应前后 Cl^- 并没有发生变化,也就是说 Cl^- 没有参加反应,上式可进一步简化成:

$$Fe + 2H^+ \longrightarrow Fe^{2+} + H_2$$

因此,铁在酸中的腐蚀,简单地说只是铁和氢离子发生作用。腐蚀过程中铁被氧化成铁离子,原子价升高,因此铁的腐蚀过程是铁释放自由电子的氧化过程;在铁腐蚀的同时,氢离子被还原成氢原子,原子价降低,因而腐蚀过程也就是氢离子吸收铁腐蚀时释放出的自由电子的还原过程。即:

$$Fe \longrightarrow Fe^{2+} + 2e \text{(氧化反应)}$$
$$\underline{2H^+ + 2e \longrightarrow H_2 \text{(还原反应)}}$$
$$Fe + 2H^+ \longrightarrow Fe^{2+} + H_2 \text{(总反应)}$$

在腐蚀术语中,通常把氧化反应,即释放自由电子的反应称为阳极反应,把还原反应,即接受自由电子的反应称为阴极反应。

由上述讨论可知:一个腐蚀过程至少由一个阳极(氧化)反应和一个阴极(还原)反应组成。阴极和阳极形成一对腐蚀电池,构成腐蚀必须有推动电子流动的电动势和一个完整的回路。油田水系统所用钢材主要含铁元素,其次是重金属元素,如锰(Mn)、镍(Ni)和钛(Ti)等。锰钢中铁与锰可构成一对腐蚀电池。锰的电动势高于铁,则电流通过钢内部由锰流向铁,而电子运动方向是由铁流向锰。由于油田水处理系统里钢浸泡在油田水中,油田水本身为电解质溶液,这样就构成了一个完整的电路。

腐蚀过程的反应产物称为腐蚀产物。腐蚀产物的性质对金属的腐蚀速度有很大影响。例如,金属在酸中的腐蚀,腐蚀产物大多数是可溶性的,如硫酸锌、硫酸铁等都是溶解度很大的盐类,这类腐蚀产物没有保护作用。然而,有些腐蚀产物是不溶性的,它们附着在金属表面上就有可能产生保护作用。只有完整、致密而又牢固地黏附在金属表面上的不溶性腐蚀产物才会有保护作用,这种不溶性腐蚀产物起了势垒作用,阻滞了介质和金属表面的接触,降低了腐蚀作用。如果不溶性的腐蚀产物是疏松而且不均匀的,则这种腐蚀产物非但没有保护作用,反而会使腐蚀产物覆盖住的局部金属表面和未被腐蚀产物覆盖住的表面处于不同的状态,造成了危害性更大的局部腐蚀。

二、影响油田水腐蚀的主要因素

1. 溶解氧的影响

油田水中的溶解氧的浓度小于 1mg/L 的情况下就能引起碳钢的严重腐蚀。在采出水中本来不含有氧,但在水采出地面后,就常会与空气接触而含氧。浅井中的水可能含有一定数量的氧气,只要条件允许,就应严格将其排除掉。

氧气在水中的溶解度是压力和温度的函数,如果系统压力大、温度低、那么氧在水中的溶解度就大,水的腐蚀性也就越强,氧气的腐蚀机理如下:

阳极反应:$Fe \longrightarrow Fe^{2+} + 2e$

阴极反应:$O_2 + 2H_2O + 4e \longrightarrow 4OH^-$

总反应:$Fe + O_2 + 2H_2O \longrightarrow 2Fe(OH)_2$

然后 $Fe(OH)_2$ 被氧化成 $Fe(OH)_3$ 并部分脱水生成铁锈。

在大多数情况下,氧能加剧腐蚀,原因有两个:第一,氧很容易与阴极上的氢离子结合,其腐蚀反应速度主要决定于氧气扩散到阴极的速度。没有氧气时,阴极上的氢离子不能被结合,如果产生腐蚀反应,阴极上的氢离子会得到电子变成氢气。由于从阴极上放出氢气需要能量,而外界又没有这种能量供给,就会使腐蚀反应难以进行。当有氧气时,氧能耗掉阴极表面的电子而使腐蚀反应速度加快。第二,如果 pH 值大于 4,亚铁离子易被氧化成铁离子,从而生成难溶于水的氢氧化铁沉淀,使得腐蚀反应速度加快。这种腐蚀反应生成的氢氧化铁沉淀一般附于金属表面上,但也常有沉淀进入水中的情况。

2. 溶解二氧化碳的影响

二氧化碳溶解于水中生成碳酸,使水的 pH 值降低而腐蚀性增大。二氧化碳的腐蚀性不像氧那样强,但通常造成点腐蚀,反应方程式如下:

$$CO_2 + H_2O \longrightarrow H_2CO_3$$
$$Fe + H_2CO_3 \longrightarrow FeCO_3 + H_2$$

和所有的气体一样,二氧化碳在水中的溶解度是水上大气中二氧化碳分压的函数。分压越大,溶解度越大。因此,在两相体系(气体、水)中,腐蚀速度随二氧化碳分压的增大而加快。

在二氧化碳分压高时所测定的腐蚀速度是极高的。在多数情况下,高的腐蚀速度在运行系统不可能维持很久,因为腐蚀产物在金属表面上形成了保护层。随着腐蚀产物层的形成,均匀腐蚀减轻,但点蚀会成为非常严重的问题。

3. 溶解硫化氢的影响

硫化氢极易溶解于水,溶解以后成为弱酸,反应方程式如下:

$$H_2S + H_2O \longrightarrow HS^- + H^+ + H_2O$$

硫化氢在水中的电离程度是 pH 值的函数,通常情况下,酸性水含有 H_2S 和 HS^-。

通常的腐蚀反应如下:

$$Fe + H_2S + H_2O \longrightarrow FeS + H_2 + H_2O$$

腐蚀生成的 FeS 极难溶解,常黏附在钢的表面上形成垢。FeS 是一种良导体,对于垢下的钢来说 FeS 是阴极。这样,在钢与 FeS 之间就形成了一对电偶,其作用是在垢下的缺陷处产生加速腐蚀的倾向,通常引起深的点蚀。

H_2S 和 CO_2 结合起来比单一的 H_2S 腐蚀性更大,在油田水系统中,经常出现这类情况。应该强调的是,即使有微量的氧存在,也有很坏的影响。

硫酸盐还原菌也能在油田水系统中产生硫化氢。

4. 溶解盐类的影响

通常情况下,含有溶解盐类的水的腐蚀性随着溶解盐类浓度的增大而增大,直到出现最大值后趋于减小。这是因为含盐量增加,盐水导电性增大,腐蚀性增大。但含盐量足够大时会明显引起水中氯气的溶解度降低,腐蚀性反而下降。

5. pH 值的影响

碳钢在含有溶解盐类水中的腐蚀速度与 pH 值的关系以 pH=7 的腐蚀速度为分界线,也就是说没有保护措施的碳钢在碱性水中的均匀腐蚀速度将低于酸性水,pH 值在 4~10 范围内同样存在着 pH 值对腐蚀速度的影响。由于含盐水不可避免地会对碳钢表面带来一定的沉积物,这些沉积物增加了氧的扩散势垒,降低了碳钢的腐蚀速度。因此水的酸碱性将明显地影响腐蚀速度。这个结论只适用于没有保护措施的水系统,当水中投加缓蚀剂处理后,应当根据缓蚀剂特点来确定。上述结论也只适用于常温下碳钢的全面腐蚀,水温较高时,如果出现沉积物又不加控制,则将导致严重的局部腐蚀。因此可以认为碱性体系将会降低碳钢均匀腐蚀速度,但有可能增加局部腐蚀的危险。

6. 温度的影响

因为温度几乎能提高所有化学反应速度,所以腐蚀速度通常随温度升高而加快。如果腐蚀是由氧传质控制,则在密闭系统内由于氧浓度恒定,水温每升高 30℃,碳钢腐蚀速度大致增加一倍。在与大气相通的系统内,溶解氧浓度将随着温度升高而下降,然而流体的黏度却随着温度升高而降低,增大了氧在流体中的扩散系数,二者相比,后者影响更大,结果腐蚀速度增加了。温度的升高不仅对腐蚀有一定影响,而且对结垢也会产生一定的影响。当油田水中含有碳酸氢盐时,升高温度将加速水垢的形成,而在一定条件下生成的水垢又会使腐蚀趋势减小。而升高温度又可能导致碳酸氢盐分解而产生更多的二氧化碳而促进腐蚀。

此外,温度的升高将有利于钝化型金属成膜,但较高的温度又可以破坏钝化膜而加速腐蚀。当油田水中使用缓蚀剂时,升高温度可以提高缓蚀率,但过高的温度又可使缓蚀剂分解而流失。

7. 流速的影响

流速对腐蚀速度的影响取决于金属及其所处的环境。对于受活化极化控制的腐蚀过程,流速和搅拌强度对腐蚀速度没有影响,例如铁在稀盐酸中的腐蚀。当腐蚀过程受阴极扩散控制时,例如碳钢在含氧水中的腐蚀,则腐蚀速度与氧的扩散速度、浓度极化密切相关,流体的流动状态强烈地影响着氧的扩散速度和浓度极化。流体的流动状态与雷诺数有关,当管径和水温不变时,流体的流动状态主要由流速来决定。流体的流动状态由滞流区过渡到湍流区时,与临界雷诺数相对的流速称为临界流速 $v_{临}$。在滞流区内,腐蚀速度随流速的增加而缓慢上升;当流速达到 $v_{临}$ 时,进入湍流区,由于氧的扩散传递速度增大,致使极限电流密度迅猛增加,腐蚀速度出现一个突变(图 5-1)。图 5-1 示出了在不同流速下可能发生不同的腐蚀形态;AB 为滞流区,出现全面腐蚀;BC 为湍流区,出现湍流腐蚀;CD 为高流速区,出现空流腐蚀。对于耐冲刷强度差的材料,如铜和铜合金以及金属表面生成保护膜的金属要特别注意流速的影响。

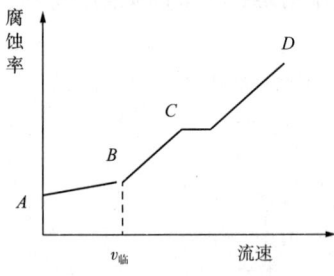

图 5-1 流速与腐蚀率的关系

必须指出,腐蚀速度随着流速增加而增加这一结论,只适用于没有使用缓蚀剂的碳钢在含氧水中的均匀腐蚀。对于使用缓冲剂的油田水系统,缓蚀效果与缓蚀剂到达金属表面的速度有关,增加流速能提高缓蚀剂的传质速度,从而有利于提高缓蚀效率或降低缓蚀剂的投加量。对于钝化型金属或某些需要溶解氧才能成膜的缓蚀体系,增加流速也可提高缓蚀效果,减少污垢沉积,保持金属表面的清洁,降低局部腐蚀的可能性。因此,不同的腐蚀体系应寻体分析流速对腐蚀的影响。对于使用缓蚀剂的油田水系统,适当增加流速一般说是有利的。

三、金属腐蚀的防护

上面简要地介绍了金属腐蚀的原因及油田水对腐蚀的影响,由此会对腐蚀的防护方法产生一些概念,下面介绍一些常用的防腐方法。

1. 保护层法

保护层法是使金属表面生成一层致密的不易腐蚀的物质,以此将金属与外部介质隔绝开来,使金属免遭腐蚀的一种方法。常用的保护法有4种:

1)涂层;

2)衬里;

3)金属保护层;

4)钝化膜。

2. 阴极保护

阴极保护是根据电化学理论发展起来的一种保护措施,是将被保护的金属作为腐蚀电池的阴极或电解池的阴极而不破腐蚀,所以叫阴极保护法。阴极保护法有两种:一种是牺牲阳极保护法,一种是外加电流法。

3. 化学法去除腐蚀性气体

降低油田水腐蚀性的方法主要有介质改善法和化学药剂缓蚀(防腐)法。通常这两种方法是一起使用的。

(1)介质改善法

介质改善法的原理一般有以下3种:

一是通过适当的处理工艺,将水中的腐蚀因子,如 O_2,H_2S,CO_2 等去除或减少;

二是提高水介质的 pH 值;

三是提高水质净化效果,减少水中悬浮物、细菌等有害杂质。

(2)化学药剂缓蚀(防腐)法

化学药剂缓蚀法涉及的药剂一般分为除氧剂和除氢剂两种。

1)除氧剂。

把化学药剂加入水中,用药剂与水中氧反应的方法来除去溶解氧,这一类化学药剂叫作除氧剂。油田上用得最多的除氧剂是亚硫酸盐,主要有亚硫酸钠(Na_2SO_3)、亚硫酸氢钠($NaHSO_3$)、亚硫酸氢铵(NH_4HSO_3)以及二氧化硫(SO_2)4种。

①亚硫酸钠。亚硫酸钠与氧的反应方程式为:

$$2Na_2SO_3 + O_2 \longrightarrow 2Na_2SO_4$$

理论上,1mg/L 的 O_2 需要 7.9mg/L 的 Na_2SO_3 来反应,但实际上使用的量总要高于理论值。当溶解氧含量近于饱和时,通常用量应超出理论量的 25%;除去少量的溶解氧(1mg/L)时,亚硫酸钠用量常常需要超出理论量 2~10mg/L,这样可加快反应以达到满意的速度。

在正常运行温度下,亚硫酸钠与氧的反应速度很慢,所以一般都要添加催化剂。二价钴离子(Co^{2+})是用得最多的催化剂,一般用 0.1mg/L 的二价钴离子就足够了。

②亚硫酸氢钠。亚硫酸氢钠与氧的反应方程式为:

$$2NaHSO_3 + O_2 \longrightarrow Na_2SO_4 + H_2SO_4$$

理论上,1mg/L 的 O_2 反应需要 6.5mg/L 的亚硫酸氢钠。但与亚硫酸钠一样,通常必须使用催化剂来加速反应的进行。另外,由于溶液呈酸性(pH=3.5~4.0),因此水罐必须是内涂层或是用耐腐蚀材质制造,以防止腐蚀。由于溶液的 pH 值较低,相对来讲,它与大气中氧是不反应的,因此一般不需要进行气封。0℃时,亚硫酸氢钠的饱和溶液中约含 33% 的 $NaHSO_3$。

③亚硫酸氢铵。

亚硫酸氢铵与氧的反应方程式为:
$$2NH_4HSO_3 + O_2 \longrightarrow (NH_4)_2SO_4 + H_2SO_4$$

亚硫酸氢铵的主要优点有 3 方面:

a. 亚硫酸氢铵由于 pH 值低而不与空气反应,所以能够贮存于敞口容器内;

b. 使用亚硫酸氢铵时,一般不需要加催化剂,尽管在必要时它能够被催化;

c. 亚硫酸氢铵的溶解度比其他亚硫酸盐除氧剂高,在 0℃时,其饱和溶液中亚硫酸氢铵的含量约为 60%。

④二氧化硫。

二氧化硫与氧的反应方程式为:
$$2SO_2 + 2H_2O + O_2 \longrightarrow 2H_2SO_4$$

在这一反应中,1mg/L O_2 需要 4mg/L SO_2 与之反应。

在大多数情况下,与亚硫酸钠一样,反应必须借助某些物质(如用 Co^{2+} 作为催化剂)才能迅速进行。二氧化硫是以气体的形式添加到系统里的,它比亚硫酸钠便宜,用量比较少,之所以应用不如亚硫酸钠那么普遍,是因为它不太好处理,而且它必须与催化剂分开加入。但在需要大量除氧剂的场合,常常使用它。但应注意的是,过量的 SO_2 会使水的 pH 值降低,并足以引起严重的腐蚀问题。

2)除氢剂。

化学氧化剂和醛类能除去水中的硫化氢。油田水系统中应用最普遍的氧化剂有氯、二氧化氯和过氧化氢,使用的醛类是丙烯醛和甲醛。这些药剂也可用作杀菌剂。

虽然上述各种药剂在酸性或中性水中都是良好的除去硫化氢的药剂,但是化学氧化剂在用量很大时能严重地腐蚀钢。硫化氢和氧化剂反应的最终生成物常常是胶体硫,它本身就有很强的腐蚀性。除此之外,大多数水中还存在许多能与氧化剂反应的物质,从而使得实际投加量要高出理论投加量。

由于上述原因,作为硫化氢除去药剂而使用的氧化剂,一般只限于应用在除去每升只含几毫克硫化氢的水中。

①氯。氯气能用来和少量的硫化氢反应。其反应式为:
$$4Cl_2 + 4H_2O + H_2S \longrightarrow H_2SO_4 + 8HCl$$

理论上,1mg/L 的硫化氢需要 8.5mg/L 的氯来反应。

②二氧化氯。二氧化氯在工业水中作为杀菌剂使用,它也能用来除去水中少量的硫化氢。化学反应式为:
$$2ClO_2 + 2H_2S \longrightarrow 2HCl + H_2SO_4$$

1mg/L 的硫化氢理论上需要 2mg/L 的二氧化氯与之反应。

③过氧化氢。硫化氢也可以用与过氧化氢反应的方法除去。在酸性或中性 pH 值条件下,如有催化剂(铁)存在时,能急剧反应,生成游离的硫。其反应如下:
$$H_2S + H_2O_2 \longrightarrow S + 2H_2O$$

理论上,1mg/L 的硫化物需要 1mg/L 的过氧化氢来反应。虽然人们担心过氧化氢存在着腐蚀性,但研究表明,只要过氧化氢与硫化氢的比不超过 1.5:1,就不会出现严重的腐蚀问题。

④丙烯醛。丙烯醛(CH_2=CH—CHO)既是一种硫化氢除去剂,又是一种强杀菌剂。硫化氢与丙烯醛反应的产物还不十分清楚,但是,除去硫化氢的百分数随着丙烯醛与硫化氢的比率的增大而升高,这两点是清楚的。一般地,除去 1mg/L 硫化氢要使用 4~6mg/L 的丙烯醛。

在 pH 值为 6~8、溶解固体物总量低于 10g/L、温度低于 65℃的水中,除去硫化氢的能力最高。在多数系统中,反应需要 2~20min。丙烯醛与除氧剂以及多种缓蚀剂和防垢剂之间都能互溶。

⑤甲醛。甲醛(CH_2O)也能和硫化氢反应除去硫化氢,但除去的效果明显地低于丙烯醛。表 5-8 列出了几种药剂除去硫化氢的效率。

表 5-8 除去硫化物的效率对比

化学药剂名称	硫化物的脱除率,%			
	pH = 6	pH = 7	pH = 8	ASTM 盐水
丙烯醛	99	99	99	99
二氧化氯	>99	>99	68	99
甲醛	20	55	43	60
过氧化氢	99	94	99	87
次氯酸钠	>99	99	96	99

注:ASTM—美国材料试验学会。

4. 隔氧技术

在油田水处理系统中采用隔氧措施,经济上是合理的,但技术上却常常碰到困难。因为溶解氧含量在 10^3 mg/L 的范围内,就已经表明是有害的了。

(1)储水罐的气封

处理不含氧的水的全部水罐应该用一种不含氧的气体来备封,如天然气或氮气。普遍采用 0.5~1.0kPa 正压,调节器必须足够大,以保证在容器内液面最大下降速度时的气体供给,必须装配压力阀或真空安全阀。

不应该使用油封,氧在油中的溶解度比在水中大得多,并且能以惊人的速度扩散通过油层,最好的情况下,油层仅仅能减缓氧的进入速度,而不能杜绝氧的进入。另一方面,细菌也常在油水界面上繁殖。

(2)井的气封

供水井和生产井都可能需要气封来防止氧进入。最容易进氧的部位之一是通向井底电泵电缆。在供水井和生产井中,关井后重新启动时最易进氧。关井时,液位一般升至环形空间开完井时的井位时,液位降低,这时就会吸入氧。

(3)注入泵

氧经常通过泵的吸头,尤其是从不能保持正吸入压头的地方进到注入系统。另一个进氧渠道是离心泵的损坏密封,如果密封垫出现泄漏,空气就被吸进泵内。因此应将全部处理不含氧水的离心泵都装上加压吸入口密封。

(4) 阀杆及连接处

由于氧的扩散作用,氧能穿过水层迁移到上游和从低压区扩散到高压区域,这是氧难以处理的原因之一。阀杆和连接处,如法兰等都是氧容易渗入之处,必须保持密封。

四、油田水处理常用缓蚀剂

1. 油田水处理常用缓蚀剂分类

油田水处理用缓蚀剂按成分可分为有机和无机两大类。由于有机缓蚀剂具有以下优点因而逐渐代替了无机缓蚀剂:
1) 缓蚀效果好,投加量低,处理成本较低;
2) 有一剂两用或一剂多用的效果,例如防垢缓蚀剂咪唑啉类及季铵盐类缓蚀剂又有杀菌效果;
3) 有机缓蚀剂同时又是表面活性剂,具有降低表面张力的作用,有利于注水。

按缓蚀剂的作用机理来划分,可分为阳极型、阴极型和混合型3种类型。按缓蚀剂所形成的保护膜特征划分,可分为氧化膜型、沉淀膜型和吸附膜型3种类型。

2. 油田注水系统常用缓蚀剂

油田注水系统应用缓蚀剂开始于20世纪50年代,初期曾沿用化工厂循环冷却水系统的无机缓蚀剂来处理油田污水,以达到防腐蚀的目的。但无机缓蚀剂用于处理像油田回注这样大量的、非循环的含氧水是不经济的。因此,人们倾向于应用有机缓蚀剂或有机缓蚀剂与无机缓蚀剂混合使用。目前油田水缓蚀的主要技术路线为:由开式系统改为闭式系统,使注水中溶解氧含量降低至 $0.02 \sim 0.05$ mg/L,这样就使油田污水的腐蚀类型从主要是氧腐蚀转化为弱酸性的环境腐蚀(主要是 H_2S, CO_2 等腐蚀),然后再使用有机缓蚀剂进行防腐。

油田水系统使用的有机缓蚀剂主要类型有:季铵盐类、咪唑磷酸胺类、脂肪胺类、酰胺衍生物类、吡啶衍生物类、胺类和非离子表面活性剂复合物等。对油田注水效果较好的是季铵盐类、咪唑啉类,因为这类化合物通常还具有较好的分散性,可以防止一些沉积物对地层的堵塞。椰子油酸胺的醋酸盐对油田注水也有较好的效果,它具有缓蚀和杀菌双重作用。油田污水及注水系统常用的缓蚀剂见表 5-9。

表 5-9 油田污水及注水系统常用缓蚀剂

名 称	主要成分	物化性质及使用方法
CT2-7/CT2-10	有机胺盐	棕红色透明液体,在水中呈均匀透明状态,可与杀菌剂、阻垢剂等配伍使用
HS-13	油酰肌氨酸盐	淡黄色液体,下层有少量絮状物。用于油田污水处理和回注系统时,先将药剂摇匀,再稀释为浓度为 1%~2% 的水溶液即可用
SH-1	聚磷酸盐、锌盐及其他	白色粉末。用于水系统能在金属表面形成一层致密的保护膜
PTX-CS	聚氧乙烯烷基苯基醚磷酸酯	橙色或淡黄色液体,易溶于水
WT-350-2	唑类化合物	微黄色方针状固体
KS-1	咪唑类	橙黄色透明液体
苯并三唑	$C_5H_5N_3$	淡褐色至白色结晶粉末

第四节 杀 菌 剂

对于油田注入水和污水处理系统,细菌所造成的危害基本上可分为两类:一类为腐蚀,另一类是造成堵塞。这些细菌对油气生产系统造成的危害是严重的。为了保证注水效果,在回注系统中实施杀菌是非常重要的。

一、细菌的种类

在油田水系统中,最常见的细菌有硫酸盐还原菌(SRB)、铁细菌和腐生菌。在适宜的条件下,大多数细菌在污水系统中都可生长繁殖,其中危害最大的为硫酸盐还原菌和腐生菌。

1. 硫酸盐还原菌

(1)种类与形态

在厌氧条件下能将硫酸盐还原成硫化物的细菌叫硫酸盐还原菌。硫酸盐还原菌包括脱硫弧菌属中的几种菌和梭菌属中的一种致黑芽梭菌。脱硫弧菌是根据拉丁文命名的,其原意是脱硫的、稍微弯曲的棒状快速摆动的细菌,故称脱硫弧菌。脱硫弧菌属中的几种菌形态基本相似,都是厌氧菌又都可将无机硫酸盐还原成硫化物:这几种菌的差别仅仅在于它们所氧化的有机基质不同。目前的细菌分类技术只能鉴别到脱硫弧菌属,其不同的品种尚不能鉴别,更不能分离。脱硫弧菌的基本形态为略带弯曲的圆柱形体,有一根鞭毛,菌体长 $1.5\mu m$ 左右,鞭毛长为 $3\mu m$ 左右。梭菌的形状类似纺锤形,所以也叫纺锤形细菌。属于该菌属的细菌种类有几种比较相似,其中只有下种能使无机硫酸盐还原成硫化物,这种菌叫致黑芽梭菌。

(2)营养

硫酸盐还原菌所需无机营养物主要有:Na^+、K^+、Mg^{2+}、Ca^{2+}、Fe^{2+}、Cr^{3+}、NH_4^+、SO_4^{2-}、CO_3^{2-}、HPO_4^{2-} 等,所需有机物主要有:乳酸盐、丙烯酸、甘氨酸、天门冬胺酸等。

(3)生长及繁殖环境

硫酸盐还原菌生长的 pH 值范围很广,一般为 5.5~9.0,最佳为 7.0~7.5。该细菌的生长温度随品种而异,分中温及高温两种。中温型的为 20~40℃,最适宜的温度为 25~35℃,高于45℃停止生长。高温型的最适宜温度为 55~60℃。

(4)硫酸盐还原菌生存场所

硫酸盐还原菌在自然界中普遍存在,在油田水系统中硫酸盐还原菌存在的主要部位是:
1)水管线的滞流点,如弯头、阀门和水表等处,也存在于垢下或管底沉积物中能够局部形成厌氧的环境中;
2)各种水罐罐壁垢下及罐底淤泥中;
3)滤罐的滤料及垫层中;
4)回注污水的注水井油管与套管环形空间中。

(5)鉴别硫酸盐还原菌的方法

在油田水系统中,一般出现下列现象时可粗略估计出可能存在有硫酸盐还原菌的危害:

1）水逐渐变黑且硫化氢气味变大；
2）尽管酸化处理但注水井注水量仍在下降；
3）钢水罐及管线点蚀严重，出现瘤状节和点蚀坑；
4）注水井反洗或反吐时，产生大量的黑水和黑色黏液。

(6) 危害

在厌氧环境下将水中无机硫酸盐还原成硫化氢，从而对钢罐及管线形成腐蚀；产生的腐蚀产物 FeS 水注入地层引起堵塞，该菌菌体也可堵塞地层。因此，有效地控制硫酸盐还原菌是十分必要的。

(7) 硫酸盐还原菌对钢铁腐蚀的原理

在厌氧环境中有硫酸盐还原菌存在时，与污水接触的钢铁表面也可形成若干对腐蚀电池。其反应如下：

在阳极部位铁被溶解：

$$4Fe \longrightarrow 4Fe^{2+} + 8e$$

阴极部位反应比较复杂，在无氧又无硫酸盐还原菌时，仅发生放氢反应而停止腐蚀；当水中有 SO_4^{2+} 及 SRB 时，SRB 靠它的氢化酶及 SO_4^{2-} 进行如下反应：

$$4Fe + SO_4^{2-} + 4H_2O \longrightarrow FeS + 3Fe(OH)_2 + OH^-$$

在反应中正六价硫还原成负二价硫，SRB 获得了能量，生成腐蚀产物 FeS 及 $Fe(OH)_2$。

当水中含有较多 CO_2 时，S^{2-} 和 Fe^{2+} 反应如下：

$$S^{2-} + 2HCO_3 \longrightarrow H_2S + 2HCO_3$$
$$Fe^{2+} + H_2S \longrightarrow FeS + 2H^+$$

2. 腐生菌

(1) 定义及生理特点

在某些特定环境下，很多细菌都可以形成黏膜附着在设备或管线内壁上，也有些悬浮在水中。凡是能形成黏膜的细菌我们都称为腐生菌，该菌类为好氧菌，它可从乙醇糖类等有机物中获得能量。

腐生菌属于多科的细菌，无法根据各种细菌的特性来鉴别。因此，采用细菌总数计数法来衡量该菌是否会引起危害或引起危害的程度。实际分析细菌总数时，都以腐生菌含量多少为依据。一般认为腐生菌总数低于 10^4 个/mL 不会引起大的问题，当细菌总数大于 10^5 个/mL 时，必须采取杀菌等处理措施。

(2) 腐生菌的存在与危害

大多数污水系统中都能满足该菌类对温度及营养的要求，因此出现这类菌的现象很普遍。该菌类多数是存在于低矿化度（不大于 5000mg/L）开式污水处理流程的污水及注水系统中。但在高矿化度或闭式污水及注水系统中，也有此类细菌存在，具体在如下部位存在：

1）低矿化度含油污水处理系统中，以及含油污水与地面水或地下水混注系统中。因为这时有溶解于水中的氧气或混注时从清水中带入的氧气,有的含油污水中本来存在糖类、醇类和磷等细菌生长繁殖所需的养料。再加上污水具有适宜细菌生长的温度,特别是混注水的温度一般为25~35℃时,腐生菌便大量繁殖。大量繁殖的结果使其形成了细菌膜,水中的悬浮物及肉眼可见物大为增加,从而堵塞注水系统及地层。

2)在开式污水处理站的除油罐、缓冲罐及过滤罐中也有此类细菌。白膜为腐生菌,黑色黏状物是硫酸盐还原菌,枯黄色的是铁细菌。

杀菌方法一般可分为化学法和物理法。化学法是通过向水体中投加适当的化学药剂(杀菌剂)来杀菌的。物理法主要是利用紫外线的杀菌作用。油田水系统应用最为普遍的杀菌方法是化学法。

二、杀菌剂的种类

按杀菌剂的化学成分可分为无机杀菌剂和有机杀菌剂两大类。属于无机杀菌剂的有氯、二氧化氯、次氯酸钠等。属于有机杀菌剂的有季铵盐类、氯酚类、有机硫类和氯胺类等。按杀菌剂的杀菌机制分为氧化型和非氧化型杀菌剂。例如,氯、次氯酸钠和氯胺等是氧化型杀菌剂,季铵盐类、氯酚类和二硫氰基甲烷等是非氧化型杀菌剂。

1. 氧化型杀菌剂

氧化型杀菌剂都是一些氧化剂,它们的杀菌作用是通过它们的强烈氧化作用,破坏原生质结构或氧化细胞结构中的一些活性基因而产生的。在油田水处理及注水系统中,一般都含有还原剂 Fe^{2+},H_2S,SO_4^{2-} 等,如果使用氧化型杀菌剂,那么还原剂与杀菌剂作用会消耗掉一部分,降低杀菌效果。例如,氯可把 Fe^{2+} 氧化成 Fe^{3+},在有 H_2S 存在的条件下有如下反应发生:

$$4Cl_2 + 4H_2O + H_2S \longrightarrow H_2SO_4 + 8HCl$$

因此,系统中如果存在大量的 H_2S 和 Fe^{2+} 时,氯的使用就受到限制,故用氯来杀灭硫酸盐还原菌是不合适的。另外,在油田水处理中,一般都要加入化学除氧剂来除氧,除氧剂会与杀菌剂反应,使氧化型杀菌剂的使用受到限制。在油田处理后的污水中还含有较高溶解状态的有机物,当加入氧化型杀菌剂后,可将有机物氧化成无机物以悬浮物的形式悬浮在水中,除降低杀菌剂杀菌效果外,还增加了悬浮物含量,影响注水水质。因此,油田污水处理中多使用非氧化型杀菌剂。

2. 非氧化型杀菌剂

(1)氯酚及其衍生物

氯酚及其衍生物是应用较早的一类杀菌剂。这类杀菌剂的品种很多,其杀菌效率递增顺序为:邻氯酚<对氯酚<2,4-二氯酚<五氯酚钠<2,4,5-三氯酚<2,2′-二羟基-5,5′-二氯苯甲烷。国产杀菌剂 NL-4 主要成分就是 2,2′-二羟基-5′,5-二氯苯甲烷,它们通常以对氯酚和甲醛为原料,在浓硫酸的催化下,进行缩合反应而制备。氯酚类杀菌剂杀菌能力很强,但不易被其他微生物迅速降解。

将氯酚类杀生剂与某些阴离子型表面活性剂混合,可以明显提高其杀生效果。

氯酚类杀生剂的杀生作用是由于它们能吸附在微生物的细胞壁上,然后扩散到细胞结构中,在细胞质内生成一种胶态溶液,并使蛋白质沉淀。

(2) 季铵盐化合物

季铵盐杀菌剂是一类有机铵盐,它具有离子型化合物的性质,极易溶于水而不溶于非极性溶剂。其化学结构式为:

$$[R-N^+(R_1)(R_2)(R_3)]X^-$$

其中,R,R_1,R_2,R_3代表不同的烷基,X^-为卤素离子。作为杀菌剂使用的季铵盐,其中分子链上的一个烷基往往具有$C_{12} \sim C_{18}$的长碳链结构,具有$C_{12} \sim C_{18}$长碳链的季铵盐分子中,既有憎水的烷基,又有亲水的季铵离子,因此它是一类能降低溶液表面张力的阳离子表面活性剂。由于它具有杀菌性能和表面活性作用,所以季铵盐在水处理中是一种很好的杀菌剂,也是一种很好的污泥剥离剂。由于季铵盐的螯合能力强,因此与其他药剂共用时还具有缓蚀增效作用,是一种具有多种效能的水处理剂。

季铵盐化合物的杀菌力与碳链长度有关,对硫酸盐还原菌、铁细菌、一般异养菌的试验结果表明,杀菌力$C_{16} > C_{14} > C_{13} > C_{12}$,但由于$C_{12}$的来源较多,所以一般应用最广的是十二烷基二甲基苄基氯化铵(1227)以及十二烷基三甲基氯化铵(1231)。烃基都是烷基的三甲基季铵盐,十六烷基杀菌力较强,带苄基的季铵盐杀菌力比带烷基的强。另外,上类分子中含有吡啶基,其杀菌力也很强。

季铵盐化合物化学性质稳定,使用方便,毒性较低,且无积累性,对鱼类毒性属于中毒,使用时一般投药量为$10 \sim 20$mg/L即可抑菌,$30 \sim 40$mg/L可杀死细菌,$4 \sim 7$mg/L可杀死藻类,冲击式投加量一般为100mg/L。

季铵盐杀菌剂中最常用的两种药剂是洁尔灭(十二烷基二甲基苄基氯化铵,俗称1227)和新洁尔灭(十二烷基二甲基苄基溴化铵)。由于这两种季铵盐的阳离子相同,故其杀生性能基本相似。新洁尔灭的杀生作用比洁尔灭要强一些。

季铵盐的杀生作用应归功于其正电荷。这些正电荷与微生物细胞壁上带负电的基团生成电价键。电价键在细胞壁上产生应力,导致溶菌作用和细胞的死亡。季铵盐也能使蛋白质变性而导致细胞死亡。它们破坏细胞壁的可透性,使维持生命的养分摄入量降低。

3. 有机硫类

许多有机硫化物是低毒、水溶和易于使用的。它们对于抑制真菌、黏泥形成菌,尤其是硫酸盐还原菌十分有效。

二硫氰基甲烷又称二硫氰酸甲酯,是一种广泛使用的有机硫杀生剂。其分子式为$CH_2(SCN)_2$。二硫氰基甲烷在pH值为$6 \sim 7$的范围内基本稳定,当pH值上升到8.5以上时,便迅速水解为硫氰酸盐和甲醛以及少量硫化物。单独使用二硫氨基甲烷其杀菌或抑菌效果并不理想,与季铵盐复配后增效明显,其杀菌效果大大提高。国内使用较为普遍的SQ8杀菌剂就是由二硫氰基甲烷和1227复配而成的,是一种具有良好杀菌效果、同时还具有剥离作用的广谱杀菌剂。

二硫氰基甲烷杀生的作用机理是阻碍微生物中电子的转移,从而使细胞死亡。

4. 醛类化合物

醛类化合物,如甲醛、丙烯醛和戊二醛等都具有较好的杀菌性能,但由于它们具有强烈的刺激性气味,易燃、易挥发,影响了它们的推广应用。其中,戊二醛具有较强的杀菌力,在油田水处理中已有应用,但价格较高。醛类与季铵盐复配,能明显提高杀菌效果。WC-85,KB-901等杀菌剂就是戊二醛与1227复配的产品,在油田水处理中得到了广泛应用。

5. 异噻唑啉酮类

异噻唑啉酮是一类较新的杀生剂。作为杀生剂,人们常使用异噻唑啉酮的衍生物,例如,2-甲基-4-异噻唑啉-3-酮和5-氯-2-甲基-4-异噻唑啉-3-酮。

异噻唑啉酮是通过断开细菌和藻类蛋白质的键而起杀生作用的。异噻唑啉酮在较宽的pH值范围内都有优良的杀生性能。它们是水溶性的,故能和一些药剂复配在一起。

6. 其他类型的杀生剂

除以上所述,还有其他类型的杀生剂,如有机胺类、有机锡化合物和季鏻盐类等。

三、杀菌机理

无论是无机杀菌剂还是有机杀菌剂,氧化型杀菌剂还是非氧化型杀菌剂,其杀菌机理可归纳为以下几点。

1) 阻碍菌体的呼吸作用。

细菌在呼吸时要消耗糖类、碳水化合物,以维持体内各种成分的合成。这个过程主要靠一种酶,如果杀菌剂进入菌体,影响酶的活性,使能量代谢中断或减少,因呼吸停止而死亡。

2) 抑制蛋白质合成。

组成蛋白质的氨基酸分子通过肽键依次缩合成多肽链,由两个氨基酸分子缩合而成的化合物称为二肽,是两个氨基酸分子之间的上个氨基与另一个的羟基失水缩合而成,连接两个氨基酸的键即为肽键。由多个氨基酸缩合而成的化合物称为多肽。构成蛋白质的多肽链,有的较短,有的较长,其侧链R的数目与结构也不同,因此使蛋白质表现特异性的区别,成为生命的物质基础。当杀菌剂进入菌体后,如果阻止了某一步肽键的形成,即能破坏蛋白质的合成,或者破坏了蛋白质的水膜或中和了蛋白质的电荷,使蛋白质沉淀而失去活性,起到抑制或致死的作用。

3) 破坏细胞壁。

细胞壁是细菌同外界进行新陈代谢,同时保持内外平衡的一种起屏障作用的物质,能促进离子或营养物质的吸收,并可阻挡某些大分子的进入和保留存在于细胞壁和细胞膜之间的蛋白质,而有些介质中的蛋白质是对细菌生理很重要的酶。细胞壁主要由肽聚糖组成,如果杀菌剂能溶化细胞壁,或者阻止介质中蛋白酶的作用,这样就破坏了细胞壁,也破坏了内外环境的平衡,达到杀死细菌的目的。

4) 阻碍核酸的合成。

核酸是生物体遗传的物质基础,其化学组成可分为两大类:一类称脱氧核糖核酸(简称DNA),主要存在于细胞核内,微量存在于细胞质中;另一类称为核糖核酸(简称RNA),主要存在于细胞质内,微量存在于细胞核中。生物体的遗传特征主要由 DNA 决定。如果杀菌剂加入,破坏了核酸分子的某一环节,从而使核酸的特异结构发生任何改变时,都可引起突变或使原有活性丧失或改变,从而破坏了菌体本身的生长和繁殖。

由于杀菌剂种类很多,其杀菌机理也不相同,但凡具有以上条件之一的,均能使细菌被抑制或致死。

四、杀菌剂的选择

杀菌剂的选择方面需注意以下几点:

1)不同的水质、不同的工艺运行条件及所含菌种、菌量的差异,对杀菌剂的要求也不尽相同。应在实验室内尽量模拟系统环境条件进行药效和杀菌时间等试验,筛选和评定杀菌剂。

2)所选择的杀菌剂与系统中加入的其他化学剂,如缓蚀剂、阻垢剂和净水剂等有好的配伍性,不互相降低效果;杀菌剂与污水互溶,不产生浑浊或沉淀现象。

3)考虑细菌的抗药性,至少选择两种杀菌剂,以便在细菌对一种杀菌剂产生抗药性时,换用第二种杀菌剂。

4)选择的药剂价格低廉,配制和使用方法简便。

5)选择的药剂应高效低毒,以减少对环境的危害。

五、杀菌剂的使用方法

为了获得好的杀菌效果,应采用正确的使用方法进行操作:

1)对系统进行彻底清洗。用溶剂、清洗液对设备、管线及贮罐等进行清洗,使杀菌剂与细菌充分接触,以保证杀菌效果。在清洗后,进行系统消毒,即采用高浓度杀菌剂溶液,使其在系统中有充分的停留时间,以便把细菌杀死。

2)合理选择投加方法和投药点。杀菌剂可以采用连续投加或间歇冲击式投加处理。在细菌含量不太高的情况下采用间歇冲击式投加最为有效。

3)根据实验室试验结果,确定杀菌剂投加量,并通过以后的实践不断进行调整。如果连续投加杀菌剂,通常要求开始浓度要高,在细菌数量被控制以后,再采用较低的加药浓度。

4)杀菌剂轮换使用。通过至少选择两种杀菌剂交替使用,或者改变加药方式等,避免因细菌产生抗药性造成的杀菌剂杀菌能力下降和用药量增加。

第五节 黏土防膨剂

对于含黏土砂岩油藏的开采,如何防止水敏、速敏、酸敏是一个十分重要的问题,是直接关系到能否开发和开发好这类油藏的重要问题。国内外对此给予了高度重视,取得了很大成效。防止注水过程中的黏土膨胀是一项有效的增注措施。

黏土防膨剂也称为黏土稳定剂,主要作用是防止注水过程中的黏土发生膨胀、运移。

随着油田的开发,黏土防膨剂的应用越来越广泛,种类越来越多,根据不同的结构及所使用的化学药品不同,在这方面的研制大致可以可分为 3 个阶段:

1)20 世纪 50 年代到 20 世纪 60 年代后期,主要使用无机盐类来稳定黏土;

2) 20 世纪 70 年代，主要使用无机多核聚合物和阳离子表面活性剂来稳定黏土；
3) 20 世纪 80 年代以后，主要开展了用阳离子有机聚合物稳定黏土的研究和实验。

一、黏土防膨剂的种类及特点

目前黏土防膨剂种类繁多，而且还在不断发展。就其分子结构、作用机理及使用特点，大致可以把它们归纳为以下几类：

1) 无机盐和无机碱。

常用的无机盐类和无机碱类黏土防膨剂如表 5-10 所示。从广义上讲，一切无机盐均可起到黏土防膨作用，但通常所指的是 K^+、NH_4^+、Ca^{2+} 和 Al^{3+} 等高价金属粒子。它们是通过阳离子交换作用，大量交换到黏土粒子表面从而有效地抑制了黏土的表面渗透水化作用。无机碱主要是 KOH，除了 K^+ 有抑制水化作用外，OH^- 能与黏土表面发生钝化作用使其水化能力下降，这种作用需要较高的温度（100℃以上）和较长的时间才能发生。在深井中效果比较明显，这类黏土防膨剂的优点是来源广、价格低、使用方法简单，对只需短期稳定黏土的情况特别适用。但由于它是通过离子交换吸附起作用，因此具有可逆性。即当离子环境改变时，它们又可能被取代或解吸，从而恢复到原有的水敏性状态。因此它对黏土的稳定作用是有条件的，在动态条件下难以长期稳定黏土，不易做到长效。同时，它只能起到抑制水化作用，不能有效地防止微粒运移。

表 5-10 无机盐类和无机碱类黏土防膨剂

种类	实例	稳定黏土特点	有效用量（质量分数）	使 用 条 件	效 果
钠盐	NaCl	易离子化、易水化，利用离浓度稳定黏土	8%~10%	低浓度会使黏土膨胀，分散运移；高浓度对黏土有稳定作用	高浓度时有效，但易被其他离子交换
钙盐、镁盐	$CaCl_2$，$MgCl_2$	离子电荷较高，不易粒子水化	1%~2%	不需特殊使用条件	起暂时稳定作用，比 NaCl 效果较好
金属氢氧化物	KOH	适用于对付油层中黏土，有特殊化学作用	15%~20%	时间约 24h	比上述无机盐更能长久地稳定黏土
碱土金属氢氧化物	$Ca(OH)_2$	与黏土发生反应，把黏土转化为铝硅酸钙	随使用情况而异	与其他剂配合使用，温度需高于 150°F	适用于对付砂岩黏土
高价金属盐	$AlCl_3$	具有较高的离子电荷，对黏土电中和作用强	1%~2%	不需特殊使用条件	较其他无机盐好，但也只能暂时稳定黏土
钾盐、铵盐	KCl，NH_4Cl	水化能低，离子直径与黏土构造孔隙相当，结合牢固	3%~5%	pH 值为 3~7 时效果较好，如与 30% 甲醇配合使用效果更好	与黏土结合牢固，效果优于前两种，但也是暂时稳定黏土

2) 无机聚合物。

目前，常用的无机聚合物类黏土防膨剂有羟基铝、氢氧化铅，这类处理剂在水溶液中和一定的 pH 值范围内形成多核络合物，即无机聚合物。此聚合物带有大量正电荷能强烈地吸附并覆盖在黏土粒子表面，既有效地防止了黏土粒子的渗透水化，又能抑制黏土粒子的膨胀、分散，并将黏土固定在原位。事实上，由于无机聚合物正电荷很多，所以在黏土表面的吸附不可逆。因此它能有效地防止黏土的水化、膨胀、分散、运移，而且长期有效。但是这类聚合物在 pH 值较高时（一般大于 7），会逐渐变化为氢氧化物沉淀而失效，而在强酸性介质中，多核络合物分解，且效能降低，这样就使其应用范围受到很大限制。

这类黏土防膨剂无毒、安全、应用方法简单、成本低、处理黏土长期有效。但不能用于碳酸盐地层，不能用于碱性介质。常可用于完井液、射孔液、压裂液、砾石充填液、砂控、注水、注蒸汽的地层预处理、酸化前后的黏土稳定等，但由于对黏土悬浮体的强絮凝作用在改性钻井液中少有使用。

3）有机聚合物。

非离子、阴离子、阳离子型有机聚合物都对黏土有稳定作用，但现在使用效果最好的是阳离子聚合物。它们多为聚季铵盐、聚季磷酸盐和聚季硫酸盐等。在此类聚合物分子链上，众多的季铵、季磷、季硫的阳离子与黏土表面产生强烈的吸附，同时聚合物链束对黏土有覆盖和包被作用。以上作用不仅能有效地中和黏土粒子的电荷，抑制黏土的表面渗透水化作用，也能抑制黏土粒子的膨胀、分散运移，将油层黏土固定在原位。而此作用由于阳离子聚合物在黏土表面吸附过强而达到不可逆，因而具有长效性。就是酸流、水流、油流的长期作用也不易使之失效，同时它又耐酸、耐碱，在酸性、碱性、中性环境中同样有效，是效果最好的一类黏土防膨剂，但成本偏高。

常用阳离子聚合物以季铵盐为主，它大体上可分为以下 4 类：

①季氮原子在主链上的缩聚物。以环氧氯丙烷与二甲胺共聚物为代表，相对分子质量范围为 800~800000。

②季氮原子在主链的五元环或六元环上（以五元环为主），以聚二甲基二烯丙基氯化铵为代表，相对分子质量可达 2.6×10^6，它在完井液中使用广泛。作为黏土防膨剂使用于注水、反注水、修井等作业中时，相对分子质量以 37000~75000 为好，在水泥浆中使用时，相对分子质量可达 600000，用量为 6500~7000mg/L 即可使水泥浆滤液对地层的损害显著降低。

③在聚合物的链节的侧链上含有一个或多个季氮原子（也可以是叔氮原子），相对分子质量约为 50000~1000000。它可以稳定非膨胀性黏土微粒，防止其运移，又称"微粒防膨剂"，例如阳离子聚丙烯酰胺。

④含有①、②、③类重复单元（含一种、两种或三种）的与其他单体的共聚物，其他单体不一定为阳离子单体，其使用功能取决于单体种类、相对分子质量及分子中单体的排列和聚合物分子构形。事实上，这将是发展前途最宽的一大类。

除此以外，凡能有效地抑制黏土粒子的水化、膨胀、分散、运移的各类聚合物；无论其作用机理如何，都可能在完井液中作为黏土防膨剂使用。从而为黏土防膨剂的开发提供了广阔的天地。

二、防膨剂的筛选与使用

1.防膨剂的筛选

由于黏土矿物成分和储层岩石的差异，没有一种固定的现成防膨剂通用于各油层。欲取得理想的防膨效果,必须经过精心的室内筛选。具体评价方法参见 SY/T 5971—1994《注水用黏土稳定剂性能评价方法》。

1)初选。将储层的岩屑粉碎过筛,在一定的强度下,将其加入到有防膨剂的水(或注入用的水)中,浸泡一定的时间,对比其前后的质量变化。其变化最小的防膨剂及配方为最佳者,即初选完成。

2)渗流防膨效果评价。将初选的防膨剂加入到注入水中,经岩心模拟注入试验,测定其渗透率的变化值,如果变化小即初选正确,可用于现场;否则,重新初选,再经渗流防膨效果评价。

防膨稳定剂的防膨稳定效果受其种类、浓度以及储层类型影响较大,如某些防膨稳定剂在不合理浓度下还会进一步对储层造成伤害,所以,应根据不同的储层、不同的作业过程对药剂进行优选。传统的评价方法为离心法、膨胀仪法和岩心流动实验,前两种方法人为操作误差大、重复性差,不能根据地层黏土矿物类型、含量及对地层渗透率的影响优选最佳的防膨稳定剂,难以正确评价防膨效果。采用射线衍射系统,利用岩心对多种药剂进行评价优选,选择出适合本地区的配方,应用到注水开发中并取得了较好的开发效果。

2. 防膨剂的使用

防膨剂在含泥砂岩油气井中的完井液、压裂液、注入水、酸液中都应使用。在酸化时,可直接加入酸液中。

对于注水,一般是周期性注入加防膨剂的段塞,即当停止加防膨剂注水后,其注量降低到一定值时再注入段塞,然后再注水。目的是降低成本,取得较好的经济效益。如果用量小,效果好,也可采取连续注入。井口加挤黏土防膨胀剂初期使用水泥车泵入井内(油管)的方法,在后来的现场实践中发现,加药时井口经过必要的操作后能在油管测试头产生负压区使油管产生自吸现象,经过多次验证和理论分析后,在后来的洗井施工中采取井口人工倒加的方式,节省了加药时间、药液和特车费用。

三、两类有效的防膨剂性能

以下是两类有效防膨剂的性能:

1)ZYC 系列防膨剂。ZYC 系列防膨剂适用范围广,与水、醚的配伍性好,防止黏土膨胀和迁移,水润湿性好、无毒。ZYC 系列防膨剂主要包括 ZYC-01,ZYC-02,ZYC-03 和 ZYC-04 等几种。

ZYC-01:絮凝性强,用于钻井。作为絮凝剂,具有一定的黏土防膨性能和降低失水作用,可以作为完井液和修井液的添加剂。

ZYC-02:具有一定的絮凝性,耐冲刷。具有一定的防膨胀性能和稳定地层、防止胶结物分散和出砂。可用于压井和注水,也可作为完井液和工作液的添加剂。

ZYC-03:耐冲刷性能强,有较强的防膨性能,可以作为压裂液及注入水的防膨剂,亦可作为完井液和修井液的添加剂。

ZYC-04:具有较强的抑制黏土膨胀性能,有效期长。主要用于注入水和压裂液的防膨剂。

2)PTA 黏土防膨剂。PTA 是聚季铵型有机阳离子聚合物化学处理剂。主要用于抑制地层中的黏土矿物遇水时发生水化膨胀和分散运移。

PTA 为一种淡黄色到棕黄色的黏稠状透明液体,可与水、醇、有机醚等强极性溶剂混溶。相对分子质量约为 7000~22000。在空气中稳定温度 200℃。

①PTA 的稳定黏土原理。PTA 以较强的静电作用力、较快的作用速度与黏土上的降价阳离子自发地进行不可逆离子交换吸附,使黏土的表面负电荷得到中和并使其表面积大大降低,从而使黏土的水敏性基本消失,通淡水时不再发生水化膨胀和分散迁移,起到抑制黏土水敏性,防止黏土水敏造成的事故和油层损害作用。

②使用方法。PTA 的使用方法有两种,一是与其他作业液体一起使用,将 PTA 以 0.4%~1.0%的浓度加入其他液体中;二是 PTA 单独使用,用 1.0%~2.0% HCl 或 NH_4Cl 溶液配制 PTA,浓度为 0.5%~1.0%,然后注入地层。

③注意事项。一是使用 PTA 前,对地层要有明确的认识,地层确实存在黏土水敏性问题时,方可使用;二是对阴离子聚合物体系使用要慎重,注意配伍性。

④质量指标。PTA 的质量指标如表 5-11 所示。

表 5-11 PTA 的主要质量指标

项 目	指 标
外观	淡黄色到棕黄色黏稠状透明液体
固体含量,%	76.5
pH 值	6.5~8
防黏土膨胀分散率,%	75~86

⑤应用范围。

PTA 的应用范围为:

a. 碳酸盐对其性能无影响,可用于碳酸盐含量高的地层;

b. PTA 溶液黏度低,可用于各种渗透率的地层都不会引起溶剂本身堵塞地层;

c. 不会造成地层油润湿转移,既可用于生产井也可用于注水井;

d. 抗酸碱性能强,可用于不同酸碱的作业液中;

e. 稳定黏土的效果时间长;

f. 与黏土作用速度快,处理后不需要特别关井就可以投产;

g. 耐温性强,可用于不同地温的地层。

参 考 文 献

[1] 郑家桑,黄魁元. 缓蚀剂科技发展历程的回顾与展望. 材料保护,2000,33(5):11-17.

[2] 李邦. 水溶性咪唑啉季铵盐型缓蚀剂的合成及性能评价. 精细石油化工,2005,7(4):44-46.

[3] 张贵才,马涛,葛际江,等. 咪唑啉缓蚀剂合成过程中成环程度与其性能的关系. 西安石油大学学报(自然科学版),2005,20(2):55-56,76-77.

[4] 周晓东. 月桂酸咪唑啉两性表面活性剂的合成及应用. 精细石油化工进展,2003,4(11):38-40.

[5] 石顺存. 环烷酸咪唑啉在水处理中的应用探讨. 精细石油化工,1999,3(2):36-38.

[6] 吴宇峰,周坤坪,梁劲翌. 咪唑啉季铵盐水溶性缓蚀剂 NH-1 的合成及其性能研究. 精细石油化工,2001(5):39-42.

[7] 宁廷伟. 注水缓蚀剂在胜利油田的应用与发展. 油田化学,1998,15(2):189-192.
[8] 张大全. 聚合物缓蚀剂的研究开发应用. 腐蚀与防护,2000,21(7):300-303.
[9] 冀成楼. 盐水完井液的腐蚀与防护. 钻井液与完井液,1990,7(3):6-9.
[10] 原青明. 国外油田开发用缓蚀剂的研究及应用情况. 石油与天然气化工,1993,22(2):98-102.
[11] 徐晓东. 绿色水处理剂的研究及应用进展. 石油化工腐蚀与防护,2001,18(3):47-49.
[12] 杨怀玉. IMC系列缓蚀剂研究及在我国油田的应用. 油田化学,1999,16(3):273-276.
[13] 尹华. 新型絮凝—缓蚀剂在油田污水处理中的特性. 油田化学,1999,16(4):329-333.
[14] 方慧. 缓蚀剂PF-1在加重盐水钻井液中的应用. 钻井液与完井液,1997,14(3):36-37.
[15] 易绍金. 高密度盐水的腐蚀性研究. 钻井液与完井液,1999,16(5):7-10.
[16] 朱苓. 缓蚀剂缓蚀作用的研究方法. 腐蚀与防护,1999,20(7):300-302,329.
[17] 高延敏. 酸碱理论在金属腐蚀和缓蚀技术上的应用. 腐蚀科学与防护技术,2000,12(6):319-321.
[18] 朱义吾. 油田开发中的结机理及其防治技术. 西安:陕西科学技术出版社,1994.
[19] 陆柱,陈中兴,蔡兰坤,等. 水处理技术. 上海:华东理工大学出版社,2000.
[20] 马自俊. 油田开发水处理技术问答. 北京:中国石化出版社,2003.
[21] 张兆杰,桑清莲,王建华,等. 锅炉水处理技术. 郑州:黄河水利出版社,2010.
[22] 张光华. 水处理化学品制备与应用指南. 北京:中国石化出版社,2003.
[23] 陆柱. 油田水处理技术. 北京:石油工业出版社,1992.
[24] 李本高. 现代工业水处理技术与应用. 北京:中国石化出版社.2004.
[25] 陈复. 水处理技术与药剂大全. 北京:中国石化出版社,2002.
[26] 石文艳. 张曙光,夏明珠,等. 甲叉膦酸型化合物阻垢机理的量子化研究,水处理技术,2006,32(1):38-40.
[27] 秦小玲,刘艳红. 植物单宁在水处理中的研究与应用,工业水处理,2004,26(3):8-11.
[28] Rudolf H Hausler. Predicting and Controlling Scale from Oil-field Brines. Oil & Gas Journal,1978,6(38):146-154.
[29] 严瑞瑄. 水处理剂应用手册. 北京:化学工业出版社,2000.
[30] 叶文玉. 水处理化学品. 北京:化学工业出版社,2002.
[31] 何焕杰. 膦基羧酸共聚物阻垢分散性能的研究.工业水处理,1999,19(2):10-12.
[32] 郑书忠. 水处理药剂及其应用. 北京:中国石化出版社,2003.
[33] 何耀春. 咪唑啉衍生物MC、MP及在油田回注水中的缓蚀阻垢作用. 油田化学,1997,14(4):336-339.
[34] 盖军. 油田用水溶性聚合物防垢剂. 工业水处理,1996,16(5):7-9.
[35] 黄伯芬,王刚. ZG-93丙烯酸共聚物阻垢分散剂的研制及阻垢机理探讨. 化学世界,1996(2):86-93.
[36] 郑邦乾. 水溶性马来酸酐共聚物的合成及其阻垢效果的研究. 工业水处理,1990,10(2):18-22.
[37] 郑承超. 丙烯酸羟丙酯—马来酸酐—丙烯酸甲酯三元共聚物的合成及其阻垢性能研究. 工业水处理,1993,13(2):28-29.
[38] 郭德济. 马来酸酐—丙烯酰胺共聚物阻垢效果研究. 工业水处理,1996,16(2):16-19.
[39] 李爱山. 马来酸酐—甲基丙烯酸羟乙酯共聚物防垢剂的合成及评价. 精细化工,1996,13(4):13-16.
[40] 张良均. 马来酸乙二醇酯、丙烯酸共聚物合成与在水质稳定中的应用和研究. 精细化工,1996,13(5):12-14.
[41] 林芸. 马来酸—丙烯酸—丙烯酰胺共聚物的阻垢效果. 水处理技术,1995,21(2):117-119.
[42] 闫岩. 含磺酸盐共聚物作为阻垢分散剂的技术现状. 工业水处理,1993,13(4):7-11.
[43] 纪永亮. '95水处理药剂研究及应用学术研讨会论文评介. 工业水处理,1995,15(6):1-4.
[44] 林保平. 丙烯酸/2—丙烯酰胺氧基乙磺酸钠共聚物阻碳酸钙垢性能研究. 工业水处理,1995,15(5):8-10.

[45] 路长青. 磺酸共聚物的台成及阻垢性能的研究. 工业水处理,1995,15(3):14-17.
[46] 王德宇. 磺化苯已烯—马来酸酐共聚物的合成及其阻垢性能研究. 工业水处理,1994,14(5):12-15.
[47] 何高荣. 论含磷聚合物的结构与性能. 工业水处理,1996,16(1):4-6.
[48] 刁月民. 膦羧酸型水质稳定剂 PHPMAA 的合成及性能测定. 工业水处理.1989,9(5):14-17.
[49] 何焕杰. 膦基丙烯酸—马来酸酐共聚物阻垢剂 ZPS-01 的合成及阻垢性能. 油田化学,1999,18(2):143-145.
[50] 韩应琳. 一种膦磺酸型水处理剂的合成及阻垢分散性能的研究. 工业水处理,1997,17(3):9-10.
[51] 熊蓉春. 绿色阻垢剂聚环氧琥珀酸的合成. 工业水处理,1999,19(3):11-13.
[52] 李凡修. 共聚物类阻垢剂的研制进展. 工业水处理,2000,20(3):7-10.

第六章 聚合物驱

聚合物驱(Polymer Flooding)是指通过在注入水中加入水溶性高相对分子质量的聚合物,增加水相黏度和降低水相渗透率,改善流度比,提高原油采收率的方法。聚合物驱只是在原来水驱的基础上添加了聚合物,因此又称改性水驱(Modified Water Flooding)。聚合物驱的机理是所有提高采收率方法中最简单的一种,即降低水相流度,改善流度比,提高波及系数。一般来说,当油藏的非均质性较大和(或)水驱流度比较高时,聚合物驱可以取得明显的经济效益。

聚合物驱始于20世纪50年代末、60年代初。美国于1964年进行了第一次聚合物驱矿场试验,随后在1964—1969年间,进行了61个聚合物驱项目,从20世纪70年代到1985年,共进行了183个聚合物驱项目,基本上都取得了明显的经济效益。那时美国之所以开展了如此多的聚合物驱项目,主要原因是当时美国国内优惠的税收政策以及国际油价的上升。除美国之外,原苏联的奥尔良油田、阿尔兰油田,加拿大的 Horsefly Lake 油田、Rapdan 油田,法国的 Chatearenard 油田以及德国、阿曼都进行了聚合物驱工业化试验,原油采收率提高了6%~17%。但是,随着国际油价的下跌,国外的聚合物驱项目越来越少,美国甚至停止了聚合物和其他化学驱项目的研究和试验,而在加拿大、德国及中国,聚合物驱在提高采收率方法中仍占有明显的地位。

聚合物驱在中国得到了充分的发展。自1972年在大庆油田开展小井距的聚合物驱试验以来,尤其是"八五"、"九五"期间,科研人员在聚合物驱室内研究、数值模拟技术、注入工艺以及动态监测技术等方面进行了大量的研究和试验,为聚合物驱在中国进入工业化应用阶段奠定了基础。目前,聚合物驱在中国的大庆、大港、河南、吉林、胜利等油田已进入工业化应用阶段。到"八五"末,中国已进行了19个聚合物驱矿场试验,聚合物驱增产原油 $168 \times 10^4 t$。1997年累计注入聚合物干粉23700t,工业应用面积达 $101.3 km^2$,全国聚合物驱年增产原油达 $303 \times 10^4 t$。大庆油田的聚合物驱项目已成为世界上最大的聚合物驱项目。

本章将介绍流度控制用聚合物类型、聚合物溶液性质、聚合物溶液在多孔介质中流动特性、聚合物驱室内研究与设计,以及聚合物驱的实施与监测等方面的内容。

第一节 聚合物驱油机理

聚合物注入油层后,将会产生两项重要作用:一是增加水相黏度,二是因聚合物的滞留引起油层渗透率下降。上述两项作用的共同结果导致聚合物溶液在油层中的流度明显降低。聚合物注入油层后,两项基本作用的机理为:一方面是控制水淹层段中水相流度,改善水油流度比,提高水淹层段的实际驱油效率;另一方面是降低高渗透率的水淹层段中流体总流度,缩小高、低渗透率层段间水线推进速度差,调整吸水剖面,提高实际波及系数。图6-1是聚合物驱示意图。

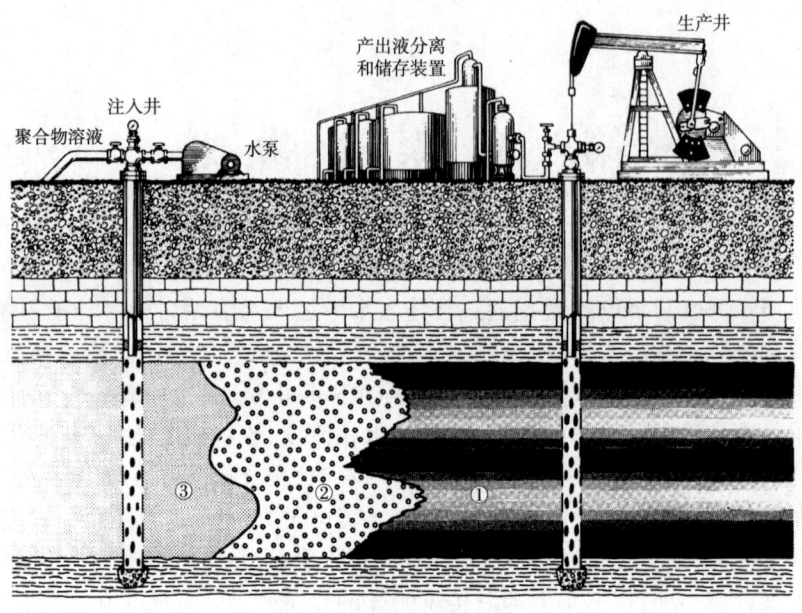

图 6-1 聚合物驱示意图
①油带；②聚合物溶液；③驱替水

一、流度控制作用

对于均质油层，在通常水驱油条件下，由于注入水的黏度往往低于原油黏度。驱油过程中水、油流度比不合理，导致产出液中含水率上升很快。过早地达到采油经济所允许的极限含水率的结果，使得实际获得的驱油效率远远小于极限驱油效率。

向油层注入聚合物后，可使驱油过程的水、油流度比大大改善，从而延缓了采出液中的含水率上升速度，使实际驱油效率更加接近极限驱油效率，甚至达到极限驱油效率。

由于聚合物的流度控制作用是聚合物驱油的两大重要机理之一，为便于加深理解，进一步从理论上来讨论这一问题。在水驱油条件下，水突破后采出液中油的分流量为：

$$f_o = \frac{\lambda_o}{\lambda_w + \lambda_o} = \frac{K_{ro}/\mu_o}{K_{rw}/\mu_w + K_{ro}/\mu_o} \tag{6-1}$$

式中　f_o——采出液中油分流量；

　　　λ_o——原油流度；

　　　λ_w——水流度；

　　　K_{rw}——水相相对渗透率；

　　　K_{ro}——油相相对渗透率；

　　　μ_w——水相黏度；

　　　μ_o——油相黏度。

上式简化得出：

$$f_o = \frac{1}{1 + \frac{\mu_o}{\mu_w} \cdot \frac{K_{rw}}{K_{ro}}} \tag{6-2}$$

众所周知,油、水两相的相对渗透率(K_{rw}和K_{ro})是含水饱和度的函数,K_{rw}随含水饱和度增加而增加,K_{ro}则随含水饱和度增加而降低。因为在向油层中注水的整个过程中,含水饱和度始终是增加的,最终趋向极限值。因而,均质油层注水采油过程中,比值K_{rw}/K_{ro}随注水时间的延续始终是增大的,最终趋于无限大(因K_{ro}将趋于零)。可见,采出液中油流分流量始终是减少的,最终趋于零。换言之,采出液中含水率始终是上升的,最终趋向100%。

油/水黏度比μ_o/μ_w的大小是控制采出液中含水率上升速度的重要参数。当油/水黏度比很大时,采出液中含水率上升速度快(图6-2),例如,当油层平均含水饱和度达到30%时,对于$\mu_o/\mu_w=10$的水驱油,生产井含水就会达到80%;相反,如果$\mu_o/\mu_w=1$,含水仅有30%。就是说,还在油层中含水饱和度并不很高的情况下,就不得不因采出液中含水率已达至采油经济允许的极限含水率而终止开采,因而实际获得的驱油效率远未达到油层的极限驱油效率。相反,在油、水黏度比很小时,采出液中含水率上升速度将大大减缓,当它达到采油经济允许的极限含水率时,油层中的含水饱和度可能已经很高,因而获得的实际驱油效率高。

图6-3为一个1/4的五点井网中不同流度比下水驱平面波及效果图。从中可以看出,流度比越高,注入流体突破时波及面积越少,随着流度比的降低,注入流体前缘推进较均匀,突破时波及面积增大。聚合物驱是通过增加水相黏度和降低水相渗透率而降低流度比,因此,可以大大地提高面积波及系数。

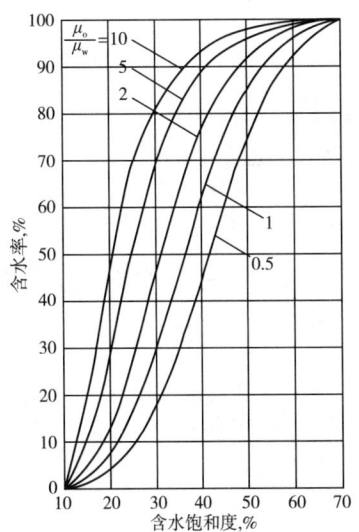

图6-2 油水黏度比对产水率的影响

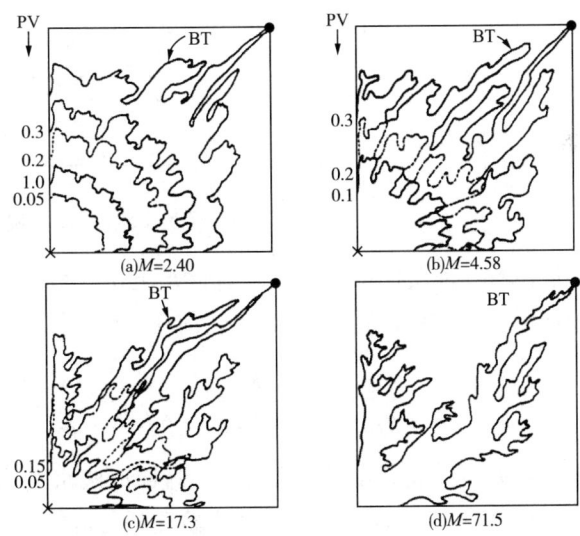

图6-3 不同流度比下水驱平面波及效果对比图
●生产井;×注入井;PV—注入孔隙体积;BT—突破前缘

二、调剖作用

调整吸水剖面,扩大水淹体积,是聚合物提高采收率的一项主要机理。因为在聚合物的调剖作用下,油层水波及体积的扩大,将在油层的未见水层段中采出无水原油。这就是说,油层水淹体积扩大多少,采出油的体积也就增加多少。

聚合物的调剖作用只有在油层剖面上存在渗透率的非均质状态时才能发生。在通常水驱条件下往往发生注入水沿不同渗透率层段推进不均匀现象。高渗透率层段注入水推进快,低渗透率层段注入水推进慢。加上注入水的黏度往往低于原油黏度,水驱过程中高流度流体取代低流度流体的结果,导致注入水推进不均匀的程度加剧,甚至在很多情况下会出现高渗透率层段早已被注入水所突破,而低渗透率层段注入水推进距离仍然很小的情况,致使低渗透率层段原油不能得到有效的开采。

在注入聚合物的情况下,由于注入水的黏度增加,油、水黏度比得到了改善,不同渗透率层段间水线推进的不均匀程度缩小。因此,向油层中注入高黏度的聚合物溶液时,可以加大高渗透率层段水突破时低渗透率层段的水线推进距离,调整吸水剖面(图6-4)。由于 $K_2 > K_3 > K_1$,水驱时注入不沿 K_2 层位舌进,当注入水从 K_2 层到达生产井后,K_1 和 K_3 层还留有大量的原油未被波及。但是当注聚合物后,聚合物段塞首先进入高渗透的 K_2 层,由于黏度增加以及吸附/滞留,K_2 层中流动阻力增大,迫使后续注入水进入 K_1 和 K_3 层,从而启动低渗透率层位,提高垂向波及效率。扩大油层的水淹体积,提高油层的采收率。

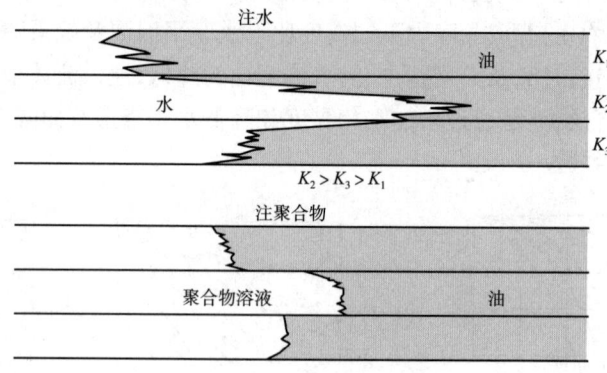

图6-4 渗透率级差对垂向波及系数的影响

假设有一油层含有渗透率分别为 K_1 和 K_2 的两个层段,并且 $K_1/K_2 = 5$。在不考虑重力影响的前提下,高渗透率层段水突破之前任一注水阶段时两层段间吸水量之比:

$$\frac{q_1}{q_2} = \frac{\lambda_1}{\lambda_2} = \frac{K_1 K_{rw1}/\mu_w + K_1 K_{ro1}/\mu_o}{K_2 K_{rw2}/\mu_w + K_2 K_{ro2}/\mu_o} = \frac{K_1}{K_2} \cdot \frac{(\mu_o/\mu_w) K_{rw1} + K_{ro1}}{(\mu_o/\mu_w) K_{rw2} + K_{ro2}} \quad (6-3)$$

式中　q_1, q_2——层段1及层段2中阶段瞬时吸水量;

λ_1, λ_2——层段1及层段2中阶段瞬时流体总流度;

K_{rw1}, K_{ro1}——层段1中阶段瞬时水、油相对渗透率;

K_{rw2}, K_{ro2}——层段2中阶段瞬时水、油相对渗透率;

μ_w, μ_o——水、油黏度,常数。

根据水驱油的相对渗透率曲线及油水黏度可计算出不同含水饱和度下两个层段的吸水量比值。

从表6-1计算结果可以看出,当平均含水饱和度为52%时,在 $\mu_o/\mu_w = 15$ 情况下(水驱)高渗透层吸入的水量为低渗透层的21.58倍;在 $\mu_o/\mu_w = 1$ 情况下(聚合物驱)高渗透层吸入的水量仅为低渗透层的3.42倍,这一结果显示聚合物驱能明显地改善吸水剖面,提高纵向波及效率。

表 6-1 为典型的油水相对渗透率数据的计算结果

含水饱和度	20%	30%	35%	40%	45%	52%	备注
$\dfrac{q_1}{q_2}$	5.0	5.22	7.29	10.43	14.33	21.58	水驱 ($\mu_o/\mu_w=15$)
$\dfrac{q_1}{q_2}$	5.0	3.57	3.29	3.25	3.29	3.42	聚合物驱 ($\mu_o/\mu_w=1$)

第二节 聚合物溶液性质

一、聚合物溶液的增黏性

1. 聚合物的溶解与增黏

聚合物的溶解不同于低分子物质的溶解,由于聚合物一般具有较大的相对分子质量,它的溶解速度要慢得多。由于聚合物分子的尺寸与溶剂分子的尺寸相差悬殊,因此,两者分子的运动速度也相差较大,溶剂分子能很快地渗入聚合物,而聚合物分子向溶剂中的扩散速度却非常慢。因而,聚合物的溶解过程就要经历两个阶段:首先是溶剂分子渗入聚合物内部,使聚合物体积膨胀,即溶胀过程;第二个阶段才是聚合物分子在渗入的溶剂分子的作用下发生高分子集合体松动而均匀地分散在溶剂中,形成完全溶解的聚合物—溶剂分子分散体系。

在室内配制聚合物溶液的过程中,向溶剂中加入聚合物粉末时,必须均匀而快速:快速的目的是由于聚合物的吸湿性非常强,在空气中暴露过久会吸收空气中的水分而潮解,使聚合物的溶解性变差;均匀的目的是避免聚合物被成团加入到水中,会使团状的聚合物的表面的粉末发生溶胀而阻碍内部的聚合物的溶解,形成"鱼眼",影响溶解效果。

在现场应用中配制聚合物的溶液时,要有分散装置和熟化装置。粉末聚合物的溶解过程中,搅拌时间最好控制在半小时之内以免过度剪切而降解,搅拌后溶胀大约两个小时即溶解。

在溶液中,偶极水分子通过吸附或氢键作用而在高分子周围形成溶剂化层或成为束缚水,同时因带电基团间的静电斥力而使聚合物分子更加舒展,无规线团体积增大,这都使分子运动的内摩擦增大,流动阻力增大,从而增加了水的黏度。

2. 聚合物溶液的黏度

爱因斯坦在1906年就提出了溶有球形粒子的溶液黏度与粒子大小的黏度定律:

$$\mu_{sp} = k\frac{NV_m}{V_s} \qquad (6-4)$$

式中 μ_{sp}——增比黏度,$\mu_{sp}=(\mu_s-\mu)/\mu$;

N——粒子的个数;

V_m——单个粒子的体积;

V_s——溶液的体积;

μ_s——溶液黏度;

μ——溶剂黏度;

k——常数。

现代高分子溶液理论认为,线形柔性高分子在其良溶液中为似球状态,因此,高分子水溶液的黏度可表示为:

$$\mu_p = \mu_w + k\mu_w \frac{NV_m}{V_s} \tag{6-5}$$

式中 μ_p——高分子水溶液的黏度;

μ_w——水的黏度。

式(6-5)表明,溶液中的高分子体积越大,聚合物溶液的黏度越大。

(1)表观黏度

流体黏度是分子内摩擦力的度量参数。根据牛顿内摩擦力定律,流体黏度(μ)定义为剪切应力(τ)与剪切速率($\dot{\gamma}$)的比值,即:$\mu = \frac{\tau}{\dot{\gamma}}$。

如果流体黏度为常数,则称为牛顿流体,否则称为非牛顿流体,即黏度值在不同剪切速率下并不恒定。因此,聚合物溶液的这种非牛顿流体的黏度称为表观黏度或视黏度。用 η 表示,即:

$$\eta = \eta(\dot{\gamma}) = \frac{\tau}{\dot{\gamma}} \tag{6-6}$$

表观黏度是随剪切速率而变的黏度函数。

(2)特性黏数

当高分子聚合物溶于溶剂水中形成溶液时,溶液的黏度往往大于溶剂水的黏度,通常用特性黏数[η]来表示聚合物分子对溶液黏度的贡献。特性黏数的定义是聚合物浓度趋近于零时对比黏度的极限值。其表达式为:

$$[\eta] = \lim_{C \to 0} \frac{\eta - \eta_s}{C\eta_s} = \lim_{C \to 0} \eta_R \tag{6-7}$$

或

$$[\eta] = \lim_{C \to 0} \frac{\ln \eta_r}{C} = \lim_{C \to 0} \frac{\ln(\eta/\eta_s)}{C} \tag{6-8}$$

$$\eta_r = \frac{\eta}{\eta_s} \tag{6-9}$$

$$\eta_R = \frac{\eta - \eta_s}{C\eta_s} \tag{6-10}$$

式中 η_s——溶剂黏度,mPa·s;

η_r——相对黏度,无因次;

η_R——对比黏度,单位是浓度的倒数,dL/g;

C——聚合物浓度,g/dL;

η——在非常低的黏度下测定的聚合物溶液的黏度,mPa·s;

[η]——聚合物特性黏数,单位是浓度的倒数,dL/g。

特性黏数是表示单位聚合物分子在溶液中所占流体力学体积的相对大小,也是量度聚合物分子尺寸的一个重要参数。因此,测定聚合物的特性黏数对评价聚合物在盐水中的增黏性能及分子尺寸有着非常重要的意义。

对于聚合物稀溶液来说,聚合物—溶剂体系的比黏度 $\eta_{sp} = \dfrac{\eta - \eta_s}{\eta_s}$ 与聚合物溶液浓度 C 之间的关系满足 Huggins 方程:

$$\frac{\eta_{sp}}{C} = [\eta] + K'[\eta]^2 C \qquad (6-11)$$

式中 K'——Huggins 常数,对于线性柔性高分子(如 HPAM)在良溶剂中,Huggins 常数 K' 范围为 0.3~0.45。

此外,Kraemer 提出了相对黏度 η_r 与聚合物浓度的关系:

$$\frac{\ln \eta_r}{C} = [\eta] - K''[\eta]^2 C \qquad (6-12)$$

式中 K''——常数,对于聚合物良溶剂来说,$K'' = 0.05 \pm 0.005$。

根据 Huggins 方程,在给定的盐水溶剂中,通过测定不同的溶液黏度,做出 $\dfrac{\eta_{sp}}{C}$ 或 $\dfrac{\ln \eta_r}{C}$ 与浓度 C 之间的关系图(图6-5)。将 $\dfrac{\eta_{sp}}{C}$—C 或 $\dfrac{\ln \eta_r}{C}$—C 的直线外推至浓度为零处,交点所对应的值就等于特性黏数。

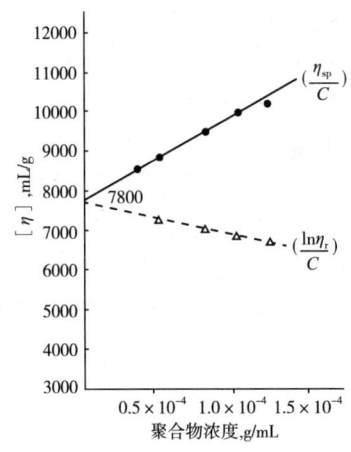

图6-5 聚合物溶液的比浓黏度与浓度的关系

3. 聚合物溶液黏度的影响因素

(1)相对分子质量

Flory 提出了估算柔性分子在其溶液中线团大小的公式:

$$R_G^2 = ([\eta]M\Phi)^{\frac{2}{3}} \qquad (6-13)$$

式中 R_G^2——高分子回旋半径;

Φ——普适常数,$\Phi = 4.2 \times 10^{24}$。

由此可以看出,相对分子质量增加,它在溶液中的体积增大,分子运动的内摩擦加剧,溶液的黏度增加。

(2)聚合物浓度

聚合物溶液浓度增加,其溶液的黏度增加,并且增加的幅度越来越大,假塑性区域拓宽。这是由于随聚合物浓度的增加,高分子的近程作用和远程作用都增加,高分子相互缠绕的概率明显增加,分子运动的内摩擦增加,从而引起流动阻力的增加,聚合物溶液黏度增加。

图6-6 为不同聚合物浓度下的黏度与剪切速率关系曲线,由图6-6可知,随着聚合物浓度的增加,聚合物溶液黏度大幅度上升。

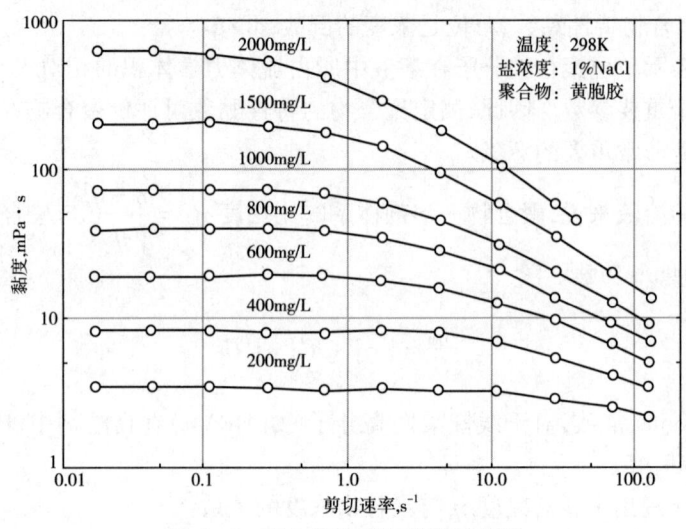

图6-6 聚合物浓度与黏度的关系

(3) 黏度与矿化度关系

聚合物溶液矿化度对溶液黏度存在较大影响,聚合物溶液的黏度随矿化度的变化通常称为盐敏性。一般情况下,矿化度越高溶液黏度越低。这是由于无机盐中的阳离子比偶极水分子有更强的亲电性,因而它能优先与聚合物链上的阴离子基团形成反离子对,从而屏蔽了高分子链上的负电荷,产生去水化作用,聚合物的分子由伸展构象逐渐趋于卷曲构象,分子的有效体积缩小,引起溶液黏度下降。并且在同一矿化度下,较低相对分子质量聚合物溶液的黏度损失小于较高相对分子质量的聚合物,说明低相对分子质量聚合物具有较为优良的耐盐性。对于最常用的驱油用聚合物——部分水解聚丙烯酰胺(HPAM)来说,黏度的盐敏性强。如图6-7所示,当溶液中 NaCl 含量从 0.01% 增加到 0.1% 时,溶液的黏度大幅度地下降,因此 HPAM 不适于高盐油藏,而黄胞胶的耐盐性明显强于 HPAM。

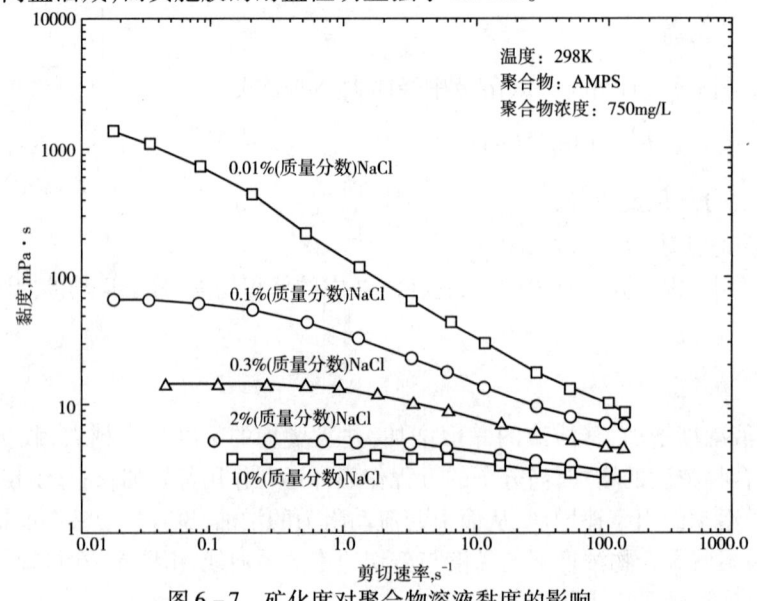

图6-7 矿化度对聚合物溶液黏度的影响

高价阳离子的降黏作用比低价离子的降黏作用更强,而且在高价阳离子含量过高时会引起聚合物的交联,从而使聚合物从溶液中沉淀出来,这就是所谓的聚合物与油田水不配伍。因此,在进行聚合物驱油的工程时,必须进行聚合物与油田水的配伍性研究。

(4) 水解度

聚合物的水解度增加,即聚合物中阴离子的含量增加,使整个高分子所带的电荷量和电荷密度增加,基团间的静电斥力增加,从而使得高分子链更趋伸展,溶液中的高分子的体积增大,溶液的黏度增加。另外,高分子之间的斥力也阻碍了分子间的相对运动,也使溶液黏度增加。尤其在低水解度时,黏度随水解度的增加而增加的速度更快,当水解度达到一定程度后,黏度增加变得非常缓慢。但另一方面,聚合物的水解度过高时,其耐盐性下降。

(5) 温度和 pH 值

温度对聚合物溶液黏度的影响又称为聚合物的热稳定性。聚合物溶液的黏度随温度的上升而下降,但在聚合物降解温度以下时,其黏度可以恢复。随温度的增加,低相对分子质量聚合物溶液的黏度损失大于较高相对分子质量的聚合物溶液黏度的损失。

许多研究表明,在油田应用范围内,pH 值对聚合物溶液的黏度影响不大。但对于 HPAM 来说,pH 值的增大有利于分子中的—COOH 基团电离,生成—COO$^-$,从而使高分子带有更多的负电荷,分子在溶液中更舒展,溶液黏度增大;另一方面,pH 值的升高会促进 HPAM 进一步水解,使其增稠能力增强,聚合物溶液黏度增加。

(6) 溶剂

聚合物的溶剂分为良溶剂和不良溶剂。在良溶剂中,高分子处于舒展状态,分子与溶剂的接触面大,分子间摩擦增大,溶液黏度增加。而在不良溶剂中,聚合物分子处于紧缩直至不溶状态,因而,其黏度也降低。聚合物分子在其溶剂中的状态如图 6-8 所示。

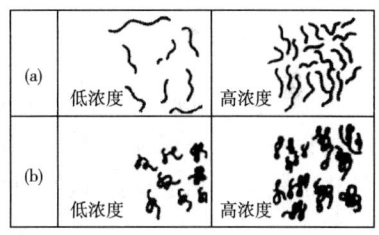

图 6-8 聚合物分子在溶剂中的形态

水是水溶性聚合物的良溶剂,而油是不良溶剂,因而聚合物几乎对油相黏度几乎无影响。

二、聚合物溶液流变性

聚合物驱油过程中。聚合物溶液从注入井到油层深部的流动为径向流,其流速越来越小。而聚合物溶液为非牛顿流体,其黏度随剪切速率变化而变化。为了预测油藏中聚合物溶液改善流度能力,有必要了解聚合物溶液的流变性。流变学参数是聚合物驱油中最重要的参数之一,直接影响着聚合物驱的波及系数和采收率。

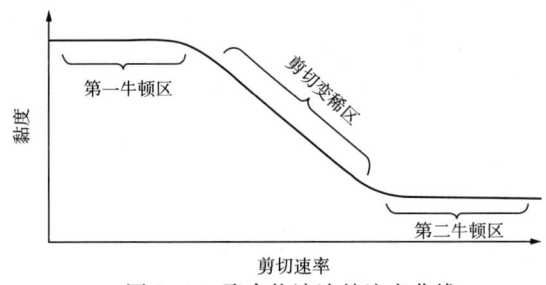

图 6-9 聚合物溶液的流变曲线

聚合物溶液是非牛顿流体,在简单剪切流动中,一般表现出假塑性流体的流变特性,其表观黏度随剪切速率增加而降低,即剪切稀释。流变性通常可以用黏度与剪切速率的双对数关系(流变曲线)来表示。在整个剪切速率范围内,聚合物溶液的流变特征(图 6-9)是:

1)在较低剪切速率下,表现出牛顿流体的流变性。出现第一牛顿区。
2)在较中等剪切速率下,表现出假塑性流体的流变性。
3)在较高剪切速率下,表现出牛顿流体的流变性。出现第二牛顿区。

聚合物溶液的这种流变特征与聚合物分子在溶液中的形态机构有关。在很小剪切速率下,大分子构象分布不改变,流动对结构没有影响,其黏度不变;当剪切速率较大时,在切应力作用下,高分子构象发生变化,长链分子偏离平衡态构象,而沿流动方向取向,使聚合物分子解缠,分子链彼此分离,从而降低了相对运动的阻力,表现为黏度随剪切速率的增大而降低;当剪切速率增大到一定程度后,大分子取向达到极限状态,取向不再随剪切速率变化,表观黏度又为常数,即第二牛顿区。

1. 聚合物溶液的流变模型

为了描述聚合物溶液的表观黏度随剪切速率的变化规律,人们从结构流变学角度出发,对聚合物溶液的流变性进行了系统和深入的研究,建立了若干个理论模型或半经验模型来描述聚合物溶液这种复杂流变行为。

较为成熟而且可以用于聚合物驱油油藏数值模拟中的模型有幂律(Power – Law)、Oswald – de – Waele 模型、Ellis 模型、Carreau 模型、Cross 模型和 Meter 模型,各模型表达式及说明见表 5 – 2。其中最常用的有 Power – Law 模型和 Carreau 模型。

2. 聚合物溶液流变性测定

测定流变性所选用的设备取决于实验结果的用途。如果是用于聚合物驱过程的监测,选用的设备可以是相对粗糙的或者是价格便宜的仪器。如果作为室内研究用,那么就需要比较精密的仪器。测定流变性的各种仪器设备及其特点见表 6 – 2。

表 6 – 2　测定流变性的各种仪器设备及其特点

流变测定仪器	特　　征
Brookfield LVF(4速), LVT(8速), LVTDV – I(8速), LVTDV – II(8速), HATD(8速)。以上型号均有 UL 头	使用方便,结构简单,便于携带
Contraves LS – 30	精确,剪切速率范围较为合适,尤其适应低黏度流体的低剪切测定,操作相对简单
Haake RV – 20	精确,与同等价格的流变仪相比,测得的剪切速率较低,较宽的温控范围,计算机控制,操作相对简单,除了黏度以外还可以测定第一应力和动态黏弹性参数
Haake RV – 100/CV – 100	精确,剪切速率范围较为合适,但不及 Contraves 剪切速率低,较宽的温控范围,测定温度比 Contraves 高
Rheometrics Fluids Rheometer RFR – 7800	精确,剪切速率范围较大,较宽的温控范围(比 Contraves 或 Haake 大),计算机控制和数据处理

续表

流变测定仪器	特 征
Rheometrics Mechanical Spectrometer RMS – 705F	精确,与流体黏度计相比测定的剪切速率更低,范围更大,较宽的温控范围,计算机控制和数据处理
Rheometrics Fluids Spectrometer RFR – 8400	可以测定第一应力,其他性能与 Rheometrics Fluids Rheometer RFR—7800 相同
Weissenberg Rheogoniometer	精确,剪切速率测定范围较大,较宽的温控范围
Rheotech International VER	精确,剪切速率范围较大,较宽的温控范围,计算机控制,操作相对简单

对于现场监测来说,可以采用 Brookfield(4 速或 8 速带 UL 头)的黏度计,其控温精度为 ±1℃。测定转速通常为 6r/min。测定时如果仪器的读数超过 100(满刻度),就需将聚合物溶液稀释。聚合物溶液的稀释,通常是用磁力搅拌器或振荡器轻轻地搅动。如果读数小于 10,测定的精度就很低。测量的有效刻度范围是 10~90。

对于聚合物的对比实验来说,应该在不同条件下测定不同聚合物溶液的流变性。可以采用 Brookfield(8 速带 UL 头)的黏度计或者其他同等规格的黏度计,但是必须具有至少 4 个转速。测定从低速开始,然后顺着转速增加的方向测得不同转速下的流变数据。

对于室内研究来说,采用的仪器取决于研究的目的(表 6 – 2)。

三、聚合物溶液的稳定性

在聚合物驱机理中,聚合物通过增加水相黏度,同时降低水相渗透率,改善流度比,提高波及系数。聚合物分子的任何降解都会导致流度控制的失败。因此,保持聚合物溶液在地下的黏度至关重要,这也是聚合物驱成功的最重要的条件。保证聚合物溶液的稳定性,也就是要防止聚合物降解。

聚合物降解是指聚合物主链断裂,或主链保持不变而改变了取代基的过程。聚合物降解主要取决于聚合物本身的化学结构(尤其是化学键键能)。外界因素如应力、温度、含氧量、残余杂质都对聚合物降解有很大影响。在聚合物驱油中,通常将聚合物的降解分为机械降解、化学降解和生物降解三大类。下面将分别介绍三种降解的原理、影响因素以及保持聚合物溶液黏度所采取的措施。

1. 机械降解

在聚合物驱过程中,聚合物溶液经地面注入(搅拌罐、静混器、闸门)和射孔孔眼进入地层后,其黏度损失主要是由聚合物的机械降解作用引起的。机械降解是指聚合物分子受到的拉伸应力超过了聚合物分子内化学键的承受能力时,聚合物分子链断裂的现象。在常用的聚合物中,部分水解的聚丙烯酰胺(HPAM)的机械稳定性较差,而黄胞胶却具有较好的抗剪切性,因此,下面将主要对 HPAM 机械稳定性进行讨论。

(1)聚合物驱中的机械降解过程

在所有聚合物驱应用中,聚合物都会存在机械降解的可能性。

1) 地面设备中流速变化处,如闸门、喷嘴、静混器、泵和管线等部位都有可能降解。

2) 在搅拌中,聚合物的降解不仅与转速有关,而且还与搅拌器形状及叶片分布有关。

3) 聚合物溶液在地层中尤其是井筒附近区域的机械降解最为严重。由于岩石孔隙很小,流速很高,拉伸应力很大,因此降解非常严重。如果射孔密度不大,射孔炮眼中机械降解也比较严重。

(2) 影响剪切降解因素

影响剪切降解的因素有流速、流场应力分布、聚合物相对分子质量、水解度以及地层水矿化度。流速越高,拉伸应力和拉伸速率越大,分子越容易断链。拉伸速率为:

$$\dot{e} = \frac{2Q}{A\phi \overline{D_P}} \qquad (6-14)$$

式中　Q——流速,cm/s;
　　　A——截面积,cm²;
　　　$\dot{e}$——拉伸速率,1/s;
　　　ϕ——孔隙度,无因次;
　　　$\overline{D_P}$——岩石颗粒平均半径,cm。

聚合物相对分子质量越高,越容易被剪切降解。因为相对分子质量大的聚合物分子的水动力学尺寸较大,引起的摩擦力较大,所受张力也较大,因而易于发生降解。水解度越大,地层水中矿化度越低,聚合物分子越趋舒展,分子链越易被剪断。

(3) 机械降解表征参数

表征聚合物机械降解程度的参数有黏度损失率和筛网系数损失率。黏度损失率的定义为:

$$\Delta \eta = \frac{\eta_o - \eta}{\eta_o} \times 100\% = \left(1 - \frac{\eta}{\eta_o}\right) \times 100\% \qquad (6-15)$$

式中　η_o——聚合物溶液降解前初始黏度,mPa·s;
　　　η——聚合物溶液降解后黏度,mPa·s。

类似于黏度损失率,筛网系数损失率定义式为:

$$\Delta SF = \frac{SF_o - SF}{SF_o} \times 100\% \qquad (6-16)$$

式中　SF_o——聚合物降解前筛网系数(Screen Factor);
　　　SF——聚合物降解后筛网系数。

聚合物溶液降解后,筛网系数变化要比黏度变化敏感得多。

(4) 防止和减轻机械降解程度的措施

1) 采用低速搅拌器,低剪切注塞式注液泵,避免使用针形阀。

2) 对于套管射孔完井,增大射孔密度和孔径,从而降低聚合物在炮眼处的流速。

3) 对渗透率较低的油藏,注聚合物前对井筒附近地层采用小型酸化,增大孔隙尺寸。

4) 采用单井单泵方式注聚合物,避免使用油嘴或阀门来控制调节注入量。

2. 生物降解

生物降解是聚合物驱中的一个主要问题。部分水解聚丙烯酰胺和生物聚合物都有可能存在生物降解问题,只是生物聚合物的生物降解问题更为严重。如果聚合物在地面被生物降解,可能导致聚合物的注入问题。因为微生物会堵塞地层,影响注入能力;如果聚合物在地层被微生物降解,可能导致聚合物溶液的黏度损失,甚至丧失流动控制能力。因此,了解聚合物的生物降解特性,及时采取相应对策,对于提高聚合物驱效果十分必要。

对于生物聚合物黄胞胶(Xanthan)而言,聚合物的生物降解是发酵细菌产生的水解酶攻击聚多糖分子单元的结果。其降解机理为:在低温、低矿化度下,厌氧的发酵细菌产生的水解酶攻击黄胞胶分子链。由于酶是生物聚合物降解的催化剂,可以大大加速黄胞胶中聚多糖水解进程,导致生物聚合物分子链的断裂,降低其溶液的黏度。

在油藏中,这些厌氧菌常常吸附在油藏岩石孔隙壁面,由于细菌被其生物膜所保护,具有很强的抗杀菌剂能力,因此,在处理油层时,要确保杀菌剂能有效地杀伤所有有害的细菌。常用的杀菌剂有甲醛、丙烯醛、二氯苯酚钠和五氯苯酚钠等。杀菌剂的油藏配伍性、化学稳定性及经济因素是选择杀菌剂的关键。目前认为甲醛是良好的杀菌剂,因为它既有杀菌作用,又有抗氧作用,而且价格便宜,但甲醛对人们的健康有害。室内和矿场试验表明,甲醛的使用浓度为 500~2000mg/L。

以前人们认为部分水解的聚丙烯酰胺是细菌的毒物,不产生生物降解,但后来的研究结果认为,它同样会受到细菌作用而发生降解,特别是硫酸还原菌的存在,会使其溶液的黏度大大降低。因此,有必要进行这方面的研究及采取相应对策。

3. 化学降解

化学降解是指在化学因素(氧、金属离子等)作用下,发生氧化还原反应或水解反应,使分子链断裂或改变聚合物结构,导致聚合物相对分子质量降低和其溶液黏度损失的过程。由于化学反应速率与温度紧密相关,因此又有热氧化学降解之称。

(1)聚丙烯酰胺

1)有氧环境。

氧化和自由基化学反应通常被认为是造成聚合物降解的最重要的因素。聚合物氧化降解是游离基反应过程。首先氧或游离基进攻聚合物主链上的薄弱环节,生成氧化物或过氧化物,进一步使主链断裂,发生进一步降解。上述降解程度还取决于温度、pH 值等因素。温度升高和 pH 值降低都会使聚合物降解程度增加,尤其是存在 Fe^{2+},H_2S 等还原物质时,聚合物将发生剧烈降解。这种降解还与聚合物本身的水解度有关。水解度越高,聚合物分子线团越舒展,越易受热和氧的作用而降解。因此,在高温情况下,应尽量选用非水解或水解度低的聚合物。

2)油层环境。

尽管油层为缺氧环境,但在注入过程中有部分氧进入油层。因此,油藏环境是一个有限量氧到无氧的环境。在限氧时,油层中的 Fe^{2+} 或其他还原物会使降解加剧。当氧耗尽时,聚合物不再发生降解。但地层中含有的 Ca^{2+} 会引起部分水解聚丙烯酰胺降解,使溶液黏度下降。当油藏温度较高,Ca^{2+} 含量较大时,Ca^{2+} 与部分水解聚丙烯酰胺反应形成沉淀,使溶液中的聚合物分子数目大大减少,黏度急剧下降。

为了防止聚合物在油层中降解,通常在配制聚合物溶液中加入一定量的添加剂。甲醛能增加部分水解聚丙烯酰胺的热稳定性,而且温度越高,效果越好,但浓度过高对部分水解聚丙烯酰胺的稳定不利。主要原因在于高浓度的甲醛可能与部分水解聚丙烯酰胺交联形成胶团;三乙醇胺和低分子醇对部分水解聚丙烯酰胺溶液有一定的稳定作用;硫脲也是部分水解聚丙烯酰胺的稳定剂。

(2) 生物聚合物黄胞胶

1) 有氧环境。

在聚合物驱的现场配制中通常是有氧环境,该环境下氧化还原反应在黄胞胶的降解中起主导作用。如果不添加除氧剂,黄胞胶的稳定性极差。氧化还原反应分为离子型、游离基型和自动氧化型三种。离子型反应取决于糖类的预氧化状态,如果糖环上某个羟基已氧化成羧基,则羧基的诱导效应性促使黄胞胶中醚键的离子型断裂。因此在配制溶液前就应该防止其氧化;游离基型反应可以通过加入硫脲、异丙醇来抑制;自动氧化型(聚合物直接与空气中的氧接触)可用除氧剂,如亚硫酸钠进行脱氧。在有氧环境中,Fe^{2+} 变为 Fe^{3+},产生游离基,会导致黄胞胶迅速降解。

2) 油藏环境。

黄胞胶在油藏环境中的化学稳定性取决于许多因素,注入溶液中氧的含量、地层水 pH 值、油藏温度等都会影响黄胞胶的稳定性。当 pH 值小于 7 时,黄胞胶发生酸性催化水解,随着 pH 值再降低,酸性水解使其降解更严重;当 pH 值大于 7 时,将发生碱性催化水解,随着碱性增大,溶液黏度急剧下降或产生沉淀。黄胞胶的热降解随温度增加而增加,当温度达到 90℃时将产生严重的降解。此外,黄胞胶的杂质含量也影响其化学稳定性。如果能保证黄胞胶的纯度和注入过程隔氧,黄胞胶在 70℃以下、中等 pH 值、地层水矿化度中高的油藏,其化学稳定性能还是相当不错的。

四、聚合物溶液的过滤性

聚合物溶液的过滤性是通过微孔渗透膜能力大小的度量,是反映聚合物溶液注入能力的一个参数,也是反映聚合物溶液通过孔隙能力的度量参数,本部分将介绍过滤因子和筛网系数两个参数。

1. 过滤因子(Filter Factor)

过滤性实验是测定聚合物溶液注入性能的重要方法之一。注入水质量、聚合物性能、细菌含量、表面活性剂及其他化学剂与溶液的配伍性、溶液的混配条件和剪切条件等因素都会影响聚合物溶液的注入质量。通过过滤性实验可以控制聚合物溶液的质量,研究聚合物溶液与其他化学剂的配伍性。但是过滤性实验不能作为油藏注入性能的预测。

聚合物产品中存在着不同粒径的不溶物。聚合物溶液中的较大的不溶物可以用 125μm 或 74μm(120 目或 200 目)的筛网滤掉,而较小粒径的或称微胶不溶物能通过这类较大孔径的筛网继续留在溶液中。矿场如果使用含大量微胶的聚合物溶液,会造成井底壁面的堵塞。微胶是几个和几十个分子通过键合形成的分子聚合体。在充分搅拌助溶下,微胶只能有限溶胀,因而它的存在直接影响聚合物的注入性能。聚合物中含不含微胶与聚合物的合成工艺有关。

第六章 聚合物驱

鉴别聚合物溶液可注性的一项简便方法是测定聚合物溶液的过滤因子。

聚合物溶液的过滤性能系指聚合物溶液在恒压下通过一定孔径的滤膜后的过滤量的变化。用滤膜过滤器测定溶液的过滤因子可以了解聚合物的性质。这项参数能为聚合物生产中的质量控制和优选适用于矿场使用的流度控制剂提供依据。过滤因子定义为：

$$FR_{500} = \frac{t_{500} - t_{400}}{t_{200} - t_{100}} \tag{6-17}$$

式中 $t_{500}, t_{400}, t_{200}, t_{100}$——累计过滤 500mL, 400mL, 200mL, 100mL 聚合物溶液所需的时间, s。

2. 过滤曲线

以累计过滤量为横坐标，累计过滤时间为纵坐标，绘制过滤曲线，如图 6-10 所示。实验表明，聚合物溶液在一定压力下通过一定孔径滤膜的累计时间和累计流量的关系可用二次方程表征：$T = a + bQ + cQ^2$。

图 6-10 聚合物溶液的过滤曲线

选择这样的坐标容易计算出设定流量下的时间，再由式(6-17)便可求出过滤因子。采用上述方法求过滤因子，虽然手续繁些，但比用普通量筒直接计量求出的过滤因子精确。

3. 筛网系数(Screen Factor)

聚合物溶液的简单剪切流动性质可以用毛细管黏度计或旋转黏度计测量。但是，当聚合物溶液流经多孔介质时，除了简单剪切外，由于受到拉伸或自身形变而产生黏弹性。在这种流动方式中，除了简单剪切场中测得的黏度外，还会产生附加阻力。筛网黏度计就可以测定聚合物溶液流经多孔介质时的这种流动特性，筛网黏度计结构如图 6-11 所示。通常是用筛网系数或孔隙系数表示。筛网系数定义为在相同条件下一定体积的聚合物溶液流经孔隙黏度计的时间与相同体积溶剂的流经时间的比值，即：

$$SF = \frac{t_p}{t_s} \tag{6-18}$$

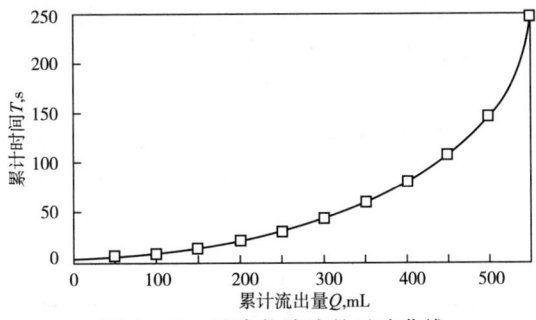

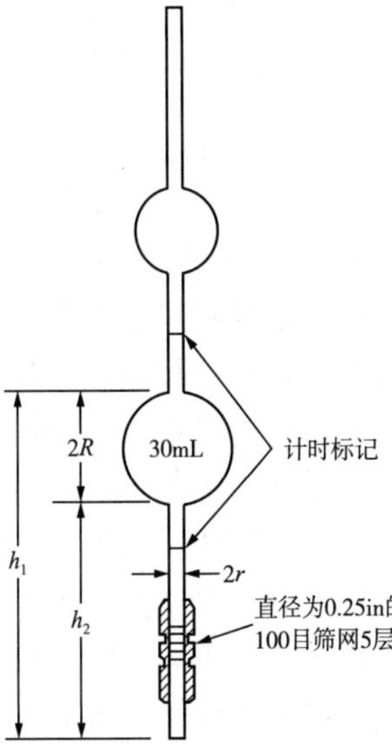

图 6-11 筛网黏度计示意图

式中 SF——筛网系数，无因次；
t_p——聚合物溶液流经黏度计的时间, s;

t_s——溶剂(盐水)流经黏度计的时间,s。

孔隙黏度计测定的不是剪切黏度,因此,筛网系数反映的是聚合物溶液在具有拉伸和剪切流动环境下的性质,筛网系数比黏度更能有效地反映聚合物在油藏岩石中的流动特征。聚合物大分子结构、浓度以及添加剂对筛网系数的影响十分敏感。

第三节 聚合物溶液在多孔介质中的流动特性

一、聚合物在多孔介质中的滞留

在注入水中加入聚合物的目的一是可以增加水相黏度,二是降低水相渗透率。在聚合物驱油过程中,由于聚合物分子与孔隙介质之间存在着相互作用,使得部分聚合物分子留在多孔介质的孔隙中和表面上,使注入水中聚合物分子数目减少,降低了驱油聚合物溶液的黏度,这是滞留不利的一面。但是,另一方面聚合物在孔隙中的滞留作用可使油层岩石渗透率降低,有助于降低水相渗透率,降低水的流度,这是滞留有利的一面。但从总的效果来看,聚合物的滞留作用会使驱油效果变差。

聚合物在多孔介质中的滞留是指聚合物分子从水相逃逸出来并黏附在多孔介质的表面,使溶液中聚合物浓度降低的现象。根据滞留机理可分为聚合物吸附、机械捕集和水动力学滞留三类。聚合物在多孔介质中滞留量的大小取决于多孔介质的性质,即结构、聚合物本身的性质以及地层水性质。

聚合物的滞留量是聚合物驱过程设计的重要依据和油藏数值模拟的基础输入参数,滞留量太大,聚合物损失量太多,降低了注入水的增黏能力,同时延迟聚合物和富油带的推进速度,适当的滞留量可以改善注入流体的水动力学场,达到分流作用,因此准确测定聚合物滞留量是十分重要的。本部分将介绍聚合物在多孔介质中的滞留机理及测定方法。

1. 聚合物的滞留机理

(1) 聚合物的吸附

静态吸附是指当聚合物溶液与岩石颗粒长期接触达到吸附平衡后,单位岩石颗粒表面积或单位岩石颗粒质量所吸附聚合物的质量,单位用 μg/g 表示。聚合物在岩石表面上的吸附造成了聚合物的损失,降低了溶液中聚合物的浓度,同时降低了聚合物溶液的黏度,降低了聚合物对流度的控制能力。但是,适当的吸附有利于油藏岩石渗透率的降低。

聚合物在岩石表面上的吸附量的大小取决于许多因素。聚合物的类型、相对分子质量、水解度、溶剂的盐度、离子硬度、岩石颗粒的成分和表面性质以及环境温度等因素均会影响静态吸附量的大小。一般来说,良溶剂中聚合物分子不易被吸附,溶液中含盐量增加有利于吸附,碳酸盐表面比砂岩表面更易吸附聚合物分子,部分水解聚丙烯酰胺的吸附量要比黄胞胶大得多,温度升高有利于吸附。

Langmuir 等温吸附定律常常用于定量描述聚合物的吸附特征:

$$\Gamma = \frac{aC}{1+bC} \qquad (6-19)$$

式中 C——聚合物的浓度;
Γ——吸附量;
a,b——常数。

典型的吸附等温线如图 6-12 所示。当聚合物浓度较低时,聚合物的吸附量随着浓度的增加而上升,在较高的浓度下吸附逐渐达到平衡,最终吸附量不依赖于聚合物浓度。图 6-12(a) 为 Langmuir 吸附定律中 a/b 为常数条件下的等温吸附规律,随系数 b 增加,达到吸附平衡的浓度减小。在图 6-12(b) 中 b 为常数条件下的等温吸附规律,随着 a 的增加,吸附平衡浓度降低。当浓度很小时,Langmuir 等温吸附模型可以简化为线形吸附模型($\Gamma = aC$)。

测定方法通常是使聚合物溶液与岩石颗粒充分接触并达到吸附平衡后,测定聚合物浓度的降低值,然后利用物质平衡方程确定聚合物的吸附量。计算公式为:

$$\Gamma = \frac{(C_0 - C)V}{G} \tag{6-20}$$

式中 Γ——吸附量,表示每克岩石吸附聚合物的微克数,$\mu g/g$;
C_0——聚合物溶液的初始浓度,mg/L;
C——吸附平衡后聚合物溶液的最终浓度,mg/L;
V——聚合物溶液的体积,mL;
G——岩石颗粒的质量,g。

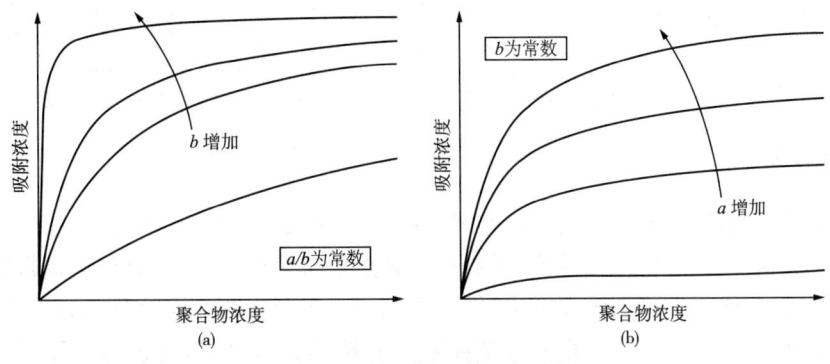

图 6-12 聚合物的等温吸附线

在静态吸附测定过程中,大多数油藏岩石为胶结好的砂岩,因此实验时需将其捣碎,以便聚合物溶液与岩石颗粒表面充分接触。此外,为了提高测定精度,所用聚合物溶液的体积不能太大。

静态吸附量测定是聚合物驱初步筛选中一项重要的工作。在静态吸附实验中,通过改变聚合物的浓度,可以获得一定条件下的等温吸附规律,还可以通过改变其他控制参数(如泥土矿物各类、含量)评价聚合物的吸附规律。值得注意的是,静态吸附实验所获得的结果并不代表油藏实际的吸附规律,原因之一是在捣碎固结岩石时出现了新的表面,其表面特性与岩石孔隙表面的特性不同。当然,如果油藏岩石就是非固结的油砂,那么这种效应就很小。其次,在静态吸附实验中不能测出聚合物分子在岩石孔隙中的机械捕捉和水动力学滞留作用所导致的滞留量。但是,静态吸附的实验结果可以与动态滞留的结果相比较,用于研究吸附和滞留机理。最后，岩石捣碎后出现的新表面的润湿性很可能与油藏岩石的润湿性不同。所以静态吸附实验的结果不能用于实际油藏吸附量的计算。

（2）机械捕集

机械捕集与水动力学滞留是相互影响的，只有在溶液流经多孔介质时才能发生，而在静态中不可能存在这两个机理。机械捕集是指聚合物分子中较大尺寸的分子未能通过窄小的流动通道，而留在窄小孔隙处，造成堵塞的现象，如图6-13所示。

机械捕集现象在岩石中有三种情况：

1) 注入浓度大于产出浓度，直到滞留达到平衡为止；

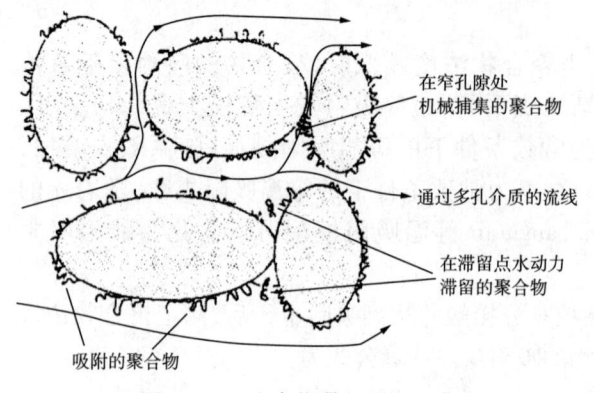

图6-13 聚合物滞留机理示意图

2) 沿注入方向捕集的聚合物分子数目急剧下降；

3) 深部过滤作用，如果注入足够量聚合物溶液，最终在岩心所有位置都可滞留，即滞留现象可以传递。

（3）水动力学滞留

水动力学滞留是指由于流动方向或流速改变而引起的滞留，当机械捕集使一些小孔隙或颗粒夹角处被大分子堵住，迫使流线方向改变，在局部位置进一步滞留聚合物大分子，如图6-14所示，流速增加也可使聚合物大分子进一步滞留。

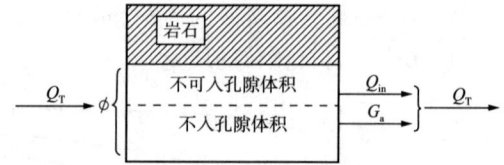

图6-14 聚合物不可入孔隙体积示意图

2. 滞留特征

聚合物在液—固界面上的吸附是很容易观察的。多孔介质机械捕集时的滞留作用，也是很容易观察的。水动力滞留作用受流速的影响，这点很难理解。但是，这种滞留机理并不是引起聚合物在多孔介质上吸附的主要因素，尽管在油田上进行大规模聚合物驱时，水动力滞留可能不是主要的影响因素。必须完全充分掌握室内驱替实验结果，但要正确解释聚合物吸附和捕集滞留机理。

聚合物机械捕集类似于孔隙很小的低渗透率岩心的残余油滞留机理。残余油条件下的机械捕集量要比完全饱和水条件时高。它随聚合物孔隙介质体系的改变而变化。聚合物分子流动时，分子有效尺寸相对于孔隙大小分布来说在确定捕集机理方面非常重要。事实上，并不希望出现这种现象，应通过聚合物的筛选，避免使用有这种现象的聚合物。需要指出的是，无机盐在水溶剂的体系中也有很大的影响。这就是说，可把它看成"过滤能力很差"的聚合物溶液，因而应尽量避免聚合物诸如预过滤或预剪切而使分子尺寸变小。所有对聚合物溶液进行旨在降低机械捕集滞留的处理，最重要的目的就是要使溶液保持其实用性，如溶液的黏度。

吸附是聚合物—岩石表面—溶剂体系最基本的特征，不可避免，除非改用其他聚合物。因此，对于某个给定的聚合物驱来说，吸附应当是进行研究的最重要的机理。机械捕集滞留应看成是过滤作用所致，应尽量避免。通常水动力滞留作用很小，在大多数实际应用时可忽略不计。

二、不可入孔隙体积(IPV)

聚合物流经多孔介质时,并不是所有聚合物都全部能够进入多孔介质的孔隙及喉道,只有一部分尺寸较大的孔隙,聚合物才能进入,即这一部分孔隙相对于注入的聚合物来说是可以进入的,而剩余部分孔隙相对于注入聚合物分子来说是不可进入的,即"不可入"。因此,不可入孔隙体积(Inaccessible Pore Volume)的定义是聚合物分子不能进入的那一部分孔隙体积所占岩石总的孔隙体积的百分数,用 IPV 表示。通常 IPV 为 0.15~0.35 倍孔隙体积(V_p),不可注入体积模型如图 6-14 所示,图中阴影部分相当于岩石骨架,而其他部分为孔隙 ϕ,当聚合物分子流经这一岩石孔隙时,由于分子尺寸与孔隙尺寸差异,有一些孔隙不能被聚合物分子流过(例如图中的 Q_{in}),这一部分孔隙体积为不可入孔隙体积。

如果聚合物在岩心中仅存在不可入孔隙体积效应,那么在相同的注入环境中聚合物分子通过岩石的流速要比水的流速快。假设体积流量为 Q,岩心截面积为 A,岩心孔隙度为 ϕ,聚合物分子不可入孔隙体积为 ϕ_{in},那么水和聚合物分子的流速分别为:

$$V_w = \frac{Q}{A\phi} \tag{6-21}$$

$$V_p = \frac{Q}{A(\phi - \phi_{in})} \tag{6-22}$$

$$\frac{V_w}{V_p} = \frac{Q/A\phi}{Q/A(\phi - \phi_{in})} = \frac{\phi - \phi_{in}}{\phi} = 1 - \frac{\phi_{in}}{\phi} \tag{6-23}$$

由于 ϕ_{in} 总是小于 ϕ,所以 $V_w > V_p$。

如果聚合物分子在岩石中同时存在吸附/滞留和不可入孔隙体积,那么,聚合物分子比水的流速是大还是小呢?它取决于吸附/滞留和不可入孔隙体积各自的贡献大小。由于存在吸附/滞留,部分聚合物分子就会损失在岩石中,如果在岩石中因吸附/滞留而损失的聚合物分子数目大于因 IPV 效应提前产出的聚合物分子数目,那么聚合物分子的流速小于水的流速,反之就会大于水的流速,如果二者相等,聚合物分子与水流速相同。

聚合物不可入孔隙体积大小主要取决于聚合物的相对分子质量及其分布,岩石渗透率大小和孔隙大小及其分布。当岩石渗透率较大,聚合物查对分子质量较低时,聚合物分子可以通过绝大多数孔隙,这样聚合物分子的不可入孔隙体积就比较小;当岩石渗透率较小,聚合物相对分子质量较大时,只有少数孔隙允许聚合物分子通过,这样聚合物的不可入孔隙体积相对较大。

三、阻力系数和残余阻力系数

1. 定义

阻力系数和残余阻力系数是描述聚合物流度控制和低渗透能力的重要指标。阻力系数 R_F 是指聚合物降低流度比的能力,它是水的流度与聚合物溶液的流度的比值:

$$R_F = \lambda_w / \lambda_p = \left(\frac{K_w}{\mu_w}\right) / \left(\frac{K_p}{\mu_p}\right) \tag{6-24}$$

残余阻力系数 R_k 用来描述聚合物降低渗透力的能力,它是聚合物驱前后岩石水相渗透率的比值,即渗透率下降系数:

$$R_k = K_{wb}/K_{wa} \quad (6-25)$$

由于 $K_p = K_{wa}$, $K_w = K_{wb}$,所以:

$$R_F = \left(\frac{\mu_p}{\mu_w}\right) R_k \quad (6-26)$$

式中 R_F, R_k——阻力系数和残余阻力系数;

K_w, K_p——水相和聚合物溶液渗透率;

K_{wb}, K_{wa}——注聚合物前后的水相渗透率;

μ_w, μ_p——水相和聚合物溶液工作黏度。

2. 影响因素

因素物理模拟和数值模拟研究结果表明,聚合物驱油效果与聚合物溶液改善流度比和降低渗透率能力有关,即与阻力系数和残余阻力系数有关。影响聚合物溶液阻力系数和残余阻力系数的因素很多,主要包括聚合物的相对分子质量、聚合物溶液的浓度、岩心的渗透率、地层水的矿化度以及聚合物溶液的注入速度和其他因素。

(1) 相对分子质量

在相同的条件(聚合物浓度、剪切速率和注入速度相同)下,聚合物的相对分子质量越高,分子在溶液中的有效体积越大,其增黏能力越强,控制水油流度比的能力越强,即阻力系数 R_F 越大。另一方面,由于高相对分子质量的聚合物分子具有较大的水动力半径,同时在相同的孔隙介质内具有较大的机械捕集,故高相对分子质量聚合物在多孔介质中有较大的滞留,因此,其残余阻力系数 R_k 也更大。

(2) 聚合物溶液的浓度

注入到地层中的聚合物在岩石表面吸附和在孔隙中的机械捕集,即聚合物在多孔介质中滞留而使其渗透率降低,滞留量越大,R_k 越大。吸附量随聚合物溶液的浓度的增加而增加,并逐渐趋于稳定;随聚合物溶液的浓度变化,捕集量一般变化不大,但聚合物溶液浓度高,高分子间的物理交联点增多,相互缠绕的机会增多,从而可能使捕集量略有增加。所以,随着聚合物溶液浓度的增加,R_k 逐渐增大并趋于稳定。

由公式(6-26)以及 μ_p、R_k 随聚合物溶液浓度的增加而增加的特性,很容易理解,随着聚合物溶液浓度的增加,其阻力系数也增加,因为随着聚合物溶液浓度的增加,其黏度也随之增加,控制水油流度比的能力也增强,故 R_F 增加。

(3) 渗透率

低渗透的岩心比较致密,孔隙狭窄,岩心的比表面大,吸附量增大;另一方面,由于聚合物分子的有效尺寸与岩心的孔道尺寸的比值也增大,从而聚合物分子在多孔介质内的机械捕集也较大,聚合物水动力学体积将发挥更大作用,聚合物的滞留量增大,即随着岩心渗透率的降低,残余阻力系数 R_k 增大,如图 6-15 所示。

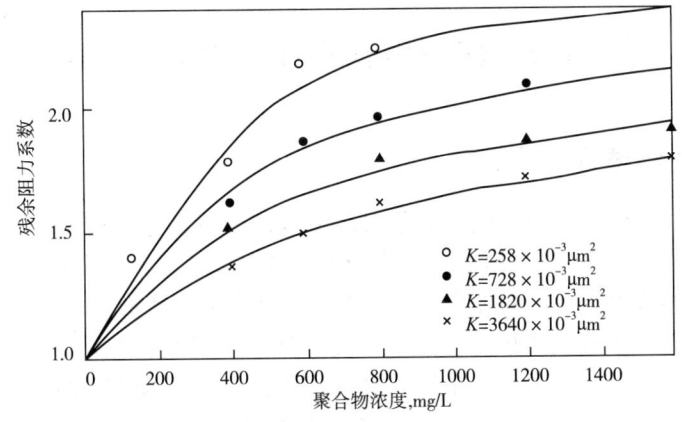

图6-15 聚合物浓度、渗透率对残余阻力系数的影响

渗透率对聚合物溶液的阻力系数的影响是十分复杂的。阻力系数取决于水的黏度、聚合物溶液的黏度和残余阻力系数的大小。渗透率越高 R_k 越低,而流体在岩心中流动的剪切速率越低。在实验范围内,聚合物溶液的黏度 μ_p 随剪切速率的降低而升高,且聚合物溶液的浓度越大,μ_p 对剪切速率的依赖性越强。由于聚合物溶液的黏度和残余阻力系数随渗透率变化而发生趋势相反的变化,因此,岩心渗透率对聚合物溶液的阻力系数的影响变得比较复杂。随着聚合物溶液浓度的增加,阻力系数随岩心渗透率的增加而下降,随着聚合物溶液浓度的不断增加,阻力系数的下降速度越来越小,最后,到达一定的浓度后,阻力系数随岩心渗透率的增加而增加。

(4) 矿化度

随着矿化度的增加,聚合物在多孔介质的表面上吸附量增加,从而增大了聚合物在多孔介质内的滞留量,因此增加了聚合物溶液的残余阻力;另一方面,由于矿化度的增加,聚合物分子在溶液中的有效尺寸缩小,聚合物溶液的黏度大幅度降低,其控制水油流度比的能力减弱,阻力系数下降。聚合物的水动力学体积变小,从而减小由于机械捕集作用而滞留在多孔介质的聚合物的量。但是,由于分子尺寸变小降低聚合物滞留的作用远远大于因吸附而增加滞留量的作用,因此,随着矿化度的增加,聚合物在多孔介质内的滞留量减小,聚合物的阻力系数和残余阻力系数降低。并且,二价离子的影响比一价离子的影响更强烈。

(5) 注入速度

随着注入速度的增加,聚合物分子所受的剪切力增加,沿流动方向取向,使聚合物溶液的黏度降低,阻力系数随之降低。另一方面,由于聚合物分子沿流动方向取向,使得聚合物分子更容易进入小孔隙,从而增加了聚合物分子在多孔介质中的滞留,更进一步降低了岩心的渗透率,因此,残余阻力系数增加。但一些研究人员发现,当注入速度超过一定值时,聚合物溶液就会出现黏弹效应,从而使阻力系数上升。

(6) 其他因素

其他因素包括温度、聚合物的类型、阴离子的含量以及溶液的 pH 值等,对聚合物的黏度和聚合物分子在多孔介质中的滞留都有一定的影响,因此,它们的存在也会影响聚合物溶液的阻力系数和残余阻力系数。但是,由于各因素的复杂性,这方面的研究工作的报道也较少。

第四节 聚合物驱的室内评价与设计

一、聚合物驱油藏筛选

从聚合物驱技术来看,聚合物驱的油藏因素中应该考虑油藏温度、地层水矿化度、非均质变异系数、油水黏度比、可动油饱和度以及其他油层参数。通常利用筛选标准来作为选择提高采收率的手段,对油藏可能采用的提高采收率方法的潜力进行评价。但是,由于各筛选标准来自于不同的地区、不同油藏、不同时间,而且标准中某些项目是自相矛盾的(如温度低会导致细菌降解),因此初步筛选后,需进一步深入研究油藏,综合考虑各筛选指标,以降低聚合物驱的风险,提高聚合物驱开发效果。表6-3为不同学者提出的聚合物驱油藏筛选标准。

表6-3 不同学者提出的聚合物驱油藏筛选标准

筛选标准	Taber(1983)	王克亮(1997)	马世煜(1995)	NPC(1995)
油层温度,℃	<93	<93	<75	<80
原油黏度,mPa·s	<150	20~100	20~100	5~30
地层水矿化度,mg/L			-6000	
油层变异参数	0.52~0.84	0.52~0.84		
地层渗透率,$10^{-3}\mu m^2$	>10	>20	>20	>20
可动油饱和度,%	>10	>10	>10	
其他条件			无底水	高矿化度用黄胞胶

聚合物驱的不利条件:黏土含量高会使吸附量增加,油藏有裂缝须用凝胶进行深度调剖,矿化度太高会使聚丙烯酰胺的黏度大大降低,这种条件应使用生物聚合物和共聚物。

1. 流度比

具有相当高(超过50)或相当低(小于1.0)水油流度比的油藏,应该避免使用聚合物。流度比范围为0.1~42之间已进行了成功的试验。如果没有可用的流度比,原油黏度可作为筛选的依据。推荐原油黏度范围为5~125mPa·s。对于高黏度原油需要过多的聚合物来改善流度控制,高浓度聚合物影响总的经济性和注入能力。

2. 油藏温度

聚丙烯酰胺在超过121.11℃时降解,黄胞胶在超过79.44℃时降解。油藏条件下使用聚丙烯酰胺和黄胞胶时温度极限分别为93℃和71℃。

3. 可动油饱和度

由于聚合物不能明显改善驱替效率,因此,可动饱和度高的油藏更适合聚合物驱。然而,某些特殊情况(如裂缝油藏,选择性堵剂可以有效地进行处理)也可以使用聚合物驱,但所承担的风险要大。

4. 油藏渗透率

由于聚合物溶液的流动性比水或盐水的要低,因此,低渗透油层应避免使用聚合物驱。当

向低渗透层注入聚合物时,会出现两个问题:
1)降低注入速度会延长开采期限,超出了经济的限度;
2)对于聚丙烯酰胺类聚合物,低渗透油藏的井底周围高剪切速率会引起剪切降解。

因此,渗透率低于 $20 \times 10^{-3} \mu m^2$ 的油藏应该避免使用。尽管在某些情况下,当控制聚合物质量和油井完井时,渗透率介于 $(10 \sim 20) \times 10^{-3} \mu m^2$ 的油藏也可以考虑,但使用时要小心。

5. 油藏类型

虽然大多数聚合物驱在砂岩油层中得到了矿场应用,但少数碳酸岩油层的注入情况也见到了鼓舞人心的结果,因此,聚合物驱的应用不应该只局限于砂岩油层。然而,当评价碳酸岩油藏时,由于它的非均质性和高的碳酸钙、碳酸镁含量,应该特别小心。全部为洞穴和裂缝严重的油藏应该避免使用。

6. 油藏深度

应避开浅的和深的油藏。对于浅油藏,注入压力有一个限度,注入聚合物溶液时可能压裂油藏,降低聚合物的波及效率;对于深油藏,油藏温度和水的矿化度通常较高。由于不同地区地温梯度的差别,目前未能建立关于深度的具体筛选标准。

7. 其他类型的限制

聚合物有可能进入的气顶、含水层、渗透率极高的贼层、水道或裂缝的油藏,都是对聚合物驱不利的,导致聚合物过多损失。这些筛选指标不能定量表示,然而,它们提醒人们有必要做补充评价。值得注意的是,这些限制没有排除油藏由于渗透率的分层性而引起的不良的注入剖面和(或)过早的水突破。

二、聚合物驱室内研究

聚合物驱的室内实验的主要目的一是筛选适合于油藏的聚合物,二是进行聚合物驱的敏感性分析,三是为聚合物数模提供必要的输入参数。聚合物驱的室内实验主要内容包括聚合物配伍性(筛选实验)实验、岩心实验和驱油实验三项内容,如图 6-16 所示。

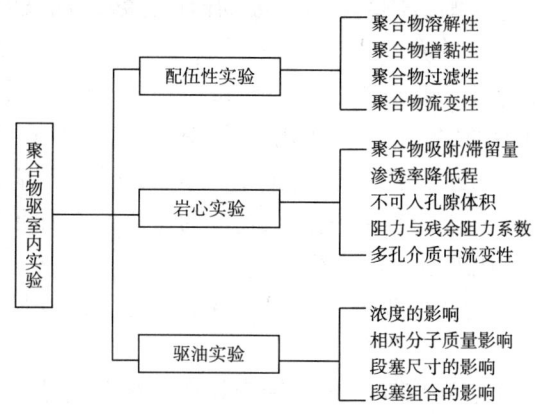

图 6-16 聚合物驱室内实验内容框图

配伍性实验通过对不同聚合物的性能(如溶解性、增黏性、过滤性、稳定性)指标参数测定,选择满足油田聚合物驱指标的聚合物,提供油藏数值模拟所需的基础参数(如流变性参数)。

聚合物溶液的岩心流动实验是评价所选的聚合物与岩石相互作用程度的一个十分重要的手段,岩心流动实验需要测定聚合物在岩石中的吸附/滞留量、岩石渗透率降低程度、不可入孔隙体积、阻力系数与残余阻力系数,聚合物在多孔介质中的流变性等参数。

聚合物溶液在岩心中的驱油实验,即聚合物驱油物理模拟实验,主要目的是影响驱油效果的敏感性分析,如聚合物相对分子质量、段塞尺寸、浓度、不同段塞组合下驱油效果以及聚合物驱油时机选择等其他条件的限制。需要指出的是,驱油实验结果并不能代表油藏的实际效果,通常要把驱油实验结果与数值模拟结合起来,才能获得比较符合实际的结论。

1. 聚合物的配伍性/筛选实验

聚合物的配伍性/筛选实验是室内研究的一个非常重要的内容,它关系到现场聚合物驱的成败。尽管市面上有不同类型、不同规格的聚合物可供选择,但哪一种聚合物可以作为所选油藏的驱油剂,需要进行一系列的室内评价实验后才能确定。

聚合物的配伍性/筛选的室内评价实验包括测定厂商提供的聚合物性能指标(如聚合物相对分子质量、水解度、残余单体含量、固含量和粒度等)的实际值,聚合物的溶解性、增黏性、过滤性、稳定性。除商品性能指标测定外,配伍性实验条件应与油藏实际条件一致,即配制的水需用注入水,浓度应在 500~1500mg/L 范围内,实验温度为油藏温度,实验方法应遵循国标或行业标准。如果上述实验中测定出聚合物不配伍,则没有必要进行耗时费力的岩心流动试验和驱油试验。

(1) 聚合物的商用指标

聚合物驱使用的聚合物绝大多数为部分水解聚丙烯酰胺。尽管这种聚合物应用领域较为广泛,但驱油用的聚合物的性能与其他用途的性能有较大的差别。驱油用聚合物的主要商用指标参数有相对分子质量、水解度、残余单体含量、不溶物含量、溶解速度和黏度等。由于聚合物驱的油藏条件及注入水水质差异,采用的聚合物的商用指标各不相同,但这些参数存在一定的范围。

1) 聚合物相对分子质量是聚合物驱最为重要的商用参数,目前聚合物驱使用的聚合物相对分子质量为 $(9.5\sim20.5)\times10^6$。

2) 聚合物过滤因子和水不溶物分别小于 1.5 和 0.2%。制定过滤因子、水不溶物两项指标的目的是防止聚合物堵塞油层。过滤因子用过滤速度的比值表示,即聚合物溶液经 $3.0\mu m$ 微孔滤膜过滤,初期的过滤速度与后期的过滤速度的比值,显然,溶解程度很好的聚合物溶液,初期过滤速度与后期过滤速度应当是一样的,速度的比值为 1,如果聚合物在水中溶解的不好,有"微凝胶"存在则过滤速度会越来越慢。

3) 对聚合物在水中溶解速度的要求小于 2h。聚合物分散溶解与熟化装置的数量密切相关,同时也与注入速度有关。

4) 对残余单体的要求小于 0.05%。由于聚合物产品在合成过程中还残存一定量的未反应单体,这些单体是有毒物质,将造成环境污染,影响人的身体健康。

5）聚合物粒度大小的要求粒径大于1mm和小于0.2mm所占比例均不能超过3%。聚合物粒度大小与溶解速度密切相关。粒度过大将增加溶解时间,粒度过细,由于比表面积增大,将给分散带来不利影响。在溶解时,小的颗粒容易黏结在一起形成所谓"鱼眼",增加溶解时间。同时,粒度过细,储存时容易结块。

6）对固含量的要求大于88%。购买的聚合物都含有一定量的水分,即表面吸附水和内部水,产品固含量的准确测量既关系到商业利润又关系到使用量的准确。

(2) 聚合物的增黏性

聚合物驱油的主要机理是增加水相黏度。最理想的增黏剂应在相同浓度下的黏度值最高。增黏性实验通常是测定不同聚合物的黏度—浓度关系曲线,进行对比选择理想的聚合物。

一般来说,测定黏度—浓度关系曲线时,聚合物浓度分别为200mg/L、400mg/L、600mg/L、800mg/L、1000mg/L、1200mg/L和1500mg/L。测出上述浓度下的黏度值即可。图6-17为不同商品聚合物的黏度—浓度关系曲线。从中可以看出聚合物A的增黏性最好,聚合物C的增黏性最差。在达到流度比控制所需的黏度要求下,选择A大大降低聚合物用量,节省化学剂费用。

(3) 机械稳定性实验

机械稳定性实验目的是筛选在苛刻条件流动环境中不会产生严重降解的聚合物。聚合物在注入设备、井眼炮眼和近井地带的高剪切下会产生一定的降解,但其黏度的保留率应该处于设计范围内。尽管某种聚合物的增黏性良好,但通过剪切后其黏度保留值很低,这种聚合物仍然不能满足流度控制的要求。

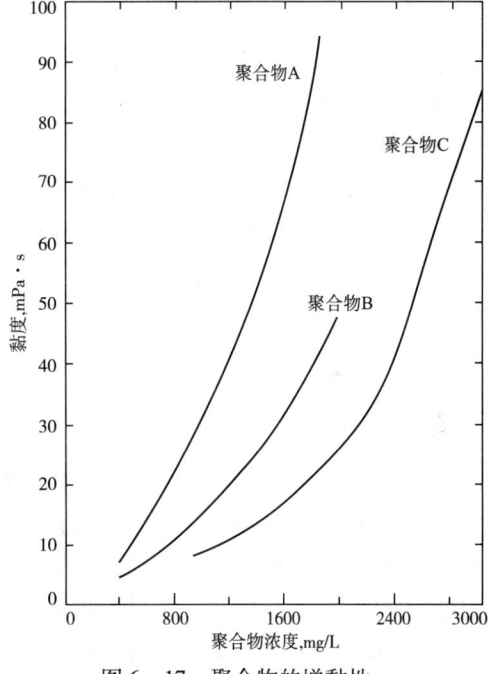

图6-17 聚合物的增黏性

实际上,聚合物溶液通过地面注入装置进入地层,其黏度都会有所降低。一般认为,如果进入到地层后,聚合物溶液的黏度保留率低于70%。

如果使用的聚合物为生物聚合物黄胞胶,那么就没有必要进行这项实验,因为它的机械稳定性非常良好,除非流动条件非常恶劣。但对绝大多数人工合成的聚合物来说,则应进行这项实验。因为在极其一般的岩心流动实验中,都可发现聚丙烯酰胺的降解现象。

如果选择的聚合物黏度保留率和筛网系数保留率能够达到设计指标,在进行吸附/滞留、不可入孔隙体积、多孔介质流变性等岩心流动试验中,应采用预先剪切的聚合物,这样更能真实地反映油藏的实际情况。

(4) 化学稳定性实验

化学稳定性实验又称老化实验,通过测定聚合物溶液长期在油藏条件下的黏度保留值,确保筛选的聚合物在驱替时间内能够保留其黏度。在聚合物化学稳定性中,更应强调油藏条件的重要性。一方面,油藏环境中存在许多对聚合物稳定性不利的化学因素,如地层水中的二价阳离子、注入水中已加入的黏度稳定剂、杀菌剂、铁离子稳定剂；另一方面，在将要进行的聚合物驱中，会加入除氧剂、杀菌剂。如果注入水是污水（含破乳剂、降黏剂和絮凝剂等）和清水，或直接使用污水，那么其中的化学剂更为复杂。因此，应强调化学稳定性实验要在油田现场使用的条件（油层温度、注入水等）下进行。

在该实验的操作中，尽管稳定性实验的思想很简单，即测定不同时间内聚合物溶液的黏度值。但实际会遇到很多困难，首先确保实验在无氧条件下进行就非常困难，其次要在非常长的时间内（一般要求1.5年以上）完成，这就要求设备的安全性和稳定性。因此，这项实验困难大，费用高。在化学稳定性实验中，在不同时间观测聚合物溶液的黏度变化，绘制聚合物的黏度随时间变化的曲线。在观测时间的选择上，一般为2d,4d,8d,16d,32d,64d。

（5）聚合物溶液的过滤性

过滤性实验的目的在于检测聚合物的质量和聚合物的注入性能。用配制好的聚合物溶液通过8μm的微孔滤膜或滤器，测定聚合物溶液的过滤因子。如果过滤因子大，即过滤过程中聚合物的损失大，表明在地层中的滞留量大，即对地层的堵塞作用也较大。如果油藏的渗透率低，过滤性能较差的聚合物就不能使用。

除了在微孔滤膜中进行过滤性能测定外，还应利用油藏岩心进行过滤实验，因为微孔滤膜不能完全代表油藏岩石的真实情况。在岩心过滤实验中，通常利用微孔过滤后的聚合物溶液，在较小的流量条件下通过岩心，如果岩心进口端的压力上升到一定程度后能保持稳定，说明聚合物不会在岩心端面产生表面堵塞效应。

2. 岩心流动试验

开展岩心流动试验的主要目的是测定聚合物驱数值模拟直接需要的参数。岩心流动实验所使用的聚合物应在上一步筛选实验中被初步评为合格的聚合物，即其溶解性、增黏性、稳定性、过滤性以及其他指标合乎油藏聚合物驱的要求。使用的聚合物溶液应是经过过滤性和剪切稳定性实验后取得的样品，只有这样才能保证数模所需参数测定的准确性。如果聚合物溶液中有"微凝胶"，可能堵塞岩心，不能获得正确的测定结果，使用的岩心应为油藏的实际岩心，其他条件如温度、配制水、注入速度也应与油藏条件一致。试验需要测定的参数如下：

1）吸附/滞留量；

2）不可入孔隙体积；

3）阻力系数与残余阻力系数；

4）多孔介质中的流变性；

5）聚合物扩散系数与黏性指进系数

三、聚合物驱的设计

1. 聚合物驱设计内容和程序

聚合物驱的设计涉及油藏地质、采油工程以及地面建设诸多方面，需要全面、系统、综合地考虑各方面的因素。因此，在聚合物驱设计中需要地质工程师、油藏工程师以及油田地面建设工程师之间团结协作、共同攻关的精神。

聚合物驱设计的主要任务是油藏工程师的工作范围，主要手段是油藏数值模拟。油藏数值模拟在聚合物驱设计中起着决定性的作用。因为一个油藏的聚合物驱实验只能进行一次，而数值模拟可以对油藏进行多次聚合物驱。通过数值模拟可以了解不同聚合物驱方案下的驱油效果，通过比较不同方案的结果，可以优选出最佳的聚合物驱方案，为降低聚合物驱风险、提高聚合物驱的效果奠定基础。聚合物驱的数值模拟的内容如图6-18所示，聚合物驱设计的程序如图6-19所示。

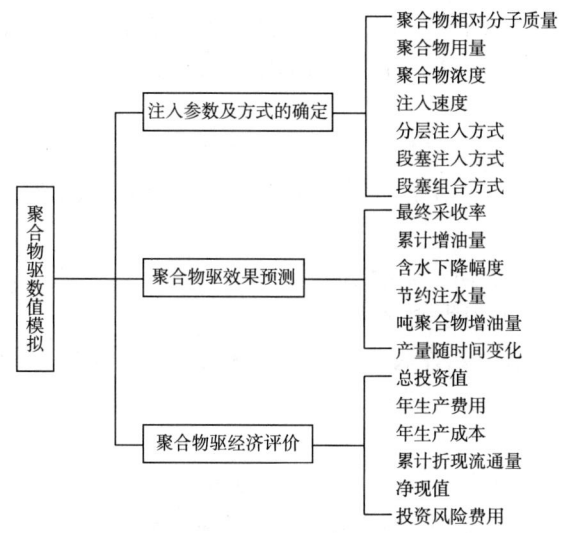

图6-18　聚合物驱数值模拟内容

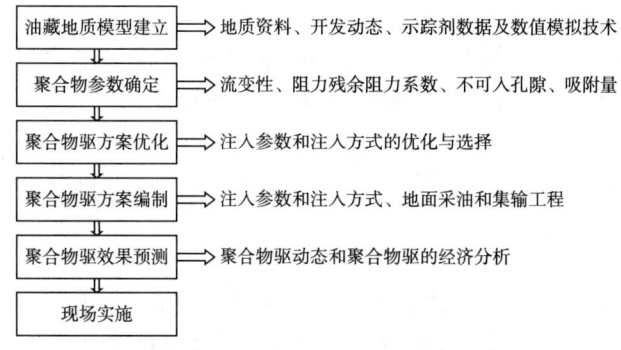

图6-19　聚合物驱设计程序框图

2. 油藏描述的方法

精细的油藏描述，可为聚合物驱油矿场试验地质方案的设计及聚合物驱油试验区的地质模型的建立提供精确的地质资料。因此，做好油藏描述是十分必要的。试验层油藏描述内容主要包括以下8个方面：

1）油层深度，所处构造位置及地层倾角；
2）断层类型和分布；
3）隔层类型和分布以及地质参数；
4）油层沉积相特征，时间单元划分及其地质参数；

5)油层纵向与平面非均质性;

6)井间砂体的变化规律及定量解释;

7)油层水驱开发前后油层物性与流体性质的变化;

8)油层岩石矿物特征、黏度分布及泥质含量等。

油藏描述需要收集的资料如下:

1)采油井、注入井完井地质报告;

2)取心井的岩心综合地质图及岩心分析化验资料(包括油层渗透率、孔隙度、含油饱和度、含水饱和度、润湿性、黏土含量、毛管压力曲线、孔隙结构参数和相渗透率曲线等);

3)测井解释成果图;

4)试验层段射孔数据(顶底深度、孔密和射孔枪型等);

5)试验层开采动态资料[包括注采剖面测试结果、注采液量、油井含水、采出程度、油层压力和注采能力(指数)等];

6)注水开发前后,油层流体性质变化资料;

7)原油高压物性资料,油田水物化性质;

8)试验综合数据(包括面积、井数、砂岩厚度、有效厚度、孔隙度、原始含油饱和度、原油密度、体积系数、试验孔隙体积和地质储量等)。

油藏描述方法有:

1)识别油层沉积环境,沉积相特征,时间单元划分及其地质参数的定量描述。

根据试验区注采井的测井曲线,给出地质参数(包括砂岩厚度、有效厚度、渗透率以及夹层类型和厚度等),绘制出油层对比剖面图、沉积时间单元相图和试验层砂体连通栅状图。

2)描述油层非均质性。

根据测井解释结果和岩心资料,应用 Dykstra. & Parsons 渗透率变异系数,划分油层类型(正韵律、反韵律、复合韵律),绘制出试验层等厚图、等渗透率图。

3)描述油层开采后油水分布状况。

根据水淹层解释结果、取心资料以及分层测试结果,绘制单井试验垂向水淹柱状图和平面水淹状况分布图。

4)进行水驱历史拟合。

水驱历史拟合是聚合物驱地质模型建立中一个重要的手段。尽管在油藏描述中,通过分析沉积相构造、水动力学单元、非均质性等地质资料,可建立起粗略的地质模型,但水驱之后,由于有些参数已有改变,而且在地质研究中难以准确计算井间地质参数。因此,有必要进行水驱历史拟合,对油层进行精细的油藏描述,为聚合物驱提供准确的地质模型。此外,通过水驱的历史拟合,找出原油递减规律,为聚合物驱效果评价打下基础。

在水驱历史拟合中,以水驱开发的动态参数为依据,对某些地质参数及其分布进行修正,拟合单井和全区块的含水、产油、油层压力等参数。在水驱历史拟合基础上,预测水驱的最终含水率、采收率、累积产油量和产水量,绘制水驱效果曲线,作为聚合物驱对比的基础。

5)注示踪剂模拟。

为了了解油藏连通性及非均质性,通常在注聚合物之前要进行示踪剂注入。通过示踪剂的产出剖面数据及数值模拟,可以修正油藏的地质模型。如果聚合物驱前无示踪剂资料,可以将注入水中的某些化学剂(如 Cl^-、I^-、NO_3^- 等)作为示踪剂,直接将产出水的分析资料用于示踪剂的模拟计算中。

3. 聚合物注入参数及方式的确定

大量的室内实验、数值模拟和矿场试验结果表明,除油层条件外,聚合物驱注入参数及注采方式对聚合物驱油效果均有不同程度的影响。在编制聚合物驱方案时应结合室内实验、矿场试验和数值模拟研究结果,充分论证所选注入参数和注采方式。

(1) 聚合物相对分子质量选择

在油层条件允许的注入压力下,相同用量的聚合物,相对分子质量越高,增黏效果越好,残余阻力系数越大,驱油效果越好;相同相对分子质量的聚合物,相对分子质量分布越宽,残余阻力系数越大,驱油效果越好。但是相对分子质量过大也会给注入带来困难,甚至造成油层堵塞。因此,可以认为在可行的注入压力及聚合物相对分子质量和油层渗透率相匹配的条件下,应最大限度地采用相对分子质量分布宽的高相对分子质量的聚合物。

(2) 聚合物用量选择

衡量聚合物驱油效果的重要指标是聚合物驱比水驱提高采收率值的大小、每吨聚合物增产油量的多少及聚合物驱比水驱节省水量。数值模拟研究结果表明,其他条件相同时,聚合物用量越大,驱油效果越好。但是当用量达到一定程度后,每吨聚合物增油量便随聚合物用量的增加而下降。因此从聚合物驱本身的技术效果看,最佳的聚合物用量应使采收率提高的幅度和每吨聚合物增油量都比较大。

在注入速度一定时,聚合物驱生产费用随着聚合物用量的增大而增加。在选择聚合物用量时首先应根据聚合物用量与生产费用的关系确定聚合物用量的范围。再依据数值模拟的研究结果并借鉴相应的矿场试验结果确定合适的用量。

(3) 聚合物溶液浓度选择

就聚合物驱效果而言,数值模拟的研究结果表明在相同用量下,采用高浓度的段塞驱油,比采用低浓度的段塞驱油效果要好,对于非均质越严重的油层,更是浓度越高效果越好。但随着段塞浓度提高,注入液黏度增大,注入压力升高,聚合物溶液注入会变得更加困难。由此看来浓度的提高是有限的,在选择聚合物溶液浓度时要考虑到现场技术的可能性,综合考虑数值模拟计算结果和矿场试验结果。

(4) 注入速度选择

注入速度的快慢对聚合物驱的最终驱油效果没有多大影响,但是它制约着聚合物驱工程的进度,即它影响聚合物驱工程的时间效益。注入速度高见效快,并缩短了聚合物驱开采期。但注入速度高,注入压力就高,因此注入速度受到油层条件的限制。

在选择注入速度时,用最大注入压力与注入速度的关系确定在最大注入压力不超过开发区油层破裂压力下的注入速度范围。在确定最大注入压力时要根据矿场试验结果考虑到注聚合物溶液时可能的压力上升值。根据所选定的注入速度范围,应用数值模拟方法对注入速度问题进行优选计算,提出优选意见。分析当前注入井的指示曲线和注入井动态资料,根据各注入井的注入能力调整区块的注入速度。

(5) 注采井网和段塞组合

在大面积聚合物驱开发区块中各井点的油层状况不同,水淹状况不同,剩余油多少不同,且同一井中不同层位的水淹状况和剩余油多少也不同。目前在油田开发中对于油层厚度较大、层内上下段的水淹状况差异较大的油层采用分层注入或分步射孔方式,这样既可保持一定的产油量,又控制了产液量。实践证明这种有针对性的开采方式是一种有效的方法。

聚合物驱方案还应考虑聚合物段塞组合及聚合物段塞前后注保护段塞等注入方式,以获得最佳的聚合物驱油效果。

(6) 分层注入方式

分层注入是指在注入井中的同一层系内上下段的渗透率级差较大,在笼统注入的情况下高渗透率层段注进的多,低渗透率层段注进的少、甚至注不进,因而采取上下层段分别注入的开采方式。其作用就是使同一层系内油层条件差异较大的层段都能注进,达到各层段驱替液均匀推进,最大限度地提高采收率。

采用分层注入方式井的选择原则应是:
1) 层间渗透率级差大于 2.5 倍;
2) 层间水淹状况差异较大,如高水淹与低水淹或高水淹与未水淹;
3) 分注层段油层有效厚度大于 3.0m;
4) 分注层之间的夹层厚度大于 1.0m。

在方案编制中应对符合分层注入条件的井应用数值模拟方法进行效果计算,根据计算结果确定是否选择分层注入开采方式。

(7) 聚合物段塞注入方式

数值模拟的研究结果表明,当聚合物用量大于 $500V_p \cdot mg/L$ 时,应采用单一整体段塞注入方式。当聚合物用量小于 $500V_p \cdot mg/L$ 时,应采用优化的聚合物段塞组合注入方式。对于段塞组合问题应采用数值模拟方法进行段塞组合筛选计算,根据计算结果确定最佳的聚合物溶液段塞组合注入方式。

聚合物溶液提高采收率的作用在于它提高了注入液的黏度,使油水流度相近,但聚合物溶液的黏度对注入水的矿化度高低十分敏感,矿化度高,黏度就下降,驱油效果就差。为了保持注入到油层的聚合物溶液能保留较高的黏度,在聚合物段塞前后分别注入低矿化度的清水或含聚合物的产出污水,对聚合物段塞起保护作用。在方案编制中对聚合物溶液段塞前后加保护段塞问题,应根据注入水(清水或含聚合物的产出污水)的矿化度,应用数值模拟方法进行效果计算,由计算结果确定是否需要预注保护段塞或后置保护段塞及段塞的大小。

第五节 聚合物驱现场实施及监测

一、聚合物驱地面工艺技术

聚合物驱的主要目的是通过增加水相黏度和降低水相渗透率,来改善水驱油流度比,提高波及系数,最终提高原油采收率。因此,保持聚合物溶液的黏度是聚合物驱地面工艺设计中的核心。在地面工程中,影响聚合物溶液黏度的因素及对策见表 6-4。

表 6-4 影响聚合物溶液黏度的因素及其对策

影响黏度的因素	对　　策
水质	尽量使用低矿化度水作为注入水
铁离子	与聚合物相接触的容器、管线及其他设备尽量采用不锈钢或玻璃钢衬里材料,聚合物溶液可加入螯合剂
机械降解	聚合物溶液的注入泵应采用容积式,降低黏度损失,此外,注入设备应满足设计的配注量及长时间稳定注入的要求
微生物	在注入水中加入杀菌剂

由于聚合物驱地面工程涉及地面条件、地下条件、工艺本身及外部环境,因此聚合物驱地面工艺的设计应综合、全面、系统地考虑。聚合物驱地面工艺设计的总原则是:

1)满足聚合物驱方案提出的地面建设要求;
2)最大限度地保持聚合物溶液黏度;
3)尽可能节省地面建设投资;
4)方便生产运行和管理;
5)保证工程的安全。

1. 地面注入流程

聚合物驱油注入工艺技术和水驱注入工艺技术本质上并无多大差别。实际上聚合物是作为一种添加剂加入到水中,使水增黏增稠,以增加油藏岩石的阻力系数,提高注入流体的波及体积。

既然是作为一种添加剂加入到注入水中,无疑注水工艺流程均按常规方式设计,聚合物注入工艺只需要考虑如何将聚合物加入到注入水中,并完全溶解即可。也就是说,聚合物驱油地面工艺流程的关键环节是如何配置聚合物溶液。

聚合物主要有三种物理形态:乳液聚合物、水溶液聚合物和固体粉状聚合物。使用乳液聚合物、水溶液聚合物进行驱油时,只需将其用注入泵点注到注入水中即可。而使用固体粉状聚合物进行驱油时,就要考虑聚合物的分散、溶解、熟化等溶液配制过程。而油田通常使用固体粉状聚合物,所以这里介绍固体粉状聚合物的配注工艺过程。

聚合物溶液配制及注入过程为:配比→分散→熟化→泵输→过滤→储存→升压计量→配比稀释→混合→注入。

1)配比:在水和聚合物干粉分散混合之前,对水和聚合物干粉分别进行计量,并使水和聚合物干粉按一定比例进入下一道工序。

2)分散:将聚合物干粉颗粒均匀地散布在一定量的水中,并使聚合物干粉颗粒充分润湿,为下一道工序做准备。

3)熟化:将聚合物干粉颗粒在水中由分散体系转变为溶液的过程。聚合物属高分子物质,其溶解与低分子物质的溶解不同。首先聚合物分子与水分子的尺寸相差悬殊,二者的运动速度也相差很大。水分子能比较快地渗入聚合物分子,而聚合物向水中的扩散却非常缓慢。这样,聚合物的溶解过程要经过两个阶段,首先是水分子渗入聚合物分子内部,使聚合物体积膨胀,这称为"溶胀";然后才是聚合物分子均匀分散在水分子中,形成完全溶解的分子分散体系,即溶液。

4)泵输:为聚合物溶液的过滤提供动力条件。一般来说,为了减少聚合物溶液的机械降解,大都采用螺杆泵。

5)过滤:为了除去聚合物溶液中的机械杂质和没有充分溶解的"鱼眼"。

6)稀释和混合:配制好的聚合物溶液,按配制要求计量,进入到高压注水管线中,与注入的低矿化度水,经静态混合器混合稀释。

7)注入:经混合稀释的聚合物溶液注入井中。

图6-20的工艺流程图包括注入水隔氧、注入水精细过滤、聚合物分散、聚合物溶解、添加剂注入和聚合物挤注6个部分。

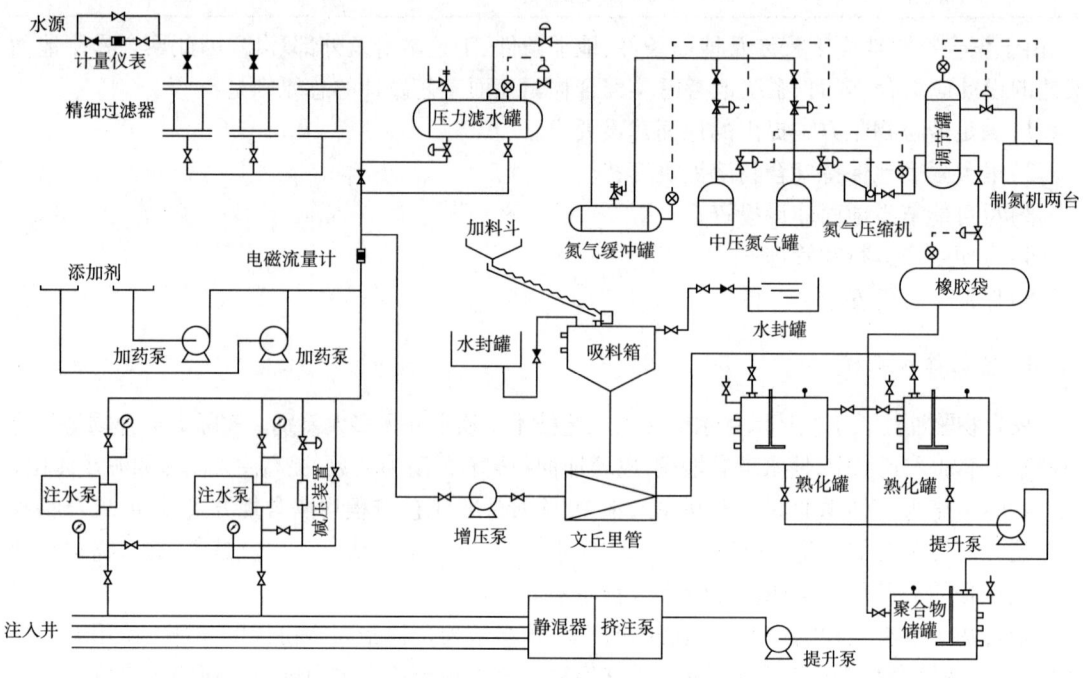

图6-20 聚合物驱注入流程图

2. 聚合物驱采油工艺

(1)注入井完井工艺

完井是继钻井、固井之后的一项重要工序,是衔接于钻井与采油之间的关键环节。聚合物注入井一般都采用射孔完井方式完井,聚合物溶液是通过射孔炮眼进入地层从而达到提高波及效率的目的。

在射孔完井之前,要检查固井质量,聚合物注入井固井质量应达到如下要求:

1)用声幅曲线检查固井质量,相对幅度小于40%;

2)用声波变密度检查固井质量,水泥胶结指数(BZ)大于0.8;

3)射孔前清水试压15MPa,30min不降;

4)套管外径140mm,壁厚7.72mm。

在射孔方式的选择上,应充分考虑射孔炮眼对聚合物溶液的剪切作用。聚合物注入井的射孔孔眼的设计应考虑最大限度地减小聚合物溶液的黏度损失,以保证聚合物溶液的流度控制能力。对于一定的聚合物溶液来说,聚合物溶液在炮眼中的剪切降解主要受注入速度和射孔孔眼的几何尺寸的影响。聚合物溶液在多孔介质中剪切速率表达式为:

$$\dot{\gamma}_{ep} = \frac{3n+1}{4n} \frac{\sqrt{2}v}{\sqrt{K_W \phi}} \quad (6-27)$$

式中 $\dot{\gamma}_{ep}$——等效剪切速率,s^{-1};
    n——聚合物溶液的幂律指数;
    v——流速,m/s;
    K_W——岩石渗透率,μm^2;
    ϕ——岩石孔隙度。

从式(6-27)可以看出,n 和 K_W、ϕ 分别属于聚合物和岩层的固有值。要减小聚合物溶液的剪切程度,就必须最大限度地降低流速。在注入过程中配注量是一定的,要求增大聚合物溶液的过流面积——射孔孔眼的内表面积和孔眼数,即射孔完井工艺要求是大孔径、大孔深、大孔密。

(2) 分注工艺

分层注入管柱主要是解决笼统注入时出现的层间、层内矛盾及利用常规分层配水管柱配注聚合物出现的剪切降解问题,从而达到分层注入,提高聚合物驱油效果。分层注入的工艺有单管和双管两种。

双层分注完井管柱包括同心双管、井下工具与两只永久式封隔器等,通过不同的密封形式组合形成两条相互独立的注入管道。双层注入时,由内管注下层,内外管环空注上层,双层分注量在地面控制。上层洗井由内管下入新型移位器将滑套开关打开后直接进行,下层可下入连续油管完成洗井,管柱内径可满足下层测静压、吸入剖面的要求。

从聚合物试验区矿场资料来看,采用笼统方式注入导致注入井各层吸入量及采出井产出剖面很不均衡,达不到理想的驱替效果。针对上述问题,大庆油田于1991年开展了"聚合物驱双层分注完井管柱"的研究。

工艺管柱的基本结构见图6-21。整套管柱主要由两部分组成:一是可钻式丢手部分;二是插入部分。可钻式丢手部分由上下可钻式封隔器、延伸工作筒组成,主要作用是与内外插入密封段配套使用实现双层分隔及封堵射孔井段以上环形空间,防止铁离子对聚合物产生降解作用。插入管柱部分内管由 $\phi 50mm$ 内外表面涂料油管、洗井滑套开关、伸缩器、定位器、内插入密封段等组成;外管由 $\phi 89mm$ 内表面涂料油管及外插入密封段组成。这样既解决了笼统注入时的层间干扰问题,又可防止聚合物流经水嘴时的剪切降解和铁离子的伤害,不仅提高了注入质量,同时该工艺可实现单井分压、分量、分层注入及洗井,分层注入量可在地面控制,计量简便、直观、准确,又减小了测试工作的劳动强度。

二、聚合物驱监测

聚合物驱监测的主要目的是及时了解聚合物驱油动态,调整聚合物驱方案,保证聚合物驱顺利实施,降低聚合物驱风险和提高聚合物驱效果。聚合物驱监测对象包括注入井、生产井以及油藏内部。监测内容为注入井的注入压力,注入聚合物浓度和黏度、注入速度、累计注入量、注采比、注入井吸水剖面等;生产井含水率、产液量、产油量、产出聚合物浓度以及产层剖面的变化;油藏的驱替特征曲线、IPR曲线、霍尔曲线以及数值模拟跟踪拟合等。

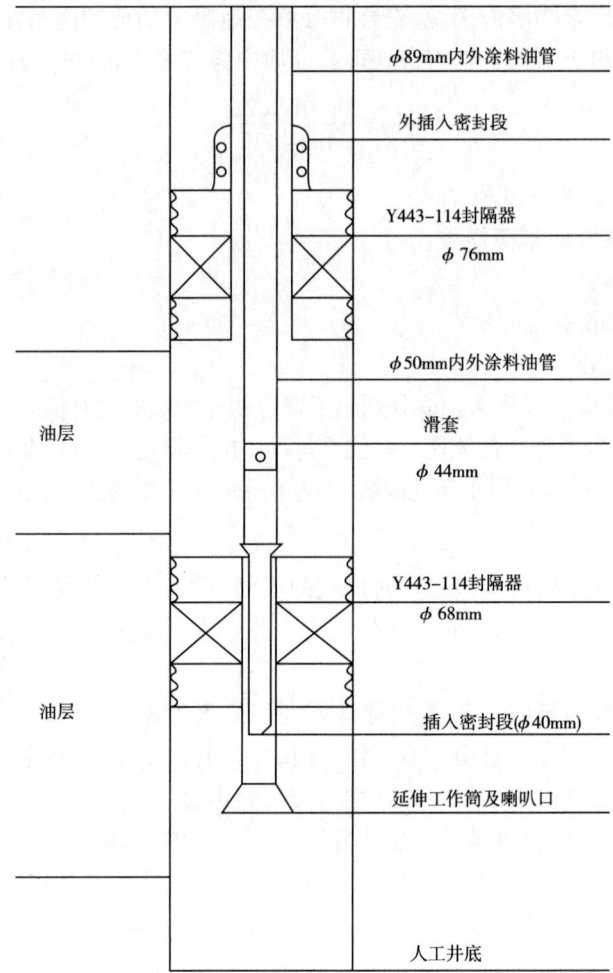

图 6-21 聚合物驱双层分注完井管柱图

1. 注入井监测

(1) 注入压力

由于注入水的黏度增加及聚合物滞留导致岩石渗透率下降,使注入聚合物的阻力增加。即使在与水驱相同的注入量下,注入压力将会上升。在整个注聚合物的过程中注入压力随时间的变化规律应是注聚合物初期压力上升较快,当注入一定量的聚合物后,压力上升减缓。如果地层中聚合物吸附达到平衡后注入压力将保持稳定。

注聚合物后注入压力上升是聚合物在油层中响应的第一个信号。注入压力上升说明聚合物在地层中存在了增黏作用和降渗作用。但注入压力上升幅度过大,会使注入井的注入能力下降较大,不能满足配注要求。此外,如果注入压力超过地层破裂压力,会影响聚合物溶液的波及系数,降低聚合物驱效果。因此,注入压力应控制在破裂压力以下。

(2) 注入井吸水剖面

通过测定注入井的吸水剖面,可以判断聚合物溶液在油层纵向上的分布。一般来说,注水井转注聚合物后,吸水剖面应有明显的改善。这是因为随着聚合物进入油藏深部,由于聚合物分子的吸附/滞留,降低了渗透率,使相对高渗透层段的阻力增加,使一部分聚合物溶液可以流到相对低渗透层段。但是,如果注入聚合物后,注入井的吸水剖面未改善。而且注入压力上升幅度太小,油层可能存在高渗透条带。此时若继续注入聚合物则很可能从生产井窜出,这时应该考虑进行深度调剖。矿场试验已经证明,这是改进聚合物驱效果、防止聚合物窜出的最为有效的方法。

(3) 注入聚合物溶液黏度

黏度是聚合物驱最为重要的参数。如果井口聚合物取样的黏度不能达到设计要求,聚合物就很难在地层中达到预期的流度控制指标。通常在聚合物驱的监测中,要求每天在井口至少取样一次,测定注入聚合物溶液黏度。应该用井口取样器进行高压取样,以保证取样过程中聚合物不被机械降解。

黏度的测定是十分重要的,所取样品的黏度测定应在相同条件下进行。如果在聚合物驱中井口取样的黏度值变化幅度较大,应立即对聚合物注入系统进行检查,检查注入设备是否运行良好,争取尽早发现问题,减少对聚合物驱的影响。

2. 生产井监测

(1) 聚合物浓度

聚合物注入油层一段时间后,生产井就会有聚合物突破。聚合物突破时间取决于油藏渗透率、注入聚合物量以及井网部署(井距等)等因素。聚合物提前突破而且产出液中聚合物浓度迅速上升,达到或接近注入聚合物浓度的一半意味着油层存在着高渗透条带。正常情况下,聚合物在生产井突破后,浓度缓慢上升。而且伴随着富集油带产出,即产油量明显上升,含水显著下降。当产出的聚合物浓度达到峰值时,油井产油量最高,也是聚合物驱油效果最好的时期。

(2) 矿化度分析

一般来说,聚合物驱之前油层已进行了较长时间的水驱,水驱注入水的矿化度与原始地层水有很大差异,注入水中的 Cl^-,HCO_3^- 比原始地层水中低得多。因此,通过监测产出液中 Cl^- 和 HCO_3^- 的含量,判断聚合物是否提高了波及效率。

在注入水阶段,随着油井产水增多,产出水的矿化度逐渐降低,而在注聚合物阶段或在注聚合物后期,聚合物驱可能将未被注入水波及区域内的油驱出,同时将一部分 Cl^- 和 HCO_3^- 带出地层。因此,如果产出液中 Cl^- 和 HCO_3^- 等离子含量上升,也可以说明聚合物驱提高了波及系数。

(3) 示踪剂浓度

注示踪剂是认识油藏连通性及非均质性,了解 EOR 流体流向最为有效的方法之一,是提高采收率常用的一种监测方法。注示踪剂可以在注聚合物之前进行,以认识油藏的连通性和非均质性;注示踪剂也可在聚合物驱中进行,甚至加入聚合物溶液之中,了解注入聚合物的流向;注示踪剂还可以在聚合物驱之后进行,以确认聚合物驱油机理和驱油效果。因此,示踪剂的监测是十分重要的。示踪剂浓度测定的要求是尽可能地检测其突破时间。在示踪剂浓度峰值附近尽可能地加密取样以免漏掉峰值,从而影响注入示踪剂的解释结果。

(4)油、水产量及含水率

生产井油水产量及含水率的监测在聚合物驱方案调整和效果评价中起着决定性作用。在聚合物驱期间,通过监测含水率的变化可以判断聚合物驱是否有效,一般来说,聚合物驱见效的标志有油井含水率下降、油量增加,如果无上述响应,说明注采井对应关系不好,或者油、水井之间连通性较差,结合示踪剂测试结果,可以确定调整方案和措施。

3. 油藏监测

(1)压降曲线

通过注入井的压降分析,不仅可以测定地层参数和地层压力,而且还可以估算聚合物在地层中的有效黏度和阻力系数。有效黏度表示聚合物段塞在地层中降低流度比的程度,阻力系数和残余阻力系数表示地层渗透率下降的幅度。对于一口注水井来说,假设聚合物驱前和水驱的流动系数保持不变,那么聚合物在地层中的有效黏度为:

$$\mu_{\text{eff}} = \frac{(Kh/\mu)_w}{(Kh/\mu)_p} \cdot \mu_w \tag{6-28}$$

式中 μ_{eff}——聚合物溶液在地层中的有效黏度;

$(Kh/\mu)_w$——注聚合物前水驱流动系数;

$(Kh/\mu)_p$——注聚合物时聚合物的流动系数;

μ_w——注入水的黏度;

根据压降曲线直线段的斜率可以求得流动系数,即

斜率为:

$$i = \frac{2.3q}{4\pi} \cdot \frac{\mu}{Kh} \tag{6-29}$$

流动系数为:

$$Kh/\mu = \frac{2.3q}{4\pi i} \tag{6-30}$$

式中 i——压降曲线直线段的斜率;

q——注入液体的流量,m^3/d;

μ——注入液体的黏度,$mPa \cdot s$;

K——地层渗透率,$10^{-3}\mu m^2$;

h——地层厚度,m。

通过压降曲线还可以求得阻力系数。阻力系数定义为水的流度与聚合物流度的比值,如果注入井的厚度在水驱和聚合物驱中是相同的,那么径向流中的流度比就等于流动系数的比值,即:

$$R_F = \frac{\lambda_w}{\lambda_p} = \frac{(K/\mu)_w}{(K/\mu)_p} = \frac{(Kh/\mu)_w}{(Kh/\mu)_p} \tag{6-31}$$

从上述方程中可以看出,聚合物在地层中的阻力系数越高,说明聚合物在地层中的流度控

制能力越强,提高的波及系数越大。

(2)注水指示曲线

注水指示曲线反映了注入压力与注入量之间的关系。注入聚合物后由于高渗透层渗透率降低,启动压力会升高,指示曲线会向上移动。

$$p = p_0 + mQ \tag{6-32}$$

式中　p——注入井井口压力,MPa;
　　　p_0——注入井井口启动压力,MPa;
　　　m——指示曲线斜率;
　　　Q——注入井注入量,m³/d。

因此,通过注入井指示曲线在注聚合物前后的变化可以了解聚合物驱效果的好坏。聚合物驱启动压力高于水驱,而且其指示曲线斜率同水驱相比越大,效果越好。这是因为油层渗透率越低启动压力越高,注入能力越差。由于油层渗透率与启动压力成反比,因此,可以用启动压力的升高程度来表示渗透率的下降程度。

$$K_R = \frac{p_p - p_w}{p_w} \tag{6-33}$$

式中　p_p——聚合物驱启动压力,MPa;
　　　p_w——水驱启动压力,MPa;
　　　K_R——渗透率下降程度。

单位油层厚度、单位压差下的日注入量叫作注入指数。它可以反映井的注入能力。由达西定律可知,井的注入量用下式表示:

$$Q_w = \frac{2\pi K h}{\mu \ln(R_e/R_J)} \cdot \Delta p \tag{6-34}$$

式中　Q_w——注入井注入量,m³/d;
　　　Δp——注入井注入压差,MPa;
　　　R_e——井的供给半径,m;
　　　R_J——井的折算半径,m。

由上式可以导出井的注入指数 J:

$$J = \frac{Q_w}{h \Delta p} = \frac{2\pi}{\ln(R_e/R_J)} \cdot \frac{K}{\mu} \tag{6-35}$$

对一口井来说,$2\pi/\ln(R_e/R_J)$ 是常数,因此,注入指数 J 与流度 K/μ 成正比,通过 J 随时间的变化曲线,可直接了解注入液的流度变化动态,或者说,可以评价注入效果的好坏。在驱油过程中,J 变小(在注入黏度不变的情况下),说明驱油效果更好。

(3)赫尔曲线

注入压力与时间乘积的积分叫赫尔积分。赫尔积分与累计注入量的关系曲线叫赫尔曲线,如图6-22所示。压力变化 Δp 由下式表示:

$$\Delta p = p_{\text{井底流压}} - p_{\text{地层}} = p_{\text{井口}} + p_{\text{液柱}} - p_{\text{损}} - p_{\text{地层}} \qquad (6-36)$$

在注水、注聚合物过程中,液柱压力基本一致,管柱磨损可以忽略,当地层压力稳定不变时,Δp 取决于注入井井口压力 $p_{\text{井口}}$。因此,可得:

$$\Delta p = \frac{\ln(R_e/R_J)}{2\pi h} \cdot \frac{\mu}{K} \cdot Q_w \qquad (6-37)$$

$$m = \frac{\ln(R_e/R_J)}{2\pi h} \cdot \frac{\mu}{K} \qquad (6-38)$$

$$p_{\text{井口}} = \frac{\ln(R_e/R_J)}{2\pi h} \cdot \frac{\mu}{K} \cdot Q_w + (p_{\text{地层}} + p_{\text{损}} - p_{\text{液柱}}) \qquad (6-39)$$

由式(6-39)可以看出,$p_{\text{井口}}$ 与 Q_w 成正比,将式(6-39)两边乘以时间并积分可得赫尔(Hall)积分与累计注入量的关系曲线如图6-22,其斜率 m 为:

$$m = \frac{\ln(R_e/R_J)}{2\pi h} \frac{\mu}{K} / \frac{K}{\mu} \qquad (6-40)$$

显然,赫尔曲线斜率越大,说明油层渗透性下降,有效黏度增加,聚合物驱油有效。另外,通过赫尔曲线可以计算出阻力系数和残余阻力系数。

阻力系数:

$$R_F = \frac{m_2(\text{聚合物驱斜率})}{m_1(\text{水驱斜率})} \qquad (6-41)$$

残余阻力系数:

$$R_k = \frac{m_3(\text{聚合物驱后水驱斜率})}{m_1(\text{水驱斜率})} \qquad (6-42)$$

聚合物驱油过程中,m_2 大于 m_1,说明驱油效果好,停止注入聚合物后,m_3 仍大于 m_1,则说明聚合物还在起作用,仍有效。图 6-22 为某油田注聚合物前后的 Hall 曲线,计算出注聚合物的阻力系数、残余阻力系数和有效黏度分别为 3.2mPa·s,2.51mPa·s 和 1.51mPa·s。

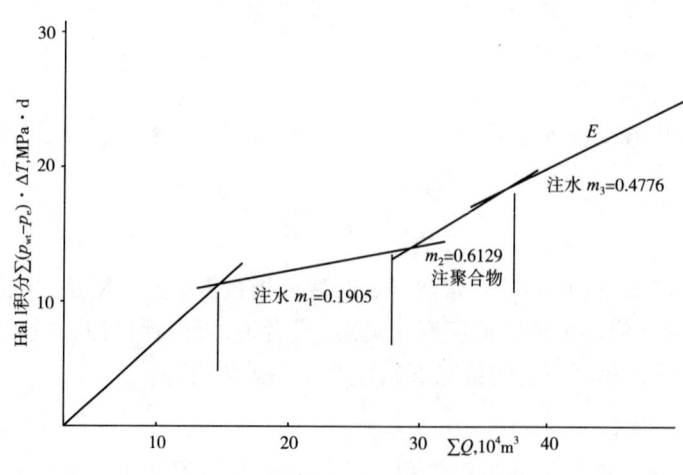

图 6-22 聚合物驱的 Hall 曲线

三、聚合物驱实例

1. 油藏地质特征及油田开发概况

河南双河油田Ⅱ₅层聚合物试验区位于双河油田北块的西南部,北东与Ⅱ₅层油藏主体相连,西部为尖灭带,西南部有边水、东南为断层封闭(图6-23)。

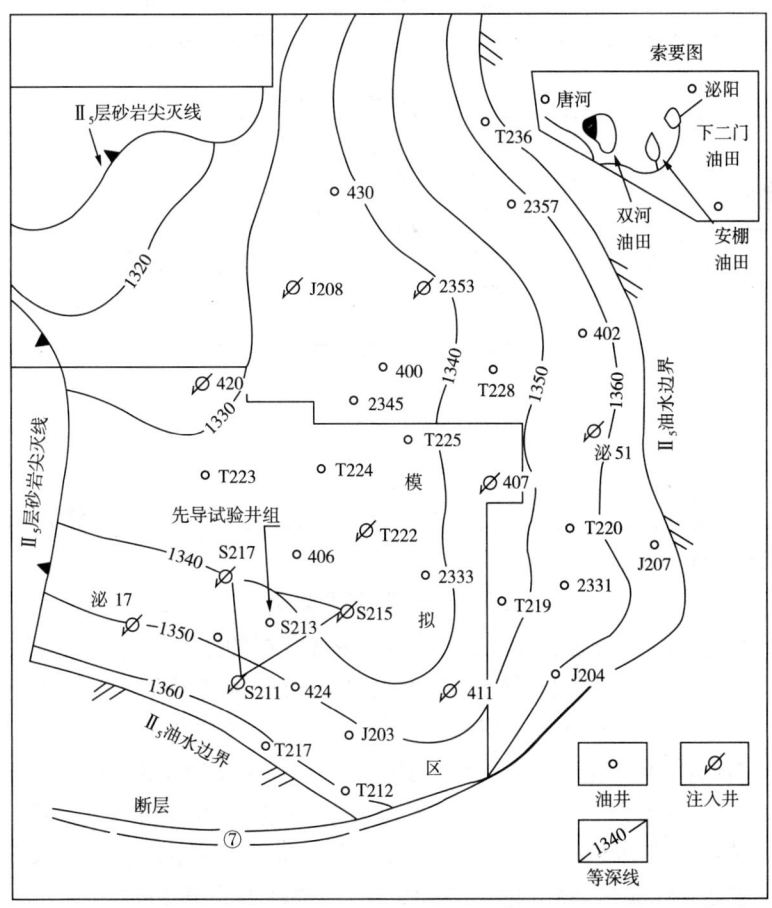

图6-23 双河油田聚合物驱试验区井位构造图

试验层位Ⅱ₅¹⁻⁴属双河油田下第三系核桃园组核三段Ⅱ₅油组的一个小层,是多层段、多韵律、多岩性组合沉积的厚油层。层内发育的三个稳定的泥岩夹层把Ⅱ₅层分为4个独立的单层,其成层性和连续性好,层内非均质程度高于层间,渗透率变异系数0.73,非均质性严重。Ⅱ₅层平均埋深1480m,有效厚度11.5m,含油面积3.01km²,地质储量标定值256.1×10⁴t。平均渗透率919×10⁻³μm²,孔隙度21.25%。油藏温度73℃,原始地层压力14.8MPa,地下原油黏度7.8mPa·s,地层水总矿化度5002mg/L(其中Ca²⁺为18mg/L,Mg²⁺为mg/L)。

试验区中心有3口注聚合物井(S211、S215、S217),1口中心生产井和3口平衡生产井,构成一个不规则的四点井网。外围有单向一线受效油井6口,注水井6口。注采井距180~230m。

在双河油田Ⅱ₅层聚合物驱先导试验区,自1977年底投入开发先后经历了5个开发阶段,即:天然能量试采、全面注水开发、细分层系开发、井网一次加密调整和井网二次加密调整阶段。目前井网密度为 14.2 口井$/km^2$。至 1994 年 1 月,采出程度达 38.6%,综合含水 90.4%,累计产油 98.95×10^4t,预计水驱最终采收率 41.5%。

2. 聚合物和聚合物段塞的确定

根据聚合物性能评价结果,在双河Ⅱ$_5$层聚合物驱先导试验区,采用的聚合物为 S625,相对分子质量为 1900×10^4。根据配产配注方案的优化结果,以及 VIP—POLYMER 模型的数值模拟结果,确立注入量为 0.36PV。注入聚合物的段塞设计见表 6–5。

表 6–5 聚合物段塞设计表

段塞	注入量 PV	浓度 mg/L	日注溶液 m^3	聚合物用量 t	注入时间 d
前缘	0.05	1100	330	61	152
主体	0.25	900	330	250	758
后尾	0.07	500	330	39	212
合计	0.37	946	330	350	1122

3. 聚合物驱矿场试验

在注聚合物之前,进行了如下准备工作:

1) 对 3 口注聚合物的井进行了酸化,以提高其吸水能力,增加其注入能力,降低注入压力;
2) 进行了示踪剂试验;
3) 对注入井进行了高强度的深度调剖,确保在纵向剖面上的注入均匀;
4) 在 S215 井进行了聚合物吞吐返排试验,了解聚合物的注入性以及设备运转的稳定性。

1994 年 2 月 6 日开始注入聚合物,至 1995 年 12 月止,完成了聚合物前缘段塞注入。进入主体段塞注入阶段,共注入 900~1000mg/L 聚合物溶液 $26.226 \times 10^4 m^3$,注入聚合物干粉 275.64t,注入聚合物溶液的量为 24% 的地层孔隙体积。其中前缘段塞注入 S625 聚合物(相对分子质量 1900×10^4)30t 和 S525 聚合物(相对分子质量 1700×10^4)51.344t。注入浓度为 1090mg/L,注入地层孔隙体积 6.623%,注入黏度为 93mPa·s;主体段塞注入 S525 聚合物干粉 194.3t,平均浓度 896mg/L,井口黏度 58mPa·s,主体段塞量 0.1777PV。

4. 聚合物驱效果和经济评价

(1) 聚合物驱效果

聚合物驱效果体现在以下几个方面:

1) 日产油量增加,综合含水下降。1995 年 12 月,综合含水 85.6%,比注聚合物前含水 (91.5%) 下降 5.6%。
2) 地层压力回升。
3) 产出液矿化度、氯离子含量升高。1995 年与 1994 年对比,试验区 4 口油井产出液矿化度由 3393mg/L 上升到 4131mg/L。
4) 注入液推进速度减慢。

5)聚合物驱见效时间快(6~8个月)。

双河油田聚合物驱试验区产量变化图见图6-24。

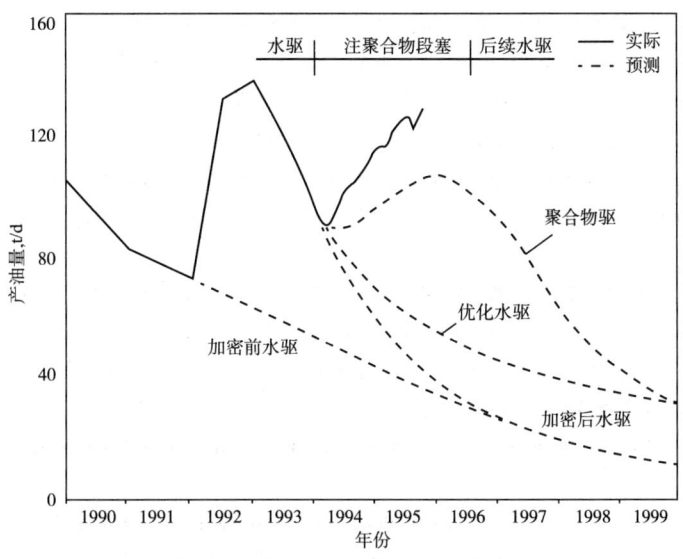

图6-24 双河油田聚合物驱试验区产量变化图

(2)聚合物驱经济评价

1)方案水驱拟合率达到91%以上,优化水驱考虑了各种增产措施,其他调整因素,以优化水驱为对比基础,实际产油量为$2.75 \times 10^4 t$,高于聚合物驱方案预测量$2.174 \times 10^4 t$;

2)增加采收率9.8%;增产1t油的化学剂费用为120.28元/t(PAM);聚合物增产油量为191.2t/t(油/PAM);聚合物投资主要包括聚合物设备购置费、建站费及仪器仪表与配件费,共计874万元;

3)成本包括聚合物费、注入设备折旧、调剖、测吸水剖面、产液剖面、测残余油饱和度、工人工资、试验站动力材料消耗,每吨59元储量使用费,而不考虑分摊费用;评价期按聚合物驱的有效期7年计算;基准收益率按12%选取;油价按1220元/t;税收包括资源税8元/t、矿产资源补偿税1%、城建税0.4%、教育附加税3%/t、增值税14.5%;聚合物价格为2.3万元/t(粉)。经核算,净现值达2205万元,内部盈利率为69.1%,投资回收期为2年,平均单位成本为390.25元/t,投资利润率和投资利税率均较高(表6-6)。

表6-6 河南南阳油田聚合物驱先导试验经济评价结果

经济评价指标	聚合物驱+水驱	聚合物驱净增效益
净现值,万元	3979	2205
净现值率,%	180.8	215.3
内部盈利率,%	>80	69.1
投资回收期,a	1	2.1
投资利润率,%	30.2	52.5
投资利税率,%	65.3	70.1
平均单位成本,元/t	762.22	390.25

综上所述,双河油田Ⅱ$_5$层聚合物驱先导试验在技术上和经济上都取得了成功。

参 考 文 献

[1] 冈秦麟. 论我国的三次采油技术. 油气采收率技术,1998(4):3-9,80

[2] Willhite G P,Dominguez J G. Mechanisms of Polymer Retention in Porous Media,in Improved Oil Recovery by Surfactant and Polymers Flooding. New York:Academic Press,1997.

[3] 张振华. 聚合物驱油先导实验技术. 北京:石油工业出版社,1996.

[4] Stahl G A, et al. High Temperature and Hardness Stable Copolymers of Vinylpyrrolidone and Acrylamide,In Water Soluble Polymers for Petroleum Recovery, Ed Stahl, G. A. and Schulz. D. N. Plenum Publishing Coop. New York. 1998.

[5] 马自俊,罗健辉,刘继德. 国外提高采收率化学剂发展状况. 油田化学,1996,13(4):381-384.

[6] Plodger H J,et al. Starch-Arcylamide Graft Copolymers for Use in Enhanced Oil Recovery. SPE 8442,1978.

[7] Forrest F, Craig J. The Reservoir Engineering Aspects of Waterflooding Henry L. Doherty Memorial Fund of AIME. SPE of AIME,New York,1971.

[8] Haberman R. The Efficiencies of Miscible Displacement as a Function of Mobility Ratio,Trans. AIME,1960,219:264-272

[9] Flory,Paul J. Principles of Polymer Chemistry,Ithaca. New York Cornell University Press,1953.

[10] Tsaur K. A Study of Polymer/Surfactant Interactions for Micellar/Polymer Flooding Applications,MS thesis. The University of Texas at Austin,1978.

[11] Mantin,David F,et al, Development of Improved Mobility Control Agents for Surfactant/Polymer Fooding,and Annual Report US Department of Energy. DOE/BC/00047-13,1981

[12] Smith F W. The Behavior of Partially Hydrolyzed Polyacrylamide Solutions in Porous Media. JPT,1970,148-156.

[13] Maerker J M. Mechanical Degradation of Partially Hydrolyzed Polycrylamide Solutions in Unconsolidated Porous Media. SPE,1976,172-174.

[14] Willhite G P,Unl J T. Correlation of the Flow of Flocon 4800 Biopolymer with Polymer Concentration and Rock Properties in Berea Sandstone, Water Soluble Polymers for Petroleum Recovery. New York:Plenum Press,1988.

[15] Bird R B,et al. Transport Phenomena. New York:Wiley,1960.

[16] Reiner M. Deformation,Strain and Flow. New York:Interscience,1960.

[17] Meter D M,Bird R B. Tube Flow of Non-Newtonian Polymer Solutions. American Institute of Chemical Engineers Journal,1964,878-881.

[18] Foshee W C,et al. Preparation and Testing of Partially Hydrolyzed Polyacrylamide Solutions. SPE 6202,1976.

[19] Willhite G P,Dominguez J G. Mechanisms of Polymer Retention in Porous Media. AIChE Symp on IOR by Surfactant and Polymer Flooding,Kansas,1976.

[20] F. H. 波特曼. 提高原油采收率技术. 谭文彬,等译. 北京:石油工业出版社,1985.

[21] Dawsan R,Lantz R B. Inaccessible Pore Volume in Polymer-flooding. SPEJ,1972,442-452.

[22] 高树棠. 聚合物驱提高石油采收率. 北京:石油工业出版社,1996.

[23] 王仲茂. 高新采油技术. 北京:石油工业出版社,1998.

[24] 陈铁龙,蒲万芬. 聚合物应用与评价方法. 北京:石油工业出版社,1997.

[25] Taber J J,Martin F D. Technical Screening Guides for the Enhanced Recovering of Oil. SPE 12069,1983.

[26] 王克亮. 改善聚合物驱油技术研究. 北京:石油工业出版社,1997.

[27] 马世煜. 聚合物驱油实用工程方法. 北京:石油工业出版社,1995.

[28] National Petroleum Council. Enhanced Oil Recovery. Washington D. C. ,1976.

[29] Lewin, Associates. The Potential and Economic of Enhanced Oil Recovery. Washington D. C. ,1976.
[30] 胡博仲. 聚合物驱采油工程. 北京:石油工业出版社,1991.
[31] 卢军,宋振宇. 双河油田Ⅱ$_5$层高温聚合物驱试验,化学驱油论文集. 北京:石油工业出版社,1998.
[32] 姜言里. 聚合物驱油最佳技术条件下优选. 北京:石油工业出版社,1994.
[33] Chen Tielong,et al. A Pilot Test of Polymer Flooding in an Elevated Reservoir. SPE Reservoir. Engineering and Evaluation,1998.

第七章 化学复合驱

利用碱、表面活性剂、聚合物、微乳液和泡沫驱油提高采收率的方法称为化学驱。复合驱是由碱、表面活性剂以及聚合物组成的复合驱油体系,简称 ASP。在复合驱油体系中,聚合物的作用是增加驱替相黏度。表面活性剂的作用是降低界面张力,降低残余油饱和度。碱的作用一般认为是与原油中的有机酸或有效的酸性组分反应就地生成具有表面活性的物质,降低油水界面张力,提高驱油效率;乳化原油,降低注入水流度,改善流度比;可改变岩石的润湿性,增加原油流动性,并同加入的表面活性剂产生协同效应,增加界面活性,减少表面活性剂的用量。由聚合物、碱剂和表面活性剂两两组合的化学驱称为二元复合驱,三者组合的化学驱称为三元复合驱。三元复合驱与聚合物驱相比,通过扩大波及体积来进一步提高原油采收率。目前国内使用较多的是聚合物和表面活性剂二元复合驱。

本章将介绍碱水驱、微乳液—聚合物驱、泡沫驱和三元复合驱的基本原理和实施等方面的内容。

第一节 碱 水 驱

碱水驱是指在注入水中加入碱,在地层中碱与原油中的酸性物质发生化学反应,就地形成表面活性剂的提高原油采收率方法。碱水驱提高原油采收率的机理:一是生成的表面活性物质可以降低油水界面张力,提高驱油效率;二是乳化原油作用,降低注入水流度,改善流度比;三是改变岩石的润湿性,增加原油的流动性。

一、原油、碱、岩石相互作用

碱水驱中的碱剂包括氢氧化钠、碳酸氢钠、碳酸钠、氢氧化铵、磷酸钠和硅酸钠等,但常用的碱主要是氢氧化钠和硅酸钠。在碱水驱时,使用的碱浓度为 0.05% ~5%。

氢氧化钠和硅酸钠溶液具有极强的碱性反应。在溶液中碱的含量即使很低也能达到较高的 pH 值(12 以上),如图 7-1 所示。碳酸钠主要用于表面活性剂驱中的预冲洗,氢氧化铵可与表面活性剂结合使用,可以降低表面活性剂在岩石中的吸附量。

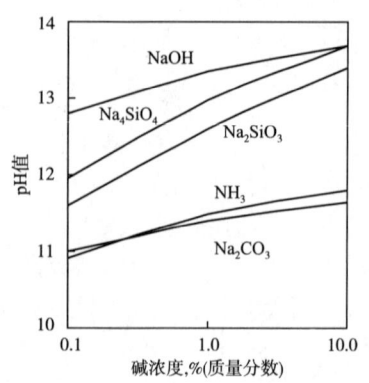

图 7-1 不同碱的 pH 值的对比结果

1. 碱—原油

(1)原油的酸值

原油的酸值定义为中和 1g 原油中的酸性物质所消

耗的 KOH 的毫克数。原油的酸值是原油中有机酸含量的量度,也是衡量降低界面张力程度的重要指标。

(2)原油的碱性系数

由于碱界面张力降低的程度与原油的酸值之间的对应关系不是十分明显,而原油的碱性系数与界面张力降低程度存在明显的相关关系,因此可以用原油的碱性系数来描述原油对碱的活性。

原油的碱性系数是指在氢氧化钠浓度与界面张力的双对数关系曲线中,界面张力范围 $0.01 \sim 1\text{mN/m}$ 与碱浓度范围 $0.001\% \sim 1\%$ 所限定的面积中,阴影面积与总面积的比值乘以 6 定义为碱性系数。碱性系数越大,原油活性越强,降低界面张力程度越大。

2. 碱—岩石

在碱水驱过程中,碱溶液与储层岩石中的黏土矿物之间的离子交换过程导致储层的黏土膨胀,降低储层渗透率,影响注水井的吸水能力和油井的产能。这一作用可能伤害储层,影响碱水驱的应用。

在离子交换过程中,当碱溶液与储层岩石接触时,将产生复杂的物理—化学作用,同时消耗掉一部分碱。恰当地评价这些消耗对实施碱水驱十分重要。

碱溶液与储层岩石之间最重要的作用是黏土膨胀,它直接影响储层的渗透率、注水井的吸水能力和油井的产能。黏土膨胀的原因是水或碱溶液的分子因离子交换而渗透到黏土的层间空间。水的附着使得黏土内相邻层面之间的联系变差,由此使这些小的薄层劈开并使黏土体积增大。离子交换过程为:

$$\text{岩石} - \text{H}^+ + \text{Na}^+ + \text{OH}^- \rightleftharpoons \text{岩石} - \text{Na}^+ + \text{H}_2\text{O}$$

实验研究表明,当向岩心中注入由 0.16% 的 NaOH 和 0.35% 的 NaCl 组成的溶液时,因离子交换而造成的碱耗为 $4 \sim 16\text{mmol}/100\text{g}$ 岩石。离子交换作用的结果,使发挥作用的碱溶液浓度降低。

碱水驱时砂岩中硅酸盐的溶解将严重降低溶液中碱的浓度。硅酸盐的溶解是一个复杂而不可逆的过程。随着硅酸盐的溶解,溶液中的硅酸盐浓度(C)增加,它与时间(t)的关系为:

$$C = C_p - (C_p - C_0)\exp(-\alpha t) \tag{7-1}$$

式中 C_p——SiO_2 的极限浓度或平衡浓度;

C_0——溶液中的初始浓度;

α——表示硅酸盐溶解速度的常数。

硅酸盐的溶解程度受温度和 pH 值的影响,温度越高、pH 值越大,溶解速度越快。

(1)结垢问题

体系的 pH 值是决定成垢的重要因素,温度、压力、离子构成和其他一些次要因素对成垢也有一定作用。在碱水驱中,油藏内不同时间和不同地点,pH 值可以在 $13.5 \sim 7.0$ 之间变化。pH 值十分重要,pH 值决定着油层中何种固相能形成垢或沉淀并堵塞油层孔隙和影响生产,特别是碳酸盐垢、氢氧化物垢、硅酸盐垢的形成更受 pH 值控制,这可由形成沉淀的 pH 范围来说明。在可能的 pH 值范围内,上述每种垢的溶解度变化很大并随存在的多价阳离子类型和浓度的变化其溶解度发生改变。比较常见的沉淀和结垢是钙盐和镁盐,其次是钡盐或铁盐。

1) 碳酸盐。

碳酸盐垢是最常见的一种垢,在油田处理这类垢可用公认的工艺,所以本书对这类垢未做进一步讨论。

2) 氢氧化物。

氢氧化物沉淀是碱水驱 pH 值升高的直接结果。首先形成具有活性、非晶态的和高水合度的物质,随着老化过程的进行,这种物质转化为低活性和结晶度较高的物质。温度升高或存在合适的反应表面,这种转化可被加速。与碳酸盐不同,氢氧化镁的溶解度小于氢氧化钙,pH 值为 9~11,氢氧化镁首先沉淀出来。这种沉淀物迅速生成,但如用酸降低 pH 值,沉淀物也会迅速溶解。

3) 硅酸盐。

各种硅酸盐沉淀物在化学上是很复杂的,因为它取决于硅酸盐离子的聚合程度,并随 pH 值和浓度的变化而发生变化。开始形成硅酸盐分子多元体和达到胶体尺寸的 pH 值比形成相应氢氧化物的 pH 值要低 1 至几个 pH 单位,这一点已被电极活性测量所证实。

对于聚合度较高的硅酸盐来说,这种影响更显著,在硅酸镁的溶解度小于硅酸钙方面,与氢氧化物有相似之处。在自然条件下,硅酸盐沉淀物通常是高水合非晶态物质,呈黏糊状,这种沉淀物不容易黏附在金属表面上。也不容易在金属表面上形成,但它们可吸附在方解石(碳酸钙垢)和氧化物表面上。所以,如果存在碳酸盐垢,那么硅酸盐垢也会存在,形成混合垢。

通常,大多数多价金属阳离子的硅酸盐都是沉淀,沉淀区常常相互重叠,因此,得到的沉淀物或垢是含有多种元素不同化合物的复杂混合物。硅酸盐离子能被吸引到氧化物表面上,继而可以黏附在地层中运移的颗粒表面。随井眼 pH 值或离子环境的变化,它们也会絮凝成垢。所以,对这类垢的分析可以检测出许多不同的离子。

如果一种高 pH 值含硅高的流体,用一种低 pH 值的流体稀释,那么就会形成一种真正无定形的硅胶,以聚合物硅形式从溶液中沉淀出来,这类凝胶仅含少量的其他高价离子,用 HF 酸可有效的处理这类凝胶。但是,使用过的废酸液应从井筒排除,不允许散流进入地层中。随着另外的高硅含量的碱性流体与酸接触和中和,这种废酸液的散流能导致二氧化硅凝胶的再沉淀。用高 pH 值苛性碱溶液处理,也能使二氧化硅凝胶再次溶解。

4) 油层环境。

进入生产井流体的离子组成与注入的碱性流体的组成有很大的差别,这是因为存在着碱性流体与岩石的很多反应和碱性流体与地层中各种流体之间的混合。产出液中氢氧根离子主要来自注入的碱,而碳酸盐离子和硅酸盐离子主要来自油层中的岩石,通过矿物溶解,油层能产生大量额外的碳酸盐离子和硅酸盐离子。

近来有些研究溶解的报告指出,在油层环境下,经过一年或更长时间到达生产井的碱段塞中的硅浓度处于稳定状态,这个浓度的大小由溶液的 pH 值决定,同时也在一定程度上取决于温度。试验表明,SiO_2 浓度接近于溶液中 $SiO_2/Na_2O=2$ 的比值,当达到这个比值时,SiO_2 不再继续溶解。溶液中的 Na_2O 仅是可滴定的碱值,它来自注入的氢氧化钠、原硅酸钠或碳酸钠。所以,当流体到达生产井时,对于这三种碱来说,形成硅质垢的现象是共同的。SiO_2 被溶解到溶液中的速度随着溶液中 SiO_2 含量增加、温度下降、Na_2O 浓度或 pH 值下降而降低。因此,注入像原硅酸钠这种含

有大量 SiO_2 的溶液,将从岩石中溶解 SiO_2,但速度比苛性碱低些。

5)井筒环境。

在井筒地区,不同渗透率的几个层段或不同渗透率的地层,通常都产出流体。碱剂一般在高渗透层推进得最快,而邻近的低渗透率层产出原有的地层水,这些原生水是钙、镁含量高的硬水,如果产出的流体混合物处于沉淀区或不稳定区之内,那么将会形成前面提到的一种沉淀或沉淀的混合物(或结垢)。使用井下沉没泵,又增加了两个促进垢形成的因素:离心泵本身会产生涡流和局部低压区,并且泵的马达会产生热量,形成局部热点。对于亚稳的过饱和溶液以及边界流体,这两个因素都能诱发垢的形成。如果这些流体保持常温常压静止状态,沉淀就不易生成。

(2)碱耗量

碱在溶液中具有一定浓度时才能降低界面张力,所以必须考虑碱与地层水、注入水和岩石相互作用时的损耗量,总碱耗量包括:

$$C(t) = C_0 - \Delta C_1 - \Delta C_2 - \Delta C_3 - \Delta C_4 \tag{7-2}$$

式中　$C(t)$——油层微元体中碱液在 t 时刻的碱液浓度,mg/L;

C_0——注入的碱液浓度,mg/L;

ΔC_1——碱与原油中的酸性组分发生反应时的消耗量,mg/L;

ΔC_2——碱与地层水中的高价阳离子作用时的消耗量,mg/L;

ΔC_3——与岩石发生离子交换所消耗的碱量,mg/L;

ΔC_4——溶解硅酸盐所需要的碱量,mg/L。

根据碱与原油、地层水和油层岩石的相互作用机理,可以将碱水驱过程划分为 6 个区域,如图 7-2 所示。

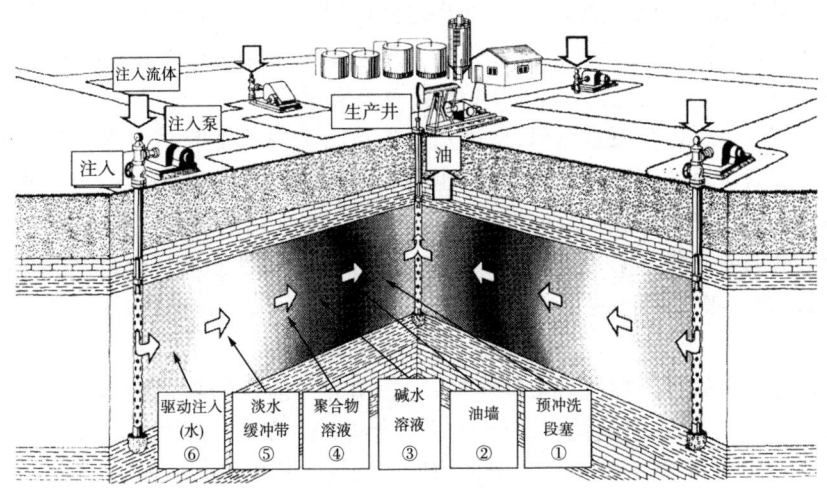

图 7-2　碱水驱过程示意图

①区:在生产井附近,该区内只有含原始酸性组分的活性原油的渗流。

②区:在该区内渗流的是含原始酸性组分的活性原油、注入水以及地层水,其中有一部分地层水将被硬性盐替代。

③区：在该区内渗流的有原油、地层水和注入水及碱溶液。活性原油与碱相互作用，并在油层内生成表面活性物质。当原油与碱溶液之间的界面张力很低时形成乳状液。根据温度和该区内所含硬性盐的情况，有可能形成"水包油"型或"油包水"型的乳状液。当碱与高价金属离子盐相互作用时，油层内将产生钙、镁和铁的氢氧化物沉淀。在这一区内，油层砂岩中的硅酸盐将发生强烈的溶解，并产生离子交换，地层黏土剧烈膨胀。碱溶液及随后的水对油层岩石润湿性的改善也将对提高原油采收率发挥作用。

④区：在该区内渗流的有非活性原油、被淡化的水和碱溶液。

⑤区：非活性原油和淡水渗流。

⑥区：注入淡水顶替碱溶液段塞。

二、碱水驱机理

碱水驱的原理是碱与地层中的原油、水以及油层岩石相互作用，改变"原油—水—岩石"体系的界面性质，改善水驱油条件。降低界面张力、降低对原油的乳化作用、改变岩石的润湿性是决定提高采收率的基本因素。原油中的酸性组分与碱反应形成表面活性物质，同时还存在界面上的吸附—解吸作用，以及作用产物向水相和油相的物质传递。每一因素在驱油机理上所起的作用都是由碱与具体油田的地层液体和岩石相互作用的动力学、油田开发的条件、产层的特点所决定的。

1. 降低相间张力

碱与原油中的一些酸性物质反应，生成表面活性物质：

$$R—COOH + NaOH \longrightarrow R—COONa + H_2O$$

有效利用碱水驱的基础是降低油、水两相之间的界面张力。对于每一种原油，只在一个很窄的、特定的碱浓度范围内才能降低界面张力。如果水相中存在有二价金属离子，将使最低界面张力值增加，而所含氯化钠如果达到2%则会使该值降低。

在实际地层条件下进行碱水驱时，地层水矿化度将会对原油与碱之间的相互作用产生影响。水中即使含有少量的高价金属离子盐，也会明显提高最低界面张力值。当水相中存在氯化钠时，它对界面张力的影响随原油性质而异。例如，当氧化钠在溶液中含量为1%时，低活性原油与碱溶液的界面张力不会下降到小于1mN/m，而高活性原油与碱液之间的界面张力变化比较缓慢，过渡层的形成过程也不太强，即在同一时间有氯化钠时的界面张力值要比没有时低。

石油中含有大量的有机物，包括：具有低、中相对分子质量的复杂结构的碳酸系列高分子化合物的胶质和沥青质，不同氧化程度的有机化合物（醚、醇等）。由于酸性组分具有较高的表面活性，其在表面的平衡浓度明显高于平均值。当向水相中加入碱时，它与表面层的酸性组分发生作用并形成碱性盐。

2. 原油的乳化

几乎在所有碱水驱实验研究中都能够观察到原油乳化现象，有时它是一种稳定的、细分散的乳状液，有时则是粗分散、很快被破坏的乳状液。低张力（小于0.01mN/m）能促使乳状液的形成,更容易使一种液体在另一种液体中分散。

碱水驱时可以形成水包油型(正型)乳状液,也可以形成油包水型(反型)乳状液,其类型可根据外相的电导率确定。水外相的乳状液能够导电,而油外相乳状液则不导电。不能与碱有效作用的原油,将与碱溶液形成不稳定的乳状液。

在密集的乳状液中,液滴的聚集和结合进行得极为剧烈。要使它们达到稳定,必须在液滴表面形成吸附膜,以阻止液滴的汇合。亲水的表面活性胶体是水包油型乳状液的稳定剂,而亲油的胶体则是油包水型乳状液的稳定剂。

形成任何类型的乳状液,吸附外壳均具有两个界面,因此有两个界面张力。由一价阳离子形成的表面活性物质形成的外壳,其被水湿润的能力要比原油好。所以与水这一面的界面张力要比与原油一面的界面张力低。因此,吸附壳包住的是原油的液滴。由高价阳离子形成的表面活性物质,在原油中的溶解性比在水中好,由这些表面活性剂形成的吸附壳和原油之间的界面张力要比与水的界面张力低,这时将形成油包水型乳状液。由此可见,加入高价金属盐可使正型乳状液变成反型乳状液。

正型乳状液具有最大的稳定性能。形成这种乳状液吸附层的分子的非极性部分(烃基)朝向内部,而极性部分则朝向水相。

当碱溶液与高活性原油相互作用时,可出现一种自发的分散作用并形成分子聚集体(胶束)。这些胶束具有较高的稳定性,还具有溶解(增溶)憎水物质的能力,增溶作用保证了水溶液中和胶束内部表面活性物质浓度的平衡,并具有可逆特性。

碱对原油的乳化作用对提高原油采收率有两种机理:对残余油的"夹带"作用和乳状液的"捕集"机理。前者是残余油被乳化,然后被带入到流动的碱溶液中,原油基本上是以分散的乳状液形式采出。由于油珠直径较大,后者是当形成的乳状液在驱替过程中遇到小于其直径的孔喉时被捕集,使水相流度降低,改善流度比,提高波及效率。这种作用机理与所形成的乳状液类型有关,稳定而细分散的乳状液,在孔隙介质中能参与流动,属于"夹带"机理。粗分散、低稳定性的乳状液将被捕集在大孔道的喉部,提高波及范围体积,属于"捕集"机理。

乳状液的黏度与水相含量有关,随着水相含量的增加,乳状液的黏度急剧降低。油层内的乳状液黏度与碱溶液驱油前缘的含油饱和度有关,而且沿段塞长度发生变化。如在油田开发早期采用碱水驱,驱油前缘的含油饱和度较高,可能形成较高的渗流阻力。一方面,它可以提高波及程度,另一方面又将大大降低开发速度。如果在注水开发中后期采用碱水驱,在碱溶液段塞前面是一道高含水饱和度带,乳状液中油相所占的比例取决于水驱后的残余油饱和度。碱溶液段塞前缘的含油饱和度,将从水驱后的残余油饱和度到某一最高值之间变化,该最高值取决于碱的作用效果。段塞后缘上的含油饱和度将是从最高值降低到碱水驱后的残余油饱和度。含油饱和度的这种分布状况将决定层内乳状液的黏度变化。如果残余油的数量不足以形成乳状液段塞,则将配制的乳状液注入油层的效果会更好。

3. 润湿性改变

储集岩的润湿性决定其内残余油的分布特点。在优先水湿的地层中,残余油被滞留在大孔隙变狭窄的地方,那里的驱替压力梯度低于毛管压力梯度。在优先油湿的储层中,原油沿岩石表面呈薄膜状分布。

(1) 润湿性由亲油变为亲水

当地层中的含油饱和度比较高,原油作为一相参与流动时,增加岩石的亲水性有助于降低水相的流动能力,降低残余油饱和度。碱水对石英表面的润湿比普通水强,同时,当碱浓度很高及地层水含盐度较低时,所生成的表面活性物质可以使吸附在岩石表面的油剥落下来,一方面恢复岩石原来的亲水性,降低水相的相对渗透率,另一方面增加原油的流动饱和度,提高油相的相对渗透率,使流度比向有利方向变化,从而提高采收率。

(2) 润湿性由亲水变为亲油

对于残余油饱和度较高而原油不易流动的油层,注入高浓度的碱液,在盐浓度较高的条件下,生成的表面活性剂是油溶性的,吸附到岩石表面使其由亲水变为亲油。这样,油就可以在岩石表面上吸附形成一连续相,为被捕集的原油提供流动通道。与此同时,在连续的油润湿相中,低界面张力将导致油包水型乳状液的形成。乳状液滴将堵塞流通孔道,使注入压力提高。高的注入压力将迫使油沿连续油相的通道流动,从而降低残余油饱和度。

4. 刚性膜溶解

当原油中存在胶质、沥青质时,可在油水界面上形成一层刚性膜,它的存在使油珠流经孔喉时不易变形通过。碱可以增加胶质、沥青质在水中的溶解度,使刚性膜破坏,提高残余油的流动能力。

三、碱水驱实例

一般来说,酸值大于 0.5mg KOH/g、相对密度为 0.934 左右(因为高密度原油往往含有足够的有机酸)、黏度低于 200mPa·s 的原油,都适合碱水驱。

碱性物质与黏土、矿物质或硅石一起化学反应引起碱耗,在高温下这种碱耗很高,因此,要求最高温度不超过 93℃。高岭石和石膏的碱耗最大,蒙皂石、伊利石和白云石的碱耗中等偏高,长石、绿泥石和细粒石英的碱耗中等偏低,石英砂的碱耗最小,方解石则十分轻微。在某些情况下,在碱溶液中加入可溶性硅酸盐可使石英砂溶解降至最小。

美国 Singlenton 油田在进行现场试验之前先进行了实验室研究,该项实验是用 25 个填充的孔隙介质模型(管子直径为 51.5mm,长 750mm,管子中充填着砂粒)进行的。同时也使用了长约 3m 的 Berea 砂岩岩心。模型注水之后的剩余油饱和度大约为 30%。试验中使用了净化的精制油和采出的未与空气接触的矿场原油。研究表明,氢氧化钠浓度为 2% 时可以获得最大的原油采出量和最小的必须注入体积。介质润湿性的变化在增加原油采收量中起到了主要作用。

为了显示原油产量增长幅度与开始注 NaOH 溶液时间之间的关系而进行了一系列的实验。实验表明,在更早的阶段中采用这一方法增产效果会更大。此外,研究还表明,注入 15% 孔隙体积的碱溶液段塞之后再用水沿地层推进,可以保证取得同连续注入碱溶液同样好的效果。

Singlenton 油田从 1962 年 3 月开始的注水已接近完成,据计算,地层中剩余油大约为原始地质储量的 40%。在油田的水淹部分划出了一个区块进行 NaOH 碱溶液段塞驱油试验。试验区面积为 $16 \times 10^4 m^2$,试验区内产层孔隙体积为 120000m³。2% 的 NaOH 溶液段塞体积为

10%的孔隙体积。段塞后面注入放射性示踪剂,在生产井中测量了产量和溶液中的示踪剂含量和pH值。

从1966年7月1日开始以$3.5m^3/d$的速度注入NaOH溶液(为原始浓度50%)。NaOH溶液是在靠近注入井的两个容积分别为$48m^3$储罐中制备的,在储罐中用盘管把溶液的温度保持在11.6℃以上,通过定量泵把碱溶液稀释到2%的浓度后注入井内。试验区有3口井采液。

开始注入后一个月井口压力就从0.01MPa上升至泵的极限压力,停泵52h后压力降到了1.27MPa。1966年3月3日停止注NaOH溶液,此时压力又升到1.76MPa,累计注入碱溶液$9650m^3$。在7天中有$34m^3$饱和氚水段塞同普通水一起注入地层,在注示踪剂过程中井口压力下降到0.7MPa。

油田中注入水的pH值一般为6.5~8.3。2%浓度的NaOH碱水溶液的pH值为12.5。8号井记录得到的产出水中最大的pH值为11.3。应当指出,这口井的pH值从1966年11月开始上升,4个月后就达到了很高的值,然后开始下降,但还没有到达普通的水平。另外两口井中的pH值偶尔发生变化,但还没有显示增长的趋势。

1966年5月,在所有井中都发现了少量的示踪剂,然而到了六月中旬示踪剂却消失了。这说明储层内可能存在高渗透带。

1966年11月,8号井放射性首次明显增加,过了2个月氚含量开始下降。在1966年末和1967年初,即在开始注示踪剂后的大约一年的时候在另外两口井中也发现示踪剂。从这时候起,上述井中的放射性水平没有明显增加。在8号井中一直到1967年3月都检测到了示踪剂。这种情况与pH值连续增长都表明,注入碱液(NaOH)段塞的大部分是向8号井方向推进的。1965年7月,8号井完全水淹并且关井停产,但又于1965年12月重新开井生产。大约过了两年该井只产水,从1967年4月开始经过126天在这口井见到NaOH之后又开始产油。井的产量在1968年12月之前保持稳定(约为$366m^3/d$),而后开始下降。在7号和12号井中没有见到注NaOH碱液增产原油的作用。

从现场试验开始到1970年注入井中累计注入了$286000m^3$水(2.4倍的孔隙体积),注入速度保持在通常注水的水平,即$175m^3/d$。仅在8号井发现有注NaOH溶液的反映,到1969年7月,8号井共产原油$2800m^3$。

开始注NaOH碱液之前,试验区内原油储量为$47700m^3$。增产油时为$2800m^3$,为剩余原油储量的5.86%,或者为孔隙体积的2.34%。

第二节　微乳液—聚合物驱

微乳液—聚合物驱是表面活性剂和聚合物二元复合驱。表面活性剂(及助表面活性剂)与原油、水形成微乳液(又称胶束溶液),在微乳液段塞后需要注聚合物溶液段塞来进行流度控制,因此称为微乳液—聚合物驱,简称MP驱。

图7-3表明了微乳液(胶束)—聚合物驱过程。在大多数情况下,为了调节盐度或pH值,在微乳液段塞前需注入前置液或预处理段塞,前置溶液中含牺牲剂,可以降低表面活性剂在岩石表面的吸附,减少表面活性剂的用量;微乳液—聚合物段塞能够显著降低界面张力,驱替油藏的剩余油;聚合物缓冲段塞和聚合物保护段塞是保证后续注入水不会稀释微乳液段塞。

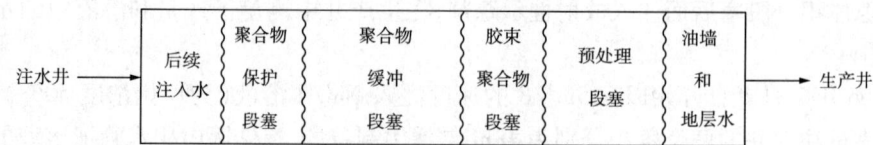

图7-3 微乳液—聚合物驱过程

一、基本概念

1. 微乳液的定义

微乳液是指在表面活性剂分子的作用下,两种互不相溶的液体混合而形成的热力学稳定的透明的分散体系。微乳液中的组分有纯水(蒸馏水)、油、表面活性剂、助表面活性剂(醇)和盐,微乳液体系为高度分散的低张力体系。

2. 微乳液的微观结构

微乳液的微观结构有三种,即O/W型、W/O型及层状结构,如图7-4所示。EOR常见的微乳液的微观结构为图7-4中(a)和(b)两种类型,即水外相和油外相微乳液。这两种微乳液较为稳定,是因为胶束不仅是活性剂缔合体,而且在活性剂中间插入了助剂的胶束,助剂与活性剂定向排列在界面形成的混合膜使微乳液趋于稳定。

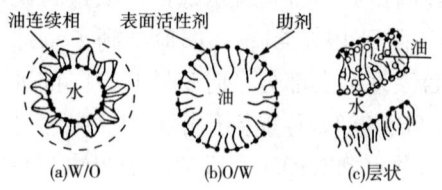

图7-4 微乳液的微观结构图

由图7-4可见,混合膜的两侧分别存在两个界面,因而存在两个界面张力,即膜与水的界面张力 σ_w 和膜与油的界面张力 σ_o。生成微乳液的类型取决于 σ_w 与 σ_o。当 $\sigma_w > \sigma_o$ 时,按照体系能量趋于最小的原则,胶束非极性端聚集,生成O/W型微乳液。反之,当 $\sigma_w < \sigma_o$ 时,胶束极性端聚集,生成W/O型微乳液。当 $\sigma_w = \sigma_o$ 时,微观结构为层状,称为层状胶束。这时,油和水分别增溶在胶束的非极性层内和极性层内,既为外相又为内相。

3. 临界胶束浓度

临界胶束浓度(Critical Micelle Concentration,简称CMC)定义为形成胶束的临界浓度。如图7-5所示,在水溶液中加入表面活性剂,表面活性剂的亲水基团开始聚集,当表面活性剂浓度增加到某个临界值时,形成胶束溶液;此时的表面活性剂浓度为临界胶束浓度。如果继续增加表面活性剂浓度,只能导致溶液中胶束浓度的提高。

由于临界胶束浓度的值通常很小($10^{-5} \sim 10^{-4}$ kg·mol/m³),在胶束—聚合物驱中表面活性剂在地层中为胶束。

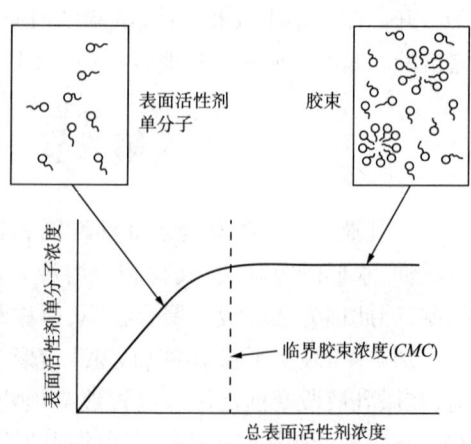

图7-5 临界胶束浓度定义示意图

4. 微乳液的增溶作用

油能够溶于胶束水溶液中。胶束具有的这种特性称为胶束的增溶作用。增溶作用在热力学上是一个可逆平衡过程。这就是说，被增溶物在增溶剂中的饱和溶液可从过饱和溶液稀释出来，也可以从被增溶物逐渐溶解而得到。实验证明，表面活性剂浓度在临界胶束浓度以下，被增溶物的溶解度几乎不变，达到临界胶束浓度以后则显著增高。这表明起增溶作用的主要是胶束。增溶作用可使被增溶物的化学势显著降低，使形成的体系更加稳定。只要外界条件不变，体系不随时间变化，即增溶作用形成的体系在热力学上是稳定的。增溶作用与胶束密切相关，表面活性剂在溶液中形成胶束是增溶的先决条件。

5. 微乳液的增溶参数

微乳液增溶参数（sp_o、sp_w）定义为单位体积活性剂增溶的油或水的体积，即：

$$sp_o = \frac{V_o}{V_s} = \frac{微乳液相中油的体积}{微乳液相中活性剂的体积}$$

(7-3)

$$sp_w = \frac{V_w}{V_s} = \frac{微乳液相中水的体积}{微乳液相中活性剂的体积}$$

(7-4)

式中　V_s——微乳液相中活性剂的体积；
　　　V_o——微乳液相中油的体积；
　　　V_w——微乳液相中水的体积。

图 7-6 为微乳液增溶参数与界面张力的关系曲线。从图 7-6 可以看出，无论是原油还是纯烷烃，无论增溶是油相还是水相，微乳液的增溶能力随着界面张力的降低而提高，这就是低张力驱油的内在机理。

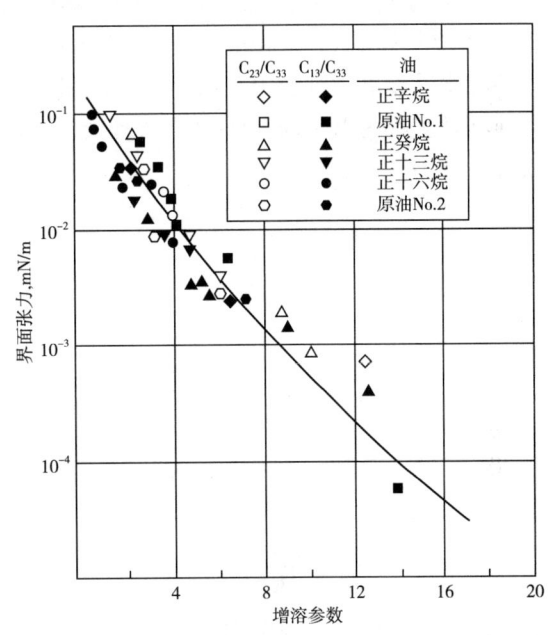

图 7-6　微乳液增溶参数与界面张力的关系曲线
Q_{13}—胶束中盐水的体积；Q_{23}—胶束中油的体积；
Q_{33}—胶束中表面活性剂的体积

二、微乳液的相态特征

微乳液相态对驱油机理有重大影响，研究相态是研究微乳液驱油机理的基础。微乳液的相态非常复杂，很难用数学模型（状态方程）表示出来。一般来说，通过室内实验来测定微乳液的相态，用图形（相图）来表示微乳液的相态特征。

1. 拟三元相图

通常采用拟三元相图来研究微乳液的相态。将组成微乳液的五个组分（水、油、表面活性剂、醇和盐）处理为油、盐水、活性体（按一定比例混合的活性剂和助活性剂）三个拟组分，这种相图称为拟三元相图，如图 7-7 所示。

在拟三元相图中,三个拟组分混合物的总组成必须落在三角相图之内或其边界之上。把一定比例的水、油、表面活性剂、醇和盐混合在一起,形成一个体系的总组成位于图中的 A 点,该点处于两相区。通过该点的系线与双节点线交于 B 和 D 点,B 点为该体系的上相组成点,D 点为该体系的下相组成点。

2. 微乳液的相态

根据相态存在形式,微乳液可以分为下相微乳液、上相微乳液和中相微乳液。

(1) 下相微乳液

下相微乳液是指在配制微乳液的容器中,生成的微乳液处于容器下部,其上面是过剩的油相,如图 7-8 所示。下相微乳液的相图中系线的斜率为负值,存在过剩油相和水外相的微乳液。在水外相的微乳液中有水、表面活性剂和增溶的油,而增溶的油处于胶束的中央。这种微乳液通常被称为 Winsor Ⅱ(-)型微乳液,Ⅱ表示形成的体系具有两相,(-)表示形成体系的系线斜率为负值。

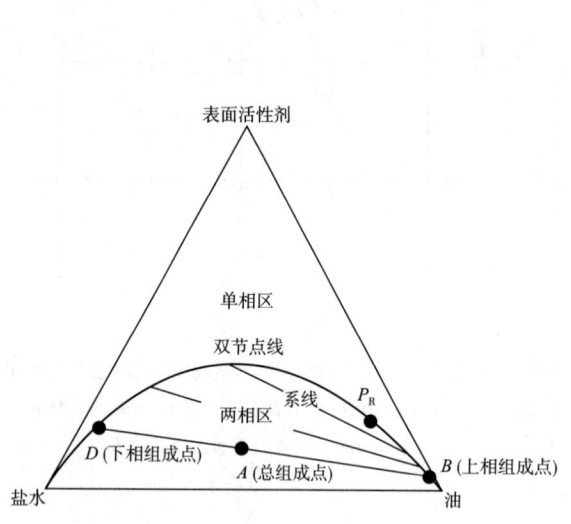

图 7-7　形成微乳液的拟三元相图表示法

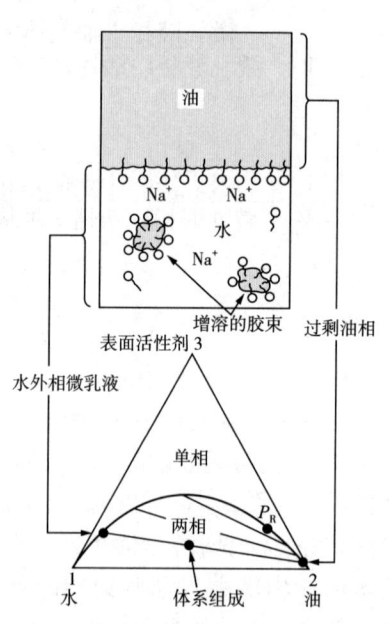

图 7-8　Winsor Ⅱ(-)型微乳液

(2) 上相微乳液

上相微乳液则是在容器的上部生成了微乳液,其下部是过剩的水,如图 7-9 所示。下相微乳液的相图中系线的斜率为正值,存在过剩水相和油外相的微乳液。在油外相的微乳液中有水、表面活性剂和增溶的水,而增溶的水处于胶束的中央。这种微乳液通常被称为 Winsor Ⅱ(+)型微乳液,Ⅱ表示形成的体系具有两相,(+)表示形成体系的系线斜率为正值。

(3) 中相微乳液

中相微乳液则是指在容器中处于过剩油和过剩水之间的微乳液,即容器上面是过剩油,下面是过剩水相,中间便是中相微乳液。如图 7-10 所示。中相微乳液的相图的三相平衡点两侧的系线的斜率有正有负,存在过剩油相、过剩水相以及有水外相和油外相的微乳液相。这种微乳液通常被称为 Winsor Ⅲ型微乳液,Ⅲ表示形成的体系具有三相。

此外,还有一种以单相存在的微乳液,在容器中无过剩油或过剩水与之共存,体系不存在界面。这时油和水在活性剂作用下已完全互溶,即油水达到混相,称为单相微乳液。

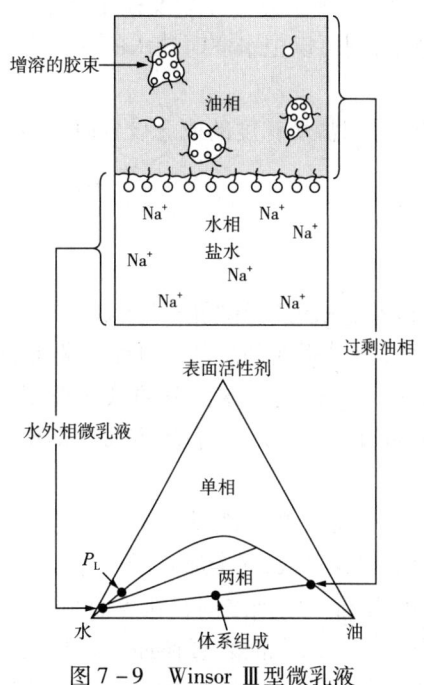

图 7-9　Winsor Ⅲ型微乳液

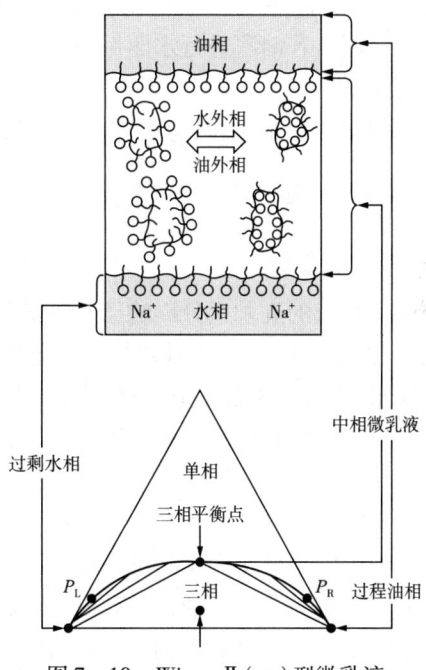

图 7-10　Winsor Ⅱ(+)型微乳液

三、胶束—聚合物驱设计

1. 胶束—聚合物驱设计原则

1)微乳液段塞和油藏原油之间形成低界面张力;
2)微乳液段塞和油藏原油之间形成有利的流度比;
3)保护化学剂段塞的完整性。

2. 胶束—聚合物驱设计步骤

1)在油藏盐度下,选择具有高溶解度参数表面活性剂和助表面活性剂,以获得驱油所必需的超低界面张力。选择表面活性剂和助表面活性剂应该考虑表面活性剂的类型、油藏原油性质、盐水类型和组成、聚合物配伍性以及油藏温度等因素。
2)进行室内岩心流动实验,确定流度比等参数。
3)利用数值模拟方法确定注入参数预测经济效果。

在设计活性剂段塞进行的实验过程中,应结合最佳盐度,以油藏的利益为出发点考虑驱油效率的手段,有三种方法可以采用:

1)胶束段塞前盐度可以调节,便于最佳盐度等于或近似等于油藏盐水的盐度,考虑盐水中的二价离子浓度以及阴阳离子交换或溶解被加入到溶液中的二阶阳离子,如果盐度很高或二价阳离子的量很大,要考虑这一点可能比较困难。在这种情况下,需要使用抗盐的人工合成表面活性剂。

2)在胶束段塞前进行预冲洗,调节油藏盐度或二价阳离子浓度到需要的值。高 pH 值的预冲洗液(前盐液)将导致二价阳离子的沉积,在过程设计中作为一种盐度控制方法,尽量避免预冲洗处理。若油藏进行水驱后,需要进行微乳液驱,则可以把水驱时盐水的含盐量预先调节到所需的盐度。

3)为使采收率最优化,考虑固有油藏盐水的盐度,可用盐度梯度的概念设置胶束段塞。

3. 微乳液段塞设计

(1)微乳液筛选

组成微乳液的五种组分影响微乳液的相态性质和界面张力,当微乳液进入油层后与地下流体接触,油水性质必然影响微乳液。配制微乳液尽可能采用处理层的油和水。但是高矿化度的油层水,有可能不能配制出微乳液,在这种情况下,用低浓度盐水配制的微乳液用于油层时,有时要用淡水对油层进行预冲洗。不过预冲洗液的消耗量很大,而且不容易获得预期的效果,所以设计预冲洗要慎重。

活性剂的吸附和遇 Ca^{2+},Mg^{2+} 沉淀可加速段塞退化,这是微乳液设计中必须考虑的。筛选微乳液的原则是低张力区盐度范围宽,活性剂用量少和吸附低,遇金属离子较稳定。

上相微乳液完全排驱油,但它与作为流度缓冲带的聚合物溶液之间存在界面张力,结果使聚合物溶液不能完全排驱上相微乳液,这无疑是用更昂贵的微乳液来置换油。理想的微乳液段塞应设计成前缘是油外相的,后缘是水外相的,这需要采用级次段塞。为此,前缘段塞用高盐度水配制,后缘段塞用低盐度水配制。

微乳液段塞的黏度是设计中的另一重要参数,为了达到合理的流度比,应使微乳液的黏度等于或略高于油水黏度。微乳液驱油的流度比用下式计算:

$$M_m = \frac{\dfrac{K_{rm}}{\mu_{efm}}}{\dfrac{K_{ro}}{\mu_o} + \dfrac{K_{rw}}{\mu_w}} \qquad (7-5)$$

式中 K_{rm}——微乳液的相对渗透率;
μ_{efm}——油层条件下微乳液的有效黏度;
μ_o——稳定油带油的黏度;
μ_w——稳定油带水的黏度。

利用相对渗透率曲线给出油水混合相对流度。为了保证 $M_m \leq 1.0$,安全的微乳液相对流度应小于最小油水混合相对流度。

根据确定的微乳液相对流度来筛选微乳液的黏度时,关键是要确定相对渗透率 K_{rm}。K_{rm} 只能由微乳液—油(或微乳液—水)的相对渗透率曲线确定,可选残余油饱和度条件下的微乳液相对渗透率。若按上述筛选条件确定的微乳液黏度能满足 $M_m \leq 1.0$,则该微乳液能满足排驱要求。

但是,微乳液是假塑性流体,有效黏度受流速影响。如果考虑这一流变特性,有必要绘出微乳液的视黏度与流速关系的流变曲线。根据油层的流速范围确定视黏度,若视黏度与有效黏度接近,证明该微乳液在油层流速下仍保持有利流度比。否则,需要调整微乳液黏度或另外筛选微乳液。一般情况下,因油层流速较低,剪切的影响不太显著,可不考虑流速对黏度的影响。

(2) 微乳液段塞设计

从技术上来说,微乳液段塞尺寸应保证其前后缘退化后能采出全部二次残余油,但是,过大的段塞可能是不经济的。微乳液段塞设计有必要将技术要求和经济效益结合起来确定。根据筛选的微乳液,用不同段塞尺寸进行岩心排驱模拟试验,绘制采收率与段塞尺寸关系曲线,结合经济效益确定最佳段塞尺寸。

4. 聚合物流度缓冲带设计

(1) 聚合物浓度设计

要求微乳液的黏度高于油水相的黏度常常是不容易办到的,因此,在微乳液段塞之后尾随聚合物流度缓冲带一般来说是必要的。合理的流度缓冲带的黏度能起到保护微乳液段塞后缘免遭指进破坏的作用。因此,在聚合物段塞与微乳液段塞之间应建立有利的流度比。流度比 M_{pm} 用下式计算:

$$M_{pm} = \frac{K_{rp}/\mu_{ef}}{K_{rm}/\mu_{efm}} \qquad (7-6)$$

式中 K_{rp}, K_{rm} ——分别为聚合物与微乳液的相对渗透率,在无残余油条件下 K_{rp} 相当于冲洗渗透率 K_f;

μ_{ef}, μ_{efm} ——分别为聚合物溶液与微乳液的有效黏度。

式(7-6)中,分母由微乳液筛选确定,当 M_{pm} 确定后,可以计算出聚合物的有效黏度 μ_{ef}。考虑到流变特性,绘制出各种浓度的聚合物溶液的流变曲线,根据油层流速范围,确定有效黏度能满足上式的聚合物溶液浓度。

上述确定聚合物溶液浓度的方法未考虑在油层条件下聚合物滞留损失的浓度,有必要补充损失的浓度。

聚合物段塞被水排驱,同样要求有利流度比。为此,需采用聚合物级次,聚合物段塞前缘用高黏度,逐级降低黏度,使后缘的黏度接近水的黏度。

(2) 聚合物级次段塞尺寸设计

流度缓冲带尺寸越大,流度控制和保护微乳液段塞就有保障。但过大段塞不仅技术上不必要,经济上也不合理。一般根据经验确定段塞尺寸,当总尺寸确定后确定级次段塞的浓度和尺寸,原则是使各级次段塞之间的流度比相等。

四、胶束—聚合物驱现场应用

到目前为止,微乳液—聚合物驱油法或表面活性剂—聚合物驱油法的现场应用尚处于试验阶段,还没有在整个油田范围内进行过工业性应用。国外进行的油田试验已有几百个,但大都是小面积的先导性试验,除个别试验外,多数在浅油层中试验。其主要原因是,表面活性剂—聚合物驱的前期投资大,而见效慢,资金回收缓慢,有较大的风险性;其次,大规模的表面活性剂驱需要大量的表面活性剂和聚合物,目前采用的表面活性剂为石油磺酸盐,生产能力尚需扩大。表面活性剂—聚合物驱的商业应用的发展,主要取决于投资能否取回合理的利润。

微乳液—聚合物驱室内岩心驱油试验表明,驱油效率可达90%以上,提高采收率的效果是肯定。这是一项真正的三次采油的方法,也就是说,可使被圈捕的残余油启动,从而被采出。虽然经济上尚未过关,但许多采油国家一直在进行研究。如果今后能降低成本,以及解决在高温高盐度条件下的使用问题,现场应用将会大大扩大。下面介绍法国Chateaurenard油田微乳液驱工业性先导性试验。

法国Elf Aquitaine公司在法国Chateaurenard油田进行了工业性微乳液—聚合物驱先导性试验,取得很好结果,估算采收率达剩余地质储量的52%。这是原油黏度高于30mPa·s的唯一一个矿场试验。

该油田位于巴黎盆地南部,在巴黎东南100km处。油田被断层分隔成三个构造。该油田发现于1958年,1960年投产,按400m井距开发,估算原始地质储量为$12 \times 10^6 m^3$。主要靠边水驱动采油,1964年达到高峰产量,年产$267 \times 10^3 m^3$。但由于油层倾角小(1°)和原油黏度高,油井早期见水,到1978年,累计产出地质储量的25%,油田综合含水达87%。

该油田油层为下白垩系砂岩,由三个疏松砂层组成,由于含水高,边水驱油的面积波及系数小,所以尽管远未达到残余油的状况,还是决定进行微乳液—聚合物驱油试验。试验层为中间构造的下层(R_3层)。该层的渗透率为$1\mu m^2$,原生水为淡水,其饱和度为30%,残余油饱和度为30%,黏土含量为2%~15%,原油黏度为40mPa·s,孔隙度为30%,深度为600m,温度为30℃,地层水溶解性固体总量(TDS)为472mg/L,水硬度为70mg/L,有利于微乳液驱,只是原油黏度高于微乳液驱筛选标准。

先导性试验用一个反五点法井组进行,面积$1 \times 10^4 m^2$,中间1口注入井,周围4口生产井,其间钻1口观察井,所有井均是砾石充填筛管完成,先期防砂;对于注入井来说,还可减少对聚合物的剪切问题。井底均配备测压计,可连续测压。

微乳液体系是由40%油田原油、30%油井产出水、22%石油磺酸盐、8%醇配制成。石油磺酸盐的当量约480,活性物为62%,醇是60%异戊醇、36%正丁醇和示踪剂为4%异丙醇的混合物。聚合物选用聚丙烯酰胺,溶于地层水,配制成浓度为1700mg/L溶液,其黏度为55mPa·s,30℃时的剪切速率为$10s^{-1}$,具有良好的流度控制性。

1978年2—3月注入0.10PV微乳液段塞,总计注入$964m^3$。随后,注入0.85PV聚丙烯酰胺溶液(浓度为1700mg/L);到1979年4月开始逐渐降低聚丙烯酰胺的浓度,一直注到10月,累计注入聚合物溶液1.25PV。然后,注水驱替。注入过程中均未发生注入问题。

注入微乳液段塞2个月后,生产井即见到了明显的效果,试验区产油量由$3.2m^3/d$增到$12m^3/d$(高峰产值),产量增加了2.75倍。2口生产井的产油量接近岩心线性驱油试验的结果,有1口生产井效果不显著。数值模拟进行的生产动态拟合表明,由于试验区的压力梯度大,影响了采收率,只有63%的注入流体起作用,意味着减小了磺酸盐活性物段塞的尺寸。根据拟合结果,微乳液驱采出原始地质储量的73%,而在可采孔隙体积中的残余油饱和度为19%,预计注水后残余油饱和度是40%。

这个先导性试验的效果是明显的。1981年在下层中部注水保持压力,但油水流度相差大,且油层倾角小,非均质严重,致使注入水很快突破。根据上述这些条件,油藏适合微乳液

第七章 化学复合驱

驱。1983年6月开始进行微乳液驱工业性先导试验。目的是评估大面积驱油时的驱油效率及工业性应用的经济可行性。

试验仍选择 R_3 层,采用4个五点法井组,生产井的平均井距为280m,试验区条件见表7－1。注入微乳液段塞0.035PV,共计7860m³,历时40天。然后注入浓度为1700mg/L的聚丙烯酰胺溶液0.41PV(92045m³),按浓度渐降的方式,再注聚丙烯酰胺溶液0.40PV(89800m³)。微乳液配方为:55%油井产出水、15%油田原油、22%商品石油磺酸盐、8%丙醇和戊醇。1700mg/L的聚丙烯酰胺溶液的黏度为75 mPa·s,剪切速率$10s^{-1}$。所有注入液中均含300mg/L甲醛,以防止细菌降解。注入的表面活性剂的量较第一次先导性试验少得多,相当于可采孔隙体积的0.36%。

表7－1 先导性试验区的油藏特征

参　　数	数　　值
地面面积,m²	288000
油层平均厚度,m	2.6
周界内孔隙体积,m³	224000
试验开始时的原油地质储量,m³	109000
原始含油饱和度	0.486

注入0.635PV段塞后,试验区累计产油35100m³,其中18800m³是注化学剂增产的。根据各生产反映情况,有可能达到预计的产量,即采收率可达注入时油层中剩余储量的52%,最终采收率为原始地质储量的67%。试验很成功。

从经济上分析,这项工业性试验的技术成本为252美元/m³,见表7－2。根据分项成本看,化学剂成本占41%。若降低化学剂用量或化学剂价格下降,可大大降低试验成本。另外,由于仅一次试验,研究等费用就相对较高;若开展试验多,或进一步扩大,则成本会降低。再从经济观点分析,微乳液驱大大提高了采油速度,可缩短开采时间10年以上,使得生产成本大大降低。

表7－2 微乳液三次采油技术费用分析

项　　目	产1m³油所需成本,美元	所占比例,%
试验室工作和研究	8.2	3.2
公用事业及管道费	20.1	8.0
地面设施	69.8	27.8
化学剂	103.8	41.2
作业费用	49.7	19.8
总计	251.6	100

这项工业性试验证实,在Chateaurenard油田条件下,以油田规模注入小段塞微乳液,可形成高饱和的油墙,并将其驱入生产井。这样就可把微乳液驱原油黏度的筛选标准提高到40mPa·s。

第三节 泡 沫 驱

泡沫是指在起泡剂作用下气体在液相中形成的一种分散体系。20世纪50年代,人们提出了利用泡沫提高原油采收率的方法。泡沫应用于提高采收率泡沫是因为泡沫在油层中流动的阻力很大。泡沫在提高原油采收率中主要有如下用途:
1) 降低注入水的流度;
2) 调整注入井的吸水剖面及封堵裂缝和大孔道;
3) 控制油井的水锥和气锥;
4) 控制蒸汽驱和 CO_2 驱的气体超覆现象。
本节主要介绍泡沫的组成、性质、泡沫驱机理以及泡沫的应用实例。

一、泡沫的组成

泡沫是气体在液相中形成的一种分散体系,其基本组分有气体(如空气、氮气、CO_2 等)、液体(如极性物质水和非极性物质油)、表面活性剂(发泡剂)和长链高分子(稳定剂)。

1. 气相

在提高采收率的泡沫流体中,氮气、二氧化碳以及蒸汽可以作为泡沫的气相成分。

氮气是惰性气体,不易与地层流体及岩石发生反应,而且在水中的溶解度很小,因此使用氮气可避免生产中出现乳化、堵塞、腐蚀等现象,泡沫驱首选的气相为氮气。

二氧化碳在水中的溶解度较大,其溶液具有酸性易产生化学反应。因此二氧化碳形成泡沫的稳定性较差,容易腐蚀井下管柱,降低水泥环的强度,但另一方面可以扩大地层渗透率。此外,由于二氧化碳压缩性较大,泡沫驱设计中需要提高气液比,达到所需的泡沫质量。

在蒸汽驱过程中,常常使用蒸汽作为泡沫的气相组分。注入的蒸汽很容易在地层中与发泡剂、泡沫稳定剂及热水形成蒸汽泡沫,控制注入蒸汽的流度,抑制蒸汽驱中的汽窜和蒸汽超覆现象。

2. 液相

作为泡沫的液相可以是液体极性物质的水和非极性物质的油,但在提高采收率方面使用的泡沫中基本上为水基泡沫。淡水、地层水或海水均可作为泡沫的液相组分,地层水或海水配制的泡沫,有助于防止地层黏土膨胀。水基泡沫配制方便,价格便宜,并且容易与高分子凝胶配合使用,易形成稳定的泡沫。

3. 表面活性剂剂(发泡剂)

表面活性剂是泡沫中不可缺少的组分。泡沫中使用的表面活性剂有阴离子型和非离子型,而阳离子型表面活性剂极少使用。常用的阴离子型表面活性剂有烷基磺酸钠、烷基苯磺酸钠、低分子石油磺酸盐、烷基硫酸盐、聚氧乙烯化的醇(酚)醚硫酸酯盐等;常用的非离子表面活性剂有聚氧乙烯烷基酚醚(OP-7,OP-10,OP-18)、聚氧乙烯脂肪醚(AEO-7、AEO-9)

等。在钙离子、镁离子含量高的地层中,通常将阴离子和非离子的表面活性剂复配,以发挥其协同效应。泡沫使用的表面活性剂应满足如下条件:

1) 发泡剂亲油亲水平衡值 HLB 在 9~15 范围内;
2) 起泡性能好,泡沫体积膨胀倍数高;
3) 形成的泡沫稳定性好;
4) 与地层中岩石、原油、盐水以及其他外来流体的配伍性好;
5) 配制泡沫基液用量少,来源广,成本低。

4. 泡沫稳定剂

泡沫稳定剂通常是长链高分子材料,如羧甲基纤维素、部分水解聚丙烯酰胺、聚乙烯醇、生物聚合物等。某些低分子材料,如三乙醇胺、月桂醇、十二烷基二氧化物等也可以作为泡沫稳定剂。

二、泡沫的性质

1. 泡沫质量

泡沫质量定义为泡沫中气体的体积所占总泡沫体积的百分数。泡沫质量大于90%的泡沫通常被称为干泡沫。由于气体的体积随温度和压力的变化而变化,因此泡沫质量与温度和压力有关。此外,发泡剂的性能、地层中原油饱和度也会影响泡沫质量。

2. 气泡大小分布

泡沫中的气泡存在形式类似于微乳液的分散相,区别在于分散相的尺寸大小。泡沫中的气泡的尺寸要比微乳液的大得多,通常为 0.1~1.0 mm,而微乳液的尺寸为 0.01~0.1 μm。图 7-11 为典型泡沫气泡大小分布图。从图 7-11 中可以看出,泡沫中大多数气泡的直径主要分布在 0.1~0.4mm 范围内,地层的大孔道和裂缝的尺寸也处于该范围,因此泡沫的大小分布有利于控制大孔道和裂缝中的窜流。

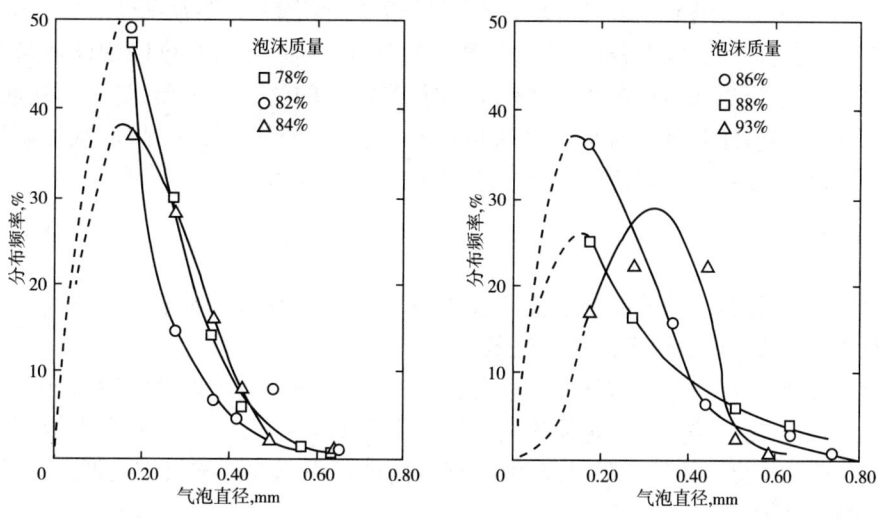

图 7-11 典型泡沫的气泡大小分布图

气泡的大小分布对泡沫在多孔介质中的流动特性有着十分重要的影响,如果气泡的平均尺寸远远小于孔隙的平均尺寸,泡沫在多孔介质孔隙中相对容易流动,阻力较小;相反的,如果气泡的平均尺寸远远大于孔隙的平均尺寸,大的气泡在行进过程中在外力作用下会变成许多小气泡才能通过孔隙,因此流动阻力更大。

3. 泡沫流变性

泡沫流动时气泡界面需要变形,从而引起黏滞阻力增加。同时,泡沫流动使表面活性剂在气泡的后端积累,表面张力梯度也引起黏滞阻力的增加,所以泡沫的表观黏度比组成泡沫的气相和液相的黏度都要大得多。

泡沫为非牛顿流体,其流变性表现为假塑性流体的流变特征。泡沫流动的剪切应力与剪切速率之间的关系满足幂率流变模型,即:

$$\tau = K\gamma^n \tag{7-7}$$

式中 τ——剪切应力;
  γ——剪切速率;
  K——幂率常数;
  n——幂率指数,$n<1$。

泡沫的表观黏度(μ_a)与剪切速率有关,表观黏度随剪切速率的增加而下降,即:

$$\mu_a = K\gamma^{n-1} \tag{7-8}$$

图7-12为泡沫流变性测定装置。图中氮气与含有表面活性剂的水溶液进入泡沫发生器(一般为多孔介质材料),形成的泡沫以不同流速通过不同尺寸的毛管,测定压差,通过计算可以确定不同流速下泡沫的表观黏度。图7-13为泡沫通过不同尺寸毛管所测的剪切应力和剪切速率之间的关系图,图中的泡沫表现出假塑性流体特征,剪切应力和剪切速率关系图中的斜率小于1。

泡沫质量也影响泡沫的表观黏度。如图7-14所示,当剪切速率一定时,在泡沫质量为0~60%时,其表观黏度随泡沫质量的增加而缓慢增加;当泡沫质量为60%~95%时,表观黏度随泡沫质量的增加而急剧上升;而当泡沫质量超过95%时,表观黏度随泡沫质量的增加急剧下降。这是由于当泡沫质量在0~60%区间时,泡沫中的气泡呈球形,且互不接触,表观黏度增加不明显。当泡沫质量在60%~95%区间时,泡沫中的气泡紧密排列,黏度陡增。当泡沫质量超过95%后,泡沫变成雾,黏度下降至气体的黏度。

4. 泡沫的稳定性

泡沫稳定性是评价泡沫性能的重要参数,EOR应用的泡沫在油藏条件下必须具备良好的稳定性,泡沫驱成败主要取决于泡沫在油藏条件下是否稳定。

描述泡沫稳定性的指标是泡沫的半衰期,它是指一定体积的泡沫质量排液到一半质量时所需要的时间。测定方法是在一定体积的分液漏斗内放满泡沫,称出泡沫质量,然后从分液漏斗放出排液,记录排出液体质量随时间的变化情况,即可得到泡沫破灭半衰期。显然,半衰期越长,泡沫稳定性越好。

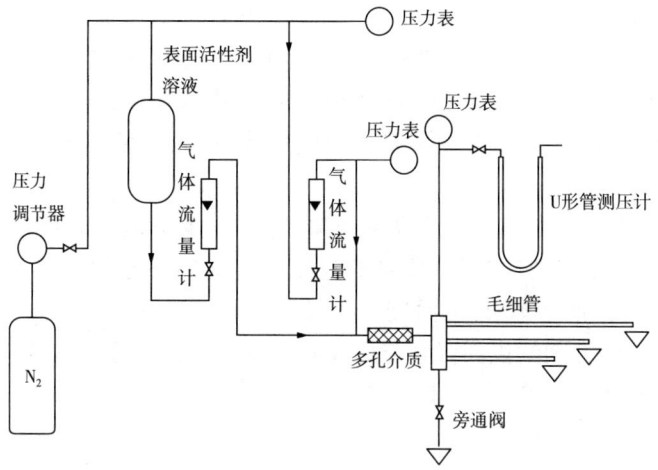

图 7-12 泡沫流变性测定装置

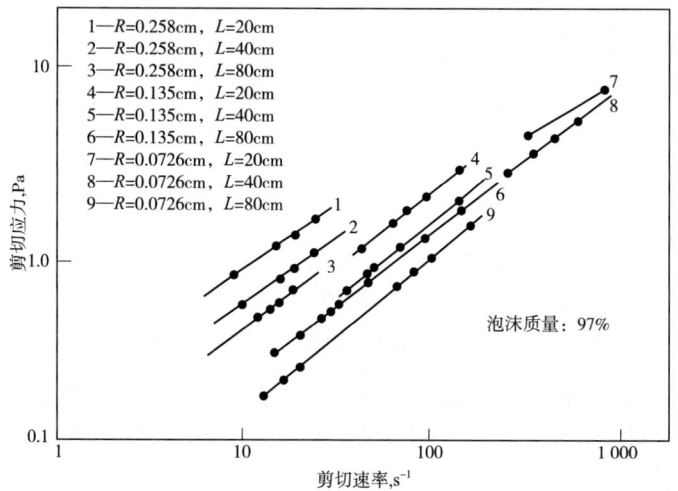

图 7-13 泡沫通过不同尺寸毛管所测的剪切应力和剪切速率关系图

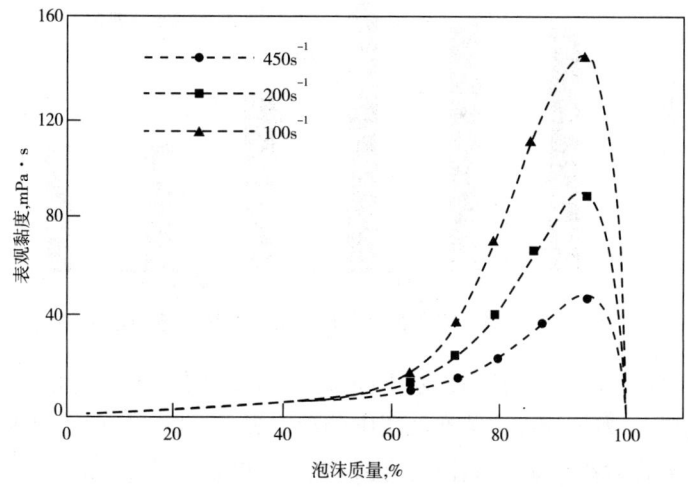

图 7-14 泡沫的表观黏度与泡沫质量的关系

泡沫在孔隙介质中的稳定性更为重要。值得注意的是,上述描述泡沫指标很难反映泡沫在孔隙介质中流动稳定性。泡沫在孔隙介质中流动稳定性的指标及评价方法仍在探索中。

影响泡沫稳定性的主要因素有液体的表面性质(如表面黏度、表面张力、表面电荷等)、表面活性剂的性质(如分子结构、类型及相对分子质量等)以及环境因素(如温度、压力、油藏含油饱和度及地层水的pH值等)。

表面张力的增加会导致泡沫稳定性明显下降,这一现象可以从能量角度加以说明。表面张力越小,体系的能量越低,越有利于体系的稳定。泡沫体系是热力学的不稳定体系,根据Gibbs原理,体系总是趋向于较低表面能的状态,因此低的表面张力有利于体系的稳定。图7-15为15种表面活性剂的表面张力与形成的泡沫半衰期关系图。图中结果显示,具有较低表面张力的发泡剂形成泡沫的半衰期较长。

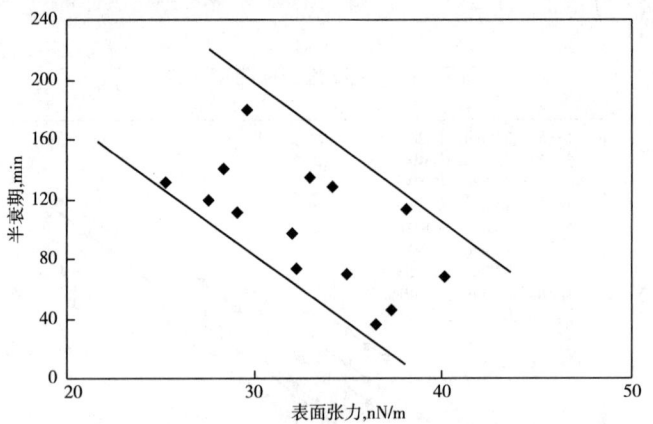

图7-15 15种表面活性剂的表面张力与形成泡沫的半衰期关系图

原油的存在会降低泡沫的稳定性。图7-16表示泡沫流经不同渗透率的填砂模型和天然岩心时,原油的存在对多孔介质中泡沫质量的影响结果。从图中可以明显看出,原油的存在大大降低了泡沫质量。

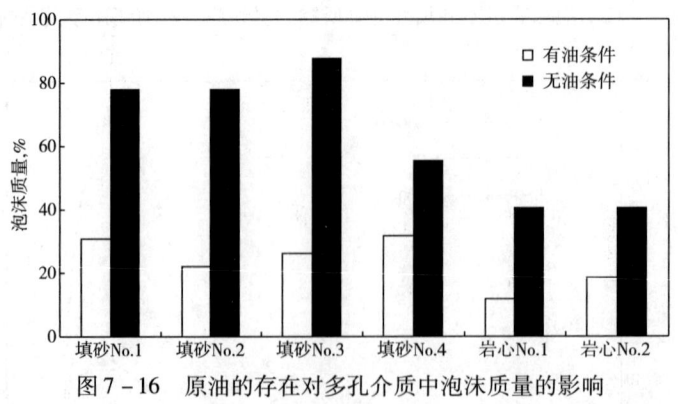

图7-16 原油的存在对多孔介质中泡沫质量的影响

不同性质的原油对泡沫稳定性的影响不同,轻质原油对泡沫稳定性的影响较小,而重质原油对泡沫的影响较大。为了提高泡沫在油层中的稳定性,通常把几种发泡剂复配以发挥其协同效应,例如将碳氟化合物的表面活性剂与阴离子或两性表面活性剂混合,可以制造出耐油泡沫。

压力梯度的增加会降低泡沫的质量。图 7-17 为 15 种泡沫在压力梯度下通过不同孔隙介质的泡沫质量散点分布图。图中结果显示,在低的压力梯度下,泡沫在多孔介质中具有较高的泡沫质量。

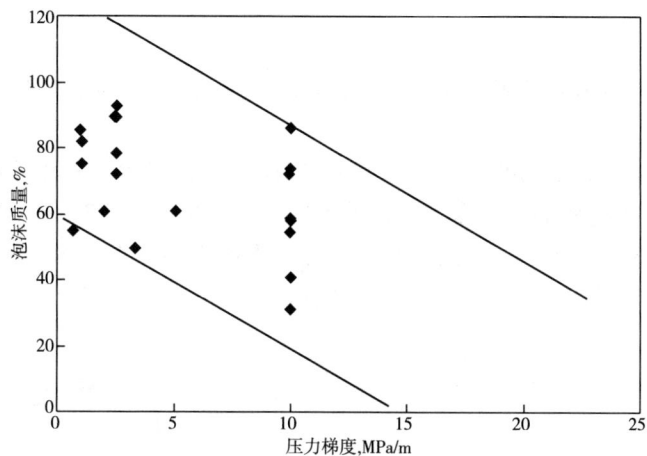

图 7-17　为 15 种泡沫在压力梯度下通过不同孔隙介质的泡沫质量散点分布图

三、泡沫驱机理

由于泡沫流经多孔介质时具有较高的流动阻力,因此泡沫在提高采收率中可以用作流度控制剂,改善注入流体的流度,如蒸汽泡沫、CO_2 泡沫和 N_2 驱可以分别控制蒸汽驱、CO_2 驱和水驱的流度,提高注入流体的波及系数。此外,泡沫可以用来控制油井的水锥和气锥,调整注水井的吸水剖面和封堵裂缝和大孔道。

1. 泡沫降低流度

泡沫流经多孔介质的实验必须满足如下条件:
1) 流态为稳态;
2) 沿程的泡沫质量恒定;
3) 压力较小压缩性可忽略不计。

根据达西公式,泡沫流经多孔介质的流度与流量和压力降的关系为:

$$\lambda = K/\mu = \frac{q_t/A}{\Delta p/L} \tag{7-9}$$

式中　λ——泡沫的流度;
　　　K——多孔介质的渗透率;
　　　μ——泡沫的黏度;
　　　q_t——泡沫的体积流量;
　　　Δp——泡沫流动的压力;
　　　A——多孔介质的截面积;
　　　L——多孔介质的长度。

图 7-18 为不同泡沫质量泡沫流经不同渗透率的多孔介质中的流度测定结果。从图 7-18 可以看出,泡沫的流度为 0.01~1.0 之间,该值比气体的流度降低了几个数量级,因为气体的流度一般为 10~1000 数量级。

2. 泡沫降低气相渗透率

根据实验测定的泡沫流经多孔介质的流量和压力降,由各相流体的黏度计算各相流体的相对渗透率。

在相同的压力梯度和相同的气相饱和度下,气体—水和气体—表面活性剂溶液通过多孔介质时,测定的气相渗透率随注入速度变化关系见图 7-19。从图 7-19 可以看出,含有表面活性剂的气相的渗透率要比不含表面活性剂的气相渗透率小两个数量级,而且随着流速的增加气相渗透率降低,即表现出泡沫具有假塑性流体的特征。

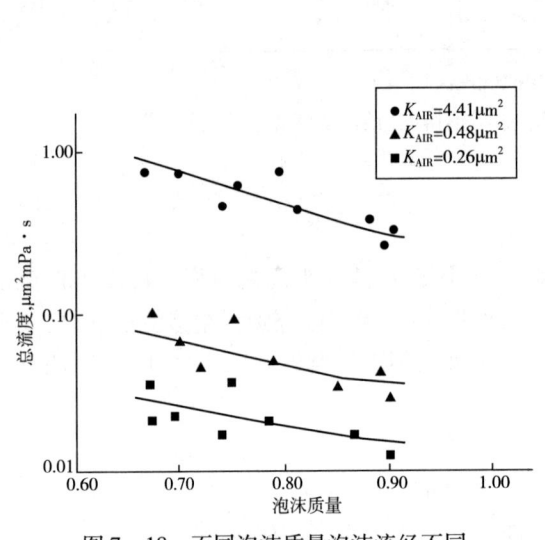

图 7-18 不同泡沫质量泡沫流经不同渗透率的多孔介质中的流度

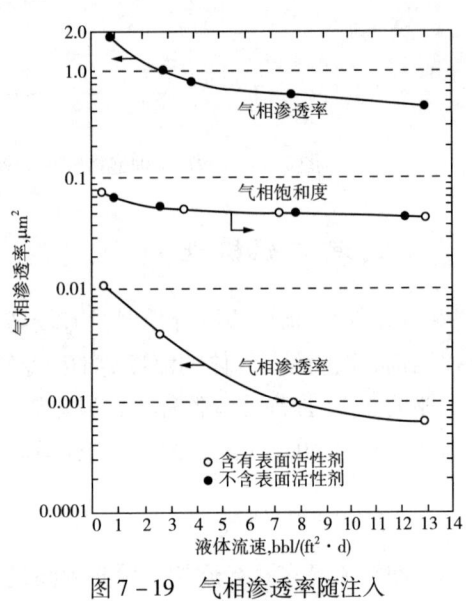

图 7-19 气相渗透率随注入速度变化关系

第四节 三元复合驱

在 20 世纪 80 年代中期诞生的复合驱技术(碱—表面活性剂—聚合物复合驱,简称 ASP 驱)利用了不同化学剂的协同效应(或称超加和作用),为大幅度提高石油采收率开辟了一条新的途径。ASP 三元复合驱在驱油过程中综合了各种化学剂的作用机理。碱和表面活性剂可以降低界面张力、改变岩石润湿性、乳化原油,聚合物可以降低水的流度,从而提高驱油效率、改善面积和纵向波及系数。

三元复合驱利用表面活性剂和碱间的协同作用,使复合体系与原油间形成超低界面张力。碱可以大幅度降低价格昂贵的表面活性剂用量,它不仅可以部分替代表面活性剂,而且还可以减小活性剂及聚合物在油藏中的吸附损耗。聚合物主要起流度控制作用,减小复合体系指进和扩大波及体积。室内和矿场研究表明,三元复合体系采收率可以在水驱基础上提高 20% 以上。我国已在胜利油田、大庆油田开展了三元复合驱的先导性矿场试验。我国复合驱技术已走在世界前列。

一、各组分对界面张力影响

1. 各组分对界面张力的影响

碱与地层中的原油、水以及油层岩石相互作用,改变"原油—水—岩石"体系的界面性质,改善水驱油条件。碱与地层原油作用可降低界面张力。随着碱溶液浓度的增加,原油与碱水动态界面张力出现低值。

在离子强度不大的情况下,单一表面活性剂(非离子表面活性 OP 与石油磺酸盐 PS)的盐溶液的界面张力较高;单一碱水的瞬时界面张力接近 10^{-2} mN/m,但其稳态值大于 1mN/m。碱与表面活性剂复配使用,不仅能够产生瞬间超低界面张力,而且其稳态值也得到大幅度降低。

表面活性剂的盐溶液加入聚合物后,其界面张力几乎不发生变化,说明在降低界面张力方面聚合物与表面活性剂之间没有明显的相互作用。

2. 各组分对乳化作用的影响

单一的石油磺酸盐体系与某些原油不易乳化,而碱与石油磺酸盐的复配体系与这些原油间有较好的乳化性能,其透光率随碱浓度增大有最低值。当离子强度恒定时,复配体系乳化最佳点的 pH 值较高。

无论体系中有无聚合物,复合驱体系透光率随碱浓度增大在同一浓度出现最低值。在乳化最佳点附近,聚合物使复合驱体系的乳化性能明显变好。

二、各组分对黏度影响

1. 碱型对聚合物黏度的影响

碱可能以两种方式改变聚丙烯酰胺溶液的黏度。首先,碱向聚合物溶液提供了阳离子,这些阳离子通过电荷屏蔽作用降低聚合物黏度;其次,碱可以水解聚合物链上的酰胺基(水解作用),从而增加聚合物的黏度。显然,碱对聚合物溶液黏度的有效作用取决于这两个因素的相对大小。

随着混合时间的增加,黏度增大,幂律指数减小,临界剪切速率降低。这说明随着时间延长,聚合物溶液的表观黏度越加背离牛顿流体特征。在强碱存在下,部分水解聚丙烯酰胺经历了进一步的水解(碱水解作用)。随着聚合物被水解,聚合物链上的羧酸基团数(负电荷数)增加,因而静电斥力增大,链节尺寸增加,从而提高了聚合物溶液的黏度。由于聚合物水解而引起的黏度增加与溶液中存在的阳离子类型和浓度有关。在低氢氧化钠浓度下,钠离子浓度比较低,表现出由于聚合物水解引起的黏度增大。而在较高氢氧化钠浓度下,钠离子浓度很高,存在的高钠离子浓度会通过电荷屏蔽抵消水解作用对剪切黏度的影响,因而黏度几乎保持不变。

强碱水解聚丙烯酰胺只有在较低阳离子浓度下使聚合物溶液的黏度增加。说明向聚丙烯酰胺聚合物中加入强碱对溶液黏度是有益的。但在二价离子存在下,水解度增加会带来一系列问题。许多资料表明,如果水解度超过 0.35,特别是在较高温度和聚合物浓度下,当存在二价离子时部分水解聚丙烯酰胺会发生沉淀。而碳酸钠不会使聚合物显著水解,因而它减小了由于二价离子存在而造成的聚合物损失。

2. 表面活性剂对聚合物黏度的影响

表面活性剂与聚合物混合物的黏度效应非常复杂,对于部分水解聚丙烯酰胺而言,它与表面活性剂的性质有关。Shupe 研究过阴离子表面活性剂(石油磺酸盐)对部分水解聚丙烯酰胺(Dow Pusher 500)黏度的影响。

3. 表面活性剂和碱对聚合物黏度的影响

与碱段塞类似,聚合物与表面活性剂—碱段塞共同注入改善了段塞的流度,提高了采收率。强碱(如氢氧化钠)和阴离子表面活性剂(如 Neodol 25 – 3S)对 Alcoflood1175L 的动力黏度的影响是很大的。低剪切黏度随氢氧化钠浓度增加而降低,但在氢氧化钠浓度大于等于 10%(质量分数)时黏度出乎意料的高,接着黏度又随氢氧化钠浓度增加而降低。

三、复合驱实例

以胜利油田一实际油藏的三元复合驱技术研究及矿场试验为例,来说明需要进行哪些研究工作。

1. 油藏概况

该现场试验选择了地质构造清楚、常规注水井网的孤岛西区 $Ng4^2—4^4$ 为复合驱油试验区,其位于孤岛背斜构造的西翼,构造比较简单、平缓,东高西低,构造高差约 20m,地层倾角 $0.5°～1.5°$。试验区含油面积 $0.61km^2$,储层有效厚度 16.2m,储量 $197.2 \times 10^4 t$,注采井距 212m。西区 $Ng4^2—4^4$ 层有以下特点:

油层物性好,孔隙度 32%,渗透率 $1.52\mu m^2$,油层埋深 $1190～1310m$,为一套正韵律的曲流河沉积,岩性以粉细砂岩为主,油层胶结疏松,成岩性差,胶结物以泥质为主,泥质含量为 $2\%～3\%$,碳酸岩含量为 0.7%。原油黏度高,地下原油黏度约为 $70mPa \cdot s$,产出水矿化度 6864mg/L,Ca^{2+}、Mg^{2+} 含量为 143mg/L。

试验区共有油水井 19 口,至 1996 年 12 月,采油井 10 口,平均单井日产原油 6.2t,日产液 144t,综合含水 95.7%;注水井 6 口,平均单井日注 $185.8m^3$,油压 7.6MPa,采出程度 22.4%,采油速度 1.13%,水驱采收率 31.0%。

2. 研究内容

(1)室内试验研究及配方设计

复合驱油配方设计的关键是其驱油效果和经济效益,其技术核心是化学驱油体系的确定、化学剂降低界面张力的性能,复合体系的稳定性、吸附损耗及对界面张力的影响和其驱油效率的高低。

1)复合驱油体系的确定。包括活性剂筛选、碱剂筛选、活性剂浓度确定、碱浓度确定、聚合物对界面张力的影响、界面张力等研究。

2)孤岛西区复合驱油体系为：$1.2\% \ Na_2CO_3 + X\% \ BES + Y\% \ PS + 0.15\% \ 3530s(X：Y = 1：2)$。

3)化学剂吸附损耗研究。包括静态吸附损耗研究、动态吸附损耗研究。

4)热老化对驱油体系性能的影响。

5)驱油试验。

(2)试验区试验方案研究

复合驱油方案研究的关键是对油藏地质特征的再认识；确定试验区的剩余油潜力及分布；搞清试验前的压力、饱和度参数变化，在室内研究的基础上应用数模和油藏工程手段对方案进行优化，确定适合现场实际的注入方案。

1)试验区精细油藏描述。包括构造特征与油层发育情况、储层特征研究(沉积相、储层非均质性研究)。

2)油藏工程综合研究。包括水驱历史拟合与水驱采收率预测、剩余油分布研究(层内韵律性对剩余油分布的控制、夹层对剩余油分布的影响、层间剩余油分布规律及控制因素)、油井产能、注入井注入动态分析(油井产能变化及递减规律研究、注入井注入动态分析)。

3)复合驱方案优化计算。包括化学剂配方浓度优化、段塞的大小、复合驱 ASP 主段塞注入时机和注入速度研究。

4)复合驱现场试验方案。包括现场注入方案、配产配注方案、试验监测方案(油水井常规监测、流体性质监测、注入产出化学剂监测、压降/压力恢复测试、饱和度测井、吸水剖面)。

5)经济效益评价。

6)方案实施及跟踪评价。

3. 方案实施

试验区从 1997 年 5 月底开始注防垢剂段塞(试验区外部同时进行聚合物驱)，由于碱及表面活性剂地面站建成滞后，聚合物比设计多注 0.047PV，使三元复合驱主体段塞注入时间延后，1998 年 5 月开始注三元复合驱主体段塞，目前已注 0.0117PV，实施过程中由于碱结垢严重，约 20 天左右需酸化处理一次，结合防垢性能评价结果和防垢剂对复合驱油体系界面张力影响以及目前产品情况，建议现场使用 HMP 防垢剂，使用浓度为 50mg/L，使用防垢剂后，酸化处理次数降为 3 个月一次，防垢效果比较明显。

4. 效果评价

(1)注入动态变化

1)注入井油压上升，注前缘聚合物后，试验区 6 口注入井井口压力均不断上升，试验区平均压力由 6.2MPa 上升至 10.7MPa，反映出注入前缘聚合物段塞后，注入井底附近渗流特征发生变化,渗流阻力增加,有利于聚合物或复合驱主体段塞进入中低渗透层,提高驱油效率和波及体积;转主体段塞后由于三元体系中聚合物溶液浓度降低,井口压力有所下降。

2）注入井吸入剖面得到调整,6口注入井吸入剖面与水驱时相比得到不同程度的改善。如7-11井根据试验前后所测吸入剖面处理结果分析对比,试验前4^2、4^3、4^4三个层平均每米相对吸水量分别为37.6%、48.8%、13.6%,层间差异比为2.4:3.1:1.0,试验后到1998年10月三个层平均每米相对吸水量分别为25.8%、33.2%、41.0%,差异比为1.0:1.3:1.9。分层平均每米相对吸水量比值明显趋于均匀,改善了层间波及动用状况。

3）视吸水指数先降后升,聚合物前缘段塞开始注入时,由于聚合物的黏度大大高于注入水的黏度,使驱替液在地下的渗流阻力明显增加,因此在注聚初期视吸水指数大幅度下降,由注聚前的23.3m^3/(d·m·MPa)下降至12.6m^3/(d·m·MPa),仅为注聚前的54.1%,随着驱替相的增加,视吸水指数缓慢上升,注入主段塞后,经过一定的时间,视吸水指数基本平稳,保持在18.7m^3/(d·m·MPa)左右(该值低于水驱时的视吸水指数),说明此时油层中的渗流已经基本达到化学驱稳定状态。

4）霍尔曲线斜率发生有利变化。注前缘段塞后,曲线的斜率明显变大,其斜率与水驱直线段斜率之比即阻力系数为1.6;注主段塞后,曲线的斜率有所变小,但仍高于水驱直线段斜率,比值为1.2。

从直线段的斜率变化可以看出,注前缘高浓度聚合物段塞的油层导流能力明显降低,说明注入油层的聚合物溶液的黏度明显高于注入水的黏度,而注复合驱油剂的斜率低于注聚合物时的斜率,主要是由于主段塞的聚合物溶液浓度降低,黏度下降,造成了渗流阻力降低,从而使斜率有所减小,但无论是聚合物还是复合物驱油剂的斜率均高于水驱直线段斜率,说明驱油剂注入油层后改善了油层的渗流状况。

5）驱替特征曲线反映开发形势变好。复合驱后驱替曲线特征曲线明显向累计油量轴方向倾斜,直接反映了复合驱后开发形势变好。

(2) 降水增油

试验区在注入聚合物前缘段塞6个月后开始显现降水增油的效果,注入主段塞后,降水增油效果显著,目前全区日产油由见效初期的61t上升到136.4t;综合含水由见效初期的95.6%下降到91.4%。根据现场动态资料分析,试验区13口井有9口油井见到显著的降水增油效果,见效已达69%。其中3-162井、5-111井见效明显,日产油比注聚前上升了17.2t和15.5t,含水则分别下降了10.3%和21.5%。两口中心井5-142和6-121见效情况也较好,含水变化与数模预测相吻合,运行态势正常。全区不见效井4口,其中4-132井不见效主要是与油层发育不好,连通情况稍差有关,其余三口为6-112、6-152、7-131,其原因主要因为位于构造低部位以及所在的井组控制储量大,注入井离其较远所致。数模分析结果表明,其见效时间晚于其他井。

参 考 文 献

[1] 沈平平,袁士义,邓宝荣,等. 化学驱波及效率和驱替效率的影响因素研究. 石油勘探与开发,2004,31(增刊):1-6.

[2] 陈民锋,郎兆新. 化学驱中相态变化对驱油效率的影响. 新疆石油地质,2002,23(5):411-414.

[3] 陈国,赵刚,廖广志. 泡沫复合驱油三维多相多组份数学模型. 清华大学学报(自然科学版),2002,42(12):1621-1623.

[4] 鲜成钢,郎兆新,程浩. 三元复合驱数学模型及其应用. 石油大学学报(自然科学版),2000,24(2):61-65.
[5] 朱维耀,程杰成,吴军政. 多元泡沫化学剂复合驱油数值模拟研究. 石油学报,2006,27(3):65-69.
[6] 刘中春,侯吉瑞,岳湘安,等. 泡沫复合驱微观驱油特性分析. 石油大学学报(自然科学版),2003,27(1):49-54.
[7] 贾忠伟,杨清彦,侯战捷,等. 油水界面张力对三元复合驱驱油效果影响的实验研究. 大庆石油地质与开发,2005,24(5):79-81.
[8] 牛瑞霞,程杰成,龙彪,等. 二元无碱驱油体系的室内研究与评价. 新疆石油地质,2006,27(6):733-735.
[9] 吴文祥,张玉丰,胡锦强,等. 聚合物及表面活性剂二元复合体系驱油物理模拟实验. 大庆石油学院学报,2005,29(6):98-100.
[10] 翟瑞滨,曹铁,鹿守亮,等. 三元体系中化学剂浓度对驱油效果的影响. 大庆石油地质与开发,2002,21(4):65-68.
[11] 刘春林,兰玉波,李建波. 影响三元复合体系驱油效果因素的分析. 大庆石油学院学报,2006,30(5):28-30.
[12] 叶仲斌. 提高采收率原理. 北京:石油工业出版社,2000.
[13] 陈铁龙. 弱凝胶调驱提高采收率技术. 北京:石油工业出版社,2005.
[14] 陈铁龙,周晓俊,赵秀娟,等. 弱凝胶在多孔介质中的微观驱替机理. 石油学报,2005,26(5):74-77.

第八章　弱凝胶调驱

弱凝胶驱油技术是在聚合物驱技术和凝胶堵水技术基础上发展起来的一项提高采收率新技术，它使用接近于聚合物驱浓度的聚合物，加入少量延缓型交联剂，使之形成主要以分子间交联为主，分子内交联为辅的凝胶体系。弱凝胶驱油技术可解决油层垂直和平面矛盾。当高渗透通道形成后，注入弱凝胶一段时间后再注入水，一方面后续注入水迫使弱凝胶向地层深部运移，另一方面注入水进一步向周围中低渗透层波及，从而最大限度地提高注入水的垂向和平面波及程度。在弱凝胶向地层深部运移的过程中，还具一定的驱油作用，使所经过区域的剩余油被驱出。弱凝胶驱具有以下特点：弱凝胶驱为低浓度聚合物溶液加交联剂，地面黏度小，具有良好的泵注性能；在地层内发生交联反应后形成性能稳定的凝胶，不会被地层内的流体稀释，因此在调驱过程中没有浓度损失，减少了聚合物浓度损失；弱凝胶在地层内形成后，会对高渗层产生物理封堵作用，从而导致后续驱替流体流向的改变，对低渗透层中未波及或者波及程度较低的区域产生驱替作用，达到提高波及系数的目的，同时在后续流体的驱动下，凝胶线团间的化学键部分发生断裂，凝胶变得更弱，能像聚合物溶液一样流动，弱凝胶驱中 HPAM 的浓度较聚合物驱中的低。

本章将介绍弱凝胶基本概念、弱凝胶形成的聚合物和交联剂、弱凝胶性能评价和弱凝胶调驱实施方法等方面的内容。

第一节　概　　述

在油藏水驱过程中，油藏的最终采收率主要受油水界面张力、水驱油流度比和油藏非均质性等因素控制。油水界面张力影响驱油效率，而不利流度比和油藏非均质性是影响波及效率的两大主要因素。改善和提高注水波及效率的主要途径通常是聚合物驱、调剖和堵水。尽管注聚合物溶液技术比较简单，但聚合物驱成本投入大，并且由于地层孔隙剪切和地层高温、高矿化度等因素影响，聚合物注入地层后其有效黏度损失很大，往往达不到预期目的。对于非均质程度较高的地层，聚合物会沿高渗透带窜流。对于常规凝胶调剖堵水，由于体系中化学剂浓度高，成胶速度快且不易控制从而限制了凝胶的注入量和有效作用距离，通常仅限于井筒周围 $5\sim10m$ 的近井地带，调堵作用改善的只是井眼附近的吸水剖面和产液剖面。随着后续注入水量的增加，油藏的非均质性将导致注入水绕过封堵层又很快沿高渗透层窜入生产井。

弱凝胶调驱技术是在凝胶的深部调剖基础上，结合聚合物驱的特点而提出来的一项新技术。弱凝胶将传统的凝胶堵水调剖与聚合物驱的特点综合于一体，既可以在油藏深部调整和改善地层非均质性，达到油藏流体深部改向的目的，从而扩大波及体积，又能够作为驱替相改善水驱油不利的流度比，提高注入水的扫油效率。弱凝胶调驱技术中的"调"主要通过对油藏

第八章 弱凝胶调驱

进行大剂量深部处理。弱凝胶的调剖作用体现在弱凝胶的大分子可以改善油藏平面和纵向上的非均质性,达到调整吸水剖面和油藏渗透率级差。改变后续流体的流向,扩大波及体积。而弱凝胶的驱油机理是通过增加水相黏度,改善水驱油流度比,提高波及效率,最终达到增加水驱采收率的目的。

关于弱凝胶(Weak Gel)的定义目前国内外石油界尚没有一个明确的解释,因此很难确定"弱"到何种程度的凝胶才能称之为弱凝胶。弱凝胶的"弱"是相对于常规不可动凝胶而言的。常规凝胶是一种连续的三维网状结构,由于聚合物浓度高,交联点多,交联强度大,又称为本体凝胶(Bulk Gel)或不可动凝胶。弱凝胶中聚合物浓度相对较低,虽然交联反应多发生于分子间,但交联强度弱,在较高的压差下可以流动,又称为可流动凝胶。弱凝胶与胶态分散凝胶(Colloidal Dispersion Gel,简称CDG)也有区别,CDG形成的是以分子内交联为主、分子间交联为辅的胶态分散体系,而弱凝胶则是以分子间交联为主体的低强度三维网状结构。弱凝胶采用的聚合物浓度一般为1000~2000mg/L,通过延缓交联技术控制聚合物与交联剂的反应时间,保证凝胶溶液可以大剂量注入并到达地层深部。随着时间延长,交联剂与聚合物分子发生反应,体系黏度逐渐增加,形成一种以分子间交联为主的弱交联体系。

根据使用的聚合物浓度的不同,将交联聚合物体系分为三类:第一类,聚合物浓度较大,形成的体系具有整体性,有一定的形状,为不能流动的半固体,称为本体凝胶(Bulk Gel,简称BG);第二类,聚合物浓度较小,形成的体系没有整体性,没有一定的形状,为可以流动的液体,是聚合物线团在水中的分散体系,称为胶态分散凝胶;第三类,聚合物浓度介于上述两者之间,形成的体系具有整体性,没有一定的形状,可以流动,称为弱凝胶(Weak,Gel,简称WG)。这三类体系聚合物使用的浓度界限和形成条件取决于很多因素,如温度、矿化度、交联剂类型和pH值等。

一、本体凝胶

本体凝胶主要应用于油水井的堵水和调剖。交联剂和聚合物注入到地层后进行交联反应,在地下生成本体凝胶,用于封堵高渗透层位,调整吸水剖面和产液剖面。本体凝胶是研究最多和应用最广的一种凝胶体系。根据本体凝胶使用的化学剂不同,本体凝胶可以分为聚丙烯酰胺凝胶、丙烯酰胺(AM)就地聚合—交联凝胶、部分水解聚丙烯腈(HPAN)凝胶、木质素磺酸盐(钙质或钠盐)复合凝胶、生物聚合物(主要是黄胞胶)凝胶和多元共聚物凝胶等。

(1)聚丙烯酰胺凝胶

1)部分水解聚丙烯酰胺(HPAM)—甲醛凝胶;

2)HPAM—无机铬(Ⅵ→Ⅲ)凝胶;

3)PAM(非水解体)—有机铬(Ⅲ)凝胶;

4)HPAM—柠檬酸铝凝胶;

5)HPAM—乌洛托品—对苯二酚凝胶;

6)HPAM—柠檬酸钛凝胶;

7)HPAM—锆(Ⅳ)凝胶;

8)HPAM乳液—可溶性树脂(如306密胺树脂)凝胶;

9) HPAM—PIA 系列(酚醛树脂、脲醛树脂)凝胶;

10) HPAM—可溶性树脂—铬(Ⅲ)凝胶。

(2) 丙烯酰胺(AM)就地聚合—交联凝胶

1) TP—910 系列和 K—trol 凝胶(AM 和甲叉双丙烯酰胺通过引发剂就地聚合、交联);

2) BD—861 凝胶(AM 和锆离子交联剂地下聚合、交联)。

(3) 部分水解聚丙烯腈(HPAN)凝胶

1) HPAN—钙、镁(Ⅱ)凝胶;

2) HPAN—卤水凝胶;

3) HPAN—苯酚(甲醛)高温凝胶。

(4) 其他凝胶

1) 木质素磺酸盐(钙质或钠盐)复合凝胶;

2) 生物聚合物(主要是黄胞胶)凝胶;

3) 多元共聚物凝胶;

4) FT-213 凝胶;

5) CAN-1 凝胶;

6) PAN-PFR 高温抗盐凝胶。

二、胶态分散凝胶

胶态分散凝胶技术是新近发展起来的提高波及效率的方法,它同时具有交联聚合物深部调剖和油藏内部流体流度改向技术的特点。CDG 的特点是聚合物和交联剂浓度低,聚合物分子在交联剂的作用下不形成三维网状结构,而形成分子内交联为主、几个分子间交联为辅的分散的胶束溶液。

胶态分散凝胶的概念是由 Mack 和 Smith 提出来的,他们把低浓度的聚丙烯酰胺—柠檬酸铝交联体系称为"深部胶态分散凝胶(In-depth Colloidal Dispersion Gel)"。他们的研究结果发现:

1) 聚丙烯酰胺—柠檬酸铝的摩尔比为 20:1~100:1 时的效果最好;

2) CDG 的强度随聚丙烯酰胺的相对分子质量和水解度的增加而增加;

3) 淡水中的成胶质量优于盐水,CDG 应用的极限矿化度为 30000mg/L;

4) 形成 CDG 所需聚合物浓度范围为 100~1200mg/L;

5) CDG 的剪切变稀特性有利于深部流体改向;

6) 交联反应的速度取决于聚合物浓度、聚合物/铝值、水的矿化度、温度、凝胶剪切范围和柠檬酸铝的放置时间。

7) 只有阴离子型的聚丙烯酰胺才能形成稳定的 CDG 体系,阳离子和两性离子的聚丙烯酰胺不能形成 CDG 体系;

8) 聚合物的生产工艺与杂质含量对 CDG 的形成有很大的影响;

9) 在含 0.1%~0.5% KCl 的水中形成的 CDG 比在去离子水中形成的 CDG 强度高;

10) CDG 具有低的阻力系数和高的残余阻力系数。

第八章 弱凝胶调驱

Mack 和 Smith 认为,柠檬酸铝与聚丙烯酰胺形成 CDG 的机理是分子内交联。由于聚合物和交联剂的浓度很低,分子间碰撞机会少,不大可能形成分子间交联的三维结构。CDG 存在一个临界压力(转变压力,Transition Pressure),低于此压力时,CDG 能有效地封堵多孔介质。高于此压力时,CDG 的流动类似未交联的聚合物。

Fletcher 等人把低浓度的聚丙烯酰胺—柠檬酸铝体系称为"水驱流体控制的低成本深部改流凝胶",并认为这种体系适合于非均质油藏的控水和深度调剖,其原因在于体系的成胶时很长,有利于从注入井调到生产井,而且低浓度和大剂量的聚合物的使用,可使油藏"真正"的深度调剖变为现实。

Stavland 认为,尽管 CDG 与其他胶体相比具有一些特殊的性质,但是 CDG 与其他胶体或凝胶行为一样。Ranganathan 等人在研究了聚丙烯酰胺—柠檬酸铝胶态分散凝胶体系在孔隙介质中的行为后认为,注入 CDG 后,只在孔隙介质的入口观察到阻力增加,而未观察到深部的渗透率降低;CDG 在孔隙介质中流动时,失去了凝胶的性质。

Mack 和 Smith 报道了美国 Tiorco 公司 1983 年至 1993 年完成的 29 个 CDG 深部调剖矿场试验的结果:19 个取得了经济和技术上的成功,提高采收率幅度为 1.3%~18.2%,每增 1 桶油的化学剂成本为 0.75~4.70 美元;3 个在技术上取得了成功,但经济上没有明显的效果;7 个项目未成功。

国内对 CDG 的研究始于 1995 年并且很快取得了大的进展,1998 年在北京召开的交联聚合物调驱提高采收率技术的研讨会上,许多研究院所及油田报道了室内研究成果和矿场试验。国内有关 CDG 的研究主要集中在 CDG 的微观结构、渗流特性、性能评价以及数值模拟等领域。

通过电镜扫描方法,观察到 CDG 的大部分凝胶颗粒近似圆球状,少量的形状不规则体。CDG 是聚集在一起的两个或两个以上凝胶颗粒,而且这些凝胶颗粒主要是分子内交联的单个 HPAM 大分子线团。发现相对分子质量的大小对 CDG 的粒度影响很大,聚合物相对分子质量的大小与 CDG 的粒度成正比。由于 CDG 形成的是 HPAM 的单分子颗粒,聚合物的相对分子质量一定,即聚合物分子链的长度确定后,分子链蜷曲后的粒度大小也就一定,CDG 的颗粒大小主要由分子链的长短决定,也就是由聚合物的相对分子质量决定。

影响 CDG 性能的主要因素有聚合物相对分子质量、聚合物/交联剂浓度和比值、聚合物的水解度、矿化度、pH 值、温度以及剪切降解等。研究结果显示:随着相对分子质量的增加,形成 CDG 的时间缩短,形成 CDG 的 PRF(孔隙阻力因子)增大。高相对分子质量的聚合物具有较大的分子尺寸,形成的 CDG 相应地具有较大的流动阻力,PRF 值较高。大分子尺寸的聚合物分子相互碰撞的机会增多,与交联剂的反应速度加快,形成 CDG 的时间较短。Smith 认为,能够形成 CDG 的聚合物为部分水解聚丙烯酰胺,而且形成 CDG 的转变压力随聚合物相对分子质量的增加而增大。

CDG 数值模拟结果显示,CDG 段塞尺寸越大,CDG 驱的驱油效果越好。但当 CDG 段塞尺寸增加到一定程度时,CDG 驱的增油量减少,不能充分地发挥 CDG 段塞的作用,影响其经济效果。因此,在经济上存在着最佳段塞尺寸。注入速度对 CDG 方案驱油效果的影响结果见图 8-1。从图 8-1 中可以看出,在前期注入速度对采出程度的影响较大,但在后期该影响很小。

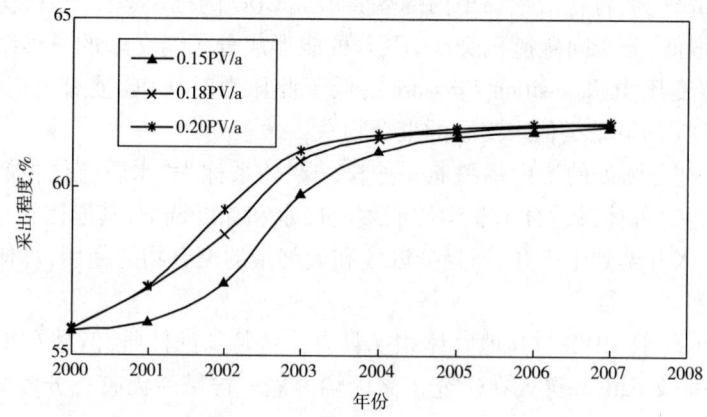

图 8-1 注入速度对 CDG 方案驱油效果的影响结果

三、弱凝胶

1. 弱凝胶的发展历史

弱凝胶最早是由法国石油公司的 Norbert Kohler 等人提出来的,但他们并没有给出关于弱凝胶的任何定义。Norbert Kohler 等人提出的弱凝胶配方为:生物聚合物(相对分子质量 5×10^6)的浓度为 1500mg/L,甲醛 2000mg/L,示踪剂(KI)50mg/L,交联剂是金属氧化物和有机金属络合物,浓度为 10~20mg/L。Norbert Kohler 等人使用的聚合物浓度接近溶液—凝胶(Sol—Gel)的临界浓度,实验结果认为这种弱凝胶对油相渗透率影响很小,而对水相渗透率影响很大,即弱凝胶能够大大地降低水相渗透率。从水驱油流度比的角度来看,弱凝胶能够大大减低水的流度,改善水驱油流度比,提高波及效率。

Rolfsvag 等人的弱凝胶体系的主要成分是硅酸钠,同样,他们也没有给出任何定义。Mumallah 给出了一个"弱凝胶"的评价方法,但是,他所称作的弱凝胶,其实质是胶态分散凝胶。

Zaitoun 等人把低浓度的聚合物—有机交联剂体系称为弱凝胶(Thin Gel),其实质就是弱(稀)的本体凝胶。他们的研究发现:

1)存在一个形成弱凝胶的最低聚合物浓度,他们把这个浓度称为聚合物的临界交叠浓度。随着聚合物相对分子质量的增加,聚合物的临界交叠浓度降低,如相对分子质量为 1100×10^4 时,这个浓度为 1200mg/L;而相对分子质量为 700×10^4 的聚合物的临界交叠浓度为 2000mg/L。

2)当聚合物和交联剂的浓度接近 Sol—Gel 图的转变点时才形成弱凝胶。在更高的浓度,凝胶要发生收缩(这常常是本体凝胶的特性)。

3)交联进程可通过目测、黏度测量和过滤实验监控。

4)交联反应受温度、矿化度的影响较小,而受 pH 值的影响较大。

5)弱凝胶体系具有较大的选择性。

6)弱凝胶具有很强的抗盐性,在 $TDS = 52500mg/L$(NaCl:30000mg/L,$CaCl_2$:3000mg/L)的盐水中和 70℃ 下,弱凝胶具有很好的稳定性。

聚合物弱凝胶是由低浓度的聚合物(弱凝胶体系中聚合物的浓度为 1000~3000mg/L 和适当的交联剂形成的以分子间交联为主、分子内交联为辅,具有三维网络结构弱交联体系,其特征介于分散凝胶和本体凝胶之间。他们认为,弱凝胶在地层条件及一定的压力下是可以流动的。

在较低的聚合物—交联剂浓度下,聚合物分子聚集体相互间是不连续的,体系以分散的形态存在;在聚合物—交联剂浓度达到一定程度时,这种聚合物分子聚集体相互间以弱的方式连接而形成连续结构,体系以整体的形式存在。弱凝胶的形成结构如下式所示:

R,S 是聚合物分子聚集体间弱的连接方式。

水解度大的聚合物分子易于进行铬交联,而水解度低的聚合物进行酚醛交联所得弱凝胶黏度高,稳定性好。含磺酸基的聚合物比羧酸盐聚合物抗盐性更好,因为磺酸为强酸,磺酸电离可降低体系的自由能,电离产物为稳定的磺酸根离子。磺酸根对阳离子吸引作用较弱,并且遇到钙、镁离子不产生沉淀。磺酸基水化能力强,在高矿化度盐水中,含磺酸基聚合物所形成的弱凝胶稳定性更好。随着配体/铬离子摩尔比增加,配体的相对浓度增加,有机铬体系成胶时间延长,弱凝胶黏度下降;随着甲醛/苯酚摩尔比减小,苯酚的相对浓度增加,酚醛交联弱凝胶成胶时间缩短,体系黏度增强,当酚含量过多时会导致过交联,弱凝胶稳定性变差。

2. 弱凝胶的定义

现在较为普遍的弱凝胶定义是:弱凝胶是由低浓度的聚合物—交联剂(聚合物浓度通常为 $800 \sim 2000 \text{mg/L}$)形成的、以分子间交联为主及分子内交联为辅的、黏度在 $100 \sim 3000 \text{mP} \cdot \text{s}$ 之间、具有三维网络结构的弱交联体系。这样的凝胶体系在后续注入水的驱动下会缓慢的整体向前"漂移",从而具有深部调剖和驱油的双重作用。而本体凝胶的黏度通常大于 $30000 \text{mP} \cdot \text{s}$,胶态分散凝胶主要由分子内交联的聚合物分子线团构成,其黏度在理论上应略小于相应浓度的聚合物溶液的黏度(远远小于 $100 \text{mP} \cdot \text{s}$)。

从主要以分子间交联的特性来看,弱凝胶可被认为是稀(弱)的本体凝胶,然而低的聚合物和交联剂浓度能不能形成像本体凝胶那样连续的三维网状结构仍需进一步研究,而且,与本体凝胶不同,弱凝胶被认为具有一定的流动性。从弱凝胶的组成(低浓度的聚合物和交联剂)来看,弱凝胶更像是浓的分散凝胶,但是,弱凝胶比胶态分散凝胶表现出大得多的黏度,即使形成 CDG 的聚合物—交联剂浓度大于形成弱凝胶的聚合物—交联剂浓度。

弱凝胶具有成胶时间较长(可控制在 $1 \sim 10$ 天内)、聚合物浓度低、成本低的特点,能满足油藏大剂量深部调剖的需要。此外,在水驱作用下,弱凝胶会随注入水缓慢地整体向前"漂移",具有一定的驱油作用。在这一点上,弱凝胶更像是浓的CDG。

与CDG相比,弱凝胶的应用具有更强的可操作性:1)弱凝胶的现场评价更方便,弱凝胶的黏度远远大于聚合物的黏度,可通过目测或旋转黏度计测量;CDG的黏度与形成CDG的聚合物溶液的黏度差不多,现场尚无有效的评价工具或方法。2)弱凝胶的适应性更强,弱凝胶可用污水配制;CDG一般用清水配制。3)弱凝胶的作业时间短得多,弱凝胶的注入量一般为 2000~10000m^3/井组;CDG的单井注入量最低也需8400m^3,最高则达到数万立方米,因此,弱凝胶的应用更容易为现场接受。交联聚合物的分类表见表8-1。

表8-1 弱凝胶、CDG及本体凝胶特征比较

类型	本体凝胶	弱凝胶	CDG
特征	交联反应以分子间交联为主,形成连续的三维网状结构,水包裹在网络之中,有脱水反应,有一定形状和完整性,为半固体状态,不能流动,交联时使用的聚合物浓度一般大于4000mg/L	以分子间交联为主,分子间交联为辅的交联程度较弱的三维网络结构,具有本体凝胶脱水的特性,一定的完整性,可以流动,聚合物浓度为800~2000mg/L,黏度远远大于相同浓度聚合物溶液的黏度	以分子内交联为主的非三维网络结构,聚合物分子线团构成的胶态粒子分散在水中,无脱水反应,失去了形状和完整性,为可流动的水—胶粒两相分散体系,聚合物浓度一般小于800mg/L,其黏度小于相同浓度聚合物溶液的黏度
典型配方	主剂:HPAM或两性HPAM; 浓度:>4000mg/L; 交联剂:羧酸铬、柠檬酸铝、活性树脂等	主剂:高相对分子质量HPAM; 浓度:600~2000mg/L; 交联剂:羧酸铬、柠檬酸铝等	主剂:高相对分子质量HPAM; 浓度:100~1200mg/L; 交联剂:羧酸铬、柠檬酸铝等
优点	技术成熟;交联剂的选择范围广,强度高,能封堵高渗层;适用温度高;污水配制	成本低,成胶时间长、强度可调、污水配制;具有调剖和驱油双重作用,适合深部调剖、驱油	成本低,成胶时间长,凝胶以分散形式存在,具有调剖和驱油双重作用,适合深部调剖和驱油
缺点	成本较高,成胶时间短;配液、施工困难,需要专门的配液、熟化设备;不适合油藏深部调剖	不适合裂缝和大孔道,温度极限100℃,弱凝胶在地层中的成胶情况受剪切、吸附的影响较大	不适合裂缝和大孔道;温度极限94℃;清水配制,适应差;评价困难;剪切、吸附、矿化度及长时间的运移等因素的影响使本来较脆弱的交联体系受到很大挑战

第二节 弱凝胶性能评价

弱凝胶的性能主要包括弱凝胶的成胶性能、流变特性、弱凝胶在多孔介质中的流动特性和调驱性能。其中,弱凝胶的成胶性能包括弱凝胶的成胶时间、成胶强度和弱凝胶的稳定性。弱凝胶在多孔介质中的流动特性包括弱凝胶的阻力系数和残余阻力系数、弱凝胶在多孔介质的传播性能。弱凝胶的调驱性能包括改善剖面和驱油特性。

第八章 弱凝胶调驱

一、成胶性能

1. 成胶强度

Smith 提出了另一个评价弱凝胶强度的参数,即拉伸黏度(Elongational Viscosity)。聚合物溶液流变学理论认为,当聚合物分子尺寸与孔隙尺寸可以相比拟时,聚合物溶液在孔隙介质中的流动不仅表现为剪切流动,而且还出现拉伸流动,使得流动压力上升,产生附加压降,附加压降的贡献可以用拉伸黏度来描述。因此,Smith 认为可以用拉伸黏度评价弱凝胶的强度,拉伸黏度越大说明弱凝胶的强度越高。

动态剪切实验流变学方法也是一种有效评价弱凝胶强度的方法。由于弱凝胶既有黏滞属性,又有弹性属性,其性质是时间的函数。动态流变学实验主要用储存模量 G' 和损耗模量 G'' 来描述弱凝胶的性质,但这种方法需要较为精密的动态流变仪。

孔隙阻力因子可以用来评价弱凝胶的成胶性能。弱凝胶通过填砂滤管的阻力要比聚合物溶液的阻力大。为了描述弱凝胶的相对阻力大小,仿照筛网黏度计的筛网系数的概念,定义了弱凝胶流经多孔介质的孔隙阻力因子(Pore Resistance Factor,简称 PRF)。孔隙阻力因子的大小反映了弱凝胶相对聚合物溶液的强度。

确定弱凝胶体系的成胶时间和强度的另一种方法是利用布氏黏度计以较短的均匀时间间隔连续取样测定体系的黏度,并做出弱凝胶黏度与时间的关系曲线,从而确定体系的成胶时间。

弱凝胶形成后,其表观黏度值远远大于相同浓度的聚合物溶液的黏度值,两者在外观上具有比较明显的差异。在弱凝胶的形成过程中,其表观黏度值随着时间的延长而不断增加,而聚合物溶液的表观黏度值在实验条件下基本不变或缓慢降低。用布氏黏度计测量的黏度值,可用于判断弱凝胶体系的成胶时间和成胶强度。

2. 稳定性

(1)剪切稳定性

在实验中,将配置的弱凝胶以不同的流速通过毛细管或岩心,测定通过毛细管或岩心后形成的弱凝胶黏度,实验测定结果绘制在黏度和剪切速率关系图中。一般来说,经过剪切后的聚合物—交联剂体系可以形成弱凝胶,而且在剪切速率小于某值时,剪切对弱凝胶成胶性能基本无影响。但是在剪切速率较大时,剪切后的聚合物—交联剂体系不能形成黏度较大的弱凝胶。因此在矿场试验中应尽量减少聚合物的剪切降解。

才汝成认为,剪切后的聚合物与交联剂混合后黏度增加,说明交联剂能与剪切后的聚合物作用产生交联形成弱凝胶。与未经岩心剪切的聚合物相比较,相同的时间内黏度上升值不同,但黏度达到极大值的时间基本相同,聚合物经岩心剪切后仍能与交联剂发生交联反应形成的弱凝胶的黏度要低。

(2)长期稳定性

弱凝胶的长期稳定性实验是评价弱凝胶性能的重要手段。弱凝胶在油藏温度和盐度条件下,其成胶性能会受到一定的影响。弱凝胶体系应该具有一定稳定性,一般认为,聚合物相对分子质量越高,浓度越大,稳定性越好。为了改善弱凝胶的稳定性能,加入一定的稳定剂可以改善弱凝胶体系的热稳定性。

在弱凝胶体系中,凝胶不稳定的主要原因是脱水。脱水被定义为凝胶将其网络结构中的液体压出的一个收缩过程,脱水的原因一般认为是由过度交联引起的。对于常规的本体凝胶,可通过两种方法监测弱凝胶的稳定性。一种比较简单的凝胶脱水测量方法是肉眼观察,估计脱水后的凝胶体积,除以初始体积求得脱水百分比,脱水百分比与时间的关系曲线即为体系的稳定性观测曲线。有些凝胶并不脱水,但其强度发生明显的稳定递减,在这种情况下,监测体系的稳定性只能通过定期测定体系的强度。

弱凝胶是由低浓度的聚合物—交联剂体系组成的弱交联体系,因此,形成的弱凝胶一般不会脱水。监测弱凝胶的稳定性可以通过定期地测量体系的黏度,绘制体系黏度与时间的关系曲线,从而判断弱凝胶的稳定性。

由于机械剪切及氧的作用等原因,利用布氏黏度计测定弱凝胶的黏度后,必将对体系的性能造成一定的伤害。在实验室,通常的做法是利用一系列的小玻璃瓶来制备同一配方的弱凝胶溶液,根据需要用布氏黏度计按预定的时间间隔来测定弱凝胶的强度,做出弱凝胶体系的黏度测量值与时间的关系曲线即为弱凝胶的稳定性曲线。

3. 流变性

聚合物—交联剂体系注入油藏后,所形成的弱凝胶必须具有足够的力学强度,以保证地下流体分流和降低流度比的有效期。弱凝胶的流变特性是评价弱凝胶力学强度的重要指标。此外,根据弱凝胶的流变特性,还可以推测弱凝胶的结构。

聚合物溶液和弱凝胶都呈现假塑性流体的流变特征,其黏度随剪切速率的增加而降低,经过剪切的弱凝胶的黏度仍大于聚合物的黏度。弱凝胶的黏度远远大于相同浓度聚合物的黏度。因此,聚合物与交联剂的交联反应应该以分子间交联为主、分子内交联为辅。但是,形成弱凝胶的聚合物与交联剂的浓度都较低,比较可能的交联方式是一个交联剂核(单核的铬或铬的低聚物)与聚合物分子发生交联而形成一个以交联剂核为中心的呈发散状的聚合物分子团,这种单个或数个聚合物分子团相互间是不连续的或为数不多的这种聚合物分子团相互间以弱的交联键或其他方式形成连续的网状结构,从而使形成的弱凝胶体系的黏度远远大于相同浓度聚合物的黏度,这种网状结构的连续性越好,弱凝胶体系的黏度就越高。

二、多孔介质的流动性

弱凝胶在多孔介质中的流动性通常采用多测压点的填砂模型进行评价,通过各测压点的压力变化趋势,了解弱凝胶在多孔介质中的成胶和流动特征。测定弱凝胶的流动特性的填砂模型中一般充填不同数目石英砂,以获得不同渗透率的多孔介质。

实验方法是首先注入一定孔隙体积的盐水,然后注入一个段塞的聚合物—交联剂弱凝胶体系,最后注入一定孔隙体积盐水。通过前、中、后部三个测压点的压力测定结果,判断弱凝胶在多孔介质中的运移和沿长方向上的传播性能。

图8-2为典型的弱凝胶通过多孔介质的压力分布曲线。从图8-2中可以看出,随着凝

胶体系的注入,前部测压点压力逐渐上升,中部和后部压力变化不大;随着凝胶体系的注入体积的进一步增加,前部测压点压力(p_1)继续上升,此时中(p_2)和后部(p_3)测压点压力也逐渐上升。转注盐水后,前部测压点压力逐渐上升到一定程度后出现下降趋势,此时中、后部压力出现波动。

上述这种压力变化趋势表明:在模型的前部已经形成凝胶,弱凝胶引起前部渗流通道一定程度的堵塞,因此造成模型的前部压力急剧上升。随着前部压力继续上升,弱凝胶向模型中部移动,此时造成模型中部孔道一定程度的堵塞,表现出中部压力上升。当后部上升时,说明凝胶体系已流到模型的后部。所以,弱凝胶体系具有一定的流动性。

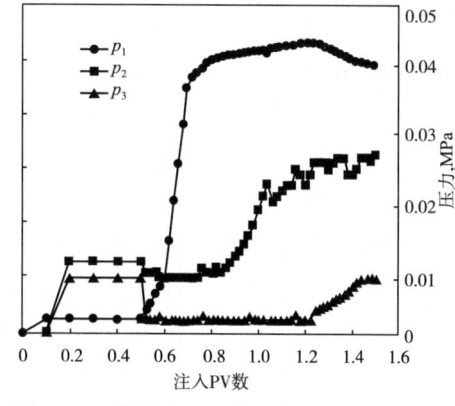

图8-2 弱凝胶通过多孔介质的压力分布

三、调驱性能

由于油层的非均质性和不利的流度比,注入水会沿高渗透层很快窜入生产井,造成生产井产油量下降、含水上升以及油井水淹。弱凝胶具有改善地层渗透率差异和水驱油流度比、提高注入水波及效率的作用。通过平面模型驱油实验可以研究弱凝胶调驱提高原油采收率的机理。

从图8-3可以看出,平面模型注弱凝胶之后的注水压力有所上升,表明弱凝胶具有降低渗透率和改变注入水流向的能力。在弱凝胶注入后水驱过程中,四口模拟油井的产量都有所提高,渗透性越好,提高幅度越大。在高渗透区域,弱凝胶进入的量较多,后续注入水提高的波及体积较大。低渗透区域模拟油井的产量也有所增加,主要原因在于后续注水压力的上升,迫使注入水进入低渗透区域(含油饱和度高),提高了注入水的波及体积。

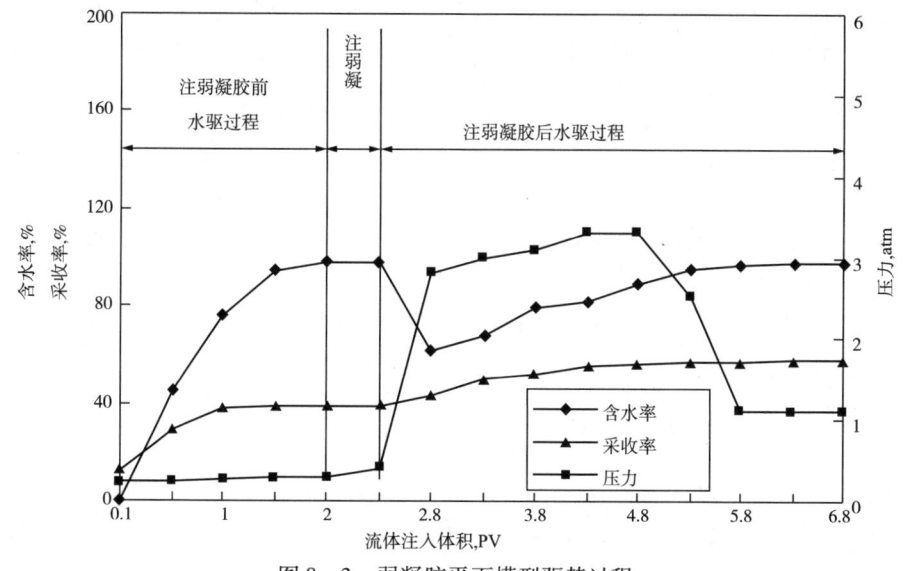

图8-3 弱凝胶平面模型驱替过程

弱凝胶平面模型驱油实验表明,弱凝胶在地层中既可以降低高渗透层渗透率,使后续注入水进入低渗透层或低渗透区,扩大波及体积,同时弱凝胶因强度较弱在高压差下向前流动,还具有驱替的作用。

低浓度成胶体系在多孔介质内流动状态下能形成弱凝胶,阻力系数较相同浓度的聚合物大一倍,残余阻力系数较聚合物大5倍,凝胶在多孔介质中的运移状态不同于聚合物溶液,其注入压力与体系黏度无关,而与降低水相渗透率有关,注入压力最大值滞后;弱凝胶在多孔介质中能够传播,但流动缓慢,可以波及整个岩心。弱凝胶是一种可行的驱油技术,它能在油藏中成胶并能够缓慢运移通过降低水相渗透率达到调整油藏非均质的作用。

弱凝胶的流体改向作用:渗透率越高,流动阻力越低,因而弱凝胶会优先流入高渗透区,增加其流动阻力。在后续注入水的压力下,迫使注入的水改向,注入水进入中低渗透率区,提高波及效率。

弱凝胶的驱油作用:弱凝胶注入到油藏后,在油藏条件下交联后,弱凝胶在压差下慢慢移动,一方面不断地扩大波及区域,另一方面将波及区中的残余油驱替到生产井,同时起着调整非均质性和驱油两种作用。

田根林利用微观和宏观两种渗流实验方法,研究了弱凝胶的驱油机理,认为弱凝胶不仅有调剖作用,同时也具有驱油作用。水驱后注入弱凝胶段塞后,无论是高渗透带还是低渗透带,都有明显的油带形成,高渗透带形成了一个前缘均匀的弱凝胶带,同时有少量的弱凝胶进入低渗透带。

微观驱油实验证实,弱凝胶注入后,弱凝胶首先带大孔道中流动,后续的注入水不能进入被弱凝胶占据的孔隙空间,注入水进入的是未被波及的孔道。随着注入水的继续进行,注入水冲开某些孔道中的弱凝胶段塞,形成一水流通道,并携带部分弱凝胶向前运移,这种运移的凝胶在遇到较小的孔道时再次停留,继续改变水流方向,从而进一步改善注入水的波及效率。

弱凝胶在后续水驱作用下,沿高渗透层缓慢的向前运移。在运移过程中,弱凝胶颗粒会在深部重新形成堵塞,不断扩大注入水的波及体积。弱凝胶具有较好的渗透率选择性,即弱凝胶优先进入的是高渗层,而进入低渗深层的弱凝胶量很少。弱凝胶注入后,大部分油是在后续注入水过程中采出的。

四、弱凝胶影响因素

弱凝胶是由低浓度的聚合物和交联剂形成的以分子间交联为主、分子内交联为辅的弱交联体系,其形成和性能主要受聚合物性质(包括种类、相对分子质量、水解度、浓度)、交联剂性质(包括种类、配比、浓度、老化时间)、聚合物/交联剂比值、温度、矿化度、pH值和剪切程度等多方面因素的影响。

1. 聚合物相对分子质量

由于弱凝胶体系中聚合物的浓度较低,它只可能通过几个或十几个聚合物分子间的交联而形成。聚合物的相对分子质量越大,分子线团体积越大,因此,形成的具有几个或几十个分子间交联结构的弱凝胶的黏度越大。当聚合物的相对分子质量太低时,分子链卷曲后有效流体体积较小,无法形成增黏能力较强的弱凝胶,因此,制备弱凝胶应倾向于应用相对分子质量较高的聚丙烯酰胺。聚合物相对分子质量对体系的成胶性能的影响表现在以下几方面:

1)相对分子质量越大,越有利于形成弱凝胶,在相同条件下,相对分子质量越高的聚丙烯酰胺形成的弱凝胶的强度越大。

2)聚合物的相对分子质量越大,体系的成胶速度越快。

3)相对分子质量越大,形成弱凝胶所需的最低聚合物浓度越小。

2. 聚合物浓度

聚合物交联时存在一个临界浓度,聚合物浓度低于该值时因黏度增加很小,可以认为基本不成胶;当聚合物浓度高于该值时,聚合物与交联剂反应后会使体系黏度显著增加,并且聚合物浓度越高,体系交联速度越快,弱凝胶黏度越大。这是因为在一定条件下,聚合物分子的水力学半径是一定的,随着聚合物浓度的增加,聚合物分子间碰撞、缠绕概率增大,与交联剂反应的聚合物分子增多,增加了聚合物分子间的作用力,体系黏度升高,体系凝胶逐渐形成三维结构。

3. 交联剂浓度

在聚合物的浓度一定时,随着交联剂浓度的增加,体系的成胶速度加快,形成的凝胶的强度增加。但是,当交联剂的浓度增加到一定程度后,成胶速度太快,且形成的弱凝胶的稳定性变差,其原因可能是由于交联剂的浓度过大,聚合物与交联剂之间发生过度交联而引起的凝胶脱水收缩。同时,交联剂浓度还在很大程度上取决于聚合物的浓度。

4. 聚合物/交联剂比值

随着聚合物与交联剂浓度比降低,体系的成胶速度加快,形成的凝胶强度增加。弱凝胶体系的最佳聚合物/交联剂比值取决于聚合物的种类、浓度及油藏条件。聚合物与交联剂的浓度比小时,体系的成胶速度快,形成的弱凝胶的稳定性较差,易脱水。此外,由于二者的浓度比低,交联剂的用量大,增加了弱凝胶大剂量深部调驱的成本。当聚合物/交联剂的比值较高时,形成的弱凝胶强度较低或根本不成胶,达不到设计的要求。

5. 温度

随着温度的升高,分子的热运动加剧,分子间的碰撞加剧,聚合物分子与交联剂之间的交联反应更剧烈,更容易形成连续性强的三维网状结构。因此,体系的成胶速度随温度的上升而加快,体系的最高成胶强度随温度的升高而增加。

但是,温度太高时,交联剂中的 Cr(Ⅲ)水解、聚合形成多核羟桥离子的速度加快,体系的成胶速度加快,较长的成胶时间不易控制。另一方面,聚合物在高温下易发生热氧化而降解,同时,聚合物在高温下会缓慢水解,这种水解反应在含有金属离子(特别是二价金属离子)的水中会进行得非常快,水解度变得很大,非常容易与金属离子作用而生成沉淀。

6. 矿化度

体系中含有一定量的矿化度,更有利于弱凝胶的形成。不含矿化度的体系,形成的弱凝胶的强度较低。在一定的浓度范围内,弱凝胶的强度随着氯化钠含量的增加而升高,当氯化钠的浓度达到一定程度时,体系的强度开始下降,且形成的弱凝胶的稳定性较差。合适的矿化度范围为 1000~20000mg/L。

在淡水中(氯化钠含量为0),聚合物分子链近乎以全伸展状态存在,因而露出更多的交联点,聚合物分子链上的羧酸基互相排斥。因此,聚合物与交联剂发生分子间的交联反应的速度降低,成胶时间延长,聚合物分子链上的羧酸基互相排斥,聚合物溶液的黏度大。但是,与每一个"交联剂单元"发生交联反应的聚合物分子的个数减少,因此,交联形成的弱凝胶的强度并不高(相对于加有少量氯化钠的体系)。

氯化钠的加入抑制了羧钠基的离解,减弱了双电层的电势,即压缩了聚丙烯酰胺分子周围的双电层,使聚合物分子以更紧密的方式存在,易于相互靠近而发生交联反应,且容易发生更多分子间的交联反应。因此,随着氯化钠含量的增加,体系的成胶速度加快,形成的弱凝胶的强度增加。随着溶液中的氯化钠继续增加到一定程度后,扩散双电层的电势迅速降低,双电层被进一步压缩,分子链收缩,线团中易生成更多的缔合点,聚合物分子链进一步发生卷曲,聚合物分子水动力学尺寸减小,限制了分子间的交联点,因此交联体系的结构减弱,形成的弱凝胶的强度和稳定性变差。

第四节 弱凝胶调驱实施方法

一、弱凝胶室内研究

1. 弱凝胶性能评价

(1)聚合物性能评价实验

聚合物的性能评价实验是室内研究的一个非常重要的内容,它关系到现场弱凝胶的成败。尽管市面上有不同类型、不同规格的聚合物可供选择,但哪一种聚合物可以作为所选油藏的弱凝胶调驱剂,需要进行一系列的室内评价实验后才能确定。

聚合物的性能评价实验包括测定厂商提供的聚合物性能指标(如聚合物相对分子质量、水解度和固含量等)的实际值。性能评价实验条件应与油藏实际条件一致,即配制的水需用注入水,实验温度为油藏温度,实验方法应遵循国标或行业标准。

弱凝胶调驱使用的聚合物绝大多数为部分水解聚丙烯酰胺。尽管这种聚合物应用领域较为广泛,但弱凝胶调驱用的聚合物的性能与其他用途的性能有较大的差别。弱凝胶调驱用聚合物的主要商用指标参数有相对分子质量、溶解速度、水解度和黏度等。由于聚合物驱的油藏条件及注入水水质差异,采用的聚合物的商用指标各不相同,但这些参数存在一定的范围。

(2)弱凝胶成胶评价实验

弱凝胶评价实验要基于油藏储层温度及流体性质(原油黏度、地层水矿化度)。通过弱凝胶评价试验选择调驱剂配方;同时考虑注水井吸水指数、吸水剖面、渗透率及原油黏度,选弱凝胶的黏度范围;结合开发特征及开发存在的突出问题,选调驱剂是否添加骨架材料等措施。

1)调驱剂成胶时间测定。

在常温下,先将所需各种原料配成水溶液,按试验配方在磨口瓶或不锈钢筒中配成调驱剂溶液,放入恒定温度的烘箱中,观察形成凝胶的时间。

2)凝胶黏度测定。

将配好的调驱剂溶液装入封闭容器中,在规定温度的烘箱内恒温成胶后,用RV-2黏度计或RS75流变仪测定凝胶黏度。

3)凝胶稳定性测定。

将配好的调驱剂溶液装入封闭容器中,在规定温度的烘箱内恒温考察,在不同时间分别取样,用RV-2黏度计或RS-75流变仪测定凝胶黏度。

(3)弱凝胶成胶敏感性实验

弱凝胶成胶敏感性参数包括聚合物的相对分子质量、水解度和浓度,交联剂的种类、配比、浓度和老化时间以及矿化度、pH值和剪切程度等。

1)聚合物的相对分子质量、水解度和浓度。

在聚合物的筛选中,由于弱凝胶体系要求的聚合物的浓度较低而且成胶黏度较大,尽量使用高相对分子质量的聚合物。这是因为相对分子质量越大,分子线团体积越大,形成的弱凝胶黏度越大。此外,相对分子质量越大,弱凝胶体系的成胶速度越快,形成弱凝胶所需的最低聚合物浓度越小。

聚合物的浓度越高,弱凝胶体系交联速度越快,弱凝胶黏度越大,弱凝胶调驱的成本越高,同时注入压力越高。聚合物的水解度越高,弱凝胶体系的稳定性越差。因此,在选择聚合物的水解度时,应该考虑水解度这一因素。

2)交联剂的配比和浓度。

交联剂浓度的增加有助于提高弱凝胶体系的成胶速度和强度。但是,当交联剂的浓度增加到一定程度后,弱凝胶的稳定性变差。这是因为聚合物与交联剂之间发生过度交联而导致的脱水。同时,交联剂浓度增加提高了弱凝胶的成本。

随着交联剂的配比增加,弱凝胶成胶速度加快,弱凝胶的强度增加。通过实验确定弱凝胶体系的最佳聚合物/交联剂的配比。

3)矿化度的影响。

矿化度对弱凝胶的性能有严重的影响,尤其是有二价阳离子存在时影响更为明显。在弱凝胶敏感性评价中,应该考虑到注入水、产出水以及地层水的矿化度,同时考虑到各种离子的变化范围,进行弱凝胶的成胶实验。

4)剪切程度的影响。

弱凝胶在成胶前后都要进行剪切实验。将配制好的未成胶的溶液在不同的剪切速率下进行剪切实验,考虑的剪切速率范围应该包括在施工过程中遇到的剪切、炮眼的剪切以及油藏孔隙的剪切。有些弱凝胶体系可以使得剪切后的聚合物形成的弱凝胶黏度下降很少,对其成胶性能基本无影响。

弱凝胶成胶后剪切对成胶性能有较大的影响。但这一影响对进入地层深部已成胶的弱凝胶来说,由于其渗流速度随处理半径的增大而减小,因此只要弱凝胶的成胶时间足够长,那么成胶后的剪切程度对弱凝胶性能的影响可以不予考虑。

(4) 弱凝胶岩心流动实验

1) 封堵实验。

可采用人工填砂管进行封堵能力评价实验。将制备好的岩心称重,装入驱替装置中,抽真空并饱和水,测堵前水相渗透率;注入 1.0PV 数的弱凝胶,关闭岩心的进出口,放置于油藏温度的恒温箱中候凝;测堵后水相渗透率并计算堵塞率。一般来说,封堵实验应该结合油藏的水窜特征及弱凝胶的配方进行。弱凝胶浓度较低时,封堵能力较弱;而高浓度时封堵能力强。

2) 弱凝胶驱油实验。

建议使用平面填砂模型进行驱油实验,采用的平面填砂模型的尺寸应该大于 30cm×30cm×3cm,试验温度为油藏温度。实验方法是将制备好的平面填砂模型装入驱替装置中,抽真空并饱和水,测水相渗透率;饱和油,计算含油饱和度;注入水驱替至残余油状态;注入 0.25PV 弱凝胶,放入油藏温度的恒温箱中候凝 3~4d;注水驱至不出油结束。计算驱油效率和提高采收率幅度。同时还可以进行多段塞注入方法的研究和评价,一般来说,多段塞的驱油效果优于单段塞效果。

2. 弱凝胶调驱油藏筛选

从弱凝胶调驱技术和现场实施经验来看,弱凝胶调驱技术考虑的油藏因素有油藏温度、地层水矿化度、非均质变异系数等油层参数。弱凝胶有可能进入含水层、渗透率极高的贼层、水道或裂缝,都是对弱凝胶调驱不利的。井组的选择应该考虑:

1) 油水井连通关系清楚,连通性好,见效油井多,有一定的可采储量,综合含水量 30%~90%;

2) 水驱效果变差,注水波及系数减小,注入水利用率降低,含水上升速度快,储量动用程度低,剩余油分布清楚;

3) 油井受多方向注水井影响,油层非均质性严重;

4) 单层、厚层纵向、平面非均质性严重;

5) 注水井进行停注干扰试验,对应油井反应明显。

3. 油藏数值模拟

(1) 进行水驱历史拟合

水驱历史拟合是地质模型建立中一个重要的手段。尽管在油藏描述中,通过分析沉积相构造、水动力学单元、非均质性等地质资料,可建立起粗略的地质模型,但水驱之后,有些参数已有改变,而且在地质研究中难以准确计算井间地质参数。

在水驱历史拟合中,以水驱开发的动态参数为依据,对某些地质参数及其分布进行修正,拟合单井和全区块的含水、产油和油层压力等参数。在水驱历史拟合基础上,预测水驱的最终含水率、采收率、累计产油量和产水量,绘制水驱效果曲线,作为弱凝胶调驱对比的基础。

(2) 示踪剂模拟

为了了解油藏连通性及非均质性,通常在注弱凝胶之前要进行示踪剂注入。通过示踪剂的产出剖面数据及数值模拟,可以修正油藏的地质模型。如果弱凝胶调驱前无示踪剂资料,可以将注入水中的某些化学剂(如 Cl^-、I^-、NO_3^- 等)作为示踪剂,直接将产出水的分析资料用于示踪剂的模拟计算中。

(3)弱凝胶调驱模拟

模型输入油水基本参数有地层水总矿化度、水组分密度、地下水黏度、油组分密度和地下黏度以及配置弱凝胶的水总矿化度;聚合物的相对分子质量、吸附量、残余吸附水平和残余阻力系数;交联剂的浓度和黏度;调驱剂在油藏条件下黏浓关系。

大量的室内实验、数值模拟和矿场试验结果表明,除油层条件外,注入参数及注采方式对弱凝胶调驱效果均有不同程度的影响。在编制弱凝胶调驱方案时应结合室内实验、矿场试验和数值模拟研究结果,充分论证所选注入参数和注采方式。

1)弱凝胶段塞尺寸。

数值模拟研究结果表明,其他条件相同时,弱凝胶段塞越大,调驱效果越好;但是当用量达到一定程度后,每立方米弱凝胶调驱的增油量随用量的增加而下降。因此从弱凝胶调驱本身的技术效果看,存在一个最佳的用量使采收率提高的幅度和每立方米弱凝胶增油量都比较大。在选择弱凝胶用量时,还应根据弱凝胶用量与生产费用的关系确定弱凝胶用量的范围。再依据数值模拟的研究结果并借鉴相应的矿场试验结果确定合适的用量。

根据国内外弱凝胶调驱的经验以及矿场试验取得的认识,弱凝胶调驱合理的注入孔隙体积数为 0.005~0.01PV 范围。图 8-4 为某油藏弱凝胶调驱的数值模拟计算结果与水驱方案对比,图中结果是在注入量 0.005~0.009PV 范围之间,每增加 0.001PV 弱凝胶调驱的增油量,注入量越大增加油量越多。

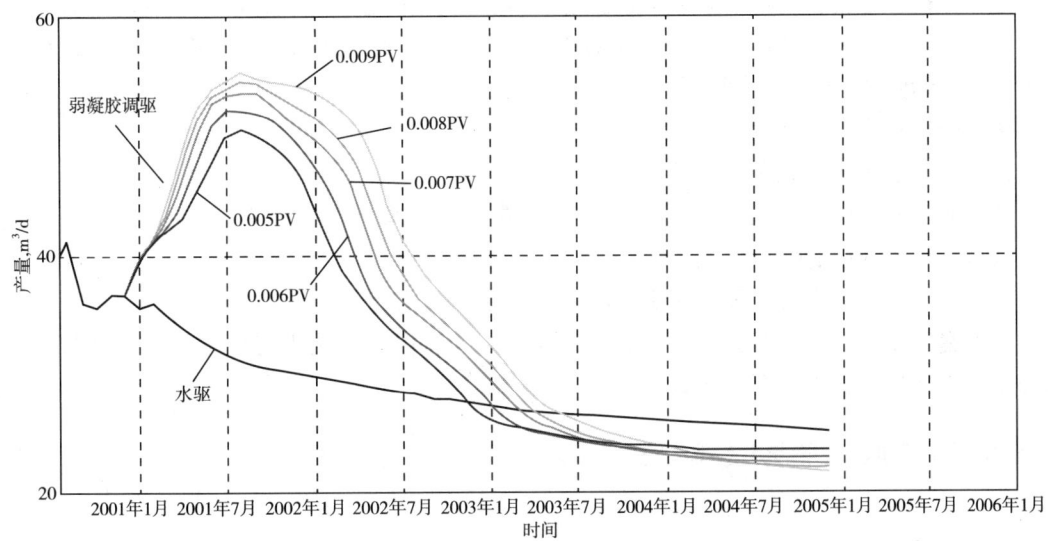

图 8-4 不同注入孔隙体积方案下的弱凝胶调驱与水驱的产量变化曲线

2)注入速度选择。

注入速度的快慢对弱凝胶调驱的最终驱油效果没有多大影响,但是它制约着调驱工程的进度,即它影响调驱工程的时间效益。在选择注入速度时,用最大注入压力与注入速度的关系确定在最大注入压力不超过开发区油层破裂压力下的注入速度范围。在确定最大注入压力时要根据矿场试验结果考虑到注弱凝胶时可能的压力上升值。根据所选定的注入速度范围,应用数值模拟方法对注入速度问题进行优选计算,提出优选意见。分析当前注入井的指示曲线和注入井动态资料,根据各注入井的注入能力调整区块的注入速度。

3) 注入的段塞组合。

为了降低弱凝胶在注入过程中的损失,确保弱凝胶进入地层后的稳定性,注入方式为多段塞连续注入。

高浓度的弱凝胶段塞。其目的一是降低地层的吸附量,保证主段塞不被地层水稀释和弥散;二是调整油层的纵向渗透率级差,使主段塞充分发挥驱替作用。

主段塞。主段塞的主要作用是调整平面和层内非均质性,降低油水黏度比,改善水驱油流度比,提高面积波及效率。

保护段塞。其目的是在主段塞和后续注入水之间建立一个保护隔离带,以免注入水侵入到主段塞破坏其稳定性。保护段塞的使用可大大延长弱凝胶的有效期。同时考虑后续注入水与注入介质的流度比,提高驱油效率。

数值模拟的研究结果表明,弱凝胶调驱应采用优化的段塞组合注入方式。对于段塞组合问题应采用数值模拟方法进行段塞组合筛选计算,根据计算结果确定最佳的段塞组合注入方式。在方案编制中对弱凝胶段塞前后加保护段塞问题,应根据注入水(清水或产出污水)的矿化度,应用数值模拟方法进行效果计算,由计算结果确定是否需要预注保护段塞或后置保护段塞及段塞的大小。

4) 分层注入方式。

分层注入是指在注入井中的同一层系内上下段的渗透率级差较大,在笼统注入的情况下高渗透率层段注进的多,低渗透率层段注进的少、甚至注不进,因而采取上下层段分别注入的开采方式。其作用就是使同一层系内油层条件差异较大的层段都能注进,达到各层段驱替液均匀推进,最大限度地提高采收率。

采用分层注入方式井的选择原则应是:

①层间渗透率级差大于2.5倍;

②层间水淹状况差异较大,如高水淹与低水淹或高水淹与未水淹;

③分注层段油层有效厚度大于3.0m;

④分注层之间的夹层厚度大于1.0m。

在方案编制中应对符合分层注入条件的井应用数值模拟方法进行效果计算,根据计算结果确定是否选择分层注入开采方式。

二、弱凝胶调驱动态监测

1. 示踪剂监测

弱凝胶调驱前后示踪剂监测对于了解油藏的非均质性和调驱效果是十分重要的。通过注入示踪剂,可以判断油水井间大孔道及裂缝存在与否以及规模大小,以便更准确地选择弱凝胶的类型和用量,提高措施效果。油藏中高渗透条带的存在都将严重影响弱凝胶调驱效果,确定油藏的高渗透条带的渗透率和厚度将有助于提高措施的效果。井间示踪剂测试能反映注入水在地层中各小层的流动特性,揭示油藏的非均质性。由于示踪剂浓度剖面是示踪剂在油藏中各层位的综合响应,通过分析生产井产出的示踪剂浓度剖面,可以计算各层的传导率、渗透率、孔隙度以及孔隙度与厚度的乘积等参数。因此井间示踪剂测试对于认识油藏的非均质性和弱凝胶调驱的设计是十分重要的。

(1) 示踪剂的选择

根据示踪剂筛选准则,注入的示踪剂应满足:滞留量小,化学性质稳定,地层配伍性好,检测分析简便和灵敏度高,成本低等要求。根据示踪剂的热稳定性、抗干扰性、吸附性以及油藏配伍性实验结果,可以选择硫氰酸铵、硝酸铵等学示踪剂。

(2) 示踪剂的用量

示踪剂的用量由 Brigham – Smith 方程确定:

$$W = 1.44 \times 10^{-2} h\phi S_w C_p \times \alpha^{0.265} L^{1.735} \tag{8-1}$$

式中 h——油层厚度,m;
ϕ——孔隙度;
α——弥散系数,m;
S_w——含水饱和度;
C_p——预期产出的示踪剂峰值浓度,mg/L;
L——井距,m;
W——示踪剂用量,t。

(3) 示踪剂产出剖面的解释

根据 Brigham 和 Smith 提出的示踪剂在油藏中的流动模型及 Abbaszadah 和 Brigham 修正的示踪剂在多孔介质中流动模型,示踪剂产出浓度剖面与井网的几何形状、油藏非均质性参数的相关关系:

$$\bar{C}_i = \sum_{j=1}^n \frac{(Kh)_j}{\sum Kh} c_0 \sqrt{\frac{a}{\alpha} \frac{K_j}{\phi_j \sum KhAS_w}} \frac{T_r}{\pi^2} \frac{4}{\sqrt{\pi}} \frac{\sqrt{K(m)}K'(m)}{\sqrt{\pi}} \int_0^{\pi/4} \frac{\exp\left\{\frac{K(m)K'(m)}{\pi^2 Y(\theta)} \frac{a}{\alpha} [V_{PBD}(\theta) - V_{PDj,i}]^2\right\}}{\sqrt{Y(\theta)}} d\theta \tag{8-2}$$

式中 $\bar{C}_i$——i 点的计算浓度,mg/L;
n——资料点数或实测浓度的个数;
i——某个实测点;
j——层位编号;
K——油层渗透率,μm^2;
h——油层厚度,m;
C_0——示踪剂注入的初始浓度,mg/L;
a——井网中同类井间距,m;
α——示踪剂弥散系数,m;
ϕ——油层孔隙度,无因次;
S_w——油层平均含水饱和度,无因次;
A——井网面积,m^2;

T_r——井网中示踪剂注入体积，m^3；
$K(m)$——第一类余互完全椭圆函数，无因次；
$K'(m)$——第一类非余互完全椭圆函数，无因次；
$V_{PBD}(\theta)$——流线θ突破时注入的无因次孔隙体积，无因次；
$V_{PDj,i}$——注入的无因次孔隙体积，无因次；
$Y(\theta)$——超椭圆积分。

利用示踪剂注入和井网参数以及产出示踪剂浓度剖面（峰值位置和峰值浓度），通过拟合公式(8-2)和实际产出的示踪剂浓度剖面（图8-5），即可求出示踪剂穿过各油层的渗透率和厚度。采用最优化非线性回归方法，其原理在于理论值与实测值之差的平方达到最小，即示踪剂采出剖面数据与公式(8-2)的理论计算值差的平方达到最小。目标函数τ定义为示踪剂浓度的测定值与理论计算值差的平方和：

$$\tau = \sum_{i=1}^{n}(C_i^* - C_i)^2 \tag{8-3}$$

式中 C_i^*——取样数据点i处的示踪剂浓度。

利用非线性回归方法计算可获得$\dfrac{(Kh)_j}{\sum Kh}$和$(\phi \cdot h)_j$小层参数群。

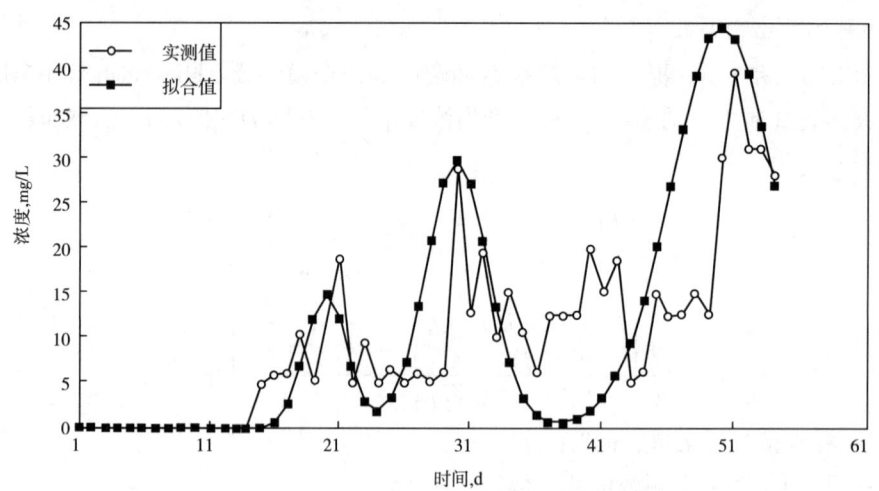

图8-5 示踪剂产出剖面及拟合结果

2. 弱凝胶注入监测

注入化学剂产品质量监测。对于弱凝胶调驱使用的聚合物和交联剂都要及时进行抽样化验分析，以确保质量和品质。使用的聚合物要达到设计的相对分子质量、固含量和水解度等指标。采用室内成胶实验来监测交联剂是否符合设计要求。监测方法是抽取交联剂样本与合格的聚合物，按照设计的比例和配方，在油藏温度和配制水条件下恒温，测定不同时间内形成弱凝胶的黏度或其他性能参数。

配制弱凝胶的水质监测。对配液用水进行全分析，以便了解配液用水的水质情况，可根据水质的变化情况及时调整配方，保证配液质量。

弱凝胶性能监测。对于弱凝胶性能指标要及时监测，包括调驱剂溶液浓度、黏度、pH值、成胶时间及成胶后黏度、热稳定性，对于达不到设计要求的要及时调整。

施工参数录取。要求每隔一小时记录一次累计注入量、压力、排量。若压力变化较大时，要加密录取，分析原因，及时调整。

注入过程中弱凝胶黏度监测。监测取样位置主要在注聚泵出入口和井口。对于剪切黏度损失大的部位要分析原因，及时采取措施，尽量降低黏度剪切损失。

注入压力的监测。由于弱凝胶的黏度较大使注入阻力增加，即使在与水驱相同的注入量情况下，注入压力将会上升。在整个注弱凝胶的过程中，注入压力随时间的变化规律应是注弱凝胶的初期压力上升较快，当注入一定量后，压力上升减缓。注弱凝胶后注入压力上升是弱凝胶在油层中响应的第一个信号。注入压力上升说明弱凝胶在地层中具有降渗作用。但注入压力上升幅度过大，会使注入井的注入能力下降较大，不能满足配注要求。此外，如果注入压力超过地层破裂压力，会影响调驱效果。因此，注入压力应控制在破裂压力以下。

3. 弱凝胶调驱生产动态监测

(1) 注水井监测

吸水剖面的监测。通过测定注入井的吸水剖面，可以判断弱凝胶在油层纵向上的分布。一般来说，注入弱凝胶后，吸水剖面应有明显的改善。这是因为随着弱凝胶近入油藏深部，降低了高渗透层位的渗透率，使相对高渗透层段的阻力增加，使一部分注入水进入相对低渗透层段。但是，如果注入弱凝胶后，注入井的吸水剖面未改善。而且注入压力上升幅度太小，油层可能仍然存在高渗透条带，这时应该考虑进行深度调剖。矿场试验已经证明，在注弱凝胶之前进行防窜是提高调驱效果的最为有效的方法之一。

压降曲线的测定。通过注入井的压降分析，不仅可以测定地层参数和地层压力，而且还可以估算弱凝胶在地层中的有效黏度和阻力系数。有效黏度表示弱凝胶段塞在地层中降低流度比的程度，阻力系数和残余阻力系数表示地层渗透率下降的幅度。弱凝胶在地层中的阻力系数越高，说明弱凝胶在地层中的流度控制能力越强，提高的波及系数越大。

注水指示曲线反映了注入压力与注入量的关系。注入弱凝胶后由于高渗透层渗透率降低，启动压力会升高，指示曲线如图8-6所示。

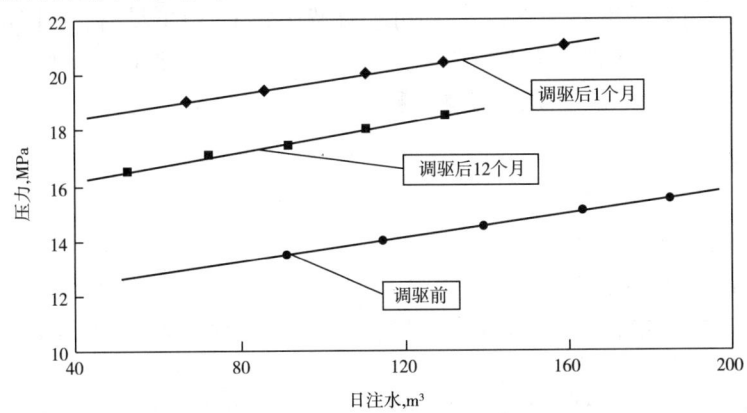

图8-6 弱凝胶调驱前后注水指示曲线的对比结果

(2)生产井监测

采油井定期取样化验含水率,并对水质做全分析,测定流压以及按地质资料录取规定所录取的常规油水井动态数据。

三、弱凝胶调驱实施工艺

1. 施工工艺流程

目前调驱一般都是大剂量注入,现场实施时要求边配边注入,按零散调驱和整体调驱分井场施工和注水站站内施工两种情况,对于单井零散调驱采用井场施工的办法,区块整体调驱采用注水站站内施工的办法,配液用水采用注入水,这样可以大量节约车辆费,节约人力,对于整体调驱来说,可以节省搬运费,大大降低成本。

注入工艺所需的设备为:调剖泵一台,$10 \sim 15 m^3$ 带搅拌器的配液池两具,高压水龙带一套,喷射加药漏斗一个,列车房一套。

2. 挤注工艺

(1)笼统挤注工艺

油管笼统挤注工艺。油管笼统挤注工艺一般采用井内现有的笼统注水管柱将调驱剂从油管挤入地层。要求施工排量一般控制在 $0.1 \sim 0.3 m^3/min$,施工压力一般不超过正常注水压力的 6MPa。

套管笼统挤注工艺。套管笼统挤注工艺是采用井内现有的笼统注水管柱,将调驱剂从套管挤入地层,该方法主要针对调驱井段长,油层上部相对吸水量大,油管下在底部的调驱井。

(2)分层挤注工艺

分层挤注工艺是将调剖剂从油管挤入地层,主要解决层内矛盾,其次可调整大段吸水剖面。由于调剖剂的选择性进入特性对施工参数要求相对较松,最高施工压力控制在地层破裂压力的80%以下。此方法对于原有空心分注井施工来说,可以不动生产管柱,只需逐级捞出活芯子,然后在非调剖层段下入死芯子,即可进行调剖施工,简单易行,对于非分注井施工来说,施工前对测试资料的准确性以及所用工具的质量、卡点位置要求十分严格,再加上作业周期长,施工程序复杂,且施工费用高,而较少采用。

3. 施工准备

(1)调驱原料及施工设备准备

1)按设计要求采购原材料;

2)准备带搅拌器的配液池、储液池、调剖泵、拉料车、活动列车房、喷射加料漏斗、压力表、水龙带、地面管汇及必需的修井工具等。

配液池、储液池、调剖泵按设计要求合理布于井场,要求活动列车房距配液池、储液池、调剖泵5m以上,需要反洗的井,井场挖一个 $30m^3$ 的池子或罐车拉运;连接地面管线,装油套压力表;地面管线试压25MPa,不刺不漏;用油田污水灌满油套环空,用清水测化调层或全井段调驱前视吸水量,同时验证套管法兰是否刺漏,若刺漏,则应整改至不刺不漏为合格。

(2)按设计要求下入调驱管柱

1)利用井内注水管柱笼统调驱:落实井内管柱结构,若注水压力高,则须先洗井,待进出口水质一致时方可施工。

2)利用井内分注管柱分层调驱:落实井内管柱结构和井内芯子情况,调驱施工前必须先捞出井内芯子,对调驱要求保护层投死芯子方可施工。

3)起管柱下笼统调驱管柱调驱:放压或压井,洗井,起出并检查原井内管柱,下冲砂管柱,探砂面,冲砂至人工井底,然后按设计管柱完成于调驱层段位置,装采油树。

4)起管柱下封隔器管柱分层调驱:

放压或压井,洗井,起出并检查原井内管柱;

下冲砂管柱,探砂面,冲砂至人工井底,然后起出冲砂管柱;

下带 ϕ118mm 通井规的通井管柱,通井至人工井底,起出通井管柱;

下刮削管柱,下至封隔器卡点以下20m,并在射孔段反复刮削2~3次,起出刮削管柱;

按设计要求下入带封隔器的分层调驱管柱,装采油树;

彻底洗井,座封验封封隔器;

封隔器验封合格后,关保护层,打开调驱层。

4. 挤注程序

(1)配液

在带搅拌器的配液池内加入每池设计量的污水或清水,启动搅拌器,用喷射漏斗按顺序(先加主体原料,再加添加剂,最后加交联剂)加入或缓慢倒入每池设计量的调驱剂原料,搅拌均匀;现场配液质量检验。

(2)挤入设计的弱凝胶调驱剂和顶替液

记录施工日期、调驱井段、调驱剂名称、调驱剂配方、调驱剂和顶替液的挤入量,施工过程中每注入10m^3记录一次压力和排量。

(3)关井候凝

按设计要求时间关井候凝。

5. 安全要求

1)施工前设计单位必须对施工人员进行施工方案交底和安全教育;

2)严禁非工作人员靠近井场高压管线;

3)施工必须连续进行,井口阀门必须开关灵活;

4)要求活动列车房距配液池、储液池、调剖泵5m以上;

5)化工原料严禁入口,配液时一旦溅上皮肤马上用水冲洗;

6)配液时要求配液调驱人员戴口罩、风镜和手套,站在上风口;

7)施工人员必须穿工作服和工作鞋,戴工作帽。

四、弱凝胶调驱效果评价方法

1. 递减法计算增油量

油藏注水开发后期产量按一定规律递减,大多数油藏的递减规律表明,产量按照指数式递减。为了准确计算弱凝胶调驱的增油量,可以根据措施前的油井产量绘制曲线。

利用弱凝胶调驱前的油井生产数据,可以计算出任意时间的产量和递减率。通过累加措施后实际产量与预测产量的差值,可以计算累计增油量。措施后实际产量减去预测值即增油量(图8-7)。

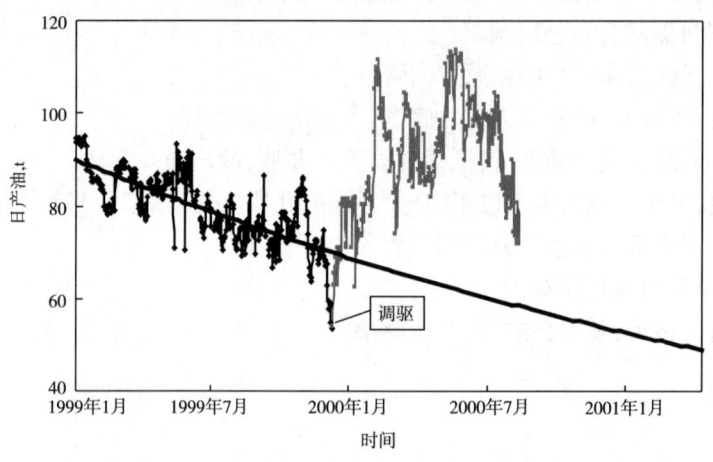

图8-7 某油藏弱凝胶调驱前后的产量变化关系

2. 水驱特征曲线计算增加的可采储量

在油藏注水开发中后期,油藏的累计产水量与累计产油量的半对数关系曲线中常常会出现一直线段。累计产水量与累计产油量之间的关系可以用下式描述:

$$\lg W_\mathrm{p} = \frac{N_\mathrm{p}}{B} + A \qquad (8-4)$$

式中 W_p——累计产水量;

N_p——累计产油量;

B——累计产水量与累积产油量的半对数关系曲线中的直线段斜率。

A——截距。

油藏弱凝胶调驱后,累计产水量与累计产油量的半对数关系曲线中的直线段斜率会变小(图8-8),直线段斜率变得越小,说明弱凝胶调驱效果越好。根据该斜率的值可以计算水驱增加的可采储量。

3. 含水率与采出程度关系曲线预测提高的采收率幅度

含水率与采出程度关系可以用下式表示:

$$\lg \frac{f_w}{1-f_w} = 7.5(R - R_u) + 1.69 \qquad (8-5)$$

式中 f_w——含水率,%;

R——采出程度,%;

R_u——采收率,%。

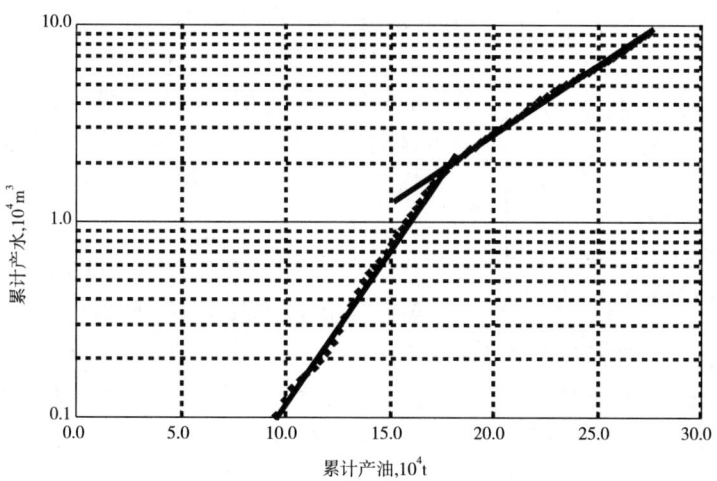

图 8-8 累计产水量与累计产油量的半对数关系曲线

第五节 弱凝胶调驱实例

一、油藏地质特征及开发特征

1. 地质特征

赵州桥油田赵 108 断块位于晋县凹陷西部斜坡带中段赵县背斜构造带,含油面积 1.4km², 石油地质储量 261×10^4t, 主力含油层是古近系砂河街组二、三段, 油层埋深 1700 ~ 1900m。赵 108 断块于 1996 年 1 月投入正式开发,1997 年 10 月投入注水开发。截止到 2000 年 9 月, 赵 108 断块共投产油水井 19 口, 其中采油井 15 口, 注水井 4 口, 日产油水平均 86t, 采油速度 1.2%, 累计采油 19.4266×10^4t, 采出程度 7.44%, 综合含水 30.5%。目前正处于油田开发的中前期阶段。

(1)构造特征

赵县西塌陷背斜"核部"是赵州桥油田油气富集区之一,油气主要聚集于背斜西北部较高部位。其间被两条近乎平行的北东向正断层所切割,将其从东到西分割为赵 108 断块、赵 102 东断块和赵 102 西断块。赵 108 断块夹持于赵 108 井西断层和赵 41-1 井东断层之间,为一断鼻构造。高点在赵 41-4 井附近,埋深约 1630m,地层向东南方向倾没,倾角约 15°左右。由地层倾角测井成果及其他相关资料综合分析:赵州桥油田油气主要富集区域构造最大主应力方向为 245°,与古构造应力方向大致相同。构造井位图见图 8-9。

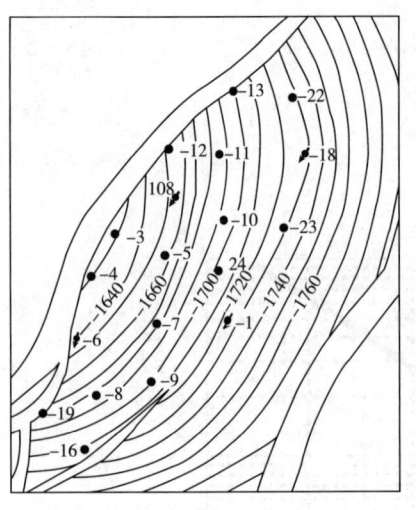

图 8-9 赵 108 断块构造井位图

(2)储层特征

1)沉积相—微相。

沉积背景：沙二、三段沉积时期，晋县凹陷经多次构造运动，南北"两隆三洼"、东西"三分带"的构造格局已经形成，随着构造运动的减弱，赵州桥油田所处斜坡地带坡度变平缓，西部河流进积作用不断加强，为三角洲的形成创造了条件。

沉积环境：区域研究结果表明，早第三纪晋县凹陷为典型的断陷盆地沉积，沙二、三段沉积时期前以水下沉积为主；随着湖盆的消亡，演化为平原上的河流相沉积。

物源方向：三角洲沉积体系中古水流方向与地层倾向一致。区域研究资料表明，晋县凹陷主要物源来自西北 $100°\sim130°$ 方向，即无极—藁城低凸起。

Es^{2+3} 为滨浅湖沉积，下部沉积三角洲前缘砂体，上部为三角洲平原相砂体，地震剖面上见明显前积特征，研究区内定为三角洲相沉积。赵 108 断块可细分为两种微相：水下分流河道微相和河口坝微相。水下分流河道微相主要分布在油藏边部，呈条带状分布；河口坝微相主要分布于油藏核部，呈朵状展布。

2)储层"四性"关系。

岩性特征：Es^{2+3} 储层岩性以细砂岩为主，岩石类型为长石、岩屑砂岩，成分以石英为主，含量 45%～51%，其次为长石，含量 19%～31%，再次为岩屑，含量 17%～35%，胶结物含量 6%～21%，成分以碳酸岩盐为主，胶结方式为孔隙式胶结；Es^4+Ek^1 储层岩性为中—细砂岩，岩石类型以岩屑砂岩为主，其含量 14%～50%，胶结物含量 5%～24%，胶结方式为孔隙式胶结；Ek^2 储层岩性为细砂岩，岩石类型以岩屑砂岩为主，胶结物含量高达 15%～35%，胶结方式为接触式胶结。

物性特征：赵州桥油田 Es^{2+3} 储层类型属于中孔—中高渗透型。赵 108、赵 110、赵 40、赵 55 等 4 口井岩心分析统计表明，孔隙度一般为 19%～26%，渗透率为 $(20\sim1600)\times10^{-3}\mu m^2$；赵 108 断块 5 口井地层测试资料统计表明，有效渗透率为 $(11.59\sim437)\times10^{-3}\mu m^2$，平均值为 $250.6\times10^{-3}\mu m^2$。

电性和含油性特征：Es^{2+3} 岩性、物性对电性、含油性影响较大，主要表现在岩性粗细及物性变化，引起电性、含油性高低的变化。

油层：$R_t \geq 3.5\Omega\cdot m$，$S_o \geq 40\%$（岩性较粗或油质较重的油层 $S_o \geq 59\%$）。

油水同层：$R_t \geq 3.5\Omega\cdot m$，$30\% \leq S_o < 40\%$（差油层）。

含油水层：$1\Omega\cdot m \leq R_t \leq 5\Omega\cdot m$，$S_o < 30\%$（水层）。

3)储层宏观非均质性特征。

纵向宏观非均质性特征：赵 108 断块 Es^{2+3} Ⅰ、Ⅱ、Ⅲ 油组虽然在沉积上具有一定的继承性，但由于沉积条件的不同，岩性、物性均存在一些差异。

Ⅰ 油组岩性为长石细砂岩—粉砂岩，粒度中值平均值为 0.054mm；Ⅱ 油组岩性为细砂—粉砂岩，粒度中值平均值为 0.067mm，略粗；Ⅲ 油组岩性为长石细—粉砂岩，粒度中值平均值为 0.06mm。从粒度看 Ⅱ 油组大于 Ⅲ 油组，Ⅲ 油组大于 Ⅰ 油组。

Ⅱ油组物性最好,平均孔隙度为 26.1%,平均渗透率为 $537.4 \times 10^{-3} \mu m^2$;Ⅲ油组略差,平均孔隙度为 22.2%;平均渗透率为 $398.9 \times 10^{-3} \mu m^2$;Ⅰ油组最差,平均孔隙度为 21.9%,平均渗透率为 $290.2 \times 10^{-3} \mu m^2$。

Ⅱ油组各小层对比,Ⅱ3 小层物性最好,平均孔隙度为 27.8%,平均渗透率为 $672.0 \times 10^{-3} \mu m^2$;Ⅱ4 小层最差,平均孔隙度为 15.6%,平均渗透率为 $447.5 \times 10^{-3} \mu m^2$,这说明层间物性差异较大。

平面宏观非均质性:赵 108 断块 Es^{2+3} Ⅰ油组高渗透区主要集中在赵 41-1～赵 41-3 井以南,沉积微相以河口坝微相为主,水下分流河道在北部发育,两微相过渡带为较低渗透区,是水下越岸沉积的结果,呈细粒物质隔挡,使油层仅在南部发育。Ⅱ油组 1~3 小层在北部赵 41-11 井附近和南部赵 41-6 井附近存在两个高渗透区,北部以河口坝沉积为主,南部以水下分流河道沉积为主。Ⅲ油组高渗透区主要集中在赵 41-3～赵 41-10 井以北,河口坝及河道主流线分布区物性最好,南部河道边部物性相对变差,是由河道的北向迁移,越岸细粒物质沉积造成的。

(3)油层分布规律

1)宏观分布规律。

赵州桥油田目前共发现 Es^{2+3}、Es^4+Ek^1、Ek^2 三套含油层系,其分布规律与富集特点不同。Es^{2+3} 从平面上看油气集中分布于赵县西塌陷背斜核部——赵 108 断块。其他区块因物性差、侧向封堵条件差等原因,而未富集,仅有零星分布(赵 102 断块南部、赵 110 断块、赵 40 断块)。背斜翼部因构造位置低、断层遮挡性差含油性亦相对变差,如背斜翼部赵 54 井仅发现油浸 1 层 0.83m,油斑 3 层 1.46m,油迹 5 层 12.12m,荧光 20 层 152m,电测解释油水同层 1 层 6.4m,含油性较赵 108 断块明显变差。

Es^4+Ek^1 从平面上看油层在全区均有分布,是赵州桥油田的主要含油层系。背斜"核部"赵 109 断块、赵 102 断块有油层钻遇外,1997 年在翼部钻探的赵 57、赵 80、赵 112、赵 113 井又相继在 Es^4+Ek^1 获得高产自喷工业油流,日产油达 20~70t,一举控制含油面积 $4.0km^2$,石油地质储量 $691 \times 10^4 t$,并且油层向构造低部位有增厚的趋势,目前正在加紧勘探。

2)微观分布规律。

油层组划分。根据油层纵向分布特点及沉积旋回,将赵州桥油田 Es^{2+3} 地层划分为 3 个油层组;Es^4+Ek^1 地层划分为 3 个油层组。

油层分布特点。油层在 Es^{2+3} Ⅰ、Ⅱ、Ⅲ油组均有分布,Ⅰ类油层分布面积分别为 $0.38km^2$、$0.68km^2$、$0.43km^2$。其中Ⅱ油组全区分布,为主力油层组,砂体连通率 100%。Ⅲ油组仅分布于油藏北部,南区发育Ⅰ油组,Ⅰ、Ⅲ两个油层组Ⅰ类厚度较小。

(4)地层流体性质

地面原油性质。赵 108 断块原油性质具有密度大、黏度大、含硫量高、胶质沥青质高的"二大二高"特点。地面原油密度 0.9845g/mL,原油黏度 1037.36mPa·s(50℃),含硫 4.34%,胶质沥青质 47.2%。

地层原油高压物性。油层温度 70℃,原油饱和压力 1.6MPa,原始气油比 7,溶解系数 4.63,体积系数 1.04,地下原油密度 0.9414g/mL,地下原油黏度 77.35mPa·s。

油藏温度和压力系统。Es^{2+3} 由赵 108 井、赵 41-1 井、赵 110 井地层测试所取温度资料,采用温度梯度折算方式。即恒温深度按 20m,温度为 14℃计算,至油层所计算的温度梯度为

3.4℃/100m,属于正常的温度系统。大量地层测试资料与干扰试井资料相结合综合判断赵108断块具有统一压力系统。

(5)油藏类型及储量计算

1)油藏类型。

构造油藏。从赵108断块完钻井的油层对比、油水层解释、生产井试油以及油层连通状况、各油组小层平面分布等综合分析表明:该断块的油层发育主要受构造因素控制,尤以Es_2^{2+3} Ⅱ油组最为明显,油层分布稳定,平面连通性好,呈高油低水的分布特征,为明显的构造油藏。

构造岩性油藏。赵108断块Es_2^{2+3} Ⅰ、Ⅲ油组在受构造因素控制的同时,岩性、物性对油层也有较大的影响,因此油藏类型为岩性和构造双重因素控制的岩性—构造油藏。

2)地质储量计算。

目前赵108、赵102断块共完钻井36口,从油层对比情况分析,该断块的构造是落实的,油层分布状况及油藏类型是清楚的,为了制定合理的开发政策,确保油藏高速、高效开发,对具备储量核算条件的赵108断块、赵102东断块、赵102西断块进行了储量核算。背斜核部三个断块Es^{2+3}和Es^4+Ek^1地质储量是260×10^4t,其中,赵108断块地质储量为168×10^4t,赵102东断块地质储量为59×10^4t,赵102西断块地质储量为33.0×10^4t。

2. 开发特征

(1)油藏注水概况

赵108断块1996年1月投入正式开发,1997年10月投入注水开发,截至1999年8月,油水井总数19口,其中采油井15口,开11口,日产液102.5m³,日产油74.9t,累计产油16.04×10^4t,采油速度1.05%,采出程度4.85%,综合含水26.9%;注水井4口,开井4口,日注水213.1m³,月注采比1.98,累计注采比0.30。目前地层压力8.66MPa,压力水平0.53。与1999年底相比,日产液由100m³升至103m³,日产油由86t降至75t,综合含水由14.7%升至26.9%,油藏平均动液面1380m。

该油藏自1997年10月投入注水开发以来,4个注水井组(赵108、赵41-1、赵41-6、赵41-8)均已见到注水效果。共连通采油井10口,见效井9口。见效前后对比,日产液82.2m³升至116.7m³,上升34.5m³,日产油由79.4t升至101.9t,上升22.5t,动液面由1348m升至1285m,回升63m,含水率由3.4%升至12.7%,上升9.3个百分点。通过注水开发,使油藏递减缓慢,由1998年的平均月递减3.0%下降到1999年的1.9%,平均月递减减缓1.1%,进一步增强了油藏的稳产基础。

由于油藏边部、轴部注水见效状况不同,各注水井组的见效状况有所不同。处于油藏边部的注水井赵41-1、赵41-18井,注水强度在1.3~1.9m³/(d·m)之间。转注5~9个月时,累计注水量4785~8308m³,连通的4口油井(赵41-7、赵41-9、赵41-11、赵41-13)不同程度的见到注水效果,见效井的特点产液量、产油量、含水上升、动液面稳定。见效前后对比,日产液由38.4t升至50.2t,上升11.8t,日产油由36.7t升至46.4t,上升9.7t,含水率由4.4%升至7.6%,上升3.2%,动液面稳定在1350m左右。

处于构造轴部的注水井赵108、赵41-6井,注水强度在1.2~1.6m³/(d·m)之间,转注2~4个月时,累计注水量1710~4089m³,连通的5口油井(赵41-3、赵41-4、赵41-5、赵41-12、赵41-8)见到注水效果。见效前后对比,日产液由51.8m³升至66.5m³,上升14.8m³,日产油由42.7t升至56.5t,上升13.8t,含水由17.6%降至15.0%,下降2.6%,动液面由1317m升至1233m,动液面回升84m,见效井均匀分布于注水井的周围,位于古水流上流方向的赵41-12井首先见效,古水流下流方向的赵41-5、赵41-8井和构造高部位的赵41-3、赵41-4井陆续见效,未见注水井沿地层下倾方向或构造主应力方向突进现象。构造高部位的赵108、赵41-6井转注比边部的赵41-1、赵41-18井时间短,但油井见效状况好,说明构造轴部注水较边部注水效果好。

(2)油藏注水存在的问题

赵108断块1996年1月投入正式开发,1997年10投入注水开发,有采油井15口,注水井4口。1999年末,日产液117.1t,日产油76.4t,综合含水34.7%,日注水158.7m³,累计注采比0.37,累计亏空$12.08 \times 10^4 m^3$。油藏注水开发暴露出的问题为:

1)稠油油藏注水效果差。

赵108断块由于油稠、油水黏度比高,注水开发导致油藏含水持续上升。主要表现在:通过赵108井的室内黏温实验,发现地下原油黏度受温度的影响较大。从黏温曲线上看,地层温度若降低10℃,原油黏度则上升1倍,流动系数将会下降1倍左右。这表明,注入水使得黏性指数加大,注水指进、舌进更为严重,水驱效率进一步降低。

根据赵108断块数值模拟计算,当采出程度为8%时,油藏的综合含水已达到80%以上。可见,单纯地依靠注水开发使得油藏含水上升过快,影响油藏的最终采收率。动态分析表明,注水开发导致油藏含水持续上升。赵108断块自1997年10月投入注水开发以来,为了缓解层间矛盾,首先采取了分层注水方式,但由于油稠、地层出砂、测试、投捞、调配成功率低,容易造成注水管柱砂埋,因此,分注工艺技术很难在该断块展开。目前,注水井均采取笼统注水方式,但由于层间矛盾突出,油层渗透率较高,地下油水黏度比大,笼统注水易造成注入水单层、单向突进,导致连通采油井含水上升快。至1999年末,油藏日产液117.1t,日产油76.4t,综合含水34.7%,与1998年1月份对比,油井平均月含水上升0.79%~2.4%,油藏含水上升为13.3%。

由于注水利用率低,水驱油效率逐渐降低,到1999年末,油藏采出程度仅为5.23%,油藏含水已达34.7%,且含水呈继续上升趋势。因此,单纯依靠注水开发很容易造成油藏含水上升变快,导致采收率降低,很难提高油藏的开发水平。

2)层间矛盾突出。

根据4口井吸水剖面资料统计,吸水强度大于$1.5m^3/(d \cdot m)$的主力吸水层14层48.3m,其相对吸水量为81.3%;吸水强度小于$0.5m^3/(d \cdot m)$的低吸水层或不吸水层10层39.6m,其相对吸水量仅为0.8%。3口井产液部面资料也表明,与注水井主力吸水层相对应,主力产液层相对产液量占50%左右,仅占油层厚度65%的主产层,其相对产液量达90%左右。

二、一期调驱

1. 调驱过程

由于施工井的连通状况不一样,弱凝胶的设计用量需考虑:1)注入过程中,弱凝胶经剪切、热解、地层吸附等损失量;2)根据连通油井的孔隙体积,弱凝胶进入地层后形成的最佳活塞长度。因此,根据处理井段和处理半径的不同,合理选择弱凝胶的注入量。根据赵108断块地质特征和油藏参数及各井组的连通状况,处理半径取18~20m,孔隙度25%,4口注水井的注入量见表8-2。

表8-2 4口注水井的弱凝胶调驱注入量表

井 号	前置段塞	主段塞	后置段塞	注入体积,m^3
赵108	400	4380	300	5080
赵41-1	800	2800	400	4000
赵41-18	500	3700	300	4500
赵41-6	600	2380	240	3200

弱凝胶调驱施工采取笼统注入工艺,不需要动井下管柱。这种注入工艺简单、方便,可连续挤入。在注入前置段塞时,为保证弱凝胶顺利挤入高渗层,排量不得超过$5.0m^3/h$;主段塞和后置段塞排量不得超过$15m^3/h$。由于连续挤入,每天注入量为$270~400m^3$,平均日注入量$335m^3$,注入时间为10~21d,在注入过程中,压力有所爬坡,但由于各井组储层物性差异,爬坡压力略有不同,如表8-3所示。

表8-3 爬坡压力

井 号	注入初期压力,MPa	注入后期压力,MPa	压力爬坡,MPa
赵108	7.0	9.0	2.0
赵41-1	9.0	11.0	2.0
赵41-6	9.0	12.0	3.0
赵41-18	12.0	15.0	3.0

完成注入量后,候凝5天恢复注水。由于各井组储层物性的差异,油压抬升在0.2~9.0MPa之间。日注水量保持在$140m^3$左右,平均视吸水指数由$13.5m^3/(d·MPa)$降至$5.1m^3/(d·MPa)$,下降$8.4m^3/(d·MPa)$。如表8-4所示。

表8-4 调驱前后注入参数的变化

井号	调驱前			调驱后		
	油压 MPa	日注水量 m^3	视吸水指数 $m^3/(d·MPa)$	油压 MPa	日注水量 m^3	视吸水指数 $m^3/(d·MPa)$
赵108	2.5	39	15.6	4.7	35	7.4
赵41-6	1.5	39	26.0	10.5	35	3.3
赵41-1	5.4	36	6.7	5.6	38	6.7
赵41-18	6.0	33	5.6	10.0	33	3.3

2. 弱凝胶调驱效果

(1) 油井的增油降水

赵 108 断块共有油井 15 口,水井 4 口,4 口注水井连通油井 13 口。油藏整体调驱后,除 3 口井因地质状况较差未见效外,其余油井已见到调驱效果,见效率为 76.9%。见效前后对比,油藏日产液由 96.0t 上升至 141.8t,日产油量由 67.0t 上升至 102.5t,采油速度由 1.1% 升至 1.43%,综合含水由 34.7% 下降到 28.7%,油藏平均动液面由 942m 降至 1055m。

最先调驱的是赵 108 井,该井连通油井 5 口,调剖前后对比,日产液由 61.4t 升至 76.5t,上升 15.1t,日产油由 46.1t 升至 56.0t,上升 9.9t,含水由 24.9% 升至 26.8%,上升 1.9%,动液面由 1.67m 降至 1211m,下降 144m。其中处于赵 108 井正北方向的赵 41-12 井最先见到调驱效果。

注水井整体调驱后,由于注入水的绕流,压力梯度增大,导致油藏动液面下降,因此,针对部分油井(赵 41-3、赵 41-4、赵 41-5、赵 41-8)进行调参提液生产,冲程由 3.0m 调至 4.0m,也取得较好的效果。调参前后对比,日产液由 59.1t 升至 87.3t,日产油由 42.4t 升至 62.5t,含水稳定在 28.3%,动液面由 1019m 降至 1113m。截至 2000 年 6 月底,油藏累计增油 2910t,累计减少产水 739m^3。

(2) 调整注水井吸水剖面,提高水驱效果

在纵向上,由于层间、层内矛盾的影响,导致各层吸水不均,部分中、低渗透层吸水量很少,甚至不吸水。通过整体调驱,使原来高渗透层的吸水得到调整,提高了中、低渗透层的吸水能力,扩大了注水的波及面积。

统计 3 口调驱井的吸水剖面,不吸水的层由调剖前 34.1% 降到调剖后 29.2%,吸水强度为 0.1~1.0m^3/(d·m)的层由调剖前 26.8% 降到调剖后 14.3%,吸水强度在 1.1~2.0m^3/(d·m)之间的层由调剖前 25.2% 升到调剖后 40.0%,吸水强度大于 2.0m^3/(d·m)的层由调剖前 13.8% 升到调剖后 16.5%。通过调驱使注水井的吸水强度得到调整,启动了中、低渗透层,改善了吸水剖面,提高了纵向注入水的波及系数。

平面上,改善了注入水的流向,改善了水驱效果。由于整体调驱,改善储层平面渗流条件,后续注入水绕流,增加水驱扫油面积,为中低渗透层的启动创造了条件,改善了油藏水驱状况,有效控制了油藏的含水上升率。

(3) 油藏开发效果进一步改善

赵 108 断块从 1999 年末至 2000 年 4 月对 4 口注水井整体调驱,控制了油藏含水上升率,从而扭转了产量下降的趋势,扩大了油藏储量动用程度,保证区块的稳产,主要表现在以下几个方面:

1) 根据水驱特征曲线,可采储量增加 7.8×10^{4}t,采收率提高 3.0%。

2) 油藏存水率增加,水驱指数变好。与 1999 年同期对比,存水率由 79.8% 提高到 80.9%,水驱指数由 0.23 增至 0.50。

3) 油藏自然递减、综合递减由 1999 年 6 月的 5.69% 降至 0,含水上升率由 19.6 降至 -8.3%,采油速度由 1.07% 升至 1.43%,使油藏开发形势得到进一步的改善。

三、二期调驱

2000年11月,由于调驱剂的逐渐失效,油藏出现含水上升,产量下降的趋势,其中最早进行调驱的赵108井组最明显。2000年10月与12月对比,赵108井组4口油井的平均含水由29.4%上升到38.8%,上升了9.4%,日产油由47.3t下降到38.8t,已下降到调驱前的水平,有效期为11个月,其他三个井组的有效期大致相同,与弱凝胶调驱剂的设计有效期相符。

2001年2月至5月对108断块进行第二期整体调驱。4口井调驱累计注入量达30010m³。油藏平均注入时间为34天,日泵入量为183~257m³。注入前后对比,注水压力抬升在0.9~3MPa之间(表8-5)。

表8-5 调驱前后水井参数变化

井号	注入天数 d	累计注入量 m³	调驱前 注水压力 MPa	调驱前 注水量,m³	调驱后 注水压力 MPa	调驱后 注水量,m³	爬坡压力 MPa	注水压力上升 MPa
赵108	35	9005	5.5	35	5.6	38	3	0.1
赵41-6	41	7505	10	45	13.3	45	1.5	3.5
赵41-1	29	6000	7.2	43	10	46	9	2.8
赵41-18	32	7500	10.4	35	14.6	35	4	4.2
赵41-16	34	4200	7.6	53	10.4	52	4	2.8
合计	171	34210						

调驱见效后,连通油井多表现为含水上升后迅速下降,较第一期调驱见效明显。这表明调驱剂开始注入时,沿高水淹、高渗透方向迅速推进,导致连通采油井含水上升;调驱剂前缘成胶后,推进速度迅速下降,后续注入的调驱剂扩大波及范围,使连通采油井含水由升转降,从而起到驱油和提高水驱波及程度的效果。

油藏整体调驱后,4个井组连通油井均见到了明显的增油效果。见效前后对比,日产液由115t上升至156t,日产油量由75t升至102t,油藏平均动液面由1063m上升到921m,取得了明显的增油效果。2002年6月,日产油92t,仍比调驱前增加17t,二期调驱累计增油21245t(图8-10)。含水上升率由调驱前的17%下降到调驱后的3%以下。

四、三期调驱

2002年11月12日至2003年3月16日对108断块进行第三期整体调驱,5口井调驱累计注入量达43580m³(表8-6)。油藏平均注入时间53.6天,日泵入量在146~185m³之间。注入过程中压力爬坡2.5~8.0MPa,平均为5.6MPa,注水后,注水压力抬升在1.8~4.9MPa之间,平均上升4.4MPa。

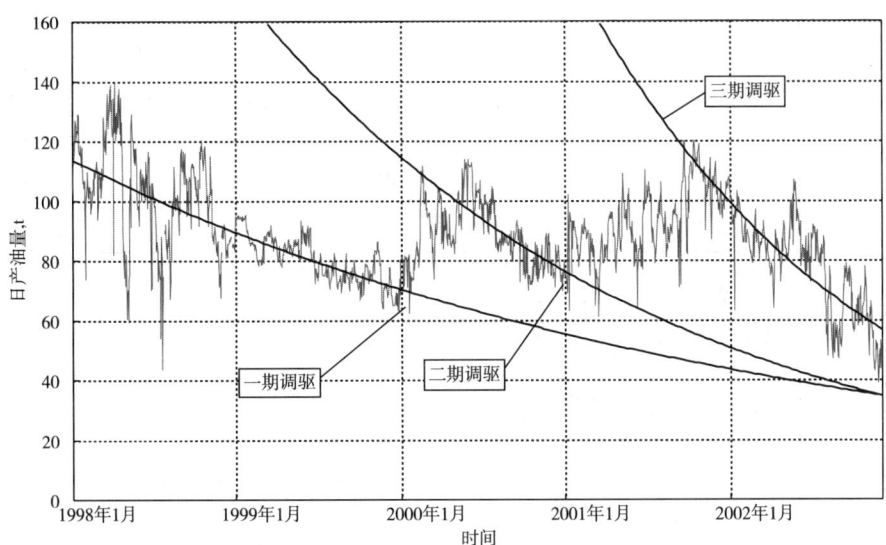

图 8-10　赵 108 断块二期调驱增油量曲线

表 8-6　第三期整体调驱实施情况表

井　号	施工日期	前置段塞,m³	主段塞,m³	后置段塞,m³	合计,m³
赵 108	2003.1.16—2003.3.16	500	9500	500	10500
赵 41-6	2002.11.16—2003.1.8	1000	8500	500	10000
赵 41-1	2002.11.19—2003.1.2	700	6040	500	7240
赵 41-18	2003.1.15—2003.3.8	800	6500	500	7800
赵 41-16	2002.11.12—2003.1.5	500	7040	500	8040
合计		3500	37580	2500	43580

从增油曲线来看,经过三个周期的弱凝胶调驱后,增油峰值有所下降。第一期弱凝胶调驱后,在有效期内增油峰值为 102.5t,累计增油 10100t;第二期弱凝胶调驱后,由于调驱剂量为第一期的 2.1 倍,调驱效果最好,在有效期内增油峰值为 112.5t,累计增油 21600t;第三期弱凝胶调驱后,尽管产液能力大幅上升,上升幅度 40.8%,但在有效期内增油峰值仅为 80t,累计增油 32000t。由此可见,油藏主力层剩余油越来越少,含油饱和度越来越低。

通过周期性弱凝胶调驱,由于大剂量的注入,在控制油藏含水上升速度的同时,油藏地层压力得到逐步回升。1999 年,油藏地层压力为 9.4MPa,压力水平仅为 0.58;2004 年,油藏地层压力为 13.2MPa,压力水平为 0.81,地层压力和压力水平分别上升了 3.8MPa 和 0.23。由于地层压力得到恢复,油藏产液能力也得到逐步提高,1999 年,油藏平均日产液 104t,平均单井日产液 9.4t;2004 年,油藏平均日产液 239.8t,平均单井日产液 16.0t。

通过弱凝胶调驱,大大改善了油藏的开发状况。油藏的存水率增大,从赵 108 断块的水驱特征曲线来看(图 8-11),进行弱凝胶周期性调驱后曲线斜率减小,说明水驱开发效果明显好转。按曲线计算,弱凝胶周期性调驱后,赵 108 断块可采储量增加 10.67×10^4t,最终采收率增加 4.1 个百分点(图 8-12)。

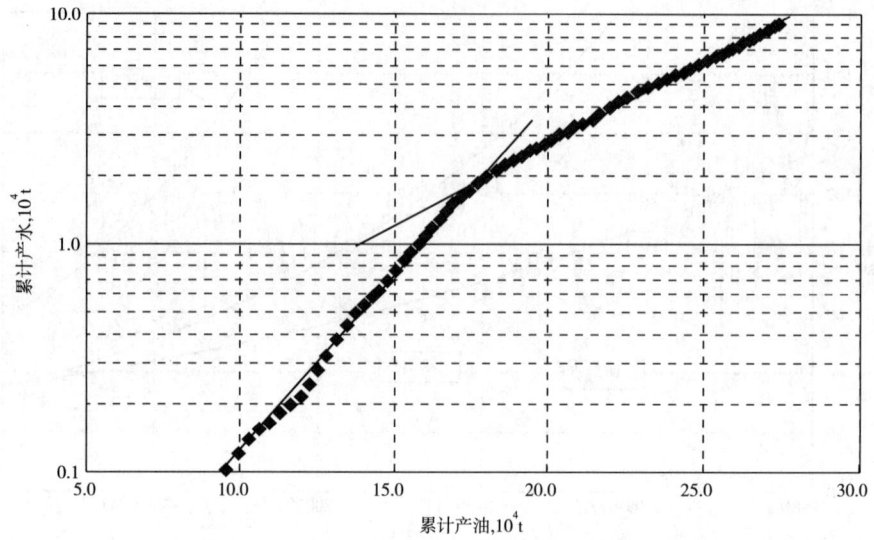

图 8-11 赵 108 断块的水驱特征曲线

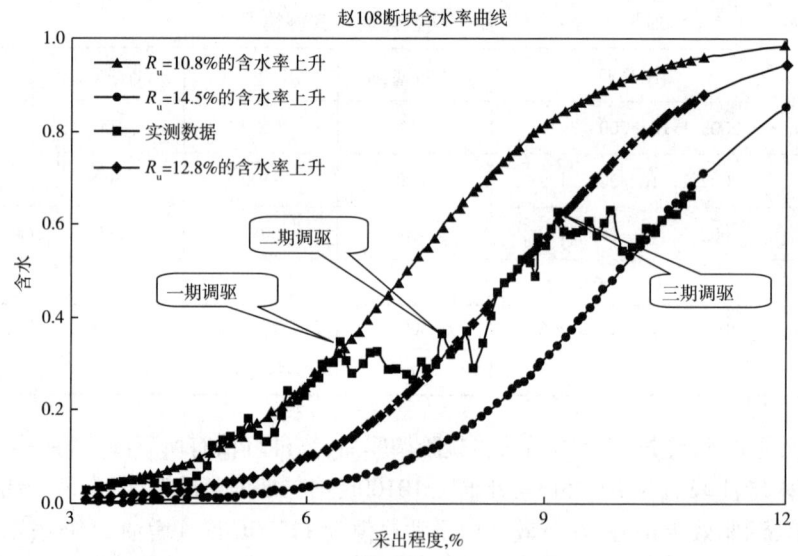

图 8-12 赵 108 断块前三期弱凝胶调驱的采收率变化

不稳定试井结果分析。依据周期调驱方案整体安排,2001 年 2—5 月和 2002 年 11 月至 2003 年 3 月对 108 断块进行第二、三期整体调驱。在第二期弱凝胶调驱后,采用常规周期试井的方法,分析注水特征变化及采油井的压力变化。根据试井资料可以分析注入水的流动状态及流度的变化,确定注入水的水驱前缘;同时,根据采油井压力恢复的变化情况,确定弱凝胶的前缘,并判断弱凝胶的推进速度。

通过试井解释,在一定程度上表明:

1) 弱凝胶注入地层的残余污染小,能够在 12 个月降回到接近调驱前的污染程度。

2) 弱凝胶调驱能够有效解决注水的黏性指进问题,能够堵塞水流通道,形成均匀的水驱前缘。

3)弱凝胶具有流动性。

根据试井解释结果,目前注水井均由具有污染的续流严重影响的注水特征转变为正常的注水特征,弱凝胶以一定的速率(0.12m/d)向前推进。以赵41-5井为例,2001年3月6日测试时弱凝胶与水的流度变化距井筒94.92m;2001年9月5日测试时,弱凝胶与水的流度变化距井筒76.18m;2002年4月7日测试时,弱凝胶与水的流度变化距井筒则为46.25m。根据方案的指标预测,弱凝胶调驱的有效期为18个月。

二期弱凝胶整体调驱有效控制了注入水的黏性指进和单层突进,水驱波及程度增加,油井含水上升得到控制,二期调驱有效期达18个月,阶段内累计增油$2.16 \times 10^4 t$,增加经济效益2268万元。随着采出程度的加大,第三期弱凝胶整体调驱的日产油量较一、二期低,但增油幅度基本上与一、二期整体调驱持平,有效地抑制油藏含水的快速上升,有效期30个月,累计增油$3.2 \times 10^4 t$,增加经济效益4788.4万元。

通过三年多的弱凝胶整体调驱,取得了明显的增油降水效果,与数模结果对比,成效十分显著(图8-13)。

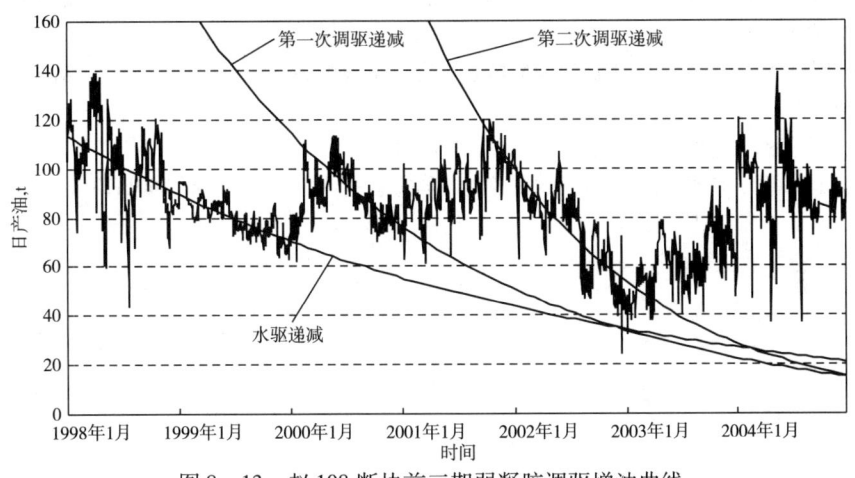

图8-13 赵108断块前三期弱凝胶调驱增油曲线

1)根据数模结果,采出程度为8%时油藏综合含水80%,而在实际开发中,采出程度为8%时油藏综合含水为41.75%,有效抑制了油藏含水的上升。

2)目前采出程度12.62%,油藏综合含水64.2%,根据数模预测,在现采出程度下,油藏已进入特高含水期。

3)4年多来,经过三轮次的弱凝胶整体调驱,截至目前,累计增油$6.37 \times 10^4 t$,占油藏调驱期间总产量的39.8%,根据产量预测,少产污水$10.3 \times 10^4 m^3$,节约污水回注费用103万元。

4)与常规注水(分注)对比,生产成本也大大降低,若不进行弱凝胶整体调驱,2000年至2003年的生产成本分别为189.7元/t、178.0元/t、220元/t、238.7元/t,而实际生产成本为114.7元/t、107.7元/t、133.5元/t、144.3元/t,分别下降75元/t、70.3元/t、86.5元/t、94.4元/t。

参 考 文 献

[1] 白宝君,刘翔鹗,李守乡. 我国油田化学堵水调剖新进展. 石油钻采工艺,1998,20(3):64-69.
[2] 陈铁龙,吴晓玲,尚磊,等. 孔隙阻力因子法评价胶态分散凝胶. 油田化学,1998,15(2):164-167,159.
[3] 陈铁龙. 三次采油概论. 北京:石油工业出版社,2000.

[4] 陈铁龙,周晓俊,赵秀娟,等. 弱凝胶在多孔介质中的微观驱替机理. 石油学报,2005,26(5):74-77.
[5] 陈铁龙. 胶态分散凝胶在马21断块砂岩油藏调驱中的应用. 油田化学,2001,18(2):155-159.
[6] 陈铁龙,侯天江,赵继宽,等. 高矿化度下影响弱凝胶调驱剂性能因素的研究. 油田化学,2003,20(4): 315-354.
[7] 陈铁龙. 阳离子和总矿化度对弱凝胶性能的影响. 西南石油学院学报,2003,25(1):59-62.
[8] 陈铁龙,蒲万芬. 油田稳油控水技术论文集. 北京:石油工业出版社,2001.
[9] 陈铁龙,郑晓春,吴晓玲. 影响胶态分散凝胶成胶性能因素研究. 油田化学,2000,17(1):62-65.
[10] 冯新德. 高分子合成化学. 北京:科学出版社,1981.
[11] 郭尚平,黄延章. 物理化学渗流微观机理. 北京:科学出版社,1990.
[12] 高树棠. 聚合物驱提高石油采收率. 北京:石油工业出版社,1993.
[13] 李明远,林梅钦,郑晓宇,等. 交联聚合物溶液深部调剖矿场试验. 油田化学,2000,17(2):144-147.
[14] 刘翔鹗,李宇乡. 中国油田堵水技术综述. 油田化学,1992,9(2):180-187.
[15] 刘一江. 化学调剖堵水技术. 北京:石油工业出版社,1999.
[16] 李宇乡,唐孝芬,刘双成,等. 我国油田化学堵水调剖剂开发和应用现状. 油田化学,1995,1(12):88-94.
[17] 王鉴,赵福麟. 高价金属离子与聚丙烯酰胺的交联机理. 石油大学学报(自然科学版),1992,16(3):32-38.
[18] 王平美,罗健辉,李宇乡,等. 弱凝胶调驱体系在岩心试验中的行为特性研究. 石油钻采工艺,2000,22(5):48-50.
[19] 叶仲斌. 提高采收率原理. 北京:石油工业出版社,1999.
[20] 赵秀娟,李洪玺,王传军,等. 抗高温弱凝胶配方的实验室研究. 试采技术,2001,23(1):50-53.

第九章　气体混相驱

早在20世纪40年代,美国就曾提出向油层注入干气,但由于这种技术对原油的组成、油层条件、地面设备的要求较高而未能及时推广。20世纪50年代,在室内和现场进行了大量的试验,一直探寻有效而且廉价的注入溶剂。由于丙烷和液化石油气(LPG)容易达到混相而成本较高,使得人们不得不进行动态混相的研究。结果发现,除了丙烷、LPG 一次接触混相外,CO_2、干气、富气和氮气等注入气体在适当的条件下,通过多次接触也可达到动态混相。这种发现给气体混相驱带来了黎明的曙光,从此加大了研究和试验的投入,为提高采收率找到了一种新的途径。

20世纪50年代至60年代,全世界先后进行了150多个工程项目。20世纪70年代,人们对烃类气体混相驱的兴趣达到巅峰,由于烃类气体价格上涨,人们不得不寻求更经济的方法代替烃类气体。随着天然 CO_2 气藏的发现,CO_2 驱现场试验项目逐渐增加,注入方案也发展为连续注入法、水气交替注入法和水气同时注入法。到20世纪80年代,CO_2 驱已成为美国第二大提高采收率的方法。而我国由于 CO_2 资源量较少,CO_2 驱项目很少,但单井 CO_2 吞吐试验项目很多。

在提高采收率方法中,气体混相驱具有非常大的吸引力。因为注入气体与原油达到混相后,界面张力趋于零,驱油效率趋于100%。如果这种气体混相驱技术与流度控制技术结合起来,那么油藏的原油采收率可达95%。因此,气体混相驱已成为仅次于热力采油方法的,处于商业应用的提高采收率方法。

气体混相驱的注入气体有烃类气体和非烃类气体。烃类气体有干气(贫气)、富气和液化石油气等,非烃类气体有二氧化碳、氮气和烟道气。按注入气体的类型,气体混相驱可分为干气(贫气)驱、富气驱、LPG段塞驱、二氧化碳驱、氮气驱以及烟道气驱等方法。按混相机理,气体混相驱又可分为一次接触混相驱(如LPG段塞驱)和多次接触混相驱。一次接触混相驱是指注入气体(如LPG)与地层原油可以任何比例混合,立即达到完全互溶的混相驱替过程。多次接触混相驱是指注入气体与原油通过多次接触后,才能达到混相的排驱过程。它可进一步分为凝析气驱(如富气驱)和蒸发气驱(如二氧化碳驱、干气驱、氮气驱、烟道气驱等)。多次接触混相驱是指注入气体与原油通过多次接触后,才能达到混相的排驱过程。气体混相驱分类如图9-1所示。

在气体多次接触混相驱的应用中,富气驱和二氧化碳驱所需的混相压力较低,对原油组成的要求也低;干气、氮气和烟道气驱所需的混相压力高,对原油组成的要求也高。因此,对于一定的油藏,富气驱和二氧化碳驱能够获得较高的采收率。鉴于注入气的

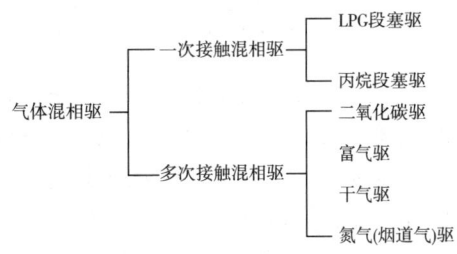

图9-1　气体混相驱类别

成本和最终采收率,二氧化碳驱是气体混相驱中最有吸引力的提高采收率方法。

本章将从相态和相态特征、混相压力等基本概念出发,按照注入气体的类型,分别介绍二氧化碳驱、烃类气体驱和氮气驱方法的理论和应用。

第一节 基本理论

一、基本概念

1) 相:具有均一性质(密度、黏度等)的单组分或多组分体系的混合物。如油水体系有两个相——油相和水相。

2) 泡点压力:液相存在的最小压力,是无限少的气相与液相达到共存的压力。

3) 露点压力:气体存在的最大压力,是无限少的液相与气相达到共存的压力。

4) 临界点:具有相同物理性质的气相与液相共存的极限条件点(压力、温度及组成),它是泡点线与露点线的交点。

5) 临界凝析压力:流体处于单相的最低压力点,也是相包络线上最大压力点。

6) 临界凝析温度:流体处于单相的最低温度点,也是相包络线上最大温度点。

7) 组分:具有物理和化学性质完全相同的均一体系,如液化石油气有乙烷、丙烷、丁烷等组分。

8) 拟组分:具有性质相近的不同烃类组分的混合物,如 $C_2 \sim C_6$ 为一个拟组分。

9) 组成:某一物质的组分及各组分的含量,有体积、质量、摩尔等组成表示法。

10) 压力—温度(P-T)相图:体系的相态特征与温度、压力的关系图。用于确定油藏类型。

11) 压力—组成(P-X)相图:体系的相态特征与压力、相数或组成的关系图。

12) 三元相图:在一定的温度和压力下,表示三个纯组分或三个拟组分的相态特征图。用于测定不同体系组分的相态特征。

13) 相包络线:体系中存在的单相和两相的分隔线,它是由泡点线和露点线在临界点连接而成。

14) 系线:两相区内两个平衡共存相的连线。其两端的坐标位置分别代表体系的两个平衡相的组成。

15) 极限系线:三元相图中过临界点的切线。用于判断达到混相的气、油组成条件。

二、三元相图

三元相图是描述多组分相态特征最为有效的工具,也是认识和理解多组分体系相态特征的重要手段。因此,三元相图对提高采收率机理的认识起着非常重要的作用。三元相图是描述一定温度和压力下三组分或多组分体系相态特征的等边三角形。如果组分数目超过三个,三元相图就称拟三元相图。如 C_1,$C_2 \sim C_6$,C_{7+} 三个拟组分组成体系的相态特征可用拟三元相图描述。三元相图是一个等边三角形,具有三个顶点和三条边,如图9-2所示。

一个体系含有三个组分 A、B 和 C,该体系始终落在等边三角形之内。体系中各组成可用

第九章 气体混相驱

质量百分数、摩尔百分数或体积百分数表示。图 9-2 中,P 点代表着一个三组分体系。三元相图的三个顶点各代表一个单组分,即 A、B、C 三个顶点分别表示含有 100% 的 A,100% 的 B 和 100% 的 C 的纯组分;A、B、C 三个顶点的对边分别代表着 A、B、C 组分的含量为零,即三元相图的三条边代表着除其对应顶点组分之外的其他两个组分的混合物。例如,a、b 和 c 点分别表示不含 A、B、C 的两组分体系,即 a 为 B(60%) + C(40%),b 为 A(60%) + C(40%),c 为 B(50%) + A(50%) 的两组分体系。如果一个体系含有 A、B、C 三种组分[如图中 P 体系含有 A(40%)、B(40%) 和 C(20%)],这个体系的组成点一定位于三元相图中。

三元相图一个主要的优点就是易于表示混合物中不同组分的含量。例如组分 B 与 M 混合后,形成一个新体系 P,P 点一定落在 $\overline{MP}$ 连线上,即系线规则(两个体系的混合物的组成点位置一定处于两个体系组成点的连线上)。P 点的位置由杠杆规则确定,即:

$$\frac{\overline{MP}}{\overline{MB}} = \frac{B\text{ 的含量}}{\text{混合物的量}} \tag{9-1}$$

或

$$\frac{\overline{MP}}{\overline{PB}} = \frac{B\text{ 的含量}}{M\text{ 的含量}} \tag{9-2}$$

因此,采用系线规则和杠杆规则可以确定任何两个体系混合物的组成。

三元相图用于表示三组分体系的相态关系,如图 9-3 中 A、B、C 为三个拟组分,组成用摩尔分数表示。在一定的温度、压力下,三组分达到气液平衡。相图中有两个区,一个是两相区,另一个是单相区,二者被相包络线分隔。相包络线是由露点线和泡点线在临界点相连而组成的。如果两相区内有一点 P,它可以分成平衡气相 Y 和平衡液相 X,根据杠杆规则及 PX 和 PY 的距离比值,可以计算出气相和液相的相对含量。两相区内连接平衡气相和平衡液相的直线称为系线(如 XY),临界点 M 点表示的是平衡气相与平衡液相组成完全相同的组成点,即两相界面张力为零。因此,临界点是气、液两相相态特征完全相同点,即两相共处的极限点,与临界点相切的切线为极限系线。

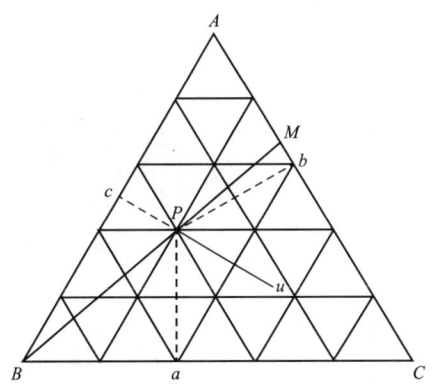

图 9-2 完全混相三元相图

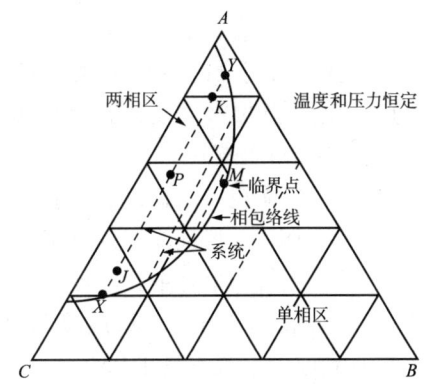

图 9-3 部分互溶三元相图

原油是一个非常复杂的碳氢化合物的混合体系,即使采用最先进的分析手段,目前也无法全面地进行原油的化学组成、组分分析。因此人们认为,原油是由无数个组分组成的。要表示原油的相态特征,就需要拟三元相图,如图 9-4 所示。在拟三元相图中,

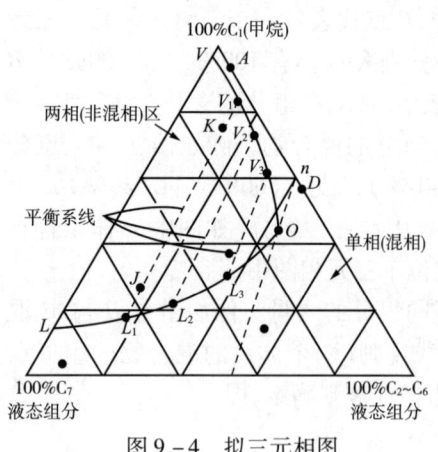

图 9-4 拟三元相图

把性质相近的各组分视为一个组分(拟组分)。一般来说,人们将原油中易挥发的组分视为第一个拟组分,如 C_1,N_2,CO_2;把中等挥发性组分 $C_2 \sim C_6$(中间组分)视为第二个拟组分;把不易挥发的组分(如 C_{7+})作为第三个拟组分。每一个拟组分只能表示出平均相对分子质量和密度。

三、最小混相压力

最小混相压力(Minimum Miscible Pressure,简称 MMP)是指在油层温度下,注入气体与原油达到混相所需的最低压力。最小混相压力是注汽提高采收率方法筛选的一个重要参数。如果采用注汽提高采收率,那么油藏平均地层压力必须高于注入气与地层原油的最小混相压力,才能获得较高的采收率。

最小混相压力是气体混相驱油藏筛选的一个重要参数,也是气体混相驱动态预测中模型建立的重要依据。最小混相压力的确定方法主要是细管实验法。

细管实验装置(图9-5)主要由填砂盘管、高压正向驱替泵、毛管玻璃观察窗、回压调节器、湿式气体流量计、液体计量装置和恒温空气浴等组成。

填砂盘管是由直径为½ in,长度为40ft的不锈钢细管,盘成直径约8in的圆盘。细管内充填了160~180目的石英砂,其渗透率约为 $1 \sim 2 \mu m^2$,孔隙度为35%~45%。毛管玻璃观察窗是用来观察、判断注入气体与原油在实验中的混相特征的。但是,从毛管玻璃观察窗中,不能判断最低混相条件。如果注入气体与原油未达到混相,注入气体突破后,从观察窗中可看出界面清晰的两相流。如果注入气体与原油达到混相,观察到的是浅色的液体,而不是原油的颜色。如果混相过程中有沥青沉淀,那么,混相后液体的颜色要比原油的颜色浅得多,而且有暗黑色的段塞通过观察窗。

细管试验的方法和步骤如下:
1)抽空细管,完全饱和溶剂,测定填砂细管孔隙度;
2)利用溶剂作驱替介质,测定细管的渗透率;
3)用原油饱和细管;
4)将注入气体充入气缸,加压到一定的注入压力;
5)用增压驱替泵将气体注入到细管中;
6)记录注入气体量与细管中原油采收率的关系数据;
7)如果采收率小于95%,改变注入压力,重复上述步骤4)~6),直到原油采收率高于95%;
8)绘制注入压力与注入1.2PV油气体时的采收率关系曲线(图9-6),确定注入气体在油藏温度下的最小混相压力。

一般来说,最小混相压力的确定是根据注入1.2PV气体时

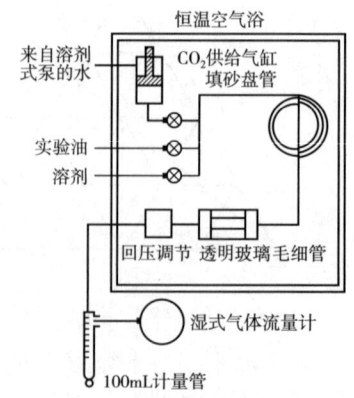

图 9-5 细管实验装置图

采收率达到95%以上,而且随着注入压力升高,采收率不再增加,基本上维持在95%的水平,如图9-6中水平段所示。

值得注意的是,尽管细管实验所测得的采收率并不能代表油藏的混相驱采收率,但是获得的最小混相压力数值可以代表油藏的注入气—原油之间的混相压力。这是因为油气混相的动态平衡过程与岩石性质无关。尽管如此,在细管实验中还是要尽可能排除不利的流度比、黏性指进、重力分离、岩性的非均质性等因素对最小混相压力测定结果的影响。因此,在细管实验中应考虑如下因素:

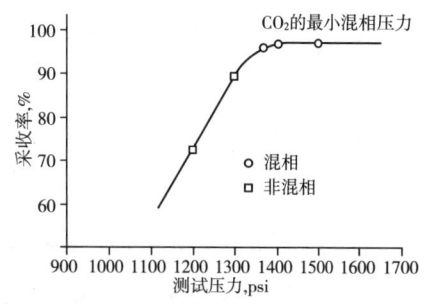

图9-6 采收率与注入压力的关系

1)细管长度。对细管长度的要求:①保证油气系统在驱替距离(细管长度)上,能够形成动态混相;②保证注入1.2PV的气体后,油—气体系达到完全混相。

2)注入气的流速。保证注入气的黏性指进和重力分异效应不影响混相过程。

3)细管和砂粒的直径。保证注入气通过横向分散作用抑制黏性指进。

第二节 二氧化碳驱

利用二氧化碳驱提高采收率的历史可以追溯到20世纪50年代。1952年,Whorton等人获得了第一项采用二氧化碳采油的专利权。当时二氧化碳用作原油的溶剂,或用以形成碳酸水驱。早期的研究结果表明,在一般的油藏压力下,二氧化碳不能直接与大多数原油混相,但是二氧化碳能够抽提原油中的轻质组分。20世纪70年代,二氧化碳驱技术有了很大的发展,美国和苏联等国家都进行了二氧化碳驱大量的工业性试验,并取得了明显的经济效益,采收率可以提高15%~25%。随着更多的二氧化碳气藏的发现和原油价格的攀升,20世纪80年代,二氧化碳驱技术在美国飞速发展。二氧化碳驱的室内实验技术更趋完善,矿场试验规模越来越大,二氧化碳驱项目越来越多,同时其他产油国家对二氧化碳驱的兴趣也越来越大。仅在1986年,美国就有8个区块进行二氧化碳驱,世界上其他国家的二氧化碳驱项目有十几个。

20世纪90年代,二氧化碳驱技术日趋成熟,根据1994年油气杂志的统计结果,全世界有137个商业性的气体混相驱项目,其中55%采用的是烃类气体,42%采用的是二氧化碳,其他气体混相驱仅占3%。由于美国联邦政府采取了多种税收优惠政策,鼓励提高采收率,开采难于用常规方法开采的原油,而且政府制订的法规对二氧化碳驱非常有利。因此,二氧化碳驱技术在美国得到了广泛的应用。目前美国绝大多数的化学驱项目已经被二氧化碳驱所取代,二氧化碳驱的原油产量在美国的提高采收率方法中占有举足轻重的位置。

我国二氧化碳驱技术的起步较晚,20世纪60年代中期,大庆油田开始了二氧化碳驱的室内实验和小规模的矿场试验,后来胜利油田也进行了二氧化碳驱的室内研究。由于我国天然的二氧化碳资源比较缺乏,至今尚未发现较为大型的二氧化碳气藏,因此在二氧化碳驱方面的技术较为落后。但是随着小型二氧化碳气藏的发现,二氧化碳的单井吞吐措施作业项目越来越多,而且取得了明显的效果。此外,已经证明对于水驱效果不好的低渗透油藏以及小断块油藏,二氧化碳驱可以取得很好的效果。

一、CO_2—原油性质

1. CO_2 性质

(1) CO_2 的相态

图 9-7 表示 CO_2 和 CO_2—水混合物的相态。CO_2 具有气、液、固三种物理形态,在大气条件下,CO_2 是无色无味的气体。其临界温度为 31.2℃,临界压力为 7.28MPa。在温度低于 31.2℃ 时,加压可使 CO_2 变为液态;在温度低于 -56.6℃ 时,加压可使液态 CO_2 变为固态 CO_2 即干冰。当温度高于 31.2℃ 时,在任何压力下 CO_2 均以气态方式存在。因此,在大部分 CO_2 驱油藏中,由于其温度高于 31.2℃,因而被用作混相驱替时的 CO_2 通常呈气态。在一定条件(温度和压力)下,CO_2 可以两相或三相共存,其三相共存的三相点是(-56.6℃, 0.61MPa)。

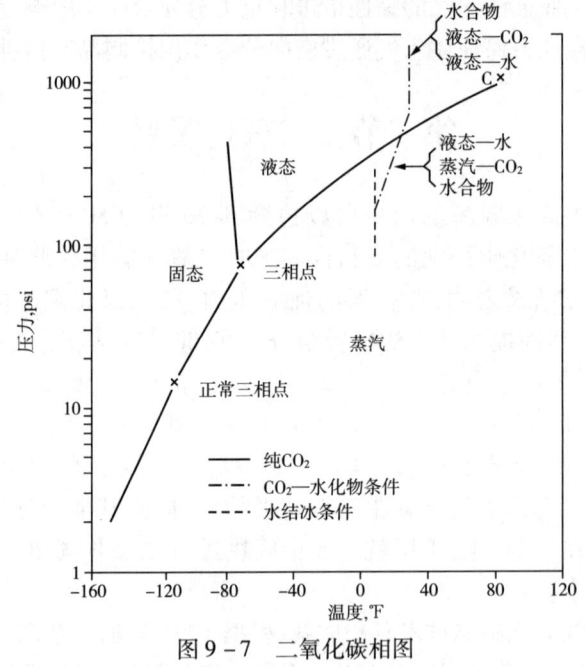

图 9-7 二氧化碳相图

(2) CO_2 密度

常温常压下 CO_2 的密度比空气大,在其临界区(31.2℃, 7.28MPa)附近,CO_2 的密度与被驱替的油的密度相近,如图 9-8 所示。高于临界温度(88℉),CO_2 呈气态,其密度随着压力的升高而增大;液态 CO_2($T < 88℉$, $p > 7.28MPa$)的密度在高于临界值时是压力的函数,在低于临界值时曲线将出现陡变。由图 9-8 还可以看出,在一定压力下,CO_2 的密度随着温度的增加而降低。

(3) CO_2 压缩因子

图 9-9 给出了 CO_2 的压缩因子随温度—压力的变化曲线,在混相驱的温度和压力下,CO_2 的压缩因子约为 0.5。

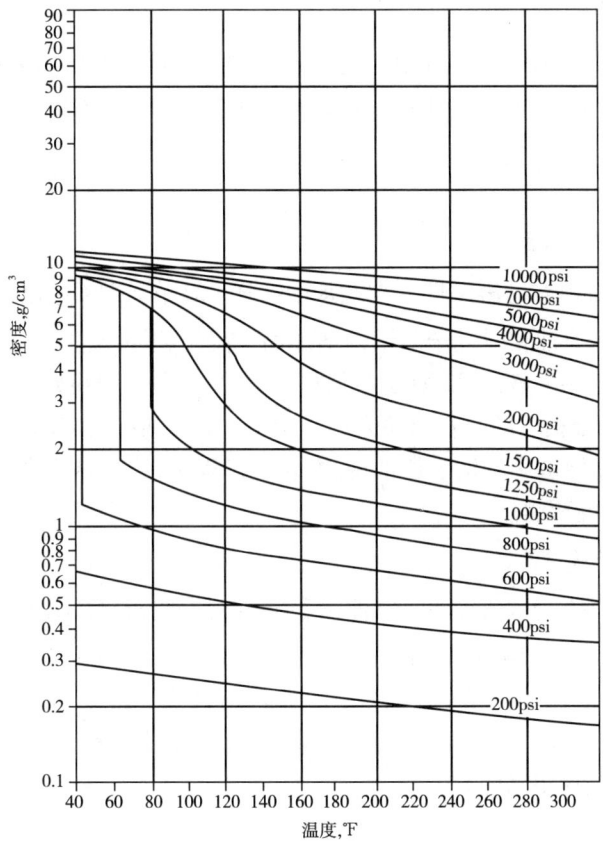

图 9-8 二氧化碳密度

(4) CO_2 黏度

图 9-10 给出了 CO_2 的黏度随温度—压力变化的曲线,在大多数混相驱应用油藏的温度和压力下,CO_2 的黏度通常为 $0.05 \sim 0.1 \text{mPa} \cdot \text{s}$,对于大多数原油来说,由于气/油黏度比相差太大,会导致 CO_2 黏性指进。

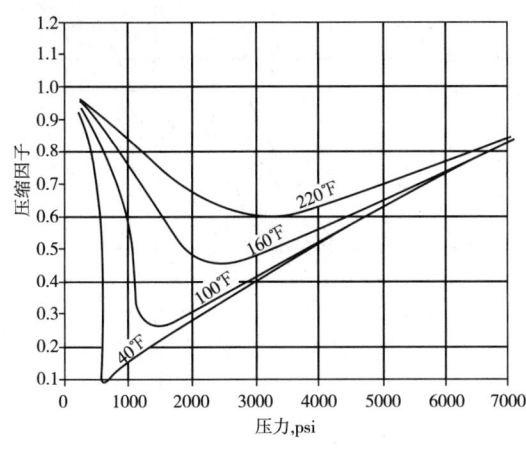

图 9-9 二氧化碳压缩因子

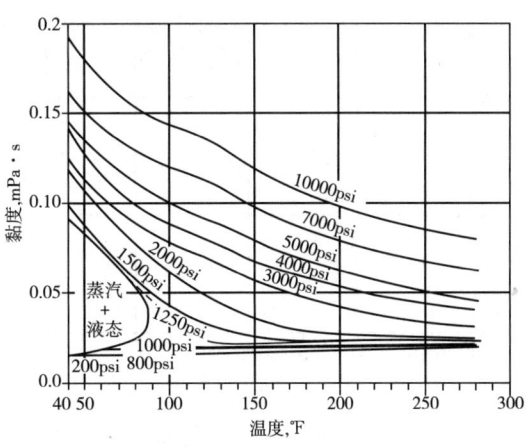

图 9-10 二氧化碳黏度

(5) CO_2 在水中的溶解度

图 9-11 给出了 CO_2 在蒸馏水中和盐水中的溶解度随压力变化的关系曲线。随着压力的升高, CO_2 的溶解度增加; 盐的加入使 CO_2 的溶解度下降, 盐的浓度越大, 下降的幅度越大。

2. CO_2—原油系统的性质

(1) CO_2 在原油中的溶解性

CO_2 在原油中具有很好的溶解性。与在水中一样, CO_2 在原油中的溶解度随压力的上升而上升; 随温度的升高和原油相对分子质量的增加而下降。相同条件下, CO_2 在原油中的溶解度比在水中的溶解度高 3~9 倍, 因而即使在低压下, CO_2 也是一种很好的非混相驱注入剂。而在高压下, CO_2 则是一种很好的混相驱注入剂。由于 CO_2 在油中的溶解度远远大于在水中的溶解度, 因此它可以从水溶液中转溶入原油中, 在转变过程中, 油水界面张力会逐渐降低, 驱替方式也逐渐接近或达到混相驱。

(2) CO_2—原油系统的膨胀

一定体积的 CO_2 溶解于原油, 可使原油体积膨胀, 其增长幅度取决于压力、温度和原油组分, 原油体积可增加 10%~100%。由图 9-12 中可以看出: 膨胀系数随原油中溶解的 CO_2 摩尔分数增加和原油的相对分子质量减少而增加, 即一定 CO_2 浓度下, 轻质原油的膨胀系数大于重质原油的膨胀系数。Holm 和 Josendal 还发现 CO_2 比甲烷能更有效的使原油膨胀, 而且欠饱和原油比饱和原油膨胀程度更大。

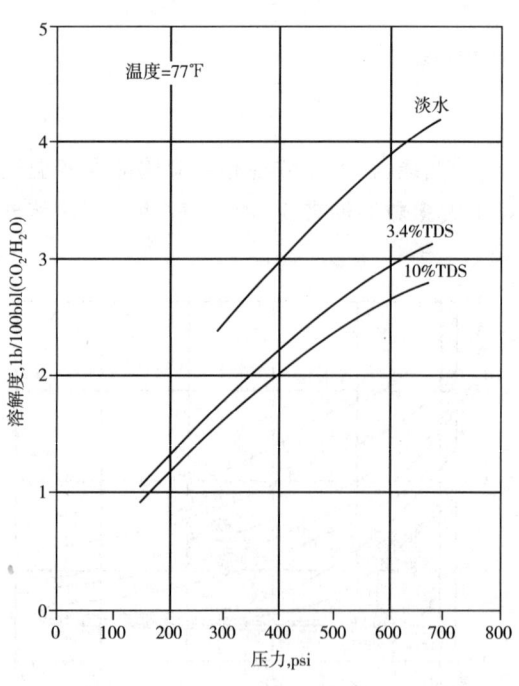

图 9-11 矿化度对二氧化碳溶解度的影响

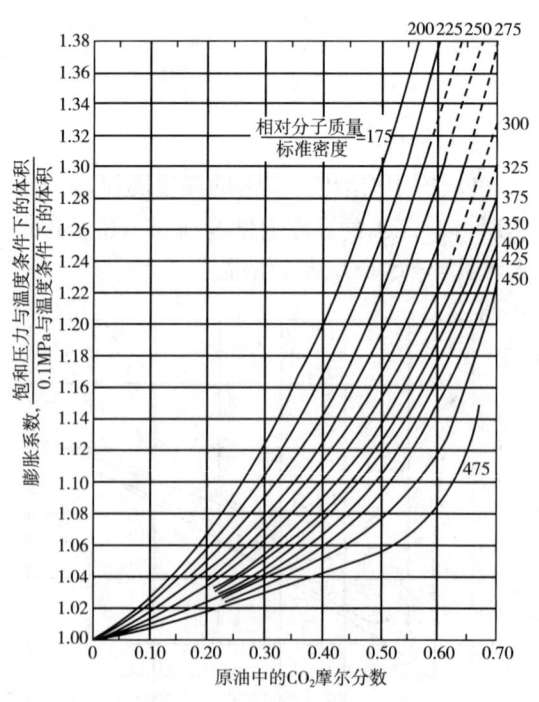

图 9-12 原油的膨胀系数

(3) CO_2—原油系统的黏度

CO_2溶解在原油中,使得原油的黏度显著下降,这也是CO_2驱的一个机理,溶解了CO_2的原油黏度下降程度取决于压力、温度和原油本身黏度的大小,在图9-13中,μ_o指原始原油黏度,μ_m指溶有CO_2的原油黏度。随着饱和压力的增加,溶解了CO_2的原油黏度急剧下降;在相同饱和压力下,中质和重质原油的黏度降低幅度比轻质原油的降低幅度大。由于CO_2能大大降低重质原油的黏度,所以CO_2主要应用于重质原油降黏开采。

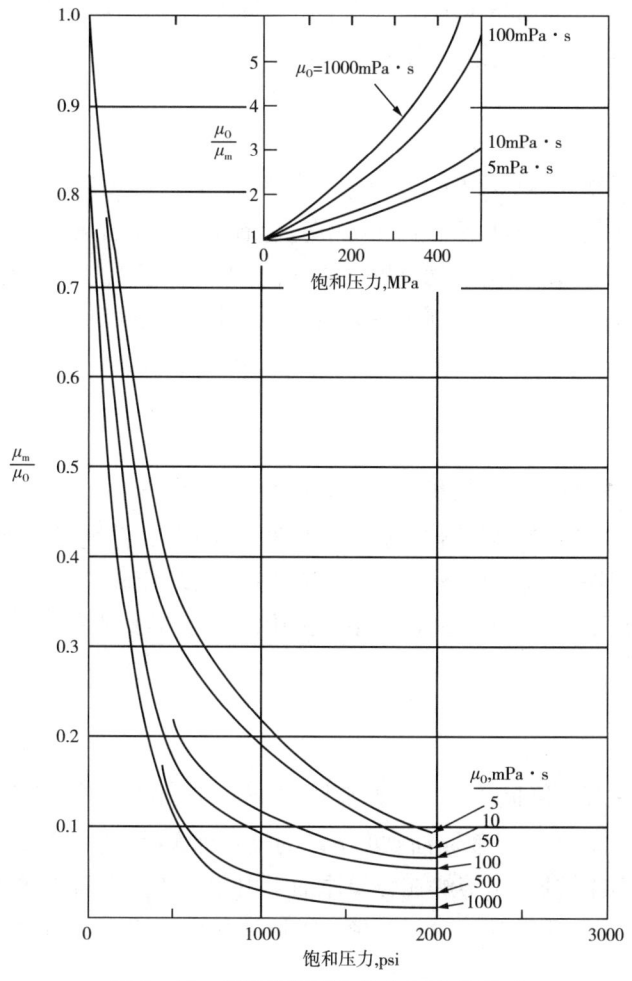

图9-13 黏度的降低与饱和压力的关系

(4) CO_2对原油的抽提

在CO_2—原油系统中,最重要的特性就是CO_2能从原油中抽提(萃取、蒸发、汽化)轻烃组分。CO_2在低温和高温下都能抽提原油中轻烃,CO_2抽提原油的特性是发展CO_2多级混相驱的基本条件。CO_2与原油接触时,萃取原油中的轻质组分而使CO_2加富;加富的CO_2再与原油接触进一步抽提原油、再接触、再抽提,不断的使CO_2被加富,当CO_2抽提到足够的烷烃时,含有富气的CO_2相能与原油混溶。

CO_2抽提原油轻烃的能力受压力、温度、原始气/油体积比(CO_2体积/原油体积)等参数的影响。在一定压力下，随气油比增大抽提的烃类增多，且存在一个最佳油气比。对于一定的 CO_2 —原油体系，CO_2 对原油的抽提效率随压力的增加而增加，且存在一个发生抽提的最低压力。

随着原油中轻烃和中间烃组分含量增加，原始气/油比上升，CO_2 抽提原油中轻质组分量增多。

二、CO_2 驱机理

在 CO_2 驱中 CO_2 的溶解气驱作用、混相驱替、膨胀原油作用、降低原油黏度、碳酸水提高岩石渗透率等作用都有助于提高原油采收率。

1. 溶解气驱

由于 CO_2 在原油中的溶解度较大，在注入过程中，一部分 CO_2 溶于原油，随着注入压力上升，溶解的 CO_2 量越来越多，当油藏停止注 CO_2 时，随着生产进行油藏压力降低，油藏原油中的 CO_2 就会从原油中分离出来，为溶解气驱提供能量，形成类似于天然类型的溶解气驱。即使停注，油藏中的 CO_2 气体仍然可以驱替油藏中的原油，而且一部分 CO_2 像残余气一样圈闭在油藏中，进一步增加采出油量。例如，在 Mead – Strawn 油田停注 CO_2 后 5 年仍有大量的油产出。

2. 原油的膨胀

CO_2 溶解于原油后，与油藏原始状态的原油相比，其体积系数大大增加，溶解了 CO_2 的原油的体积可以增加 10% ~ 100%，原油体积膨胀倍数取决于压力、温度及原油的组分。溶有 CO_2 的原油膨胀系数随着原油平均相对分子质量的减小（轻质组分增多）而增加，随 CO_2 在原油中的摩尔分数增加而增大（图 9 – 11）。此外，温度和压力也影响膨胀系数，高压下溶有 CO_2 的原油膨胀系数较大。

3. 黏度减小

CO_2 可使原油黏度显著降低，CO_2 溶于原油后，可使原油黏度下降到原黏度的 1/100 ~ 1/10。一般来说，原油黏度越高，CO_2 可使原油黏度下降的幅度越大（图 9 – 12），即 CO_2 溶解在重质原油中引起的黏度下降幅度比 CO_2 溶解在轻质原油中引起的黏度下降幅度大得多。因此，人们认为 CO_2 可以用来开采重质原油。由于溶解 CO_2 原油黏度下降，流度比得到改善。油相渗透率也会有相应的提高。

4. 岩石渗透率增加

CO_2 在水中存在一定的溶解度，尤其是在高温高压下，CO_2 在水中的溶解度可达5%。油藏水中溶有 CO_2，水的黏度、密度、体积系数等参数变化不大，但溶有 CO_2 的水形成碳酸水具有酸性，可以溶解油藏中的钙质胶结物或白云岩，提高岩石渗透率。现场应用经验表明，注 CO_2 后注入井附近的渗透率可大幅度提高，注入量增加，注入压力下降。碳酸水效应对于注水是有利的，尤其是低渗透油藏。但是注 CO_2 后原油中的沥青质会沉淀下来，降低岩石渗透率，这也是 CO_2 驱可能出现的最为麻烦的问题之一。

5. CO_2 混相效应

CO_2 与原油的混相取决于原油的组成、油藏压力和温度。在油藏压力中等以上和油藏温度较高的油藏,注入的 CO_2 与原油通过多次接触,不断抽提原油中的中间组分 $C_2 \sim C_6$,加富注入气,从而达到动态混相,即蒸发气驱混相。而在高压低温油藏,CO_2 冷凝为富含 CO_2 的液相,与原油一次接触就能达到混相。但是,在绝大多数油藏条件下,CO_2 与原油的混相过程为蒸发气驱混相。

在一定的油藏压力和温度条件下,注入 CO_2 与原油的多次接触混相(蒸发气驱混相)基本原理如图 9-14 所示。原油组成位于 A 点,向油层注入的 CO_2 中含少量的烃类气体,其组成位于 B 点。混相过程如下:

1) 注入气与原油第一次接触时,生成新体系 M_1;

2) M_1 体系位于两相区内,存在一个平衡气相 G_1 和一个平衡液相 L_1,G_1 中含有的中间组分 $C_2 \sim C_6$ 比 B 点多,即 G_1 已加富了 $C_2 \sim C_6$,L_1 中也含有部分中间组分;

3) 加富了 $C_2 \sim C_6$ 的气相 G_1 与原油进行第二次接触后,形成新体系 M_2;

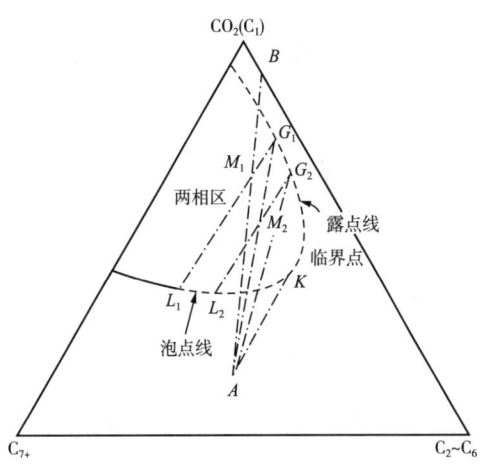

图 9-14 二氧化碳混相驱机理

4) M_2 仍处于两相区内,其中存在平衡气相 G_2 和平衡液相 L_2,G_2 和 L_2 的中间组分的含量比 G_1 和 L_1 高;

5) G_2 与原油 A 进一步接触,不断地加富气相和液相组成,即气相和液相分别沿 $G_1,G_2,\cdots,G_n$ 和 $L_1,L_2,\cdots,L_n$ 到达临界点 K 时,达到混相。

从图 9-14 中可以看出,注入的 CO_2 与原油通过多次接触达到混相,要求原油中富含 $C_2 \sim C_6$,即组成点位于极限系线的右侧。

三、最小混相压力的预测

1. Alsten 方法

$$MMP = 8.78 \times 10^{-4} T_R^{1.06} (M_{C_{5+}})^{1.78} \left(\frac{X_{vol}}{X_{int}}\right)^{0.136} \left(\frac{878}{T_{cm}}\right)^{\frac{170}{T_{cm}}} \quad (9-3)$$

$$T_{cm} = \sum_{i=1}^{n} W_i T_{ci} - 459.7 \quad (9-4)$$

式中 T_R——油藏温度,℉;

$M_{C_{5+}}$——C_{5+} 相对分子质量;

X_{vol}——油中易挥发组分(C_1 和 N_2)摩尔分数;

X_{int}——油中中间组分($C_2 \sim C_4$,CO_2,H_2S)摩尔分数;

T_{cm}——注入 CO_2 的拟临界温度,℉;

T_{ci}——组分的临界温度,℉;

W_i——组分的质量百分数。

特点:考虑了溶解气、CO_2 气体不纯的影响。

适应性:温度小于 326.7K,压力 6.9~17.2MPa,N_2 含量小于 8%。

2. Sebastian 方法

如果已知纯 CO_2 的混相压力,那么纯 CO_2 混相压力与非纯 CO_2 混相压力的比值为:

$$\alpha = 1.0 - 2.13 \times 10^{-2}(\overline{T_{cm}} - 304.2) + 2.51 \times 10^{-4}(\overline{T_{cm}} - 304 \cdot 2)^2 \\ - 2.35 \times 10^{-2}(\overline{T_{cm}} - 304 \cdot 2)^3 \tag{9-5}$$

其中,$\overline{T_{cm}} = \sum_{i=1}^{n} X_i T_{ci}$。

3. Glaso 方法

1) 当原油中 $C_2 \sim C_6$ 的摩尔分数大于 18% 时:

$$MMP = 810.0 - 3.404 M_{C_{7+}} + (1.7 \times 10^{-9} M_{C_{7+}}^{3.37} \exp(786 M_{C_{7+}}^{-1.058})) T_R \tag{9-6}$$

式中 $M_{C_{7+}}$——庚烷及重质馏分原油的相对分子质量。

2) 当原油中 $C_2 \sim C_6$ 的摩尔分数小于 18% 时:

$$MMP = 2947.9 - 3.404 M_{C_{7+}} + 1.7 \times 10^{-9} M_{C_{7+}}^{3.73} \exp(786 M_{C_{7+}}^{-1.058}) T_R - 121.2 F_R \tag{9-7}$$

式中 F_R——原油中 $C_2 \sim C_6$ 摩尔分数。

适应性:温度 311~344K,压力 6.89~20.68MPa,驱替气体混合物临界温度 260~330K。

4. Cronguist 方法

$$MMP = 15.928 T_R^{0.744206} + 0.0011038 M_{C_{5+}} + 0.0015279 Y_{C_1} \tag{9-8}$$

式中 Y_{C_1}——甲烷和氮气摩尔分数。

适应性:原油重度 23.7~44°API,温度 71~242℉,预测混相压力 1075~5000psi。

5. Johnson 方法

$$MMP = p_{c,inj} + \alpha_{inj}(T_R - T_{cm}) + K(\beta M - M_{inj})^2 \tag{9-9}$$

式中 $p_{c,inj}$——注入气临界压力,psi;

M——原油平均相对分子质量;

M_{inj}——注入气体相对分子质量;

β——纯 CO_2 时为 18.9psi/K；

K——原油的特性指数；

α_{inj}——常数，0.285。

如果注入气体中有氮气，且 $Y_{CO_2} > 0.9$，则：

$$\alpha_{inj} = 10.5\left(1.8 + \frac{10^3 Y_2}{T_R - T_{cm}}\right) \quad (9-10)$$

如果注入气体有甲烷，且 $Y_{CO_2} > 0.9$，则：

$$\alpha_{inj} = 10.5\left(1.8 + \frac{10^2 Y_2}{T_R - T_{cm}}\right) \quad (9-11)$$

式中 Y_2 为稀释组分的摩尔分数，K 是与原油重度和温度有关的参数，可由图 9-15 的图版求得。

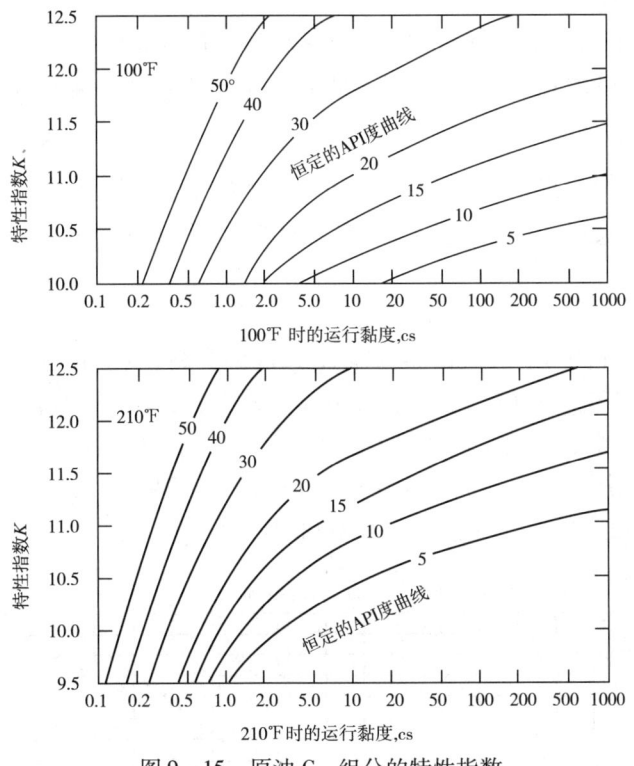

图 9-15 原油 C_{7+} 组分的特性指数

四、最小混相压力的影响因素

对于 CO_2 最小混相压力的影响因素，Holm 和 Josendal 作了系统的研究。Cronguist，Yellig 和美国的 NPC 对最小混相压力的影响因素也作了许多研究工作。综合各学者及机构的认识，可以得出影响最小混相压力的因素主要有：原油的组成和性质、温度以及注入气体的组成。

1. 原油的组成和性质

（1）原油的 API 度

API 度是衡量原油中轻质烃类数量和相对密度的一个重要参数，API 度与相对密度成反比。API 度越大，说明原油中轻烃含量越高，相对密度越小。随着原油的 API 度的增加，原油中可挥发的轻烃含量增加，CO_2 对原油的抽提能力增强，混相能力增强，最小混相压力降低。

（2）$C_5 \sim C_{30}$ 的含量

CO_2 与原油的混相是由于 CO_2 能抽提地层原油中的烷烃。原油中可抽提的烷烃（$C_5 \sim C_{30}$）浓度越大，其最小混相压力越低。原油轻烃（$C_5 \sim C_{30}$）中，低碳烃含量越高则最小混相压力降低，高碳烃中的芳香烃有助于降低最小混相压力。C_1 组分的含量不仅影响最小混相压力，而且如果存在大量的甲烷，易产生黏性指进。

（3）相对分子质量

原油中 C_{5+} 组分的相对分子质量的大小是影响最小混相压力的一个重要因素，如图 9 - 15 所示，在一定温度下，随着 C_{5+} 相对分子质量的增加，达到混相所需要的最小混相压力增加。

（4）重质组分性质

原油中重质组分的性质显著地影响 CO_2—原油体系的最小混相压力。原油中的沥青质含量越高，最小混相压力越大，相同含量下，高沸点的沥青质比低沸点的沥青质的混相压力高。

2. 温度

温度对最小混相压力具有较大的影响，随着温度的升高，最小混相压力升高（图 9 - 16）。由于温度升高（压力不变）时，CO_2 密度下降，引起 CO_2 的萃取能力（轻烃萃取量）降低，因而要达到混相所需的压力增加。如图 9 - 16 所示，不管原油中 C_{5+} 的相对分子质量是多少，温度增加，CO_2—原油的混相压力上升。例如温度从 140°F 上升到 240°F，混相压力就会从 2000psi 增加到 3200psi，因此高温油藏对 CO_2 混相驱是不利的。

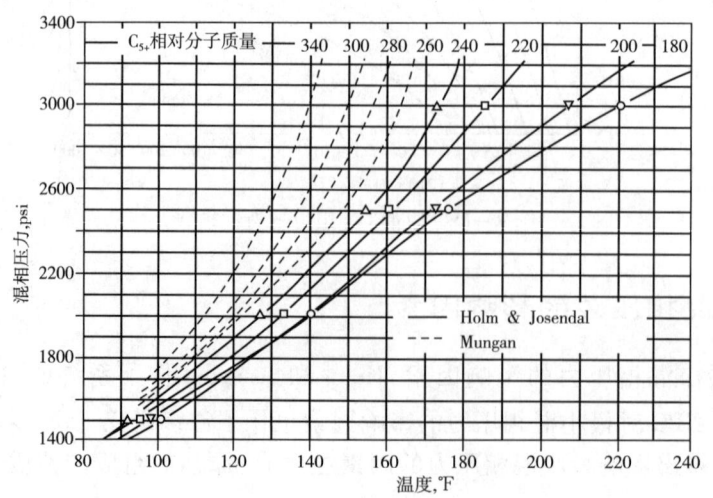

图 9 - 16 二氧化碳混相压力与原油相对分子质量关系

3. 注入气体组成

随着 CO_2 气体中 CH_4,N_2 含量的增加,最小混相压力增加。如果 CO_2 气体中含有 $C_2 \sim C_6$ 烃类,其与原油的混相能力增强,最小混相压力降低。

五、CO_2 驱的筛选

CO_2 驱的筛选标准是通过对技术上和经济上成功的 CO_2 驱现场实例的统计进行分析而获得的。尽管 CO_2 驱筛选标准并不适合世界上所有的油藏,不是一个十分严格而可靠的标准,但是人们根据这个标准与油藏参数进行对比,可以预计 CO_2 驱是否获得成功。此外,随着油价的改变以及技术更新,筛选标准也会随之改变。因此,任何提高采收率的筛选准则仅仅是一个指导性原则,而决定是否进行 CO_2 驱是一项十分复杂而难于决断的工作。需要在筛选指导原则的基础上,对油藏进行认真的研究、系统的室内实验和数值模拟分析,这样才能决定是否实施 CO_2 驱。

在 CO_2 驱筛选工作中,应该考虑的因素有原油黏度和重度、油藏深度、油藏压力和温度以及渗透率等。

1. 原油黏度

根据 CO_2 驱拟三元相图(图 9 – 14)可得,原油黏度越小,原油中重质组分越少,原油组成点越靠近顶点($C_2 \sim C_6$),原油与 CO_2 达到混相越容易。此外,从分流量曲线可知,原油黏度越小,气体突破时间推迟,流度比越有利,波及系数越高。根据大量的现场实践,CO_2 与原油达到混相驱的黏度限制在 15mPa·s 以内。如果原油黏度较高,注入气体难于与原油达到混相,注入 CO_2 只能维持非混相驱。

2. 原油 API 度

随着原油 API 度的增加,CO_2 驱的最小混相压力降低。这是由于原油中的可挥发烃组分含量增加,即 CO_2 能抽提的组分增加,混相能力加强,最小混相压力降低。API 度过小,原油中的中间烃类($C_5 \sim C_{12}$)含量少,CO_2 抽提原油中的轻质组分而达到混相所需要的压力增加。而且,低 API 度原油的黏度一般也较大,容易导致黏性指进而降低波及效率。因此,CO_2 混相驱的对象一般都是 API 度大于 30°的轻质原油。

3. 其他因素

油藏温度、深度和油藏的含油饱和度等都影响 CO_2 驱的机理、效果和经济效益。油藏轻质组分越多,油藏埋藏深度越大,含油饱和度大,地层压力高等都是 CO_2 驱的有利条件;而严重非均质性的油藏和沥青胶质原油都是 CO_2 驱的不利条件,因此,在进行 CO_2 驱筛选时应进行考虑。

六、二氧化碳驱工艺技术

二氧化碳驱的过程如图 9 – 17 所示。先注入一个相当纯的二氧化碳段塞与原油接触,通过油气多次接触,原油中的中间组分进入二氧化碳中,当二氧化碳所含中间组分足够多的时候,二氧化碳就与原油达到混相,形成一个混相带,这样油—气界面张力为零。

通常这个纯二氧化碳段塞的尺寸为21% PV。由于二氧化碳与原油的密度和黏度差异较大,黏性指进和重力分离效应就会使二氧化碳在生产井过早突破,降低了混相程度及二氧化碳的波及效率。因此,在注入二氧化碳段塞后,一般采用注入一个段塞的水,如图9-17所示。这种方法称为水气交替注入技术(Water - Alternating - Gas),改善了二氧化碳驱的波及效率。此外,还可以采用二氧化碳泡沫等方法改善二氧化碳的流动控制能力。二氧化碳驱生产井的响应存在一个明显的富集油带,这是二氧化碳—原油混相驱效果的一个显著标志。当二氧化碳突破后,地面分离器和净化器使产出的二氧化碳可以重新利用,注入地层。

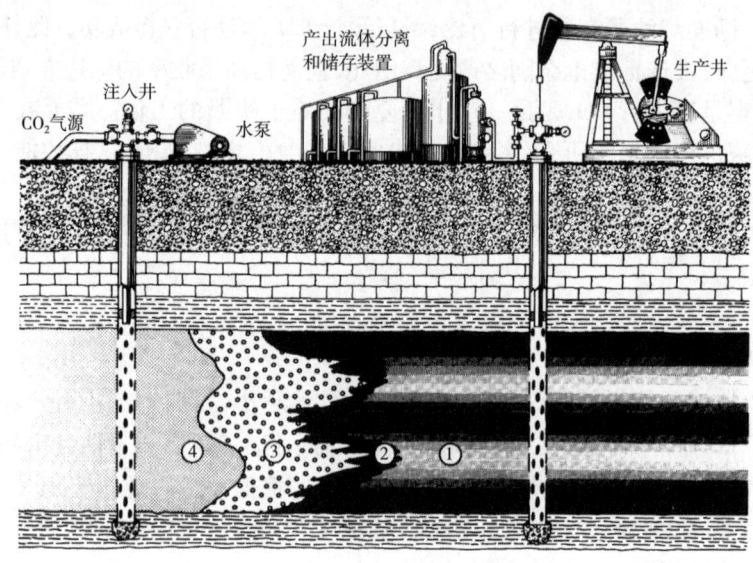

图9-17 二氧化碳驱示意图
①原始油带;②CO_2—水混合带;③油带—混相前缘;④驱替水

1. 二氧化碳来源

二氧化碳驱需要大量的二氧化碳气源,对于一个千万吨级储量的油藏进行二氧化碳驱,在5~10年的二氧化碳驱期间,可能需要$10 \times 10^8 m^3$级的二氧化碳气藏来供气。即使是一个小型的先导试验项目,每天消耗的二氧化碳也可能会达到几十万立方米。因此,一个油藏能否进行二氧化碳驱、经济效益如何,首先应该考虑二氧化碳的资源。最好的二氧化碳资源就是能在油田附近找到一个储量丰富的二氧化碳气藏。此外,天然气合成氨厂、天然气处理厂、电厂等排放的废气中,通过分离、净化等方法也能获得相当量的二氧化碳。这样一方面可以缓解对环境的排放压力,另一方面可以变废为宝。二氧化碳可以从以下几个途径中得到:

1)天然的二氧化碳矿藏。二氧化碳有时以接近纯二氧化碳的形式或与氮气、烃气一起储集在地层中。在美国有些地区发现了纯二氧化碳或高浓度的二氧化碳气藏。由于美国具有丰富的二氧化碳资源,二氧化碳混相驱发展得特别快,而且还被认为是最有潜力的混相驱替方法。

2)天然气处理厂。气田产出的二氧化碳属于杂质,在天然气销售前需要对二氧化碳进行分离处理,分离出的二氧化碳可用于二氧化碳驱工程。

3)氨厂。二氧化碳是天然气合成氨厂的主要副产品,其浓度大约为98%。这样高质量的二氧化碳不需要进一步精制,经压缩、脱水和输送就可直接用于混相驱。一个氨厂只能提供有限的二氧化碳,常不到 $3 \times 10^4 \text{m}^3/\text{d}$,但有的也可达到 $(1.4 \sim 1.7) \times 10^6 \text{m}^3/\text{d}$。氨厂的位置离混相驱油田越近,对油田实施注汽工程越有利。氨厂提供的二氧化碳是油田进行先导性试验或小型混相驱有价值的来源。

4)电厂烟道气。电厂烟道气也是二氧化碳和氮气的主要来源。烟道气成分非常复杂,而且二氧化碳的浓度较低(6%~16%)。烟道气中除二氧化碳和氮气外,还有灰粉、氧化硫和氧气。烟道气用于油田混相驱时,必须经过精制和脱水,然后输送到油田。

5)其他气源。混相驱过程中产出的二氧化碳可以回注到油藏,但必须经过净化处理,这也是二氧化碳很有价值的来源。其他气源的可供气量小,除非离候选油田很近,否则很不经济。炼油厂的制氢厂副产品、酸气分离厂、水泥厂和石灰厂的烟道气、环氧乙烷和丙烯腈厂副产品都能提供浓度较低的二氧化碳。

2. 二氧化碳的输送

由于二氧化碳驱消耗的二氧化碳量很大,因此在工艺上就要解决二氧化碳的大量运输、大吨位储存、分配及注入问题。输送二氧化碳的工艺技术取决于注入速度。如果二氧化碳的注入量不大,可以通过公路、铁路和水运途径,利用恒温罐将二氧化碳从产地运到油田井场。用恒温罐车的原因是二氧化碳在温度为 $-15 \sim 40\text{℃}$、压力小于 2.5MPa 下处于液态。但是,如果二氧化碳驱进入工业应用阶段,二氧化碳的注入量迅速增加,日注入量可达几百万立方米,这种条件下只能用干线将二氧化碳输送到井场。

3. 二氧化碳注入工艺技术

二氧化碳驱的注入工艺流程包括二氧化碳源、二氧化碳凝缩装置、输送装置、储藏系统、变压注入装置、二氧化碳分配站、注入井和分离装置等系统。流程如图9-18所示。

4. 二氧化碳吞吐技术

CO_2 单井吞吐是一种十分有效的增产措施,尤其是重质油藏和低渗透油藏。CO_2 单井吞吐机理是通过 CO_2 的溶解特性、降低原油黏度、膨胀原油体积以及碳酸水溶解钙质而获得增产的。该方法具有投资少、见效快,增产单位体积原油所用 CO_2 量少等特点,适合于 CO_2 气源不丰富的井场、水驱效果差的低渗透油藏,它同时也是一种稠油冷采的工艺技术。

CO_2 单井吞吐方法与蒸汽吞吐相似。用卡车(恒温罐)将 CO_2 运至井场,用泵将液态的 CO_2 挤入油井附近地层,并关井一段时间(几周)后,使 CO_2 充分渗入地层并溶解于原油,开井生产后就可获得较高的采油量。如果油井产量降到原来水平,即可进行下一轮的吞吐。CO_2 单井吞吐的周期也与蒸汽吞吐相似,一般吞吐次数可达 5~6 次,随着吞吐次数增加,每个周期增产油量下降。

CO_2 吞吐的用气量一般为每英尺厚油层 $(0.1 \sim 0.4) \times 10^6 \text{ft}^3$,如果用增产油量来表示,增产一桶原油需注入 $(1 \sim 3) \times 10^3 \text{ft}^3 CO_2$。影响 CO_2 吞吐效果的因素有:

1)周期次数。CO_2 吞吐的有效性随着周期吞吐次数的增加而降低。

2)生产期间的回压。在生产期间,回压越高 CO_2 吞吐的效果越好。这是由于高回压下原

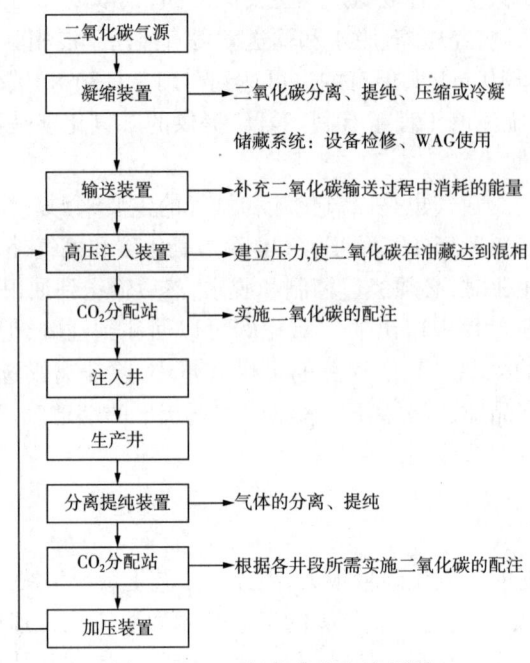

图 9-18 二氧化碳注入流程图

油中的 CO_2 的溶解度较高,存在较高的原油潜在产量。

3)注入压力。高的注入压力迫使更多的 CO_2 进入地层中,原油黏度降低的幅度会增大。因此,处理压力越高,CO_2 吞吐的效果越好。

4)原油的黏度。CO_2 吞吐提高原油产量主要是降低原油的黏度,高黏原油的吞吐效果较好。但过高的原油黏度 CO_2 吞吐的效果较差。因此,大规模的应用通常要求原油的黏度低于 $2000mPa \cdot s$。

5)含油饱和度。含油饱和度的高低直接关系着任何提高采收率的方法和经济效益。含油饱和度越高的油层 CO_2 吞吐的技术效果和经济效益越好。

6)渗透率。对于黏度较高的原油,高的渗透率起到增强 CO_2 吞吐增产的作用。而对于低黏度原油,其意义不大明显。

5. 二氧化碳驱流度控制技术

尽管二氧化碳驱具有混相压力低、驱替效率高的优点,但它的一个严重缺陷是与原油相比,黏度和密度太小。二氧化碳和原油之间密度、黏度差以及油藏的非均质性,导致二氧化碳驱过程中的黏性指进现象和超覆现象,使得二氧化碳在生产井提前突破(气窜),降低二氧化碳的波及系数。因此,如何控制二氧化碳驱的流度是二氧化碳驱提高原油采收率的关键问题。

对于背斜构造的油藏或有大倾角的地层,充分发挥二氧化碳与原油的密度差作用,可采用重力稳定驱大大降低不利的流度比对采收率的影响。但是,对于水平或小倾角的地层,尽管人们已经做了不懈的努力,如何控制二氧化碳驱的流度,仍然是困扰石油工程师的一个难题。目前,提高二氧化碳波及效率的方法有:水气交替注入法、二氧化碳泡沫法以及弱凝胶处理等方法。

(1) 水气交替注入法

水气交替注入法很早就被 Black 及 Caudle 等人提出。当时的目的在于改善注入溶剂和液化石油气的流度,通过增加水相饱和度,降低注入流体的流度。水气交替注入技术是利用注入的水段塞作为"堵塞剂"阻碍二氧化碳在多孔介质中的流动,达到控制流度的目的。在实际应用中,通常是将二氧化碳和水分成若干个小段塞,交替注入到油层。这样不仅可以改善平面波及效率(图9-19),而且有助于控制二氧化碳的超覆现象,提高垂向波及效率。

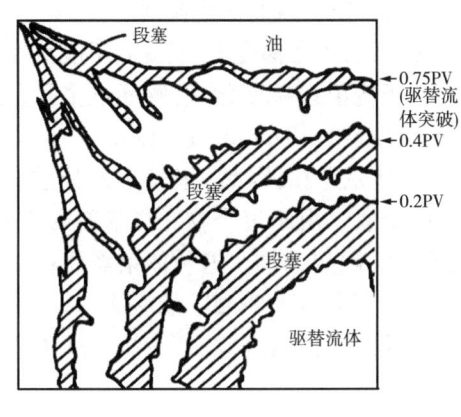 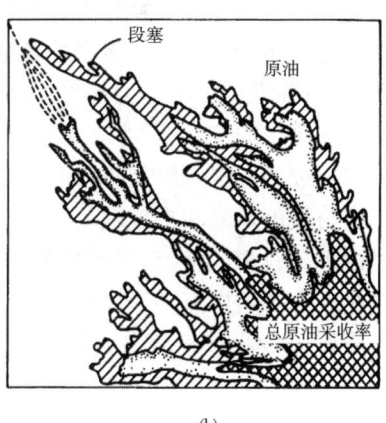

图 9-19 二氧化碳驱混相段塞分布示意图

但是,水气交替注入法的不足之处在于,注入大量的水会使油藏原油不易和二氧化碳接触而达到混相,二氧化碳在水中的溶解会增加二氧化碳的消耗量,减小了二氧化碳驱在经济上的吸引力,降低了低渗透率油藏的注入能力。

(2) 二氧化碳泡沫法

改善二氧化碳驱流度比最为直接的方法是增加驱替相本身的黏度。Band 最早提出了用天然气泡沫控制流度的设想。室内和矿场实验结果表明,二氧化碳泡沫可以明显改善注入井的吸气剖面,与水气交替注入联合使用时,可使二氧化碳的流度降低 50% 以上。二氧化碳泡沫可抑制二氧化碳驱前缘的不稳定性,缓解黏性指进和重力超覆。

但是,形成二氧化碳泡沫要求表面活性剂在油藏温度下必须稳定,不能产生降解。此外,这种表面活性剂在地层中的吸附损失量要小。选用表面活性剂时还需考虑与地层水中二价离子的配伍性。而最为重要的是必须保证表面活性剂在油藏孔隙介质的流动过程中,能使泡沫液膜稳定,否则不能达到流度控制的目的。

现场注入的方式有两种,一是同时注入二氧化碳和表面活性剂,即将表面活性剂溶液和二氧化碳通过双油管管柱注入,双油管须下到油层深部并进行防腐处理。表面活性剂溶液与二氧化碳在井底混合形成二氧化碳泡沫。另一种方法是将二氧化碳和表面活性剂溶液交替注入。在这种方式下要防止井底出现二氧化碳、水溶液的重力分离现象,使油层底部形成高含水的泡沫。

二氧化碳泡沫法既具有二氧化碳驱的高驱油效率,又具有高波及效率的双重优点。这种流度控制技术可以明显限制二氧化碳黏性指进和过早突破。

(3) 聚合物弱凝胶方法

弱凝胶的可流动特性为二氧化碳驱流度控制或流体转向变为可能。Hild 等人利用弱凝胶技术,改善了注汽井的吸气剖面,提高了纵向和平面波及效率。

弱凝胶技术是近年来发展起来的一项变革性的提高波及效率的技术。弱凝胶是一种由低浓度聚合物(100~1200mg/L)和交联剂(20~100mg/L)形成的以分子内交联为主、分子间交联为辅的弱凝胶体系。弱凝胶技术可以大幅度降低化学剂用量。由于弱凝胶体系成胶时间长,成胶强度小,可以进入油藏深部,因此,弱凝胶可以用于油藏的深度调剖。

弱凝胶的性质介于凝胶和聚合物溶液之间,在较低的压力梯度下,弱凝胶不能流经孔隙较小的多孔介质;而在较高的压力梯度下,弱凝胶的分子构象发生变化,能够通过多孔介质。弱凝胶在多孔介质中的流动,存在一个临界压力,即"转变压力(Transition Pressure)"。由于弱凝胶不能形成连续的三维网络结构,而只能以胶态分散体系存在,因此又称为胶态分散凝胶。

交联剂与聚丙烯酰胺形成弱凝胶机理是分子内交联。由于聚合物和交联剂的浓度很小,分子间碰撞机会较少,不太可能形成分子间交联的三维网状结构。这种体系需要在一定的压差下才能在多孔介质中流动,在低压下流动受到限制,在高压下弱凝胶能够流动,这说明体系不会在井眼附近发生堵塞现象,而在油层深部体系可以发挥堵塞效应,使注入流体产生分流作用。

弱凝胶是指低浓度的聚合物溶液与低浓度的交链剂在适当的条件下产生的以分子内交联为主、分子间交联为辅的高分子体系。它是介于聚合物稀溶液与凝胶之间的过渡体系,其分子尺寸比聚合物溶液中分子尺寸大得多。其性质既不同于聚合物溶液,也不同于凝胶体系。它是具有胶体性质的热力学稳定体系。弱凝胶体系的特点是聚合物用量很小;具有凝胶属性,有很好的耐温性和抗二价离子能力;成胶时间长,流动性好,可长时间保持流动和注入能力。

6. 二氧化碳驱工程问题及处理方法

在注二氧化碳过程中,由于注入气本身的性质以及油藏环境等因素的影响,常常导致腐蚀、结垢、沥青和石蜡的沉淀以及水化物形成等一系列工程问题。

(1) 腐蚀问题

在二氧化碳驱工程问题中,最为严重的是腐蚀问题。在二氧化碳混相驱过程中,为提高波及效率,往往采用水气交替注入技术。二氧化碳和水反应生成的碳酸腐蚀性很高。用锅炉和发电厂的废气作为注入剂时,废气中往往含有水蒸气、二氧化碳和一氧化氮等物质。当气体冷却或水蒸气凝结时,就会生成碳酸或硝酸。这些酸经几级压缩后浓度逐渐增大,达到一定值时,对设备的腐蚀速度相当快。

1) 影响腐蚀的因素。

二氧化碳的腐蚀作用受多种因素的影响,包括二氧化碳的分压、温度、含水量、流速、氧、硫化氢和氧化物的浓度等。

①在水气交替循环注入初期,二氧化碳腐蚀性最大。

②当二氧化碳分压超过 0.1MPa 时,碳素钢和低合金钢点蚀速率增高。

③二氧化碳在井筒的流速变化会使腐蚀速度增加。锈皮或锈蚀薄膜是二氧化碳腐蚀作用

的一种产物,这种表层薄皮可起到有限的防护作用,当流速增加时,这种表层将受到破坏。而当流速减慢到停滞状态时,不锈钢会受到最强烈的侵蚀。因此,一旦流速显著降低,点蚀趋势就增大。

④随着温度升高,化学反应迅速加快,碳素钢和低合金钢的腐蚀速率随温度增加而增加。

⑤硫化氢和氯化物会加速二氧化碳对所有金属的腐蚀作用。

⑥产油井下部范围和产气井上部范围二氧化碳损害比较严重。

2)防腐工艺及措施。

①流体力学方法。由于流速变化会加速腐蚀,因此,在井下管柱设计中应避免流动方向或直径的突然变化。油管接箍必须齐平,井口连接装置也必须这样。在完井设计中采用油管的大小是预防腐蚀问题的决定性因素之一。

②管材的选择。管材的选择应该是高合金钢,井下管柱应采用:

a)13%铬马氏体不锈钢;

b)9%铬,1%钼钢;

c)冷加工双炼不锈钢。

③防腐采用的涂层有水泥、环氧树脂、塑料衬料、改进的聚氨酯和酚醛树脂。涂层必须完整无损,在涂层上不能有金属暴露的地方。

(2)水垢

1)水垢的形成。

水垢主要是无机化合物的二次沉淀物,是在水中阴离子和阳离子浓度超过水的溶解度时形成的,主要有硫酸盐垢和碳酸盐垢。地层水中通常含有 Ca^{2+}、Mg^{2+}、HCO_3^- 等大量可结垢离子,但在油层条件下,它们未达到结垢的条件不能结垢。在二氧化碳驱油过程中,碳酸水能和油层中碳酸盐胶结物反应,生成易溶于水的盐类,而这些盐类在一定温度和压力下又分解出不溶于水的沉淀物,如下列反应方程式:

$$Ca(HCO_3)_2 \longrightarrow H_2O + CO_2 + Ca_2CO_3$$

$$Mg(HCO_3)_2 \longrightarrow H_2O + CO_2 + MgCO_3$$

在油层条件下,二氧化碳在水中溶解度很高,抑制了反应向右侧进行。但随着压力的降低,温度升高,使反应方程式向右侧进行,碳酸盐生成量增大。因此,结垢的外部条件是压力降低和湿度升高使水中溶解的二氧化碳量减少。

2)结垢的预防方法。

①磁法防垢。利用永磁软水器可以抑制水垢的形成。产出水通过软水器时,受到磁力作用,改变水垢的结晶形态,使之质地疏松,不易附着在管壁上而被液流携走。这种防垢方法优点是操作简单,不消耗其他材料和能源,安装后可一劳永逸,缺点是效果不稳定。

②阻垢剂防垢。油田所用的阻垢剂一般有无机磷酸盐、有机磷化合物和聚合物三大类。选择阻垢剂的方法有室内沉淀试验和模拟试验两种。室内沉淀试验方法具有快速、方便,重现性不好等特点;而模拟实验的周期较长、可靠性高。氨基三甲叉膦(ATMP)是一种对硫酸盐垢有良好抑制效果的阻垢剂,已在矿场应用。

(3) 气体水化物

水化物形成的条件有：

1) 气体温度不能超过出现游离水的露点湿度；
2) 低温；
3) 高压；
4) 气流速度高；
5) 压力脉动；
6) 小水化物晶体的引入；
7) 存在诸如管子弯头、锐孔、温度计套插孔以及管线结垢位置。

从 CO_2 的相图（图9-6）可以看出，在 CO_2—H_2O 系统中，在正温度内（至10℃）和压力超过 1.4~1.5MPa 下形成水化物。因此，在设计 CO_2 的储存和运输措施时，必须考虑到这种情况。对于多组分气体，形成水化物的条件取决于这种混合物的组成以及单个组分的含量。丙烷和丁烷的存在会降低水化物的形成压力，而当有甲烷时，水化物的析出温度有所提高。

抑制水化物形成的措施有两种：

1) 脱水防止生成游离水和在游离水中加抑制剂。脱水通常是优先选用的方法。
2) 添加抑制剂也可以抑制水化物的形成。通过注入甘醇或甲醇，可在给定的压力下使形成水化物的温度降低，甘醇和甲醇可以被回收。甘醇类抑制剂有乙二醇、二甘醇和三甘醇，而使用最普遍的是乙二醇。因为它的成本、黏度以及在液烃中的溶解度较低。

(4) 沥青和石蜡的沉淀

沥青和石蜡的沉淀也是混相驱中常常存在的一个问题。如果沉淀发生在地层深处，将降低总的采收率，若沉淀发生在井筒附近或井筒内，将造成严重的堵塞问题，降低油井的产量。芳香烃的减少或软沥青组成的改变，都将引起的沥青质的沉淀。

石蜡是稳态条件下存在于原油中的真正溶液。它们从原油中分离出来的主要原因是因为溶解度的降低。温度或压力的改变、原油中溶解气的损失或中轻质组分的损失等都会引起石蜡溶解度的变化。控制石蜡沉积的最重要因素是温度和压力。地层和生产井筒中压力的骤然下降，通常是产生石蜡沉积的先兆。

沥青质和石蜡的沉积是互相联系的。沥青质胶束形成晶核中心，不溶解的石蜡结晶沉淀在其周围。沥青质的溶解度参数随着温度增加几乎呈线性降低的趋势变化。

在混相驱期间，原油组成的变化直接影响沥青质和石蜡的沉淀及絮凝。温度或压力的改变能引起原油组成的变化；原油中轻质组分的损失，使得在特定温度下原油所具有的石蜡溶解量降低。而多次接触混相是通过注入气体从原油中抽提出轻质组分达到的，因此，石蜡和沥青的沉淀都发生在混合带，这是原油组分改变的直接结果。

在枯竭油藏中，生产期间轻质组分已逐渐消耗，引起了石蜡和沥青质饱和度不断增加，从而常常使沥青质沉淀和石蜡沉积问题更为严重。

消除沥青质和石蜡沉积物方法有：

1) 机械方法（刮蜡器等）；
2) 热力方法（加热原油或加入其他液体使蜡溶解并清除）；

3)化学方法(用不同组成的溶剂来溶解沉积物)。

在加拿大艾伯塔 Mitsue 油田大型烃混相驱过程中,用含二甲苯和甲苯的溶剂清洗井筒和井眼附近地带。油井生产动态表明,化学方法处理很成功。

(5)吸气剖面的改善

油层是具有一定孔隙度和渗透率的多孔介质。由于沉积环境的不同,通常情况下,油层由很多性质不同的岩层所组成。这种地层的非均质性对混相驱有显著的影响,从而影响原油的采收率。

在一定压力下向油层内注入气体,这些气体总是力图寻找阻力最小的途径向最低压力点流动。由于高渗透带的流动阻力较小,大部分气体沿着这一通道向前流动,导致低渗透层中的油大部分未受到注入气的驱替。垂向渗透率变化使得注入气体从注入井开始就以不规则的前缘形式向前推进。水平方向上的渗透率变化同样使得注入的流体以不均匀的速度驱替原油,从而造成高渗透层的注入气体过早突破,降低了原油采收率。

混相驱在技术上能否成功,很大程度上取决于注入井能否达到所期望的注入剖面。改善注入井的吸气剖面的措施有:

1)选择性射孔;
2)对低渗透层进行酸化作业;
3)安装井下流量调节器。

七、二氧化碳驱监测技术

对于大规模的混相驱项目,要达到技术和经济目标,就必须要认真监测,以获得评价和优化驱替动态所需的资料。综合监测包括流体取样与分析、示踪剂注入与分析、压力和剖面测量、观察井。下面介绍监测方面的设计原理。

1. 流体取样与分析

在溶剂突破和任何井见效前,从实施混相驱过程的生产井中选取一定数量的井进行流体取样,每隔一个月在分离器处分别取一个油样、一个气样和一个水样,并对所取的样品隔一个做一次分析。如果一口井的后一样品分析与以前的分析结果没有明显的变化,就将前一个样品废弃。当溶剂突破或任一生产井有响应时,每月对该井进行取样,并对其逐个分析,包括前面所选的所有井在内。

在分离器处所取的油样和气样,都要按标准做组分分析,这些样品按分离器处的气油比重新混配即可获得油井流出物的油气总组分。取水样的目的主要是进行相对密度的测定,当同一口井的前后两个水样的相对密度差值大于 0.02 时,就要对水样进行化学分析。

分离器原油相对的气体样品的组分变化是溶剂突破的主要特征,溶剂突破时,分离器气体变富($C_2 \sim C_3$ 摩尔分数升高,但 C_{7+} 摩尔分数降低)。对水的相对密度测定结果、水的化学分析结果以及其他资料进行综合研究,可以帮助验证注入水是否到达生产井。

2. 注示踪剂

在二次和三次采油方案中,示踪剂的使用已被证实是确定定向流、阻挡层、异常现象及油井之间连通性的一种行之有效的办法。

所选择的示踪剂必须具备下列特点：费用低廉、使用安全、容易探测，具有较低的探测范围，并且在探测范围附近易与其他示踪剂区分开。

由于许多放射性示踪剂符合这些要求，因此所选择的大多数示踪剂属放射性物质。通常选择的示踪剂有：氚化甲烷、氚化乙烷、氚化丁烷、氪-85、六氟化硫(SF_6)、氟利昂11和氚化水等。用氚化烃作为示踪剂的主要原因，一方面因为它们符合所有的选择标准，另一方面它们的性质几乎完全像非氚化烃。因此，它们中大部分都能保存在溶剂带内。氪-85是一种惰性气体(沸点为-152℃，甲烷的沸点为-164℃)，在油藏中呈气态，因此，在油层中比溶剂带运动得快。六氟化硫(SF_6)的沸点为-64℃，所以大多数注入的SF_6能保持在注入的溶剂带内。氟利昂11(CCl_3F)被选用为一些井组的备用示踪剂，它在储层条件下完全溶解于地层原油，大部分可随溶剂带移动。氚化水用于注水期间追踪少数几个井组。在方案中进行水的追踪是为了获取有关水和溶剂在储层中相对运动速度的数据，根据这些数据，可以判断溶剂的垂向扫油效率。

对于二氧化碳混相驱工种监测，示踪剂常选氚、异丙烯基乙炔、泰洛氰酸铵、硝酸铵或六氟化硫。

3. 注汽剖面的监测

烃混相驱是重力起主导作用的驱动过程。混相驱在技术上能否成功，在很大程度上取决于注入井能否达到所期望的注入剖面。注入剖面用来评价注入流体纵向分布。对以下几种注入井应进行注入剖面测井：1)不只往一个层中注入溶剂的井；2)原来压裂过的井；3)往彼此连通的各层注溶剂的井。

在整个项目区，大多数井每年都要进行压力测量。对于低压井来说，压力测定就更频繁，这样一旦油井压力恢复到所需的压力以上，即可很快开井生产。压力测量对混相驱的成功极为重要。压力读值可用来证实项目区是否保持在混相压力以上。此外，压力测定结果还可以证实项目区的能量消耗是否得到弥补。

4. 观测井的监测

选择观察井也是综合监测技术中的一个重要环节。观察井的作用为：
1)确定混相驱是否能驱替出水驱后的残余油；
2)观察溶剂突破后的产油动态；
3)获得有关溶剂、注入水和示踪剂突破后的数据。

观察井一般离注水井较近以便能尽早探测突破情况，它必须还要接有一台分离器，以便随时进行测试；每周取两次分离的油、气、水样，用来进行组分和示踪剂分析。

观察井一般要限量生产。通常采用较低的产量防止观察井生产过量而改变井组驱替前缘。

5. 产出气体监测

通过自动取样和自动气相色谱分析，连续监测溶剂的组分。溶解气、液化石油气(LPG)和干气流也同样是自动连续监测。所测定的溶剂组分要与溶剂的设计组分进行对比。自动调节溶解气、LPG 和干气的混合比率,以保证溶剂和储层流体之间能达到混相。

综合监测方案的这一部分至关重要,因为假如注入溶剂太贫,溶剂与地层原油就不再属于初次接触混相;相反,如果注入溶剂太富,经济上又承受不了。

第三节　烃类气体驱

一、烃类气体性质

1. 组成

烃类气体是指在常温常压下为气态的碳氢化合物,包括 $C_1 \sim C_5$(甲烷~戊烷)烃类。烃类气体的组成表示法有三种——摩尔组成、体积组成和质量组成。

1)摩尔组成:它是指烃类气体中某一组分占总气体的摩尔分数,即:

$$Y_n = \frac{X_i}{\sum_{i=1}^{n} X_i} \tag{9-12}$$

式中　X_i——组分的摩尔数;

$\sum_{i=1}^{n} X_i$——烃类气体的总摩尔数。

2)体积组成:它是指烃类气体中某一组分的体积占总体积的分数,即:

$$Y_i = \frac{V_i}{\sum_{i=1}^{n} V_i} \tag{9-13}$$

式中　V_i——烃类气体中某组分的体积;

$\sum_{i=1}^{n} V_i$——烃类气体的总体积。

3)质量组成:它是指烃类气体中某一组分质量占总质量的分数,即:

$$G_i = \frac{W_i}{\sum_{i=1}^{n} W_i} \tag{9-14}$$

式中　W_i——烃类气体中某组分的质量;

$\sum_{i=1}^{n} W_i$——烃类气体的总质量。

2. 相对分子质量

烃类是由多组分组成的混合物,因此,烃类相对分子质量是一个"平均值"。烃类气体相对分子质量定义为760mmHg和0℃条件下,体积为22.4L烃类气体所具有的质量。它在数值上等于标准状况下1mol烃类体积的质量。烃类气体相对分子质量表示为:

$$M = \sum_{i=1}^{n}(Y_i M_i) \qquad (9-15)$$

式中　M——烃类气体相对分子质量;
　　　Y_i——烃类气体各组分的摩尔分数;
　　　M_i——烃类气体各组分的相对分子质量。

例如中间组分$C_2 \sim C_6$的相对分子质量为:

$$M_{C_2 \sim C_6} = \sum_{i=2}^{6} Y_i M_i \qquad (i=2,3,\cdots,6) \qquad (9-16)$$

3. 拟临界参数

烃类气体的拟临界参数有拟临界温度和拟临界压力,它们的定义为:

$$p_{pc} = \sum_{i=1}^{n} Y_i p_{ci} \qquad (9-17)$$

$$T_{pc} = \sum_{i=1}^{n} Y_i T_{ci} \qquad (9-18)$$

式中　p_{pc}、T_{pc}——烃类气体的拟临界压力和拟临界温度;
　　　p_{ci}、T_{ci}——烃类气体中i组分的拟临界压力和拟临界温度;
　　　Y_i——烃类气体中i组分的摩尔分数。

4. 烃类气体在原油中的溶解性

烃类气体在原油中的溶解性取决于原油组成、烃类气体组成、压力和温度等参数。根据相似相溶原理,烃类气体与原油的组成越接近,其在原油中的溶解性越好。轻质原油(富含中间组分$C_2 \sim C_6$原油)中溶解的烃类气体多于重质原油;富气(中间组分$C_2 \sim C_6$含量较高)在原油中的溶解度高于干气(中间组分$C_2 \sim C_6$含量很少)。压力越高,烃类气体在原油中的溶解度越大,当压力达到原油饱和压力时,烃类气体在原油中的溶解度达到极限。如果进一步增加烃类气体,原油中气体达到完全饱和,不能再进一步溶解烃类气体。随着温度的升高,烃类气体溶解性稍有降低。高压时,这种降低幅度更大。这是因为温度的增加,烃类气体的饱和蒸气压随之增加。

5. 烃类气体的黏度

烃类气体的黏度取决于气体的组成、相对分子质量、温度和压力等参数。烃类气体中甲烷含量越高,烃类气体相对分子质量越小,黏度越小;压力越低,黏度越大;高压和低压下温度对烃类气体黏度的影响规律不同。图9-20为烃类气体的黏度/相对分子质量比值与对比温度的关系图版。图9-20中:

$$\sigma = \left(\sum X_i \sqrt{M_{wi}} \right)^{\frac{1}{2}} \tag{9-19}$$

式中 X_i——i 组分的摩尔分数;

M_{wi}——i 组分的相对分子质量;

σ——重均相对分子质量。

图 9-20 中,μ 为烃类气体黏度,10^{-3} mPa·s;p_r 为拟对比压力,$p_r = p/p_{pc}$;T_r 为拟对比温度,$T_r = T/T_{pc}$。

因此,在一定油藏压力和温度下,已知烃类气体组成,就可通过图 9-20 查出烃类气体的黏度值。

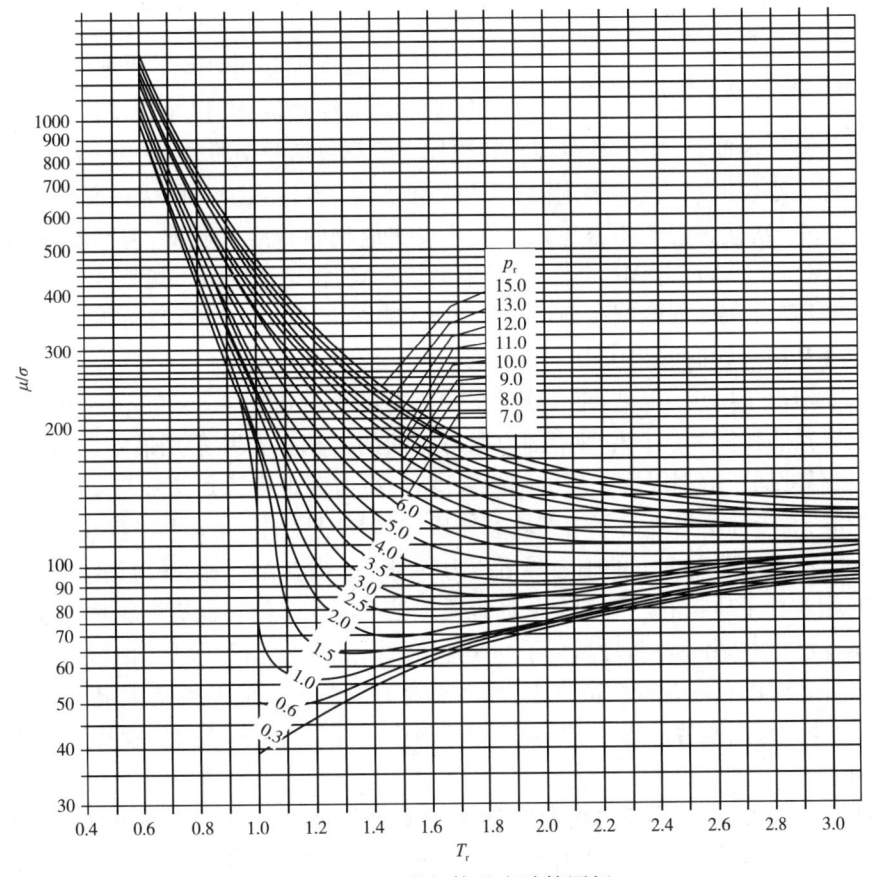

图 9-20 烃类气体黏度计算图板

二、一次接触混相驱

1. 一次接触混相机理

注入的驱替剂与原油一经接触就立即混相,称为一次接触混相(First Contact Miscible,简称 FCM)。最常用的一次接触混相驱的混相剂一般是中等相对分子质量的烷烃($C_2 \sim C_6$),如丙烷、丁烷或液化石油气。

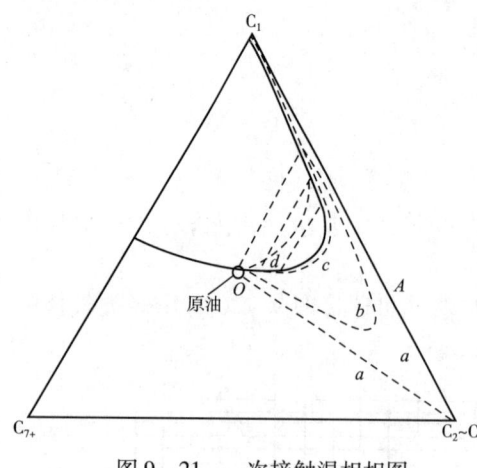

图 9-21 一次接触混相相图

图 9-21 是初级接触混相的相图。在图中,原油的组成点位于 O 点,注入的溶剂为 $C_2 \sim C_6$,组成位于中间组分的顶点。从图 9-21 中可以看出,注入的溶剂和原油一次接触后的组成点位于单相区,即达到混相。任意比例的一次接触混相剂和油的混合物都位于单相区。如果注入气体中间组分含量较少,组成点位于 A 点上方,不可能达到一次接触混相。

2. 一次接触混相的注入方法

尽管注入中等相对分子质量的烷烃($C_2 \sim C_6$)能很好地与原油混相,但是连续注入的费用太高,应用非常不经济。因此,一次接触混相驱替过程一般都包括两个段塞:先注入富含中等相对分子质量的烷烃的小段混相段塞(溶剂段塞)与原油混相,再注入廉价的大段驱替段塞(一般为甲烷)。理想的一次接触混相驱替应该是驱替段塞混相驱替溶剂段塞,溶剂段塞混相驱替原油。因此,FCM(First Contact Miscible)过程中,要考虑的相态包括溶剂段塞和原油之间以及驱替段塞和溶剂段塞之间(即溶剂段塞的前面和尾部)的相态。溶剂段塞与驱替段塞之间的混相通常决定着初级接触的混相压力。

图 9-22 给出了甲烷与一些纯组分段塞物质的临界凝析压力。在临界凝析压力以上,甲烷与这些物质是直接混相的。尽管溶剂段塞与原油的混相压力并不是最主要的,但仍需注意的是:当油藏温度低于溶剂段塞物质的临界温度时,压力至少应达到使溶剂段塞液化而使溶剂段塞—原油混相;当油藏温度高于溶剂段塞物质的临界温度时,溶剂无法被液化,压力应高于溶剂段塞—原油在油藏温度下的临界凝析压力。对于一次接触混相,还应当注意:

1) 中间相对分子质量的烃溶剂会从沥青质原油中沉淀出沥青而影响驱替效果;

2) 在驱替过程中,由于驱替段塞分子的快速扩散而使原油、溶剂段塞、驱替段塞产生混合。

如果三者之间没有混合或扩散发生,那么需要的溶剂段塞的量就会无限小,当然,那只是理想情况。实际上,在驱替过程中,扩散是不可避免的,因而溶剂、原油、驱替剂之间的混合是客观存在的。

如果油藏的倾角很大,或者为潜山构造,那么利用原油、LPG 和甲烷的重力差实施混相驱,可以取得很好的驱油效果。这样注入的 LPG 等溶剂在地层中的损失量很小,也很经济。注入过程是先注一个溶剂段塞,溶剂从油层顶部开始与原油接触并达到混相,然后再注入一个干气段塞推动混相带向油层顶部推进,进入处于油藏底部的生产井。由于干气、LPG 等溶剂和原油间存在明显的重力差,即使注入气体/原油的黏度差异很大,也能保证很高的波及效率。这种油藏实施溶剂段塞驱,可望获得很高的最终采收率。

3. 一次接触混相驱的特点

一次接触混相驱主要的优点是驱替效率高、混相压力低。由于注入气体与原油很容易达到混相,基本上可以排除油藏中与之相接触的全部残余油。由于混相压力很低,对那些不能用多次接触法开采的油藏,可用一次接触混相驱方法提高采收率。这种方法的缺点是溶剂需求量大,成

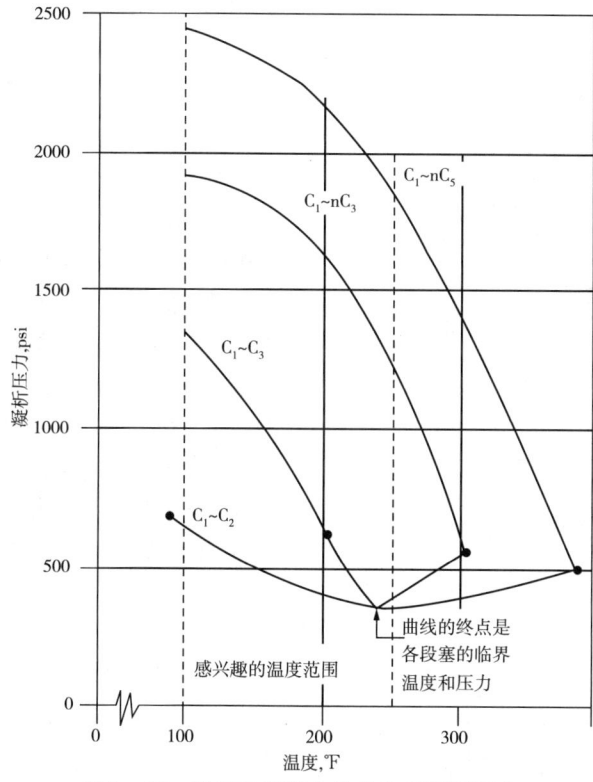

图 9-22 甲烷及其混合物的临界凝析压力

本高。此外,这种方法的波及效率通常较低,除非在有一定倾角的油藏或潜山构造的油藏。如果油藏倾角不够,溶剂段塞在油层移动过程中,会存在严重的流度控制问题。如果注入流体的流度问题十分突出,可能会丧失与原油的混相性,黏性指进会导致溶剂驱较低的波及系数。

三、凝析气驱混相驱

凝析气驱混相驱是指注入富含 $C_2 \sim C_6$ 组分的气体(富气)与原油通过多次接触而达到动态混相,提高油气采收率的方法。如果地层原油为重质原油,中间组分($C_2 \sim C_6$)含量少,地层压力较低或油藏较浅,那么可以采用凝析气驱。相反,如果原油为轻质原油,富含 $C_2 \sim C_6$,那么就可以用干气驱,而不必用成本较高的富气驱。

1. 凝析气驱混相机理

注入气中必须含有较多成分的 $C_2 \sim C_6$ 组分,即注入气的组成点位于极限系线的右侧;原油组成点与注入气组成点分别位于极限系线的两侧,可以达到凝析气驱混相。凝析气驱过程中注入气体是富含 $C_2 \sim C_6$ 的烃类气体,而不是干气。凝析气驱的混相过程可用拟三元相图(图 9-23)表示。注入气体组成处于 A 点,原油组成处于 C 点。由于 C 点位于极限系线的左侧,如果注入气为干气,那么注入气与原油无法达到混相。

理想的凝析气驱混相过程如下:

1)注入气体 A 与原油 C 混合,形成一个新体系 a,由系线规则可知新体系 a 的平衡液相为

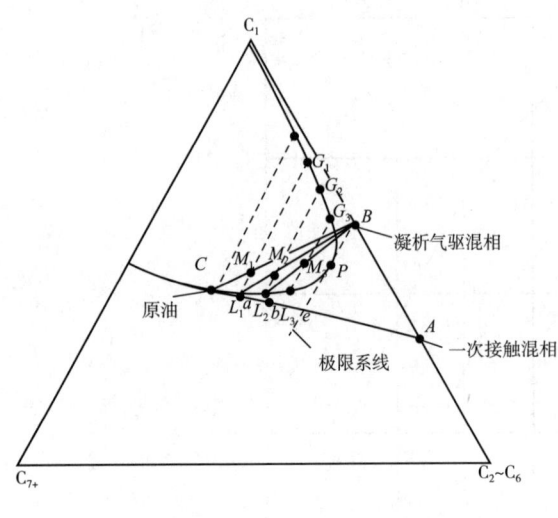

图 9-23 凝析气驱混相相图

L_1，平衡气相为 G_1。

2）注入过程中平衡气相 G_1 在平衡液相为 L_1 的前缘向前移动，而液相 L_1 就会留在后面与注入气体 A 进一步接触，形成一个新体系 b（b 点应在 AL_1 混合线上）。

3）根据系线规则，混合物 b 又可以分为平衡气相 G_2 和平衡液相 L_2。

4）随着注入气相与越来越富化的液相（其中 $C_2 \sim C_6$ 越来越多）的接触次数增加，液相的组成点沿 $L_2, L_3, \cdots, L_n$ 变化，使油相中的 $C_2 \sim C_6$ 含量越来越高。

5）当油相的组成点达到 e 点时，注入气体即可与原油达到混相，即注入气 A 在 e 点形成体系完全位于单相区。

2. 凝析气驱混相条件

1）注入气中富含 $C_2 \sim C_6$ 组分，即注入气的组成点应落在极限系线的右侧；

2）原油的中间组分 $C_2 \sim C_6$ 含量较少，其组成点应位于极限系线的左侧。

下面将分三种情况讨论混相条件：

①注入气中间组分 $C_2 \sim C_6$ 含量太少，原油中重质组分较多。

从图 9-23 看出，如果不满足条件 1），注入气中主要为可挥发组分 C_1，而中间组分含量太少，注入气的组成点就会落在极限系线的左侧，那么即使原油组成满足条件 2），也不可能达到多次接触后混相。这是因为注入气与原油接触后，原油不可能富化到混相点。例如，注入气组成点位于 A 点，注入气与原油接触后，形成一个新体系 M_1（其中平衡液相为 L_1，平衡气相为 G_1）。注入气与平衡液相接触后不能使原油富化到临界点，而只能富化到 L_1，也就是说，注入气富化原油的过程停止，无法达到临界点 P，也就不可能达到混相。这种情况为烃类气体非混相驱。

②注入气中间组分 $C_2 \sim C_6$ 含量太少，但原油富含 $C_2 \sim C_6$ 组分。

如果注入气不是含 $C_2 \sim C_6$ 的富气，而是含有绝大多数易挥发的组分 C_1，而且原油中富含 $C_2 \sim C_6$ 组分，那么，在低压下不能达到多次接触混相。这是因为在低压下，拟三元相图中两相区范围较大，如果达到混相必须提高压力，缩小两相区范围，使相图中的极限系线移至注入气组成点的左侧。所以只有在高压下通过注入气多级接触原油才可以达到混相。这种情况为汽化气驱混相。

③注入气富含 $C_2 \sim C_6$ 中间组分，组成点位于拟三元相图 A 点的右侧，或靠近顶点 $C_2 \sim C_6$；无论原油组分点位于何处，都能达到混相。这种情况为一次接触混相。

从以上分析可知，在凝析气驱中，可以通过调整两个参数达到混相：一是压力，二是气体组成。对于一定的注入气体组成来说，通过增加油藏压力可以减小两相区，即使注入气的中间组分含量较少也能达到混相。因此在实际应用中，如果油藏压力较低，先进行水驱提高油藏压力，为烃类混相驱提供混相条件；如果油藏压力提高的幅度不能满足气体混相驱条件，可以考虑改变注入气体组成,即注入含 $C_2 \sim C_6$ 的富气,或是先注入一个富气段塞,然后用干气驱动富气段塞,或在干气中添加丙烷或 LPG 来增大注入气体中 $C_2 \sim C_6$ 的浓度,降低混相所需压力。这样可以降低注入成本,同时提高经济效益。

3. 凝析气驱混相压力

凝析气驱的混相压力取决于原油组成、注入气中间组分($C_2 \sim C_6$)含量以及油藏温度等参数。Benham 图版描述了不同原油和不同注入气下凝析气驱混相压力与中间烃浓度之间的关系(图 9-24)。图中原油的组成用戊烷及更重烃的平均相对分子质量表示,中间组分的组成用 $C_2 \sim C_4$ 的平均相对分子质量表示。

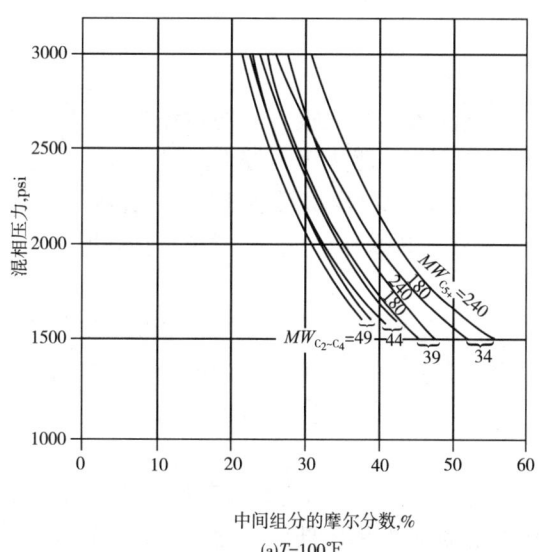

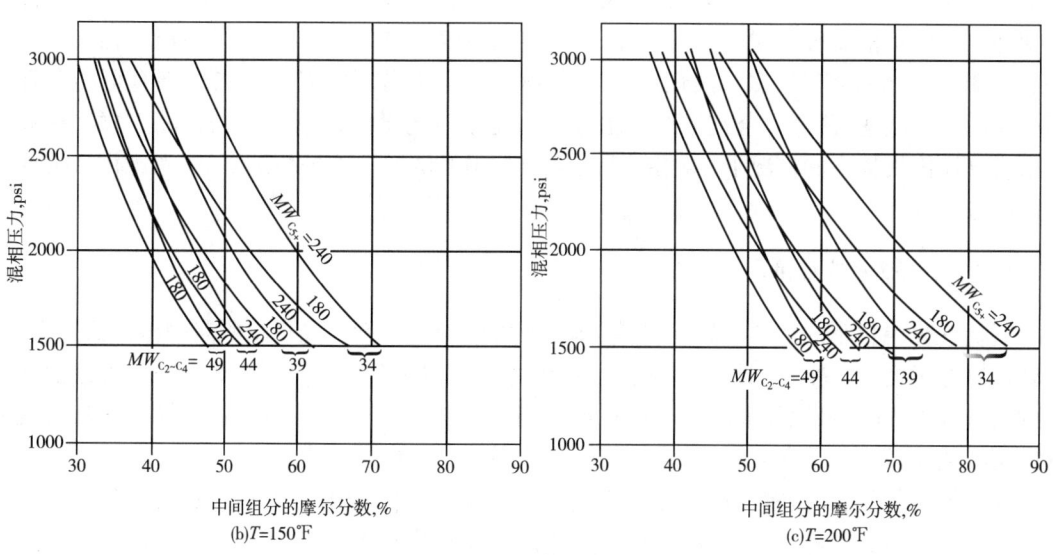

图 9-24　凝析气驱混相压力图板

Benham 图版的应用条件：

1）戊烷及更重馏分的平均相对分子质量范围为 80~240；

2）C_2~C_4 平均相对分子质量范围为 35~58；

3）油藏温度范围为 70~260℉；

4）油藏压力范围为 1500~3000psi。

从图 9-24 中可以看出，中间烃类浓度越小，混相压力越高；原油中 C_{5+} 平均相对分子质量越高，混相压力越高。

如果 C_{5+} 相对分子质量高，C_2~C_4 相对分子质量低，油藏温度又高，那么要达到凝析气驱混相就需要增加压力或提高注入气中富含 C_2~C_6 组分的浓度。

4. 凝析气驱特点

凝析气驱的优点是：

1）混相条件较灵活。调整注入气组成很容易通过添加丙烷、LPG 等中间组分而实施，从而降低达到混相所需压力，因此凝析气驱表现出较大的灵活性。

2）驱替成本较低。与（丙烷）段塞一次接触混相驱相比，富气中 C_2~C_6 的组分要少得多，它的成本相对较低。凝析气驱还可以采用油气分离器的气体，把油气分离器的气体回注油层，而不必花巨资铺设长距离的管线。

3）混相压力较低。与汽化气驱相比，凝析气驱可在较低压力下达到混相。在一定的油藏压力下，不能与干气达到混相驱的原油可以与富气经过多次接触而达到混相。因此，凝析气驱可应用于较浅的油藏。

凝析气驱的缺点是：

1）流度比不利。由于注入气体与原油黏度差和密度差太大以及油藏的非均质性影响，尽管凝析气驱的扫油效率很高，但波及效率较低。流度比不利导致注入气体黏性指进，而重力分异效应使注入气垂向波及效率降低，注入气体在油层顶部突入生产井，此外，油藏非均质性也会使注入气体提前突破。因此，这种方法要求油藏厚度不可太厚、非均质性不能太强。

2）影响混相的因素较多。油藏的非均质、气体的重力分异以及黏性指进都有可能破坏混相前缘的富气段塞，甚至完全丧失混相能力。凡是原油地层体积系数高、油藏压力高、相对油价来说气体价格较高的情况下，采用凝析气驱都是不经济的。这种情况下，应考虑用 CO_2 或干气代替富气。

5. 凝析气驱筛选标准

凝析气驱混相驱的适应性较强，如果油藏压力比干气和氮气混相驱所需的压力低得多，那么就可以考虑凝析气驱。如果驱替之前油藏压力将至混相压力以下，只要把注入气控制在一定的富气水平，还是可以使油藏压力恢复到混相压力，在地下重新建立动态混相。因此，凝析气驱可以适应较浅的油藏，而且注入气与原油的混相容易控制。

在选择凝析气驱时，富气段塞和天然气的成本以及操作费用是非常重要的，因此，如果油田上有天然气或其他液化气装置，有利于降低富气段塞的成本，提高凝析气驱的经济效益。凝析气驱的筛选如下：

1）原油黏度小于 1mPa·s 有利于水平驱替。原油黏度的上限尚未确定，但可以接近 5mPa·s，重力稳定驱替的黏度上限取决于油藏的渗透率。由于黏度的限制,重度大于30°API的原油最适合于凝析气混相驱。

2) 所要求的混相压力一般在1500～3000psi范围内。根据油藏破裂压力的不同,最小的油藏深度应在2000～3000ft以上。

3) 如果垂向渗透率高,足以实施重力稳定的混相驱替,那么具有巨大构造隆起的油藏应优先使用这种混相驱。在水平油藏中,由于存在分散的页岩体和薄层或由于存在致密夹层而垂向渗透率受到限制,有利于最大限度地减小严重的重力舌进。

4) 裂缝发育和油藏有气顶以及强烈水驱和高的渗透率差异增加了工程的风险。

5) 原油中混相驱的原油饱和度应当较高,可接受的饱和度取决于注入流体的费用、油价、油藏特性及流体特性,但25%孔隙体积含油饱和度约是最低值。

6. 凝析气驱工程

(1) 气体来源

凝析气驱要求注入的是富含C_2～C_6的气体,这种富气的来源有两种,其一是油田分离器的富气。许多油田分离器的分离条件是可以调节的,通过分离条件的调节,可以从分离器获得足以使注入气与原油达到混相的分离器组成。另一种方法是利用加有中间组分的富化的天然气。加入的中间组分通常为LPG,LPG可以从油田附近的天然气厂低温分离装置以及炼油厂获得。

(2) 水气交替注入

许多凝析气驱试验都采用了水气交替注入工艺。早期的注入工艺是在富气段塞后开始进行水(或干气)交替注入。在试验中,先注入2%HCPV的富气段塞和5%HCPV的干气后,进行干气或水的交替注入。水气交替注入后,生产井的动态得到明显改善,气油比和气中的丙烷含量都减少了。

但是,交替注水后,由于水相饱和度上升和气体相对渗透率的下降,使注入压力上升,注入能力下降,有时可能达不到设计的注汽量。因此在水气交替注入后,一旦发现注入能力大幅度下降,应采取酸化等措施,提高注入能力,恢复注入量。

四、蒸发气驱混相驱

蒸发气驱又称汽化气驱或高压干气驱。它是将甲烷等贫气注入地层,与地层原油多次接触,达到动态混相的一种提高采收率方法。在汽化气驱多次接触混相的过程中,由于原油中的中间组分(C_2～C_6)不断地从原油中逃逸(或蒸发、汽化)出来,进入气相,加富注入气,因而又称蒸发气驱。汽化气驱注入气为贫气(中间组分C_2～C_6含量很少),因此又称贫气驱或干气驱。

1. 蒸发气驱机理

蒸发气驱机理可用图9-25表示。假设地层原油的组成点为C,注入为干气,其中含有大

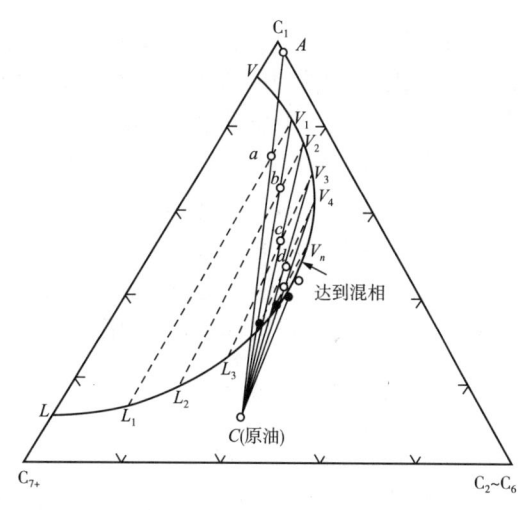

图9-25 蒸发气驱混相相图

量的 C_1 和少量的 $C_2\sim C_6$，其组成点位于 A 点。注入气体与原油的混相过程如下：

1）在注入气驱替前缘，气体 A 与原油 C 接触后，形成一个新体系的混合物 a；

2）混合物 a 位于两相区，存在一个平衡气相 V_1 和一个平衡液相 L_1；

3）气相 V_1 在液相 L_1 的前面向前移动，气相 V_1 又一次与其前面的"新鲜"原油接触，形成一个混合物，其组成点 b 位于 V_1C 上；

4）混合物 b 又可以分为一个平衡气相 V_2 和一个平衡液相 L_2；

5）气相又与原油接触，这样气相组成沿 $V_1V_2\cdots V_n$ 加富，直到临界点，加富的气体与原油达到混相。

2. 蒸发气驱的混相条件

蒸发气驱混相取决于原油组成、压力及温度。如果油藏压力很高，原油为轻质烃类，即原油中富含 $C_2\sim C_6$ 的组分，就有可能达到蒸发混相。从拟三元相图可知，只要油藏原油组成位于极限系线的右侧，使用的天然气组成点位于极限系线的左侧，依靠蒸发气驱机理就可能达到混相。此外，如果油藏目前压力较低，拟三元相图中两相区范围较大，原油组成暂时位于极限系线的左侧，通过注水或注汽，油藏压力能够恢复到最低混相压力，那么，注入气体也能在油藏中与原油达到动态混相。因此，要达到蒸发气驱混相应具备如下条件：

1）原油组成必须富含 $C_2\sim C_6$ 中间组分，组成点落在极限系线右侧。如果油藏原油为重质原油，其中 $C_2\sim C_6$ 含量较少，原油组成就会远离拟三元相图中顶点 $C_2\sim C_6$，在这种情况下，很难发展为蒸发气驱，除非油藏压力非常高。

2）油藏压力较高。增加压力可以增加蒸发作用，使原油中的 $C_2\sim C_6$ 烃类气化进入气相，从而减小两相区，并改变极限系线的斜率。在这种情况下，由于压力增加，原油组成再次落在极限系线的右侧。但是，在多数油藏条件下，使用干气驱的混相压力太高，在油藏注入过程中很难实现混相。因此，在选择蒸发气驱时，油藏原油必须是轻质烃类。

3）注入气体组成。注入气体组成对蒸发气驱混相过程并不是一个关键性参数。研究表明，混相带是从注入井把注入气体送入地层传送过 $12m$ 之后建立起来的，此刻一个混相流体环即环绕着注入井。进一步注汽，便推挤混相前沿通过油层以排驱在它前面的油和可流动的水。

注入气体由注入井向外移动，在混相前沿形成之前只可能移动一定的距离。距离的大小随压力、油的组分和油的饱和度而变化。当混相前沿正形成时，与气体相接触的从中剥除 $C_2\sim C_6$ 组分被留在后面。然而，移动过这种油的注入气体继续使油蒸发，直到只剩下沥青残余物为止。

当混相环膨胀时，该环就不断地破裂。每当出现这种情况，就重复多次接触过程直到混相性得到恢复为止。也就是说，每当出现这种情况沥青残余物就被留在后面，结果就使贫气法未能除去所有与之接触的原油。留下的残余物约相当于孔隙体积的 5%。

混相所需的压力通常是 20.68MPa 或更高，操作或施工中的上限大约是 41.37MPa。设备以及压缩机运转的费用，都远在该压力之上。

3. 蒸发气驱的特点

（1）蒸发气驱的优点

1）贫（干）气多次接触混相驱法的驱替效率高。尽管这种方法不能把注入气波及范围内的残余油全部采出，但是高压干气混相驱可大大降低残余油饱和度。

2)高压干气混相驱的注入气成本要比富气混相驱的气体(丙烷或富气)低。

3)蒸发气驱混相带的再生能力强。

4)产出的干气可以回注。

5)同丙烷或富气法相比,具有较好的流度比。由于用于贫气混相驱的原油黏度一般较低,注入气体与原油的流度比值较为有利。

(2)蒸发气驱的缺点

1)注入压力高限制了该方法的应用。原油的特性必须是富含 $C_2 \sim C_6$ 组分,而在实际应用中,这种油藏的数量很少。

2)注入压力高导致高的压缩费用。

3)虽然波及效率一般比丙烷或富气法要好,但与注水法相比则仍然是低的。

4)重力分异在高渗透的油藏内可能仍然存在。

第四节 氮 气 驱

注氮气(或烟道气)提高采收率是 20 世纪 70 年代和 80 年代发展起来的一项新技术。美国在 20 世纪七八十年代,进行了大量的室内和矿场试验,已取得了显著的经济效果。1985 年,美国及加拿大已有 33 个油田进行注氮气试验,注氮气量达 $6 \times 10^8 ft^3$。注氮气油藏深度达 10000~15000ft,注入压力最高达 8300psi。由于注氮气可以节省能源,降低注入气成本,防止大气污染,因此注氮气提高采收率方法具有较大的发展前景。

我国注氮气提高采收率技术发展较晚,直到 1986 年华北油田才开始制订注氮气开采潜山油藏的试验方案。1995 年,华北雁翎油藏开始了注氮气先导试验。由于在油藏条件下不能达到混相,开采机理为重力排驱和保持地层压力。到 1998 年,预计提高采收率幅度只能达到 3%~5%。鉴于我国发现的天然二氧化碳气藏较少,而且储量较少,而且我国具有许多低渗透油藏、带气顶油藏以及潜山油藏等适合氮气驱的条件,特别是在目前天然气短缺和成本增高的情况下,如果采用注氮气开采这些油藏,有望获得较高的采收率。

一、氮气的性质

1. 氮气的相态

氮气是空气的主要成分,约占空气组成的 80%(体积分数)。在常温常压下,氮气是无色无味的气体,在标准状况(压力为 1atm,温度为 0℃)下,氮气的密度为 $1.25kg/m^3$,与空气的密度相当。其临界压力为 3.4MPa,临界温度为 -145.80℃,沸点为 -195.78℃,熔点为 -209.89℃(所有参数均在标准状况下测得)。在常压下,温度低于 -195.78℃时,氮气将变成无色透明的液体,1L 液氮可变为 643L 气氮;温度低于 -209.89℃时,将凝固成雪状的固体。氮气的化学性质非常不活泼,在常温下表现出很大的惰性。

氮气的来源主要是空气和烟道气,根据氮气和氧气沸点的差异,采用冷冻空气法可除去空气中的氧气而得到较纯净的氮气;烟道气的化学成分是不固定的,但绝大部分(约占体积的 80%~85%)为氮气,10%~15% 为 CO_2。实际上,在注汽开采原油中,可直接运用烟道气。

2. 氮气的密度和黏度

和其他大多数气体一样,氮气的密度随着压力的升高而增加,随温度的升高而降低。在相同的压力、温度条件下,氮气的密度要比二氧化碳的密度小,比甲烷的密度高,但比其他的烃类气体的密度低。在一般情况下,氮气的密度要低于油藏气顶气的密度,这一特性有利于注氮气重力驱替和开发凝析气田。

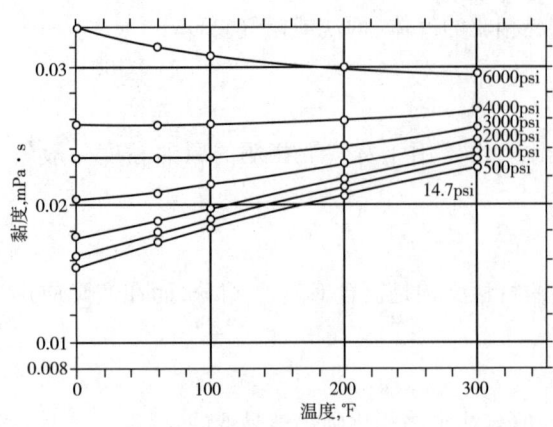

图 9-26 氮气的黏度随温度和压力的变化曲线

在标准状况下,氮气的运动黏度为 $168 \times 10^{-6}P$。氮气黏度随温度和压力的变化如图 9-26 所示。在相同条件下,氮气的黏度比二氧化碳和天然气的都低。在压力接近 42MPa 时,氮气的黏度与甲烷的黏度相近,这一特性有利于重力驱的气顶油藏注氮气开采。

3. 氮气的溶解性

氮气在水中和原油中的溶解性都很微弱,该特性对于注氮气保持油藏压力开采原油来说十分重要。温度对氮气的溶解性影响非常小;压力升高,氮气的溶解度增加;含盐量的增加会降低氮气的溶解性。在原油中,氮气在高 API 度原油中的溶解性强于低 API 度原油,但都非常微弱。

4. 氮气的压缩性

图 9-27 是氮气的压缩系数随温度和压力变化的关系。压力升高,氮气的压缩系数增加,温度对氮气的压缩性影响不大。一般情况下,氮气的压缩系数大约为二氧化碳压缩系数的 2~3 倍,具有更大的压缩性(膨胀性),在注氮气驱油时具有较大的弹性能量,可节约注汽量。

二、氮气驱油机理

氮气驱提高原油采收率主要机理包括混相驱替、重力驱替和注汽保持油藏压力。另外,氮气还可以作为驱替二氧化碳、富气或其他驱替剂及原油的混相段塞。

1. 混相驱替

注氮气混相驱替过程是多次接触动态混相过程,氮气驱混相机理与高压干气混相驱相似。注入的氮气在高压下通过蒸发(汽化)作用从原油中抽提轻烃和中间烃类。当驱替前缘蒸发到足够的轻烃和中间烃时,能与油藏原油混相而达到混相驱替。

向地层中注入氮气时,氮气与原油接触抽提原油中的轻烃组分而富化,富化的氮气段塞继续向前移动与"新"的原油接触,按照抽提、移动、再抽提、再移动方式进行。随着氮气的不断注入,氮气不断地蒸发原油中的轻烃以及中间烃,气体中的轻烃比例增高。从注入带到驱替前缘,氮气被不断地加富而液态原油中剩余的重烃组分比例增大,直到临界点时,气态和液态达

第九章 气体混相驱

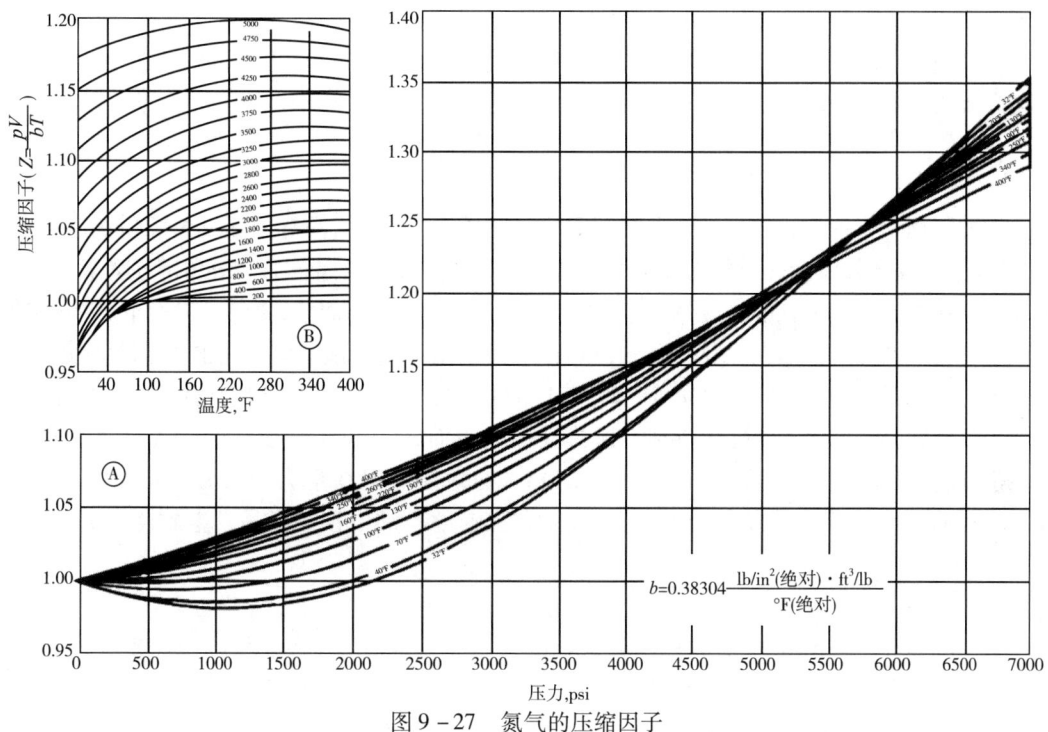

图 9-27 氮气的压缩因子

到平衡而混相。为了保证油藏内混相驱替过程得以不断进行,需要不断地注入氮气,以达到充分混相。

由于氮气与原油混相所需的最小混相压力很高,所以,氮气混相驱只能用于深层油藏或高压油藏。另外,达到混相要求原油中轻烃的含量高,氮气不能混相驱替重质原油。氮气混相驱所需的混相压力较高,如果注入氮气后油藏压力仍不能达到混相压力,可以通过氮气前注入一个二氧化碳段塞(因二氧化碳的混相压力低于氮气),这样能从原油中抽提出更重的烃类组分。

氮气—原油系统的混相过程可用图 9-28 所示的三元相图来描述。在拟三元相图中,如果油藏原油的组成点位于 O 点,注入气体为100%纯氮气,氮气与原油的动态混相按如下过程进行。

1)氮气与原油第一次接触,形成新体系 M_1;

2)新体系 M_1 位于两相驱内,具有一个平衡气相 G_1 和一个平衡液相 L_1;

3)由于气相 G_1 比液相 L_1 的流动能力大,因而气相 G_1 与前面的原油进行第二次接触,形成新体系 M_2;

4)相应地,存在平衡气相 G_2 和平衡液相

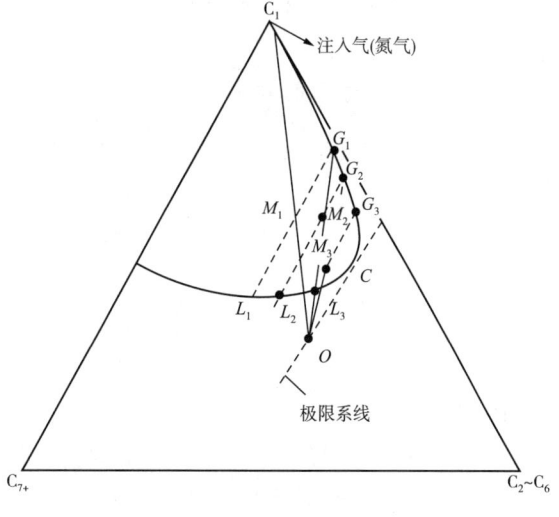

图 9-28 氮气混相驱三元相图

L_2,C_2 与前面原油进行第三次接触,形成体系 M_3;

5)随着接触次数的增加,接触后气相的组成点沿 G_1,G_2,G_3,…,G_n 发展,气相中 $C_2\sim C_6$ 的中间组分越来越多,最终达到临界点 C,达到混相。

2. 重力驱替

重力驱替是指依靠注入气体与原油间重力分异作用,在油气构造顶部或大倾角油层的上部注汽,以保持或部分保持气顶压力开采原油及天然气的方法。当向含油构造顶部注入氮气时,由于氮气的密度小于气顶气的密度,氮气将处于油层气顶的顶部,而且,氮气还具有非常有利的体积系数(较大的膨胀性),因此,注入的氮气可以保持甚至加大气顶的压力而驱替原油流动。

当向较深的油气藏(压力接近于 42MPa)注氮气时,氮气的黏度和甲烷的黏度相近,密度和气顶气的密度相近,这一特性有利于保持气顶压力而同时开采石油和天然气。重力驱替主要用于倾斜油藏和垂向渗透率高(高于 $0.2\mu m^2$)的地层。但在重力驱替开采原油的过程中,由于注入的氮气与原油的黏度相差较大,如果注入速度不加以控制极易发生黏性指进。

3. 保持油藏压力

保持油藏压力可以大大提高原油的采收率。对于封闭地层,将油藏压力保持在露点压力以上是非常有效的。例如在凝析油气田的开发中,当油藏压力低于露点压力时,会出现反凝析现象而降低凝析油的采收率。向地层中注入氮气时,氮气在原油及地层水中的溶解性非常差及其良好的膨胀性,有利于保持油藏的压力,使油藏压力高于露点压力,避免反凝析现象的发生,从而提高凝析油的采收率。另外,在油藏压力达到一定程度时,氮气与原油能发生多级接触混相,混相驱替可进一步提高采收率。与衰竭法开采凝析油气田相比,注汽保持压力开采可提高采收率45%。

值得注意的是,注纯氮气会导致露点压力上升,从而引起地层中液体的析出。解决这一问题的方法是先注入一个氮气和天然气的缓冲段塞。

三、最小混相压力的预测

1. Sebastian 等人的方法

Sebastian 等人提出了如下氮气—原油混相压力预测模型:

$$MMP = 4603 - 3283 \times \left(\frac{X_{C_1} \times T}{M_{C_{7+}}}\right) + 4.776 \times \left(\frac{X_{C_1}^2 \times T^2}{M_{C_{7+}}}\right) - \left(\frac{X_{C_2\sim C_6} \times T^2}{M_{C_{7+}}}\right) + 2.05 \times M_{C_{7+}} + 7.541T \quad (9-20)$$

式中 MMP——氮气的最小混相压力;

$M_{C_{7+}}$——C_7 烃和更重馏分的平均相对分子质量;

X_{C_1}——原油中甲烷的摩尔分率;

$X_{C_2\sim C_6}$——原油中间组分($C_2\sim C_6$)和 CO_2 的摩尔分数;

T——油藏温度。

应用 Sebastian 模型预测氮气的最小混相压力时应注意:

1) 对任意原油,最小混相压力随温度变化存在一个最大值,最大值取决于原油的组成;
2) C_{7+} 组分的含量增加,最小混相压力上升;
3) 甲烷或中间组分的含量增加,最小混相压力下降,下降幅度取决于原油组成。

根据上式对温度求导,可得到最小混相压力取最大值时的温度 T_{max}:

$$T_{max} = \frac{7.541 \times M_{C_{7+}} - 3282 \times X_{C_1}}{9.532 \times X_{C_1}^2 - 8.016 \times X_{C_2 \sim C_6}} \quad (9-21)$$

2. Hanssen 方法

Hanssen 等人在 Aziz 和 Firoozabadi 的 MMP 预测基础上,给出了一个 MMP 的预测关系式:

$$MMP = -68.5 + \frac{29.9}{F_{oc}} - \frac{0.655}{F_{oc}^2} + \frac{0.00537}{F_{oc}^3} \quad (9-22)$$

$$F_{oc} = \frac{X_{C_2 \sim C_6} + X_{CO_2}}{W_{C_{7+}}} \quad (9-23)$$

其中,F_{oc} 是类似于 Aziz 和 Firoozabadi 所表示的油的特征因子。

氮气的最小混相压力取决于原油中轻烃和中间烃的含量、油藏温度以及注入氮气的杂质(如 CO_2)。随着原油中的轻烃和中间组分含量的增加,氮气的最小混相压力降低。注入氮气中如果含有 CO_2 等杂质,也会降低氮气的最小混相压力。温度对最小混相压力的影响比较复杂。

四、注氮气油藏选择

一般来说,一个油藏要注汽最关键的条件是油藏要有良好的封闭性,这样注入气不致漏窜,注氮气开采原油也不例外。然后根据油藏的地质、构造和油藏流体特征,选择不同的驱替机理,确定注入方式及注入压力等施工参数。注氮气油藏选择主要考虑以下几点。

1. 原油的组分和性质

影响氮气驱的机理和效果最主要因素是原油性质——原油的黏度和 API 度。低黏度和高 API 度的原油有利于氮气混相驱。氮气在 API 度高的原油中的溶解度大于低 API 度的原油;API 度高的原油中的轻烃和中间烃($C_2 \sim C_6$)含量高且黏度低。API 度高的原油一方面有利于高压下氮气对原油的蒸发作用[汽化轻烃和中间烷烃($C_2 \sim C_6$)作用产生混相],另一方面,较高的轻质烷烃和中间烷烃含量,可以降低原油黏度,缩小注入氮气与原油的黏度差,减少黏性指进而提高波及效率。因此,高压下注氮气混相驱或保持压力开采的主要对象是 35API° 及以上的原油,而对于注氮气推动二氧化碳混相段塞,要求的原油的 API 度要低一些。

2. 油藏性质

注汽油藏的选择依据注氮方式或驱替机理的不同而有不同的标准,表 9-1 列出了油藏性质对气体注入方式的影响结果。

表 9–1　油藏性质对气体注入方式的影响及意义

油藏参数	对气体注入方式的影响和意义
温度	氮气的压缩性随温度变化的程度低于二氧化碳和甲烷,注入气量越高需要温度越低
孔隙度	如果认为平均孔隙度适于注二氧化碳,也适于注氮气和烟道气
渗透率	油藏的水平渗透率和相对渗透率是注汽法的重要参数,油藏非均质性是影响注入气波及系数和垂向驱油效率非常重要的因素。油藏内高渗透层可以导致高的流度比,导致早期气窜和低的驱油效率。一般说来,注汽法用于低渗透性油藏(约 $10 \times 10^{-3} \mu m^2$),比注化学剂(约 $50 \times 10^{-3} \mu m^2$)和热采(约 $300 \times 10^{-3} \mu m^2$)的方法要求低
原生水	原生水的含盐量和组分很重要,特别是对于烟道气更加重要,因为烟道气和水中的组分反应后,可以形成油藏的堵塞物
饱和压力	对确定注入压力很重要,它关系到气的驱动是混相还是非混相的
压力	氮气与甲烷在 $6000 lb/in^2$ 时的黏度相同;氮气在淡水或盐水中的溶解度与压力密切相关;在一定相似压差下,氮气的露点变化比天然气明显;注入气体的可混压力取决于油藏的深度和压力;如果油藏压力降到饱和压力以下,将发生相变
原油组分和性质	如果原油中含有相当量的中间烃($C_2 \sim C_6$),将发生氮气—油混相。这种混相能力来自蒸发抽提作用
原油黏度和相对密度	低黏度低相对密度原油最适于注氮气;小于 $10 mPa \cdot s$ 和大于 $35°API$ 的原油适于二氧化碳混相驱,也适于氮气和烟道气驱
油层和非均质和裂缝	混相受以下因素影响:1)流度比;2)分子扩散和粒间分布;3)孔隙大小分布;4)流线变化;5)油层压力变化
深度	浅油层不能经受高压,因而 3000m 以上深油层适于注氮气混相驱
含油饱和度	残余油饱和度小于 $20\% \sim 25\%$ 时注汽法效果不大
其他几项参数	与注汽(氮气和烟道气)比较重要的参数如下:油藏岩性、油层厚度、流体性质(油层原油性质)、天然水驱和气顶驱

1)构造条件:若利用重力驱替作用注汽开采原油,要求油藏的构造中具有比较陡的地层倾角,以利于发挥油气分离作用。同时要求地层的垂向渗透性要好(垂向渗透率大于 $0.2 \mu m^2$)。

2)油层深度:氮气混相驱要求很高的混相压力,而浅的油层不能经受高压,因此深油层更适合于注氮气混相驱。一般要求注氮气混相驱的油层深度大于 7500ft,而对注氮气非混相驱则无此要求。

3)渗透率:对于注汽来说,低渗透性的油藏的效果会更好,因为低渗透油藏可以提供充分的混相条件,高渗透性油层会导致高的流度比而产生早期气窜,降低驱油效果。一般来说,注汽要求的渗透率极限为 $0.01 \mu m^2$。若利用重力分离作用开采原油则恰恰相反,要求更高的垂向渗透率($>0.2 \mu m^2$)。

4)含油饱和度:要求含油饱和度大于 $10\% \sim 25\%$,否则达不到预期的效果。

5)油层压力:油层压力的大小决定着注氮气开采的机理(混相驱或非混相驱)。对于注氮气混相驱,要求的油层压力应大于4500lb/in²;对于注氮气推动二氧化碳混相段塞要求的压力只有1300lb/in²,而注氮气非混相驱则无此要求。

6)非均质性和裂缝:一般来说,裂缝油藏或非均质油藏不适合于注汽开采。

五、氮气注入工艺

1. 氮气制备

氮气的主要来源是空气。从空气中获取氮气的原理是根据空气中各气体组分(主要是氧气和氮气)的沸点差异(氮气的沸点为 -195.78℃,氧气的沸点为 -147.22℃)。采用空气冷冻分离法将氮气从空气中分离出来,可获得纯度达99.999%以上的氮气。

2. 注氮气工艺流程

注氮气工艺流程如图9-29所示。由于注氮需要较高的压力,氮气必须经多级压缩后,才能达到注入压力的要求。根据注入层的要求,可以选用不同级数的压缩机组。例如,在太阳公司的福多奇油田的注氮工艺过程中,采用三级压缩。通过三级压缩机组,把氮气的压力分别从1100psi升至1880psi,1800psi升至3500psi,3500psi升至8300psi。达到要求的8300psi后,才注入到井内。

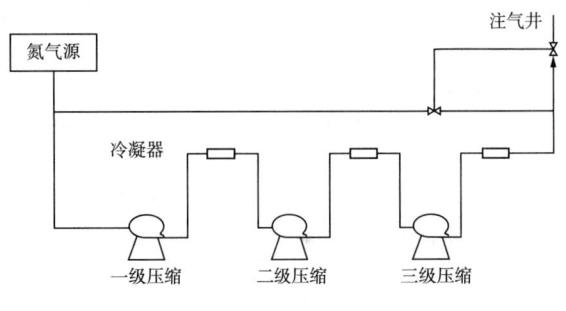

图9-29 注氮气工艺流程

3. 产出气脱氮工艺

在注氮气开发油气田的过程中,生产井产出气中的含氮量不断上升,不但影响了注入氮气的利用效率和经济效果,而且降低了产出的天然气的热值和液化气的质量。因此,产出的气体要经过脱氮处理。天然气的脱氮过程是在深冷条件下通过蒸馏作用从富含甲烷的天然气中析出氮气。脱氮装置一般包括三个部分:

1)预处理。除去硫化氢和水。
2)脱氮冷却箱。一般需要双蒸馏塔。
3)再压缩。脱出的氮气一般要回注到油层中,再压缩的压力根据回注压力确定。

六、氮气驱的特点

1. 氮气驱的优点

1)适应的油藏类型多。对于挥发性油藏、凝析油藏采用注氮气方法可以获得较高的采收率;对于带气顶油藏和油环的油藏,注氮气缩短开采期,提高经济效益;对于灰岩油藏,注氮气的成功率也很高。

2)提高采收率机理多。由于注氮气不仅可以发展为混相驱,而且也可以利用重力排驱和保持油藏压力机理,提高采收率。因此,即使不能在油藏条件下达到混相驱,采收率的提高幅度也十分明显。

3)氮气(或烟道气)的成本低。氮气与天然气及二氧化碳相比成本低得多,在美国注氮气成本为天然气的1/4,是CO_2的1/3～1/2。人们可以从空气中制氮,其资源充足且不受地理条件限制。此外在能源利用上,氮气比天然气更合理、更安全、更可靠。

2. 注氮气的缺点

1)需要很高的压力才能使氮气与原油达到混相。在相同条件下,氮气与原油的最小混相压力比CO_2和天然气的最小混相压力高得多。

2)如果注入的是工厂废弃的烟道气,会带来较为严重的腐蚀问题,采用烟道气分离技术会增加注汽的成本。

参 考 文 献

[1] Don W, Green G, Paul Willhite. Enhanced Oil Recovery. Doherty Memorial Fund of AIME – SPE, Richardson, Texas, 1998.

[2] Yellig W F, Metcalfe R S. Determination and Prediction of CO_2 Minimum Miscibility Pressures. JPT, 1980, 160 – 168.

[3] Unruh C H, Katz K L. Gas Hydrates of Carbon Dioxide Methane Mixtures. Trans. AIME, 1949, 83 – 86.

[4] Robinson D B, Mentak B R. Hydrates in the Propane – Carbon Dioxide – Water System. J. Can Pet Tech 1971, 33.

[5] Sage B H, Lacey W N. Some Properties of the Lighter Hydrocarbons, Hydrogen Sulfide and Carbon Dioxide Monograph on API Research Project 37 API. Dallas, 1955.

[6] Kennedy J T, Thodos G. The Transport Properties of Carbon Dioxide. AIchE J. , 1961, 625.

[7] Stewart P B, Munjalp. Solubility of Carbon Dioxide in Pure Water Synthetic Sea Water and Synthetic Sea Water Concentrates at – 5℃ to 25℃ and 10 to 45 Atm Pressure, J Chem. and Eng. , 1970, 67(1).

[8] M. 苏尔古切夫. 二、三次提高原油采收率方法. 卢文瑞, 等译. 北京: 石油工业出版社, 1993.

[9] Simon R, Graue D J. Generalized Correlation for Predicting Solubility Swelling and Viscosity Behavior of CO_2 – Crude Oil Systems. JPT, 1965, 102.

[10] Macfarlane H, et al. Laboratory Experiments with Carbonated Water and Liquid Carbon Dioxide as Oil Recovery Agents. Prod Monthly, 1952, 17(1):15.

[11] Nevers, Nde. A Calculation Method for Carbonated Waterflooding. SPEJ, 1964, (4):9.

[12] Stright, Jr D H, et al. Carbon Dioxide Injection into Bottom – Water Under Saturated Viscous Oil Reservoirs. JPT, 1972, 1248.

[13] Holm L W, Josendal V A. Mechanisms of Oil Displacement by Carbon Dioxide. JPT, 1974, 14 – 27.

[14] Menzie D E, Nielsen R F. A Study of the Vaporization of Crude Oil by Carbon Dioxide Depressuring. JPT, 1963, 1247 – 1252.

[15] Holm L W, O'Brien L J. Carbon . Dioxide Test at the Mead – Strawn Field. JPT, 1971, 431 – 442.

[16] Alston R B, et al. CO_2 – Minimum Miscibility Pressure. A Correlation for Impure CO_2 Steams and Live Oil Systems, SPE 11959, 1983.

[17] Sebastian H M, et al. Correlation of Minimum Miscibility Pressure for Impure CO_2 Steams. JPT, 1985, 2076 – 2082.

[18] Glas. Generalized Minimum Miscibility Pressure Correlation, SPEJ, 1985, 927 – 934.

[19] Crenguise C. Carbon Dioxide Dynamic Miscibility with Light Reservoir Oils Presented at the 4th Annual USDOE Symp. Tulsa,1978.

[20] Johnson J P,Pollin J S. Measurements and Correlation of CO_2 Miscibility Pressures,SPE 9790,1981.

[21] Holm L W,Josendal V A. Effect of Oil Composition on Miscible – Type Displacement by Carbon Dioxide. SPEJ,1982,87 – 98.

[22] National Petroleum Council. Enhanced Oil Recovery. Washington D. C,1976.

[23] Mungam N J. Carbon Dioxide Flooding – Fundamentals. J. Can. Pet. Tech,1981.

[24] Geffen T M. Improved Oil Recovery Could Help Ease Energy Shortage World Oil Compact. 1973,84 – 88.

[25] Lewin. The Potential and Economics of Enhanced oil Recovery. U. S. FEA Contract No. CO – 03 – 52 – 63.

[26] McRee B C. CO_2:Now It Works,Where It Works. Pet Eng,1977,52 – 63.

[27] Iyoho A W. Selecting Enhanced Oil Recovery Processes. World oil,1972,61 – 64.

[28] Office of Technological Assessment. EOR Potential in the United States,McGraw – Hill,New York,1978.

[29] Carcoana A N. Enhanced Oil Recovery in Rumanian. SPE/DOE 10699,1982.

[30] Taber J,Martin F C. Technical Screening Guides for the Enhanced Recovery of Oil. SPE 12069,1983.

[31] Lindiey,Joe R. U. S. Department of Energy. Bartlesville Energy Technology Center.

[32] Caudle B H,Dyes A B. Improving Miscible Displacement by Gas – Water Injection,Trans. AIME,1958,213,281 – 284.

[33] Blankwell R J,et al. Recovery of Oil by Displacement with Water – Solvent Mixtures,Trans. AIME,1960,219,293 – 300.

[34] Hild G P,et al. Results of the Injection will Polymer Gel Treatment Program at the Rangely Weber sand unit. SPE 39612,1998.

[35] Gonzales M H,Lee A L. Graphical Viscosity Correlation for Hydrocarbons. AIchE J,1968,242 – 243.

[36] Hutchinson C A,Braun P H. Phase Relation of Miscible Displacement in Oil Recovery. AIchE J,1961,7:64 – 72.

[37] Benham A L,et al. Miscible fluid Displacement – Prediction of Miscibility. SPE,1965,8:123 – 131.

[38] Herbeck E F,et al. Fundamentals of Tertiary Oil Recovery. Pet. Eng,1976.

[39] Eilerts C K,et al. Effect of Added Nitrogen on Compressibility of Natural Gas. World Oil,1948,144 – 160.

[40] 高振环. 油气田注汽开采技术. 北京:石油工业出版社,1994.

[41] 杨承志. 混相驱提高石油采收率. 北京:石油工业出版社,1991.

[42] 王大钧. 氮气和烟道气在油气田开发中的应用. 北京:石油工业出版社,1991.

第十章 热力采油

热力采油是指利用热能加热油藏，降低原油黏度，将原油从地下采出的一种提高采收率的方法。热力采油包括蒸气吞吐、蒸汽驱和火烧油层三种常规的方法。把热量引入油层最早的方法是井下加热器法，Perry 和 Warner 获得第一个用井下加热器降低原油黏度，提高稠油产量的专利。20 世纪初，Lewis 报道了注空气采油的项目结果，认为空气可以氧化原油而放热。Wolcott 获得了原油地下燃烧的专利，将空气注入到油层，燃烧原油，产生的热量用来降低稠油黏度，同时产生驱替原油的驱动力。1933 年，苏联进行了第一批大规模的火烧油层试验。1942 年，美国进行了首次火烧油层试验，结果发现生产井产出油的黏度大大降低，原油 API 度增加。20 世纪四五十年代，美国在不同地层进行了一系列的试验，结果表明，火烧油层的热损失较大，燃烧控制难度较高。目前火烧油层方法应用最多的是罗马尼亚，而且成功的矿场实例较多。

我国热力采油的发展较晚，1965 年，在新疆克拉玛依黑油山浅层进行了蒸汽吞吐开采试验，1967—1972 年，在黑油山进行了蒸汽驱试验，采收率达到60%，1966—1967 年，在克拉玛依油田、胜利胜坨油田、吉林扶余油田开展了三个燃烧油层的先导试验。20 世纪 90 年代以来，我国注蒸汽技术的发展经历了蒸汽吞吐试验阶段、蒸汽吞吐推广和蒸汽驱先导试验阶段、蒸汽吞吐和蒸汽驱工业应用三个阶段。目前蒸汽吞吐和蒸汽驱已成为我国稠油开采的主要方法，也是三次采油方法中已进入工业应用的方法。我国稠油开采已形成了新疆、辽河、胜利、河南等基地。

蒸汽吞吐是指将蒸汽注入到生产井中，然后关井一段时间，重新开井生产的稠油热采方法。注入的蒸汽一方面加热原油，降低原油黏度，降低油流动阻力；另一方面，注入的蒸汽为油藏提供了一定压力，使稀化的原油能够流到地面，蒸汽吞吐的一个最大优点是油井几乎可以一直生产，因为注入蒸汽及关井时间很短，而且投资少，成本低。

蒸汽驱是指蒸汽从注入井进入油层，加热油层及原油，蒸汽穿过整个油层，把原油推向生产井而产出地面。蒸汽驱需要至少一口注入井和一口生产井，而不像蒸汽吞吐只需一口生产井即可，蒸汽驱与蒸汽吞吐相比能更大范围地加热油层，从地层中产出更多的稠油，采收率更高。

火烧油层的过程指将空气注入油层，然后在井底点火，使部分原油产生就地燃烧，燃烧产生的热量加热油层，产生的燃烧气体驱动原油。火烧油层方法是在地下就地产生热量，而不像蒸汽驱一样地面用锅炉产生热蒸汽。

本章将从热力采油基本理论出发，分别介绍蒸汽吞吐、蒸汽驱以及火烧油层的采油机理、工艺方法和实施过程等方面的内容。

第十章 热力采油

第一节 基本理论

一、基本概念

热力采油涉及油藏岩石、油藏流体、注入水和蒸汽的物理化学性质及热力学参数,下面将介绍与水、蒸汽、油层有关的基本概念。

1)比热:定义为使单位质量的物质温度升高1℃所需的热量,用 C 表示,单位为 kJ/(kg·℃)。比热越高说明原油的吸热量越多,放热量也越大。对于液态物质来说,除了氨水以外,水的比热最高,为 $C_w = 4.187$ kJ/(kg·℃)。由于水比其他任何液体能载更多的热能,因而可作为热力采油中的热载体。

2)汽化潜热:当温度达到液体的沸点时,继续加热,温度不再上升,吸收的热量完全用于使液体汽化的热能称为汽化潜热,用 L_V 表示,单位为 kJ/kg。汽化潜热用于把液体分子从其表面"拉"出来进入气相,同时因体积膨胀做功。汽化潜热随压力而变化,压力越高,汽化潜热值越大。当压力增加到临界压力时,汽化潜热为零。此时为饱和蒸汽,即在蒸汽中完全不存在雾状的分散水滴。

3)焓:在高于规定的蒸汽温度和压力下,一定量的物质所具有的热能参数。单位质量所具有的焓称为比焓,它由单位质量的内能和流动能组成。焓用 H 表示,单位为 kJ/kg。

4)蒸汽干度:蒸汽质量与被加热液体的总质量比值,即:

$$X = \frac{\rho_3 S_3}{\rho_1 S_1 + \rho_3 S_3} \qquad (10-1)$$

式中　ρ_1, ρ_3——体系中液体和气体的密度;
　　　S_1, S_3——体系中液体和气体的体积。

5)饱和液体:在可产生蒸汽的温度和压力下只存在液体。这种液体是被蒸汽完全饱和的,其蒸汽干度为零。

6)饱和蒸汽:在某一温度和压力下,液体100%由液体转化为蒸汽。

7)显热:对一定质量的液体,要提高其温度又不使相态变化,必须添加的热量。它和潜热的最大区别在于显热体现温度变化,相态不变;而潜热体现温度不变,相态变化,如图10-1所示。

8)饱和水的焓:水和蒸汽在不同压力下所含的热量不同,水从冰点温度加热到某一压力下的饱和温度时吸收的热量为饱和度的焓。显热通常用 H_w 表示:

$$H_w = C_w T_s \qquad (10-2)$$

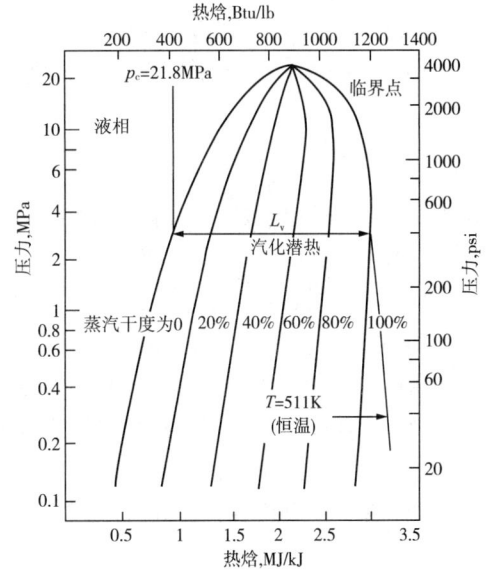

图 10-1　水的热焓与压力的关系

式中 C_w——水的比热,kJ/(kg·℃);
T_s——饱和温度,℃;
H_w——饱和水的焓,kJ/kg。

9) 湿蒸汽的焓:含有水的饱和蒸汽为湿蒸汽。湿蒸汽焓表示为:

$$H = H_w + XL_v \qquad (10-3)$$

式中 H——湿蒸汽焓,kJ/kg;
H_w——饱和水焓,kJ/kg;
L_v——蒸发潜热,kJ/kg;
X——湿蒸汽的干度,%。

10) 过热蒸汽:蒸汽温度超过饱和压力下温度的蒸汽。过热蒸汽中没有液相,热采中采用的蒸汽一般都是湿蒸汽,即蒸汽干度小于100%的蒸汽,而不是过热蒸汽。

11) 比容:单位质量的饱和液体占的体积称为比容,用 V 表示,单位为 m^3/kg。湿蒸汽的比容 (V_{ws}) 为干蒸汽和饱和水的比容之和,即

$$V_{ws} = X_s V_s + (1 - X_s) V_w \qquad (10-4)$$

式中 X_s——蒸汽干度;
V_s——蒸汽比容,m^3/kg;
V_w——饱和水比容,m^3/kg。

12) 热容:使单位体积物质的温度上升1℃所需热量。热容与比热的区别在于前者是指体积,后者是指质量,油藏岩石的热容量用 M_r 表示,即

$$M_r = C_r \rho_r \qquad (10-5)$$

式中 C_r——岩石的热容,kJ/(kg·℃);
ρ_r——岩石的密度,kg/m^3;
M_r——岩石的热容,kJ/(kg·℃)。

13) 热扩散系数:热扩散系数是导热系数与热容之比,即

$$\alpha = \frac{\lambda}{M_r} = \frac{\lambda}{\rho C} \qquad (10-6)$$

式中 λ——导热系数,W/(m·℃);
M_r——热容,kJ/(kg·℃)。

14) 导热系数:在稳态条件下,单位时间内单位温度梯度通过单位截面积所传递的热量。导热系数高的物体为热导体,导热系数低的物体为绝热体。导热系数用 λ 表示,单位为 kJ·m/(d·℃)。导热系数是温度和压力的函数。

15) 反应热:单位质量的反应物在化学反应期间所释放或吸收的热量。氧气与原油在燃烧期的反应就会释放热量,该反应为放热反应,而石灰岩的热裂解是吸热反应。

16) 油层有效热容:包括固体岩石、原油、水和气四个相的热容。

$$M_R = (1-\phi)M_r + \phi S_o M_o + \phi S_w M_w + \phi S_g \left[X M_g + (1-X)\left(\frac{\rho_s L_v}{\Delta T} + \rho_s C_w\right) \right] \qquad (10-7)$$

第十章 热力采油

式中　M_R, M_r, M_o, M_w, M_g——油层、岩石、原油、水以及蒸汽的热容；
　　　L_v——蒸汽汽化潜热，kJ；
　　　ρ_s——蒸汽密度，kg/m³；
　　　C_w——水化潜热，kJ；
　　　ΔT——温度变化，℃；
　　　S_o, S_w, S_g——油、水、气三相饱和度；
　　　ϕ——岩石孔隙度。

二、水蒸气及原油性质

1. 蒸汽性质

水是地球上最丰富的资源，也是最良好的热载体，因此，热力采油中采用水作为热载体将热量引入油藏，来加热油层。图10-1是水的压力—热焓图，图中两相包络线和临界点将水的相态分为蒸汽相、液相和汽液两相三个区。泡点线左侧为液态水，露点线右侧为过热蒸汽，而两相区内为湿蒸汽。蒸汽的临界压力为21.8MPa，临界温度为374.1℃。由于汽化潜热是液体转化为蒸汽时温度不变而产生的热量，在热焓—压力图中，汽化潜热是在一定压力下露点线与泡点线之间横坐标的差值，如图10-1所示。临界点不存在汽化潜热。

图10-2是水的压力—比容图。包络线内为水—蒸汽两相区，两相区内有等组成线（或称等蒸汽干度线）。包络线左侧为饱和水，即蒸汽干度为零；右侧为饱和蒸汽线，蒸汽干度为100%。从图中看出，饱和蒸汽的比容要比饱和水的比容大得多，而且干度越高比容越大。因此，在注蒸汽开采过程中，无论是蒸汽吞吐还是蒸汽驱，注蒸汽干度越高比容越大，蒸汽带的扩展体积越大，加热范围越大，开发效果越好。

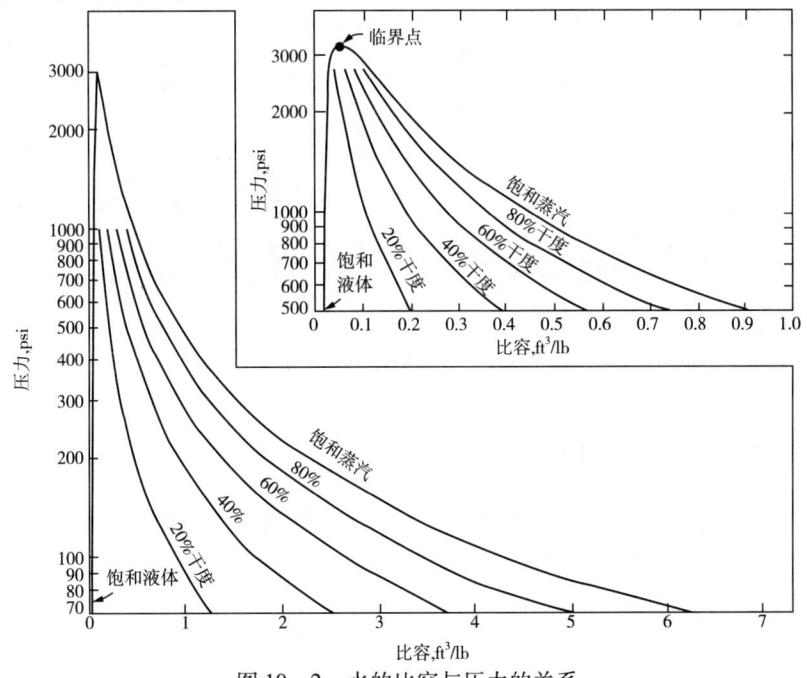

图10-2　水的比容与压力的关系

2. 原油黏温关系

稠油的黏度对温度的变化非常敏感。温度上升稠油的黏度急剧下降,这就是稠油热采的加热降黏机理。稠油黏度与温度的关系满足 Andrade 方程:

$$\mu_o = Ae^{B/T} \tag{10-8}$$

式中　T——绝对温度,K;

　　　μ_o——稠油黏度,mPa·s;

　　　A,B——常数,不同稠油不同。

Andrade 方程表明,稠油黏度与绝对温度的倒数关系为指数关系,在半对数坐标中,黏度与时间的倒数的关系为直线。由于稠油的黏度随温度的变化范围非常大,不能采用常规的等坐标纸做出黏温关系曲线。通常采用 ASTMD341-43 标准坐标纸,简称 ASTM 标准坐标纸。在 ASTM 标准坐标纸上,几乎所有的稠油的黏温关系为平行的斜线。这种方法有利于外推或内插,以求任意温度下的稠油黏度值。图 10-3 为我国主要稠油油田的原油黏温(ASTM 坐标)关系。从图 10-3 中可以看出,不同稠油油田的原油黏度随温度增加而大幅度下降,变化规律满足 Andrade 方程,不同稠油斜率十分接近(如图 10-3 中直线的斜率)。

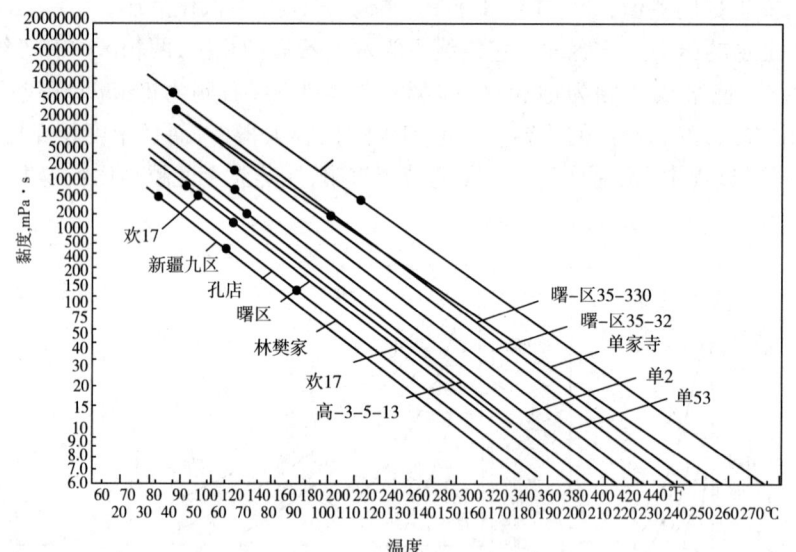

图 10-3　我国稠油的黏温关系

三、注蒸汽过程中热损失

在注蒸汽过程中,蒸汽从发生器开始最终到地层加热的整个过程都存在热损失,包括地面管线热损失,井筒热损失以及油层顶层和底层的热损失。

1. 地面管线热损失

地面管线损失的热量可用下式表示:

$$Q_1 = \frac{T_b - T_A}{R_h} \tag{10-9}$$

式中 Q_1——单位长度管线上热损失速率，kJ/(m·d)；
T_b, T_A——分别为管内流体和大气平均温度，℃；
R_h——比热阻，[kJ/(m·d·℃)]$^{-1}$。

对于稳定条件下，包有隔热层的地面管线，如图 10-4。比热阻为：

$$R_h = \frac{1}{2\pi}\left[\frac{1}{h_f r_i} + \frac{1}{h_{pi} r_i} + \frac{1}{\lambda_p}\ln\frac{r_o}{r_i} + \frac{1}{h_{po} r_o} + \frac{1}{\lambda_{ins}}\ln\frac{r_{ins}}{r_o} + \frac{1}{h_{fc} r_{ins}}\right] \tag{10-10}$$

式中 h_f——管内流体与内管壁间的入热系数，kJ/(m²·d·℃)；
h_{po}——管内壁尘垢层传热系数，kJ/(m²·d·℃)；
h_{pi}——管外壁与隔热层接触处传热系数，kJ/(m²·d·℃)；
h_{fc}——隔热层外表面传热系数，kJ/(m²·d·℃)；
$r_i、r_o、r_{ins}$——管线内径、管线外径以及隔热层直径，m；
$\lambda_p、\lambda_{ins}$——管线和隔热层导热系数，kJ/(m²·d·℃)。

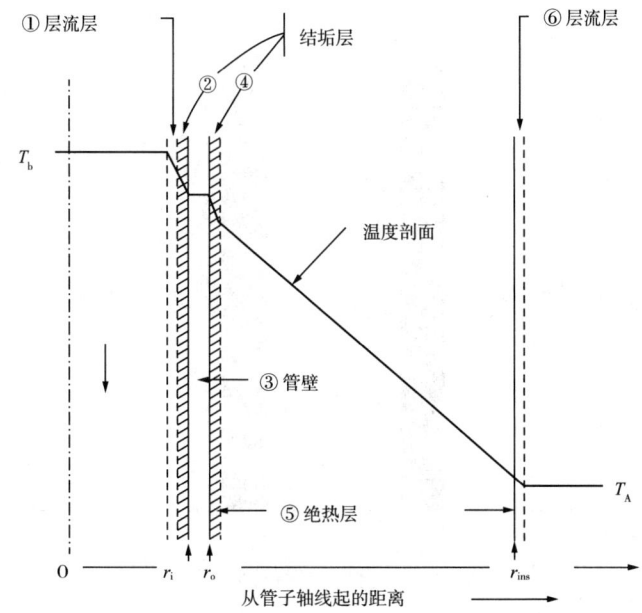

图 10-4 地面管线的传热热阻与温度剖面示意图

2. 井筒热损失

自井筒向四周地层的热损失速率尽管不能达到稳定状态，但它仍可表示为：

$$Q_2 = \frac{T_f - T_r}{R'_h} \tag{10-11}$$

式中 T_f——油藏内流体温度，℃；
T_r——地层温度，℃。

图 10-5 表示井筒传热热阻典型组成示意图。井筒热阻包括油管、油套隔热层、油管环空、套管、水泥层以及地层 6 个部分，在同心条件下，各热阻联合起来就可得出总的比热阻：

$$R'_h = \frac{1}{2\pi}\left[\frac{1}{h_f r_i} + \frac{1}{h_{pi} r_i} + \frac{\ln(r_o/r_i)}{\lambda_p} + \frac{1}{h_{po} r_o} + \frac{\ln(r_{ins}/r_o)}{\lambda_{ins}} + \frac{1}{h_{rc,an} r_{ins}}\right]$$

$$+ \frac{1}{2\pi}\left[\frac{\ln(r_{co}/r_{ci})}{\lambda_p} + \frac{\ln(r_w/r_c)}{\lambda_{cem}} + \frac{\ln(r_{ea}/r_w)}{\lambda_{ea}} + \frac{f(t_D)}{\lambda_e}\right] \quad (10-12)$$

式中　$h_{rc,an}$——环空中辐射和对流作用的放热系数，kJ/(m²·d·℃)；

　　　r_{ci}, r_{co}——套管内、外径，m；

　　　r_{ea}——井筒周围因受热改性地带半径，m；

　　　λ_{ea}——受热地层的导热系数，kJ/(m²·d·℃)；

　　　λ_e——未受热地层的导热系数，kJ/(m²·d·℃)。

　　　$f(t_D)$——与无因次时间有关的函数。

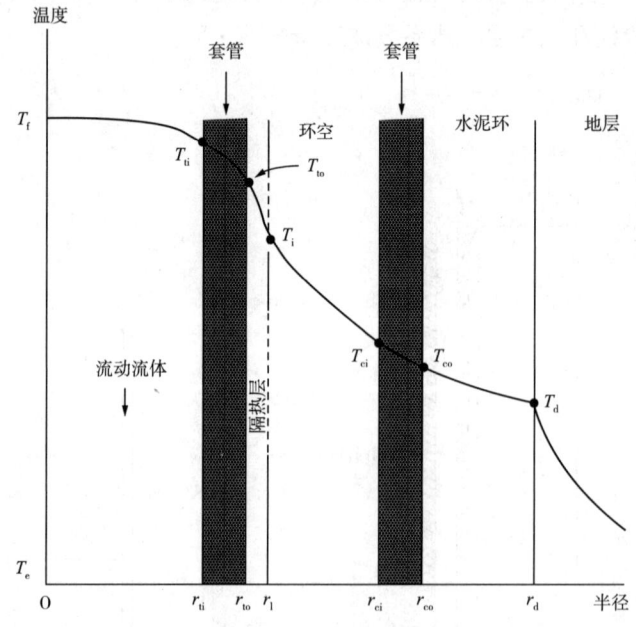

图 10-5　井筒温度剖面示意图

Ramey 认为 $f(t_D)$ 计算式为：

$$f(t_D) = \frac{1}{2}\ln(t_D) + 0.403 \quad (10-13)$$

$$t_D = \frac{\alpha_E}{r_{ea}^2} t \quad (10-14)$$

式中　α_E——地层热扩散系数，m²/d；

　　　t——从加热开始计的时间，d。

3. 油层热损失

（1）油层加热量

Willman 认为加热面积为：

$$A = \pi R^2 = \frac{\pi H h}{4K\Delta T}\left[\sqrt{\frac{t_D}{\pi}} - \frac{\pi}{2}\ln\left(1 + \frac{2}{\lambda}\sqrt{\frac{t_D}{\pi}}\right)\right] \quad (10-15)$$

式中　A——注汽时间 t 的加热面积，m^2；

　　　ΔT——油层温度变化量，℃，$\Delta T = T_s - T_r$；

　　　t_D——无因次时间，$t_D = \dfrac{4Dt}{h^2}$；

　　　t——注汽时间，d；

　　　h——油层厚度，m；

　　　λ——油层热容与顶层底层热容比值，$\lambda = \dfrac{M_r}{M_{ob}}$；

　　　D——顶底层热扩散系数，m^2/d，$D = \dfrac{K}{M_{ob}}$；

　　　K——顶底层热导热系数，$kJ/(m^2 \cdot d \cdot ℃)$；

　　　H——注热速率，kJ/d；

　　　T_s——饱和蒸汽温度，℃；

　　　T_r——油层温度，℃。

（2）油层热损失

油层热损失是注入热量与加热油层热量之差，即

$$Q_3 = Q_0 - AhM_r\Delta T = Ht - \frac{\pi H h^2 M_r}{4K}\left[\sqrt{\frac{t_D}{\pi}} - \frac{\lambda}{2}\ln\left(1 + \frac{2}{\lambda}\sqrt{\frac{t_D}{\pi}}\right)\right] \quad (10-16)$$

由于 $M_r = \lambda M_{ob}, K = DM_{ob}, t = \dfrac{t_D h^2}{4D}$，所以，油层热损失系数为：

$$\eta = \frac{Q_3}{H_t} = 1 - \frac{\pi\lambda}{t_D}\left[\sqrt{\frac{t_D}{\pi}} - \frac{\lambda}{2}\ln\left(1 + \frac{2}{\lambda}\sqrt{\frac{t_D}{\pi}}\right)\right] \quad (10-17)$$

由上式可以看出，油层热损失与注汽时间、油层厚度、注入速度以及上下岩层热物理参数有关，较厚的油层，较快的注汽速度有助于降低热损失。

第二节　蒸 汽 吞 吐

蒸汽吞吐（Puff and Huff）就是将一定量的高温高压饱和蒸汽注入油井（吞），关井数天（焖井），加热油层及其原油，然后开井回采（吐）的循环采油方法。蒸汽吞吐方法是稠油开采中最

常用的方法,也是工业化应用最好的热采方法。蒸汽吞吐又称蒸汽激励(Steam Stimulation)或循环注蒸汽(Cyclic Steam Injection)。蒸汽吞吐方法的优点是一次投资少、工艺技术简单、增产快、经济效益好,对于普通稠油及特稠油油藏,蒸汽吞吐几乎没有任何技术、经济上的风险,因此这种方法已广泛应用于稠油开采。对于稠油油藏及特稠油油藏一般都是先进行蒸汽吞吐,然后再转向蒸汽驱。

蒸汽吞吐的增产效果取决于许多因素,如地质条件(油层压力、渗透率、原油黏度及饱和度、油层厚度及有无边底水等)和施工参数(如注汽压力、焖井时间、蒸汽干度和注汽速度等),因此要提高蒸汽吞吐效果,必须针对油藏条件优化设计,科学施工,才能取得最好的效果。

一、蒸汽吞吐开采过程

蒸汽吞吐采油过程可以分为三个阶段,即注汽阶段(吞蒸汽)、关井阶段(焖井)和回采阶段(吐蒸汽),如图10-6所示。在注蒸汽作用前,要准备好机械采油设备及采油条件,油井中下入注汽管柱(隔热油管和耐热封隔器)。通常将隔热油管和封隔器下到注汽目的层以上几米处,尽量减短未封隔油井段。待注汽锅炉及水处理设备调试正常后,可以通过注汽管柱向油井注入蒸汽。蒸汽注入参数可根据油藏地质条件及优化设计的结果确定。

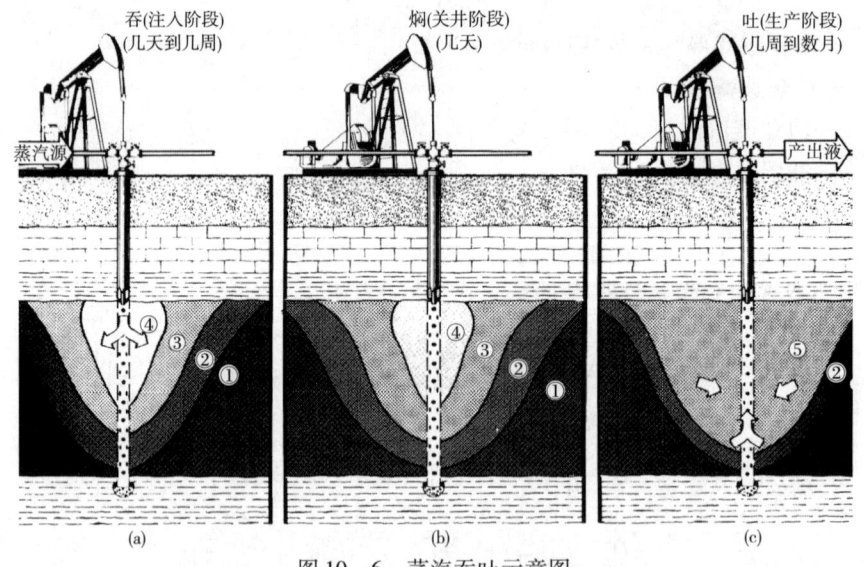

图10-6 蒸汽吞吐示意图
①冷原油;②加热带;③蒸汽凝结带;④蒸汽带;⑤流动原油与蒸汽凝结水

1. 注汽阶段

注汽阶段是油层吞入蒸汽的过程,如图10-6(a)所示。根据设计要求的施工参数(注入压力、注汽速度、蒸汽干度、周期注汽量),把高温高压饱和蒸汽注入油层。注入蒸汽优先进入高渗透带,而且由于蒸汽与油藏流体密度差蒸汽占据油层的上部。油层内的温度分布并不均匀,靠近井眼处的地层及油层的上部温度相对较高,随着注汽过程的进行,被蒸汽加热的区域越来越大。当注入蒸汽量达到设计的周期蒸汽注入量时,油层平均温度达到最高。

2. 关井阶段

注完所设计的蒸汽量后,停止注汽,关井,也叫焖井,焖井的时间一般为2~7天,如图10-6(b)所示。焖井的目的:1)使注入进井地带的蒸汽尽可能地扩散到油层深部,加热那里的原油;2)腾出时间准备回采条件,如下泵等。在焖井阶段,由于蒸汽的热损失(上下盖层油层深部)导致蒸汽扩散区域的蒸汽冷凝,变成热水带,该热水带温度较高(有一定的压力),仍然可以加热地层和原油。

3. 回采阶段

油井注完蒸汽关井达到设计的焖井时间后,开井生产进入回采阶段,如图10-6(c)所示。在回采阶段,由于油层压力较高,一般油井能够自喷生产(尤其是首轮蒸汽吞吐),装上较大的油嘴以防止油层出砂,开井生产最初几天,含水率通常很高,有的甚至全是热水,但很快出现产油峰值,其产量为常规产量的几十倍。当油井不能自喷时,立即下泵生产。

随着回采时间延长,由于注入地层的热量损失及产出液带出大量的热量,被加热的油层逐渐降温,流向井筒的原油的黏度逐渐升高,原油产量逐渐下降(图10-7)。当产量降至某一极限产量时,结束该周期的生产,重新进行下一周期的周期吞吐,如此多周期地吞吐作业,最后转入蒸汽驱开采。

在多周期吞吐中,前一周期回采结束时留在油层中的余热对下一周期的吞吐将起

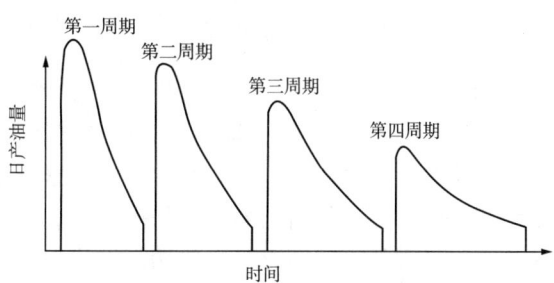

图10-7 蒸汽吞吐生产动态示意图

着预热作用,有利于下一周期的增产。现场中常出现下一周期的产量峰值较上一周期要高。

总的生产规律是原油峰值产量随着吞吐周期的增加而降低,而且在同一生产周期内原油回采产量随回采时间增加而降低,原因在于油层产量在逐渐下降,产出的油来自同一加热层;即使在注入相同量的蒸汽时,由于加热带的增加而使热损失增加。因此,为了增加下一周期的原油产量,需逐次增加周期注汽量,以扩大加热带,同时及时把地层中的冷凝水回采,降低热损失。

二、蒸汽吞吐机理

周期吞吐增产的机理较为复杂,但可以肯定的是原油受热降黏在提高稠油产量中起着非常重要的作用,热膨胀的溶解气作用也促进了地层流体的流动,蒸汽的井筒清洗效应以及回采过程中的地层污染的清除也是蒸汽吞吐增产的因素。此外,高温引起的油水相对渗透率和毛管压力变化以及岩石润湿性改变都有助于地层原油的流动。

1. 原油降黏

近井地带蒸汽加热原油,大幅度降低了原油的黏度,大大提高了原油的流动能力。这是蒸汽吞吐增产的一个重要机理。向油层注入高温高压蒸汽后,近井地带相当范围内的地层温度

升高,将油层和原油加热。加热带中原油黏度将下降 1~2 个数量级,从几千甚至几万毫帕秒降至几百个毫帕秒(图 10-8),原油流度(K_o/μ_o)提高几十倍,原油的流动阻力相应大幅度下降,油井产量相应增加许多倍。

值得注意的是,由于蒸汽与地层流体的密度差以及蒸汽注入和关井过程中地层中热量损失与传递,近井地带温度分布极不均匀。注入蒸汽优先进入高渗透地层,而且趋向于油层顶部,随着注入蒸汽量的增加,加热范围逐渐扩展,此时,蒸汽带的温度仍能保持井底的蒸汽温度。但是,在关井期间,由于蒸汽的热传导和热对流,蒸汽带温度有所下降,甚至部分蒸汽凝结为热水,这样原来蒸汽带的温度进一步降低。尽管如此,近井地带的温度仍比原始温度高许多,因此油井产量可大幅度提高。

2. 地层能量增加

注入的蒸汽以及注入蒸汽后原油的受热膨胀使油层的弹性能大为提高,原来油层中少量的溶解气及游离气,加热后溶解气驱作用增加。

3. 清除井筒附近地层堵塞

稠油油藏在钻井、完井、井下作业及采油过程中,外来的入井液及油藏的石蜡、沥青质很可能污染地层甚至堵塞地层,造成严重的地层伤害。一旦油层被伤害,常规采油方法,甚至酸化、热洗方法都很难清除堵塞物。其原因在于这些堵塞物进一步会受到稠油中沥青胶质成分的黏结作用,加上流速很低,堵塞物不易被清除。在蒸汽吞吐注入过程中,注入蒸汽的高温使沉积在井筒附近空隙中的沥青胶质的相态发生变化,使其由固态变为液态,溶于原油中。在回采过程中,由于液流方向的改变,在放大压差下高速流入井筒时,油、蒸汽、水产生了对井筒附近地层的冲刷作用,将堵塞物排出地层,大大改善了井筒附近地层的渗流条件,提高原油流动能力。图 10-9 为不同伤害程度油层蒸汽吞吐效果的对比结果。从图 10-9 中可以看出,油层伤害越严重,蒸汽吞吐效果越好。

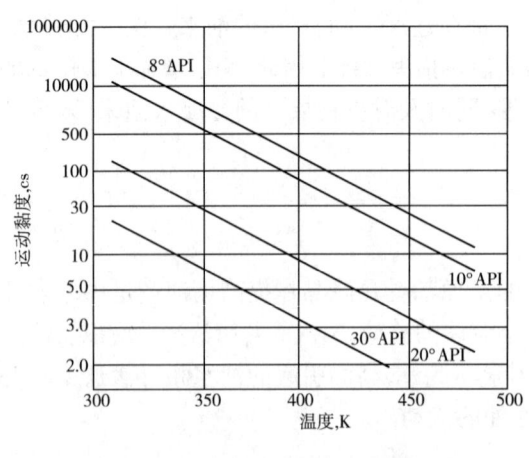

图 10-8 温度对原油黏度的影响

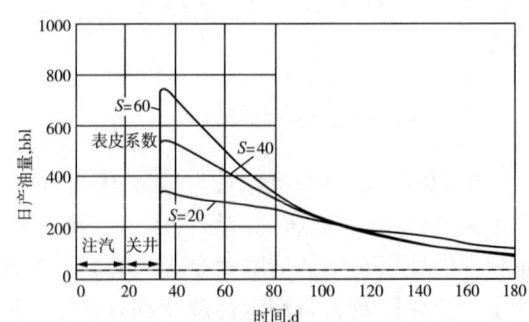

图 10-9 伤害程度对吞吐效果的影响

4. 相渗透率与润湿性改变

注入的湿蒸汽加热油层后,高温使油层的油水相对渗透率发生了变化,在相同水饱和度下,油相渗透率增加,水相渗透率降低,平衡水饱和度增加,高温蒸汽使砂粒表面上的沥青胶质油膜破坏,润湿性改变。由原来的亲油或强亲油变为亲水或强亲水。从油相分流率来看:油相渗透率增加,同样可以提高油相的分流量,进而增加原油产量。

除此以外,回采过程中的蒸汽驱动作用以及冷凝水的闪蒸作用也是蒸汽吞吐增产的机理。注入油层的蒸汽仍有一部分能够在回采过程中保留其相态,这些蒸汽在流动过程中受压降的影响,体积大大膨胀。此外,高温下油层原油产生某种程度的裂解,使原油的轻馏分增多,表现为采出原油的馏分随回采时间的增加而逐渐变重,而且后一周期比前一周期重,这种蒸汽使部分原油轻度的裂解无疑对油井的增产起了积极作用。

三、影响蒸汽吞吐效果的因素

蒸汽吞吐效果体现在产量增加、能耗降低、经济效益好,而且为下一步的蒸汽驱创造了良好的条件。蒸汽吞吐效果可以通过室内物理模拟、数值模拟以及矿物先导试验来分析研究。蒸汽吞吐效果取决于很多因素,可以分为两大类,分别是油藏地质参数和蒸汽注入参数。在油藏地质方面,原油黏度、油层厚度、渗透率、剩余油饱和度等参数对吞吐效果有很大影响,油层存在底水和边水时,吞吐效果也不一样;在蒸汽注入方面,蒸汽干度、注入速度、周期注汽量以及注汽压力也影响蒸汽吞吐效果。下面将分油层地质和注汽工艺两个方面对蒸汽吞吐效果的影响进行分析和讨论。

1. 油藏地质参数

(1) 原油黏度

原油黏度对蒸汽吞吐的效果影响很大,原油黏度越高,蒸汽吞吐效果越差,反之,是否原油黏度越低,吞吐效果越好呢?图 10-10 为相同条件下不同黏度的蒸汽吞吐效果对比图。从图 10-10 中可以看出,原油黏度越低,吞吐的峰值产量以及周期累计产油量都增大,增产期也相应地延长。这是由于一方面,尽管原油的黏度随温度的升高而降低,当油层温度高到某一程度,高黏原油的黏度仍比低黏原油的黏度高,高黏原油的流动阻力较大;另一方面,在同样的蒸汽加热半径内,低黏原油的泄油半径大,供油量多,而高黏原油的泄油半径小,供油量少。当原油黏度高到不加热不能流动时,冷原油很难进入泄油区,因而产出量有限。原油黏度不仅影响蒸汽吞吐时原油的产量,而且影响原油的累计产量和最终采收率。

(2) 油层厚度

图 10-11 为油层厚度对蒸汽吞吐效果的影响结果。油层越厚,吞吐效果越好;油层越薄,效果越差。这是因为油层越厚注入的热能向上下层的热损失越大,油层中的汽油比越小,热能利用率越低。这一现象在蒸汽驱中更加明显。

(3) 油层渗透率

对于稠油油藏,一般为疏松的砂岩或砂层,渗透率都较高,有利于稠油开采。油藏数值模拟结果表明,砂岩渗透率增加,蒸汽吞吐的日产油量和累计产油量均增加。其原因在于渗透率的增加,提高了原油的流度(K_o/μ_o)。此外,对于黏度很高的油层,渗透率对吞吐效果的影响更大。

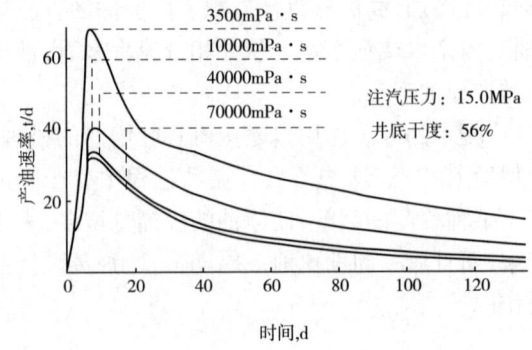
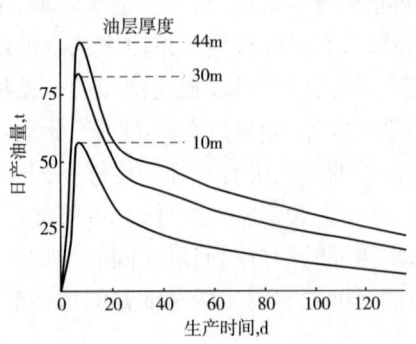

图 10-10　原油黏度对吞吐效果的影响　　　图 10-11　油层厚度对吞吐效果的影响

(4) 含油饱和度

油层含油饱和度越高,增产效果越好,蒸汽吞吐的峰值产量越高,反之亦然。这是由于油层含油饱和度较低时,相对来说油层中可动油量和可动油相饱和度较小,水相饱和度较大。由相对渗透率曲线可知,水相渗透率增加,产出水量较大。另外,由于水的比热比原油大很多,相同热量下,加热的半径就比较小。因此,在蒸汽吞吐的油藏筛选时,要确定出含油饱和度的下限。一般来说,含油饱和度下限为 0.5。

2. 注汽工艺参数

(1) 蒸汽干度

蒸汽干度是影响蒸汽吞吐开采效果的主要因素。在总蒸汽量相同的条件下,蒸汽干度越高,回采期原油峰值产量越大,而且整个回采期的累计产油量越高。因此,在现场操作过程中尽可能保证注入蒸汽干度较高。原因主要是:1)在相同注入汽量下,蒸汽干度越高,热焓越大,加热油藏体积大;2)由湿饱和蒸汽性质可知,在相同压力下,干度越高,比容越大,这种影响在高压油藏更加越明显。

(2) 注入气量

在其他因素条件相同时,注入蒸汽量增加,吞吐增产油量也增加,但原油蒸汽比下降。对于某一具体油藏,注入量越大,加热范围越大,热油产量越高。但注入量太大,原油蒸汽比下降,油井停产作业时间延长,对生产不利。注汽量也不能太小,否则峰值产量低,增产周期短,周期累计产量低。一般认为,注汽强度的最优范围是每米油层 80~120t 蒸汽。

(3) 注汽速度

蒸汽吞吐中注汽速度主要受两个因素控制,一是井底蒸汽干度,二是地层破裂压力。注汽速度过小,井筒热损失会增加,导致井底干度降低,从而降低吞吐效果;注汽速度又不能太大,否则注入蒸汽就会压裂地层,造成裂缝性气窜,使下一周期的蒸汽吞吐以及后续的蒸汽驱开采效果恶化。在油层破裂压力以内,注汽速度高,可以提高蒸汽干度,缩短油井停产注汽时间,有利于提高增产效果。值得注意的是,注汽速度还受地层吸汽能力控制,吸汽能力取决于油层厚度、原油黏度、油层压力、水汽相渗透率。

(4) 生产气举速度

在蒸汽热焖后油井开井生产,一般来说,加热原油会自喷或下泵生产而产出地面,有时采用气举方法能够提高油井产量,气举速度的大小直接影响油井蒸汽吞吐效果,气举速度越大,吞吐周期内累计采油量越高,如图 10-12 所示。由图 10-12 可知,如果油井不进行蒸汽吞吐,油井产量要低得多。

(5) 注汽压力

注汽压力对蒸汽吞吐效果的影响比较复杂,在低的注汽压力下,蒸汽注入压力对吞吐效果具有明显的影响;而在高的注汽压力下,注汽压力对吞吐效果的影响主要取决于生产压差的大小,增大生产压差,有利于提高吞吐效果。对于气举生产来说,井口压力对吞吐效果的影响见图 10-13,井口压力越小,吞吐周期内累计产油量越高。

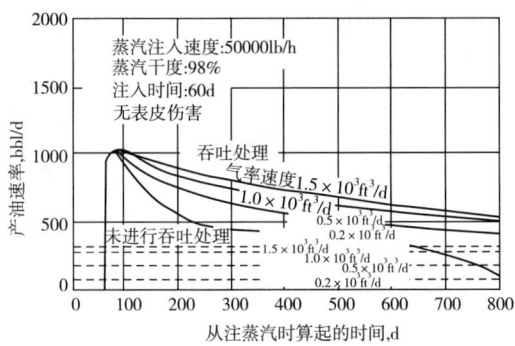

图 10-12 气举速度对吞吐效果的影响　　图 10-13 井口压力对吞吐效果的影响

(6) 焖井时间

注完蒸汽后关井一段时间,可以使注入油层的蒸汽与孔隙介质中的原油充分进行热交换,以避免降低开井回采时热能利用率。但焖井时间太长,就会增加油层热量向上下层损失量,降低热能利用量。而焖井时间太短,会导致注入地层的蒸汽在回采阶段吐出来,降低了蒸汽的加热范围,因此焖井时间存在一个最优值,一般该值为 3~6d。

四、蒸汽吞吐生产动态预测

由于蒸汽吞吐及油藏的复杂性以及影响蒸汽吞吐效果的因素很多,正确预测蒸汽吞吐的动态十分困难。通常利用三维三相热采数值模拟软件计算蒸汽吞吐采油过程的生产动态、优选注汽工艺参数、优化蒸汽吞吐工艺设计。为了快速简便,人们常采用解析法进行动态计算和预测,通过这种方法可以加深了解蒸汽吞吐采油过程的基本概念。

计算蒸汽吞吐动态常用的一种解析方法是 Boberg—Lantz 法。这种方法假设油层是均质的、流体为一维径向流动,计算加热带大小时考虑了向顶底盖层的热损失。

1. 加热带的半径

假设在注汽过程中,加热带内的油层温度为蒸汽的饱和温度,在加热带以外,温度陡降为初始油层温度。

利用 Marx—Langenheim 方法计算加热带的半径：

$$r_h^2 = \frac{10^3 q_s (H_s - H_{wr}) h \lambda}{4\pi K_{ob} \Delta T}$$

$$\times \left[e^{\frac{t_D}{\lambda^2}} \mathrm{erfc}\left(\frac{\sqrt{t_D}}{\lambda}\right) + \frac{2}{\sqrt{\pi}}\left(\frac{\sqrt{t_D}}{\lambda}\right) - 1 \right] \quad (10-18)$$

式中 r_h——加热带半径，m。
其他符号同前。

2. 加热带的平均温度

注蒸汽结束后，任一时刻加热带 r_h 内的平均温度由下式计算

$$T_{avg} = T_r + (T_s - T_r)[\bar{v}_r \bar{v}_z (1-\delta) - \delta] \quad (10-19)$$

$$\bar{v}_r: \quad \bar{\theta} = \frac{\alpha(t-t_i)}{r_h^2} \quad (10-20)$$

$$\bar{v}_z: \quad \bar{\theta} = \frac{\alpha(t-t_i)}{z^2} \quad (10-21)$$

式中 T_{avg}——加热带油层平均温度，℃；
T_s——蒸汽饱和温度，℃；
T_r——初始油层温度，℃；
$\bar{v}_r$——无因次量，考虑加热带内径向传导热损失；
$\bar{v}_z$——无因次量，考虑加热带内垂向传导热损失；
δ——修正项，用于考虑随产出液体带走的热量；
t_i——注汽时间，d；
t——从周期开始到计算时刻的时间，d；
$\bar{\theta}$——无因次时间；
α——热扩散率，m²/d；
r_h——加热半径，m；
z——厚度，m。

对于单砂体，$\bar{v}_r$ 和 $\bar{v}_z$ 的值可从图 10-14 中得到。修正项 δ 可由下式求出。修正项 δ 定义为：

$$\delta = \frac{1}{2} \int_{t_i}^{t} \frac{H_f dt}{\pi r_h^2 h (\rho C)(T_s - T_r)} \quad (10-22)$$

式中 H_f——产出液体带走的热量，kJ/d；
h——油层厚度，m；
(ρC)——加热带内油藏的平均热容，kJ/(cm³·℃)。

3. 产出液体带走的热量

产出液体带走的热能速度为：

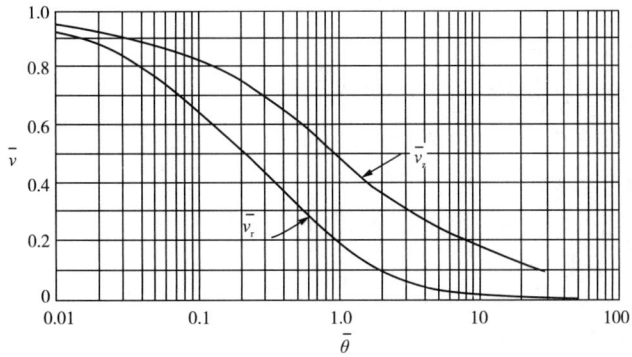

图 10-14 垂向和径向热损失与无因次时间关系

$$H_f = q_{og}(H_{og} + H_w) \quad (10-23)$$

$$H_{og} = (\rho_0 C_0 + R_g C_g)(T_{avg} - T_r) \quad (10-24)$$

$$H_w = [R_w(H_{ws} - H_{wr}) + R_{wv}L_v] \quad (10-25)$$

$$R_{wv} = 0.0001356 \left(\frac{p_{wv}}{p_w - p_{wv}}\right) R_g \quad (10-26)$$

式中 q_{og}——蒸汽吞吐产油量，m^3/d；

ρ_0——原油的密度，kg/m^3；

C_0——原油的比热，$kJ/(cm^3 \cdot ℃)$；

C_g——天然气的比热 $kJ/(cm^3 \cdot ℃)$；

H_{ws}, H_{wr}——产出水分别在温度 T_s 与 T_v 下的热焓，kJ/kg；

L_v——在 T_{avg} 下水的汽化潜热，kJ/kg；

R_w——生产水油比；

R_{wv}——产出蒸汽（冷凝水）与油之比；

R_g——产出气油比；

p_w——生产井底压力，MPa；

p_{wv}——在温度 T_{avg} 下的饱和蒸汽压，MPa。

因为 H_f 是平均温度 T_{avg} 的函数，所以必须采用迭代法求解。

4. 日产油量

要计算蒸汽吞吐日产油量，首先要知道未吞吐时，即冷油的生产指数 J_c 及油藏静压 p_e。J_c 可以通过吞吐前油井生产指数的历史曲线外推得到，油藏静压 p_e 可以从吞吐前 p_e 与累计采油量曲线外推得到。

蒸汽吞吐日产油和生产指数的计算公式分别为：

$$q_{oh} = \bar{J} J_c \Delta p \quad (10-27)$$

$$\bar{J} = \frac{J_h}{J_c} = \frac{1}{\frac{\mu_{oh}}{\mu_{oc}} C_1 + C_2} \quad (10-28)$$

式中 q_{oh}——蒸汽吞吐(热油)日产油,m^3；

$\bar{J}$——吞吐前后生产指数之比；

J_h——蒸汽吞吐生产指数,$t/(d·MPa)$；

J_c——未吞吐时生产指数,$t/(d·MPa)$；

Δp——生产压差,$\Delta p = p_e - p_w$,MPa；

μ_{oc},μ_{oh}——吞吐前与吞吐后的原油黏度,$mPa·s$；

C_1,C_2——几何系数。

5. 吞吐结束时油层中剩余热量

为了预测下一周期的生产动态,必须考虑本周期结束时油层中的剩余热量,其近似公式为：

$$Q_r = \pi r_h^2 (\rho C)_1 h (T_{avg} - T_r) \tag{10-29}$$

在进行下周期的计算时,要将此剩余热量加到注入热量之中。

6. 计算实例

下面用一个具体例子来说明 Boberg—Lantz 方法进行蒸汽吞吐效果预测的计算步骤。某一稠油油藏的深度为 1200m,油层厚度为 55m,原始油层温度 48℃,油层温度下脱气原油黏度 133mPa·s,原油比热为 1.96kJ/(kg·℃)。地层导热系数为 152kJ/(m·d·℃),井筒半径为 0.089m,地层静压 3.3MPa,生产井底压力为 0.7MPa。蒸汽吞吐前油井日产油 $21.5m^3$,水油比 0.83,气油比 175。第一周期累计注汽 $2.8×10^4$t,注汽时间 46d,井口注汽压力 5.2MPa,焖井 2d,生产时间 487d,实际产油 $12847m^3$。

利用 Boberg—Lantz 方法计算该井蒸汽吞吐生产动态的步骤如下。

(1)用公式(10-18)计算加热半径 r_h

式(10-18)中的无因次时间为：

$$t_D = \frac{4Dt_i}{h^2} = \frac{4 \times 0.092 \times 46}{55^2} = 0.0057$$

假设油层的顶层和底层热扩散系数为 $D = 0.092 m^2/d$,如果油层热容与顶层底层热容比为：

$$\lambda \approx 1$$

将注汽量 $q_s = 2.8 \times 10^4$t,蒸汽以及油层热力学系数等代入公式(10-18),可求出 r_h 为 9.8m。

(2)计算加热带的温度 T_{avg}

图 10-14 中无因次时间为：

$$\bar{\theta}_z = 0.002702(t - t_i) \tag{10-30}$$

$$\bar{\theta}_r = 0.0006011(t - t_i) \tag{10-31}$$

第十章 热力采油

对任一时刻 $t-t_i$,可从图 10-14 中分别求出 $\bar{v}_r$ 和 $\bar{v}_z$。在开始生产时,$t-t_i=2\mathrm{d}$,此时 $\delta=0$,利用公式(10-19)求出第一个时间步的油层温度。

$$T_{\mathrm{avg}} = 48 + (270-48) \times 0.922 = 253 ℃$$

对后继的迭代时间步,δ 可近似表示为:

$$\delta = \frac{1}{4} \times \frac{\sum_{i=1}^{N} H_{\mathrm{fi}}^* \Delta t_{\mathrm{pi}}}{\pi r_{\mathrm{h}}^2 h (\rho C)_1 (T_{\mathrm{s}} - T_{\mathrm{r}})}$$

$$= \frac{1}{4} \times \frac{\sum_{i=1}^{N} H_{\mathrm{fi}}^* \Delta t_{\mathrm{pi}}}{4 \times \pi \times 9.8^2 \times 55 \times (270-44)} = \frac{\sum_{i=1}^{N} H_{\mathrm{fi}}^* \Delta t_{\mathrm{pi}}}{6.012 \times 10^7} \quad (10-32)$$

式中　H_{fi}^* ——时间步开始时的产出热量,kJ/d;
　　　Δt_{pi} ——迭代时间步长,d;
　　　N ——迭代次数。

(3)计算日采油量

首先要求出几何系数 C_1 和 C_2,然后,对第一个时间步,$T_{\mathrm{avg}}=253℃$,则原油黏度为 $\mu_{\mathrm{oh}}=1.96\mathrm{mPa \cdot s}$。利用公式(10-28)可求出 $\bar{J}$:

$$\bar{J} = \left(\frac{1.96}{134} \times 0.8056 + 0.1944\right)^{-1} = 4.85$$

将相应的参数代入公式(10-27)可求出第一个时间步蒸汽吞吐日产油 q_{oh} 为 $22.5\mathrm{m}^3$。按照上面的过程迭代,就可计算出周期采油动态。

五、蒸汽吞吐实例

高升油田油藏及其流体的参数见表 10-1。由于油层深度达 1600m 左右,注蒸汽井筒热损失率大,油层压力较高,注汽压力及温度要求较高。高升油田为了降低井筒热损失,提高深油层蒸汽吞吐效果,采用了如下技术:

1)采用注汽井套管预应力完井技术,所有注采井都用 $7\mathrm{in}N-80$ 套管完井,管外采用耐热水泥(水泥加 30%~40% 石英粉)上返地面。这样做的目的是保护注蒸汽开采过程中套管不受热应力损坏。

2)为了防止热采过程中油井出砂,防止完井过程中造成油层损害,普遍采用了先期砾石填充绕丝衬管防砂技术。

3)高压注蒸汽锅炉配套设备能够满足深井注蒸汽开采要求。

4)井筒隔热技术,即在井中下入油管注汽时先从油井环空中注入氮气的井筒隔热技术。该方法的特点是注汽过程中始终保持向环空中注氮气(用液氮泵车组),在不下入耐热封隔器或其失效时,仍能正常注汽。

随着吞吐周期增加,吞吐效果逐渐变差,逐次采油各项指标变差,第六周期以后已无明显效果,吞吐开采期约 5~8 年,尤其是产量递减速度快及封值产量期较短。

表 10-1　高升油田油藏及其流体的参数表

油藏参数	数值	油藏流体参数	数值
油藏埋深	1500~1800m	脱气原油黏度	2000~4000mPa·s(50℃)
油藏温度	60℃	地层原油黏度	74~605mPa·s
平均有效厚度	67.7m	凝固点	0~12℃
渗透率	1~2.3μm²	含蜡量	3%~6%
孔隙度	22%~26%	含硫量	0.5%
含油饱和度	65%	胶质沥青	40%~46%
平均孔喉半径	4.86~6.52μm	原始油气比	24~31m³/t
泥质含量	7%~10%	原油密度	0.942~0.965g/cm³(20℃)
饱和压力	12.4MPa		
压力系数	1.01~1.03		
地层压力	16.1MPa		

　　分析注汽采油动态得出,前三个周期的吞吐效果都较好。如果将井底的蒸汽干度再提高,强抽动液面再深些,尽量延长回采期,降低废弃产量限值。尽力提高每个周期的累计采油量,不急于结束回采期投入下一轮注汽等,多周期的开采效果有可能改善。

第三节　蒸　汽　驱

　　在蒸汽吞吐开采稠油方法中,吞吐只能采出油井井筒附近地层中的原油,而井间仍有大量的稠油未能采出,其采收率仅为10%~20%。蒸汽吞吐后进行蒸汽驱开采,可以使一部分井间地层中的原油采出地面,可进一步提高稠油的采收率20%~30%。因此,蒸汽驱(Steam Drive)是接替蒸汽吞吐的一种稠油开采方法。与蒸汽吞吐相比,尽管蒸汽驱可以大幅度提高稠油油藏的采收率,但该方法消耗的热能多、投资大、技术复杂程度高、风险大。因此,目前蒸汽驱的产量要比吞吐的产量小。

　　蒸汽驱的机理比较复杂,但比化学驱(尤其是复合驱)要清楚得多,可以认为原油黏度降低、流度改变、原油蒸馏和膨胀、相对渗透率改变、溶解气驱和溶剂混相驱等作用都会使采收率提高。

　　蒸汽驱开采稠油是一项系统工程,它涉及多学科、多专业(包括地质、力学、传热学、化学、机械、石油工程以及其他一些高新技术)。要求各学科紧密结合、相互渗透、不断发展。蒸汽驱方案需要经过油藏地质研究、油藏工程研究、工艺技术设计、技术经济评价、先导实验开展与评价等程序,才能顺利进行并取得成功。

　　目前,蒸汽驱开采稠油方法中,最难解决的问题是蒸汽注入过程中的蒸汽汽窜问题。尽管利用蒸汽泡沫在一定程度上可以缓解,但仍需在技术上攻关,争取有所突破,为进一步提高蒸汽驱的采收率作出贡献。

　　本节将介绍蒸汽驱的采油机理、影响蒸汽驱效果因素分析、蒸汽驱工艺技术以及蒸汽驱设计与实施等方面内容。

一、蒸汽驱采油机理

蒸汽驱开采过程中,从注入井注入的热蒸汽加热原油并把它驱向生产井,如图 10-15 所示。由注入井到生产井的过程中,形成了几个温度不同的区:蒸汽及部分冷凝水带、热水带、热油带和原始油带。

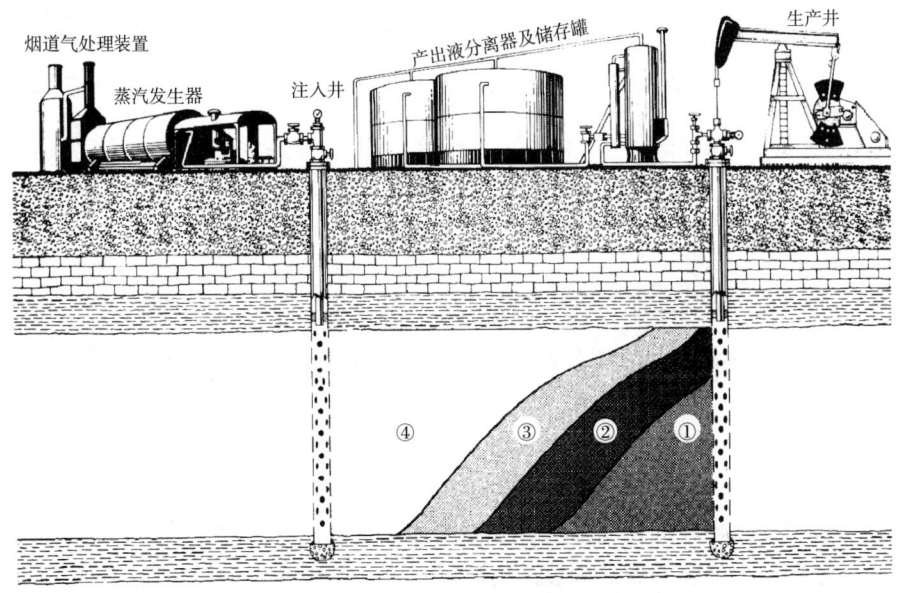

图 10-15 蒸汽驱示意图
①原始油带;②热油带;③热水带;④蒸汽和冷凝水带

1) 蒸汽及部分冷凝水带。蒸汽注入油藏后在注入井周围形成一个饱和蒸汽带,其温度和蒸汽的温度相同,连续注入的蒸汽使蒸汽带向生产井推进,在蒸汽带前缘有部分冷凝水。

2) 热水带。蒸汽带前面是凝结的热水带。它是加热油层后,由释放热量温度降低的蒸汽凝结而成的,热水凝结带在推进过程中,温度逐渐降低。

3) 热油带。热水带前为热油带,热油带向前推进,温度进一步降低,最后温度和原始油层温度相同,形成原始油层。

在每个区带中,其驱替机理都不同,因此,由注入井到生产井,形成了一个含油饱和度和温度不同的剖面(图 10-16),蒸汽驱过程中的含油饱和度主要取决于其热力学性质,蒸汽带中的残余油因经受的温度最高而降至最低的饱和度;凝结带中,由于蒸汽带前缘形成的溶剂油带的抽提作用以及蒸汽带的温度也较高,因此,其残余饱和度远远低于冷水驱。蒸汽带和凝结带的不断推进,推动可动原油前进,因而形成了前面原油饱和度高于原始值的油带及冷水带,此处的驱油方式和水驱相同,在油层原始区,温度和含油饱和度仍是最初状态。

因此,蒸汽驱的机理有降黏作用、蒸汽的蒸馏作用、热膨胀作用、重力分离作用、相对渗透率及毛管压力的变化、溶解气驱作用、油相混相驱动以及乳状液驱替作用。这些机理的作用程度主要取决于原油及油层的特性。目前,比较公认的蒸汽驱机理及其提高采收率的效果如图 10-17 所示。

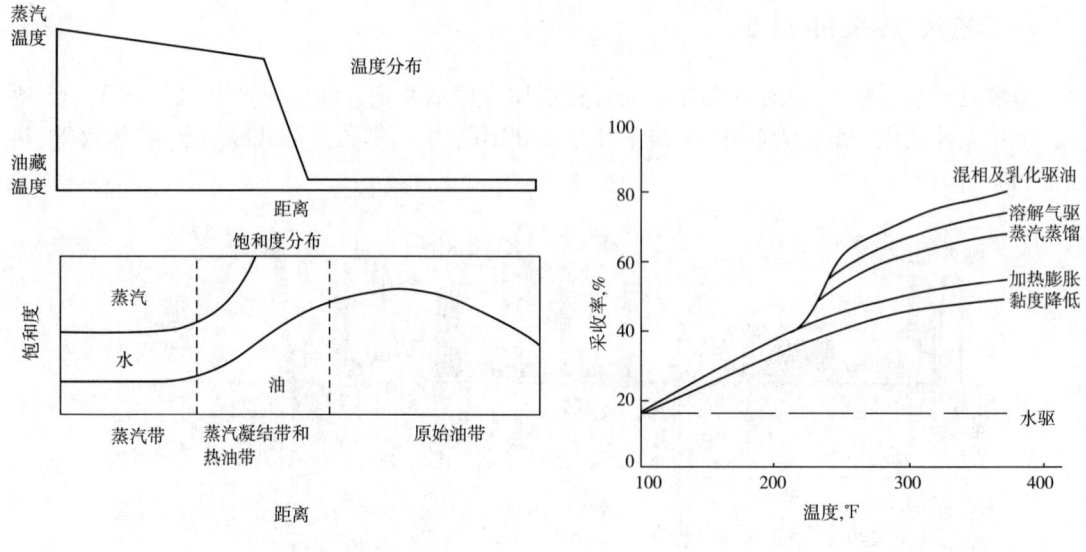

图 10-16 蒸汽驱温度与饱和度分布　　图 10-17 蒸汽驱机理对采收率的贡献

1. 降黏作用

向地层中注入热的蒸汽,油层温度升高,原油黏度下降,改善稠油流动能力,这是蒸汽驱开采稠油的主要机理。高黏度的重质原油在孔隙介质中流动困难,主要原因就是黏度过高,黏滞力,即渗流阻力过大,在油层的原始温度下,高黏度原油具有不同于达西渗流的流变特性,甚至根本不流动,只有在油层压力与井底压力的压力差大于一定的压力(启动压力)时,高黏度原油的流动才符合径向流动方程或开始流动。在蒸汽驱过程中,油层的温度升高,原油黏度大幅度下降,启动压力减小甚至消失。

在高温下代表地层渗流能力的流动系数 $K_o h/\mu_o$ 发生很大的变化:一方面由于 μ_o 大幅度下降;另一方面,随着温度的升高,油层有效厚度 h 中进入产油状态的实际动用厚度增加了。此外,油的相对渗透率 K_{ro} 也增加,从而流动系数 $K_{ro} h/\mu_o$ 大大增加,故油井产量大幅增加。

此外,在油层温度升高后,水相的黏度 μ_w 随温度上升其下降幅度非常小,可近似为常数,而且,随温度的升高,水的相对渗透率 K_{rw} 也有所下降,大大改善了流度比,驱油效率和波及系数都得到了改善,从而进一步提高了原油采收率。

2. 热膨胀作用

地层中的油、水、岩石在注入的热蒸汽的作用下,温度升高,体积膨胀。其中,油水的体积膨胀系数分别为 1×10^{-3} 和 3×10^{-4},相对而言,岩石的体积膨胀系数非常小,相对于油水体积随温度的变化,岩石的体积—温度变化可忽略不计。油水体积的膨胀驱动流体流向生产井,而油相的体积膨胀较水相的体积膨胀明显得多,因此,大大降低了残余油饱和度。当温度增加 150℃,原油体积将增加 15%,残余油饱和度将减少 10%~30%,从而提高了原油的采收率。根据实验结果,热膨胀作用增加的采收率可达 5%~10%。轻质油的热膨胀系数较稠油大,因此,热膨胀作用对轻质原油油藏的蒸汽驱替开采更具优越性。

3. 蒸汽蒸馏作用(汽提)

蒸汽蒸馏指某种液态混合物中的挥发性组分在直接引入蒸汽时,可以在低于其沸点的温度下蒸发为气态。在蒸汽驱过程中,随着蒸汽前缘的推进,凝结带扫过地区内的剩余油被和井底蒸汽温度相同的蒸汽带驱替和汽提,并推向蒸汽带前缘。蒸馏出的轻烃组分与水蒸气混合后一起向前推进,在凝结带内遇到温度较低的岩石时,凝结为液态的水和轻质油。轻烃与该处原油互溶混合,一部分黏度进一步降低了的原油被热水驱动。而被热水绕过的那一部分(凝结带扫过后的剩余油)又将受到继之而来的蒸汽带的蒸汽蒸馏。如此反复交替就进行,最终获得蒸汽带驱替区内非常低的残余油饱和度,从而增加了原油的采收率。

B. T. Willman 等人的室内岩心驱替实验结果(表10–2)进一步验证了蒸汽蒸馏作用提高原油采收率的机理。

表10–2 不同可蒸馏组分含量原油的采收率

油	油的黏度 mPa·s	采收率,%		
		常规注水	注热水	蒸汽驱
不含可蒸馏组分模拟油	138	49.5	54.8	59.0
25%可蒸馏模拟油	22.5	—	54.8	76.0
50%可蒸馏原油	5.4	56.0	58	83.9
原油 C	8.2	60.0	67	91.8

4. 溶解气驱作用

蒸汽注入过程中形成的蒸汽带,温度很高,凝结带后缘靠近蒸汽带前缘的区域,由于温度的大幅度升高,原油中的溶解气溶解度降低而分离出来,体积膨胀对原油产生驱替作用,因此能提高采收率。Willman 用不含可蒸馏组分的原油,在166℃热水驱替后,当油水比达到1000:1时,采收率为54%。保持岩心温度不变,交替注入166℃的热水和氮气,注入氮气的目的是模拟溶解气,当产出的水油比达到1000:1时的采收率为57.8%。由于氮气的驱动作用增加了3%的采收率,因此,可以判断,溶解气驱提高了原油的采收率。

5. 溶剂抽提作用(油相混相作用、溶剂萃取作用)

蒸汽蒸馏出的轻烃组分运移至热水带(凝结带)内温度较低的油层岩石和水蒸气同时凝结,并与热水驱后的滞留原油混合,降低了这些热水带(凝结带)扫过后的剩余油的黏度。在蒸汽前缘向生产井推进的过程中,轻质馏分不断地被抽提出来并聚集成轻油带,产生溶剂抽提驱油作用。这样反复进行,在蒸汽前缘下游的原油不断增加轻烃含量,最后形成并维持一个"溶剂"带,起到油相的混相驱替作用,从而有助于降低热水带的残余油饱和度,提高了蒸汽驱的最终采收率(可提高重质原油采收率3%~5%)。

产出油中可蒸馏组分的含量在注蒸汽的开始阶段一直未变,只有当蒸汽前缘接近岩心时,产出油中轻质组分急剧增加,从而证实了在蒸汽带前缘存在着轻质馏分的富集带。

6. 重力分离作用

在蒸汽驱过程中，由于蒸汽的密度远远小于原油和水的密度，因而要发生汽水分离，进入油层的蒸汽发生超覆现象:蒸汽聚集于油层顶部，并向平面方向扩散，蒸汽凝结水从油层下部向前推进。上部的原油在蒸汽加热条件下，黏度降低很快，原油变轻膨胀，促进超覆于油层顶部的蒸汽

向前推进的速度上升，并先于热水带突入生产井。由于热水驱的效率低于蒸汽驱，且热水带在油层下部推进，因而采收率远低于蒸汽驱。

7. 高温对相对渗透率的影响

温度升高引起相对渗透率的变化而提高原油采收率，主要原因有:1)温度升高，油水黏度比大幅度下降，油水流度比得到改善，引起油相相对渗透率增加，水相相对渗透率降低，残余油饱和度降低(图10-18);2)温度升高，吸附于岩石颗粒表面及油—水界面上的沥青、胶质等极性物质解吸，使油—水界面张力减小，岩石润湿性发生反转，从而导致油的相对渗透率升高，水的相对渗透率降低，促使水驱残余油饱和度降低而提高了原油的采收率。

另外，有些文献还提出了气体脱油作用、乳化液驱油作用等蒸汽驱驱油机理。不同类型的原油，起主导作用的蒸汽驱机理不同。对于稠油油藏，降黏作用和蒸汽蒸馏作用是最主要的采油机理;对于轻质油藏，热膨胀和蒸汽蒸馏是最主要的采油机理。此外，油藏特性(如油藏厚度)、蒸汽干度、注汽温度等因素在很大程度上影响蒸汽驱的机理，总之，蒸汽驱采油机理十分复杂。

蒸汽驱提高稠油采收率机理比较复杂，尽管上述因素都有助于提高采收率，但不同条件下各因素发挥作用的水平不同。例如，随着原油密度增加，黏度降低作用、润湿性改变效应增强，而原油热膨胀作用减弱，油—水界面张力效应与原油密度关系不大，如图10-19所示。

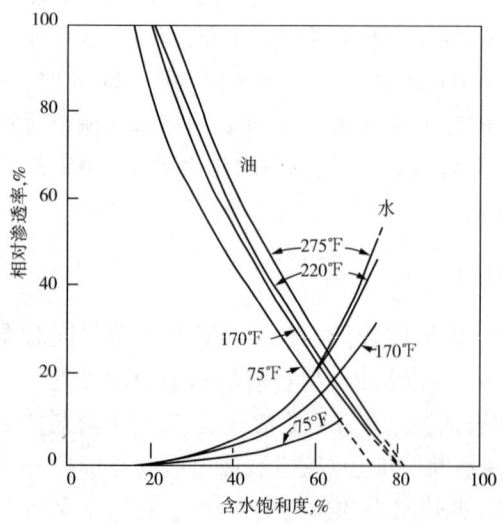

图10-18 温度对相对渗透率的影响

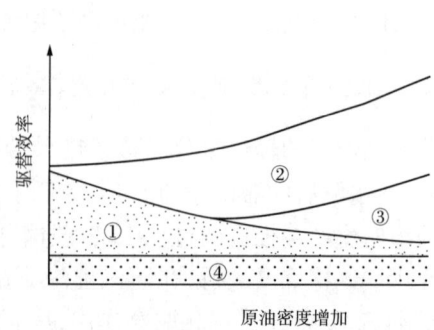

图10-19 蒸汽驱各因素对采收率的贡献
①热膨胀;②润湿性改变;③黏度减低;④油—水界面张力

二、影响蒸汽驱效果的因素

理论和实践证明,在一定的技术条件下,适合于蒸汽驱的稠油油藏,其蒸汽驱可达到的驱油效果取决于油藏本身的条件,而实施中能否达到开发效果又取决于方案设计的操作条件。因此,适合于稠油油藏的蒸汽驱能否成功取决于油藏的自身特性和操作条件的影响,由物理模拟和数值模拟可知,影响蒸汽驱效果的油藏参数主要包括油层厚度、原油黏度、含油量、油藏的埋藏深度、油藏压力和油藏的非均质性6个方面,而影响驱替效果的操作条件包括注入速度、蒸汽干度和生产井与注入井的采注比等参数。

1. 油藏参数的影响

(1) 油层厚度

油层厚度对原油采收率的影响非常大,如图10-20所示。油层厚度对蒸汽驱效果的影响主要是向上覆地层和下伏地层的热损失,当油层变薄时,向盖层和底层的热损失比例增大,热利用效率差,驱油效果差;当油层厚度逐渐增加时,单井控制的储量增加,向盖、底层的热损失比例下降,单井产油量高,蒸汽驱驱油效果和经济效益也逐渐变好,但当油层厚度过大时,由于井筒中的蒸汽—水的重力分离以及油层中的蒸汽超覆现象加重,也使蒸汽利用效率变差,导致驱油效果降低。

(2) 原油黏度

高黏原油是热采的首要选择对象,然而,原油应在地下有一个基本的流动度。随着原油黏度的增大,蒸汽驱的采收率下降,低黏度下原油的黏度大小对蒸汽驱的效果影响并不大,但对于高黏原油,加热可使其黏度大幅下降。但过高黏度的原油(如超过 $5000\ \text{mPa} \cdot \text{s}$),不能用目前的蒸汽驱工艺开采,只能用坑道法开采。因此,常规蒸汽驱的原油黏度一般应小于 $5000\text{mPa} \cdot \text{s}$。由于黏度与重度有良好的相关关系,且黏度越高,重度越小。因此原油重度对蒸汽驱效果的影响,在某种程度上可反映出原油黏度对蒸汽驱效果的影响结果。图10-21为不同重度原油的蒸汽驱采收率,黏度较小(API度较大)的稠油蒸汽驱采收率值较大。

(3) 含油量

含油量定义为含油饱和度和孔隙度的乘积($S_o\phi$),随着含油量的增加。蒸汽驱的采收率增加。在含油量的表达式中,孔隙度值涉及需要加热的储层岩石体积的多少,如孔隙度小,则加热所需要的能量也就相应增加,含油量是判断热采项目的经济效益是否合算和能否补偿实际的燃料需要量的重要依据。实际上,稠油砂岩孔隙度一般都较大,而且孔隙度值大都在 0.25~0.30 之间,因此在研究中可把孔隙度看作常数,只考虑饱和度的变化。原油饱和度降低时增产效果差,这时用于可动油量减少,水相渗透率增加,产出液含水率高。

(4) 油藏埋藏深度

油藏埋藏深度对蒸汽驱效果的影响主要表现在两个方面:1) 油层热损失随油藏深度增加而增大,由图10-22可以看出,当注入蒸汽速率为450kg/h 时,如果井深超过2000ft,注入井底的蒸汽就变为热水;2) 油藏的压力与温度与其深度有关,温度随油藏的深度增加而升高,由于已经有较高的油藏温度,注蒸汽增产的效果就不明显;较高的地层压力需较高的蒸汽发生器,必然会增加注蒸汽期间井筒损坏的概率,因此在蒸汽驱的方案中,深度较小的油藏更具有竞争力。

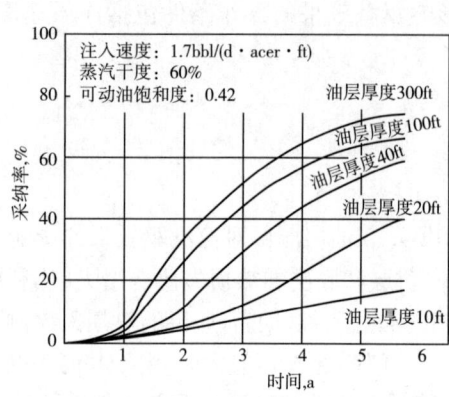

图 10-20 油层厚度对采收率的影响　　　　图 10-21 原油重度对采收率的影响

（5）油藏压力

油藏压力是影响蒸汽驱效果的重要因素，压力升高，蒸汽驱油的采收率和净产油量均显著下降。由图 10-23 可知，当油藏压力小于 5MPa 时，压力的变化对蒸汽驱效果的影响比油藏压力大于 5MPa 时的大。这是由于一方面相同蒸汽量条件下，油藏压力越高，蒸汽体积越小，蒸汽的波及体积越小，波及效率越低，采收率越低；另一方面，在井口注汽干度相同条件下，油藏压力越高，井口注汽压力越大，蒸汽温度越高，热损失也越大，蒸汽的潜热越少，蒸汽的质量变差；同时进入较高压力油藏的低质量蒸汽会更多地凝结成水，使本来就低的蒸汽干度降得更低，蒸汽体积进一步缩小，驱油效率变差。

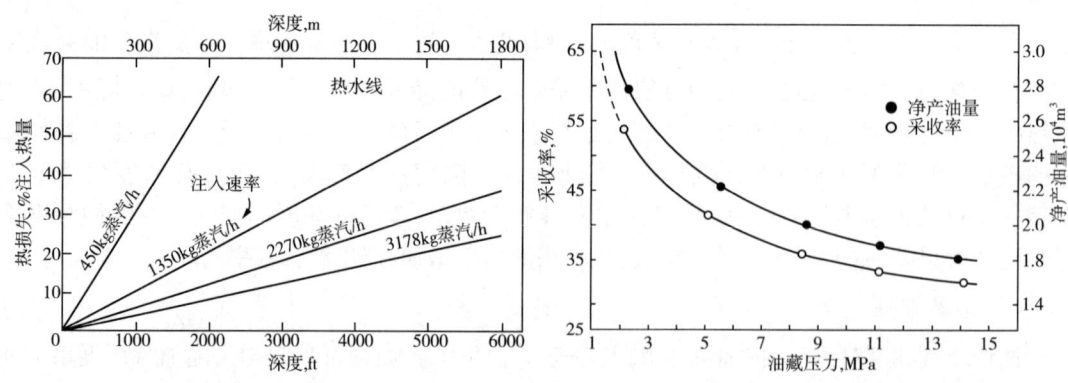

图 10-22 油层热损失与油层的关系　　　　图 10-23 油层压力对蒸汽驱采收率的影响

（6）油层的非均质性

油层的非均质性对蒸汽驱的开发效果影响非常大。蒸汽驱数值模拟研究结果表明，如果均质油层蒸汽驱采收率为50%,那么对于非均质变异系数等于0.8的油藏,蒸汽驱采收率仅为35%。在实际油层的非均质范围内(渗透率变异系数从0.4到0.8),蒸汽驱采收率与渗透率变异系数基本是线性关系。这是由于在非均质性的油层中,注入的蒸汽易发生汽窜,单层突进,从而造成蒸汽的波及效率不高,所以驱油的采收率也较低。

2. 蒸汽驱工艺的影响

(1)注入速度

蒸汽注入速度影响蒸汽驱采收率。这是由于注入速度与井筒和地层热损失有关,如图10-22所示,注入速度越高,热损失量越小。随着注入速度的增加汽驱的采收率不断增加。因此提倡采取在大排量和高地面压力下注入。尽管注入量增加热流体传递的热量大,但没有向地层传热速度增加的快,从而降低了相对热损失率。如果注入速率增大了3倍,热损失减少了大约3倍。另外,大排量注入的另一个优点是缩短了工程周期。

但是,当注入压力超过地层破裂压力时,会在地层中产生高渗通道,而使蒸汽的波及效率降低。另外,在进行蒸汽驱时大排量的注入会导致过度的热损失,这是由于生产中蒸汽突破后仍继续大排量注入造成的,一旦发生这种情况,井筒热损失的减少必然被生产井热损失的增加所抵消,解决的方法是当蒸汽突破时减小蒸汽的排量。

(2)蒸汽干度

蒸汽的干度越高,汽驱的采收率也越高。因为蒸汽干度越高,汽化潜热越大,在油层中能建立不断向前推进的蒸汽带,提高了蒸汽带在剖面上的扩展体积(体积扫描系数),从而提高了采收率。然而,Goma发现对于他所研究的系统,蒸汽干度约为40%时产生最佳效果(图10-24),其原因可能是油层中的蒸汽体积和黏度效应以及蒸汽的超覆和液体的下窜的影响。若提高蒸汽干度,蒸汽体积增加,而蒸汽黏度却降低。蒸汽体积越大,它接触原油的体积也越大,但却有较低的蒸汽黏度,从而不利的流度比会导致较差的驱替效率和波及效率,因而采收率下降。故存在一个最佳干度。

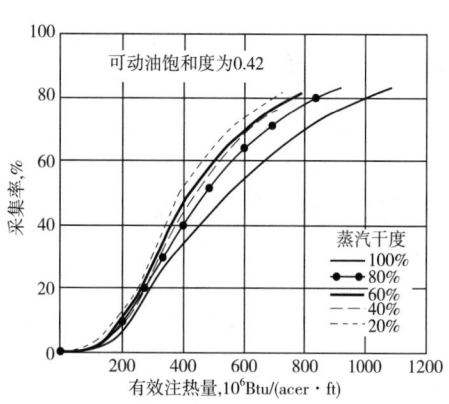

图10-24 蒸汽干度对采收率的影响

(3)采注比

采注比是生产井的排液速度与注入井的注汽速度的比值。当采注比小于1.0时,采收率很低,而且蒸汽驱对采注比不很敏感,这是由于注入油藏的流体体积大于采出的流体体积,油层的压力不断上升,注入的蒸汽被压缩凝析成热水,加热效率低,热损大,此时油层中的驱替过程主要为热水驱;当注采比大于1.0时,由注汽井向生产井形成降压驱动,降压梯度增大,建立起的蒸汽带能正常地向前扩展、推进,生产井产液指数增大,产量增加,汽驱的效率显著增加。在采注比大于1.2之后,蒸汽驱采收率对采注比又变得不太敏感,这是由于油藏压力逐渐下降,即实现"真正"的蒸汽驱。

三、蒸汽驱的动态预测

在初步筛选一个油藏以后,需要根据已知的油藏储、渗特性参数,对实施蒸汽驱可能发生的结果进行预测。包括蒸汽驱采收率、汽/油比和热效率等。

预测注蒸汽动态的方法一般包括数值模拟、标配(按比例)物理模拟和相关统计法等。下面介绍计算蒸汽驱总产油量和油/汽比的简易近似方法。

1. 估算最终采收率

蒸汽驱矿场试验、物理模拟和计算机模拟的结果表明,多数情况下,最终采油量取决于蒸汽所扫过的油层体积。接近于蒸汽驱末期的总产油量,可用下式求得:

$$N_p = V_s \phi (s_{oi} - s_{orst}) \frac{h_n}{h_t} E_c \tag{10-33}$$

式中 N_p——总采油量,m^3;
V_s——蒸汽驱扫过的油层体积,m^3;
ϕ——油层孔隙度;
S_{oi}——注蒸汽开始时的含油饱和度;
S_{orst}——蒸汽区内的残余油饱和度;
h_n——储层净(有效)厚度,m;
h_t——储层总厚度,m;
E_c——捕获系数(实际采油量与从蒸汽带驱替出油量的比值)。

蒸汽区内残余油饱和度 S_{orst} 的数值,一般可通过室内模拟实验确定或根据经验假定。捕获系数 E_c 值的范围一般为 0.7~1.0。蒸汽驱扫体积 V_s 可利用 Marx—Langenheim 的方法计算:

$$V_s = A(t) h_t = \frac{H_o h_t^2 \lambda}{4K(T_s - T_R)} F \tag{10-34}$$

式中 H_o——注入蒸汽的热量,kJ/h;
λ——油层与顶层底层体积热容的比值,无因次;
K——顶层和底层岩石的导热系数,kJ/(m·h·℃);
T_s, T_R——蒸汽和油藏温度,℃。

$$F = e^{x^2} \text{erfc}(x) + \frac{2x}{\sqrt{\pi}} - 1 \tag{10-35}$$

$$x = \frac{\sqrt{t_D}}{\lambda} \tag{10-36}$$

2. 估算油/汽比(F_{os})

Myhill 等人根据油藏的平均特性参数和蒸汽的有关参数建立了预测油/汽比的方法。需要测定或估算下列参数：

1）盖层和基层岩石的导热能力和平均热容量 M_{ob}；
2）蒸汽带的平均热容量 M_s；
3）油层总厚度 h_t 与有效厚度 h_n 及其孔隙度 ϕ；
4）估算注蒸汽年限 t（这可由蒸汽日注入量和计划注入的孔隙体积数来估算）；
5）蒸汽在井底的干度 f_{sd}；
6）地层温度 T_R 和蒸汽带温度 T_s；
7）注蒸汽引起的含油饱和度变化 ΔS。

根据这些参数可下式算出无因次注入时间 t_D 和无因次汽化热 H_D：

$$H_D = \frac{f_{sd} L_v}{C_w(T_S - T_R)} \quad (10-37)$$

$$t_D = \frac{35040 K_{ob} M_{ob} t}{h_t^2 M_s^2} \quad (10-38)$$

求出 H_D 与 t_D 后，从这两个参数的相关图（图 10-25）中读出 $h_t F_{os}/(\phi \Delta S h_n)$ 值，从而可求出预测的油/汽比（F_{os}）。

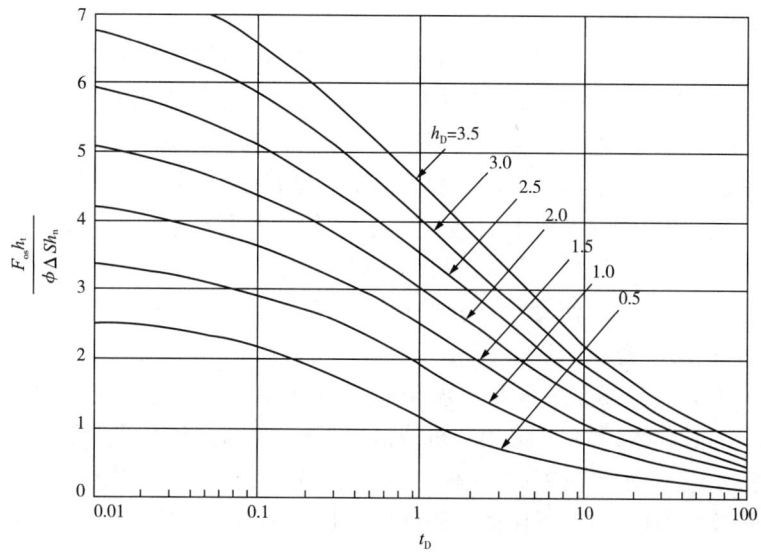

图 10-25　油/汽比与无因次时间的相关关系

上面列举的一些简易近似的预测方法，只能作为筛选和进行初步可行性分析之用。在准备大量投资注蒸汽之前，则应进行精度高的油藏数值模拟或按比例的物理模拟实验研究。

四、蒸汽驱工艺技术

1. 蒸汽驱完井技术

注蒸汽的井对完井要求是要防止油层污染、预防油层出砂、降低油井产能的损失量、便于修井作业以及能耐高温。目前采用的完井方法有：1）先期裸眼砾石充填完井，井眼有很高的渗流和阻止油层出砂的能力;2)套管内砾石充填完井,该方法的特点是防砂能力好,但易受污染,产量小;3)套管射孔完井,最大优点是可以用于多层油藏;4)尾管完井防砂能力差,尾管尺寸小,限制某些井下作业。

但是,在蒸汽驱的注入井完井中通常使用的是套管射孔完井,主要是考虑这种方法能使封隔器实施分层注汽,分层限流射孔以及气举控制。砾石充填衬管完井方法优点是井眼具有较大的泄油面积,冷原油易于进入井筒,易于拔出衬管和衬管断裂的可能性较小。其缺点是成本较高、不利于多层或水淹后处理、转入蒸汽驱时,易出现蒸汽窜流和出砂后地层易跨塌。

对于注入井来说,注入蒸汽高达 250~300℃,温度会导致一系列的问题,如套管损坏、固井水泥环破坏、汽窜以及油层出砂。

在实际注蒸汽过程中,套管的底端固定在油层底部,套管外用水泥固定,如果油层上部套管的固井质量不好或水泥返高不够,套管就会自由伸缩。当注蒸汽时,套管受热伸长,井口采油树就会升起来。蒸汽注入井的完井质量问题的原因在于:

1)由于水泥强度衰减和渗透性增加导致水泥失效。
2)由于套管表面光洁,钻井液顶替不完全导致水泥与套管结合不良。
3)差的完井技术。
4)高温蒸汽产生的应力导致水泥环损坏。

因此,针对不同的原因可以采取不同的方法来提高蒸汽注入井的完井质量:

1)对注蒸汽井的固井水泥的要求是高温下有高的压缩强数、拉伸强度和黏结强度,低的渗透率和导热系数。为了提高水泥的性能,在完井的水泥中加入石英粉(加入量 30%~40%),改善水泥的热稳定性,加入膨胀珍珠岩,降低水泥导热系数,加入氯化钠[水中氯化钠为 10%(质量分数)],大大增加了水泥与套管间的黏结强度。

2)在注水泥前,彻底清除井壁上的钻井液与泥饼,使井壁有亲水性,以提高套管与井壁的黏接强度。

3)水泥一定要返到地面,使套管与井壁环空中完全充满水泥,使套管完全牢固地锚定在围岩中,减少套管的弯曲变形。

4)预应力完井方法。其方法是在注水泥过程中,在最下部水泥浆中加入速凝剂,使其先凝固,将套管下端固定,然后,在井口用钻机或液压千斤顶拉起套管,使大部分套管柱在水泥凝固前受一定的拉张应力,水泥凝固后,在松开套管上端。当注蒸汽加热后,套管受热伸长产生的压缩应力与预拉应力抵消,即可保证套管在注汽过程中不会伸长。

2. 分层注汽技术

(1)封上层注下层管柱

注入井底的湿饱和蒸汽,在较长的射孔井段内,汽水分离,上部油层吸入干度高的蒸汽,上部油层吸入热水,各层吸入热含量不同,产油状况也不同。为了使下部油层注汽,上部油层控制吸汽,在上下油层之间下入一个金属密封封隔器,将两个层隔开,向下层注汽(图 10-26)。

(2)封下层注上层管柱

某些油井下部油层渗透率较高,吸汽量多;上部油层渗透率低,吸汽量少,动用程度低。针对此类油井,采用两个金属密封封隔器及筛管对上部油层单独注汽。

（3）封堵汽窜层注汽管柱

某些油井在蒸汽吞吐注汽时蒸汽沿某个高渗透层窜进，而其他油层吸汽量甚少；或者因某个层产水多等原因不需要注入蒸汽，在此情况下在井内下入两个金属密封封隔器，将此层分隔，向下层注汽。

（4）不动管柱分两层注汽方法

为了下一次注汽管柱可以分两层注汽，在管柱下部有两个金属密封封隔器、分注阀及筛管等，首先对下部油层单独注汽，此时分注阀的滑套是关闭的，上部油层不进汽。对下部油层注完汽后，不动管柱，由油管中投球，钢球正好落在分注阀的球座上，堵住通道。加水压至10MPa时，剪断分注阀的销钉，使滑套下移露出侧孔，打开向上部油层进汽的通道。下移的滑套及钢球封闭了下部油层的进汽通道，这样可以单独向上部油层注汽。

（5）平行管分注两层技术

在7in套管中下入两个 $2\tfrac{3}{8}$ in 油管，或者在 $9\tfrac{5}{8}$ in(24.4cm) 套管中下入两个隔热油管（图10-27）。在上部油层上面有双管耐热封隔器，在上下油层之间有单管耐热封隔器，上下封隔器之间有隔热油管。一般情况下，每个注汽管柱的注汽速度是 $39.7\text{m}^3/\text{d}$，井口蒸汽干度70%，注汽压力2068kPa。到1986年，Chevron公司在加州浅层稠油油田的新钻的140口汽驱注汽井中采用了这种分层注汽技术。由于老井多数是 $5\tfrac{1}{2}$ in 套管完井，因而不能采用此技术。新钻的注汽井都采用7in及 $9\tfrac{5}{8}$ in 套管，因为油层浅(305m)，$9\tfrac{5}{8}$ in 套管井较多，便于下入隔热油管。据计算，新钻一口 $9\tfrac{5}{8}$ in 套管井并下入两根平行管的费用仅是两口7in套管新井的2/3，

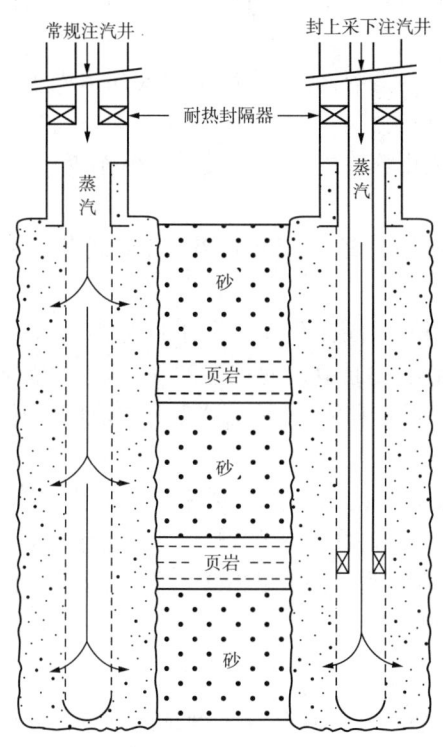

图10-26 封上采下注汽井完井示意图

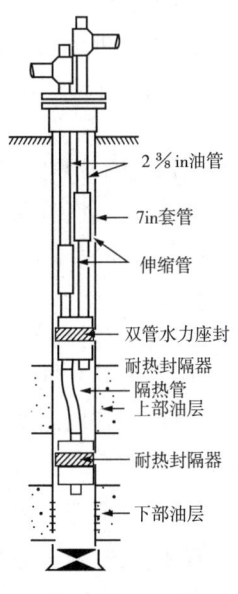

图10-27 双管分层注汽示意图

因而是合算的。在上返上部油层汽驱开采时,将推广这一新技术。据距注汽井45.7m处的观察井测取温度剖面显示,在最下部汽驱开采已结束并进行冷水驱的油层上部有两个新油层采用平行管分注,两个新油层均升高了温度,而且产量猛增,更增加了推广此技术的信心。

(6) 先期防砂井分层注汽技术

委内瑞拉其稠油注蒸汽开发区,油层为疏松砂岩,由于出砂严重,通常都采用先期完井裸眼绕丝或割缝衬管砾石填充防砂方法。由于油层厚度大,有两个油层组,在大规模蒸汽吞吐开采过程中,发现垂向吸汽厚度仅占总厚度的50%左右,因此,发展了先期防砂井进行分层注汽的技术,并在蒸汽驱油田 M-6 试验成功。

在防砂完井时,在衬管对准两个油层之间的页岩夹层位置装有带孔短节,在下部油层顶部位置装有合金钢锥形座,进行专门的封堵作业,通过衬管上的带孔短节挤入耐高温的永久性堵剂,将夹层位置的砾石封固。注汽时下入 $3\frac{1}{2}$in × $4\frac{1}{8}$in 隔热管柱及耐热封隔器,在管柱下端装有金属堵塞器。当向下层注汽时,将注汽管柱下端的金属堵塞器坐在锥形座上,起到密封作用,只向下层注汽。当向上油层注汽时,投入钢球,蒸汽通过侧孔向上层注汽。该技术的特点是先用化学剂将夹层位置的防沙砾石层封堵住,形成人工隔层。注汽管柱中的分层密封件是金属的,能够耐高温。

3. 提高蒸汽驱效果的途径

(1) 控制蒸汽汽窜技术

蒸汽汽窜是蒸汽驱中最棘手的难题,也关系到蒸汽区成败的首要问题。引起蒸汽汽窜的主要原因是:

1) 油藏的非均质性。存在高渗透带,尤其是微裂缝带,成为蒸汽从注入井窜入生产井的通道。

2) 蒸汽的高流动性。油藏流体中油、汽、水三相中蒸汽的黏度比其他流体小得多,形成蒸汽的黏性指进,促进蒸汽从高渗透带窜入生产井。

3) 蒸汽与油层流体的黏度差。蒸汽总是倾向于靠近油层顶部流动,形成蒸汽的顶部超覆。

4) 吞吐形成的蒸汽通道。蒸汽吞吐中蒸汽就窜入通道,经多次吞吐冲刷作用,通道中的阻力越来越小,使蒸汽流动能力剧增。因此,蒸汽沿窜进通道提前在生产井突破,油层中大部分渗透率较低的油层以及油层底部的区域未被蒸汽加热和驱动,从而降低蒸汽驱的波及效率,降低了蒸汽的利用率。

控制蒸汽汽窜提高蒸汽波及效率的方法可在生产井注入调整渗透率级差的化学剂(如高温聚合物、耐高温乳状液、高温泡沫剂和高温堵剂)以及在生产井的产气层段进行封堵。矿场经验表明,在注入井用高温泡沫或蒸汽泡沫可以显著地改善注汽井的吸汽剖面,降低蒸汽汽窜程度,提高蒸汽的波及效率,是一种最为有效的方法。

(2) 提高井底蒸汽干度

如前所述,保证油藏能进行蒸汽驱的基本条件是注入井底蒸汽干度越高越好。井底蒸汽干度的降低主要是井筒热损失引起的,这一现象在深井蒸汽驱尤为明显。因此,如何降低井筒热损失是保证井底干度的关键所在,其措施如下:

1)采用隔热性良好的隔热油管。

有些隔热油管的导热系数不稳定,使用一段时间后,其导热系数明显增大,即存在老化现象,主要原因是注蒸汽过程中,存在 H_2S, CO_2, O_2 等能腐蚀产生 H^+ 的化学物质,这些 H^+ 会渗入隔热油管,使油管传导性能提高。此外,油管的机械破损以及油管的材质也影响其传热性能。

2)采用液体 N_2 作环空的隔热介质。

N_2 是一种惰性气体,其导热系数很小,是很好的隔热材料,但常常在应用中不能达到预期的隔热效果,原因是封隔器座封不严,环空漏失;注蒸汽期间油管压力高于环空压力;N_2 补充不及时等。

3)采用油水分离装置提高井口蒸汽干度。

提高井底蒸汽干度的另一有效途径是采用汽水分离装置。一般蒸汽锅炉出口的蒸汽干度平均为80%~85%,采用井口汽水分离装置可使井口蒸汽干度提高到85%~95%。尽管安装井口汽水分离装置会增加投资,但提高蒸汽干度所到来的经济效益却很显著。

(3)实行分层分注工艺

由于大多数油藏为多层砂岩油藏,各层的岩石物性差异较大。即使是块状油藏,纵向物性也有差异。这些因素加剧了蒸汽的超覆和单层突进,使蒸汽驱的纵向波及效率降低,因此采用分层分注工艺可大大改善蒸汽驱的开发效果

(4)调整注采动态方法

蒸汽驱初期,要保证高的注汽干度和适当的注汽速度,增加生产压差强采,使注汽带不断向生产井扩展。一旦注入的注汽突破生产井,产量剧减,井口温度剧升,需调整注采动态,可采用如下措施(方法):

1)降低注汽的干度或热水驱。降低蒸汽干度可以改善纵向吸气剖面,提高纵向波及效率,缓解蒸汽窜。同时由于注入的是低干度蒸汽,可减少产生蒸汽的耗能量,提高商品油量,增加经济效益。图10-28为America Naphtha油区蒸汽突破后改注低干度蒸汽的效果图。

2)降低注汽速度。间歇注蒸汽、水汽交替注入和加密井综合调整。

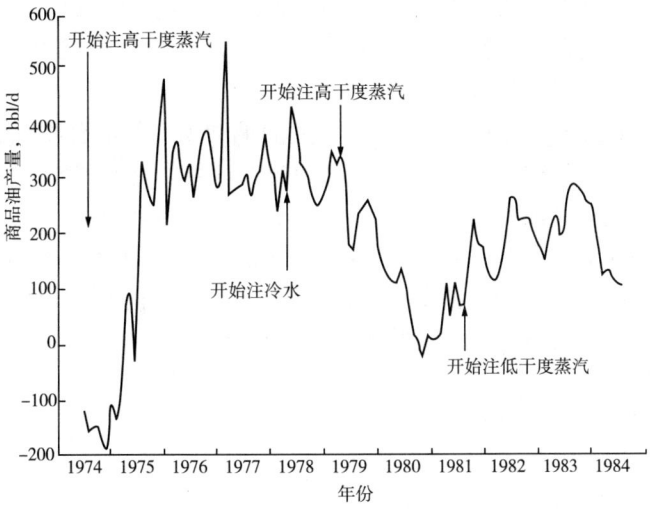

图10-28 不同蒸汽干度注入下的生产曲线

4. 蒸汽吞吐工艺中注意的问题

1)射孔。蒸汽吞吐井的射孔部位应在油层底部,而不是将整个油层井段射开。由于蒸汽与原油的密度差较大,蒸汽总是趋于油层顶部,而油总是趋于油层底部。在油层底部射孔,可使注入蒸汽把整个井段的原油加热,扩大了蒸汽加热的范围,而原油可以从油层底部流入井筒;反之,流入井筒的主要是蒸汽,而不是原油。在油层底部射孔的井段长度取决于地层的厚度和注入蒸汽的体积。此外,用大直径井眼和高密度的射孔,可以减少注入过程中地层的压力降,减缓井底管柱的腐蚀。

2)防砂。尽管绕丝筛管和砾石充填在蒸汽吞吐井的防砂中有一定的作用,但对于出砂严重的地层以及细粉砂的地层来说,上述防砂措施基本上是无效的。解决这一问题最好的办法是通过选择合适的筛管或控制射孔孔眼的尺寸,阻止尺寸较大的粗砂进入井筒,而允许细粉砂流入井底。这些细粉砂可以随原油采出地面。一般来说,3%以下细粉砂含量不会影响泵的工作。如果采用的筛管孔眼太小,细粉砂就会堵塞筛管,从而降低油井的产液量,因此,在筛管孔眼和射孔孔眼的选择时,应对油藏岩石的粒度组成进行充分的分析和研究,这样才能设计出合理的筛管孔眼和射孔孔眼。

3)防腐。蒸汽一般被加热到80%干度,剩余的20%是没有转化为蒸汽的水,由于蒸汽中各种矿物质含量很少,剩余水的矿化度很高。随着蒸汽吞吐的周期增多注入到地层中的水的矿化度明显增高,方解石溶解而产生的二氧化碳增多,因此而产生的腐蚀越来越严重。同时,与钙、硅反应产生结垢问题。因此,蒸汽吞吐井的管柱应采用耐腐蚀性的材料。

4)套管。采用套管预应力固井方法,可以大大减少套管损坏的概率。预应力套管的理论基础是在注水泥前先给套管加上适当的预应力,以避免日后注蒸汽时套管应力超过其压缩屈服强度。当套管温度增加时,温度所引起的套管的压应力就逐渐抵消补偿了一部分(或全部)初应力,再进一步加热就使套管经过中和点而进入压缩状态。套管直径的选择取决于产出液体积以及产出砂(细粉砂)在产出液中的沉降速度。砂在热流体、低黏度液体(开采早期)中或者高含水情况下(开采后期)的沉降速度较快。在这种情况下要求下大泵,提高产液排量,以避免砂在井底堆积以及套管接头的损坏。当井较深,注入蒸汽温度较高,由于注蒸汽时加热使套管伸长,停注期间,套管收缩,使套管的接头部分出现应力集中,导致接头损坏,尤其是在几个蒸汽吞吐的循环之后,更易出现这种问题。

5)产出液处理。由于产出液是黏度、密度较大的稠油和水的混合物,油水的密度相近,靠常规油水密度的分离技术显得无能为力。但是,通过加热可以降低稠油的黏度和密度,从而提高油水分离效率。实践经验证明,在产出液中加入少量的柴油有助于对高黏度稠油/水混合物进行分离。分离后的原油和水要进一步进行净化处理,通常采用化学法。在选择化学剂和使用剂量时,应考虑待处理液的黏度、温度、水的含量、原油中沥青胶质的含量等各种因素,筛选出最佳的配方和剂量,提高分离效率,降低产出液处理成本。

五、蒸汽驱设计及实施

1. 蒸汽驱筛选准则

一个油藏是否适合蒸汽驱开采,最简单的方法是利用蒸汽驱的筛选标准来衡量。筛选准则的制定是根据大量的矿场试验,综合分析试验成功或失败的原因,归纳出蒸汽驱成功失败的关键特性参数,如油藏埋藏深度、油层厚度、孔隙度、渗透率、含油饱和度、原油黏度、密度等参数的界限,结合当时的技术经济条件,制定出蒸汽驱筛选准则。

美国德士古公司的朱杰博士、委内瑞拉石油总公司的Borregales,美国的Taber和Martin以及美国的NPC专家组等根据大量的理论研究及现场实践的经验,综合作者当时的技术经济条件提出了稠油热采的筛选标准。我国的蒸汽驱筛选标准是中国石油勘探开发研究院的刘文章在研究我国不同类型稠油油藏以及在我国十几个稠油油田进行的蒸汽驱开采的初步结果基础上,运用热采数值模拟和物理模拟技术,综合我国的技术经济条件,参考国外的稠油热采标准而提出的。不同学者提出的蒸汽驱筛选标准见表10-3。

表10-3 不同学者提出的蒸汽驱筛选标准

作者	原油黏度	相对密度（重度）	油层深度	油层厚度	孔隙度	含油饱和度	含油量 ϕS_{oi}	渗透率 $10^{-3}\mu m^2$
Chu(1981)		(<36°API)	>400ft	>10ft	>0.20	>0.40	>0.08	
Borregales(1982)	≥20mPa·s	(≤25°API)	200~5000ft	≥20ft		≥0.50		
Taber et al(1983)	20~5000mPa·s	(<25°API)	300~5000ft	>20ft	高	>0.40	>0.08	>200
NPC(1984)	≤15000mPa·s	0.8550~1.000	≤3000ft	≥15ft	>0.20	>0.10		≥250
刘文章(1985)	<50000mPa·s	>0.9200	150~1600m	≥10m	≥0.20	>0.50	>0.10	≥200

注:1)黏度过大,技术上行不通;黏度太低,经济上不划算。
2)油层太浅,油层破裂压力低,导致注入压力低,蒸汽温度和注入速度低,采收率低;油层太深,井筒热损失增大,井低蒸汽干度减低。
3)油层太薄,蒸汽热损失大;太厚超覆现象严重,经济上不划算。
4)孔隙度太小,蒸汽的热损失增大。
5)较高的渗透率可以保证在不超过油层破裂压力前提下蒸汽的注入速度足够大,减小热损失。

2. 蒸汽驱的设计

蒸汽驱设计的内容包括油藏地质研究、油藏工程研究、工艺技术设计和经济效果评价等。在设计蒸汽驱方案时应考虑:油藏描述是否充分精细、油藏中是否有足够的地质储量、现场是否有足够的淡水水源、油藏老井是否适应或用作热采井等问题。

(1)油藏地质研究

油藏地质研究内容主要包括稠油油藏储量评价和油藏描述两大类。其中储量评价涉及油藏地质资料的收集、整理,稠油储量分级,地质储量的计算与评价等。在油藏地质参数的收集过程中,由于稠油的特殊性,不能仅仅依靠探井取心、电测及试油试采资料来计算储量,而要进行蒸汽吞吐试采试油。直接获取油井产能、分层的油气水等关键性资料。在储量分级中,确定出靠目前技术及将来新的技术将储量进行分级,以提高开发效果及经济效益。地质储量的计算结果取决于收集资料的可靠程度以及数据数量。最后,对各个地质储量单元分别计算出探明储量、控制储量、可采储量,并从储量品位上划出等级。

油藏描述是蒸汽驱方案设计的最为重要的一项内容。精细油藏描述可以大大提高油藏开发效果和蒸汽驱的经济效益。油藏描述内容极其广泛,主要内容有沉积相研究,水动力学单元划分,油藏非均质性描述,油藏模型识别,油藏地质参数及其分布的确定,油藏流体性质及分布,油藏温度、压力等。如果油藏比较复杂,需要借助于其他手段,如示踪剂测试、开发地震、试采等动态方法,才能获得较为精细的油藏地质模型。

(2) 油藏工程研究

油藏工程研究内容主要包括室内物理模拟和油藏数值模拟两个部分。室内物理模拟的主要目的是测定油藏岩石、流体的热力学性质参数,油藏流体 PVT 参数,蒸汽驱岩心流动实验,多项渗流实验,为油藏蒸汽驱可行性研究及蒸汽驱油藏数值模拟提供基础数据。而油藏数值模拟研究的目的是建立精细的地质模型,利用室内实验提供的数据,进行注入参数的敏感性分析,优化蒸汽驱的开发方案,预测蒸汽驱的开发动态及效果,评价方案的经济效益,提出蒸汽驱的实施方案。油藏工程研究的内容详见图 10 - 29。

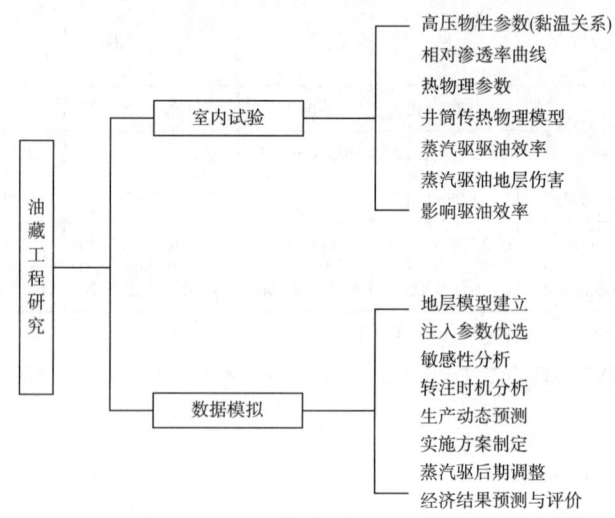

图 10 - 29　油藏工程研究内容框图

(3) 工艺技术设计

工艺技术设计主要包括钻井完井工艺、注采工艺以及地面基本建设的设计三个方面内容。在工艺技术设计中,应充分考虑蒸汽驱的防腐、防砂、防卡、防塌以及井筒管柱高温损坏等方面的问题,以便降低操作费用和蒸汽驱的风险性,提高蒸汽驱效果。其中钻井完井工艺设计包括套管保护措施,完井方案优化,井筒隔热方案,油井防砂、防腐工艺等方面的内容;注采工艺设计内容有采油树、采油泵的设计,生产中防砂、防卡措施,蒸汽汽窜对策以及注采井管柱方案的确定等;地面工程涉及蒸汽产生设备、水处理设备、地面集输系统、注采计量系统以及产出液处理系统等方面的设计内容。工艺技术设计的内容详见图 10 - 30。

(4) 经济分析与评价

蒸汽驱的目标不仅是要获得较高的最终采收率,更重要的是获得较好的经济效益。因此,在蒸汽驱设计中,应对方案进行经济分析与评价,评价方案的可行性,以保证方案的投资效益好,投资回收期短,利润高,获得最佳经济效益。经济评价的方法是利用方案中确定的注汽参数、井网参数、预测的生产动态等各项指标,对各种方案的经济指标进行对比,选择经济效果好的作为推荐方案。经济指标包括:

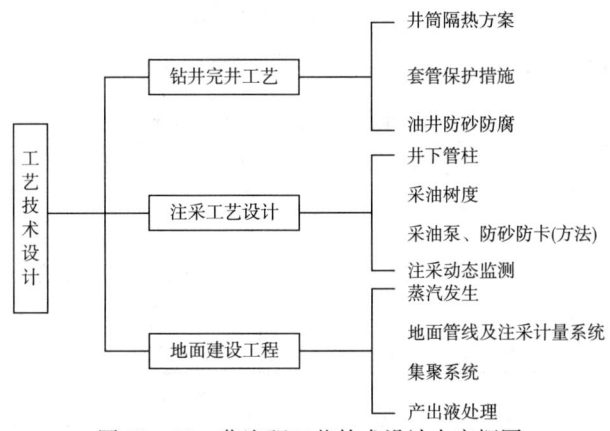

图 10-30 蒸汽驱工艺技术设计内容框图

1) 项目总投资;
2) 投资回收期;
3) 纯利润;
4) 净现值,投资利润率和利税率;
5) 原油生产成本;
6) 内部收益率。

经济评价的程序如下:
1) 油田各类资料收集、整理;
2) 根据室内研究数据,利用数值模拟方法,预测开采动态;
3) 根据动态预测结果,确定生产投入(设备、地面建设和产出液处理等);
4) 计算投资费用及生产费用;
5) 根据生产能力以及上一步计算的各种费用,计算经济指标参数;
6) 进行敏感性分析,价格、税收、利率波动对经济指标的影响;
7) 综合技术和经济指标,进行全面分析。

3. 蒸汽驱实例——新疆九$_6$区的蒸汽驱实践

该试验区的特点是注采井距为 50m 的反五点小井距,共有 9 个井组。原油黏度高达 20000mPa·s(20℃,脱气油),油层厚度 9.5m,原始含油饱和度 64%,孔隙度 29%,渗透率 1.26μm^2,油层深度 175m。地层参数详见表 10-4。共有注汽井 9 口,采油井 16 口,观察井 9 口。

表 10-4 克拉玛依九$_6$区油藏系数表

参　数	数　值	参　数	数　值
油层深度	175.5m	脱气原油黏度(20℃)	20000mPa·s
油藏面积	64600m^2	脱气原油密度(20℃)	0.935g/cm^3
地质储量	13.3×10^{4}t	原始地层压力	1.8MPa
有效厚度	9.5m	原始油层温度	22℃
含油饱和度	64.6	油层导热系数	2.86W/(m^2·℃)
有效孔隙度	3329%	顶层底层导热系数	2.86W/(m^2·℃)
有效渗透率	1.26μm^2		

1988年8月,首先对9口边井进行蒸汽吞吐开采,1989年5月,开始对内部16口注采井全面进行吞吐开采,1990年11月,转入蒸汽驱试验。表10-5为九$_6$区蒸汽吞吐基本情况表。

表10-5 克拉玛依九$_6$区基本情况表

井网形式	反 五 点	注汽井数	9口
注采井距	50m	采油井数	16口
井组数	9个	观察井数	9口
总井数	34口	投产时间	1998年8月
		转汽驱时间	1990年11月

蒸汽驱吞吐开采阶段历时23个月,对25口井进行了73次吞吐作业,平均单井吞吐2.9次。蒸汽吞吐阶段累计注汽9.9456×10^4t,累计产油3.1489×10^4t,累计产水$7.4942 \times 10^4 m^3$,累计油气比0.317。回采水率75.4%,采出程度23.7%,存水率24.7%,转汽驱前的剩余油饱和度为48.8%。

该试验区转汽驱后,汽驱反应很快,井距小,蒸汽推进很快。转汽驱第2个月,全区产液量即由汽驱前(1990年9—10月)的80t/d猛增至330t/d,含水率由75%升至90%,之后产液量及含水率继续上升。产油量则长期保持不高的水平,在15~30t/d之间,较汽驱前11个月(1990年1—11月)的平均值40t/d低35%。汽驱1.5年(1992年5月止),平均单井产量仅1.04t/d。

转汽驱全区注汽量为275~350t/d,平均单井注汽量为30~39t/d,而吞吐阶段的全区平均注汽量为170t/d。由跟踪数值模拟结果,发现中心井组的油层压力升高很多,1991年7月,中心井开始停止注汽。1992年3月以后,又采取了间歇注汽措施,注汽井每月停注20d,注汽10d,全区注汽量降低至50t/d左右。这种间歇注汽的措施见到了显著效果。由于控制了汽窜,产液量有所下降,而含水率由94%降到了85%左右,产油量增加较多。此外,减少注汽量后,月油汽比大幅度增加,由1991年的0.084上升到了1992年9个月的0.222。这种后期调控措施如果提早采取,有可能效果更好些。

根据梁人初的调查报告,蒸汽驱开采阶段,历时22个月(1992年9月止),累计注汽163158t,累计产液207935t,累计产油19701t,累计产水187350t。采出程度14.8%,注采比0.79,含水率90.1%,油汽比0.121。加上蒸汽吞吐阶段,累计采收率38.5%,累计油汽比0.194。

第四节 火烧油层

蒸汽驱采油的热量是经地面注入管线和井管注入到地层。而在地面锅炉产生的蒸汽经过地面管线及井筒到达地层过程中,有大量的热量由于传导、对流和辐射作用而损失。致使井底蒸汽干度降低,火烧油层法(In-Situ Combustion)可以解决以上问题。火烧油层是通过注入空气维持原油就地燃烧,将原油驱向生产井的提高原油采收率的热采方法。火烧油层又称层内燃烧或火驱(Fire Flooding)。

与其他热采方法如蒸汽驱相比,火烧油层最大的区别在于油层就地产生热量,这种方法的最大优点是能源利用率高、最终采收率高。火烧油层方法可分为干式正向燃烧、反向燃烧和联合热驱。正向燃烧是向注入井注入空气或氧气,燃烧前缘沿径向推进生产井,其特点是空气流动方向与燃烧前缘方向一致。而反向燃烧是注入井停注空气后,在生产井注入空气,其特点是原油流动方向与空气注入方向相反。联合热驱又称湿式燃烧,它是在干式正向燃烧的基础上,采用水空气交替注入方式进行稠油开采的方法。

一、火烧油层的采油机理

火烧油层是向油层注入空气(或氧气),通过原油的自燃或人工点火,使地层部分原油就地燃烧,利用燃烧前缘推动原油的热采方法。在火烧油层中,燃烧前缘产生非常高的温度,就地蒸发地层中的间隙水和原油中的轻质组分,以及原油燃烧的产物——CO_2和水蒸气等与"冷原油"接触,形成一个类似于蒸汽驱、溶剂混相驱和CO_2驱的驱替前缘。

火烧油层的采油机理异常复杂,但目前可以肯定的是,原油的高温裂解、热驱、冷凝蒸汽驱、混相驱以及气驱都是火烧油层提高采收率的机理。图10-31为油层层内燃烧剖面图。

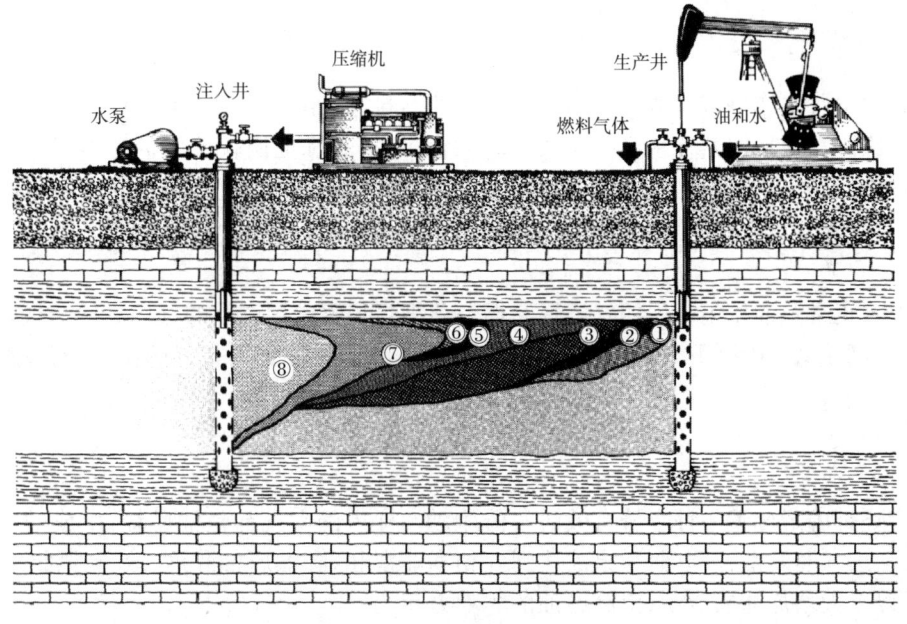

图10-31 火烧油层示意图
①冷的燃烧气体;②油带(接近原始原油温度);③凝结或热水带(比原始温度高50~200 ℉);
④蒸汽带(大约400 ℉);⑤焦炭区;⑥燃烧前缘和燃烧区(600~1200 ℉);⑦空气和汽化水区;⑧注入空气和水区

1)燃烧带(图10-31中的⑥)。注入的空气或氧气在井底附近形成燃烧带,燃烧带产生的高加热地层、蒸发原油中的轻质组分和地层中的间隙水,燃烧产生二氧化碳、一氧化碳和水蒸气等气体产物。

2)燃烧前缘。在燃烧前缘留下的重质原油被高温碳化、并沉积在砂粒表面上,构成燃烧过程的主要燃料,留在燃烧前缘后面的是干净的砂和大量的热能。这些砂温度很高,高温一方面可以加热尚未达到燃烧温度的空气或氧气,另一方面为湿式燃烧方法中注入水的蒸发提供热能。

3）蒸发带。在蒸发带中还有少量的间隙水受热产生的水蒸气、注入空气中的氮气、燃烧产物中的二氧化碳一氧化碳等气体，被蒸发的轻质油以及沉积在砂粒表面上的固态重烃或焦碳。蒸发带中的各种气体与前面的冷油层相结接触形成凝析带。

4）凝析带。在凝析带，轻质原油与冷原油产生混相，降低地层中冷原油的黏度，并使原油体积产生膨胀，蒸汽加热地层原油及地层间隙水，提高油层水温度，形成热水驱。二氧化碳、氮气等与原油接触产生混相气体驱，进一步抽提原油中的轻质组分，降低原油黏度并膨胀原油。

5）集油带。在凝析带前面的就是集油带，也叫油墙(Oil Bank)，集油带中有部分气体(N_2，CO_2，蒸汽)束缚水及油墙。集油带温度仍高于地层原始温度。

6）原始油带。在集油带前面就是原始油带，原始油带处于原始状况未受火烧的影响。

1. 原油的热裂解

在燃烧前缘，油层温度高达 300~650℃，高温一方面促使原油中较轻质组分蒸发向前推进，另一方面，使留在砂粒上较重质组分产生热裂解，形成气态烃和焦油，气态烃进入蒸发带，而焦油沉积在油砂上成为燃烧过程中的燃料。

2. 冷凝蒸汽驱

注入的空气与燃烧带与剩余在砂粒上的焦油燃料起燃烧反应时，生成的产物之一是蒸汽，与燃烧前缘高温使地层共存水产生蒸汽一起向前推进，并和前面较冷的油层接触。蒸汽把热量迅速地传给地层，使原油黏度迅速降低，增加原油的流动能力，因而提高了原油的驱动能力。

3. 烃类混相驱

蒸发带正常蒸馏作用产生的气态烃与燃烧前缘热裂解作用产生的气态烃混合进入凝析带中，由于温度较低而冷凝下来，冷凝的轻质油与地层原油混相，同时传递热量，改善原油的流动性能。

4. 气驱作用

在燃烧带中形成了一种十分有效的气体驱动。注入的空气与焦油燃烧，生成的气体主要有 CO_2，N_2 进入蒸发带，一方面与原油达到混相和非混相，降低原油黏度，改善原油特性；另一方面，可以大大增加油层能量，提高原油的驱动力。

5. 热驱作用

由于油层流体的对流以及地层岩石的传导，热量可以从燃烧前缘一直传递到集油带，同时热量还可以传递到油层下部，使油层均匀加热，这种传递方式有利于蒸汽汽驱，大大提高油层的纵向扫油效率。此外，燃烧带留下了大量的热为后继注入提高了必要的条件。

二、火烧油层采油方法

1. 正向燃烧

正向燃烧由于注入的仅仅是空气或氧气而无水，因此又称干式燃烧法，由于点火是在注入井井底或井底附近,燃烧前缘从注入井向生产井方向推进,燃烧是正向向前的,故又称前烧法。图 10 – 32 为干式正向燃烧的油层剖面及温度分布图,在燃烧前缘产生的温度最高,而在燃烧前缘后面的油层仍保持很高的温度,以加热注入的空气。正向燃烧法的优点是作为燃料的是原油中无价值的焦油(焦炭)。缺点是:

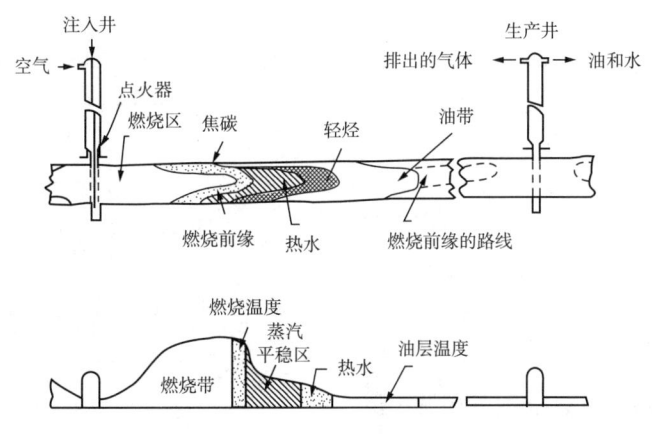

图 10 – 32 干式正向燃烧工艺和温度分布示意图

1)采出原油必须经过低温地区,可能形成原油堵塞现象,高黏原油尤其明显。
2)注入空气不能将留在地层的大量热能有效地利用,热能利用率低。

2. 反向燃烧

从正向燃烧的油层温度分布剖面(图 10 – 32)可以看出,越靠近生产井,温度越低。靠近生产井的原油黏度很高很难流动,阻碍正向燃烧的富油带向生产井推进,为了弥补正向燃烧的这种缺陷,可采用反向燃烧法。反向燃烧法是空气从生产井注入,待注入的空气接近生产井时,在生产井井底附近点火,而燃烧前缘逆着注汽方向移动,即燃烧前缘是从生产井往注入井方向移动,如图 10 – 33 所示。反向燃烧过程可用一个通俗的例子加以说明,如点燃一支香烟,可用呼气和吸气两种方式使其燃烧,吸气时(相当于正向燃烧过程)燃烧带沿着吸气的方向向着嘴唇方向移动,这就是正向燃烧,呼气时(相当于反向燃烧过程)燃烧带仍然向嘴唇方向移动,然而气体却朝着相反的方向流动,这就是反向燃烧。

反向燃烧法主要用于开采特稠稠油,因为原油流经高温带(260 ~ 370℃)后黏度下降了 3 ~ 4 个数量级。反向燃烧存在如下缺点:
1)燃烧的是相对较轻的原油馏分,而不是正向燃烧的重质组分;
2)需要大量的氧气(大约为正向的两倍);
3)原油在注入井易于自燃,难于进行反向燃烧。

3. 联合热驱

联合热驱是将火驱与水驱结合的热力采油方法,因此又称湿式燃烧法。这种方法能有效地利用燃烧前缘后面储存的大量热量,弥补了正向燃烧法的一个缺陷,消耗较少的燃料驱动高黏原油。在火烧后利用水作为驱替介质的目的在于水的热容和气化潜热较高,能有效地传递热量,此外,水的来源广泛、成本低。

图 10 -34 为联合热驱的温度及饱和度分布示意图。饱和度剖面为靠近注入井注入的空气和水,在其前面是饱和蒸汽区,注入的水与燃烧过的高温地层接触,产生蒸汽,在蒸汽的前面是部分燃烧产物气相热油及部分蒸汽冷凝水;靠近生产井为原始油带。在温度分布剖面上,饱和蒸汽区的温度较高。联合热驱与干式燃烧相比,燃烧前缘之后的地层温度要低得多。

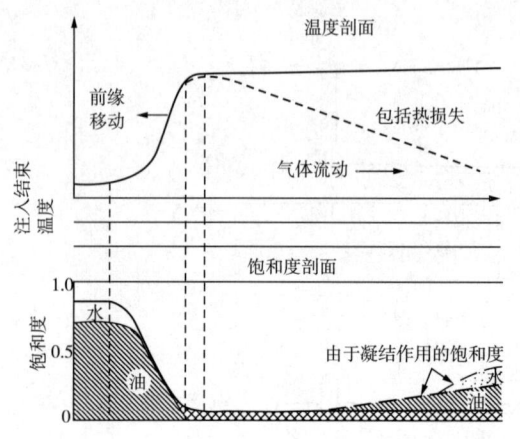 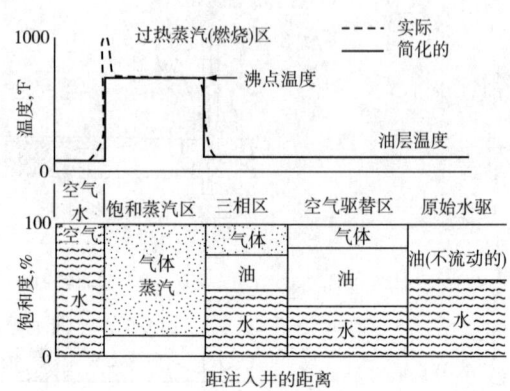

图 10 -33　反向燃烧温度和饱和度分布示意图　　　图 10 -34　联合热驱温度和饱和度分布示意图

联合热驱中水/空气比的大小直接影响驱替机理,当水/空气比为 0 时,联合热驱就属于正向燃烧;当水/空气比为中值时($4m^3/10^3m^3$),燃烧带温度仍然很高,但在燃烧前缘后面的温度可大大降低,热量向前传递可用来有效地驱油;当水/空气比处于中高值时($7m^3/10^3m^3$)时,已形成部分淬火燃烧;如果水/空气比进一步增加,燃烧前缘的火就会熄灭,不能达到原来的联合热驱的目的。

三、火烧油层采油工艺

1. 油藏选择

没有一种提高采收率方法适合任何油藏,火烧油层法也不例外。在火烧油层的油藏筛选方面,许多学者做了许多有益的工作,提出了各自研究的筛选标准。由于各学者采用方法及资料不同,经济技术、环境各异,因此,不同学者的提法也就存在差别。尽管如此,可以肯定下列因素有利于火烧油层法:

1)井距大;
2)油层渗透率高;
3)油层厚;
4)含油饱和度高;
5)油层相对均质;
6)油层温度较高;
7)垂向渗透率较小;
8)原油重度高。

下列条件存在时,火烧油层比注蒸汽更具有优势:
1)砂岩油层厚度小,压力高;

2）原油重质组分多；

3）井距大；

4）油藏埋藏深度大。

火烧油层的缺点：

1）地下燃烧产生的热量不仅用于加热原油，而且有部分用来加热基岩、上下盖层；

2）生产井乳状液的形成，降低了油井产能；

3）产出液中CO_3^{2-}存在，加速了生产井管柱及地面设施的腐蚀；

4）生产井出砂和井壁坍塌造成的油井破坏；

5）热裂解和原油蒸发导致生产井井筒附近区域中的蜡、沥青质沉淀，堵塞地层和井筒；

6）生产井的高温导致生产管柱破坏。

2. 点火方法

在火烧油层方法中，重要的是设法点燃经过选择的注入井的油层，目前有两种点火方法——自发点火和人工点火。

（1）自发点火

如果油层温度较高或原油氧化作用能释放足够的热量，注入空气后几天内油层就会自燃，即自发点火。为了便于点火，通常先注入易于点燃的原油，或加有亚麻油的原油。一般来说，当油层温度为55～60℃，油层就可能自燃。由于自发点火通常是在油井井筒附近进行的，因此应严格控制，以免井筒附近地层燃烧引起注入井损坏。有人认为，点火前先注入一定量的蒸汽有利于地层的自燃和保护注入井及井下管柱，其原因在于：注入蒸汽可以提高油层温度，缩短点火时间，清洗射孔孔眼，降低井筒附近区域的含油饱和度。

（2）人工点火

如果油层不能自发点火，可以采用人工点火的办法点燃油层。人工点火是在目的层安装一台特定的地下点火设备，以达到点燃油层的目的。人工点火装置有气体燃烧器，电加热器和催化点火系统。油层点火是否成功通常可以从空气注入空气注入特征图中反映出来。

3. 改善火烧油层产油效果技术

（1）注入气体改用氧气

1）缩短注汽时间降低生产井的产气速度。空气中含有4/5的氮气，注入空气可以降低气体的注入量，减少气体产出量，减缓气体超覆现象，节约注入费用。

2）提高原油的流动能力。注入高纯度氧气后，产生出大量的CO_2，由于CO_2与原油的混相条件优于N_2，使原油黏度大大减小，同时CO_2可使原油体积膨胀，提高地层流体体积系数，增加采收率。

3）提高采出气的利用率。注空气产出大量的CO只能用作燃料，而注氧气产出的CO_2及轻质碳氢化合物可以再注入其他地层进行气体混相驱，提高采收率。

（2）水气交替注入

干式正向燃烧法在燃烧前缘的后面油层中存在着大量的热能，这些热能对产油作用很小，

因为注入空气(或氧气)的热容很低,不能把足够油层热量带向前缘,最好的方法是注水,让水变成过热蒸汽带去热量。其优点如下:

1) 提高了热能的利用率。注入水的汽化能量来自于靠燃烧带留下的灼热的砂粒,因而并不需要补充额外的燃料。

2) 减少了加热油层所需的空气注入量。

3) 增强了流体的驱动作用。

4) 减缓了产出水的腐蚀问题。注入水的加入降低了产出水中 H^+ 的浓度,提高了 pH 值。

5) 避免了高温带进入生产井。

四、火烧油层采油实例

1. 油藏特征

Medicine Pole Hills Unit(简称 MPHU)位于北达科他州西南角的 Williston 盆地,油层为奥陶系的红河碳酸盐岩层,油藏及其流体的参数见表 10-6。

表 10-6　MPHU 火烧油层的油藏参数及其流体性质参数表

油藏参数		油藏流体参数	
油藏深度	9000ft	原油重度	39 °API
有效厚度	6~12ft	溶解油气比	93.45m^3/m^3
孔隙度	15%~19%	地层体积系数	1.4Rb/STB
渗透率	$5 \times 10^{-3} \mu m^2$	泡点压力	2246psi
含油饱和度	52%~63%	泡点以下原油黏度	0.48mPa·s
含水饱和度	48%~37%	地层水矿化度	97300mg/L
油藏温度	230 °F	地层水 pH 值	6.7
油藏原始压力	4120psi		

油田一次采油的开采机理是油藏岩石和流体的弹性能以及局部水驱作用,而溶解气、气体膨胀、重力排驱的作用很小。一次采收率仅为 15%。由于一次采油的采收率低,油藏的注水吸水能力差,如果油藏靠水驱保持地层压力,需要十多年的时间。注二氧化碳及天然气的成本又很高,而在该油田南 20mi 的 Baffalo 油田(其产层与 MPHU 相同,油藏特征与 MPHU 相似)的火烧油层项目取得了很大的成功,因此,拟在 MPHU 实施火烧油层(或称注空气)。

2. 注入情况

1985 年 7 月进行了室内燃烧实验、混相实验、油藏流体研究和火烧油层的可行性研究。1985 年安装了两台 White Superior MW68 型七级压缩机,其额定排量为 4000psi 压力下达到 $5.2 \times 10^6 ft^3/d$。使用两台压缩机是为了保证不间断地注空气,在注汽早期可以避免因间断注汽井底附近地层的热油回流而引起的注入井爆炸事故的发生。注入井的井下管柱中,油管为 $2\frac{7}{8}$in 的 J-55 级,套管为 $5\frac{1}{2}$in 的 K-55 和 N-80 级。井下有封隔器以保证环空中充满防腐剂,减轻油管和套管的腐蚀。

1986年3月开始注空气,但两个月后因油价下跌而终止注汽。1987年10月重新恢复注汽,到1993年底7口注入井的空气注入量为$9.0 \times 10^6 ft^3/d$,注入压力为4400psi。

3. 油井动态响应

1)原油产量(包括凝析油)。原油产量由注空气前的400bbl/d增加到1100bbl/d,而生产井井数仍保持原有水平。其中轻质油(凝析油)的产量由原来的50bbl/d增加到200bbl/d,累计共增产原油3.6×10^6bbl/d,采收率提高了24%。原油产量随时间的变化曲线见图10-35。

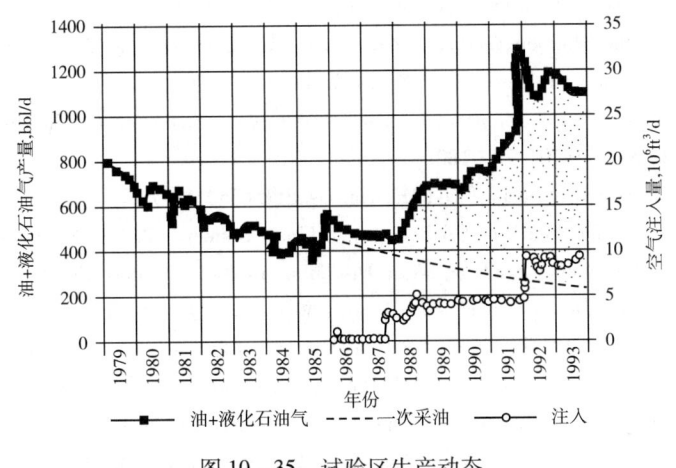

图10-35 试验区生产动态

2)产出气体。气油比从$19.58 \times 10^3 m^3/m^3$增加到$0.8188 \times 10^3 m^3/m^3$,产出气的组分为氮气、二氧化碳、甲烷等。生产井中22-44井的氮气含量为72%,二氧化碳为13%,甲烷为13%,其他气体为2%。这一结果表明,空气在地层中与原油燃烧良好,空气利用率较高,而且没有一口生产井中出现过早气窜问题。

4. 经济效果

该项目投资包括压缩机(490万美元)、钻新井(710万美元)、集输系统(60万美元)、油井转注(70万美元)以及管线(70万美元)等部分。投资总额为1400万美元,增产油量3.6×10^6bbl,即每采出1bbl原油的投资为3.9美元。

参 考 文 献

[1] Perry G T, Warner W S. Heating Oil Wells by Electricity. US,45584,1865.
[2] Lewis J Q. Method of Increasing the Recovery from Oil Sands. Petroleum Technology,1971(37).
[3] Wolcott E P. Method of Increasing the Yield of Oil Wells. US,1457479,1923.
[4] 刘文章. 稠油注蒸汽热采工程. 北京:石油工业出版社,1997.
[5] Bleakley W B. The How and Why of Steam. Oil and Gas Journal,1965,121-122.
[6] Andrade E N,et al. The Viscosity of Liquids. Nature,1930,309-310.
[7] Willhite G P,Dominguez J G. Over-all Heat Transfer Coefficients in Steam and Hot Water Injection Wells. JPT,1967,607-615.
[8] Willman B T,et al. Laboratory Studies of Oil Recovery by Steam Injection. JPT,1961,681.

[9] John Wiley, Sons. Thermal Methods of Oil Recovery. New York, 1987.
[10] Lewis W K, Squires L. The mechanism of Oil Viscosity as Related to the structure of Liquids. Oil and Gas Journal, 1934, 92 – 96.
[11] Boberg T C, Lantz R B. Calculation of the Production Rate of a Thermally Stimulated Well. JPT, 1966, 12.
[12] Weinbrandt R M, Remay Jr H J. The Effect of Temperature on Relative Permeability of Consolidated Rocks. SPE 4142, 1972.
[13] Boberg T C, et al. Calculating the Steam Stimulated Performance of Gas – Lifted and Flowing Heady Oil Wells. JPT, 1973, 1207.
[14] Mart J W, Langenheim R H. Reservoir Heeding by Hot Fluid Injection, Trans. AIME, 216, 1312.
[15] Burns J. A Review of Steam Soak Operation in California. JPT, 1969, 25.
[16] Boberg T C. What's the Score on Thermal Recovery and Stimulation. OGJ, 1965, 78 – 83.
[17] Blevins T R. Steam Flooding in the USA: A Status Report. JPT, 1990.
[18] Poston S W, et al. The Effect of Temperature on Irreducible Water Saturation and Relative Permeability of Unconsolidated Sands. SPEJ, 1970, 171 – 180.
[19] Wu C H. A Critical Review of Steam Flood Mechanisms. SPE 6550, 1977.
[20] Gomaa E E. Correlation for Predicting Oil Recovery in Linear Systems. SPEJ, 1980, 196 – 210.
[21] Wu C H, Brown A. A laboratory Study on Steam Distillation in Porous Media. SPE 5569, 1975.
[22] Sater, Abdus. Heat Loses During Low of steam Down a Well – bore. JPT, 1965, 845 – 851.
[23] 岳清山,李平科. 油藏压力对蒸汽驱开发效果的影响. 特种油气藏, 1997, 4(4): 15 – 18.
[24] Donaldson E C, et al. Enhanced Oil Recovery Ⅱ: Processes and Operations. Elsevier Science Publishers, 1989.
[25] Myhill N A, et al. Steam Drive Correlation and Prediction. JPT, 1978, 173 – 182.
[26] Chu G. State – of – the Art Review of Steam Flood Field Projects. SPE 11733, 1983.
[27] Taber J J, Martin F D. Technical Screening Guides for the Enhanced Oil Recovery. SPE 12069, 1983.
[28] Parrish D R, Gaig F F. Laboratory Study of a Combination of Forward Combustion and Water – Flooding the COFCAW Process. JPT, 1969, 735 – 761.

第十一章　微生物采油

　　一般来说，油藏经过一次和二次采油后，仍有 60% 左右的原油剩余在油藏中而不能采出。目前最为有效的三次采油方法有热采、化学驱和混相驱等提高采收率方法。然而这些三次采油方法都存在技术上的缺陷：如蒸汽驱的井筒和地层热损失大，蒸汽超覆和气窜现象严重；火烧油层消耗过量的不可再生能源，井下管柱受热损坏；聚合物驱的聚合物剪切降解、产出液处理难；表面活性剂驱的吸附损失大，成本高且稳定性差；混相驱的气源、重力分异和气窜等。上述问题直接影响了油藏原油采收率的提高。此外，每年废弃井的数量大大增加，严重影响了油田的石油产量。

　　随着微生物技术的发展，微生物采油技术已向前迈出了可喜的步伐。有人认为，利用微生物开采石油的时代已经到来。微生物提高采收率(Microbial Enhanced Oil Recovery)是指利用微生物及其代谢产物增加石油产量的一种石油开采技术。该技术是将经过筛选和评价的微生物与培养基注入地下油层，通过微生物就地繁殖和代谢，产生酸、气体、溶剂、生物表面活性剂和生物聚合物，改变岩石孔道和油藏原油的物理化学性质，提高原油产量和采收率。

　　微生物采油具有许多优点：

　　1) 利用微生物是开采枯竭油藏，提高油藏最终采收率的最为经济的开采方法，微生物可以在油藏内就地繁殖，成倍地增加处理的波及面积。因此，用微生物采出 1t 油的成本仅为其他三次采油方法的几分之一。

　　2) 微生物采油不仅能采出油藏中的可动油，而且还可采出部分不可动的残余油，提高油藏的最终采收率。

　　3) 微生物采油可以大大延长油井的开采期，推迟油井的报废时间，大幅度提高单井原油总产量。

　　4) 微生物采油方法通过微生物降解稠油，降低原油黏度，为稠油的冷采提供了一种新的技术手段。

　　5) 微生物可以轻质化原油、脱硫、除重金属，降低原油的炼制成本。

　　大量的室内研究和现场试验结果表明，微生物采油是一种最有前景的提高采收率方法。

　　微生物采油的历史可以追溯到 20 世纪 20 年代。早在 1926 年，Beckman 就已经提出了用细菌采油的想法。1940 年，Zobel 首先申请了把细菌直接注入地下提高油层采收率的专利。该项专利是使用一种能利用烃的硫酸盐还原菌处理油层，使油层发生物理化学变化，从而提高原油产量。1953 年，Zobel 获得了第二项专利，该项专利把所用的菌种范围扩大到了一种可利用氢的硫酸盐还原菌。1953 年，Updegraff 和 Wren 取得了一项关于往油层中注入糖浆作为硫酸盐还原菌生长所需营养物的专利。1954 年，在美国阿肯色州的联合县，成功地进行了一次利用细菌大规模就地发酵，提高油田采收率的矿场试验。Hitzman 分别于 1962 年、1965 年和 1976 年获得了三项使用非硫酸盐还原菌的微生物的专利，他建议使用的细菌为好氧菌和厌氧菌。

20世纪70年代初的世界石油危机大大促进了世界各国对微生物提高石油采收率的研究,有关的学术交流也更加频繁。1975年,美国首先召开了"微生物在石油开采中的作用研讨会"。1982年5月,在美国的俄克拉荷马州的埃费顿召开了有34个国家参加的"世界微生物采油会议",系统地交流了多年来的研究成果,并决定以后每两年开展一次国际会议。

1991年,美国已把微生物采油技术列为继热采、化学驱、气驱等三次采油之后的第四次提高原油采收率方法,并已在许多油田得到应用。原苏联也把微生物采油列为一种工业性应用的新的提高采收率方法。东欧各国、澳大利亚、加拿大等国也很重视对微生物采油的研究,并把研究成果应用于矿场。

微生物采油以其可观的经济效益、独特的优点和广阔的发展前景引起各国石油工业界的重视。我国早在20世纪60年代末就开始探讨用地面烃类发酵,就地制备生物表面活性剂及生物聚合物的试验。20世纪70年代中期开始了生物聚合物的研究,室内模拟实验表明,微生物能大幅度提高原油采收率。"七五"期间,中国科学院微生物研究所与大庆油田合作,开展了两口井的微生物吞吐试验并取得了明显效果。目前微生物采油在我国的发展迅猛,可以预料,随着这项技术的逐步完善,微生物采油将成为一项不可忽视的提高采收率技术。

微生物采油技术的发展迫切要求综合各学科的研究成果。通过各学科间技术的交叉,大大提高微生物采油的研究进程和微生物提高采收率的成功率。微生物学家必须依靠油藏地质学家和石油工程师提供有关地层构造、油藏条件等资料,研究微生物在油藏条件的生长、繁殖及代谢过程;遗传学家必须按微生物学家和石油工程师的要求设计并培育菌种;环境工程师必须使注入微生物不污染水源,排放的废水不导致人类受害和环境污染;化学工程师必须进行微生物与油藏及流体反应产物的分析和化验以及微生物注入方案监测;石油工程师依靠微生物学家和遗传工程师提供的菌种及其营养物结构,掌握细菌培养,实施微生物注入。

遗传工程学在微生物采油技术中起着越来越重要的作用。微生物采油成功的关键在于"超级细菌"的发现。这种超级细菌的要求为:

1)能在不利的油藏环境下(高温、高盐、高压和无氧等)中迅速繁殖和运移;

2)能产生大量的有益于原油流动的代谢产物;

3)能降解原油中的重质组分,能脱硫、脱重金属。这种超级细菌的产生意味着微生物采油技术新纪元的开始。

总之,微生物采油的成功是各学科共同协作的成果。各学科人员在微生物采油中的地位与作用如下。

1)地质学:油藏描述、微生物在油藏的运移、油藏筛选以及含细菌的岩石孔隙结构及其分布研究;

2)化学:微生物引入油藏导致的界面现象,细菌代谢产物与岩石、原油作用;

3)地球化学:石油形成的反过程、细菌作用后油气水的分析;

4)微生物学:微生物应用的关键,研究微生物筛选、油藏原生细菌与接种细菌的相互作用,微生物在地下的生长、繁殖与代谢过程;

5)流体力学:存在界面现象的渗流,细菌代谢产物存在下的多组分多相渗流过程的数学模拟;

6)石油工程:借助于非细菌采油手段,进行微生物采油机理的分析,微生物采油方案的实

施及监测,室内微生物采油的物理模拟及配伍性研究,微生物采油的评价;

7)基因工程:利用基因工程技术,对细菌菌株进行改良,获取能在恶劣油藏环境中生长繁殖和代谢的优良菌种;

8)生物工程:提供定量描述微生物的生长、繁殖和代谢的量,模拟微生物及其他代谢产物在油藏中物质传递,设计出适合的微生物营养液注入量;

9)环境工程:接种到油层的微生物潜在的危害性研究,微生物采油产出液的排放,接种微生物对人类水源潜在的危害性。

本章将介绍微生物的基本概念、油藏微生物学、微生物采油的机理及筛选以及微生物采油的应用等方面的内容。

第一节 微生物基本概念

一、微生物的分类

微生物(Microbe Microorganism)是指一切肉眼看不见或看不清楚的微小生物的总称。它们是一些个体微小(小于0.1mm)、构造简单的低等生物。就种类而言,微生物可以分为原核微生物、真核微生物和非细胞微生物三大类。原核微生物可进一步分为细菌、放线菌、支原体、立克次氏体、衣原体和蓝细菌;真核微生物又可分为真菌(酵母菌、霉菌)、原生动物和显微藻类;非细胞类微生物可分为病毒、类病毒和朊病毒。微生物分类见图11–1。

用于提高采收率的微生物主要是原核微生物中的细菌,因此,微生物采油又称细菌采油。细菌是个体微小(细胞直径约为 $0.5\mu m$,长度约为 $5.0\mu m$)、结构简单、细胞壁坚韧、以分裂方式繁殖、水生性强的原核微生物。根据细菌的形状可分为球状细菌、杆状细菌和螺旋菌三大类,细分类见图11–2。根据球状细菌(*Coccus*,简称球菌)的相互连接方式,把球菌分为单球菌、双球菌、四联球菌、八叠球菌、链球菌和葡萄球菌;杆状细菌(*Bacillus*,简称杆菌)有短杆菌、棒状菌、梭状菌和梭杆状菌等;螺旋菌(*Spirilla*)中,若螺旋不满1环为弧菌(*Vibrio*),满2~6环的小型、坚硬的螺旋菌为螺菌(*Spirillum*),而螺旋周数在6环以上、体大而柔软的螺旋菌为螺旋体(*Spirochaeta*)。

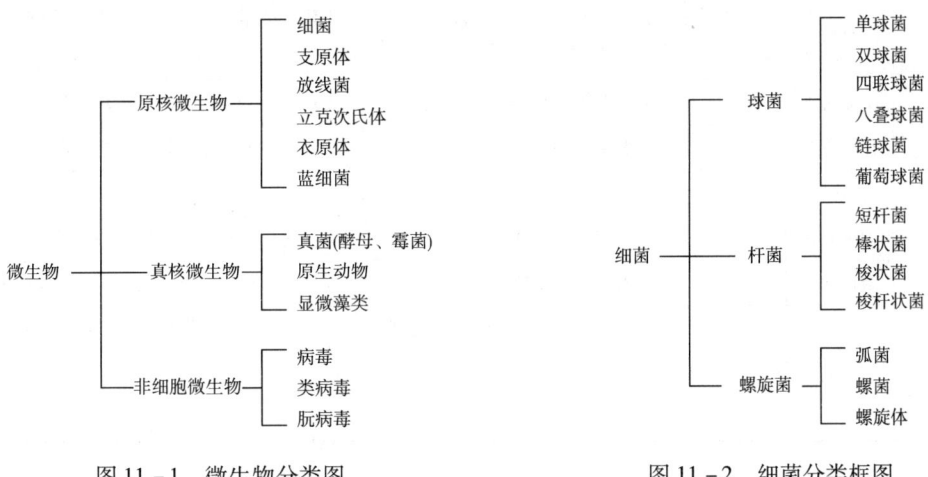

图11–1 微生物分类图   图11–2 细菌分类框图

菌株(Strain)又称品系,表示由任何一个独立分离的单细胞繁殖而成的纯种菌落及其一切后代。因此,一种微生物的每一个不同来源的纯培养物可称为该菌种的一个菌株。菌株的特征有:

1) 菌株几乎是无数的;
2) 菌株强调的是纯遗传的;
3) 菌株与克隆(Clone)即无性繁殖的概念相似;
4) 同一菌种不同菌株间的生化和代谢有很大差异。

将单个微生物细胞或一堆同种细菌的细胞接种在固体培养基表面或内部,当它占有一定的发展空间,并且给予适宜的培养条件时,该细胞就会迅速生长、繁殖,形成以母细胞为中心的一堆肉眼可见的、有一定形态的细胞聚集体,这就是菌落(Colony)。如果将某一纯种的大量细胞密集地接种在固体培养基中,结果形成的各"菌落"就会相互联结成一片,这就是菌苔(Lawn)。

细菌的菌落有自己的特征,诸如湿润、较光滑、较透明、较黏稠、质地均匀等。其原因是细菌属单细胞生物,细胞间没有形态的分化。因此,在固体培养基表面上生长的每一个个体,其细胞间隙中都充满着吸入水的毛细管,所以细菌的菌落表现出上述特征。

二、微生物的营养素

所有生物都需从外部摄取维系其生命活动所必需的能量和物质,以满足其生长与繁殖需要。微生物有了营养才能进一步生长、代谢与繁殖,并提供有益的代谢产物。微生物的营养物(Nutrient)包括能量和物质两大类,有六种营养素,即碳源、氮源、能源、生长因子、无机盐和水。微生物六种营养素的类型、成分及来源详见表11-1。

表11-1 微生物的营养素

营养素		类型	原料
氮源	有机	复杂蛋白质、核酸、尿素、氨基酸、简单蛋白质	牛肉膏、酵母膏、饼粕粉、蚕蛹粉、尿素、明胶
	无机	NH_3、铵盐、硝酸盐、N_2	$(NH_4)_2SO_4$、KNO_3、空气
碳源	有机	复杂蛋白质、核酸、氨基酸、简单蛋白质、糖、有机酸、脂类、烃类	牛肉膏、蛋白胨、花生饼粉、氨基酸、淀粉、糖蜜等,天然气、石油及其不同馏分、石油蜡
	无机	CO_2、$NaHCO_3$、$CaCO_3$	CO_2、$NaHCO_3$、$CaCO_3$等
能源	化学物质	有机物、无机物	NH_4^+、NO_2^-、S、H_2S、糖蜜、明胶、牛肉膏
	辐射能	光能	太阳光
无机盐	大量元素	P、S、Ca、Mg、Fe、Na	KH_2PO_4、K_2HPO_4、$MgSO_4$、NaCl、$FeSO_4$、$CaCl_2$
	微量元素	Cu、Mn、Zn、Co、Mo	$CuSO_4$、$MnSO_4$、$ZnSO_4$、$CoSO_4$、$(NH_4)_6Mo_7O_{24}$
生长因子	广义	维生素、碱基、卟啉及其衍生物、甾醇、胺类、$C_4\sim C_6$支链或直链脂肪酸及需要量大的氨基酸	
	狭义	维生素	
水		水	

1. 碳源(Carbon Source)

碳源是指能提供微生物营养所需的碳元素(或称碳架)的营养源,包括有机碳源和无机碳源两大类。利用有机碳源的微生物为异养型微生物,而利用无机碳源的微生物为自养型微生物。

微生物的碳源谱非常广泛,有糖类、醇类、有机酸类和脂类。其中糖类是利用最为广泛的碳源。工业制糖业中的副产品——糖蜜是微生物的常用营养液,主要为微生物提供碳源。糖蜜的成分相当复杂,它除了提供丰富的碳源外几乎包括了微生物所需的所有营养要素。

2. 氮源(Nitrogen Source)

凡能够提供微生物生长繁殖所需的氮元素的营养源统称为氮源。许多微生物可以把简单的氮源(如尿素、铵盐、硝酸盐和氮气)自行合成所需要的氨基酸,这类微生物可称为氨基酸自养型微生物。反之,凡从外界吸收现成的氨基酸作为氮源的微生物称为氨基酸异养型微生物。作为氮源的培养基原料有牛肉膏、蚕蛹粉、肉汤、明胶、尿素、铵盐、硝酸盐和氮气等。

3. 能源(Energy Source)

微生物需要的能源包括辐射能、光能、化学能及生物化学反应产生的能源。对于异养型微生物来说,其生长繁殖时所需的能源就是碳源;而自养型微生物的能源都是一些还原态的无机物质,如 NH_4^+,NO_2^-,S,H_2S,H_2 和 Fe^{2+} 等。能氧化这些物质的微生物都是细菌,如硝酸盐细菌、亚硝酸盐细菌、硫化细菌、铁细菌、氢细菌和硫细菌等。

4. 生长因子(Growth Factor)

生长因子是微生物正常生长必不可少的,而且不能用简单的碳源或氮源自行合成的有机化合物,它的需要量一般很少。广义的微生物生长因子是指维生素、碱基、卟啉及其衍生物、甾醇、胺类及氨基酸;狭义的微生物生长因子一般仅指维生素。微生物生长因子通常是从添加酵母膏、蛋白胨等廉价原料的培养基中获取的。

5. 无机盐

无机盐为微生物的生长提供必需的矿物质元素。凡是生长所需浓度为 $10^{-4} \sim 10^{-3}$ mol/L 的元素为大量元素,例如 P,S,K,Mg,Ca,Na 和 Fe 等;凡浓度为 $10^{-6} \sim 10^{-8}$ mol/L 的元素为微量元素,如 Cu,Zn,Mn 和 Mo 等。

无机盐在微生物营养中的生理作用十分重要。大量元素是细胞内一般分子的主要成分,并作为微生物生理调节剂,此外还作为化能自养菌的能源和无氧呼吸时的氢受体;而微量元素主要作为酶的激活剂和特殊分子结构成分。在微生物的培养基中,加入 K_2HPO_4,$MgSO_4$ 可提供 4 种需要量大的元素。

6. 水

水是微生物最基本的营养素。水在微生物细胞中的含量可高达 70%~90%。少数微生物如蓝细菌能利用水中的氢作为还原 CO_2 的还原剂。

三、微生物的生长环境

微生物必须在适当的环境下才能生长、代谢和繁殖。生长环境包括温度、压力、水的矿化度、pH 值以及其他物理化学条件。

1. 氧气

氧气对微生物的生命活动起着极其重要的作用,但不同的微生物对氧气的需要量存在很大差异,氧气对有些微生物极为重要,而对有些微生物却是毒素。氧气对不同微生物生长的影响见图 11-3。在微生物学中按微生物与氧气的关系可把微生物分为好氧菌(Aerobe)与厌氧菌(Anaerobe)两大类,并细分为五类,见表 11-2。

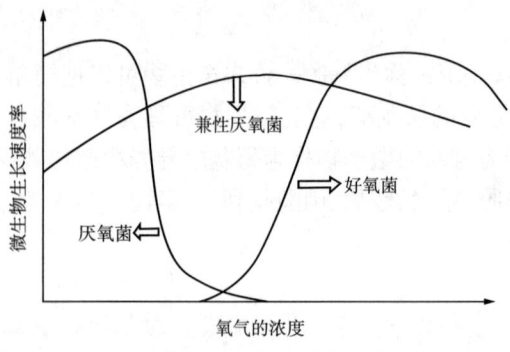

图 11-3 氧气对微生物生长速率的影响

1)专性好氧菌(Strict Aerobe)必须在有氧条件下才能生长,有完整的呼吸链,其细胞含有超氧化物歧化酶 SOD(Superoxide Dismutase)和过氧化氢酶,如铜绿假单胞菌(*Pseudomonas aeruginosa*)。

2)兼性好氧菌(Facultative Aerobe)在有氧和无氧条件下均能生存,但在有氧条件下生长更好,有氧时靠呼吸产生能量,如普通变形杆菌。

3)微好氧菌(Microaerophilic Bacteria)只有在较低的氧分压(0.01~0.03bar)下才能正常生长的微生物。

4)耐氧菌(Aerotolerant Anaerobe)可在氧存在条件下进行厌氧生活的厌氧菌,即生长不需要氧,但氧对其无毒,如乳酸杆菌(*Lactobacillus*)。

5)专性厌氧菌(Anaerobe):氧对其有毒,即使短期接触空气,也会抑制其生长甚至致死;其生命活动所需能量通过发酵、无氧呼吸、甲烷发酵等提供;细胞内缺乏 SOD 和细胞色素氧化酶,如绝大多数的产甲烷菌。

表 11-2 根据氧气需求的细菌分类表

好氧菌	专性好氧菌	在大气压下进行呼吸
	兼性好氧菌	以呼吸为主,兼发酵,厌氧呼吸
	微好氧菌	只能在 0.01~0.03bar 的大气压下生存
厌氧菌	耐氧菌	只能以发酵产能,但氧对其无毒性
	专性厌氧菌	只能在无氧条件下生存,氧对其有剧毒

2. 温度

由于细菌的生命活动是由一系列生物化学反应组成的,而这些反应受温度的影响极为明显。因此,温度是影响细菌生长的最为重要的因素之一。

在生物化学反应中,随着温度的上升,生物化学反应的速率加快,但是,对于任何给定的细菌种类,都存在一个最适宜的温度,当温度超过其最适宜值时,细菌的代谢速率会下降,并随着温度上升,代谢会最终停止导致细菌死亡。

任何微生物的生长温度都有三个重要的温度指标,即最低生长温度、最适生长温度和最高生长温度。细菌的生长速率与温度的关系如图11-4所示。根据细菌的最适生长温度,细菌可分为嗜冷菌、中温菌及嗜热菌,如表11-3所示。

表11-3 不同细菌的温度适应范围

细 菌	最适生长温度,℃	极限生长温度
嗜冷菌	<20	一般为-5~10℃,极端为-30℃
中温菌	20~45	
嗜热菌	>45	一般为80~95℃,极端为105~300℃

最适生长温度的意义是细菌生长速率最快的培养温度。温度是微生物采油的一个严格的判断条件。从目前的研究和试验情况来看,温度的上限为80~95℃。但有理由相信,随着微生物技术的发展,适合油藏条件的耐高温的细菌会被发现和培育出来。

图11-4为不对细菌营养物加以控制条件下,细菌生长速率与温度的典型关系曲线。对于一种给定的营养液,细菌的生长速率随温度的升高而增加,在最适生长温度(T_{opt})时达到最大值;

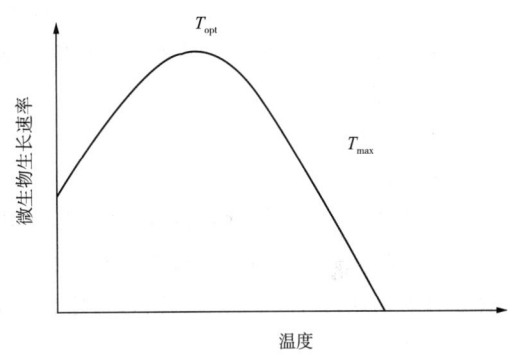

图11-4 温度对微生物生长速率的影响

当温度高于T_{opt}时,细菌的生长速率随温度的升高而迅速下降。T_{max}为细菌生长的最高温度,对于不同的菌种,T_{opt}和T_{max}变化很大。而对于给定的菌种,T_{opt}和T_{max}受压力、含盐量和培养基浓度等因素的影响相对较小。

3. pH 值

尽管微生物生长的pH值范围较宽,但多数微生物生长的pH值为5~9。与温度3个基本点相似,对于不同微生物的生长pH值来说,都存在最高、最低和最适3个pH值。根据微生物生长的最适pH值,可把微生物分为嗜碱微生物(Basophile Microbe)、耐碱微生物(Basotolerant Microbe)、嗜酸微生物(Acidophile Microbe)和耐酸微生物(Acidotolerent Microbe)。凡是最适生长pH值偏于碱性的微生物称为嗜碱微生物;相反,凡是最适生长pH值偏于酸性的微生物称为嗜酸微生物。

微生物甲烷菌生长的pH值范围较小,对pH值的变化非常敏感,甲烷菌生长的最适pH值为中性,即pH值为7.0~7.5。当pH值在6.6以下时,生产速率急剧下降;当pH值低于6.2时,甲烷菌的代谢产物甲烷停止生产。而产生脂肪酸的细菌对pH值的敏感性较低,即使pH值下降至4.4~5.0时,仍可继续产生脂肪酸。

氢离子浓度对微生物的生长、繁殖和代谢具有很大影响。大多数微生物都喜欢在中

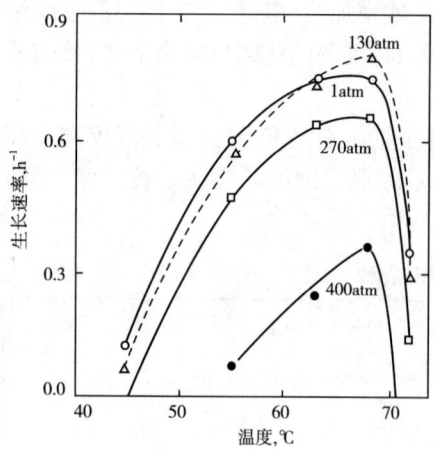

图 11-5 压力对微生物(嗜热脂肪芽孢杆菌)生长速率的影响

性或略显碱性的环境中生长。pH 值不仅影响微生物的生长速率和存活,而且还影响其代谢产物的类型。因此,常用缓冲液来调节微生物环境的 pH 值,以获得所需的代谢产物。常用的缓冲液是碳酸盐溶液,它是 HCO_3^-、CO_3^{2-}、CO_2 和 H_2O 处于平衡的一种缓冲液。

4. 压力

图 11-5 显示了压力对细菌生长的影响。由图 11-5 可知,在高压下,压力是影响细菌生长的重要因素。高压往往会使细菌的生长速率降低,而且还会改变细菌的形态。不同的菌种压力对其产生的影响差异极大。油层水中存在的脱硫弧菌耐压性最强,它可在 100MPa 下还原硫酸盐。

Bubela 观察到微生物在高压时发生形态变化,即在升压过程中,其形状由杆状变为球状;如果压力逐渐降低,微生物会恢复为杆状。

而压力对沙雷杆菌(*Serratia marinorubra*)的形态影响规律为:低压下(0.1~10MPa),其形态为短杆菌;在中等压力条件下(约 40MPa),短杆菌变长;在高压力下(大于 60MPa),短杆菌变为丝状体;当压力降低时,丝状体分裂为短杆菌。

由于高压下细菌的形态变化较大,而细菌的形状影响细菌在油层中的运移能力。因此,在微生物采油设计中,必须考虑压力对细菌的影响。

四、微生物培养

培养基(Culture Medium)是一种人工配制的适合于微生物生长繁殖或产生代谢作用的混合养料。任何培养基都应具备微生物所需的六大营养素,而且各营养素的配比应当合适。任何培养基一旦配成,必须立即灭菌,否则很快就会杂菌丛生破坏其成分和性质。

1. 培养基配制原则

(1)目的明确

在设计培养基之前应明确培养的细菌特性及其代谢产物的基本情况,因为不同的微生物对培养基中碳源、氮源等营养素的比例要求不同。另外,pH 值、渗透压、生长因子以及其他特殊成分都对微生物的生长有影响。因此,在设计培养基时应充分考虑。

(2)营养协调

不同细菌的营养组成各有差异,通过分析细菌的营养组成可以配制适合的培养基。对于异养型微生物,碳源既作为能源,又是这种微生物的主要营养要素。因此,碳源的需求量很大,培养基中碳源的比例应该很高。如果微生物用于产生大量的代谢产物,那么它需要的营养物的量就很高。配制用于油藏的微生物培养基时,应注意下述营养素的需求顺序:

水(10^{-1} mol/L) > 碳源和能源(10^{-2} mol/L) > 氮源(10^{-4}~10^{-3} mol/L) > 微量元素

$(10^{-5}\text{mol/L}) >$ 生长因子 (10^{-6}mol/L)

(3) 条件适宜

由于微生物应用的环境可能与微生物的生长环境有较大的差异,为了使微生物能在应用环境中生长、繁殖和代谢,在培养基中通过添加一些成分,创造微生物的生长条件。例如,在不合适的pH值环境中,可以在培养基中加入酸碱等pH值调节剂。

(4) 经济节约

经济节约主要是指在实际应用中,需要大量的培养基时应遵循的原则。这方面的潜力是相当巨大的。经济节约的大体原则为:

1) 以粗代精。例如用红糖代替白糖。
2) 以野代家。以野生植物原料代替人工栽培植物。
3) 以废代好。以专门的废弃物代替专门制造的营养物,如采用制糖业的废水。
4) 以简代繁。以简单培养基或成分较少的培养基代替原来成分复杂的培养基。
5) 以烃代粮。以石油天然气代替糖质原料培养微生物。
6) 以纤代糖。以自然界存在的某些纤维物质代替糖类营养物。
7) 以氮代朊。以 N_2,铵盐、硝酸盐或尿素代替氨基酸的蛋白培养基。

2. 营养液的配制

营养液是微生物生长、繁殖和产生代谢产物的营养基质,其配制主要依据所选用的菌种和应用环境来确定。一般来说,微生物不同,所需的营养成分也不同。但微生物一般都需要含磷化合物(如有机和无机磷酸盐)、含氮化合物(氮源)、含碳化合物(碳源)以及硫、各种微量元素、氢、维生素、CO_2等,而且,地层中不可能提供全部的营养素。因此,营养液的组分主要包括地层中缺乏的营养物质。要确定合适的营养液需要进行微生物培养实验。地层中缺乏的营养物质,可以通过原子吸收光谱法、离子色谱法、电感耦合等离子体技术确定。

另外,所选用的各种营养物质在地层条件下应具有一定的稳定性(包括热稳定性和化学稳定性),不与地层流体中的无机盐发生反应而沉淀,以免堵塞地层;在含黏土的地层中,营养液不能引起黏土的膨胀和运移。因此,进行配伍性实验显得非常重要。表11-4和表11-5是蔗糖糖浆和无机盐培养基的主要成分。

表11-4 蔗糖糖浆的主要成分

成 分	含量,%(质量分数)	成分	含量,%(质量分数)
蛋白质	1.85	镁	0.25
灰分	6.73	钠	0.19
固体含量	80.89	钾	1.31
转化为糖总量	67.90	磷	0.14
钙	0.93	硫	0.52

表 11-5　无机盐培养基的主要成分

成　分	含量,g/L	成分	含量,g/L
K_2HPO_4	10	$CaCl_2 \cdot 2H_2O$	0.01
NaH_2PO_4	5	$FeSO_4 \cdot 7H_2O$	0.01
$(NH_4)_2SO_4$	2	$n-16$ 碳环	25
$MgSO_4 \cdot 7H_2O$	0.2		

五、微生物学常用术语

微生物学常用术语如下：

1) 黄单胞菌胶(Xanthan)：又称黄胞胶，是由黄单胞菌属细菌在发酵进程中产生的生物聚合物——聚多糖。

2) 嗜热菌(Thermophilic)：适合于高温的微生物。

3) 硫酸盐还原菌(Sulfate-Reducing Bacteria)：将硫酸盐转变为硫化物的细菌。

4) 孢子(Spore)：在恶劣条件下能生存很长时间的微生物。

5) 细胞黏液(Slim)：细胞壁外表分泌出的物质。

6) 腐生菌(Saprophyte)：靠别的有机物生存的微生物。

7) 原核生物(Procaryate)：简单结构的原生生物，其核无核膜。

8) 原生质体(Protoplast)：去掉或无细胞壁的细胞。

9) 群体(聚集体)(Population)：在一定时间内繁殖并具有一定面积的同类生物群。

10) 纤毛(Pili)：菌毛，丝状附生物，较鞭毛短，直而更细，使细菌更具黏附力。

11) 接种(Inoculation)：将微生物引入某一环境或培养介质中。

12) 本源生物(Indigenous Organisms)：以当地环境生长的生物。

13) 异养型(Heterotroph)：利用有机物作为其所需能量和碳源的微生物类型。

14) 革兰阴性(G^-)：细菌特异染色反应，细胞染上番红色。

15) 革兰阳性(G^+)：细菌特异染色反应，细胞染上结晶紫色。

16) 基因克隆(Gene Cloning)：在适宜的宿主中通过嵌入 DNA 碎片，就可得到很多 DNA 碎片复制物的技术。

17) 鞭毛(Flagellum)：许多活动的微生物细胞线状部分，负责细胞的运动。

18) 真核生物(Eucaryote)：具有一个特殊细胞核的原生生物细胞。

19) 酶(Enzyme)：一种有机催化剂。

20) DNA(Deoxyribonucleic Acid)：脱氧核糖核酸，在大多数生物体中发现的带有编入遗传信息的核酸。

21) 脱氢酶(Dehydrogenasa)：催化脱氢或加氢的酶。

22) 染色体(Chromosome)：DNA 中具有细胞主要遗传特性的成分。

23) 氨基酸(Amino Acids)：构成蛋白质分子单元的基础。多个氨基酸分子就构成蛋白质分子。

第二节 油层微生物

一、本源细菌

本源细菌是指油藏内部存在的细菌。了解本源细菌的分布情况,对设计一个成功的微生物采油工程是非常重要的。如果要在现场工艺条件下刺激本源细菌生长,就必须鉴定本源细菌的菌株,了解在地层条件下微生物群落对注入营养物的反应。同时,如果要把可能注入的菌株引入油层,该菌株必须是占统治地位的菌株,或者能与本源细菌形成共生体系,以便获得较好的采油效果。油藏本源细菌的分类见表11-6。

表11-6 油藏本源细菌的分类

细菌类型	细菌名称
硫酸盐还原菌	脱硫螺菌(*Spirillum desulfuricans*); 河口短螺菌(*Mierospira aestuari*); 嗜热脱硫弧菌(*Vibriothermo desulfuricans*); 弧菌(*Vibrio* sp.); 脱硫弧菌(*Desulfovibrio desulfuricans*)
利用烃的细菌	荧光极毛杆菌(*Pseudomnas fluorescens*); 假单胞杆菌;硫酸盐还原菌;甲烷氧化菌
甲烷形成菌	马氏产甲烷球菌(Methanococcus - *mazei*); 奥氏甲烷杆菌(*M. omelianskii*)
产孢子杆菌(Spore - forming Bacillus)	
耐盐产气的梭状芽孢杆菌(*Clostridium* sp.)	

1. 硫酸盐还原菌

硫酸盐还原菌是油层中分布最广的菌种,也是人们最早研究和利用的微生物提高采收率的菌种。硫酸盐还原菌的主要作用是降低油水的界面张力。实验证明,当以糖蜜或原油等为营养物时,可使原油黏度降低。

硫酸盐还原菌可以从含油的地下水中分离出来,它们分别是:脱硫螺菌(*Spirillum desulfuricans*)、河口短螺菌(*Mierospira aestuari*)、嗜热脱硫弧菌(*Vibriothermo desulfuricans*)、弧菌(*Vibrio* sp.)、脱硫弧菌(*Desulfovibrio desulfuricans*)。

单纯使用硫酸盐还原菌的不利因素主要是:
1)对钢铁的腐蚀作用;
2)由于这些细菌产生的硫化氢在油藏中遇铁反应生成的硫化铁胶状沉淀会堵塞地层;
3)硫酸盐还原菌的代谢活性相对缓慢。

2. 利用烃的细菌

利用烃的细菌是能够氧化气态和液态烃的细菌,主要是荧光极毛杆菌(*Pseudomonas*

fluorescens)。另外,还有一些是假单胞杆菌,以及某些硫酸盐还原菌。甲烷氧化菌广泛分布于土壤、沉积岩层和水环境中。甲烷氧化菌是假单胞杆菌科假单胞杆菌属。甲烷氧化菌可作为石油勘探中鉴别含油区的一个标志。

3. 甲烷形成菌

甲烷形成菌是一类形态上各式各样的细菌种群,存在于各种厌氧环境中。石油伴生气中的甲烷部分是由甲烷形成菌产生的。在油层和油田水中存在各类甲烷形成菌。甲烷形成菌分置于3个目中。

1) 甲烷杆菌目(Order Methanbacteriales)。甲烷杆菌目包括甲烷杆菌属和重新命名的甲烷短杆菌属及甲烷嗜热菌属。

2) 甲烷球菌目(Order Methanococcales)。甲烷球菌目是由单一的甲烷球菌属所组成的。

3) 甲烷微菌目(Order Methanomicrobiales)。甲烷微菌目分为甲烷微菌科(Methanomicrobiaceae)、甲烷八叠球菌科(Methanosarcinaceae)和甲烷游动菌科(Methanoplanaceae)。

4. 产孢子杆菌

对微生物来说,油层是一个相当不利的环境。虽然硫酸盐还原菌是油层中分布最广的菌种,但芽孢杆菌的菌株也很容易从油层液体中分离出来。这可能是由于芽孢杆菌细胞能形成芽孢(孢子),因而使其能进入油层并耐受油层中的不利条件。

在厌氧条件下,还可从油田注入水中分离出产生生物表面活性剂的菌株,其中有地衣芽孢杆菌(*Bacillus licheniformis*)JF-2菌株,JF-2表面活性剂的性质与枯草芽孢杆菌(*Bacillus subtilis*)所产生的表面活性剂性质非常相似。

5. 耐盐产气的梭状芽孢杆菌

梭状芽孢杆菌在微生物采油中发挥着重要作用。这些细菌主要包括丁醇梭状芽孢杆菌、丁酸梭状芽孢杆菌、乙酰梭状芽孢杆菌、致软梭状芽孢杆菌和多黏梭状芽孢杆菌。这些细菌适用于使糖发酵,产生大量气体和有机酸。许多芽孢杆菌种的菌株具有强大的产气、产酸和产溶剂的能力。试验证实,可产生大量天然气的梭状芽孢杆菌和厌氧细菌接种并加入糖蜜作为发酵碳源后,注入油井,可使高度枯竭的油藏增加产量。

二、地层条件对细菌的影响

用于采油的微生物必须能在地层中增殖。影响细菌在油层中的生长、繁殖、代谢的因素很多,这些因素包括氧化—还原电势、氢离子浓度、压力、温度、盐度、营养物的可利用性以及不存在阻化剂或毒性因子等。如果深埋在地下岩层中的这些条件与微生物生长所需的培养基能够保证的话,微生物就能顺利地生长、繁殖和代谢。

1. 岩性

地层中的硅酸盐和碳酸盐对微生物的活动几乎没有抑制作用。但是,多孔岩石中的黏土及某些其他矿物质的吸附作用却能影响微生物增产处理效果。在一定的pH值和离子强度条件下,黏土和岩石表面上都具有电荷。这对微生物能产生吸附作用,从而阻碍微生物在介质中的运移。蒙皂石型黏土的离子交换能力最强,高岭土最弱,伊利石居中。黏土因吸水膨胀阻碍了微生物在岩石基质中的扩散。黏土还能增大水相的黏度,从而影响微生物所需的某些气体和营养物质的渗透。

油层内巨大的表面面积对微生物的繁殖与活动也会产生不利影响。岩石表面能吸附营养液,使微生物在营养物质浓度很低的状态下生存。微生物也会吸附并栖居在岩石表面上,形成生物膜,从而阻碍后来注入的液体通过岩石基质。地层中的硅质矿物表面还能吸附阴离子化学剂和阳离子化学剂,这些化学剂即使以低浓度注入地层,也会使矿物表面对微生物产生毒性。

2. 孔隙大小和渗透率

孔隙大小也是一个关键因素。细菌形态各异,其长度为 $0.5 \sim 10.0\mu m$,宽度为$0.5 \sim 2.0\mu m$。因此,当孔隙直径小于 $0.5\mu m$ 时,细菌在岩石基质中的运移会受到严重阻碍。Updegraff 指出,孔隙直径必须至少大于球菌或短杆菌直径的两倍才能使细菌有效通过。

渗透率对细菌的扩散有影响。Forbes 认为,渗透率为 $0.75 \sim 0.1\mu m^2$ 是允许细菌有效运移的下限。不过也有人报道,细菌能通过渗透率低于 $0.075\mu m^2$ 的岩心。为了增强细菌的扩散,对低渗透地层可结合采用压裂技术。孔隙大小和渗透率不仅对细菌的运移有影响,而且对细菌的繁殖和代谢也有影响。

3. 深度

油层深度本身对细菌的生长无直接限制作用,但与油层的温度和压力有关。温度和压力会影响细菌的繁殖与代谢。

4. 压力

地层压力梯度范围在 $1.4 \sim 32.8 psi/m$ 之间。过高的压力对微生物的繁殖和代谢都有显著影响。但对于压力低于 20MPa 的地层,压力对微生物无明显影响,但 $50 \sim 60MPa$ 对大多数微生物的繁殖与代谢有限制作用。Yayanos 等人从马里亚纳海沟分离出一种超嗜压微生物,能在超过 100MPa 的压力下生长。但对于大多数微生物采油工程来说,嗜压细菌并不需要,使用能承受一般地层压力的细菌即可。高压下微生物会变形,杆状的会变成球形的。高压下微生物的繁殖能力与能源、无机盐、pH 值和温度有关。

5. 温度

温度一般随油层深度增大而升高。通常可用油层深度估算温度。温度与深度的关系式如下:

$$T_r = T_o + g_g D_r/100 \tag{11-1}$$

式中 T_r——地层温度,℃;

T_o——地表温度,℃;

g_g——地热梯度,℃/100m,通常为 $1.83 \sim 3.6$℃/100m;

D_r——地层深度,m。

有的油层温度可远远超过100℃。目前已知有些细菌可在接近或达到沸点的水中生存，在Galapagos峡谷的一些温泉中，曾发现有的细菌在高达250℃下依靠无机养料能生存80min。

遗憾的是，一些嗜温细菌并不适用于微生物采油技术。如从冰岛的硫黄温泉中分离出了一种很耐酸耐热的细菌，可在90℃以上生长，但能产生硫化氢。迄今分离出的大多数微生物的最适生长温度都低于45℃。

人们最感兴趣的是那些能在无氧条件下繁殖的嗜温微生物。梭状芽孢杆菌是可形成芽孢的专性厌氧菌，能通过发酵有机物产生醇类、有机酸和多种气体。绝大多数梭状芽孢杆菌属于嗜温菌，部分梭状芽孢杆菌属于嗜热菌。

已分离出来的产甲烷的微生物能在50℃以上繁殖。这类微生物能将二氧化碳和氢气转化为甲烷。

6. 地层水化学组分

为实施微生物采油技术方案，必须弄清楚油层盐水的化学组分，以便选择能配伍的微生物和营养物，从而获得理想的施工效果。

任何微生物采油方法都需要使用一些最基本的营养物质，以便让细菌进行适当的繁殖和代谢，所有的微生物都需要微量的钼、磷、铁、镁、钾和钙。某些微生物还需要微量的钼、锰、锌、钠、氯化物、硒、钴、铜、镍和钙。另外，由于细胞产生能量，需要氧和硝酸盐或硫酸盐作为微生物的电子受体。如果使用发酵微生物，则必须提供蔗糖、葡萄糖或乳糖之类的可代谢物质。某些微生物还需要有机氮源（如蛋白质）以及少量的微量元素。

为了使微生物进行有效的代谢，应提供易于发酵的蔗糖并添加硝酸盐。大多数情况下地层中缺乏这些物质，必须将这些物质注入地层。此外，还需注入磷酸盐和氮。在高矿化度水中磷酸盐含量很有限，因为它们容易与二价阳离子（如镁和钙）进行络合而形成沉淀。细菌利用磷酸盐产生化学能，合成核酸和磷酸酯。

必须弄清注入的营养物质与地层盐水和黏土的配伍性，以便有效地输送营养物质而不至于造成黏土膨胀和运移。

7. 有毒化学物质

地层盐水中的某些化学物质和元素（主要是重金属）如果浓度太高，对微生物可能产生毒性。如砷、汞、镍、硒含量过高都对微生物产生毒性。通常这些元素的含量应小于15mg/L。0.3mmol/L的硫化氢就会通过阻止氧化氮和二氧化氮的还原而影响某些反硝化细菌的反硝化作用。反硝化作用是细菌在油层内无氧条件下的一种代谢方式。通常重金属浓度超过10^{-3}mol/L时对许多细菌都有毒性，而高浓度轻金属离子兼有抑制作用。由于地层中的pH值、矿化度、温度和压力都会影响金属的溶解量，使得金属毒性的测定复杂化。

其他有毒化学物质还包括各种强化采油施工中应用的化学剂，其中包括一些表面活性剂、杀菌剂、乙二胺四乙酸和甲苯。

8. 矿化度

油藏中发现氯化钠占平均总溶解矿物量的90%。微生物对氯化钠的耐受能力是微生物强化采油工艺中所用微生物的一个重要特性，有的微生物能在饱和的氯化钠溶液（约30%）中繁殖。

用于微生物采油的细菌必须是耐盐的,应能在很宽的盐度范围内生长,这样的细菌有时叫作中等嗜盐菌。那些能在高于50℃温度下在无氧条件下繁殖的中等嗜盐菌是可用于微生物采油的特别有吸引力的微生物。细菌能耐受的盐浓度与温度和pH值有关。

美国研究人员从俄克拉荷马州Pagne县,Vassar Vertz砂岩单元油层盐水中分离出了5种厌氧、专性嗜盐菌种,代号分别为TA、WA、SA、QB和TTL-30。这5种菌都可在高达20%的氯化钠条件下在含有葡萄糖酵母提取物和酪蛋白氨基酸盐培养基中繁殖,可用于高盐度环境中的堵水工艺。

尽管某些细菌能在较高氯化钠浓度下繁殖,但某些特殊的代谢作用(如气体的生产、溶剂的生产和胞外聚合物的生产等)都会受到不利影响或者丧失。含高矿化度水的油田在进行微生物采油之前,必须注淡水使油层淡化。

9. pH值

在油层中影响微生物繁殖与代谢的各种生物化学参数中,pH值是最重要的一个参数。不同的油层中pH值不同。根据对美国产油最多的9个州的调查,油层的pH值为3.0~9.9。有的地区油层的pH值可超过10.0或低于3.0。通常适于微生物的最佳pH值为4.0~9.0,但有的微生物能在低于1.0或高于12.0的pH值条件下繁殖。

pH值不仅直接影响微生物的繁殖与代谢,而且也直接影响毒性物质的溶解度,其中最主要的一种效应是影响重金属的溶解,如果重金属的浓度超过营养所需要的量(通常为10^{-6}~10^{-4}单位),对微生物的毒性就很大。

10. 原油组分

地层中的油相对微生物的生存与繁殖也有限制作用。这种限制作用包括原油中的轻质挥发性组分造成的毒害作用以及由重的沥青质原油造成的高密度。原油中对微生物产生毒性的组分通常是那些碳原子数目少于10的烃类。在实施微生物采油工程时,原油的高密度也是不利因素。因为原油越重,就越难以用化学方法开采,这是由于存在着盐水与原油之间不利的流度比。

微生物提高采收率取决于选用的微生物转化某些基质的特性能力,微生物是在这些基质上进行新陈代谢的,某些代谢产物将以有利方向影响原油的运移。这一论点意味着许多因素结合在一起可使原油释放出来。这些因素需要许多必须符合的条件。

这些细菌必须能在采油的油层下增殖。这些条件是氧化还原电位、氢离子浓度、压力、温度、盐度、营养物的可利用性,以及不存在杀菌剂或毒性因子等。如果深埋在地下岩层中的这些条件与微生物所需的条件不配伍,生物体的繁殖就将受到抑制或完全被抑制。这些条件中的每一种都可能对生物体的繁殖起抑制作用。

以上论述涉及油层条件(岩性、孔隙度、渗透率、油层深度、压力、温度、地层水化学组分、有毒化学物质、矿化度、pH值、原油重度)下细菌的生理学基本内容。除此之外,还有下列因素。

11. 氧化还原电位

地下岩石的氧化还原电位是不高的,因为地层中不存在氧。这样,就限制了生物体的繁殖,使生物活动时不能将电子传递给作为终端电子受替的氧。在这种条件下生长良好的一类生物体能从没有分子氧参与的那类有机分子被氧化到高氧化态的反应中获得代谢能。含氮或含硫化合物可作为另一类终端电子受体。

12. 营养物

一般采用细菌提高原油采收率的方法是,将细菌与营养物(例如糖蜜)一起注入井内,溶液通过多孔介质岩石而扩散。简而言之,选用的营养物必须是生物体能在其上成功地进行繁殖,其代谢产物应当对原油的运移有利,而且营养物(培养基)应当是廉价的。保证下降的繁殖和其代谢产物的聚集,能将使用其他方法不能使其释放的原油从地下开采出来。

微生物在地层中与原油接触时,其繁殖情况将影响原油的释放,但不会对原油的质量有不利影响。如果选定的微生物可以不靠一起注入的营养物繁殖,而是利用原油组分繁殖,这就可以不注入营养物质而降低作业费用。此外,如果选用的微生物正确,细菌可能利用原油中不需要的成分来繁殖,可能使原油中极性物质含量降低而有效地使原油品质改善。

由于油层本身是缺乏氮源和磷源的,那么,人们打算利用原油的组分来繁殖细菌,就必须供应这些基础营养物。在氮源不足的情况下,细菌繁殖缓慢,而且将碳源转化为胞外黏液不是形成细胞质。如果磷源不足,细胞不能合成足够的三磷酸腺苷(ATP)来维持代谢功能。在这些情况下,细胞只能简单地增殖体积尺寸,但不能进行分裂繁殖。

13. 岩石基质

将微生物注入含有采不出原油的地层时,目的是让细菌细胞渗入地层并产生代谢产物;这些代谢产物与原油密切接触,可使原油向一个方向移动,而使其可被采出。在原油和岩石界面附近产生的代谢产物,比简单地从注入井泵入岩层的化学剂能更有效地驱油。由于细菌在整个地层中繁殖,它们能更均匀地分布和生产有助于原油流动的化学剂。

微生物提高采收率最困难的部分,是要有效地将注入的微生物分布到难采出的原油的整个多孔岩石中。迄今为止,一些试验证明,细菌细胞可靠布朗运动、生物体的自然运动、细胞增殖以及靠注入流体的流动等机理而传播。

细菌及多孔介质的物理、化学和所带电荷的性质,对决定细菌的扩散倾向有作用。由于细胞倾向于黏附到岩石表面,降低了注入细胞通过岩石的能力。对此问题的研究表明,如果对表面电荷已经了解并进行了补偿,细菌在岩石表面上的附着力可以降低。当这种表面电荷最小时,细菌就可在很大程度上穿透多孔岩石,并相应地使原油采收率提高。

Meyers 等人对黏质赛氏杆菌(*Serratia marcescens*)穿透到被油饱和以及没有被油饱和的岩心中的情况进行了研究,他们发现穿透的速度和程度与岩心的渗透率、孔隙度或岩心是否含油都不相关。Yen 等人则发现岩石中存在原油,提高了芽孢和生活细胞(Viable Cells)的穿透能力。Clark 发现细菌穿透渗透率为 $(200\sim400)\times10^{-3}\mu m^2$ 的岩心时,细菌细胞的大小不是主要因素,影响较大的是离子浓度。注入高浓度的细菌悬浮液(每毫升含细胞数大于 1000 个)时会堵塞地层,并因此而减小细胞的分散作用。发现注入 10^{-3} mol 的焦磷酸离子,可使微生物细胞在砂岩中的穿透能力提高。曾经观察到岩石的表面电荷及荷电细菌细胞与荷电岩石表面之间的相互作用,因焦磷酸盐的处理而改变。

梭状芽孢杆菌(*Clostridium*)及芽孢杆菌(*Bacillus*)的芽孢穿透砂岩岩心和充填砂粒时,比植物细胞容易些。有人发现这种情况是芽孢上较高的电荷与岩石上的同类电荷相互作用引起的相互排斥力的结果。Knapp 等人指出,在砂岩中,可运动的微生物比不能运动的微生物的穿透速度要高 3~7 倍。

微生物提高采收率取决于所选的微生物转化某些基质的特征能力,微生物是在这些基质上进行新陈代谢的,其某些代谢产物将有利于原油从基质中产出。

三、微生物在孔隙介质中的运移

在微生物提高采收率的工程中,注入的流体在含有油水的孔隙介质中的可运移性,是微生物提高采收率方法能否成功应用的一个极其重要的影响因素。为了使孔隙中的残余油能与地层中微生物产生的活性代谢产物相接触,必须使选用的细菌菌株从注入井运移到油层的深部,细菌运移的范围与微生物提高采收率方法的成败密切相关。

当细菌悬浮液泵入选定的地层时,有两个主要因素可能导致细菌滞留在岩石表面,即细菌的聚集和岩石表面对细菌的吸附,它们阻止细菌深入地层深部。在有些情况下,孔喉的大小与菌种的大小相当,注入就根本行不通。菌体滤饼会迅速形成并阻碍进一步注入。而当孔喉大于菌体时,细菌滞留的主要机理是岩石表面的吸附。采取适当的方法将菌种在岩石表面上的滞留量减至最少,无疑会促进细菌在多孔介质中的运移。

1. 细菌的聚集

大多数细菌有稳定的细胞形状,如球形、杆形、弹簧状螺旋和游丝状螺旋。细菌平均宽 $0.5 \sim 1.0 \mu m$,长 $1 \sim 5 \mu m$。渗透率为 $100 \times 10^{-3} \mu m^2$ 的油层,其平均孔喉直径为 $7 \mu m$。因此,似乎是渗透率大于 $1000 \times 10^{-3} \mu m^2$ 的油层就能成为进行微生物提高采收率的候选者。然而,该标准是以假设细菌细胞不能聚集在一起,单个细胞能穿过孔喉为基础的。但是,许多菌种的细胞倾向于聚集在一起,细胞分裂时,它们往往仍然互相依附着(依附方式通常是细胞的特征)。它们可以形成细胞链(膜)和不规则的细胞团。细菌细胞的聚集增加了细菌细胞的有效体积,使之难以通过孔喉而形成堵塞,从而造成后继的细菌无法再向地层深部运移。

解决细菌细胞聚集问题方法包括:1)选用成团倾向较小的菌种;2)使用化学添加剂,如磷酸盐、焦磷酸盐和单宁酸类等阴离子聚电解质以增加细菌细胞的排斥静电能,因为在生长的生理条件下细菌细胞的表面具有净负电荷。

2. 岩石表面对细胞的吸附

岩石表面对细胞的吸附受岩石基质、油藏流体和细胞之间的相互作用力影响。当注入的细菌细胞和油层岩石表面之间发生吸附作用时,起重要作用的是分散力或范德华力和静电力。

分散力是由相互作用的分子中瞬间诱导的偶极矩产生的,这种相互作用往往有吸引力,会提高细菌对岩石的黏附作用。静电力可能是吸引力或排斥力,由相互作用的菌种带的电荷决定。另外,一些研究人员发现了细菌细胞外的聚合物的黏附作用可通过聚合物架桥机理使细菌黏附到岩石表面上;Meadow 等人发现了细菌细胞通过鞭毛及其他附属器官黏附于岩石表面的现象。

为减小细菌细胞在岩石表面的吸附,Yen 等通过修饰细胞表面和(或)修饰岩石表面来改善细菌的穿透能力。所用的方法如下:

1)修饰细胞表面起特定黏附作用的结构;
2)诱捕可能在细菌和岩石之间起键合作用的多价阳离子;
3)用岩石专门吸附某些高价阳离子,增加表面的电荷密度。

Neumann 提出的简单热力学模型预示了如果细菌悬浮液的表面张力低于细菌细胞的表面张力时,生物细胞的黏附力将随固体基质表面张力的增加而增加;如果细胞悬浮液的表面张力高于细菌细胞的表面张力,就会出现相反的现象;如果细菌细胞和其悬浮液的表面张力相等,则吸附的程度最小。基于此模型,将注入液的表面张力调整到使吸附量成为最小的最适值,从而促进细胞运移。

另外,微生物的游动性能影响细菌细胞在地层的运动速度,较高的运动速度有利于微生物在孔隙介质中的运移,这一点也是在进行微生物提高采收率设计时所要考虑的因素。

第三节 微生物采油机理与筛选

一、微生物采油机理

微生物采油是指通过引入或刺激油藏中的微生物,来提高原油采收率的一项技术,也称为微生物强化采油[Microbial Enhanced(Improved)Oil Recovery,简称 MEOR 或 MIOR]。由于微生物采油中涉及微生物生理、生化、物理、化学等诸多过程,因此,微生物采油的机理相应地变得异常复杂,可从表 11-7 中的 6 个方面理解微生物提高采收率的机理。

表 11-7 微生物采油机理表

微生物	封堵大孔道,分流注入水;改善孔道壁面的润湿性;降解原油,降低原油黏度及凝固点;黏附烃类,乳化原油
有机酸(低分子脂肪酸、甲酸、丙酸、异丁酸等)	溶解石灰岩及岩石的灰质胶结物,增加岩石的渗透率和孔隙度;与灰质反应产物 CO_2 可降低原油黏度;分散黏土矿物,并使黏土运移,降低渗透率
气体(CO_2、CH_4、H_2、H_2S 等)	提高油层压力,增加地层能量;溶于原油,降低原油黏度,改善流度比;膨胀原油;CO_2 溶解地层中的灰质矿物,增加渗透率
溶剂[丙醇、正(异)丁醇、酮类、醛类]	溶解石油中的蜡及胶质,降低原油黏度,提高原油流动性;溶解孔道中的长链原油,增加油相渗透率
生物聚合物(聚多糖)	堵塞大孔道,分流作用,提高波及系数;增加水相黏度,改善流度比;降低水相渗透率,提高原油分流量
生物表面活性剂	降低油水界面张力,提高驱油效率;改变岩石润湿性,使岩石更加水湿;消除岩石孔壁油膜,提高油相流动能力;分散乳化原油,降低原油黏度

1)微生物本身的尺寸能够封堵大孔道和分流注入水;微生物的黏膜能够改善孔道壁面的润湿性;微生物以烃为培养基而攻击烃类主链或改变支链的结构而降解原油,降低原油黏度及凝固点;微生物可黏附原油和乳化原油。

2)微生物代谢产物中的气体(CO_2,CH_4,H_2,H_2S等)能够提高油层压力,增加地层能量;CO_2、CH_4等气体可以溶于原油,降低原油黏度,改善流度比;气体的膨胀原油作用可以增加油藏原油体积,提高原油的弹性能量。此外,CO_2还可以溶解地层中的灰质矿物和胶结物,增加岩石的孔隙度和渗透率。

3)微生物代谢产物中的有机酸(低分子脂肪酸、甲酸、丙酸、异丁酸等)溶解石灰岩及岩石的灰质胶结物,增加岩石的渗透率和孔隙度;有机酸与灰质反应产物(CO_2)可降低原油黏度。但有机酸具有分散黏土矿物,使黏土运移,降低渗透率不利的一面。

4)微生物代谢产物中的溶剂[丙醇、正(异)丁醇、酮类、醛类]能够溶解石油中的蜡及胶质,降低原油黏度,提高原油流动性。此外,还可以溶解孔道中的长链原油,增加油相渗透率。

5)微生物代谢产物中的生物聚合物(聚多糖)可以堵塞大孔道,迫使注入水产生分流作用,提高注入水的波及系数;同时生物聚合物可以增加水相黏度,改善水驱流度比;生物聚合物的吸附/滞留作用可以降低水相渗透率,提高原油分流量。

6)微生物代谢产物中的生物表面活性剂可以降低油水界面张力,提高驱油效率,改变岩石润湿性,使岩石更加水湿;消除岩石孔壁油膜,提高油相流动能力;分散乳化原油,降低原油黏度。

二、微生物采油的筛选

微生物采油筛选总的原则是保证微生物在油藏内能生长、繁殖而且能够产生提高油藏采收率所需的代谢产物。在微生物采油筛选中,首先要分析地下油层存在的问题,然后结合不同微生物的代谢产物特点,筛选出适合油藏的微生物。例如,油层中因原油含蜡量高、胶质沥青含量高、凝固点高导致采收率低,那么就应在以烃为主要培养基的微生物中选择。一旦确定应用的微生物种类后,就应进行微生物的生长、繁殖、微生物的配伍性、微生物与原油作用效果及影响因素,以及微生物驱油等实验,以进一步为油藏筛选出最佳的微生物,同时为微生物采油的数值模拟提供基础参数。

1. 微生物采油筛选程序

微生物用于提高原油采收率,主要依赖于微生物在地层中的简单活动及代谢产物来实现。因此,在 MEOR 矿场应用之前,必须根据油层微生物学的原理,充分了解所选择的油藏和微生物特性,在室内进行微生物采油模拟实验,以保证微生物在地层中的生存、代谢能力,然后选择合适的注入工艺,MEOR 才能正式进入矿场应用(图 11-6)。

(1)油藏特性研究

1)油藏岩石特性研究。研究内容包括:油藏的构造、岩性、孔隙度和渗透率、埋藏深度、压力、温度。

2)油藏流体特性研究。研究内容包括:地层水化学组成、矿化度、pH 值、原油组成和营养物、岩层与流体之间或各自内部的氧化还原电位。

3)油藏内本源细菌的特性研究。研究内容包括:本源细菌的分布、种

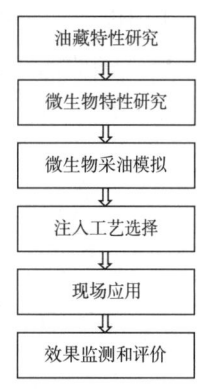

图 11-6 微生物采油筛选程序框图

类、本源细菌和接种细菌的相互影响。

(2) 微生物特性研究

研究内容包括菌种的选择、培养基的选择以及根据选择的微生物配方推测提高采收率的机理、微生物与地层流体的配伍性。

(3) 微生物采油模拟

1) 物理模拟(室内实验模拟)。根据微生物提高采收率机理(微生物吞吐、微生物降黏、微生物调剖、微生物驱替和微生物表面活性剂作用)结合所选的微生物配方进行岩心试验,分析该微生物配方提高采收率机理。

2) 数值模拟。主要研究微生物在多孔介质中的运移、生长以及微生物对采收率的影响,包括微生物的生长、滞留、运移、死亡;营养物的消耗;生化代谢途径,并做出定量的分析,为以后的矿场应用提供可靠的依据。

(4) 注入工艺选择和矿场应用

常用的三种采油工艺为:

1) 连续注入细菌培养物;

2) 细菌接种后注入培养物;

3) 重复生物吞吐循环。

选择哪种注入工艺,主要依据为根据微生物采油模拟结果所做的矿场设计,包括注入微生物用量、营养物和接种物的注入方式、施工操作等。对于单井处理,在静压头下使菌种流入井内即可。在水驱开发中大规模处理时,最好用大罐装微生物和营养液,再通过分流管线泵入注入井。

(5) 效果监测和评价

包括产出液的含水率、原油的黏度和组分、产出气 CO_2 含量变化、产出水中细菌数量变化、产出水中有机酸的含量、资料井取样分析等。

2. 菌种的选择

(1) 微生物采油常用的细菌

注入油藏的微生物必须能在油藏条件下生长、代谢和繁殖。因此,必须适应油层的温度、压力、含盐量、pH 值以及其他物理化学条件。菌种是 MEOR 工程中微生物地下发酵的关键,地下发酵法中,常用的细菌及其代谢产物如表 11-8 所示。

表 11-8 常用的细菌以及代谢产物表

类型	菌 属	芽孢形成	需氧情况	特 征
螺旋和弧状短杆菌	螺菌属(*Spirillum*)	—	好氧微氧性	有鞭毛,产生色素
	弧菌属(*Vibria*)		兼性厌氧	有鞭毛,对酸度敏感,pH6~8
	气单胞杆菌属(*Aeromonas*)		兼性厌氧	温度 20~40℃,有鞭毛,有些产酸
	脱硫弧菌属(*Desulfovibrio*)	—	专性厌氧	有鞭毛,还原硫酸盐,使铁氧化

续表

类型	菌 属	芽孢形成	需氧情况	特 征
短杆菌	假单胞杆菌属(Pseudomonas)	-	好氧	有鞭毛,产色素,有氧化烃能力
	埃希杆菌属(Enterobacter)	-	兼性厌氧	有鞭毛,荚膜,pH7,温度37℃
	肠杆菌属(Enterobacter)	-	兼性厌氧	有鞭毛的产酸可产气菌,温度37℃
	黄杆菌属(Flavobacterium)	-	兼性厌氧	能运动的或不能运动的,产色素
	芽孢杆菌属(Bacillus)	+	严格或兼性厌氧	有鞭毛,荚膜,有些嗜热的产酸菌,其芽孢是抗热的
短杆菌	梭状芽孢杆菌属(Clostridium)	+	专性厌氧	有鞭毛,嗜温性及嗜热性
	产甲烷杆菌属(Methanobacterium)	-	专性厌氧	产生甲烷,对氧敏感
球菌	小球菌属(Micrococcus)	-	好氧	不能运动,耐盐(5% NaCl),产色素,有鞭毛
	明串珠菌属(Acientobacter)	-	好氧,兼性厌氧	不能运动,能产生荚膜
	蛋白分解菌属(Leuconostoc)	-	专性厌氧	产色素
	八叠球菌属(Peptococcus)	-	专性厌氧	四联的,耐pH:(0.9~9.8)
放线菌	土壤细菌属(Arthrobacter)	-	专性厌氧	多型性(Pleomorphic)
	分枝杆菌属(Myobacterium)	-	好氧	不能运动
	棒状杆菌属(Corynebacterium)	-	兼性厌氧	不能运动,多型性,能形成荚膜产生色素,温度37℃
	纤维素杆菌属(Cellulomonas)	-	好氧,兼性厌氧	多型性,溶解纤维素
	诺卡菌属(Nocardia)	-	兼性厌氧	形成菌丝体,产生色素

(2)微生物的来源和特征

获取微生物的技术有:

1)从自然界筛选;

2)通过种类变异;

3)通过遗传工程改良;

4)油层中微生物的直接利用。

目前获取微生物的主要方法是从自然界筛选和直接利用油层微生物,用于油层的微生物应具备以下特征:

1)尺寸小,繁殖快。由于岩石孔隙大小的限制,尺寸较大的细菌难以在油层内运移和传播。油藏体积很大,相对来说注入的细菌量较小,要发挥微生物采油的作用,要求其繁殖速度呈指数式增长。

2)厌氧和耐温。尽管有时注入水中溶有微量氧气,但地下油层为还原环境,所以要求微生物能在无氧环境下生长和繁殖。如果微生物仅仅是用于井筒清蜡、降黏，兼性菌也可采用。大多数油藏温度一般高于地面环境温度，因此要求微生物具有耐温特性。

3）耐盐和抗高压。

4）代谢产物中含有气、酸、溶剂、表面活性剂和聚合物。

不同的微生物适应地层中各种条件的能力及产生的代谢产物不同。地层条件中最重要的是温度的影响，不同的微生物其耐温能力不同，微生物的生长和繁殖都需要一定的温度范围，如表 11-9 所示。

表 11-9　不同微生物的生长和繁殖的温度范围

微生物类别	最低生长温度 ℃	最适生长温度 ℃	最高生长温度 ℃	举　例
低温微生物	-5~10	10~20	25~30	活性淤泥
中温微生物	5~10	15~40	45~50	梭状芽孢杆菌
高温微生物	25~45	45~65	70~100	黄单胞菌

其他地层条件如矿化度、渗透率、pH 值、地层水和原油的成分等都是微生物在地层中生长繁殖的限制因素，要筛选出适应地层条件的菌种需要做大量的配伍性实验。

（3）微生物采油菌种选择的一般原则

对于选定的油藏和试验井，由于要解决的生产问题，即工程目的不同，要求所用的微生物提高采收率的机理和代谢产物也不同，选择的菌种也不同。表 11-10 列出了不同微生物采油工程目的下选择菌种时的一般原则。

表 11-10　不同微生物采油工程选择菌种的一般原则

微生物采油工艺	生　产　问　题	所用的微生物类别
微生物增产处理	地层压力不足，注入能力问题，由毛细管造成的束缚油	通常使用能产生表面活性剂、气体、酸和醇类的细菌
微生物洗井	结蜡问题	使用能产生表面活性剂和酸的微生物，能降解烃类的微生物
微生物强化水驱	由毛细管力造成的束缚油	使用能产生表面活性剂、气体、酸和醇类的细菌
微生物调剖	波及效率低	使用能产生聚合物或繁殖能力特别强的微生物
微生物聚合物驱	黏性指进，不利流度比过早水淹	使用能产生聚合物的微生物

要成功地实施 MEOR 工程，菌种的选择必须要结合地层条件和微生物采油工程的目的，两个方面都要考虑，可以为单一菌种，也可以由两种或多种微生物混配。为了增强微生物采油的效果，可加入某种添加剂（微生物代谢产物如生物表面活性剂或人工合成的化学剂）作为增效剂。增效剂可直接加入培养基中，也可作为微生物增产处理液的前置液。

3. 微生物采油的油藏选择

油藏包括油藏岩石和流体，它们的物理化学性质对微生物的生长、繁殖和代谢活动具有决定性影响。油藏的埋藏深度、压力、温度、地层水化学组成和原油的成分等都是微生物生存活动的限制因素。为了实施 MEOR 工程筛选油藏时,应以油层条件是否适合细菌生长为最根本的依据。表 11-11 是美国国家石油和能源研究所提出的微生物采油的油藏筛选标准。

表 11-11 微生物采油的油藏筛选标准

油藏参数	建议范围
含盐量	NaCl 含量小于 10%,矿化度可高于此值
温度	<77℃
深度	<2438m
有毒矿物含量	<10~15mg/L,矿物为砷、汞、镍、硒
地层渗透率	$>50 \times 10^{-3} \mu m^2$,高裂缝性地层例外
地层固有微生物	应与所选定的菌种配伍
原油重度	>15°API
残余油饱和度	>25%,可能有些例外
单井控制面积	<40acre

根据微生物采油工程的油藏筛选标准和油藏对微生物的限制因素,可制定以下的油藏筛选程序(表 11-12)。

表 11-12 微生物采油油藏筛选程序

油藏参数	筛选程序
可能选用的菌种	确定(推测)提高原油的潜在机理
矿化度	应用配伍性试验评价微生物生长与代谢活动
温度、深度	在地层条件下应用配伍性试验评价微生物的生长与代谢活动
有毒矿物	应用配伍性试验确定出对微生物生长和代谢活动有害的影响
地层渗透率	如果进行多井微生物处理,应进行单井注入能力试验和岩心驱替研究
地层中固有微生物	在地层条件下应用配伍性试验评价微生物的生长和代谢活动

第四节　微生物采油应用

微生物及其代谢产物可用于提高采收率。根据微生物生长、繁殖、代谢环境,微生物采油法可分为地面微生物法和地下微生物法。地面微生物法是指在地面完成微生物的生长、繁殖和代谢过程,并将微生物及其代谢产物注入油层,提高原油采收率的方法。根据地面产生的代谢产物主要成分,地面微生物法可进一步分为微生物表面活性剂法和微生物聚合物法。微生物代谢产物——生物表面活性剂可以取代人工合成的表面活性剂进行驱油,降低残余油饱和度,提高采收率;而微生物产生的生物聚合物可以代替人工合成的聚合物,封堵大孔道,改善流度比,提高注入水波及系数。

地下微生物法是指将微生物及其营养液注入油层，使其在油层中繁殖，依靠微生物本身的性质及其代谢产物提高原油采收率的方法。根据微生物应用工艺，地下微生物法可分为微生物吞吐、微生物强化水驱、微生物调剖、微生物清蜡和降解稠油。微生物采油应用方法的分类框图如图 11-7 所示。

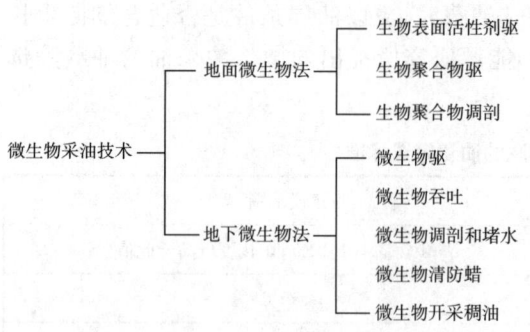

图 11-7 微生物采油应用方法分类框图

一、微生物吞吐

1. 微生物吞吐采油机理

微生物吞吐又称生产井周期性注微生物。与稠油开采方法中蒸汽吞吐相似，微生物吞吐是往生产井中注入优选的微生物及其营养液，关井一段时间后，再开井采油，周而复始，所以又称周期性注微生物。关井时间一般为几天到几周，视微生物生长繁殖状况以及油层温度而定。当生产井的产量大幅度下降时，可再关井一段时间后继续生产，这种过程具有周期性。

图 11-8 为微生物吞吐的原理示意图。在微生物吞吐中，一般是将微生物和营养液注入油层，关井期间细菌在油藏环境中生长、繁殖、代谢，产生了气体（CO_2 等）、有机酸、有机溶剂和生物表面活性物及生物聚合物等代谢产物。这一过程称为注入井微生物接种。在这一过程中，井眼周围的细菌及其代谢产物由于井眼周围压力升高而向油层深部运移。这些细菌及代谢产物通过改善原油和岩石的物理、化学性质（例如有机酸通过溶蚀灰质胶结构扩大孔道，增加油流能力；生物表面活性物质降低油水界面张力、乳化分散原油；微生物分解原油中的重质组分以及气体的降黏、溶蚀及增加岩石的渗透率）。在开井生产过程中，由于井周围原油黏度的降低，岩石渗透率增加；地层能量增加，使原油产量上升，残余油饱和度下降。这一过程中，仍有一部分微生物及营养物留在地层继续进行生长、繁殖和代谢的生物化学反应，为下一个周期提供必要的接种基础。

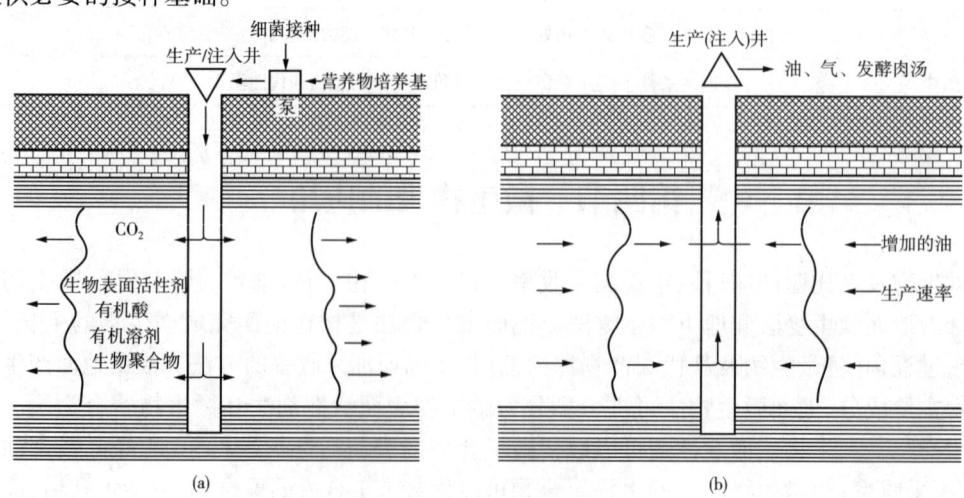

图 11-8 微生物吞吐过程

2. 微生物吞吐工艺

在微生物吞吐工艺中,吞吐井的选择至关重要。一般来说,油井有一定的含水,属于枯竭井,原油中含有较多的重质组分如蜡、沥青质等,井筒附近区域内具有一定的残余油。注入方式、注入速度以及注入接种的细菌浓度(密度)等注入参数必须结合油层特性、微生物生长特点和油藏环境,以便使微生物在地下这个微生物反应器中获得最大的活力。

微生物吞吐的方式有:
1)一次性从油套环空中注入地层—关井—生产;
2)多次从油套环空中注入地层—关井—生产;
3)多次从油套环空中注入地层,不关井。

我国胜利油田采用了后两种吞吐方式。

微生物吞吐中每口井每次注入的微生物及其营养液的量和注入周期取决于油井的日产液量、含水率、原油的性质以及地层条件等多种因素。

在微生物吞吐实际操作中应注意:
1)微生物注入地层前先进行过滤,经过 $28\mu m$ 和 $10\mu m$ 的过滤器过滤;
2)确保微生物注入目的层,在注入井中下封隔器;
3)注入微生物之前,先用热水洗井,以使油套环空中的死油及其他污染物清洗干净;
4)要控制地层中硫酸盐还原菌繁殖所产生的 H_2S 腐蚀井下管柱。

微生物吞吐中的监测内容有:
1)产出气分析,主要测定产出气中 CO_2 和 CH_4 的含量及其变化,以判断微生物是否代谢产生了 CO_2 和 CH_4;
2)产出水分析,测定产出水中的 Cl^-、H_2S、HCO_3^- 的含量及其变化,判断是否启动了未波及区;
3)产出油分析,测定原油的石蜡、沥青质黏度等,以及原油组分变化,判断微生物是否有降解原油、清蜡效果;
4)产出液中细菌含量分析,判断微生物是否生长、繁殖良好;
5)产出液油水界面张力测定,判断微生物产物中是否有生物表面活性剂;
6)产出液中油、水及含水分析,判断微生物吞吐是否提高原油产量。

3. 微生物吞吐实例

安塞油田为我国目前投入生产的较大型的低渗透油田,王窑区油藏为砂岩油藏。1996年在该区块进行了 10 口井的微生物吞吐的先导性试验。截至 1996 年 10 月底,10 口措施井中有 6 口井见到了明显的效果,累计增油 541t。

微生物吞吐施工过程采取了不动油井管柱,从套管环空挤入微生物稀释液的方法。施工前对油井进行了彻底的热洗,热洗后生产数天使井筒内的死油和其他污染物基本清除,然后将微生物直接挤入环空,挤入后用注入水从环空将微生物顶替到地层。油井首次注微生物后关井 3 天。王 14-010 井微生物吞吐的施工参数见表 11-13。从表 11-13 中数据可以看出,随着微生物吞吐轮次的增加,施工泵压逐渐下降,施工排量逐渐上升,这说明注入的微生物清除了近井地带的污染物,提高了该区域的渗透性。

表 11-13 王 14-010 井的微生物吞吐的施工参数

吞吐轮次	微生物注入量 m³	顶替液量 m³	施工泵压 MPa	施工排量 m³/d
第一轮	24	6	2.5	30
第二轮	12	6	2.0	36
第三轮	12	8	2.0	54
第四轮	12	8	0.0	60
第五轮	12	6	1.0	48

王 14-010 井的微生物吞吐效果见图 11-9。从图中看出，前四个轮次的微生物吞吐取得了十分明显的增油效果。在每个微生物吞吐轮次中，都存在一个产量峰值，随着开井时间的增加，产量逐渐下降。

二、微生物驱油

1. 微生物驱油的机理

微生物驱油的机理包含了微生物采油的所有机理，微生物及其代谢产物在微生物驱中都发挥了作用。但其中微生物本身、代谢产物生物聚合物和生物表面活性剂的作用更为明显。微生物驱油的机理如图 11-10 所示。

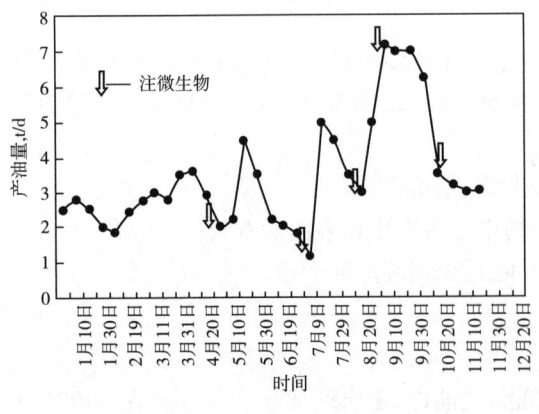

图 11-9 微生物吞吐效果

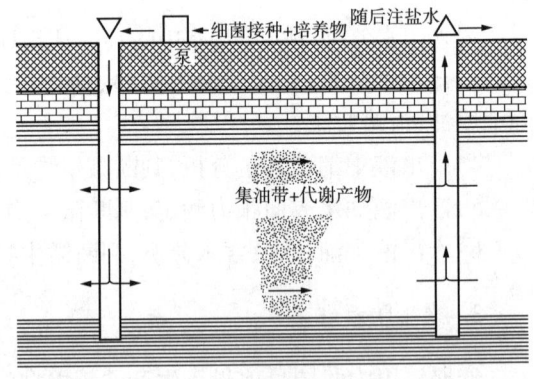

图 11-10 微生物驱油过程示意图

微生物驱既改善了油藏的波及效率，又提高了驱油效率。微生物在地下的代谢过程中产生的生物聚合物，大大提高了驱替相的黏度，降低了水驱油流度比；同时由于生物聚合物的吸附性，降低了水相渗透率，降低了水相分流量。此外，生物聚合物还可以堵塞高渗透地层，调整油层吸水剖面，提高注入水的波及区域，增加注入水的扫油面积，提高采收率。生物聚合物与人工合成的聚丙烯酰胺相比具有抗剪切、抗盐、不易水解降解等特点。因此，在高盐油藏提高采收率中具有良好的应用前景。微生物中能产生生物聚合物的细菌见表 11-14。

表 11–14 能产生生物聚合物的细菌

微生物	主要代谢产物
甘蓝黑腐病黄单胞菌	杂多糖黄胞胶
假单胞菌	多糖
棕色固氮菌	藻蛋白酸
黏质甲基单胞菌	多糖
塔希提欧植病杆菌	杂弗洛多糖

微生物注入油层中就地发酵,产生生物表面活性物质,即生物表面活性剂。它能降低油水界面张力和乳化原油,改变油层界面的润湿性,从而改变油水对岩石的相对渗透率;有的表面活性剂还能降低重油的黏度,增加原油的流度,降低剩余油饱和度。当然,微生物在地下发酵过程中产生的有机酸、酮类、醇类等有机溶剂也可降低表面张力,促进原油乳化,促进原油采收率的提高,但在此不归入生物表面活性剂。表 11–15 为生产表面活性剂的常用菌种及其产生的生物表面活性剂。

表 11–15 能产生表面活性剂的细菌

微生物	微生物表面活性剂
裂烃棒杆菌	蛋白—脂类—糖类混合物
野兔棒杆菌	棒状杆菌分板菌酸
嗜石油假性酵母	含蛋白脂类
枯草杆菌	枯草菌溶素
铜绿假单胞菌	鼠李糖脂 PG–201
热带假丝酵母	多糖—脂肪酸混合物
球拟酵母	槐二糖脂
地衣芽孢杆菌 JF–2	地衣菌类

生物表面活性剂与合成表面活性剂相比具有无毒、生产工艺简单、成本低(其成本为合成表面活性剂的30%)、驱油效率高(比合成表面活性剂的驱油效率高 4~8 倍)等特点。德国的 F. Wagner 实验室提供的海藻糖脂等表面活性剂在北海油田进行的 EOR 试验中,驱油效率提高了30%。同一般的合成化学表面活性剂相比,驱油效果提高了 5 倍以上。

英国的 QMC 公司研制的生物表面活性剂,可使油水界面张力降低到 10^{-2} mN/m 以下,采收率提高了 37.7%。国内某渗流力学研究所成功地配制了低界面张力稀表面活性剂体系,界面张力为 2×10^{-2} mN/m,耐温耐盐性均好,物理模拟实验的采收率比水驱高 20%~25%。

2. 微生物驱工艺技术

微生物驱油的设计程序是:
1)微生物菌种的筛选;
2)微生物在油藏条件下的繁殖试验;
3)微生物驱油岩心的流动试验、物理模拟;
4)微生物驱油数值模拟、方案设计、优化;

5) 微生物驱油矿物试验。

在微生物驱现场施工前的准备阶段,选择用于注入细菌培养物的注入井时,应预先研究油藏的地质构造、岩石特征、油水化学成分及温度、压力等地层条件,并详细了解该井的生产历史和各种资料。注入井可以是注水井,也可以是低产或枯竭油井。此外,要进行示踪剂注入试验,以确定注采井间是否存在高渗透带,以及注入水的流向和井间连通情况。

在微生物驱现场施工的注入阶段,大多采用现有注水工艺和设备条件,将细菌培养物(包括细菌、营养物和代谢产物)直接注入所选油层。可以混合后注入,也可以按顺序注入。若采用顺序注入方式,大多先注入营养物质再注入细菌菌体。营养物质主要为含氮和含磷的化学物质。向注入井中注入微生物和糖浆后,观察注入井压力以及细菌繁殖代谢情况。

在微生物注入油藏后的关井及采油阶段,关井一段时间,待微生物及其代谢产物发挥作用以后即可开井采油。监测注入井压力、生产井的产油、产水、细菌浓度等参数。

微生物驱油一旦有效,在生产井就有反应:
1) 对应油井原油产量上升,含水下降;
2) 油井中产出菌浓度明显增加;
3) 油井产出原油的物质性质发生变化;
4) 油井井底流压和动液面上升。

3. 微生物驱应用实例

(1) 油藏性质

Phoenix 区块位于美国俄克拉荷马州罗杰斯县的 Chelsea-Alluwe 油田,该区块的开发方式为注水开发,其油藏性质参数见表 11-16。为了获取油藏连通性资料,判断油藏是否存在高渗透带,在该区块进行了大规模的示踪注入。注入参数见表 11-17。

表 11-16 Phoenix 区块油藏及生产参数

项目	数值	项目	数值
深度,ft	400	平均单井注入量,bbl	111
油层厚度,ft	18~23	平均注入压力,psi	350
渗透率,$10^{-3}\mu m^2$	16	平均日产油量,bbl	1
孔隙度,%	20	原油重度,°API	34
地层温度,℃	66	矿化度,%	3
注入井数	19	平均含油饱和度,%	30
生产井数	47		

表 11-17 示踪剂注入参数

示踪剂类型	荧光素
浓度,mg/L	126
注入量,bbl	85
取样方式	示踪剂突破后,第一天每2小时取样一次,然后是每天一次、每周一次,最后是每月一次

注示踪剂的结果显示,有些生产井示踪剂突破较早,证明油藏存在体积很小的高渗透带(夹层),但整个油藏的非均质性并不严重。

(2)注入的微生物及培养基

由于 Phoenix 区块的油藏相对均质,不存在较大的高渗透带,而且水驱波及效率较高。因此,在选择微生物时,主要考虑能产生有机酸、生物表面活性剂以及气体的菌种,以提高洗油效率。Phoenix 区块使用的微生物为梭状芽孢杆菌——NIPER 微生物 6 号和 1 号,这种微生物菌种来自美国国家石油和能源研究院的微生物菌种库。这种微生物与 Phoenix 区块的油藏盐水和注入水有良好的配伍性,其尺寸较小,适合于 Phoenix 区块较低渗透油层,且具有良好的注入性能。注入的培养基为 100bbl 含 4% 的糖浆。

(3)应用效果

1)注入井响应。注入微生物后,在注入量基本恒定情况下,注入压力未明显升高,而且生产井有微生物产出,说明微生物未出现堵塞问题。

2)生产井响应。Phoenix 区块的生产井监测结果显示,油产量有大幅度提高(图 11-11)。产量双曲递减曲线分析表明,增产原油 4440bbl,产量提高了 19.6%。

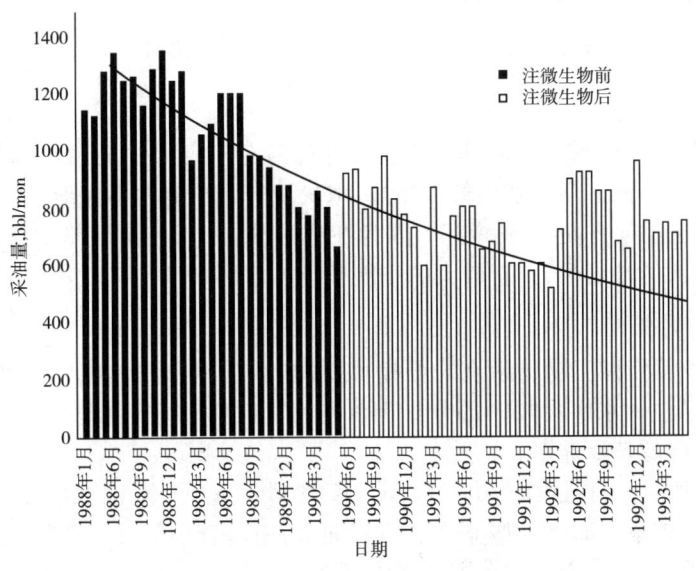

图 11-11 微生物驱油实例

3)经济评价。累计注入糖浆 104t,按 100 美元/t 计;增产原油 4440bbl,按 15 美元/bbl 计,获利:4440bbl×15 美元/bbl - 104t×100 美元/t - 2500 美元(设备投入) = 66600 - 10400 - 2500 = 53700 美元,相当于每增加一桶原油花费仅为 2.34 美元。

三、微生物调剖

微生物调剖是将能够产生生物聚合物的微生物注入地层,使其在高渗透层内大量繁殖,从而达到封堵渗透带、改变注入水流向的提高采收率方法,如图 11-12 所示。这种方法比注入人工合成的聚合物或凝胶更为有效。

1. 微生物调剖机理

在注水过程中发现,由于水层中的细菌超标,常常会导致低渗透油藏注水压力上升问题,因为注入水中含有霉菌、藻类、铁细菌、黏液菌、硫酸盐还原菌,这些细菌都会引起油藏孔隙堵塞。微生物堵塞机理如图 11-13 所示,即细菌堵塞孔道是通过如下 3 种机制完成的。

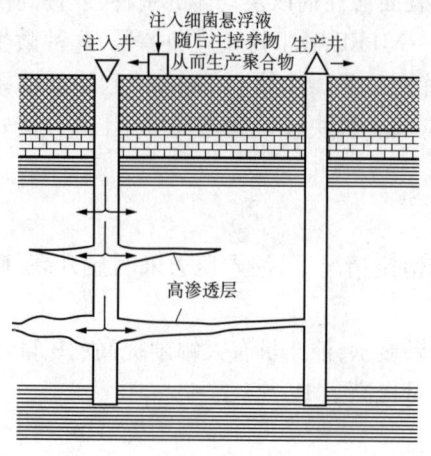

图 11-12 微生物调剖示意图

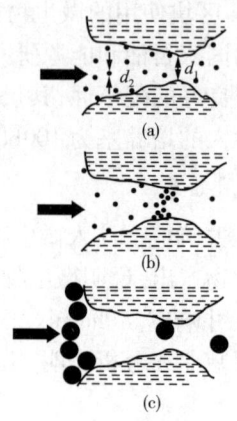

图 11-13 微生物堵塞机理

(1) 微生物堵塞

繁殖的微生物由于微粒效应(即将微生物等视为有一定尺寸的微小颗粒),产生吸附滞留,而使岩石渗透率降低。微生物的微粒堵塞,取决于岩石孔道大小与细菌细胞或聚集体的大小之比。因此,致密油层中更易被堵塞。因为在致密油层中,即使是单个细胞也会使孔喉堵塞,而在渗透率较大的油层中,只有较大的细胞聚集体才能堵塞孔道。

(2) 生物膜形成堵塞

微生物的生物膜使微生物黏附在岩石壁面,在岩石孔隙壁面形成生物膜(其主要成分为胞外多糖),它可从注入水中吸收一部分细菌参与堵塞,使堵塞机会增多,从而有效地减小高渗透层孔喉尺寸,降低其渗透率。

如图 11-13 所示,可按照相连的孔隙间喉道的大小(d_1)与微粒直径(d_2)之比,将微粒堵塞分成三种不同的体系:(a) 表面吸附在岩石表面上,引起较小的渗透率降低,$d_1/d_2 \geqslant 13$;(b) 不仅有表面吸附效应,也在岩心内孔隙喉道中堵塞,$d_1/d_2 = 4 \sim 6$;(c) 除了堵塞和表面吸附效应外,还在岩心的进口面上形成滤饼,$d_1/d_2 \leqslant 2.6$。

(3) 生物聚合物的作用

微生物在地下通过代谢而产生的生物聚合物具有一定的分子尺寸,它可在孔道壁面上吸附。一方面导致孔隙的截面积更小,阻碍流体流动;另一方面可以降低水相渗透率,阻止水相流动,从而使注入水改变流向,扩大注入水波及面积。

2. 微生物调剖时应注意的问题

(1) 增加微生物深入地层的深度

采用饥饿培养法培养有吸附性和繁殖力的瘦小细菌或没有吸附力的超微细菌。有吸附性和繁殖力的瘦小细菌可预先吸附在大孔道壁面,无吸附力的超微细菌可进入油藏更深处,并在油藏深部的微小孔隙中滞留。在注入培养液过程中,吸附在大孔道中的饥饿的瘦小细菌就会恢复其原来大小,而且产生大量的胞外多糖代谢产物,进一步降低渗透率。

(2)充分考虑营养液中各组分在地层中的吸附量

由于存在物理吸附、化学吸附以及沉淀等作用,营养液中的各组分在地层中的吸附量不同。因此,在营养液注入过程中尽可能不将营养液各组分混合在一起同时注入地层。而应按滞留能力大小,优先注入滞留量大的组分,后注入滞留量小的组分,从而最大限度地降低营养液在井筒附近的消耗量。

3. 微生物调剖的实例

(1)油藏描述

North Burbank 区块位于俄克拉荷马州 Osage 县的 Shidler。油藏及其流体、注入参数见表 11 – 18。选择的注入井为 16w21 井,其周围有 4 口生产井,它们分别是 16 – 1 井、16 – 2 井、16 – 9 井和 16 – 10 井。井网图如图 11 – 14 所示。

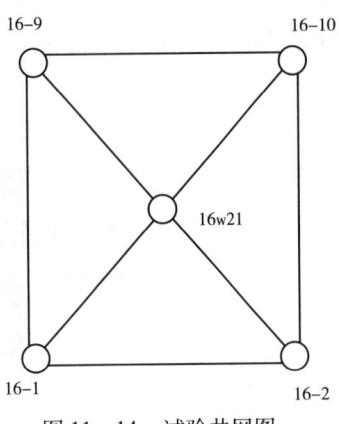

图 11 – 14 试验井网图

该区块油藏为多层油藏,垂向非均质性较为严重。在注水过程中已观察到注入水通过高渗透层窜流的现象,因此拟采用微生物就地生成聚合物和微生物细胞,有效地封堵这些高渗透层。

表 11 – 18 North Burbank 区块的油藏及其流体、注入参数

参 数 名	参 数 值	参 数 名	参 数 值
地层深度	3000ft	原油黏度	3.0mPa·s
地层温度	40~50℃	注入井井底压力	800psi
盐水矿化度	10%~11%	试验时间	1992.5—1993.11
盐水 pH 值	6.0~6.5	注入营养物	玉米—淀粉,麦芽糖
原油重度	40°API	注入细菌	有机膦酸盐酯,专性嗜盐菌

(2)示踪剂注入试验

示踪剂注入试验目的在于确定试验区的非均质程度、注入水流方向以及在生产井的突破时间。1991 年 12 月 31 日在注入井 16w21 井中注入了 9Ci 的氚水。在注入示踪剂 308 天后,示踪剂在生产井 16 – 10 井突破,而预计的突破时间为 210 天。这一现象说明,试验比原来的地质模型较均质,预计微生物及其代谢产物的突破时间较晚。

(3)效果及分析

1)注入井压力及返排结果。

注入微生物及营养物关井后,井口观察到压力大幅度上升(以 60psi/d 的速率上升),7 天后压力上升到近 500psi。气相色谱分析的气体组成结果表明,主要为甲烷、氮气、乙烷等。注

入井返排的是含有微生物细胞的乳化油,细菌含量可达 5.9×10^8 个/mL,水中含有大量的微生物发酵的低分子醇和酸,未检测到残留的麦芽糖。这一结果表明,注入的微生物的确在地下生长、繁殖和代谢,并产生了生物表面活性剂和气体。

2)注入井试井分析结果。

表皮因子的解释结果表明,注入微生物并未导致近井地带堵塞,而注入井控制区内的油藏渗透率从 $300 \times 10^{-3} \mu m^2$ 降到了 $200 \times 10^{-3} \mu m^2$。

3)注入井剖面测试结果。

注微生物前后的注水井吸水剖面测定结果见图 11-15。从图 11-15 中可以看出,微生物调剖的确改善了注水井的吸水剖面。例如在 3020~3025ft 井段吸水量从 28% 降到了 0%,而在 3025~3030ft 井段,相对吸水量从 4% 增加到 30%,而原来吸水量最多的 3035~3038ft 井段相对吸水量从 40% 降为 0%。

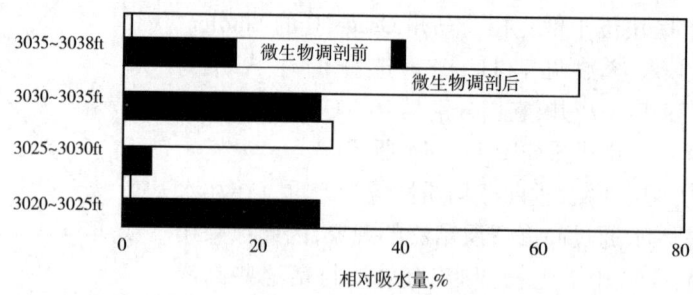

图 11-15 微生物调剖前后吸水剖面的对比结果

四、微生物清防蜡和降解原油

有些油井结蜡现象非常严重,常常导致抽油杆被卡而停产。过去采用热油循环、化学溶剂和分散剂、机械刮蜡片等方法控制结蜡。有些井清蜡频繁,导致采油成本大幅度上升。微生物清蜡是向油井套管的环形空间注入一定量(注入量由井深和动液面确定)的细菌溶液,然后关井一段时间,使微生物能分散和接种到井筒和近井地层,通过微生物降低石蜡和其他重质组分含量的方法。

众所周知,在油藏条件下,原油中石蜡组分溶解于原油中,在采油过程中,由于体系的温度和压力发生改变,致使体系的相态发生变化,石油中原来处于液态的石蜡就会以固态的形式沉淀下来。石蜡的沉淀、运移的黏土及其他微粒以及沥青质的沉淀等结合在一起,就可造成井筒及井眼附近地层堵塞。一般来说,酸化清洗井筒时,对石蜡是无效的。而微生物可以降解石蜡,使石蜡的分子结构变化,不至于沉积下来。

在石油生成学说——有机成油学说中,石油是有机物转化而形成的。有人认为微生物在石油从有机物的转化过程中起着重要作用,细菌破坏轻质碳氢化合物以及碳氢化合物的易挥发性,使原油中芳香烃大量地积累,从而形成重油。此外,在油井附近地面、储罐等原油渗漏处,原油溢到地面土壤里,由于微生物的降解以及低相对分子质量的碳氢化合物的蒸发,经过几个月的时间,这些渗出的原油就完全消失。上述两个例子说明了微生物与石油的关系。

由于有些细菌对蜡类脂肪烃的代谢速度高于芳香烃,对长链脂肪烃的代谢速度高于短链脂肪烃。因此,这些细菌在井筒中与原油接触后,优先使长链的高分子脂肪烃降解从而达到清蜡的作用。此外,细菌的某些代谢产物(如溶剂)对井筒或近井区域孔隙中的蜡沉淀有良好的溶解作用,从而使油井恢复产能。

微生物清蜡和降解原油的机理:

1)降低重质原油的平均相对分子质量,即细菌能把重油中高相对分子质量的物质如沥青烯、树脂酸等分解,产生低相对分子质量的微低化合物。由于重油相对分子质量的降低,使重油黏度大幅度下降;

2)细菌以重油中的烃类或重油中的其他组分为碳源,细菌生长过程中产生的生物化学反应,生成生物表面活性剂,将重油乳化,形成了水包油或油包水的乳状液从而降低重油黏度。因此,用于清蜡和重油降黏的细菌必须具备以下两个条件:一是该细菌可以生长在稠油中,并以稠油作为唯一的碳源和能源;二是细菌可以产生生物表面活性剂。用于清蜡和降低原油黏度的微生物见表11-19。

表11-19 与石油降解和合成有关的生物种类

小 球 菌	无 色 球 菌	假 球 菌	诺 卡 氏 菌
八叠球菌	棒状杆菌	彩色细菌	假丝酵母菌
沙雷菌	分枝杆菌	节细菌	*Cladiosporum*
假单胞菌	芽孢梭菌	不动细菌	青霉菌 *Glaucam*
红假单胞菌	脱硫弧菌 *Desulfuricans*	黄杆菌	曲霉菌
		短杆菌	*Protothca zopfh*

微生物清蜡是一种可以取代化学清蜡(溶剂和分散剂)、机械清蜡的新清蜡技术。这项技术具有施工简便、见效期长、成本低、无环境污染等优点。而溶剂和分散剂等化学清蜡中使用的化学剂常常会污染环境,热法清蜡会消耗大量燃料,而且常常导致地层伤害。尽管微生物清蜡有许多优点,但由微生物产生的负面效应也不可忽视。一是清蜡细菌会改变原油的性质和品位;二是清蜡细菌会促使硫酸盐还原菌生长,导致严重的腐蚀问题。因此,在实际应用中对产出液进行严格的监测,定期测量产出液中细菌的数量,分析产出液中的悬浮固体、溶解氧、硫化氢及铁离子等,一旦发现有硫化氢产生,必须采取措施抑制硫酸盐还原菌的生长,从而降低硫化氢的产出量。

微生物清防蜡应用在胜利桩西油田取得了比较明显的效果,下面将介绍胜利桩西油田清蜡试验中的油井结蜡、菌种选择、注入工艺及应用效果。

1. 油井结蜡问题

桩西油田原油具有含蜡量高、凝固点高、油层温度高、地层埋藏深度大的特点。原油性质参数见表11-20。试验井地层的渗透性好,油井日产原油1.5~16.0t,无对应的注水井。生产中发现油井结蜡严重,产量下降速度快,清蜡周期短(20~30天),热清、检泵周期短,常出现蜡卡管柱、蜡堵地面管线等问题,影响了原油生产。

表 11-20 油藏及流体性质表

油层深度	2700~3100m	原油含蜡量	17.1%~38.0%
油层温度	92~115℃	原油凝固点	35~41℃
地下油层黏度	10~28mPa·s		

2. 菌种选择

根据桩西油田的油井和地层条件,选择了微生物 Para-Bax.s 和 Ben-Bac 两种细菌作为清防蜡的菌种。前者主要用于控制结蜡,后者用于处理胶质沥青。这两种细菌分别以石蜡和胶质沥青为培养基。将长链烃类降解为碳链相对较短的烃类,直接减少原油中的含蜡量和胶质成分,从而降低凝固点和黏度。Para-Bax.s 和 Ben-Bac 微生物应用条件见表 11-21。

表 11-21 Para-Bax.s 和 Ben-Bac 微生物应用条件

参数	最佳	极限
井底温度,℃	45~65	<115
水中 Cl^- 含量,mg/L	微量	$<10^5$
地层渗透率,$10^{-3}\mu m^2$	>75	>50
水的 pH 值	6~8	3~10
H_2S 含量,mg/L	<100	$<10^3$(液体中);$<10^4$(气体中)

注:施工要求环空畅通,不能有杀菌剂、破乳剂和防腐剂。

3. 注入工艺

采用的工艺为吞吐法。步骤如下:

1)注微生物前,先用热水洗井,清除井筒中的死油和其他污染物及对细菌生长不利的物质;

2)从环空中注入微生物及 2%KCl 水溶液;

3)关井 3 天,待微生物在井底和近井地带繁殖后再开井生产;

4)生产 15~30 天后再补充注入一定量的微生物及 2%KCl 水溶液,以保证油层和井底仍存有一定量的微生物。

4. 应用效果

在采用微生物清防蜡措施的 10 口井中,有 8 口井见效,微生物清蜡后原油性质参数变化及油井增产效果见表 11-22。

表 11-22 微生物处理后原油性质参数变化及效果

原油含蜡量	下降1.5%~13.2%	有效时间	26~476d
原油凝固点	下降2~5℃	累计增油量	2181t
日产油	增加0.8~4.0t/d		

另外两口油井无效的原因在于：一是油层渗透性差，单井产液量太低；二是油层温度太高（115℃），已处于所用微生物的极限应用温度，这一点可以根据该井原油性质在采取增产措施前后无变化的特征判定为微生物未能在地下生存。

随着微生物学中遗传工程学和基因工程学的发展，越来越多的适合于不同油藏条件下的微生物被应用于提高采收率中。即使在现有的技术经济条件下，微生物采油仍然是一种有经济潜力的提高采收率方法。该技术可以用于油井近井地带及井筒处理、油藏深部的调剖，以及整个油藏的驱油，还可以用于地下原油的改性，甚至可进行原油就地裂化。微生物采油具有投资少、见效快、无污染、施工工艺简单、最终采收率高等优点。但也存在着微生物聚集体伤害地层，堵塞地面注入设备，硫酸盐还原菌产生 H_2S 带来的腐蚀，以及微生物降解已注入的表面活性剂或聚合物等问题。因此，在微生物采油实施过程中尽可能加以考虑，使之产生的负面效应降到最低。

要使微生物采油技术获得成功，必须进行详细的地质研究，通过测井、地震、岩心分析、试井、示踪剂注入以及油藏数值模拟等手段，进行油藏精细描述；广泛开展室内的微生物配伍性试验，为油藏筛选出良好的微生物菌种；在微生物采油现场试验中，应用各种监测技术，对产出液中的油气水进行全面分析，定期测量产出物中细菌的含量、水中盐离子的变化，为微生物采油方案的调整提供依据，进一步提高微生物采油的效率。

由于微生物采油技术涉及边缘性和交叉性学科，需要包括微生物学家、油藏工程师、地质学家、化学家等各学科的研究人员团结协作和共同努力，培育出适应性广、易于控制、高效率的微生物菌种，对微生物采油机理（特别是注入细菌及其营养液与油藏岩石、盐水间复杂的相互作用）、微生物采油的油藏数值模拟软件开发和完善、微生物采油的优化以及监测技术等方面进行坚持不懈的研究，使微生物采油成为一项工业化的提高采收率方法。

参 考 文 献

[1] Zobell C E. Bacteriological Process for Treatment of Fluid – Bearing Earth Formation：US,2413278,1946.
[2] Zobell C E. Recovery of Hydrocarbons：US,2641566,1953.
[3] Updegraff D M,Wren G B. Secondary Recovery of Oil by Desulfovibrio：US,2660550,1953.
[4] Hitzman D O. Microbial Secondary recovery：US,3032472,1962.
[5] Hitzman D O. Controlling Bacteria with Hydrocarbon Cases：US,3185215,1965.
[6] Hitzman D O. Microbial Synthesis from Aldedyde Containing Hydrocarbon Derived Products：US,3965985,1976.
[7] 彭裕生. 微生物提高采收率的矿场研究. 北京：石油工业出版社,1997.
[8] 周德生. 微生物学教程. 北京：高等教育出版社,1997.
[9] Bubela. Combined Effects of Temperature and Other Environmental Stresses on Microbialogically. 1983,18 – 123.
[10] Forbes A D. Microorganisms in Oil Recovery,Hydrocarbons Biotechnology. Heyden &Son LTD,1980.
[11] Donaldson E C. 微生物提高原油采收率. 金静芷,等译. 北京：石油工业出版社,1995.
[12] Jansheker H. Microbial Enhanced Oil Recovery Process：in Microbes and Oil Recovery. Bioresources Publications,1985.
[13] Yen T F. A State of the Art Review on MEOR. Los Angeles,1986.
[14] Gruesbeck C,Collins R E. Entertainment and Deposition of Fine Particles in Porous Media. SPE,1982.
[15] Bryant R S,et al. MEOR Pilot Test in Water Flood Reservoir. SPE/DOE 27751,1994.
[16] Jenneman G E,et al. Microorganisms. SPE/DOE 27827,1994.
[17] 陈伟,万德鑫,陈玲,等. 微生物采油现场试验及效果分析. 油气采收率技术,1998,5(2):21 – 24.

附录 不同单位制的换算关系

1 lb = 453.59 g

1 atm = 101.325 kPa

1 bbl = 0.16 m^3

1 acre = 4047 m^2

1 in = 25.4 mm

1 Btu = 1.05506 × 10^3 J

1 ft = 30.48 cm

1 psi = 6.89 kPa

1 bar = 10^5 Pa

(1 ℉ − 32) 5/9 = 1 ℃

1 Ci = 3.7 × 10^{10} Bq

1 mi = 1.609344 km

1 cal = 4.1868 J